纪念

我的母亲 Doris R. Goodman

和

我的父亲 Joseph Goodman, Jr.

# 作者介绍

Joseph W. Goodman 于 1958 年在斯坦福大学攻读研究生，并且在斯坦福度过了他的全部职业生涯. 他曾是 49 位研究生的博士学位论文导师，他们之中的许多人现在在光学界卓有成就. 他曾主持斯坦福大学的 William Ayer 电气工程讲座，并担任过若干行政职务，包括斯坦福大学电气工程系主任和工学院负责教学的资深副院长. 他现在是 William Ayer 荣誉退休教授. 他的工作曾赢得多种奖项和荣誉，包括美国工程教育学会的 F.E.Terman 奖、国际光学工程学会（SPIE）的伽博（Dennis Gabor）奖和金质奖章、玻恩（Max Born）奖、Esther Beller Hoffman 奖、Emmett Leith 奖和美国光学学会的 Ives 奖章，以及电气和电子工程师协会的教育奖章. 他是美国国家工程科学院院士，并担任过美国光学学会和国际光学学会会长. 他还是好几个企业公司的共同创立者，包括 Optivision、ONI Systems、NanoPrecision Products 和 Roberts & Company 出版公司.

# 傅里叶光学导论
## (第四版)

Introduction to Fourier Optics (Fourth Edition)

〔美〕Joseph W. Goodman 著

陈家璧 秦克诚 曹其智 译

科学出版社

北京

图字：01-2018-2935 号

# 内 容 简 介

傅里叶分析是在物理学与工程学的许多领域得到广泛应用的一种通用工具. 本书讨论傅里叶分析在光学领域中的应用, 尤其是在衍射、成像、光学数据处理以及全息术方面的应用. 内容涉及二维信号和系统的分析、标量衍射理论基础、菲涅耳衍射与夫琅禾费衍射、计算衍射和计算传播、相干光学系统的波动光学分析、光学成像系统的频谱分析、点扩展函数和传递函数的工程、波前调制、模拟光学信息处理、全息术、光通信中的傅里叶光学等.

本书是傅里叶光学和光信息处理领域的标准教材与参考书, 可用作高等学校相关专业的高年级本科生与研究生的教材, 也可供从事光学工程、图像处理、模式识别、通信与传感、显示技术、数据存储和成像系统等领域的研究与工程技术人员参考.

Introduction to Fourier Optics 4e
First published in the United States by W. H. Freeman and Company
Copyright © 2017 by W. H. Freeman and Company
All rights reserved.

傅里叶光学导论（第四版）
英文原版由 W. H. Freeman and Company 在美国出版
Copyright © 2017 by W. H. Freeman and Company
版权所有

**图书在版编目(CIP)数据**

傅里叶光学导论: 第四版/（美）约瑟夫·W. 古德曼（Joseph W. Goodman）著; 陈家璧, 秦克诚, 曹其智译. —北京: 科学出版社, 2020.3
书名原文: Introduction to Fourier Optics (Fourth Edition)
ISBN 978-7-03-064319-3

Ⅰ. ①傅… Ⅱ. ①约… ②陈… ③秦… ④曹… Ⅲ. ①傅里叶光学 Ⅳ. ①O438.2

中国版本图书馆 CIP 数据核字(2020) 第 019855 号

责任编辑: 刘凤娟 田秩静/责任校对: 彭珍珍
责任印制: 赵 博/封面设计: 耕 者

**科学出版社** 出版
北京东黄城根北街 16 号
邮政编码: 100717
http://www.sciencep.com
三河市春园印刷有限公司印刷
科学出版社发行 各地新华书店经销
*
2020 年 3 月第 一 版 开本: 720×1000 B5
2025 年 2 月第五次印刷 印张: 32 1/2
字数: 635 000
**定价: 198.00 元**
(如有印装质量问题, 我社负责调换)

# 序

  傅里叶分析是在物理学与工程学的许多领域得到广泛应用的一种通用工具. 本书讨论它在光学领域的应用, 尤其是在衍射、成像、光学数据处理、全息术和光通信等方面的应用.

  既然本书的主题是傅里叶光学, 傅里叶分析方法自然起着关键作用, 它是我们处理问题的基本分析框架. 傅里叶分析是大多数物理学家和工程师都具有的背景知识. 他们对线性系统理论也很熟悉, 特别是电气工程师. 第 2 章复习了必要的数学背景知识. 对那些不太熟悉傅里叶分析和线性系统理论的读者, 这一章可以作为用其他针对此目标的专门教科书进行更深入钻研时的大纲. 本书为这方面的更详尽的讨论提供了丰富的参考文献. 那些对傅里叶分析和线性系统理论已经入门的读者, 通常打过交道的是单个自变量 (时间) 的函数. 第 2 章中讨论的是二维空间维度里的数学方法 (大多数光学问题必须用二维空间处理), 它的内容远比一维理论的标准讨论更丰富.

  本书用作教科书可以满足几种不同类型课程的需求. 它直接面向物理学家和工程师, 在课程中使用书中哪些章节因不同听课对象而不同. 只要经过适当选择, 可以满足大量不同读者的需要.

  本版的第 12 章首次是在第三版中作为第 10 章出现的, 我感谢 Andrew Weiner 教授、Gregory Brady 先生、Dmitry Starodubov 博士和 Jane Lam 博士对这一章的有益的评论和建议.

  我得感谢许多为本书以前各版提供过帮助的朋友. 本书手稿的早期版本曾在几所不同大学中使用, 我特别感谢 A.A. Sawchuk, J.F. Walkup, J. Leger, P. Pichon 和 D. Mehrl 等教授和他们的许多学生, 他们找出了许多打字错误和一些实质性错误. I. Erteza 和 M.Bashaw 对第二版作出了有益的评论, 我感谢他们. 出版商安排的匿名审稿人也提出了一些有用的建议. 我特别感谢 Emmett Leith 教授和 Adolf Lohmann 教授, 他们提出了许多有益的建议. 我也感谢选了我 1995 年傅里叶光学课程的学生, 他们比着看谁发现错误最多.

  第四版与第三版的不同之处是改正了以前的排印和内容错误, 并且增加了许多新材料, 包括 (但不限于) 第 5 章, 同时增加了一个关于光栅方程的新附录. 对于第 10 章, 我感谢 Andrew Weiner 教授、Gregory Brady 先生、Dmitry Starodubov 博士、Jane Lam 博士和 James Fienup 教授有益的意见和建议. 我还要感谢本书第三版的出版者 Roberts & Company Publishers 的 Ben Roberts 在第三版成书期间始终如一的鼓励和支持. 无疑, 还有许多应该感谢的人, 我为在这里没能明确提到他们表示歉意.

最后, 我要感谢我妻子林翰美女士, 没有她的理解、鼓励和支持, 本书不可能完成.

Joseph W. Goodman

# 第 三 版 序

傅里叶分析是在物理学与工程学的许多领域得到广泛应用的一种通用工具. 本书讨论它在光学领域的应用, 尤其是在衍射、成像、光学数据处理以及全息术方面的应用.

既然本书的主题是傅里叶光学, 傅里叶分析方法自然起着关键作用, 它是我们处理问题的基本分析框架. 傅里叶分析是大多数物理学家和工程师都具有的基础知识. 他们对线性系统理论也很熟悉, 尤其是电气工程师. 第 2 章复习了必要的数学背景知识. 对那些不太熟悉傅里叶分析和线性系统理论的读者, 这一章可以作为用其他专门教科书进行更深入学习时的大纲. 本书为这方面的更详尽的讨论提供了丰富的参考文献. 那些对傅里叶分析和线性系统理论已经入门的读者, 通常打过交道的是单一自变量 (时间) 的函数. 第 2 章中讨论的是二维空间维度里的数学方法 (大多数光学问题必须用二维空间处理), 它的内容远比一维理论的标准讨论更丰富.

本书用作教科书可以满足几种不同类型课程的需求. 它直接面向物理学家和工程师, 在课程中使用书中哪些章节因不同听课对象而不同. 只要经过适当选择, 就可以满足大量不同读者的需要. 我们在这里对不同类型的课程提出一些明确的建议.

第一类是一学季或一学期的讲述衍射与成像的课程, 这种课程的内容可由本书第 2 章到第 6 章及全部 4 个附录构成. 如果时间不够, 这几章里的 3.8 节、3.9 节、5.4 节和 6.6 节可以省略或留给学有余力的学生自己阅读.

第二类是用一学季或一学期的课程来讲述傅里叶光学的基本内容, 但重点放在光学模拟信号处理的应用上. 对这样的课程, 我建议把第 2 章留给学生阅读, 第 3 章从 3.7 节开始, 接着讲 3.10 节, 其余部分留给那些对惠更斯-菲涅耳原理的由来感兴趣的学生阅读. 第 4 章中的 4.2.2 节和 4.5.1 节可以略过. 第 5 章可以从薄透镜的振幅透射率函数 (5.10) 式开始, 5.4 节可以留给学有余力的学生阅读, 讲述其余所有内容. 如果时间不够, 第 6 章可以全部跳过去. 在这样的课程中, 第 7 章的全部和第 8 章的大部分都是很重要的内容, 我建议 8.2 节、8.8 节和 8.9 节可以略去. 人们常常想要把第 9 章中关于全息术的一些内容包括在这门课程里. 我建议把 9.4 节、9.6.1 节、9.6.2 节、9.7.1 节、9.7.2 节、9.8 节、9.9 和 9.12.5 节包括进来. 4 个附录应作为阅读内容而不必课堂讲述.

第三类也是用一学季或一学期的课程讲述傅里叶光学的基本内容, 但重点放在作为其一种应用的全息术上. 这样的课程同样可以从 3.7 节开始, 继之以 3.10 节.
第 5 章中应包括进来的内容与上面对重点放在光学信号处理的课程所指出的相同.
在这类课程中, 可把 6.1 节、6.2 节、6.3 节和 6.5 节的内容包括进来. 第 7 章只需
讲 7.1 节, 不过有时间的话, 把 7.3 节加进来是很有用的. 第 8 章这时可以跳过去,
而第 9 章全息术是重点内容. 在讲了全息术基础之后, 第 10 章提供了进一步丰富
课程内容的几种可能. 如果时间有限, 9.10 节和 9.11 节可以省略. 全部附录留给学
生自己阅读.

在某些大学里, 讲授本课程的时间超过一学季或一学期. 若有两个学季或两学
期, 本书的大部分内容都可以讲到.

以上建议当然可以因施教的对象不同或因教师对本书所持的侧重点不同而加
以修改. 我希望这些建议至少列出了一些可能性.

我感谢许多为本书以前各版提供过帮助的朋友. 本书手稿的早期版本曾在多
所不同大学中使用, 我特别感谢 A.A. Sawchuk, J. F. Walkup, J. Leger, P. Pichon 和
D. Mehrl 等教授和他们的许多学生, 他们找出了许多打字错误和一些实质性错误.
I. Erteza 和 M.Bashaw 对第二版作出了有益的评论, 我感谢他们. 出版商安排的匿
名审稿人也提出了好几条有用的建议. 我特别感谢 Emmett Leith 教授, 他提出了
许多有益的建议. 我也感谢在我 1995 年傅里叶光学班上的学生, 他们争着看谁发
现错误最多.

第三版与第二版的不同之处是改正了以前的排印和内容错误, 增加了全新的
第 10 章, 同时增加了一个关于光栅方程的新附录. 对于第 10 章, 我感谢 Andrew
Weiner 教授、Gregory Brady 先生、Dmitry Starodubov 博士、Jane Lam 博士和
James Fienup 教授有益的意见和建议. 我还要感谢本书第三版的出版者 Roberts &
Company Publishers 的 Ben Roberts 在第三版成书期间始终如一的鼓励和支持. 无
疑, 还有许多应该感谢的人, 我为在这里没能明确提到他们表示歉意.

最后, 我要感谢我的妻子林翰美女士, 没有她的理解、鼓励和支持, 本书是不可
能完成的.

Joseph W. Goodman

# 第三版中文版序言

本书英文版初版由 McGraw-Hill 图书公司于 1968 年出版. 1976 年, 中文译本也问世了. 很可能, 本书中文版的读者要比英文版更多, 因为中国的庞大人口和她的光学界的巨大规模.

本书第二版的篇幅增加了很多, 它出版于 1996 年, 仍由 McGraw-Hill 出版. 就我所知, 这一版没有中文译本.

现在这个译本译自 Roberts 出版公司于 2005 年出版的第三版. 这个版本包含了对所发现的第二版中的全部错误的改正, 此外, 还包括全新的一章"光通信中的傅里叶光学". 第三版出版后所发现的错误及改正则可在由出版者维护的勘误表网页上找到, 网页地址为 http://www.roberts-publishers.com/goodman/Errata.pdf.

我想对这个中译本的译者们表示诚挚的谢意, 他们是秦克诚、刘培森、陈家璧和曹其智. 译者们发现了书中内容和排印的一些错误, 我把所有这些错误及其改正都收入了上述勘误表, 它们也已反映在中译本中. 我感谢他们对本书的这些改进.

我总是觉得, 我所从事的教育工作是最有回报、最值得从事的职业之一. 我希望这个中译本有助于对中国未来几代光学物理学家和光学工程师的教育, 并间接为中国和全世界的进步和繁荣作出贡献.

Joseph W. Goodman

于美国加州 Los Altos

2006 年 5 月 1 日

# 译者简历及分工

**陈家璧** 上海理工大学光电学院教授, 退休. 中国光学学会荣誉理事, 全息与光信息处理专业委员会副主任, 上海市激光学会副理事长, 任国家教育部光电信息科学与工程教学指导委员会委员三届. 曾主编、参编、翻译或撰写专著与教材十余本. 译本书第 7、8、10~12 章, 全部附录, 主校全书并负责全书质量.

**秦克诚** 北京大学物理学院教授, 退休. 1981~1982 年在斯坦福大学 Goodman 教授的实验室访问工作两年. 译本书第 1~6 章、撰写译后记, 并参与负责全书质量.

**曹其智** 香港永新光电技术有限公司董事、总经理, 退休. 1984 年在 Goodman 教授指导下于斯坦福大学获博士学位. 译本书第 9 章.

# 目　　录

# 第1章 引 言

## 1.1 光学、信息和通信

从 20 世纪 30 年代后期以来, 物理学的古老分支——光学与电气工程中的通信和信息科学的联系越来越紧密. 这种趋势可以理解, 因为通信系统和成像系统都是用来收集或传递信息的. 前者处理的信息一般是时间性的 (如被调制的电压或电流波形), 而后者处理的信息则是空间性的 (如光波振幅或强度在空间的分布). 但从抽象观点看, 这一差别并非实质性的.

这两门学科之间最紧密的联系大概是: 都可用类似的数学方法——傅里叶分析和系统理论来描写各自感兴趣的系统. 这种相似性的根本原因, 并不仅仅是两门学科都拥有 "信息" 这一共同主题, 而更在于通信系统和成像系统具有某些相同的基本性质. 例如, 许多电子网络和成像装置都具有线性和不变性(其定义见第 2 章). 任何具有这两种性质的网络或装置 (电子的、光学的或其他), 在数学上都很容易用频谱分析方法来描述. 因此, 正像一个音频放大器可用它的 (时间) 频率响应方便地描述一样, 一个成像系统用它的 (空间) 频率响应来描述也同样方便.

即使两门学科之间没有线性和不变性的相似性, 它们之间还有别的类似. 某些非线性光学元件 (如照相底片) 具有的输入输出关系, 正类似于非线性电子学元件 (二极管、晶体管等) 的相应特性, 并且类似的数学分析方法可以应用于二者.

尤其重要的是要知道, 数学结构的相似不仅可用于分析目的, 而且可用于综合目的. 于是, 正像一个时间函数的频谱可按预定方式作滤波操作一样, 一个空间函数的频谱也可按想要的方式加以改变. 在光学的历史上, 有许多因为应用傅里叶综合技术而得到重要进展的例子, 如策尼克相衬显微镜就是一个赢得诺贝尔奖的案例. 在信号与图像处理领域可以看到许多别的例子.

## 1.2 本书内容概述

我们一开始就假设本书读者对傅里叶分析和线性系统理论已有扎实的基础. 第 2 章复习所需的背景知识; 为了不使那些对时间信号和系统分析有良好基础的读者感到厌烦, 这里只讨论二元函数. 这样的函数当然是光学中最受关注的, 而从一个自变量扩展到两个自变量则给数学理论提供了新的丰富内容, 引入了许多新的性质, 在时间信号和系统理论中没有与这些性质直接对应的东西.

在光学系统理论中衍射现象极为重要. 第 3 章讨论标量衍射理论的基础, 包括基尔霍夫理论、瑞利–索末菲理论和角谱方法. 第 4 章介绍普遍结果的某些近似, 即菲涅耳近似和夫琅禾费近似, 并且给出了计算衍射图样的例子.

第 5 章考虑对衍射图样进行数值计算的问题, 考察了几种不同的方法, 考虑了它们的计算效率.

第 6 章对由透镜和自由空间传播构成的相干光学系统进行分析探讨. 这种分析方法是波动光学的, 而不是惯用的几何光学方法. 一个薄透镜的模型是一个二次相位变换; 由此模型导出通常的透镜定律与透镜的某些傅里叶变换性质.

第 7 章讨论频谱分析方法对相干和非相干成像系统的应用. 分别对有像差和无像差系统定义了相应的传递函数, 并讨论了其性质. 从不同角度对相干系统与非相干系统进行了比较, 导出了可达到的分辨率极限.

第 8 章用来讨论工程上常用的点扩展函数和传递函数. 涵盖的题目包括用来增加景深的三次相位掩模、提高深度分辨率的旋转点扩展函数、发现外行星用的日冕观测仪和切趾法、用综合孔径全息术得到的超越衍射极限的分辨率、傅里叶叠层成像术、相干频谱信号复用、结构化照明和超分辨率荧光显微术. 这一章以光场摄影术 (light-field photography) 的讨论结束.

第 9 章探讨了波前调制问题. 对作为光学系统输入介质的照相底片的光学性质进行了讨论. 详细讨论了衍射光学元件. 然后转而讨论各种空间光调制器, 它们是将信息实时或近实时地输入光学系统的器件.

第 10 章转而讨论模拟光学信息处理. 既讨论了连续处理系统, 也讨论了离散处理系统. 讨论了在图像增强、模式识别方面的应用.

第 11 章的主题是全息术. 详细探讨和比较了伽博发展的技术与利思–乌帕特尼克斯发展的技术. 对薄全息图和厚全息图都进行了论述, 叙述了对三维成像的推广. 这一版增加了关于数字全息术的一节. 描述了全息术的各种应用.

第 12 章介绍了傅里叶光学在对光通信具有重要作用的器件和技术方面的应用, 包括布拉格光纤光栅、超短脉冲整形和处理、光谱全息术和阵列波导光栅.

最后, 若干附录提供了进一步的背景知识.

除第一章外, 每一章末尾都附有习题, 习题解答手册可以提供给教师.

# 第 2 章　二维信号和系统的分析

实验发现, 很多物理现象都有这样一个共同的基本性质, 即在多个激励同时作用下, 其响应恒等于每个激励单独产生的响应之和. 这种现象称为线性现象, 它们共有的这种特性称为线性性质. 由电阻、电容和电感组成的电路网络, 通常在输入信号的很宽范围内是线性的. 另外, 我们即将看到, 描述光在许多介质中传播的波动方程, 使我们自然地认为光学成像过程是从物场光分布到像场光分布的线性映射.

单是线性性质就使人们对这类现象的数学描述大为简化, 它是我们称为线性系统理论的这一数学结构的基础. 线性性质所带来的巨大好处是, 它能把对一个复杂激励的响应 (不论它是电压、电流、光振幅还是光强) 用对若干个 "基元" 激励的响应表示出来. 因此如果一个激励可以分解成基元激励的线性组合, 而每个基元激励产生已知的具有简单形式的响应, 那么由于线性性质, 总响应可以由对基元激励的响应的相应线性组合求出.

本章我们复习若干对描述线性现象有用的数学工具, 讨论一些分析线性现象时常用的数学分解方法. 在后面各章中我们讨论的激励 (系统输入) 和响应 (系统输出) 可以是以下两种不同物理量中的任何一种. 如果光学系统使用的照明显示出空间相干性, 那么我们会发现用复数值的光场振幅的空间分布来描述光场是合适的. 如果照明完全没有空间相干性, 则光场适合于用具有实数值的光强的空间分布来描述. 我们将着重注意输入信号为复数值时的线性系统分析; 实数值输入信号的结果已作为理论的特例包括进来.

## 2.1　二维傅里叶分析

傅里叶分析对分析线性和非线性现象都是一个极有用的数学工具. 这个数学工具广泛应用于电路网络和通信系统的研究中; 我们假设读者以前已经接触过傅里叶理论, 因而熟习一元函数 (如时间函数) 的分析. 要复习一些基本的数学概念可以参阅 Papoulis[275], Bracewell[37] 及 Gray 和 Goodman[146] 的书. 与本书的讨论特别有关的内容可参阅 Bracewell 的书 [38]. 在这里, 我们的目的仅限于让读者进一步熟悉二元函数的分析. 我们不追求数学上的高度严谨, 而是着眼于运算方法, 这是讨论这个题目的大多数工程著作的特点.

### 2.1.1 定义与存在性条件

两个独立变量 $x$ 和 $y$ 的函数 $g$ (一般为复值函数) 的傅里叶变换(也叫傅里叶谱或频谱), 这里用 $\mathcal{F}\{g\}$ 表示, 其定义为①

$$\mathcal{F}\{g\} = \iint_{-\infty}^{\infty} g(x,y) \exp[-\mathrm{j}2\pi(f_X x + f_Y y)]\mathrm{d}x\mathrm{d}y. \tag{2-1}$$

上式定义的变换自身是两个独立变量 $f_X$、$f_Y$ 的复值函数, $f_X$、$f_Y$ 通常称为频率. 类似地, 函数 $G(f_X, f_Y)$ 的傅里叶逆变换用 $\mathcal{F}^{-1}\{G\}$ 表示, 定义为

$$\mathcal{F}^{-1}\{G\} = \iint_{-\infty}^{\infty} G(f_X, f_Y) \exp[\mathrm{j}2\pi(f_X x + f_Y y)]\mathrm{d}f_X \mathrm{d}f_Y. \tag{2-2}$$

注意, 作为数学运算, 傅里叶变换和逆变换非常相似, 不同之处仅在于被积函数的指数项的符号不同. 有时称傅里叶逆变换为函数 $g(x,y)$ 的傅里叶积分表示式.

在讨论傅里叶变换及其逆变换的性质之前, 我们必须先确定, (2-1) 式和 (2-2) 式何时在实际上有意义. 对于某些函数, 这些积分在通常的数学意义上可能不存在, 因此我们至少应当简略地讲一下其 "存在条件", 否则我们的讨论就是不完备的. (2-1) 式存在的充分条件可以有多种表述形式, 最常用的也许是下面这一组:

(1) $g$ 必须在整个 $(x,y)$ 平面上绝对可积.

(2) 在任一有限矩形区域内, $g$ 必须只有有限个间断点和有限个极大和极小点.

(3) $g$ 必须没有无穷大间断点.

一般情况下, 这三个条件中的任何一个都可以减弱, 只要加强另外一个或两个条件, 但是讨论这些将远离我们的目的.

正如 Bracewell [37] 指出的那样, "物理上的可能是一个变换存在的有效充分条件". 不过, 在系统分析中, 为了方便, 常常用理想的数学函数表示一个真实的物理波形, 而这些理想的数学函数将违反一个或多个上述的存在条件. 例如, 通常用狄拉克 $\delta$ 函数②表示一个强而窄的时间脉冲, 其表示式如下:

$$\delta(t) = \lim_{N \to \infty} N \exp(-N^2 \pi t^2), \tag{2-3}$$

这里求极限运算为我们提供了一个方便的思维框架, 但并不意味着按字面亦步亦趋地去做. 更详细的讨论见附录 A. 相仿地, 一个理想点光源常常表示为等价的二维 $\delta$ 函数,

$$\delta(x,y) = \lim_{N \to \infty} N^2 \exp[-N^2 \pi(x^2 + y^2)]. \tag{2-4}$$

---

① 二重积分的积分号上下只有一个积分限时, 表示此积分限对两次积分都适用.

② $\delta$ 函数的详细讨论, 包括其各种定义, 见附录 A.

这样的 "函数" 在原点的值为无穷大, 在其余各处为零, 有一个无穷间断点, 因此不满足存在条件 (3). 很容易找到别的重要例子, 如函数

$$f(x,y) = 1 \quad 和 \quad f(x,y) = \cos(2\pi f_X x), \tag{2-5}$$

两者均不满足存在条件 (1).

如果要在傅里叶分析的框架内处理大量我们感兴趣的函数, 就必须将定义 (2-1) 式做些推广. 幸好, 对于那些不严格满足存在条件的函数, 只要它们可以定义为由可变换函数构成的序列的极限, 这些函数往往也可以找到一个有意义的变换. 对构成定义序列的每个函数作变换, 产生一个相应的变换序列, 我们称这个新序列的极限为原来函数的广义傅里叶变换. 可以按照与通常的傅里叶变换一样的规则对广义傅里叶变换进行运算, 二者之间的差别一般可以忽略. 以后都这样理解: 若一函数并不满足存在条件, 却仍说它有一个变换, 那么实际上这指的就是广义傅里叶变换. 对傅里叶变换的这一推广的更详细的讨论, 请参看 Lighthill 的书 [227].

为了说明广义变换的计算, 考虑狄拉克 $\delta$ 函数, 我们已经知道它不满足存在条件 (3). 注意定义序列 (2-4) 中每一成员均满足存在条件的要求, 并且实际上每一项都存在傅里叶变换 (表 2.1)

$$\mathcal{F}\{N^2 \exp[-N^2\pi(x^2+y^2)]\} = \exp\left[-\frac{\pi(f_X^2+f_Y^2)}{N^2}\right]. \tag{2-6}$$

**表 2.1　一些在直角坐标系中可分离变量的函数的傅里叶变换式**

| 函数 | 变化 |
|---|---|
| $\exp[-\pi(a^2x^2+b^2y^2)]$ | $\dfrac{1}{\|ab\|}\exp\left[-\pi\left(\dfrac{f_X^2}{a^2}+\dfrac{f_Y^2}{b^2}\right)\right]$ |
| $\text{rect}(ax)\text{rect}(by)$ | $\dfrac{1}{\|ab\|}\text{sinc}(f_X/a)\text{sinc}(f_Y/b)$ |
| $\Lambda(ax)\Lambda(by)$ | $\dfrac{1}{\|ab\|}\text{sinc}^2(f_X/a)\text{sinc}^2(f_Y/b)$ |
| $\delta(ax,by)$ | $\dfrac{1}{\|ab\|}$ |
| $\exp[\mathrm{j}\pi(ax+by)]$ | $\delta(f_X-a/2, f_Y-b/2)$ |
| $\text{sgn}(ax)\text{sgn}(by)$ | $\dfrac{ab}{\|ab\|}\dfrac{1}{\mathrm{j}\pi f_X}\dfrac{1}{\mathrm{j}\pi f_Y}$ |
| $\text{comb}(ax)\text{comb}(by)$ | $\dfrac{1}{\|ab\|}\text{comb}(f_X/a)\text{comb}(f_Y/b)$ |
| $\exp[\mathrm{j}\pi(a^2x^2+b^2y^2)]$ | $\dfrac{\mathrm{j}}{\|ab\|}\exp\left[-\mathrm{j}\pi\left(\dfrac{f_X^2}{a^2}+\dfrac{f_Y^2}{b^2}\right)\right]$ |
| $\exp[-(a\|x\|+b\|y\|)]$ $(a>0, b>0)$ | $\dfrac{1}{ab}\dfrac{2}{1+(2\pi f_X/a)^2}\dfrac{2}{1+(2\pi f_Y/b)^2}$ |

因此求得 $\delta(x, y)$ 的广义傅里叶变换为

$$\mathcal{F}\{\delta(x, y)\} = \lim_{N \to \infty}\left\{\exp\left[-\frac{\pi(f_X^2 + f_Y^2)}{N^2}\right]\right\} = 1. \tag{2-7}$$

注意 $\delta$ 函数的频谱均匀地延伸到整个频域内.

其他广义变换的例子可参阅表 2.1.

### 2.1.2    傅里叶变换作为分解式

如前所述, 在处理线性系统时, 常常把一个复杂的输入信号分解成许多更简单的输入信号, 计算系统对每个 "基元" 函数的响应, 再将这些个别的响应叠加得到总的响应. 傅里叶分析提供了实行这种分解的基本手段. 考虑熟悉的逆变换关系

$$g(t) = \int_{-\infty}^{\infty} G(f) \exp(\mathrm{j}2\pi ft)\mathrm{d}f, \tag{2-8}$$

此式将时间函数 $g$ 用它的频谱表示出来. 我们可以认为这种表示就是将函数 $g(t)$ 分解成基元函数的线性组合 (在这种情况下是积分), 每个基元函数的具体形式为 $\exp(\mathrm{j}2\pi ft)$. 显然, 复数 $G(f)$ 只是一个权重因子, 必须把它加到频率为 $f$ 的基元函数上以合成所要的函数 $g(t)$.

同样, 我们可以把二维傅里叶变换看作将二元函数 $g(x, y)$ 分解成形式为 $\exp[\mathrm{j}2\pi(f_X x + f_Y y)]$ 的基元函数的线性组合. 这种基元函数有很多有趣的性质. 注意, 对任何一对特定频率 $(f_X, f_Y)$, 相应的基元函数在由

$$y = -\frac{f_X}{f_Y}x + \frac{n}{f_Y}, \tag{2-9}$$

($n$ 为整数) 表示的直线上, 其相位为 0 或 $2\pi$ 的整数倍. 因此, 如图 2.1 所示, 可以认为这个基元函数是沿与 $x$ 轴交角为 $\theta$ 的方向在 $(x, y)$ 平面内传播的平面波, $\theta$ 由下式决定:

$$\theta = \arctan\left(\frac{f_Y}{f_X}\right). \tag{2-10}$$

此外, 空间周期 (即两条零相位线之间的距离) 为

$$L = \frac{1}{\sqrt{f_X^2 + f_Y^2}}. \tag{2-11}$$

于是结论为, 我们可以再次认为傅里叶逆变换提供一种分解数学函数的手段. 一个函数 $g$ 的傅里叶谱 $G$ 只是代表了权重因子, 必须把它加到各个基元函数上才能合成所要的函数 $g$. 使用这种分解方法的实际好处, 只有在下面讨论了线性不变系统后才会充分显现.

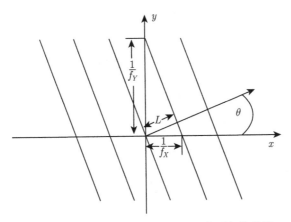

图 2.1 函数 $\exp[\mathrm{j}2\pi(f_X x + f_Y y)]$ 的零相位线族

### 2.1.3 傅里叶变换定理

傅里叶变换的基本定义式 (2-1) 导出了关于变换运算的一整套内容丰富的数学理论. 现在我们来研究傅里叶变换的一些基本数学性质, 这些性质在今后的讨论中将得到广泛应用. 我们把这些性质表述成数学定理, 然后简要说明其物理意义. 因为这些定理是类似一维定理的推广, 其证明见附录 A.

(1) 线性定理. $\mathcal{F}\{\alpha g + \beta h\} = \alpha \mathcal{F}\{g\} + \beta \mathcal{F}\{h\}$, 即两个 (或多个) 函数加权和的傅里叶变换就是各自的傅里叶变换的相同权重的和.

(2) 相似性定理. 若 $\mathcal{F}\{g(x,y)\} = G(f_X, f_Y)$, 则

$$\mathcal{F}\{g(ax, by)\} = \frac{1}{|ab|} G\left(\frac{f_X}{a}, \frac{f_Y}{b}\right),\tag{2-12}$$

即空域 $(x, y)$ 坐标的 "伸展", 导致频域 $(f_X, f_Y)$ 中坐标的压缩, 加上频谱的总体幅度的一个变化.

(3) 相移定理. 若 $\mathcal{F}\{g(x,y)\} = G(f_X, f_Y)$, 则

$$\mathcal{F}\{g(x - a, y - b)\} = G(f_X, f_Y) \exp[-\mathrm{j}2\pi(f_X a + f_Y b)],\tag{2-13}$$

即原函数在空域的平移, 将使其频谱在频域产生线性相移.

(4) 瑞利定理(或 Parseval 定理). 若 $\mathcal{F}\{g(x,y)\} = G(f_X, f_Y)$, 则

$$\iint_{-\infty}^{\infty} |g(x,y)|^2 \mathrm{d}x\mathrm{d}y = \iint_{-\infty}^{\infty} |G(f_X, f_Y)|^2 \mathrm{d}f_X \mathrm{d}f_Y.\tag{2-14}$$

这个定理左边的积分可以解释为波形 $g(x,y)$ 蕴含的能量. 这自然使我们将 $|G(f_X, f_Y)|^2$ 解释为频域内的能量密度.

(5) **卷积定理.** 若 $\mathcal{F}\{g(x,y)\} = G(f_X, f_Y)$ 及 $\mathcal{F}\{h(x,y)\} = H(f_X, f_Y)$, 则

$$\mathcal{F}\left\{\iint_{-\infty}^{\infty} g(\xi,\eta)h(x-\xi, y-\eta)\mathrm{d}\xi\mathrm{d}\eta\right\} = G(f_X, f_Y)H(f_X, f_Y). \tag{2-15}$$

空域中两个函数的卷积 (线性系统理论中经常出现的一种运算) 完全等效于一个更简单的运算: 它们各自的变换相乘然后作逆变换.

(6) **自相关定理.** 若 $\mathcal{F}\{g(x,y)\} = G(f_X, f_Y)$, 则

$$\mathcal{F}\left\{\iint_{-\infty}^{\infty} g(\xi,\eta)g^*(\xi-x, \eta-y)\mathrm{d}\xi\mathrm{d}\eta\right\} = |G(f_X, f_Y)|^2. \tag{2-16}$$

同样,

$$\mathcal{F}\{|g(x,y)|^2\} = \iint_{-\infty}^{\infty} G(\xi,\eta)G^*(\xi-f_X, \eta-f_Y)\mathrm{d}\xi\mathrm{d}\eta. \tag{2-17}$$

这个定理可以看成卷积定理的特例, 即将函数 $g(x,y)$ 与 $g^*(-x,-y)$ 作卷积.

(7) **旋转定理.** 令 $\mathcal{F}\{g(r,\theta)\} = G(\rho,\phi)$, 其中 $(r,\theta)$ 是空域中的半径和角度, $(\rho,\phi)$ 是频域中的半径和角度. 于是在空间平面上转一个角度 $\theta_0$ 的旋转 $g(r, \theta+\theta_0)$ 在频域平面上产生一个全同的旋转 $G(\rho, \phi+\theta_0)$. 在直角坐标系中,

$$\mathcal{F}\{g(x\cos\theta - y\sin\theta, x\sin\theta + y\cos\theta)\} = G(f_X\cos\theta - f_Y\sin\theta, f_X\sin\theta + f_Y\cos\theta). \tag{2-18}$$

(8) **剪切定理.** 函数 $g(x+by, y)$ 代表函数 $g(x,y)$ 的一个水平剪切, 而函数 $g(x, y+cx)$ 代表 $g(x,y)$ 的一个竖直剪切. 若 $\mathcal{F}\{g(x,y)\} = G(f_X, f_Y)$, 那么有

$$\mathcal{F}\{g(x+by, y)\} = G(f_X, f_Y - bf_X)$$

及

$$\mathcal{F}\{g(x, y+cx)\} = G(f_X - cf_Y, f_Y).$$

于是空域中的一个水平剪切引起频域中的一个竖直剪切, 而空域中的一个竖直剪切引起频域中的一个水平剪切.

(9) **傅里叶积分定理.** 在 $g$ 的每个连续点上

$$\mathcal{F}\mathcal{F}^{-1}\{g(x,y)\} = \mathcal{F}^{-1}\mathcal{F}\{g(x,y)\} = g(x,y). \tag{2-19}$$

在 $g$ 的每个间断点上, 这样两次相继变换给出该点一个小邻域内 $g$ 的角度平均值, 即除在间断点外, 对一函数相继进行傅里叶变换和逆变换又重新得出该函数.

上述变换定理远远不只有理论上的意义. 它们将经常被用到, 因为它们为傅里叶变换的计算提供了基本工具, 在解决傅里叶分析问题时能节省很大的工作量.

### 2.1.4 可分离变量的函数

如果一个二元函数在某坐标系内可写成两个一元函数的乘积, 则称该函数在此坐标系中可以分离变量. 因此, 若

$$g(x,y) = g_X(x)g_Y(y), \tag{2-20}$$

则函数 $g$ 在直角坐标系 $(x,y)$ 中可分离变量. 若

$$g(r,\theta) = g_R(r)g_\Theta(\theta). \tag{2-21}$$

则它在极坐标系 $(r,\theta)$ 中可分离变量.

可分离变量的函数往往比更一般的函数更便于处理, 这是由于函数可分离变量的性质, 常常使复杂的二维演算得以简化为更简单的一维演算. 例如, 在直角坐标系中可分离变量的函数具有一个特别简单的性质: 它的傅里叶变换是两个一维傅里叶变换的乘积, 由下面的关系式可以清楚看出:

$$\begin{aligned}\mathcal{F}\{g(x,y)\} &= \iint_{-\infty}^{\infty} g(x,y)\exp[-\mathrm{j}2\pi(f_Xx+f_Yy)]\mathrm{d}x\mathrm{d}y\\ &= \int_{-\infty}^{\infty} g_X(x)\exp[-\mathrm{j}2\pi f_Xx]\mathrm{d}x\int_{-\infty}^{\infty} g_Y(y)\exp[-\mathrm{j}2\pi f_Yy]\mathrm{d}y\\ &= \mathcal{F}_X\{g_X\}\mathcal{F}_Y\{g_Y\}.\end{aligned} \tag{2-22}$$

于是, 函数 $g$ 的变换自身也可分离为两个因子的乘积, 一个因子仅为 $f_X$ 的函数, 另一个因子仅为 $f_Y$ 的函数, 并且二维的变换过程简化为一连串更为熟悉的一维计算.

在极坐标系中可分离变量的函数的处理要比直角坐标系中可分离变量的函数的处理更复杂些, 但仍然能够一般地证明二维运算可以通过一系列一维运算来实现. 作为一个例子, 在本章的习题中, 请读者证明, 一个在极坐标系中可分离变量的一般函数的傅里叶变换可以表示为汉克尔变换的无穷加权和

$$\mathcal{F}\{g(r,\theta)\} = \sum_{k=-\infty}^{\infty} c_k(-\mathrm{j})^k\exp(\mathrm{j}k\phi)\mathcal{H}_k\{g_R(r)\}, \tag{2-23}$$

其中,

$$c_k = \frac{1}{2\pi}\int_0^{2\pi} g_\Theta(\theta)\exp(-\mathrm{j}k\theta)\mathrm{d}\theta,$$

并且 $\mathcal{H}_k\{\}$ 是 $k$ 阶的**汉克尔变换算子**, 定义为

$$\mathcal{H}_k\{g_R(r)\} = 2\pi\int_0^{\infty} rg_R(r)J_k(2\pi r\rho)\mathrm{d}r. \tag{2-24}$$

函数 $J_k$ 是第一类 $k$ 阶贝塞尔函数.

### 2.1.5   具有圆对称性的函数: 傅里叶-贝塞尔变换

最简单的一类在极坐标系中可分离变量的函数也许是具有圆对称性的函数. 如果函数 $g$ 仅与半径 $r$ 有关, 即

$$g(r,\theta) = g_R(r), \tag{2-25}$$

则称函数 $g$ 具有圆对称性. 这种函数在我们感兴趣的问题中起着重要作用, 因为大部分光学系统正好具有这种对称性. 因此我们特别关注圆对称函数的傅里叶变换问题.

在直角坐标系中函数 $g$ 的傅里叶变换当然是

$$G(f_X, f_Y) = \iint_{-\infty}^{\infty} g(x,y) \exp[-\mathrm{j}2\pi(f_X x + f_Y y)]\mathrm{d}x\mathrm{d}y. \tag{2-26}$$

为了充分利用函数 $g$ 的圆对称性, 我们在空域 $(x,y)$ 平面和频域 $(f_X, f_Y)$ 平面都把坐标变换为极坐标:

$$
\begin{aligned}
r &= \sqrt{x^2 + y^2}, \quad x = r\cos\theta; \\
\theta &= \arctan\left(\frac{y}{x}\right), \quad y = r\sin\theta; \\
\rho &= \sqrt{f_X^2 + f_Y^2}, \quad f_X = \rho\cos\phi; \\
\phi &= \arctan\left(\frac{f_X}{f_Y}\right), \quad f_Y = \rho\sin\phi.
\end{aligned}
\tag{2-27}
$$

我们暂且仍将变换写成半径和角度二者的函数[①]

$$\mathcal{F}\{g\} = G_o(\rho, \phi). \tag{2-28}$$

将坐标变换 (2-27) 代入 (2-26) 式, $g$ 的傅里叶变换可写成

$$G_o(\rho, \phi) = \int_0^{2\pi} \mathrm{d}\theta \int_0^{\infty} \mathrm{d}r\, r g_R(r) \exp[-\mathrm{j}2\pi r\rho(\cos\theta\cos\phi + \sin\theta\sin\phi)], \tag{2-29}$$

或等价地写为

$$G_o(\rho, \phi) = \int_0^{\infty} \mathrm{d}r\, r g_R(r) \int_0^{2\pi} \mathrm{d}\theta \exp[-\mathrm{j}2\pi r\rho\cos(\theta - \phi)]. \tag{2-30}$$

最后, 我们用贝塞尔函数恒等式

$$J_0(a) = \frac{1}{2\pi} \int_0^{2\pi} \exp[-\mathrm{j}a\cos(\theta - \phi)]\mathrm{d}\theta, \tag{2-31}$$

---

① 注意在 $G_o$ 中所加的下标只是因为在一般情况下变换在极坐标系中的表达式的函数形式与同一变换在直角坐标系中的函数形式不同.

来简化变换表达式, 式中, $J_0$ 是零阶第一类贝塞尔函数, 把 (2-31) 式代入 (2-30) 式, 发现变换式与角度 $\phi$ 不见了, 余下 $G_o$ 仅为半径 $\rho$ 的函数,

$$G_o(\rho, \phi) = G_o(\rho) = 2\pi \int_0^\infty r g_R(r) J_0(2\pi r\rho) \mathrm{d}r. \tag{2-32}$$

于是, 圆对称函数的傅里叶变换自身也是圆对称的, 可以由一维运算 (2-32) 求出. 傅里叶变换的这种特殊形式出现得相当频繁, 有必要给它一个专门名称; 因此我们称之为傅里叶-贝塞尔变换或零阶汉克尔变换, 参见 (2-24) 式. 为简短起见, 我们采用前一术语.

用与上面完全相同的论证方法, 圆对称函数 $G_o(\rho)$ 的傅里叶逆变换可表示为

$$g_R(r) = 2\pi \int_0^\infty \rho G_o(\rho) J_0(2\pi r\rho) \mathrm{d}\rho. \tag{2-33}$$

于是对圆对称函数, 变换和逆变换的运算没有差别.

用记号 $\mathcal{B}\{\cdot\}$ 表示傅里叶-贝塞尔变换运算, 由傅里叶积分定理直接推出, 在 $g_R(r)$ 连续的每一 $r$ 值上, 有

$$\mathcal{B}\mathcal{B}^{-1}\{g_R(r)\} = \mathcal{B}^{-1}\mathcal{B}\{g_R(r)\} = \mathcal{B}\mathcal{B}\{g_R(r)\} = g_R(r). \tag{2-34}$$

此外, 可直接用相似性定理证明 (见习题 2-6(c))

$$\mathcal{B}\{g_R(ar)\} = \frac{1}{a^2} G_o\left(\frac{\rho}{a}\right). \tag{2-35}$$

在使用傅里叶-贝塞尔变换的表示式 (2-32) 时, 读者应该记住它只不过是二维傅里叶变换的一个特殊情况, 因此任何熟知的傅里叶变换性质在傅里叶-贝塞尔变换中都有完全等效的对应性质.

### 2.1.6 一些常用的函数和有用的傅里叶变换对

后面经常要用到一些数学函数, 给它们各自指定专门的记号可以节省许多时间和精力. 因此, 我们对一些常用函数定义如下:

矩形函数

$$\mathrm{rect}(x) = \begin{cases} 1, & |x| < \dfrac{1}{2}, \\[2mm] \dfrac{1}{2}, & |x| = \dfrac{1}{2}, \\[2mm] 0, & \text{其他}. \end{cases}$$

sinc 函数

$$\mathrm{sinc}(x) = \frac{\sin \pi x}{\pi x}.$$

符号函数

$$\mathrm{sgn}(x) = \begin{cases} 1, & x > 0, \\ 0, & x = 0, \\ -1, & x < 0. \end{cases}$$

三角形函数

$$\Lambda(x) = \begin{cases} 1 - |x|, & |x| \leqslant 1, \\ 0, & 其他. \end{cases}$$

梳状函数

$$\mathrm{comb}(x) = \sum_{n=-\infty}^{\infty} \delta(x - n).$$

圆域函数

$$\mathrm{circ}(\sqrt{x^2 + y^2}) = \begin{cases} 1, & \sqrt{x^2 + y^2} < 1, \\ 1/2, & \sqrt{x^2 + y^2} = 1, \\ 0, & 其他. \end{cases}$$

这些函数中的前五个画在图 2.2 中, 它们都是一元函数; 不过, 借助于这些函数的乘积可以构成许多可分离变量的二元函数. 圆域函数是唯一的一个二元函数, 其图像见图 2.3.

在结束对傅里叶分析的讨论时, 我们给出一些特殊的二维傅里叶变换对. 表 2.1 中列出了一些在直角坐标系中可分离变量的函数的变换式. 为了读者方便, 这些函数的自变量都带有任意标度常数. 由于这些函数的变换式可以从熟知的一元函数变换式的乘积直接得到, 它们的证明留给读者自己完成 (见习题 2-2).

另一方面, 除了几个例外之外 (如函数 $\exp[-\pi(x^2 + y^2)]$, 它既可以在直角坐标系中分离变量, 又是圆对称的), 大部分圆对称函数的变换不能简单地从已知的一元变换式得出. 最常遇到的具有圆对称性的函数是

$$\mathrm{circ}(r) = \begin{cases} 1, & r < 1, \\ 1/2, & r = 1, \\ 0, & 其他. \end{cases}$$

因此我们在这里花点工夫来求这个函数的变换. 利用傅里叶–贝塞尔变换的表示式 (2-31) 将圆域函数的变换写成

$$\mathcal{B}\{\mathrm{circ}(r)\} = 2\pi \int_0^1 r J_0(2\pi r\rho)\mathrm{d}r.$$

作变量代换 $r' = 2\pi r\rho$, 并用恒等式

$$\int_0^x \xi J_0(\xi)\mathrm{d}\xi = x J_1(x),$$

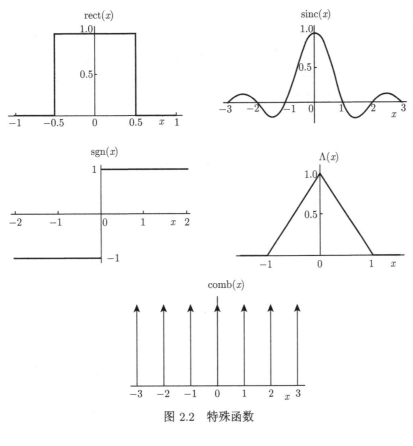

图 2.2 特殊函数

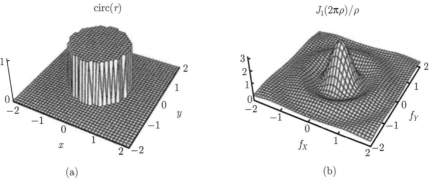

(a)                                             (b)

图 2.3 圆域函数及其变换

再将变换式写成

$$\mathcal{B}\{\text{circ}(r)\} = \frac{1}{2\pi\rho^2} \int_0^{2\pi\rho} r' J_0(r')\mathrm{d}r' = \frac{J_1(2\pi\rho)}{\rho}, \tag{2-36}$$

式中 $J_1$ 是一阶第一类贝塞尔函数. 图 2.3 画出了圆域函数及其变换. 注意, 正如预料的那样, 变换式是圆对称的. 它由中心的尖峰和一系列幅度逐渐减小的同心环组成. 函数在原点之值为 π. 奇妙的是, 我们看到这个变换的零点在径向的分布是不等距的. 这个函数的一个便于应用的归一化形式为 $2J_1(2\pi\rho)/(2\pi\rho)$, 它在原点之值为 1. 这个特殊的函数叫做 "besinc" 函数或者 "jinc" 函数.

关于其他一些傅里叶–贝塞尔变换对偶, 请读者参看习题 (见习题 2-6).

## 2.2　空间频率和空间频率局域化

一个函数的每个傅里叶分量都是一个单一空间频率的复指数函数. 既然如此, 每个频率分量都扩展到整个空域 $(x, y)$. 因此, 不能将一个空间位置与一个特定的空间频率联系起来. 虽然如此, 但我们也知道, 在实际情况中, 一幅图像的某一部分可以包含某一固定间距的平行网栅, 我们也倾向于说由这些平行网栅代表的特定频率或频段是局限在图像的某一空间区域内的. 在这一节, 我们要引入局域空间频率的概念和它们与傅里叶分量的关系, 来帮助我们解决这个矛盾.

### 2.2.1　局域空间频率

为了讨论这个问题, 我们考虑复值函数的一般情形, 以后会看到这种情形表示单色光波的振幅分布和相位分布. 现在, 它们仅仅是一个复值函数而已. 任何一个这样的函数可以表示为以下形式:

$$g(x, y) = a(x, y) \exp[\mathrm{j}\phi(x, y)], \tag{2-37}$$

其中 $a(x, y)$ 是非负的实值振幅分布, $\phi(x, y)$ 为实值相位分布. 这里我们假定振幅分布 $a(x, y)$ 是空间位置 $(x, y)$ 的缓变函数, 因此我们可以集中注意力于相位函数 $\phi(x, y)$ 的行为.

我们定义函数 $g$ 的局域空间频率为一对依赖于空间位置的频率 $(f_X^{(\ell)}, f_Y^{(\ell)})$, 由下式给出:

$$f_X^{(\ell)}(x, y) = \frac{1}{2\pi} \frac{\partial}{\partial x} \phi(x, y), \quad f_Y^{(\ell)}(x, y) = \frac{1}{2\pi} \frac{\partial}{\partial y} \phi(x, y), \tag{2-38}$$

或者用矢量记号,

$$\vec{f}^{(\ell)} = \frac{1}{2\pi} \nabla \phi(\vec{x}), \tag{2-39}$$

其中 $\vec{f}^{(\ell)} = (f_X^{(\ell)}, f_Y^{(\ell)})$, $\vec{x} = (x, y)$, $\nabla$ 代表梯度运算. 此外, 在函数 $g(x, y)$ 消失的区域里, 定义 $\vec{f}^{(\ell)}$ 为零.

这就可以定义一个局域空间频率, 它既有依赖于空间的周期 $P(x,y)$, 而且与 $x$ 轴的角度 $\psi(x,y)$ 也依赖于空间位置,

$$P(x,y) = \frac{1}{\sqrt{\left(f_X^{(\ell)}\right)^2 + \left(f_Y^{(\ell)}\right)^2}} \qquad (2\text{-}40)$$

及

$$\psi(x,y) = \arctan\left(\frac{f_Y^{(\ell)}}{f_X^{(\ell)}}\right). \qquad (2\text{-}41)$$

将这些定义用于特定的复值函数

$$g(x,y) = \exp[\mathrm{j}2\pi(f_X x + f_Y y)],$$

这个函数是一个频率为 $(f_X, f_Y)$ 的简单的线性相位指数函数. 我们得到

$$\begin{aligned}
f_X^{(\ell)}(x,y) &= \frac{1}{2\pi}\frac{\partial}{\partial x}[2\pi(f_X x + f_Y y)] = f_X, \\
f_Y^{(\ell)}(x,y) &= \frac{1}{2\pi}\frac{\partial}{\partial y}[2\pi(f_X x + f_Y y)] = f_Y.
\end{aligned} \qquad (2\text{-}42)$$

于是我们看到, 对于单个傅里叶分量的情形, 局域频率的确化为该分量的频率, 这些频率在整个 $(x,y)$ 平面上为常数.

下面考虑有限空域上的一个二次相位指数函数[①], 这个函数叫做 "有限啁啾" 函数[②]:

$$g(x,y) = \exp[\mathrm{j}\pi\beta(x^2 + y^2)]\mathrm{rect}\left(\frac{x}{L_X}\right)\mathrm{rect}\left(\frac{y}{L_Y}\right). \qquad (2\text{-}43)$$

进行局域频率定义所要求的微分运算, 我们得到局域频率可表示为

$$f_X^{(\ell)}(x,y) = \beta x\,\mathrm{rect}\left(\frac{x}{L_X}\right), \quad f_Y^{(\ell)}(x,y) = \beta y\,\mathrm{rect}\left(\frac{y}{L_Y}\right). \qquad (2\text{-}44)$$

我们看到, 在这种情况下, 局域空间频率的确依赖于 $(x,y)$ 平面内的位置; 在一个大小为 $2L_X \times 2L_Y$ 的矩形内, $f_X^{(\ell)}$ 随 $x$ 坐标线性变化, $f_Y^{(\ell)}$ 随 $y$ 坐标线性变化. 于是的确存在局域空间频率对 $(x,y)$ 平面内位置的依赖[③].

由于局域空间频率只局限在尺度为 $L_X \times L_Y$ 的矩形内, 我们也许会说, $g(x,y)$ 的傅里叶谱也局限在同样的矩形内. 实际上, 这句话一般不正确. 谱的形状基本上依赖于乘积 $(L_X/2)^2\beta$, 下面将看到这个量叫做菲涅耳数. 当菲涅耳数大于 1, 局部

---

[①] 关于二次相位指数函数在光学各个领域中的重要性的一个教学指导性的讨论, 见文献 [278].

[②] 没有 "有限" 这个限定词时, "啁啾函数" 这个名称用来称呼无限长的二次相位指数函数 $\exp[\mathrm{j}\pi\beta(x^2 + y^2)]$.

[③] 由定义 (2-38), $f_X^{(\ell)}$ 和 $f_Y^{(\ell)}$ 的量纲均为周 / 米. $\beta$ 的量纲为米$^{-2}$.

空间频率的分布能够给出对傅里叶谱的形状和大小的良好估值, 但是当菲涅耳数小于 1 时却不能. 在这样的条件下, 局域空间频率随空间坐标改变得太快, 使得难以保证局域空间频率与空间频率之间的关系精确成立.

有限啁啾函数的傅里叶变换由下式给出:

$$G(f_X, f_Y) = \int_{-L_X/2}^{L_X/2} \int_{-L_Y/2}^{L_Y/2} \mathrm{e}^{\mathrm{j}\pi\beta(x^2+y^2)} \mathrm{e}^{-\mathrm{j}2\pi(f_X x + f_Y y)} \mathrm{d}x \mathrm{d}y.$$

这个式子在直角坐标系中可分离变量, 因此求出一维频谱就够了:

$$G_X(f_X) = \int_{-L_X/2}^{L_X/2} \mathrm{e}^{\mathrm{j}\pi\beta x^2} \mathrm{e}^{-\mathrm{j}2\pi f_X x} \mathrm{d}x. \tag{2-45}$$

将指数项配成完全平方, 把积分变量由 $x$ 变为 $t = \sqrt{2\beta}\left(x - \dfrac{f_X}{\beta}\right)$, 得到

$$G_X(f_X) = \frac{1}{\sqrt{2\beta}} \mathrm{e}^{-\mathrm{j}\pi f_X^2/\beta} \int_{-\sqrt{2\beta}(L_X/2 + f_X/\beta)}^{\sqrt{2\beta}(L_X/2 + f_X/\beta)} \exp\left[\mathrm{j}\frac{\pi t^2}{2}\right] \mathrm{d}t.$$

这个积分可以表示成其值已列成表的函数——菲涅耳积分, 其定义为

$$C(z) = \int_0^z \cos\left(\frac{\pi t^2}{2}\right) \mathrm{d}t, \quad S(z) = \int_0^z \sin\left(\frac{\pi t^2}{2}\right) \mathrm{d}t. \tag{2-46}$$

于是频谱 $G_X$ 可表示为

$$G_X(f_X) = \frac{\mathrm{e}^{-\mathrm{j}\pi f_X^2/\beta}}{\sqrt{2\beta}} \{ C[\sqrt{2\beta}(L_X/2 - f_X/\beta)] - C[\sqrt{2\beta}(-L_X/2 - f_X/\beta)]$$

$$+ \mathrm{j}S[\sqrt{2\beta}(L_X/2 - f_X/\beta)] - \mathrm{j}S[\sqrt{2\beta}(-L_X/2 - f_X/\beta)] \}. \tag{2-47}$$

频谱 $G_Y$ 的表达式当然完全相同, 除了下标由 $X$ 换成 $Y$. 图 2.4 为 $L_X = 20$ 及 $\beta = 1$ (菲涅耳数为 100) 的具体情形下 $|G(f_X)|$ 与 $f_X$ 的关系曲线, 这时局域空间频率分布与傅里叶谱相差不多. 可以预期, 这二者之间的良好一致只会发生在 $\phi(x, y)$ 在 $(x, y)$ 平面上的变化足够 "缓慢", 使 $\phi(x, y)$ 在任意一点 $(x, y)$ 附近只用它的泰勒展开的三项 (即常数项加上两个一次偏微商项) 就可以良好近似的情形. 对空间置限的二次相位函数的谱的更详尽的讨论见 5.2 节.

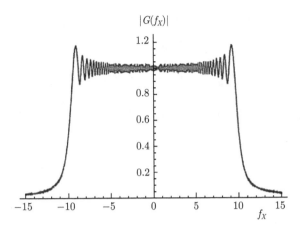

图 2.4 有限啁啾函数的频谱, $L_X = 20, \beta = 1$

局域空间频率在光学中有专门的物理意义. 一个相干光波的波前, 其上一特定点的局域空间频率乘以 $\lambda$, 得到的结果对应于波前上该点的几何光学光线的方向余弦. 若我们考虑 $(f_X, f_Y)$ 平面内的局域空间频率的占有率分布, 我们可将此分布看成谱的几何光学估值, 而不包括任何衍射效应. 但是, 我们走得太远了; 在后面各章特别是在附录 B 中, 我们将再回到这个想法上来.

### 2.2.2 维格纳分布函数

通过引入维格纳分布, 我们可以将空间带宽占有率的概念置于更加坚实的基础上 [370,18,19,274,4]. 以后我们会发现局域频率与空间每一点的几何光学光线的方向相似, 维格纳分布函数提供了一个在波动光学表述中成立的处理方式.

一个函数 $g(x,y)$ 的二维维格纳分布 $W_g(x,y; f_X, f_Y)$ 在四维空间–频率域中由下式定义:

$$W_g(x,y; f_X, f_Y) = \iint_{-\infty}^{\infty} g\left(x + \frac{\Delta x}{2}, y + \frac{\Delta y}{2}\right) g^*\left(x - \frac{\Delta x}{2}, y - \frac{\Delta y}{2}\right)$$
$$\times e^{-j2\pi(\Delta x f_X + \Delta y f_Y)} \mathrm{d}\Delta x \mathrm{d}\Delta y. \tag{2-48}$$

将 $g$ 和 $g^*$ 换成它们的傅里叶积分, 用相移定理和 $\delta$ 函数的筛选性质, 我们可以得到等价的表示式

$$W_g(x,y; f_X, f_Y) = \iint_{-\infty}^{\infty} G\left(f_X + \frac{\Delta f_X}{2}, f_Y + \frac{\Delta f_Y}{2}\right) G^*\left(f_X - \frac{\Delta f_X}{2}, f_Y - \frac{\Delta f_Y}{2}\right)$$
$$\times e^{j2\pi(x\Delta f_X + y\Delta f_Y)} \mathrm{d}\Delta f_X \mathrm{d}\Delta f_Y, \tag{2-49}$$

其中 $G = \mathcal{F}\{g\}$.

　　上面这样定义的维格纳分布有许多有趣的性质. 例如, 由 (2-48) 式容易证明, 维格纳分布在 $(x, y)$ 平面上的投影给出 $(x, y)$ 平面内的能量密度,

$$\iint_{-\infty}^{\infty} W_g(x, y; f_X, f_Y) \mathrm{d}f_X \mathrm{d}f_Y = |g(x, y)|^2. \tag{2-50}$$

同样, 从 (2-49) 式可以证明, 维格纳分布 $W_g$ 在 $(f_X, f_Y)$ 平面上的投影给出 $(f_X, f_Y)$ 平面内的能量密度,

$$\iint_{-\infty}^{\infty} W_g(x, y; f_X, f_Y) \mathrm{d}x \mathrm{d}y = |G(f_X, f_Y)|^2. \tag{2-51}$$

由此得到, $W_g(x, y; f_X, f_Y)$ 下的体积是 $g(x, y)$ 中的总能量

$$\iiiint_{-\infty}^{\infty} W_g(x, y; f_X, f_Y) \mathrm{d}x \, \mathrm{d}y \, \mathrm{d}f_X \mathrm{d}f_Y = \iint_{-\infty}^{\infty} |g(x, y)|^2 \mathrm{d}x \, \mathrm{d}y. \tag{2-52}$$

这些结果似乎意味着, 可以将维格纳分布看成四维的空间频域中任意一点 $(x, y; f_X, f_Y)$ 的能量密度的量度. 可惜这并不很正确, 因为我们会看到, 有这样一些情况, 在这些情况下, $W_g$ 可以在空间-频率域中的某些点上取负值, 从而消除了把它看成真正的能量密度观念的可能性. 但是, 在进一步讨论 $W_g$ 的可能的负值以及维持能量密度解释的种种方法之前, 让我们先列举 (不作证明) 它的一些其他性质.

**实值性质**

　　$W_g^*(x, y; f_X, f_Y) = W_g(x, y; f_X, f_Y)$, 即 $W_g$ 是它的自变量的实值函数.

**位移性质**

　　$g(x - a, y - b)$ 的维格纳分布是 $W_g(x - a, y - b; f_X, f_Y)$, 即 $g(x, y)$ 的移动引起维格纳分布在 $(x, y)$ 平面内相似的移动.

**与线性指数函数相乘的性质**

　　$\exp[\mathrm{j}2\pi(ax + by)]g(x, y)$ 的维格纳分布是 $W_g(x, y - b; f_X - a, f_Y - a)$, 即函数 $g(x, y)$ 与一个相位线性地依赖于 $x$ 和 $y$ 的复指数函数相乘, 使维格纳分布在 $(f_X, f_Y)$ 平面内移动.

**卷积性质**

　　$h(x, y) * g(x, y)$ 的维格纳分布是

$$\iint_{-\infty}^{\infty} W_h(x - \xi, y - \eta; f_X, f_Y) W_g(\xi, \eta; f_X, f_Y) \mathrm{d}\xi \mathrm{d}\eta.$$

即两个函数 $h$ 和 $g$ 的卷积产生的维格纳分布是它们各自维格纳分布的关于 $(x, y)$ 变量的卷积.

**乘法性质**

$h(x, y)g(x, y)$ 的维格纳分布由下式给出:

$$\iint_{-\infty}^{\infty} W_h(x, y; f_X - \xi, f_Y - \eta)W_g(x, y; \xi, \eta)\mathrm{d}\xi\mathrm{d}\eta.$$

即两个函数 $h$ 和 $g$ 相乘产生的维格纳分布是它们各自的维格纳分布关于 $(f_X, f_Y)$ 变量的卷积.

**放大性质**

$\dfrac{1}{|M|}g\left(\dfrac{x}{M}, \dfrac{y}{M}\right)$ 的维格纳分布是

$$W_g\left(\frac{x}{M}, \frac{y}{M}; Mf_X, Mf_Y\right).$$

在光学术语中, 一个函数 $g$ 放大或缩小一个因子 $M$ 后生成的维格纳分布是这样的: 它的空间变量同样放大或缩小一个因子 $M$, 但其频率变量则反过来被缩小或放大同一因子 $M$. 换句话说, 若对空间放大, 则对频率缩小; 反之亦然. 在光学中, 我们将看到, 频率变量代表角度, 因此当空间被放大或缩小时, 角度发生相反的变化.

**傅里叶变换性质**

这是我们感兴趣的最后一个性质. 令 $\mathcal{F}\{\cdot\}$ 表示它的变量函数的二维傅里叶变换, 并令 $G(f_X, f_Y) = \mathcal{F}\{g(x, y)\}$. 那么 $G$ 的维格纳分布由 $W_g(-f_X, -f_Y; x, y)$ 给出. 对于一维函数 $g(x)$, 这对应于在维格纳空间中顺时针旋转 $90°$. 在二维情形下, 这是四维维格纳空间中的更复杂的旋转.

最后, 我们列举出一些常见的重要函数的维格纳分布, 以兹说明. 由于四维空间下的结果是如此之难以直观摹想, 所以下面的例子仅限于一维情形.

**线性指数** 令 $g(x) = \exp(\mathrm{j}2\pi\alpha x)$, 即一个无穷长的复指数函数, 其相位线性依赖于 $x$. 于是

$$W_g(x; f_X) = \delta(f_X - \alpha).$$

即 $W_g$ 是一个 $\delta$ 函数, 它平行于 $x$ 轴, 与 $x$ 轴的距离为 $x$, 这与我们的观念是一致的, 即这个函数在一切 $x$ 值上有相同的、恒定的局域空间频率.

**二次相位指数** 令 $g(x) = \exp(\mathrm{j}\pi\beta x^2)$, 即一个无穷长的复指数函数, 其相位依赖于 $x$ 的平方 (所谓 "啁啾" 函数). 于是

$$W_g(x; f_X) = \delta(f_X - \beta x),$$

即 $W_g$ 仍是一个 $\delta$ 函数页面, 但是这一次页面的基底是一条在 $(x, f_X)$ 域内倾斜的直线, 倾斜对应于斜角 $\beta$. 这个结果与啁啾函数的局域空间频率是 $x$ 的线性函数的观念相容.

**高斯函数**   令 $g(x) = \exp(-\pi\gamma x^2)$, 即 $x$ 的高斯函数. 这时

$$W_g(x; f_X) = \sqrt{\frac{2}{\gamma}} \exp[-2\pi(\gamma x^2 + f_X^2/\gamma)].$$

**矩形函数**   最后, 考虑函数 $g(x) = \mathrm{rect}(x)$, 即矩形函数. 维格纳分布经求得为

$$W_g(x; f_X) = 2(1 - 2|x|)\mathrm{rect}(x)\mathrm{sinc}[2(1 - |2x|)f_X].$$

$f_X$ 可取任意值. 注意当 $x = 0$ 时维格纳分布化为

$$W_g(0; f_X) = 2\mathrm{sinc}(2f_X),$$

它有负的边瓣, 因此坐实了前面说的不能将维格纳分布严格解释为空间–频率域内的能量密度分布.

虽然 $W_g$ 可能取负值带来了是否能将它解释为能量密度函数的问题, 但是这个问题并不像乍一看来那样基础 (见文献 [274], 79 页). 原因是这一事实: 你不能在 $(x, f_X)$ 空间内的一个孤立点上量度维格纳分布. 测不准原理不允许这样做. 空域中的能量密度 $|g(x)|^2$ 的归一化二阶中心矩与频域中的能量密度 $|G(f_X)|^2$ 的归一化二阶中心矩的乘积必定总是大于等于 $1/(4\pi^2)$ (文献 [37], 160 页), 即若 $|g(x)|^2$ 和 $|G(f_X)|^2$ 各自的一阶矩为 $\mu_g$ 和 $\mu_G$, 并且我们定义

$$\sigma_g^2 \triangleq \frac{\int_{-\infty}^{\infty} (x - \mu_g)^2 |g(x)|^2 \mathrm{d}x}{\int_{-\infty}^{\infty} |g(x)|^2 \mathrm{d}x} \tag{2-53}$$

和

$$\sigma_G^2 \triangleq \frac{\int_{-\infty}^{\infty} (f_X - \mu_G)^2 |G(f_X)|^2 \mathrm{d}f_X}{\int_{-\infty}^{\infty} |G(f_X)|^2 \mathrm{d}f_X}, \tag{2-54}$$

那么它们乘积的平方根必定满足

$$\sigma_g \sigma_G \geqslant \frac{1}{4\pi}. \tag{2-55}$$

于是我们在空域中测量能量密度的分辨率越高, 在频域中我们能够测定能量密度的分辨率就越低. 鉴于这一基础不确定性的存在, 在空间–频率域中, 我们可以在其中

测量能量的最小区域的量级为 $1/(4\pi)$. 如果我们将维格纳分布与一个窗口 (此窗口将维格纳分布之值在这样一个空间–频率区间上取平均) 作卷积, 结果将是一个正函数, 它是在这个空间–频率域上信号的能量密度的近似. 当然这个卷积也将使维格纳分布在 $x$ 轴和 $f_X$ 轴上的投影变模糊, 从而导致每个域中的能量密度稍有一些不精确. 因此, 虽然维格纳分布像局域空间频率方法一样是一个比局域空间频率更普遍的概念, 但它并不是空间–频率能量占有率的一个完美表示. 但不论怎样, 它的确给出了信号本性的重要理解.

在结束本节时, 我们不作证明地提一句, 局域频率分布可以通过下述关系从维格纳分布推导出来 (文献 [20], 14 页):

$$\vec{f}^{(\ell)}(\vec{x}) = \frac{1}{2\pi}\nabla\phi(\vec{x}) = \frac{1}{2\pi}\frac{\iint_{-\infty}^{\infty}\vec{f}W_g(\vec{x};\vec{f})\mathrm{d}\vec{f}}{\iint_{-\infty}^{\infty}W_g(\vec{x};\vec{f})\mathrm{d}\vec{f}}. \tag{2-56}$$

## 2.3  线 性 系 统

为了讨论方便, 我们想要广义地定义系统一词, 既包括我们熟悉的电路网络, 也包括不太熟悉的光学成像系统. 因此, 我们把系统定义为一个映射, 它把一组输入函数变为一组输出函数. 对于电路网络, 输入和输出信号是一元 (时间) 独立的实值函数 (电压或电流); 而对于成像系统, 输入和输出信号可以是二元相互独立的 (空间) 的实值函数 (光强), 也可以是复值函数 (光场振幅). 前已说过, 是把光强还是把光场振幅作为讨论的量, 将在后面处理.

如果只限于考虑确定性 (非随机) 系统, 那么一个具体的输入必定映射为一个独一无二的输出. 但是, 每个输出却不一定对应于一个独一无二的输入, 因为我们将看到, 有好些输入函数可以没有输出. 因此我们从一开始就限于讨论由多到一对应映射表征的系统.

表示系统的一个方便的办法是用一个数学算符 $\mathcal{S}\{\cdot\}$. 我们设想此算符作用在输入函数上产生输出函数. 于是, 如果 $g_1(x_1, y_1)$ 表示系统的输入, $g_2(x_2, y_2)$ 表示对应的输出, 那么根据 $\mathcal{S}\{\cdot\}$ 的定义, 这两个函数由下式联系:

$$g_2(x_2, y_2) = \mathcal{S}\{g_1(x_1, y_1)\}. \tag{2-57}$$

若不更详细说明算符 $\mathcal{S}\{\cdot\}$ 的性质, 那么对一般系统性质的描述只能到 (2-57) 式为止, 难以更具体了. 在下面的内容中, 我们主要关注一类受限制的系统, 即线性系统, 尽管我们并不是只关心它. 我们将看到, 线性性质的假定使这类系统得到简单而又有物理意义的表示; 它还会给出输入和输出之间的有用关系式.

### 2.3.1　线性性质与叠加积分

如果一个系统对一切输入函数 $p$ 和 $q$ 及所有复常数 $a$ 和 $b$ 都满足下面的叠加性质：

$$\mathcal{S}\{ap(x_1, y_1) + bq(x_1, y_1)\} = a\mathcal{S}\{p(x_1, y_1)\} + b\mathcal{S}\{q(x_1, y_1)\}. \tag{2-58}$$

则此系统称为线性系统.

如前所述, 线性性质带来的巨大好处是, 将系统的输入分解成一些 "基元" 函数后, 能够将系统对该输入的响应用系统对这些基元函数的响应表示出来. 于是, 找到一种分解输入函数的简便方法是非常重要的. $\delta$ 函数的筛选性质(参照附录 A 的 A.1 节) 提供了这样一种分解方法. 它是

$$g_1(x_1, y_1) = \iint_{-\infty}^{\infty} g_1(\xi, \eta)\delta(x_1 - \xi, y_1 - \eta)\mathrm{d}\xi\mathrm{d}\eta. \tag{2-59}$$

这个式子可以看成是将 $g_1$ 表示成一组经过加权和位置移动的 $\delta$ 函数的线性组合; 这种分解方法的基元函数当然就是这些 $\delta$ 函数.

为了得到系统对输入 $g_1$ 的响应, 把 (2-59) 式代入 (2-57) 式:

$$g_2(x_2, y_2) = \mathcal{S}\left\{\iint_{-\infty}^{\infty} g_1(\xi, \eta)\delta(x_1 - \xi, y_1 - \eta)\mathrm{d}\xi\mathrm{d}\eta\right\}. \tag{2-60}$$

现在把函数 $g_1(\xi, \eta)$ 简单地看成是基元函数 $\delta(x_1 - \xi, y_1 - \eta)$ 所带的权重因子, 由算符 $\mathcal{S}\{\cdot\}$ 的线性性质 (2-58) 式, 可以将它作用于各个基元函数; 于是把算符 $\mathcal{S}\{\cdot\}$ 移进积分号内, 得到

$$g_2(x_2, y_2) = \iint_{-\infty}^{\infty} g_1(\xi, \eta)\mathcal{S}\{\delta(x_1 - \xi, y_1 - \eta)\}\mathrm{d}\xi\mathrm{d}\eta. \tag{2-61}$$

最后, 我们用符号 $h(x_2, y_2; \xi, \eta)$ 表示系统在输出空间的 $(x_2, y_2)$ 点对输入空间的 $(x_1 - \xi, y_1 - \eta)$ 点上输入的 $\delta$ 函数的响应, 即

$$h(x_2, y_2; \xi, \eta) = \mathcal{S}\{\delta(x_1 - \xi, y_1 - \eta)\}. \tag{2-62}$$

函数 $h$ 叫做系统的脉冲响应(或在光学中叫做点扩展函数). 现在, 可以用一个简单的式子将系统的输入和输出联系起来

$$g_2(x_2, y_2) = \iint_{-\infty}^{\infty} g_1(\xi, \eta)h(x_2, y_2; \xi, \eta)\mathrm{d}\xi\mathrm{d}\eta. \tag{2-63}$$

注意若 $g_1$ 和 $g_2$ 的量纲相同, 而 $\mathrm{d}x$ 和 $\mathrm{d}y$ 都有长度的量纲, 那么脉冲响应 $h$ 的量纲必定是 1/[长度]$^{-2}$.

这个基本的表示式叫做**叠加积分**, 它表明了一个非常重要的事实, 就是一个线性系统的性质完全由它对单位脉冲的响应表征. 为了完全确定输出, 一般必须知道对输入空间的一切可能的点上的脉冲的响应. 对于线性成像系统的情形, 这个结果具有有趣的物理解释, 即成像元件 (透镜、光阑等) 的效应可以由遍布物场各点的点源的像 (可能为复数值) 完全描述.

### 2.3.2 线性不变系统: 传递函数

研究了一般的线性系统的输入--输出关系式之后, 现在我们转而讨论线性系统的一个重要的子类, 即线性不变系统. 如果一个电路网络的脉冲响应 $h(t,\tau)$ (即它在 $t$ 时刻对作用于 $\tau$ 时刻的单位脉冲激励的响应) 只依赖于两个时刻之差 $(t-\tau)$, 则称它是时不变的. 由固定电阻、电容和电感组成的电路网络是时不变的, 因为它们的特性并不随时间变化.

同样, 如果一个线性成像系统的脉冲响应 $h(x_2,y_2;\xi,\eta)$ 只依赖于距离 $(x_2-\xi)$ 和 $(y_2-\eta)$ (即激励点和响应点之间在 $x$ 和 $y$ 方向的距离), 则称该系统是空间不变的 (或等效的说法是等晕的). 对于这种系统当然有①

$$h(x_2,y_2;\xi,\eta) = h(x_2-\xi,y_2-\eta). \tag{2-64}$$

于是, 当一个点源在物场中游走时, 如果它的像只改变位置而不改变函数形式, 则此成像系统是空间不变的. 实际上, 成像系统很少在它们的全部物场上都是等晕的, 不过往往可以将物场分成许多小区 (等晕区), 在每个小区内系统是近似不变的. 为了完备描写成像系统, 应当给出适合每个等晕区的脉冲响应; 但是, 如果我们感兴趣的那一部分物场足够小, 通常只要考虑系统光轴上的等晕区就够了. 注意, 对于不变系统, 叠加积分 (2-63) 取特别简单的形式

$$g_2(x_2,y_2) = \iint_{-\infty}^{\infty} g_1(\xi,\eta)h(x_2-\xi,y_2-\eta)\mathrm{d}\xi\mathrm{d}\eta. \tag{2-65}$$

我们认出它是物函数与系统的脉冲响应的二维**卷积**. 下面若用一个简写记号来表示像 (2-65) 式这样的卷积关系式, 将带来方便, 因此将这个方程用符号写成

$$g_2 = g_1 * h$$

这里任何两个函数之间的符号 * 表示这两个函数作卷积.

线性不变系统具有一套比一般的线性系统更详细得多的数学理论. 正是由于有这套理论, 不变系统非常容易处理. 我们注意到卷积关系式 (2-65) 在作傅里叶变换

---

① 我们在这里随意使用记号, 因为左边的函数 $h$ 是一个四元函数, 而右边的函数 $h$ 只是一个二元函数. 不过, 从函数的自变量的个数可以清楚知道, 我们表示的是一个空间不变的脉冲响应 (两个自变量) 还是一个空间变的脉冲响应 (四个自变量).

后的形式特别简单, 不变系统的简单性正源于此. 具体地说, 对 (2-65) 式两边作傅里叶变换并应用卷积定理, 系统输出端的频谱 $G_2(f_X, f_Y)$ 和输入端频谱 $G_1(f_X, f_Y)$ 便由下面简单的式子联系:

$$G_2(f_X, f_Y) = H(f_X, f_Y)G_1(f_X, f_Y), \tag{2-66}$$

其中 $H$ 是脉冲响应的傅里叶变换

$$H(f_X, f_Y) = \iint_{-\infty}^{\infty} h(\xi, \eta) \exp[-j2\pi(f_X\xi + f_Y\eta)]d\xi d\eta. \tag{2-67}$$

函数 $H$ 称为系统的传递函数, 它表示系统在 "频域" 中的效应. 注意, 为求系统输出所需的比较冗繁的卷积运算 (2-65), 在 (2-66) 式中被换成通常更简单的一系列运算: 先作傅里叶变换, 再将变换式相乘, 然后进行傅里叶逆变换.

从另一种观点来看, 我们可以认为: 关系式 (2-66) 和 (2-67) 表明, 对于线性不变系统, 输入可以分解成比 (2-59) 式的 $\delta$ 函数更为方便的基元函数. 这些替代的基元函数当然就是傅里叶积分表示式中的复指数函数. 对 $g_1$ 作变换只不过是把输入分解成具有不同空间频率 $(f_X, f_Y)$ 的复指数函数. 输入频谱 $G_1$ 与传递函数 $H$ 相乘便考虑了系统对各个基元函数的效应. 注意, 这些效应仅限于振幅的变化和相位的移动, 这由我们只是把输入频谱在各个频率 $(f_X, f_Y)$ 上乘一个复数 $H(f_X, f_Y)$ 这一事实即可明显看出. 而对输出频谱 $G_2$ 进行逆变换, 只不过是把改变后的基元函数加起来以合成输出 $g_2$.

本征函数这个数学术语用来表示一种函数, 这种函数在通过系统后仍保持原来的形式 (或相差一个相乘的复常数). 因而我们看到, 复指数函数是线性不变系统的本征函数. 系统施加在一个输入本征函数上的权重叫做对应于此输入的本征值. 于是传递函数描写了系统的本征值连续区[①].

最后, 应该着重强调的是, 传递函数理论带来的简化只适用于线性不变系统. 对于傅里叶理论在分析时变电路网络方面的应用, 读者可参看文献 [186]; 有关傅里叶分析在空间变的成像系统中的应用, 可在文献 [232] 中找到.

## 2.4 二维抽样理论

为了进行数据处理和数学分析, 将一个函数 $g(x, y)$ 用它在 $(x, y)$ 平面中一个分立点集上取的抽样值阵列来表示是方便的. 直观上看很清楚, 如果抽样点取得彼此充分靠近, 就可以说这些抽样数据是原来的函数的一个精确表示, 意即通过简单的插值就能相当精确地重建 $g$. 一个不那么明显的事实是, 有一类特殊的函数 (称

---

① 复指数函数不是不变线性系统唯一的本征函数, 例如, 见习题 2-11.

为限带函数), 只要抽样点之间的间隔不大于某一个上限, 就可以精确地重建该函数. 这个结果最初是 Whittaker 指出的 [368], 后来 Shannon [314] 在信息论研究中使它广为人知.

抽样定理适用于限带函数类, 所谓限带函数是指这类函数的傅里叶变换只在频率空间的有限区域 $\mathcal{R}$ 上不为零. 我们首先考虑这个定理的一种形式, 它直接类似于 Shannon 所用的一维定理. 然后我们非常简要地指出这个定理在一些二维情况下能作的改进.

### 2.4.1 Whittaker-Shannon 抽样定理

为了导出也许是最简单样式的抽样定理, 我们考虑函数 $g$ 在矩形格点上的抽样, 由下式定义:

$$g_s(x, y) = \text{comb}\left(\frac{x}{X}\right) \text{comb}\left(\frac{y}{Y}\right) g(x, y). \tag{2-68}$$

因此, 抽样函数 $g_s$ 由 $\delta$ 函数阵列组成, 各个 $\delta$ 函数在 $x$ 和 $y$ 方向上的间隔分别为 $X$ 和 $Y$, 见图 2.5. 每个 $\delta$ 函数下的面积正比于函数 $g$ 在矩形抽样格点中该特定点上之值. 卷积定理指出, $g_s$ 的频谱 $G_s$ 可以从函数 $\text{comb}(x/X)\text{comb}(y/Y)$ 的变换式与函数 $g$ 的变换式的卷积求出, 即

$$G_s(f_X, f_Y) = \mathcal{F}\left\{\text{comb}\left(\frac{x}{X}\right) \text{comb}\left(\frac{y}{Y}\right)\right\} * G(f_X, f_Y),$$

这里仍用 $*$ 符号表示作二维卷积. 利用表 2.1, 我们有

$$\mathcal{F}\left\{\text{comb}\left(\frac{x}{X}\right) \text{comb}\left(\frac{y}{Y}\right)\right\} = XY \text{comb}(Xf_X)\text{comb}(Yf_Y),$$

而由习题 2-1(b) 的结果

$$XY\text{comb}(Xf_X)\text{comb}(Yf_Y) = \sum_{n=-\infty}^{\infty} \sum_{m=-\infty}^{\infty} \delta\left(f_X - \frac{n}{X}, f_Y - \frac{m}{Y}\right),$$

得到

$$G_s(f_X, f_Y) = \sum_{n=-\infty}^{\infty} \sum_{m=-\infty}^{\infty} G\left(f_X - \frac{n}{X}, f_Y - \frac{m}{Y}\right). \tag{2-69}$$

显然, $g_s$ 的频谱可以简单地通过把 $g$ 的频谱安放在 $(f_X, f_Y)$ 平面上每一 $(n/X, m/Y)$ 点的周围的方法求出, 如图 2.6 所示.

由于我们假定 $g$ 是限带函数, 它的频谱 $G$ 只在频率空间的一个有限区域 $\mathcal{R}$ 上不为零. 如 (2-69) 式所示, 抽样函数频谱不为零的区域可由在频率平面内每一 $(n/X, m/Y)$ 点周围划出区域 $\mathcal{R}$ 而得到. 于是很清楚, 若 $X$ 和 $Y$ 足够小 (即抽样点相互之间充分靠近), 那么各个频谱孤岛的间隔 $1/X$ 和 $1/Y$ 就会足够大, 保证相

邻区域不会重叠 (图 2.6). 因此, 让抽样函数 $g_s$ 通过一个线性不变滤波器, 无畸变地传递 (2-69) 式中的 $(n=0, m=0)$ 项, 同时完全阻挡所有其他各项, 就可以从 $G_s$ 绝对精确地恢复原来的频谱 $G$. 于是, 在这个滤波器的输出端, 我们就得到了原始数据 $g(x, y)$ 的绝对准确的复制品.

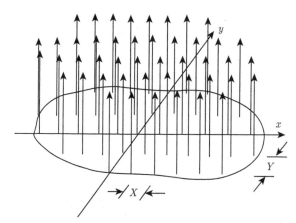

图 2.5　抽样函数

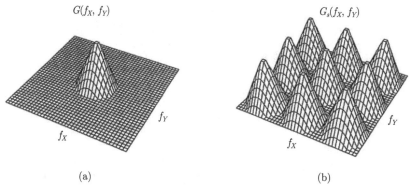

(a)　　　　　　　　　　　　　　　　　　　　(b)

图 2.6　(a) 原来函数的频谱; (b) 抽样数据的频谱

　　如上所述, 为了成功地恢复原始数据, 抽样点必须足够靠近, 使 $G_s$ 的各个频谱区域分开. 为了确定抽样点之间的最大容许间隔, 令 $B_X$ 和 $B_Y$ (即区间 $(-B_X, B_X)$ 和 $(-B_Y, B_Y)$ 的宽度) 表示完全包围区域 $\mathcal{R}$ 的最小矩形[①]沿 $f_X$ 方向和 $f_Y$ 方向的宽度. 因为抽样数据的频谱 (2-69) 中的各项在 $f_X$ 和 $f_Y$ 方向上的间隔距离分别为 $1/X$ 和 $1/Y$, 所以如果

$$X \leqslant \frac{1}{B_X} \quad \text{和} \quad Y \leqslant \frac{1}{B_Y}. \tag{2-70}$$

---

　　① 为了简单, 我们假设这个矩形的中心在坐标原点. 如果情况不是这样, 可以直截了当地修改条件, 得到一个更有效的抽样定理.

就保证了频谱区域分开. 于是, 要精确恢复原来的函数, 抽样点阵的最大间隔为 $(B_X)^{-1}$ 和 $(B_Y)^{-1}$. 当函数以这样的间隔被抽样时, 我们说我们是以奈奎斯特 (Nyquist) 抽样率对这个函数抽样.

在确定了抽样点之间的最大容许距离之后, 还需要具体确定出抽样数据将通过的滤波器的精确的传递函数. 在许多场合下, 这方面有很大的选择余地, 因为对区域 $\mathcal{R}$ 的许多可能的形状, 有大量的传递函数只通过 $G_s$ 的 $(n = 0, m = 0)$ 项而不允许所有其他各项通过. 但是, 对我们的目的而言, 只要注意到下面这点就足够了: 若关系式 (2-70) 成立, 就有一个传递函数, 不管 $\mathcal{R}$ 的具体形状如何, 总是会给出我们想要的结果, 即

$$H(f_X, f_Y) = \mathrm{rect}\left(\frac{f_X}{B_X}\right)\mathrm{rect}\left(\frac{f_Y}{B_Y}\right). \tag{2-71}$$

这时就从 $G_s$ 精确地复原了 $G$, 因为这样一个滤波器的输出频谱是

$$G_s(f_X, f_Y)\mathrm{rect}\left(\frac{f_X}{B_X}\right)\mathrm{rect}\left(\frac{f_Y}{B_Y}\right) = G(f_X, f_Y).$$

在空域中等价的等式为

$$\left[\mathrm{comb}\left(\frac{x}{X}\right)\mathrm{comb}\left(\frac{y}{Y}\right)g(x,y)\right] * h(x,y) = g(x,y), \tag{2-72}$$

其中 $h$ 是滤波器的脉冲响应

$$h(x,y) = \mathcal{F}^{-1}\left\{\mathrm{rect}\left(\frac{f_X}{B_X}\right)\mathrm{rect}\left(\frac{f_Y}{B_Y}\right)\right\} = B_X B_Y \mathrm{sinc}(B_X x)\mathrm{sinc}(B_Y y).$$

注意

$$\mathrm{comb}\left(\frac{x}{X}\right)\mathrm{comb}\left(\frac{y}{Y}\right)g(x,y) = XY\sum_{n=-\infty}^{\infty}\sum_{m=-\infty}^{\infty}g(nX, mY)\delta(x - nX, y - mY),$$

方程 (2-72) 变为

$$g(x,y) = B_X B_Y XY\sum_{n=-\infty}^{\infty}\sum_{m=-\infty}^{\infty}g(nX, mY)\mathrm{sinc}[B_X(x - nX)]\mathrm{sinc}[B_Y(y - mY)].$$

最后, 取抽样间隔 $X$ 和 $Y$ 为它们的最大容许数值, 上式变为

$$g(x,y) = \sum_{n=-\infty}^{\infty}\sum_{m=-\infty}^{\infty}g\left(\frac{n}{B_X}, \frac{m}{B_Y}\right)$$
$$\times \mathrm{sinc}\left[B_X\left(x - \frac{n}{B_X}\right)\right]\mathrm{sinc}\left[B_Y\left(y - \frac{m}{B_Y}\right)\right]. \tag{2-73}$$

(2-73) 式代表一个基础性的重要结果, 叫做 Whittaker-Shannon 抽样定理. 它意味着, 间隔合适的矩形阵列上的抽样值, 可以完全精确地复原一个限带函数; 在每一抽样点上乘上一个由 sinc 函数的乘积构成的插值函数, 其权重为相应点上 $g$ 的抽样值, 就实现了复原.

上述结果绝非唯一可能的抽样定理. 我们在分析中作了两个相当任意的选择, 在这两处作出别种选择将得出别种形式的抽样定理. 在分析中先出现的第一个任意选择, 是使用了矩形的抽样格子. 随后出现的第二个任意选择, 是选了特殊的滤波器传递函数 (2-71). 在这两处作别种选择导出的别种形式的抽样定理, 其有效性并不比 (2-73) 式差; 事实上, 在有些情况下, 别种形式的抽样定理, 在下述意义上更 "有效", 即为了保证完全复原, 所需的单位面积上的抽样数目可以少一些. 希望深入研究内容极为丰富的多维抽样理论的读者, 可参阅 Bracewell 的论文 [36] 及 Perterson 与 Middleton 的论文 [281]. 多维抽样定理的更现代的处理方法可在 Dudgeon 和 Mersereau [96] 的论文中找到.

讨论光学中的抽样问题时, 还有最后一个微妙之处应当谈一谈. 函数 $g(x,y)$ 常常代表一个复数值的光场, 而我们感兴趣的是重建这个光场的强度 $|g(x,y)|^2$. 强度的带宽是场的带宽的两倍. 为了在场的抽样中重建强度, 可以有两个不同的方法. 第一个方法, 我们可以以适合于场的带宽的奈奎斯特密度对场抽样, 通过带着合适的 sinc 函数进行内插来重建场, 然后将内插的场平方, 得出强度分布. 另一个方法是, 我们可以以场需要的密度的两倍, 取抽样值大小的平方, 然后将得出的样本带着 sinc 函数内插, 这时的 sinc 函数的宽度是前一种方法中所用的 sinc 函数的一半. 两种方法都正确, 但是前一种方法因为需要计算和内插的样本的数目更少, 效率更高.

### 2.4.2　过抽样、欠抽样和频谱混淆

我们已看到, 对一个带宽有限的谱, 存在着一个临界抽样密度——奈奎斯特密度, 它是允许信号完全复原的最小抽样密度. 注意, 我们是在以频率 (0,0) 为中心隔离出一个频谱岛, 作为一个预防措施, 最好是以比奈奎斯特抽样率更高的密度来抽样, 甚至高到严格需要的两倍. 以比奈奎斯特抽样率更高的密度抽样叫做过抽样. 通过过抽样, 我们在抽样数据的频谱岛之间建立更大的空间, 这不仅保证了各个频谱岛不重叠, 也使一个合适的滤波器更容易隔出感兴趣的频谱岛.

若抽样密度小于奈奎斯特密度, 我们就说得到的是数据的欠抽样. 数据被欠抽样时, 频谱岛将会重叠, 信号的精确恢复便不可能. 当我们对之抽样的信号的带宽不是严格地有限, 而是逐渐衰减时, 欠抽样是不可避免的. 若谱在一切频率上都持续为有限大小, 只有孤立的零点, 那么任何抽样密度都得不到数据精确的复原, 不论抽样多密, 在重建中总会有些错误. 这时我们进行抽样的目标应当是抽样密度足

够密, 使频谱岛之间的重叠足够小, 保证信号重建的错误小得可以容忍.

当数据欠抽样时, 频谱岛将会部分重叠. 这导致图 2.7 中示出的所谓频谱混淆. 详见图的说明.

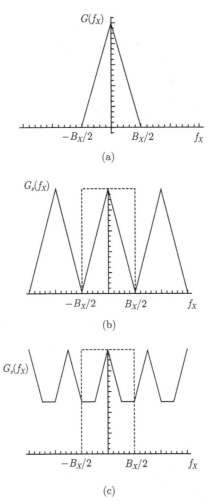

图 2.7  频谱混淆图示. (a) 穿过图 2.6(a) 所示的二维频谱中心截面. (b) 穿过图 2.6(b) 所示的频谱岛的中心截面, 它表示按奈奎斯特抽样率抽样得出的谱. (c) 以 3/4 奈奎斯特抽样率抽样得到的谱, 表示频谱岛重叠的结果. 在 (b) 和 (c) 中, 虚线画的矩形代表内插滤波器的传递函数. 显然原来的谱没有在 (c) 中恢复

对于每个在 $(x, y)$ 平面上只占有限地盘的信号, 信号数据的谱的带宽不是有限的, 频谱混淆现象特别重要. 这时频谱岛在某种程度上的重叠是不可避免的, 但是如果抽样密度选得够高, 可以将它极小化. 在对一个带宽非有限的信号估计需要的

采样率时, 应当记住, 频域中的频谱岛是在复振幅的基础上相加的, 而不是在能量的基础上相加, 因此会发生干涉.

### 2.4.3  空间–带宽积

能够证明, 没有一个函数既带宽有限, 又在空间被绝对限制在有限的范围里, 即如果一个函数 $g$ 的频谱 $G$ 只是在 $(f_X, f_Y)$ 平面的有限区域 $\mathcal{R}$ 上不为零, 那么函数 $g$ 自身不可能同时只在 $(x, y)$ 平面上有限区域 $\mathcal{R}$ 上不为零[①]. 虽然如此, 在实际中, 绝大多数函数的值最终变得非常小, 因此从实际的观点看, 通常可以说 $g$ 只是在某一有限的区域内实质上不为零. 例外情况是没有通常意义下的傅里叶变换的函数, 这些函数只能用广义傅里叶变换处理 (如 $g(x, y) = 1, g(x, y) = \cos[2\pi(f_X + f_Y)]$, 等等).

如果 $g(x, y)$ 带宽有限, 并且确实只在 $(x, y)$ 平面的有限区域内其值才实质上不为零, 那么用有限个抽样以良好的精确度表示 $g$ 是可能的. 若 $g$ 只是在 $-L_{X/2} \leqslant x < L_{X/2}, -L_{Y/2} \leqslant y < L_{Y/2}$ 区域内实质性不为零, 并且按照抽样定理在 $x$ 和 $y$ 方向间隔分别为 $(B_X)^{-1}$ 和 $(B_Y)^{-1}$ 的一个矩形点阵上对 $g$ 抽样, 那么我们看到, 表示 $g(x, y)$ 所需的抽样值的总数目为

$$N = L_X L_Y B_X B_Y, \tag{2-74}$$

我们称它为函数 $g$ 的空间–带宽积. 可以认为空间–带宽积是此函数的自由度的数目.

对许多带宽并非严格有限的函数, 空间–带宽积的概念也是有用的. 如果一个函数是近似空间有限和近似有限带宽的, 那么在频域中可以定义一个矩形区域 (大小为 $B_X \times B_Y$), 其中包括了绝大部分频谱; 在空域中可以定义一个矩形区域 (大小为 $L_X \times L_Y$), 其中包括了函数的绝大部分. 函数的空间–带宽积由 (2-74) 式近似给出.

一个函数的空间–带宽积是其复杂性的一种量度. 光学系统精确处理具有大的空间–带宽积的输入和输出的能力是系统性能的量度, 直接关系系统的质量.

## 2.5  离散傅里叶变换

此前读者已经熟悉了连续形式的傅里叶变换. 本节我们将注意力转到由抽样数

---

① 用一个简单的例子就能够看到, 这个情形是可能的. 考虑无穷长的一维函数 $\cos(2\pi f_0 x)$. 它的谱由两个 $\delta$ 函数组成, 一个位于 $-f_0$, 另一个位于 $+f_0$. 如果我们通过将它与 $\mathrm{rect}(x/L)$ 相乘截断这个函数, 那么谱域中的 $\delta$ 函数便将与 $\mathrm{rect}$ 函数的傅里叶变换 sinc 函数作卷积. 于是带宽有限的一对 $\delta$ 函数便成为一对 sinc 函数. 但是 sinc 函数在谱域中有无穷长的尾巴, 因此谱不再是有限带宽了. 任何随后变成空间有限的有限带宽函数都是这样——谱将不再是有限宽了.

据计算傅里叶变换上来, 即所谓的**离散傅里叶变换**.

出发点自然是由下式给出的连续傅里叶变换:

$$G(f_X, f_Y) = \iint_{-\infty}^{\infty} g(x, y) \exp[-j2\pi(f_X x + f_Y y)] dx dy. \tag{2-75}$$

我们假设信号 $g(x, y)$ 有限长度为 $(L_X, L_Y)$, 现在对 $g(x, y)$ 抽样, 样点之间的间隔为 $(\Delta x, \Delta y)$, 我们得到另一个连续变换

$$\hat{G}(f_X, f_Y) = \sum_{n=0}^{N_X-1} \sum_{m=0}^{N_Y-1} g(n\Delta x, m\Delta y) \exp[-j2\pi(n\Delta x f_X + m\Delta y f_Y)], \tag{2-76}$$

其中 $N_X = L_X/\Delta x$, $N_Y = L_Y/\Delta y$. 注意, 由于在空域中的抽样, 这时谱 $\hat{G}(f_X, f_Y)$ 由频谱岛构成, 并且假定 $\Delta x$ 和 $\Delta y$ 取得够小, 频域中的频谱混淆成为最小. 若谱宽为 $(B_X, B_Y)$, 那么为了对 $g$ 作奈奎斯特抽样, 将取

$$\Delta x = 1/B_X, \quad \Delta y = 1/B_Y. \tag{2-77}$$

我们想要计算被抽样函数 $g$ 的谱, 但是我们无法求出 $\hat{G}$ 在所有自变量 $(f_X, f_Y)$ 上的值, 因为将有无穷多个频率需要计算. 相反, 我们可以计算一个 $N_X \times N_Y$ 离散频率阵列上的 $\hat{G}$, 此阵列的频率间隔为 $(\Delta f_X, \Delta f_Y)$,

$$\hat{G}(p\Delta f_X, q\Delta f_Y) = \sum_{n=0}^{N_X-1} \sum_{m=0}^{N_Y-1} g(n\Delta x, m\Delta y) \exp[-j2\pi(np\Delta x \Delta f_X + mq\Delta y \Delta f_Y)], \tag{2-78}$$

其中 $p = 0, 1, \cdots, N_X - 1$; $q = 0, 1, \cdots, N_Y - 1$. 为了有最高的效率而又避免频域中的频谱混淆, 我们应当选

$$\Delta f_X = 1/L_X, \quad \Delta f_Y = 1/L_Y. \tag{2-79}$$

现在注意

$$\Delta f_X \Delta x = 1/(L_X B_X) = 1/N_X, \quad \Delta f_Y \Delta y = 1/(L_Y B_Y) = 1/N_Y, \tag{2-80}$$

其中 $N = N_X N_Y$ 是函数 $g(x, y)$ 的空间–带宽积. 由此得

$$\hat{G}(p/L_X, q/L_Y) = \sum_{n=0}^{N_X-1} \sum_{m=0}^{N_Y-1} g(n/B_X, m/B_Y) \exp\left[-j2\pi\left(\frac{np}{N_X} + \frac{mq}{N_Y}\right)\right], \tag{2-81}$$

或者, 用更简短的记号,

$$\tilde{G}_{p,q} = \sum_{n=0}^{N_X-1} \sum_{m=0}^{N_Y-1} \tilde{g}_{n,m} \exp\left[-j2\pi\left(\frac{np}{N_X} + \frac{mq}{N_Y}\right)\right]. \tag{2-82}$$

(2-82) 式表示数据序列 $\tilde{g}_{n,m}$ 的离散傅里叶变换 (DFT), 广泛应用在抽样数据的傅里叶分析中. 我们用简短的记号表示这一关系:

$$\tilde{G}_{p,q} = \text{DFT}\{\tilde{g}_{n,m}\}. \tag{2-83}$$

逆 DFT 由下式给出:

$$\tilde{g}_{n,m} = \frac{1}{N_X N_Y} \sum_{p=0}^{N_X-1} \sum_{q=0}^{N_Y-1} \tilde{G}_{p,q} \exp\left[\mathrm{j}2\pi\left(\frac{np}{N_X} + \frac{mq}{N_Y}\right)\right], \tag{2-84}$$

并且用下面的符号代表:

$$\text{DFT}^{-1}\{\tilde{G}_{p,q}\}. \tag{2-85}$$

在结束本节之前, 有以下几点值得指出. 首先, 谱的 "零频" 分量是由 $\tilde{G}_{0,0}$ 表示的, 它出现在 DFT 阵列的左下角. 将 DFT 阵列作循环移动①使这个系数出现在中间是很简单的事情. 其次, 二维 DFT 可以作为两次一维 DFT 的接连操作来进行, 先变换每一行, 接着再变换每一列已被部分变换的数据.

第三要注意, 不要用死板的方法直接计算 DFT, 对每个 DFT 系数, 需要作 $N_X N_Y$ 次复数相乘和相加. 由此得到, 要计算 $N_X N_Y$ 个 DFT 系数, 看来需要作 $N_X^2 N_Y^2$ 次复数相乘和相加, 或者对一个方形阵列 $(N_X = N_Y = N)$, 需要 $N^4$ 次运算. 一个替代直接计算的方法是对二维数组的每一行 (共 $N_Y$ 行) 作一维变换, 每次这样的变换需要 $N_X^2$ 次计算, 然后还要对每产生的一列作一维变换, 需 $N_X N_Y^2$ 次运算, 总共要做 $(N_X + N_Y)N_X N_Y$ 次运算. 对一个方阵列, 这时要作 $2N_X^3$ 次运算. 好在有一个叫做快速傅里叶变换(FFT) 的算法, 利用复指数函数的特殊性质, 用次数少得多的运算就能计算 $\tilde{G}_{p,q}$. 这时, 用 FFT 算法变换 $\tilde{g}_{n,m}$ 阵的每一列需要 $N_X N_Y \log_2 N_X$ 量级次数的复数乘法和加法运算. 然后行运算需要的运算次数之量级为 $N_X N_Y \log_2 N_Y$. 因此二维 FFT 需要的总运算次数的量级为 $N_X N_Y (\log_2 N_X + \log_2 N_Y)$, 对一方阵列 $2N^2 \log_2 N$. 比较这个数与前面讨论的效率最高的强力方法所需的 $2N_X^3$ 次运算, 可见在计算 DFT 时使用 FFT 算法有很大的好处.

还有别的计算 DFT 的快速算法, 但我们在这里不进一步深究这一问题了. 对进一步钻研感兴趣的读者可参阅文献 [41].

## 2.6　片投影定理

一个二维函数 $g(x,y)$ 在一条经过原点并且方向与 $x$ 轴成 $\theta$ 角的直线上的投影

---

① 对一个周期序列, 如在频域抽样得到的序列, 一个循环移动表示这样一种移动, 它简单地将这个周期数组移过它的主周期的一部分. 例如, 如果我们将此序列向右移动一个单位, 向右移出主周期的那个元素便从左方进入新的周期序列.

的定义是

$$p_\theta(x') = \int_{-\infty}^{\infty} g(x'\cos\theta - y'\sin\theta, x'\sin\theta + y'\cos\theta)\mathrm{d}y',\qquad(2\text{-}86)$$

这里投影是投在 $x'$ 轴上，$y'$ 轴垂直于 $x'$ 轴，其中

$$x' = x\cos\theta + y\sin\theta,$$
$$y' = -x\sin\theta + y\cos\theta,\qquad(2\text{-}87)$$

并且

$$x = x'\cos\theta - y'\sin\theta,\quad y = x'\sin\theta + y'\cos\theta.\qquad(2\text{-}88)$$

投影定理可表述如下：

投影 $p_\theta(x')$ 的一维傅里叶变换 $P_\theta(f)$ 等同于 $g(x,y)$ 的二维傅里叶变换 $G(f_X, f_Y)$ 沿着通过原点并与 $f_X$ 轴成 $+\theta$ 角的一条线上取值：

$$P_\theta(f) = G(f\cos\theta, f\sin\theta).\qquad(2\text{-}89)$$

要证明这个定理，我们从 $P_\theta(f)$ 的表示式出发：

$$\begin{aligned}
P_\theta(f) &= \int_{-\infty}^{\infty} p_\theta(x')\mathrm{e}^{-\mathrm{j}2\pi f x'}\mathrm{d}x' \\
&= \int_{-\infty}^{\infty}\left(\int_{-\infty}^{\infty} g(x'\cos\theta - y'\sin\theta, x'\sin\theta + y'\cos\theta)\right)\mathrm{e}^{-\mathrm{j}2\pi f x'}\mathrm{d}x'\mathrm{d}y',
\end{aligned}$$
$$(2\text{-}90)$$

其中积分在整个无穷 $(x', y')$ 平面上进行. 它等价于在整个 $(x, y)$ 平面上积分：

$$P_\theta(f) = \iint_{-\infty}^{\infty} g(x,y)\mathrm{e}^{-\mathrm{j}2\pi(x\cos\theta + y\sin\theta)f}\mathrm{d}x\mathrm{d}y.\qquad(2\text{-}91)$$

于是我们有

$$P_\theta(f) = G(f\cos\theta, f\sin\theta),\qquad(2\text{-}92)$$

上式的右手侧表示穿过二维谱与 $f_X$ 轴夹一角度 $\theta$ 的一块中心片 (译者注：一条线上的值).

关于投影定理的一些应用例子，见习题 2-16 和 2-17，还有第 5.8.3 节.

在结束本节时，应当加说一句：从许多不同角度上取的一组投影，能够恢复原来的函数. 这些方法是计算层析术的基础，详见文献 [167].

## 2.7  从傅里叶变换值的大小恢复相位

假设在某一实验中只能测量一个函数的傅里叶变换式的大小, 而测不了与变换式相联系的相位. 那么, 自然要问, 频域中傅里叶变换大小的知识能不能决定频域中的相位呢? 如果答案是 "能", 那么只从一个函数的傅里叶变换大小的知识就能恢复原来的函数.

一般说来, 对这个问题的答案是 "不能", 但是存在一些重要场合, 在这些场合答案是 "能". 多年以来已经得知, 当原来作傅里叶变换的函数定义在有限大小区域内时, 即它在一个有限大小的 "支撑" 区域之外为零时, 这个函数的傅里叶变换具有某些数学解析性质, 这暗示相位恢复也许是可能的. 沃尔夫在 1962 年首先对一维函数 (例如, 时间的函数或一个空间变量的函数) 研究了这个问题 [375]. 他发现, 存在有一些带基础性的模糊, 导致有许多可能的相位函数, 因此在一维情况下, 唯一的相位恢复一般不可能.

这个领域的突破发生在 1978 年, Fienup 证明 (见文献 [111]), 在二维 (和更高维) 情形, 对于支撑在有界区域内的物, 相位恢复是可能的, 详见文献 [112] 和 [113].

求得所要的相位函数的步骤一般是一个迭代过程, 逐步加强关于原有的空间界限和已知的变换式的模的知识. 若原来的函数 $g(x, y)$ 是中心对称的, 会存在模糊性, 因为这个函数和它关于原点反射的复共轭函数 $g^*(-x, -y)$ 的傅里叶变换的大小相同, 并且二者有相同的支撑区域 [152]. 而且, 并没有恢复物的绝对位置信息, 因为傅里叶变换中的线性相位倾斜在傅里叶谱的模的信息中并不明显. 如果物为实值并且非负, 这一事实将提供进一步的先验信息, 可以用来重建相位.

人们已将各种各样的迭代算法应用于相位恢复问题. 一个共同的困难是, 许多算法在迭代若干次后就停滞下来, 更多次数的迭代不再给出相位估值的进一步改善. Fienup 开发的一个特别成功的算法是所谓 "混杂输入–输出" 算法, 它基于以下各点:

(1) 从对物 $g(x, y)$ 的一个猜测 $g_1(x, y)$ 出发, 比如用随机数充填支承区域;

(2) 对 $g_1$ 作傅里叶变换, 令其傅里叶变换 $G_1$ 的大小等于已知的模的信息, 保持算出的相位;

(3) 对新谱作傅里叶逆变换, 得到物的第二个估值 $g_2$;

(4) 在第 $k+1$ 步迭代, 按照下面的规定产生一个新的输入像 $g_{k+1}$

$$g_{k+1} = \begin{cases} g_k, & \text{在 } g_k \text{ 满足约束时,} \\ g_k - \beta g_{k+1}, & \text{在 } g_{k+1} \text{ 破坏约束时,} \end{cases}$$

其中 $\beta$ 是一个经验决定的常数.

　　(5) 继续作迭代第 (2)∼(4) 步, 直到 $g_{k+1}$ 与 $g_k$ 的均方差之间不再有实质的改变.

　　还存在许多别的算法, 如果交替使用不同的算法, 把均方差弄得比单独用一种算法得到的更低, 常常能得到最佳的结果. 关于光学中相位恢复工作的历史, 见文献 [113].

<h1 style="text-align:center">习　　题</h1>

2-1 证明 $\delta$ 函数的以下性质:

　　(a) $\delta(ax, by) = \dfrac{1}{|ab|}\delta(x, y)$.

　　(b) $\mathrm{comb}(ax)\mathrm{comb}(by) = \dfrac{1}{|ab|}\sum\limits_{n=-\infty}^{\infty}\sum\limits_{m=-\infty}^{\infty}\delta\left(x - \dfrac{n}{a}, y - \dfrac{m}{b}\right)$.

2-2 证明下列傅里叶变换关系:

　　(a) $\mathcal{F}\{\mathrm{rect}(x)\mathrm{rect}(y)\} = \mathrm{sinc}(f_X)\mathrm{sinc}(f_Y)$.

　　(b) $\mathcal{F}\{\Lambda(x)\Lambda(y)\} = \mathrm{sinc}^2(f_X)\mathrm{sinc}^2(f_Y)$.

　　证明下列广义傅里叶变换关系:

　　(c) $\mathcal{F}\{1\} = \delta(f_X, f_Y)$.

　　(d) $\mathcal{F}\{\mathrm{sgn}(x)\mathrm{sgn}(y)\} = \left(\dfrac{1}{\mathrm{j}\pi f_X}\right)\left(\dfrac{1}{\mathrm{j}\pi f_Y}\right)$.

2-3 证明下列傅里叶变换定理:

　　(a) 在 $g$ 连续的一切点上, $\mathcal{F}\mathcal{F}\{g(x, y)\} = \mathcal{F}^{-1}\mathcal{F}^{-1}\{g(x, y)\} = g(-x, -y)$.

　　(b) $\mathcal{F}\{g(x, y)h(x, y)\} = \mathcal{F}\{g(x, y)\} * \mathcal{F}\{h(x, y)\}$.

　　(c) $\mathcal{F}\{\nabla^2 g(x, y)\} = -4\pi^2(f_X^2 + f_Y^2)\mathcal{F}\{g(x, y)\}$, 其中 $\nabla^2$ 是拉普拉斯算符 $\nabla^2 = \dfrac{\partial^2}{\partial x^2} + \dfrac{\partial^2}{\partial y^2}$.

2-4 变换算符 $\mathcal{F}_A\{\cdot\}$ 和 $\mathcal{F}_B\{\cdot\}$ 由下式定义:

$$\mathcal{F}_A\{g\} = \frac{1}{a}\iint_{-\infty}^{\infty} g(\xi, \eta)\exp\left[-\mathrm{j}\frac{2\pi}{a}(f_X\xi + f_Y\eta)\right]\mathrm{d}\xi\mathrm{d}\eta,$$

$$\mathcal{F}_B\{g\} = \frac{1}{b}\iint_{-\infty}^{\infty} g(\xi, \eta)\exp\left[-\mathrm{j}\frac{2\pi}{b}(x\xi + y\eta)\right]\mathrm{d}\xi\mathrm{d}\eta.$$

　　(a) 求 $\mathcal{F}_B\{\mathcal{F}_A\{g(x, y)\}\}$ 的简单解释.

　　(b) 说明对 $a > b$ 和 $a < b$ 两种情形结果的意义.

2-5 一个函数 $g(x, y)$ 的 "等效面积" $\Delta_{XY}$ 可定义为

$$\Delta_{XY} = \frac{\iint_{-\infty}^{\infty} g(x, y)\mathrm{d}x\mathrm{d}y}{g(0, 0)},$$

而 $g$ 的 "等效带宽" $\Delta_{f_X f_Y}$ 则通过它的变换 $G$ 由下式定义:

$$\Delta_{f_X f_Y} = \frac{\iint_{-\infty}^{\infty} G(f_X, f_Y) \mathrm{d}f_X \mathrm{d}f_Y}{G(0,0)}.$$

证明 $\Delta_{XY} \Delta_{f_X f_Y} = 1$.

2-6 证明以下傅里叶–贝塞尔变换关系:

(a) 若 $g_R(r) = \delta(r - r_0)$, 则

$$\mathcal{B}\{g_R(r)\} = 2\pi r_0 J_0(2\pi r_0 \rho).$$

(b) 若 $a \leqslant r \leqslant 1$, $g_R(r) = 1$ 而在其他地方 $g_R(r)$ 为零, 则

$$\mathcal{B}\{g_R(r)\} = \frac{J_1(2\pi\rho) - a J_1(2\pi a\rho)}{\rho}.$$

(c) 若 $\mathcal{B}\{g_R(r)\} = G(\rho)$, 则

$$\mathcal{B}\{g_R(ar)\} = \frac{1}{a^2} G\left(\frac{\rho}{a}\right).$$

(d) $\mathcal{B}\left\{\exp(-\pi r^2)\right\} = \exp(-\pi \rho^2)$.

2-7 设 $g(r, \theta)$ 在极坐标系中可分离变量.

(a) 证明, 若 $g(r, \theta) = gR(r)\mathrm{e}^{\mathrm{j}m\theta}$, 则

$$\mathcal{F}\{g(r,\theta)\} = (-\mathrm{j})^m \mathrm{e}^{\mathrm{j}m\phi} \mathcal{H}_m\{g_R(r)\},$$

其中 $\mathcal{H}_m\{\cdot\}$ 为 $m$ 阶汉克尔变换

$$\mathcal{H}_m\{g_R(r)\} = 2\pi \int_0^\infty r g_R(r) J_m(2\pi r\rho) \mathrm{d}r.$$

而 $(\rho, \phi)$ 是频率空间中的极坐标. (提示: $\exp(\mathrm{j}a\sin x) = \sum_{k=-\infty}^{\infty} J_k(a)\exp(\mathrm{j}kx)$.)

(b) 用 (a) 的结果, 证明 (2-23) 式中所述对极坐标系中可分离变量的函数成立的普遍关系.

2-8 证明: 若函数 $g(x, y)$ 在直角坐标系中可分离变量, 则其维格纳分布 $W(x, y; f_X, f_Y)$ 可以分解为一个只依赖于 $(x, f_X)$ 的函数和一个只依赖于 $(y, f_Y)$ 的函数之积.

2-9 证明一维函数 $g(x) = \mathrm{sinc}(x)$ 的维格纳分布为

$$W_g(x; f_X) = 2(1 - 2|f_X|)\mathrm{rect}(f_X)\mathrm{sinc}[2(1 - |2f_X|)x].$$

提示: 巧做, 不要生套公式.

2-10 设在一线性系统上加一余弦输入

$$g(x,y) = \cos[2\pi(f_X x + f_Y y)],$$

在什么 (充分) 条件下, 输出是一个空间频率与输入相同的实数值余弦函数? 用系统的适当特征表示输出的振幅和相位.

2-11 证明零阶贝塞尔函数 $J_0(2\pi\rho_0 r)$ 是任何具有圆对称脉冲响应的线性不变系统的本征函数. 相应的本征值是什么?

2-12 傅里叶变换算符可以看成是函数到其变换式的映射, 因此它满足本章提出的系统的定义.

(a) 这个系统是线性的吗?

(b) 你是否能给出这个系统的传递函数? 如果能, 它是什么? 如果不能, 为什么不能?

2-13 表示式

$$p(x,y) = g(x,y) * \left[ \mathrm{comb}\left(\frac{x}{X}\right) \mathrm{comb}\left(\frac{y}{Y}\right) \right]$$

定义了一个周期函数, 它在 $x$ 方向的周期为 $X, y$ 方向的周期为 $Y$.

(a) 证明 $p$ 的傅里叶变换可以写为

$$P(f_X, f_Y) = \sum_{n=-\infty}^{\infty} \sum_{m=-\infty}^{\infty} G\left(\frac{n}{X}, \frac{m}{Y}\right) \delta\left(f_X - \frac{n}{X}, f_Y - \frac{m}{Y}\right),$$

其中 $G$ 是 $g$ 的傅里叶变换.

(b) 当

$$g(x,y) = \mathrm{rect}\left(2\frac{x}{X}\right) \mathrm{rect}\left(2\frac{y}{Y}\right),$$

画出函数 $p(x,y)$ 的图形, 并求出对应的傅里叶变换 $P(f_X, f_Y)$.

2-14 证明: 在频率平面上一个半径为 $B/2$ 的圆之外没有非零频谱分量的函数遵从下面的抽样定理:

$$g(x,y) = \sum_{n=-\infty}^{\infty} \sum_{m=-\infty}^{\infty} g\left(\frac{n}{B}, \frac{m}{B}\right) \frac{\pi}{4} \left\{ 2 \frac{J_1\left[\pi B \sqrt{\left(x-\frac{n}{B}\right)^2 + \left(y-\frac{m}{B}\right)^2}\right]}{\pi B \sqrt{\left(x-\frac{n}{B}\right)^2 + \left(y-\frac{m}{B}\right)^2}} \right\}.$$

2-15 某一成像系统的输入是复数值的物场分布 $U_o(x,y)$, 它有无穷多个空间频率, 系统的输出是像场分布 $U_i(x,y)$. 可假定成像系统是一个线性的空间不变低通滤波器, 其传递函数在频域上的区间 $|f_X| \leqslant B_X/2, |f_Y| \leqslant B_Y/2$ 之外恒等于零. 证明: 存在一个由点源的方形阵列构成的 "等效" 物 $U_o'(x,y)$, 它与真实的物 $U_o$ 产生完全一样的像 $U_i$, 并且等效物上的场分布可写成

$$U_o'(x,y) = \sum_{n=-\infty}^{\infty} \sum_{m=-\infty}^{\infty} \left[ \iint_{-\infty}^{\infty} U_o(\xi, \eta) \mathrm{sinc}(n - B_X \xi) \mathrm{sinc}(m - B_Y \eta) \mathrm{d}\xi \mathrm{d}\eta \right]$$
$$\times \delta\left(x - \frac{n}{B_X}, y - \frac{m}{B_Y}\right).$$

2-16 考虑一个圆对称函数 $g(r)$. 假设它在以任何角度过原点的直线上的投影为

$$p_\theta(x') = 2\mathrm{sinc}(2x').$$

求这个二维函数的径向截面 $g(r)$.

2-17 证明: 任何函数 $g(x,y)$ 若可分离变量为 $g_X(x)g_Y(y)$, 那么这个函数可以仅由两个不同的投影恢复.

2-18 考虑在 $(x,y)$ 域中定义的孔径振幅透射率 $a(x,y)$, 它在边界 $y = \pm g(x)$ 之内为 1, 在其他地方为零, 这是一个关于 $y$ 轴对称的非负实值函数.

(a) 求这个孔径函数在 $x$ 轴上的投影的表示式.

(b) 证明, 这个函数的傅里叶变换 $A(f_X, f_Y)$ 沿 $f_X$ 轴之值由下式给出:

$$A(f_X, 0) = 2\int_{-\infty}^{\infty} g(x)\exp(-\mathrm{j}2\pi f_X x)\mathrm{d}x.$$

2-19 考虑一维函数

$$g(x) = \frac{J_1(2\pi x)}{x}.$$

用片投影定理, 证明它的傅里叶变换由下式给出:

$$G(f_X) = \begin{cases} 2\sqrt{1-f_X^2}, & |f_X| \leqslant 1, \\ 0, & \text{其他}. \end{cases}$$

# 第 3 章　标量衍射理论基础

衍射现象在讨论波动传播的物理学和工程学的各个分支学科中起着极为重要的作用. 本章我们研究标量衍射理论的一些基本问题. 虽然这里讨论的理论非常普遍, 完全可以应用于其他领域, 如声波和无线电波的传播, 但我们最关心的还是它在物理光学领域里的应用. 要充分理解光学成像系统和光学数据处理系统的特性, 考虑衍射现象及其对系统性能施加的限制是非常重要的. 在后面的内容中, 将给出更全面的讨论衍射理论的各种参考文献.

## 3.1　历 史 引 言

开始讨论衍射之前, 有必要先提一下另一种物理现象, 我们不要把它与衍射混淆, 那就是折射. 折射的定义为光线穿过光波的局域传播速度存在变化的区域时发生的光线偏折现象. 最普通的例子发生在光波遇到一个分明的分界面时, 分界面两边的区域具有不同的折射率. 光在折射率为 $n_1$ 的第一种介质中的传播速度为 $v_1 = c/n_1$, 在第二种介质中的传播速度为 $v_2 = c/n_2$, $c$ 为真空中的光速.

如图 3.1 所示, 入射光线在界面上发生弯折. 入射角和折射角的关系遵从几何光学的基本定律——斯内尔定律 (译者注: 国内教材从中学直到大学通常称之为 "折射定律", 本书按照国际惯例直译):

$$n_1 \sin \theta_1 = n_2 \sin \theta_2, \tag{3-1}$$

在本例中 $n_2 > n_1$, 因此 $\theta_2 < \theta_1$. 光线也会在反射时弯折, 反射发生在金属或电介质界面上. 反射现象遵循的基本关系是反射角总是等于入射角.

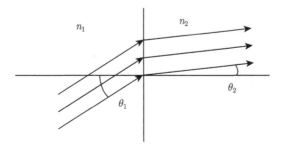

图 3.1　斯内尔定律在一个分明的分界面上

索末菲把衍射这个术语定义为"不能用反射或折射解释的光线对直线传播路径的任何偏离"(见文献 [328]). 衍射是由光波的横向宽度受到限制而引起的, 当限制的尺度与所用的辐射波长为同一量级时, 衍射现象最显著. 也不应将衍射现象与半阴影效应混淆, 半阴影效应是, 从具有有限宽度的光源发出的光线透射过小孔向前传播时会散开 (见图 3.2). 图中可以看到, 半阴影效应不涉及光线的任何弯折.

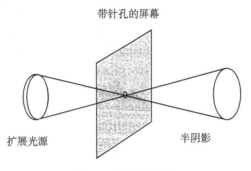

图 3.2  半阴影效应

衍射的发现和解释有一段迷人的历史. 首次精确报道和描述这种现象的是 Grimaldi, 发表于他去世后不久的 1665 年. 他报道的测量是用类似图 3.3 所示的实验装置进行的. 用一个光源照射不透明屏幕上的一个孔径, 光源的尺度选得很小以避免引入半阴影效应; 在屏幕后面某个距离的平面上观察光强分布. 当时普遍接受的用来解释光学现象的理论是光线传播的微粒学说, 这个学说预言, 屏幕后的影子应该是轮廓分明的, 具有截然分明的边界. 但是 Grimaldi 的观察表明, 从明到暗的过渡是渐变的而不是突变的. 如果当时所用光源的光谱纯度更好一些, 他可能观察到更惊人的结果, 例如, 存在明暗条纹, 一直延展到屏幕上几何投影区外很远的地方. 这些现象用光的微粒学说无法解释, 微粒学说要求光线在不发生反射和折射时沿直线传播.

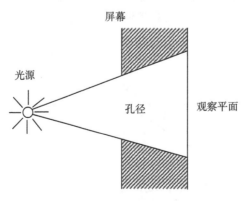

图 3.3  观察光的衍射的装置

光的波动说的第一位倡导者惠更斯于 1678 年迈出了试图解释这种效应的理论发展过程的第一步. 惠更斯表述了一个直观信念: 如果把光扰动的波前上的每一点看成是一个"次级"球面扰动的新波源, 那么随后任一时刻的波前可以由作出次级子波的"包络"而得到, 如图 3.4 所示.

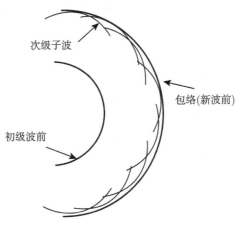

次级子波

包络(新波前)

初级波前

图 3.4 惠更斯包络作图法

受牛顿影响, 在整个 18 世纪, 人们进一步理解衍射现象的进程受到了阻碍. 牛顿是一位具有崇高威望的科学家, 其对整个物理学包括对光学有诸多贡献. 他早在 1704 年就支持微粒说, 他的追随者也毫不动摇地支持这种观点. 直到 1804 年, 光的波动理论才获得重大进展. 这一年, 英国内科医生托马斯·杨引入了干涉这一重要概念, 从而巩固了光的波动说. 这个观念在当时是非常激进的, 因为它说在适当的条件下, 光与光叠加可以产生黑暗.

1818 年, 菲涅耳在其著名论文中融合了惠更斯和杨的想法. 通过对惠更斯的次级波源的振幅和相位作一些相当任意的假定, 并允许各个子波相互干涉, 菲涅耳能以极高的精度计算出衍射图样中光的分布.

当菲涅耳向法国科学院的一个评奖委员会宣读此文时, 他的理论受到委员会成员之一、伟大的法国数学家泊松的强烈质疑. 泊松指出, 该理论预言在不透明圆盘的阴影中心存在一个亮斑, 因此是荒谬的. 委员会主席阿拉果亲自做实验发现了预言的亮斑. 于是菲涅耳赢得了奖金, 此后这个效应就叫做"泊松亮斑".

麦克斯韦在 1860 年把光论证为一个电磁波, 这是极其重要的一步. 但直到 1882 年, 基尔霍夫才把惠更斯和菲涅耳的概念放在一个更坚实的数学基础上, 他成功地证明, 菲涅耳赋予次级波源的振幅和相位, 其实是光的波动本性的逻辑结论. 基尔霍夫把他的数学表述建立在关于入射到位于光的传播路径上的障碍物表面上的光的边值的两个假定之上. 可是, 随后庞加莱于 1892 年、索末菲于 1894 年分别证明了这两个假定互相矛盾①. 由于这些批评, 我们必须把基尔霍夫对所谓惠更斯–菲涅耳原理的表述看成一级近似, 尽管在绝大多数条件下它导出的结果与实验符合得惊人. Kottler[209] 曾试图通过把基尔霍夫的边值问题重新解释为一个边值跃变 (saltus) 问题来解决这些矛盾 (saltus 是拉丁文中的一个词, 意为不连续或跃变). 索末菲也曾修正基尔霍夫理论, 他利用格林函数理论取消了前述的关于光在边界面上的振幅的两个假定之一. 这个所谓瑞利–索末菲衍射理论将在第 3.5 节讨论.

应当一开始就强调指出, 基尔霍夫理论和瑞利–索末菲理论都作了某些重大简化和近似. 最重要的是, 把光当作标量现象来处理, 而忽视电磁场基本的矢量本性. 这种方法忽略了这一事实: 电场和磁场的各个分量在边界上也是通过麦克斯韦方程组耦合起来的, 不能对它们各自单独处理. 幸好, 在微波波谱区域内所作的实验 [317] 表明, 标量理论若能满足下面两个条件, 就能得出非常精确的结果: ①衍射孔必须比波长大很多, 以及②不要在太靠近衍射孔的地方观察衍射场. 这两个条件在本书讨论的问题中满足得很好. 关于标量理论在仪器光学中的适用性的更全面的讨论, 读者可参考文献 [34] (第 8.4 节). 然而, 的确存在一些重要问题, 它们不满足所要求的条件, 例如, 在高分辨率光栅衍射理论中以及在光记录介质上极小的凹坑引起的衍射的理论中, 以及在电磁超材料 (具有小于光波波长的周期或准周期结构的材料). 这里不讨论这些问题, 因为如果要得到相当精确的结果, 必须考虑场的矢量本性, 即其偏振特性. 推广到矢量的衍射理论的确存在, 这方面的满意的处理是 Kottler 首先提出的 [207]. 但是, 在大多数情况下, 复杂的矢量电磁问题是用数值方法来求解的.

索末菲于 1896 年首次给出了衍射问题的一个真正严格的解 [326]. 他讨论的是一个平面波射到无限薄的理想导电的半平面上的二维情形. 后来 Kottler [208] 对索末菲的解与基尔霍夫标量处理的相应结果作了比较. 对一块薄金属屏上的圆形孔径的矢量衍射给出了更新的、更严格的解析解, 请参阅文献 [150].

不用说, 对一个在文献中讨论这么多的题目的历史介绍很难认为是完备的. 因此, 请读者参阅那些讨论衍射理论更全面的文献, 例如, 文献 [13]、[35] 和 [172].

## 3.2   从矢量理论到标量理论

我们的分析最基础的出发点是麦克斯韦方程组. 在 MKS(米千克秒) 单位制中, 没有自由电荷存在时, 麦克斯韦方程组为

---

① 对这些矛盾的更详细讨论, 见第 3.5 节.

$$\nabla \times \vec{\mathcal{E}} = -\mu \frac{\partial \vec{\mathcal{H}}}{\partial t},$$

$$\nabla \times \vec{\mathcal{H}} = \epsilon \frac{\partial \vec{\mathcal{E}}}{\partial t}, \tag{3-2}$$

$$\nabla \cdot \epsilon \vec{\mathcal{E}} = 0,$$

$$\nabla \cdot \mu \vec{\mathcal{H}} = 0,$$

式中, $\vec{\mathcal{E}}$ 为电场强度, 在直角坐标中的分量为 $(\mathcal{E}_X, \mathcal{E}_Y, \mathcal{E}_Z)$, 而 $\vec{\mathcal{H}}$ 为磁场强度, 分量为 $(\mathcal{H}_X, \mathcal{H}_Y, \mathcal{H}_Z)$; $\mu$ 和 $\epsilon$ 分别是电磁波所在的传播介质的磁导率和介电常数. $\vec{\mathcal{E}}$ 和 $\vec{\mathcal{H}}$ 都是位置 $P$ 和时间 $t$ 的函数. 符号 $\times$ 和 $\cdot$ 分别代表矢量叉乘和点乘. 而 $\nabla = \frac{\partial}{\partial x}\hat{x} + \frac{\partial}{\partial y}\hat{y} + \frac{\partial}{\partial z}\hat{z}$, 其中 $\hat{x}, \hat{y}, \hat{z}$ 分别是 $x, y, z$ 方向上的单位矢量.

我们假设电磁波是在一种电介质中传播的. 进一步判明这种介质的一些性质是重要的. 如果介电常数符合第 2 章中讨论的线性性质, 这种介质是线性的. 如果介电常数与电磁波的偏振方向 (即 $\vec{\mathcal{E}}$ 矢量和 $\vec{\mathcal{H}}$ 矢量的方向) 无关, 那么它是各向同性的. 若介质的介电常数在传播区域内不变, 则此介质为均匀介质. 若介质的介电常数在传播的电磁波的波长范围内与波长无关, 那么此介质为无色散介质. 最后, 本书感兴趣的所有介质都是非磁性的, 这意味着磁导率永远等于真空中的磁导率 $\mu_0$.

将 $\nabla \times$ 运算作用于麦克斯韦方程组第一个关于 $\vec{\mathcal{E}}$ 的方程的两边, 利用矢量恒等式

$$\nabla \times (\nabla \times \vec{\mathcal{E}}) = \nabla(\nabla \cdot \vec{\mathcal{E}}) - \nabla^2 \vec{\mathcal{E}}. \tag{3-3}$$

如果传播介质是线性、各向同性、均匀 ($\epsilon$ 为常数) 和无色散的, 将麦克斯韦方程组中关于 $\vec{\mathcal{E}}$ 的两个方程代入 (3-3) 式, 得到

$$\nabla^2 \vec{\mathcal{E}} - \frac{n^2}{c^2} \frac{\partial^2 \vec{\mathcal{E}}}{\partial t^2} = 0, \tag{3-4}$$

其中 $n$ 为介质的折射率, 定义为

$$n = \left(\frac{\epsilon}{\epsilon_0}\right)^{1/2}, \tag{3-5}$$

$\epsilon_0$ 为真空中的电容率, $c$ 为真空中的光速, 由下式给出:

$$c = \frac{1}{\sqrt{\mu_0 \epsilon_0}}. \tag{3-6}$$

磁场满足完全一样的方程

$$\nabla^2 \vec{\mathcal{H}} - \frac{n_2}{c^2} \frac{\partial^2 \vec{\mathcal{H}}}{\partial t^2} = 0.$$

由于 $\vec{\mathcal{E}}$ 和 $\vec{\mathcal{H}}$ 都遵从矢量波动方程, 于是这些矢量的所有分量也都满足相同形式的标量波动方程. 因此, 例如, $\mathcal{E}_X$ 就满足方程

$$\nabla^2 \mathcal{E}_X - \frac{n^2}{c^2}\frac{\partial^2 \mathcal{E}_X}{\partial t^2} = 0,$$

$\mathcal{E}_Y, \mathcal{E}_Z, \mathcal{H}_X, \mathcal{H}_Y, \mathcal{H}_Z$ 也满足类似的方程. 所以用单一的一个标量波动方程就可以概括 $\vec{\mathcal{E}}$ 和 $\vec{\mathcal{H}}$ 的所有各个分量的行为

$$\nabla^2 u(P,t) - \frac{n^2}{c^2}\frac{\partial^2 u(P,t)}{\partial t^2} = 0, \tag{3-7}$$

其中 $u(P,t)$ 代表任何标量场分量, 上式中我们明确引入了 $u$ 场对空间位置 $P$ 和时间 $t$ 的依赖关系.

由以上分析我们得出结论, 在一种线性、各向同性、均匀且无色散的电介质中, 电场和磁场的一切分量的行为完全相同, 都由单一一个标量波动方程描述. 那么, 标量理论怎么会只是一个近似, 而不是精确理论呢? 如果我们考虑的不是假设的那种均匀介质, 答案就清楚了.

例如, 如果介质是非均匀的, 其电容率 $\epsilon(P)$ 与空间位置 $P$ 有关 (但与时间 $t$ 无关), 那么容易证明 (见习题 3-1), $\vec{\mathcal{E}}$ 满足的波动方程变为

$$\nabla^2 \vec{\mathcal{E}} + 2\nabla(\vec{\mathcal{E}} \cdot \nabla \ln n) - \frac{n^2}{c^2}\frac{\partial^2 \vec{\mathcal{E}}}{\partial t^2} = 0, \tag{3-8}$$

式中 $n$ 和 $c$ 仍由 (3-5) 式和 (3-6) 式给出. 对于折射率在空间变化的情况, 波动方程中新增的项将不为零. 更重要的是, 这一项引入了各电场分量之间的耦合, 结果使 $\mathcal{E}_X, \mathcal{E}_Y$ 和 $\mathcal{E}_Z$ 不再满足同一波动方程. 这种耦合在一些情况下是重要的, 例如, 当光波穿过一个"厚"电介质衍射光栅时.

对一个在均匀介质中传播的波加上边界条件时, 会发生相似的效应. 在边界上, 引进了 $\vec{\mathcal{E}}$ 和 $\vec{\mathcal{H}}$ 之间的耦合, 以及它们的各个标量分量之间的耦合. 结果, 即使传播介质是均匀的, 使用标量理论也会带来某种程度的误差. 这种误差只有当边界条件起作用的区域仅为光波通过区域的一小部分时, 才会变得很小. 在光波被孔径衍射的情况下, $\vec{\mathcal{E}}$ 场和 $\vec{\mathcal{H}}$ 场仅在孔径边缘被改变, 光波与组成边缘的材料在那里发生相互作用. 这个效应只延伸到孔径内几个波长的范围. 因此若孔径的尺度比一个波长大得多, 边界条件加在 $\vec{\mathcal{E}}$ 和 $\vec{\mathcal{H}}$ 场上的耦合效应就会变得很小. 我们将看到, 这和孔径引起的衍射角很小的要求是等价的.

有了这些背景知识, 我们将从衍射的矢量理论转向更简单的标量理论. 我们用以下的讨论结束. 电路理论是建立在下述近似的基础上: 电路元件 (电阻、电容和电感) 的尺寸比出现在它们之内的场的波长小得多, 因此这些元件可以当作具有简单性质的集总元件处理. 在这些条件下, 我们无须用麦克斯韦方程组分析这些元件.

同样的道理, 衍射的标量理论比起全矢量理论来将带来极大的简化. 在大多数应用中, 只要衍射物的结构比光波波长大得多, 标量理论就是精确的. 因此标量理论中包含的近似并不比集总电路理论中所用的近似更使我们困扰. 在上面两种情况下都可能有近似不成立的情况, 不过只要仅将更简单的理论用于预期它们正确的场合, 那么精度的损失将很小, 而简化处理的效益将很大. 但是, 值得指出的是, 在一些可以用标量理论的实验中, 偏振也会起作用, 标量理论的一个关键近似是, 场的一切偏振分量都遵从同一标量波动方程, 可以独立处理.

## 3.3 若干数学预备知识

在着手讨论衍射之前, 我们先介绍一些数学预备知识, 它们是下面推导衍射理论的基础. 这些初步讨论还用来引进本书用的一些记号.

### 3.3.1 亥姆霍兹方程

与前面对标量理论的介绍相一致, 我们用标量函数 $u(P,t)$ 表示在 $P$ 点和 $t$ 时刻的光扰动. 现在我们只限于考虑纯单色波情形, 对多色波的推广到第 3.8 节再处理.

对于单色波, 标量场可写为

$$u(P,t) = A(P) \cos[2\pi\nu t - \phi(P)], \tag{3-9}$$

式中, $A(P)$ 和 $\phi(P)$ 分别是波在 $P$ 点的振幅和相位, $\nu$ 是光的频率. 利用复数记号, 可得到 (3-9) 式的一个更简洁的形式, 写作

$$u(P,t) = \text{Re}\{U(P)\exp(-\text{j}2\pi\nu t)\}, \tag{3-10}$$

其中 $\text{Re}\{\cdot\}$ 表示"实部", $U(P)$ 是位置的复值函数 (有时叫做相矢量), 其形式为

$$U(P) = A(P)\exp[\text{j}\phi(P)]. \tag{3-11}$$

如果用实值扰动 $u(P,t)$ 表示光波, 那么在每一非光源点上它必须满足标量波动方程

$$\nabla^2 u - \frac{n^2}{c^2}\frac{\partial^2 u}{\partial t^2} = 0, \tag{3-12}$$

和前面一样, $\nabla^2$ 是拉普拉斯算符, $n$ 是光在其中传播的介电介质的折射率, $c$ 是真空中的光速. 由于与时间的函数关系已经预先知道, 因此复函数 $U(P)$ 已足以描述扰动. 将 (3-10) 式代入 (3-12) 式, 得到 $U$ 必须满足不含时间的方程

$$(\nabla^2 + k^2)U = 0. \tag{3-13}$$

其中 $k$ 是波数, 定义为

$$k = 2\pi n \frac{\nu}{c} = \frac{2\pi}{\lambda},$$

$\lambda$ 是介电质中的波长 $(\lambda = c/(n\nu))$. (3-13) 式叫做亥姆霍兹方程. 我们下面将假定, 在真空 $(n = 1)$ 或均匀电介质 $(n > 1)$ 中传播的任何单色光扰动的复振幅必定遵从这一关系.

### 3.3.2　格林定理

空间一点上的复扰动 $U$ 可借助格林定理这个数学关系来计算. 这个定理可在大多数高等微积分教科书中找到, 其表述如下:

令 $U(P)$ 和 $G(P)$ 为两个以位置为变量的任意复值函数, 并令 $S$ 为包围体积 $V$ 的闭合曲面. 如果 $U$、$G$ 及它们的一阶和二阶偏导数都是单值的并且在 $S$ 内和 $S$ 上连续, 则

$$\iiint_V (U\nabla^2 G - G\nabla^2 U)\mathrm{d}v = \iint_S \left( U\frac{\partial G}{\partial n} - G\frac{\partial U}{\partial n} \right)\mathrm{d}s, \qquad (3\text{-}14)$$

其中 $\partial/\partial n$ 表示在 $S$ 上每个点向外法线方向上的偏导数.

这个定理在许多方面是标量衍射理论的主要基础. 但是, 只有慎重选择辅助函数 $G$ 和闭合曲面 $S$, 才能将它直接用于衍射问题. 我们现在讨论问题的前半部分, 研究基尔霍夫对辅助函数的选择及由此得出的积分定理.

### 3.3.3　亥姆霍兹和基尔霍夫的积分定理

基尔霍夫的衍射理论建立在一个积分定理的基础上, 这个积分定理把齐次波动方程在任意一点的解用包围这一点的任意闭合曲面上的解及其一阶导数的值来表示. 这个定理先前在声学中已由亥姆霍兹导出.

令观察点为 $P_0$, 并令 $S$ 代表包围 $P_0$ 的一个任意闭合曲面, 如图 3.5 所示. 问题是要用闭合曲面 $S$ 上的光扰动值表示 $P_0$ 点的光扰动. 为了解决这个问题, 我们效仿基尔霍夫, 应用格林定理, 并选由 $P_0$ 点向外发散的单位振幅的球面波 (所谓自由空间格林函数) 为辅助函数. 于是在任意一点 $P_1$ 上基尔霍夫的 $G$ 函数为[①]

$$G(P_1) = \frac{\exp(\mathrm{j}kr_{01})}{r_{01}}, \qquad (3\text{-}15)$$

其中我们用 $r_{01}$ 表示从 $P_0$ 指向 $P_1$ 点的矢量 $\vec{r}_{01}$ 的长度.

---

① 读者或许要验证一下, 对我们选择的相矢量顺时针转动方向, 描述一个向外传播的波的表达式里, 指数中应取 $+$ 号.

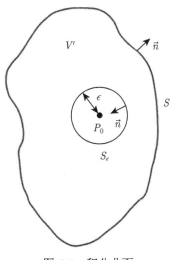

图 3.5 积分曲面

进一步讨论之前, 我们先介绍一下格林函数. 假设我们想要求解下面的非齐次线性微分方程:

$$a_2 \frac{\mathrm{d}^2 U}{\mathrm{d}x^2} + a_1 \frac{\mathrm{d}U}{\mathrm{d}x} + a_0 U = V(x), \tag{3-16}$$

其中 $V(x)$ 是一驱动函数, 而 $U(x)$ 满足已知的一组边界条件. 我们选择一维变量 $x$, 不过该理论很容易推广到多维的 $\vec{x}$. 可以证明 (见文献 [269] 的第 1 章和文献 [16]), 若 $G(x)$ 是同一微分方程 (3-16) 当 $V(x)$ 换成脉冲驱动函数 $\delta(x - x')$ 而保持边界条件不变时的解, 则通解 $U(x)$ 可以用特解 $G(x)$ 的卷积积分表示

$$U(x) = \int G(x - x')V(x')\mathrm{d}x'. \tag{3-17}$$

函数 $G(x)$ 叫做这个问题的格林函数, 显然它具有脉冲响应的形式. 后面各节中要讨论的标量衍射问题的各种各样的解对应于对问题的格林函数作不同假设得出的结果. 格林定理中出现的函数 $G$, 既可看成是我们为求解问题而选择的一个辅助函数, 也可以最终将它和问题的脉冲响应函数联系起来. 对格林函数理论的进一步讨论已超出本书的范围.

现在我们回到讨论的中心议题. 要能够合法地用于格林定理中, 函数 $G$ (以及它的一阶和二阶偏导数) 必须在被包围的体积 $V$ 内连续. 因此, 为了排除在 $P_0$ 点的不连续性, 我们用一个半径为 $\epsilon$ 的小球面 $S_\epsilon$ 将 $P_0$ 点围起来. 然后应用格林定理, 积分体积 $V'$ 为介于 $S$ 和 $S_\epsilon$ 之间的体积, 积分曲面是复合曲面

$$S' = S + S_\epsilon,$$

如图 3.5 所示. 注意, 复合曲面的 "向外" 的法线, 在 $S$ 上如通常意义指向外侧, 但在 $S_\epsilon$ 上则指向内侧 (指向 $P_0$).

在体积 $V'$ 内, 扰动 $G$ 简单地是一个向外扩展的球面波, 满足亥姆霍兹方程

$$(\nabla^2 + k^2)G = 0. \tag{3-18}$$

将两个亥姆霍兹方程 (3-13) 和 (3-18) 代入格林定理的左边, 我们得到

$$\iiint_{V'} (U\nabla^2 G - G\nabla^2 U)\mathrm{d}v = -\iiint_{V'}(UGk^2 - GUk^2)\mathrm{d}v \equiv 0.$$

于是格林定理化简为

$$\iint_{S'} \left( U\frac{\partial G}{\partial n} - G\frac{\partial U}{\partial n} \right)\mathrm{d}s = 0$$

或

$$-\iint_{S_\epsilon} \left( U\frac{\partial G}{\partial n} - G\frac{\partial U}{\partial n} \right)\mathrm{d}s = \iint_{S} \left( U\frac{\partial G}{\partial n} - G\frac{\partial U}{\partial n} \right)\mathrm{d}s. \tag{3-19}$$

注意, 对于 $S'$ 上一般的一点 $P_1$, 我们有

$$G(P_1) = \frac{\exp(\mathrm{j}kr_{01})}{r_{01}}$$

和

$$\frac{\partial G(P_1)}{\partial n} = \cos(\vec{n}, \vec{r}_{01}) \left( \mathrm{j}k - \frac{1}{r_{01}} \right) \frac{\exp(\mathrm{j}kr_{01})}{r_{01}}, \tag{3-20}$$

其中 $\cos(\vec{n}, \vec{r}_{01})$ 代表向外的法线 $\vec{n}$ 与从 $P_0$ 到 $P_1$ 的矢量 $\vec{r}_{01}$ 之间夹角的余弦. 对于 $P_1$ 点在 $S_\epsilon$ 上的特殊情形, $\cos(\vec{n}, \vec{r}_{01}) = -1$, 这些方程变为

$$G(P_1) = \frac{\mathrm{e}^{\mathrm{j}k\epsilon}}{\epsilon} \quad \text{和} \quad \frac{\partial G(P_1)}{\partial n} = \frac{\mathrm{e}^{\mathrm{j}k\epsilon}}{\epsilon} \left( \frac{1}{\epsilon} - \mathrm{j}k \right).$$

令 $\epsilon$ 任意变小, 由 $U$(及其导数) 在 $P_0$ 点的连续性, 我们得到

$$\lim_{\epsilon \to 0} \iint_{S_\epsilon} \left( U\frac{\partial G}{\partial n} - G\frac{\partial U}{\partial n} \right)\mathrm{d}s$$

$$= \lim_{\epsilon \to 0} 4\pi\epsilon^2 \left[ U(P_0)\frac{\exp(\mathrm{j}k\epsilon)}{\epsilon} \left( \frac{1}{\epsilon} - \mathrm{j}k \right) - \frac{\partial U(P_0)}{\partial n}\frac{\exp(\mathrm{j}k\epsilon)}{\epsilon} \right] = 4\pi U(P_0).$$

把这个结果代入 (3-19) 式 (考虑负号), 得到

$$U(P_0) = \frac{1}{4\pi} \iint_S \left\{ \frac{\partial U}{\partial n} \left[ \frac{\exp(\mathrm{j}kr_{01})}{r_{01}} \right] - U\frac{\partial}{\partial n} \left[ \frac{\exp(\mathrm{j}kr_{01})}{r_{01}} \right] \right\}\mathrm{d}s. \tag{3-21}$$

这个结果叫做亥姆霍兹和基尔霍夫的积分定理; 它在衍射的标量理论的发展中起了重要作用, 因为它使得任意一点的场可以用波在包围这一点的任意闭合曲面上的 "边值" 表示. 我们将看到, 这一关系式在标量衍射方程的进一步发展中很有用.

## 3.4  平面屏幕衍射的基尔霍夫公式

现在我们考虑光在无穷大不透明屏幕的孔上的衍射. 如图 3.6 所示, 假定一个波从左面入射到屏幕和孔上, 要计算孔后一点 $P_0$ 上的场, 仍然假设场是单色的.

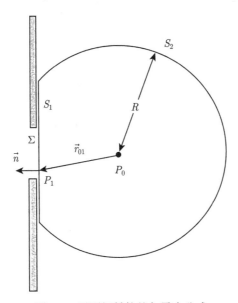

图 3.6　平面衍射的基尔霍夫公式

### 3.4.1　积分定理的应用

要算出 $P_0$ 点的场, 我们应用亥姆霍兹和基尔霍夫的积分定理, 仔细选择一个积分曲面, 使得计算能顺利完成. 仿效基尔霍夫的做法, 选择闭合面 $S$ 由两部分组成, 如图 3.6 所示. 令正好位于衍射屏幕后的平面 $S_1$ 与一个半径为 $R$、中心在观察点 $P_0$ 的大球冠 $S_2$ 连接起来构成闭合曲面. 整个闭合曲面就是 $S_1$ 与 $S_2$ 之和. 于是, 应用 (3-21) 式,

$$U(P_0) = \frac{1}{4\pi} \iint_{S_1+S_2} \left( G\frac{\partial U}{\partial n} - U\frac{\partial G}{\partial n} \right) \mathrm{d}s,$$

和以前一样, 其中的

$$G = \frac{\exp(\mathrm{j}kr_{01})}{r_{01}}$$

随着 $R$ 增大, $S_2$ 趋于一个大的半球壳. 人们也许会轻易推论, 由于 $U$ 和 $G$ 都随着 $1/R$ 减少, 被积函数最终将消失, 从而使 $S_2$ 上的面积分之贡献为零. 但是, 由于积分面积按 $R^2$ 增大, 上述论据是不全面的. 人们也可能会轻易假设, 既然扰动以有

限速度 $c/n$ 传播, $R$ 最终变得如此之大, 使波来不及传到 $S_2$, 因此被积函数在这个面上将为零. 但是这个论据与我们作的单色扰动的假定不相容, 按定义, 单色扰动必须在所有时间都存在. 显然, 在我们能够妥善处理 $S_2$ 对积分的贡献之前, 还需要作更细致的研究.

下面更详细地考察这个问题. 我们看到, 在 $S_2$ 上,

$$G = \frac{\exp(jkR)}{R},$$

并且由 (3-20) 式

$$\frac{\partial G}{\partial n} = \left( jk - \frac{1}{R} \right) \frac{\exp(jkR)}{R} \approx jkG,$$

其中最后一个近似在 $R$ 大时成立. 于是, 问题中的积分可简化为

$$\iint_{S_2} \left[ G\frac{\partial U}{\partial n} - U(jKG) \right] \mathrm{d}s = \int_{\Omega} G\left( \frac{\partial U}{\partial n} - jkU \right) R^2 \mathrm{d}\omega,$$

其中 $\Omega$ 是 $S_2$ 对 $P_0$ 点张的立体角. 现在 $|RG|$ 这个量在 $S_2$ 上是一致有界的. 所以 $S_2$ 上的整个积分将随着 $R$ 任意变大而消失, 只要扰动对角度一致地具有以下性质:

$$\lim_{R\to\infty} R\left( \frac{\partial U}{\partial n} - jkU \right) = 0. \tag{3-22}$$

这一要求称为索末菲辐射条件[327], 若扰动 $U$ 趋于零的速度至少像发散球面波那样快, 则此条件满足 (见习题 3-2). 它保证了我们处理的只是在 $S_2$ 面上出去的波, 而不是进来的波, 因为后者在 $S_2$ 上的积分当 $R \to \infty$ 时可能不为零. 由于在我们的问题中, 只有出去的波才会落到 $S_2$ 上, 在 $S_2$ 上积分的贡献才会精确为零.

### 3.4.2 基尔霍夫边界条件

在弃去曲面 $S_2$ 上的积分后, 现在能够把 $P_0$ 点的扰动用紧贴在屏幕之后的无穷大平面 $S_1$ 上的扰动及其法向微商表示, 即

$$U(P_0) = \frac{1}{4\pi} \iint_{S_1} \left( \frac{\partial U}{\partial n}G - U\frac{\partial G}{\partial n} \right) \mathrm{d}s. \tag{3-23}$$

除了张开的孔径 (用 $\Sigma$ 表示) 外, 屏幕是不透明的. 所以, 直观上可以合理地认为, 对积分 (3-23) 的主要贡献来自 $S_1$ 上的位于孔径 $\Sigma$ 内的那些点, 我们预期被积函数在那里最大. 因此, 基尔霍夫采用了以下的假定[194]:

(1) 在孔径 $\Sigma$ 上, 场分布 $U$ 及其导数 $\partial U/\partial n$ 和没有屏幕时完全相同.

(2) 在 $S_1$ 的位于屏幕的几何阴影区内的那一部分上, 场分布 $U$ 及其导数 $\partial U/\partial n$ 恒为零.

这两个条件一般称为基尔霍夫边界条件. 第一个条件允许我们通过忽略屏幕的存在来确定射到孔径上的场扰动. 第二个条件允许我们忽略全部积分曲面, 除了直接位于孔径内的那一部分. 于是 (3-23) 式简化为

$$U(P_0) = \frac{1}{4\pi} \iint_{\Sigma} \left( \frac{\partial U}{\partial n} G - U \frac{\partial G}{\partial n} \right) \mathrm{d}s. \tag{3-24}$$

虽然基尔霍夫边界条件使结果大为简化, 但重要的是认识到, 这两个条件中没有一个完全正确. 屏幕的出现不可避免地将在某种程度上干扰 $\Sigma$ 上的场, 因为沿着孔径边缘必须满足一定的边界条件, 屏幕不存在时没有这些边界条件. 此外, 屏幕后的阴影也不可能是理想的, 因为场必然会伸展到屏幕后几个波长的距离. 但是, 如果孔径的尺寸比波长大很多, 那么这些边缘效应尽可以放心地忽略[①], 用这两个边界条件得出跟实验结果一致性非常好的结果.

### 3.4.3 菲涅耳–基尔霍夫衍射公式

$U(P_0)$ 的表示式可以进一步简化. 注意到, 从孔径到观察点的距离 $r_{01}$ 通常比波长大得多, 从而 $k \gg 1/r_{01}$, 于是 (3-20) 式变成

$$\frac{\partial G(P_1)}{\partial n} = \cos(\vec{n}, \vec{r}_{01}) \left( \mathrm{j}k - \frac{1}{r_{01}} \right) \frac{\exp(\mathrm{j}kr_{01})}{r_{01}}$$
$$\approx \mathrm{j}k \cos(\vec{n}, \vec{r}_{01}) \frac{\exp(\mathrm{j}kr_{01})}{r_{01}}. \tag{3-25}$$

把这个近似及 $G$ 的表示式 (3-15) 代入 (3-24) 式, 我们得到

$$U(P_0) = \frac{1}{4\pi} \iint_{\Sigma} \frac{\exp(\mathrm{j}kr_{01})}{r_{01}} \left[ \frac{\partial U}{\partial n} - \mathrm{j}kU \cos(\vec{n}, \vec{r}_{01}) \right] \mathrm{d}s. \tag{3-26}$$

现在假设孔径由 $P_1$ 点上的点光源发出的单个球面波照明, 从 $P_1$ 到 $P_2$ 的距离为 $r_{21}$(图 3.7), 有

$$U(P_1) = \frac{A \exp(\mathrm{j}kr_{21})}{r_{21}},$$

如果 $r_{21}$ 有许多个波长那么长, 则 (3-26) 式可立即化简为 (见习题 3-3)

$$U(P_0) = \frac{A}{\mathrm{j}\lambda} \iint_{\Sigma} \frac{\exp[\mathrm{j}k(r_{21} + r_{01})]}{r_{21}r_{01}} \left[ \frac{\cos(\vec{n}, \vec{r}_{01}) - \cos(\vec{n}, \vec{r}_{21})}{2} \right] \mathrm{d}s. \tag{3-27}$$

这个结果只在由一个发散的球面波照明时成立, 它叫做菲涅耳–基尔霍夫衍射公式.

---

[①] 我们将会看到, 对使用基尔霍夫边界条件的反对意见, 并不是由于边缘效应, 而是由于某些内在的不自洽性.

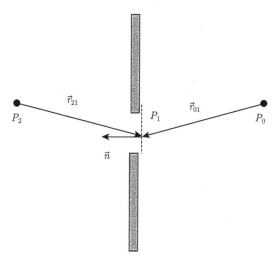

图 3.7   点光源照明平面屏幕

注意, (3-27) 式关于照明的点光源 $P_2$ 和观察点 $P_0$ 是对称的. 因此 $P_0$ 处的一个点光源在 $P_2$ 产生的效果和 $P_2$ 处一个同样强度的点光源在 $P_0$ 点产生的效果相同. 这一结果叫做亥姆霍兹倒易定理.

最后, 我们指出衍射公式 (3-27) 的一个有趣的解释, 以后我们还将回过头来对它详细讨论. 把这个式子改写成如下形式:

$$U(P_0) = \iint_{\Sigma} \tilde{U}(P_1) \frac{\exp(jkr_{01})}{r_{01}} \mathrm{d}s, \tag{3-28}$$

其中

$$\tilde{U}(P_1) = \frac{1}{j\lambda} \left[ \frac{A \exp(jkr_{21})}{r_{21}} \right] \left[ \frac{\cos(\vec{n}, \vec{r}_{01}) - \cos(\vec{n}, \vec{r}_{21})}{2} \right]. \tag{3-29}$$

于是 (3-28) 式可以解释为: $P_0$ 的场是由位于孔径内的无穷多个虚拟的 "次级" 点源产生的. 次级波源具有确定的振幅和相位, 表示为 $\tilde{U}(P_1)$, 它与照明波前及照明方向和观察方向之间的角度有关. 菲涅耳在融合惠更斯包络作图法和杨氏干涉原理的工作中, 相当任意地作了类似上述解释的假设. 菲涅耳假定这些性质成立, 以得到精确的结果. 基尔霍夫证明, 这些性质是光的波动本性的自然结果.

注意, 上述推导限于孔径是由单个扩展球面波照明的情形. 不过, 下面我们将看到, 在瑞利–索末菲理论中可以取消这一限制.

## 3.5   瑞利–索末菲衍射公式

实验发现, 基尔霍夫理论会给出非常准确的结果, 因而这一理论在实际问题中得到了广泛应用. 但是, 在这个理论中存在着一些内在矛盾, 促使人们去寻求更满意的数学理论. 基尔霍夫理论的困难在于同时对场强及其法向导数二者施加边界条件. 特别是, 势论中有一个熟知的定理说, 如果一个二维势函数及其法向导数沿任一有限的曲线段同时为零, 那么这个势函数必定在整个平面上为零. 相仿地, 如果三维波动方程的一个解在一有限的面元上为零, 那么它必定在全空间为零. 因而两个基尔霍夫边界条件合在一起就意味着, 孔径后面各处的场恒等于零, 这一结果与已知的物理情况矛盾. 这种不自洽性的进一步表现是, 当观察点趋近屏幕或孔径时, 可以证明菲涅耳–基尔霍夫衍射公式不能重新给出原来假定的边界条件. 尽管有这些矛盾, 基尔霍夫理论仍然给出如此准确的结论, 这的确是惊人的.[①]

索末菲消除了同时对扰动及其法向导数施加边界条件的必要性, 从而克服了基尔霍夫理论的不自洽性. 这个所谓的瑞利–索末菲理论是本节的主题.

### 3.5.1 格林函数的别种选法

我们再次考虑 (3-23) 式, 它把观察点的场强用整个屏幕上的入射场及其法向导数表示出来:

$$U(P_0) = \frac{1}{4\pi} \iint_{S_1} \left( \frac{\partial U}{\partial n} G - U \frac{\partial G}{\partial n} \right) \mathrm{d}s. \tag{3-30}$$

上式成立的条件是:

(1) 标量理论成立.

(2) $U$ 与 $G$ 都满足齐次标量波动方程.

(3) 满足索末菲辐射条件.

假设我们把基尔霍夫理论中的格林函数加以改变, 使之仍可得出上式, 此外还使 $G$ 或者 $\partial G/\partial n$ 在整个 $S_1$ 面上为零. 不论是哪种情况, 都不必同时对 $U$ 和 $\partial U/\partial n$ 施加边界条件了, 因而基尔霍夫理论的不自洽性也就消除了.

索末菲指出, 确实存在具有要求的这些性质的格林函数. 设 $G$ 不仅仅由位于 $P_0$ 的点源产生, 而且同时还由位于屏幕对面 $P_0$ 的镜像点 $\tilde{P}_0$ 上的第二个点源产生 (见图 3.8). 令 $\tilde{P}_0$ 处的点源与 $P_0$ 的点源的波长同为 $\lambda$, 并且假设两个源的振动有 $180°$ 的相位差, 这时格林函数由下式给出:

$$G_-(P_1) = \frac{\exp(\mathrm{j}kr_{01})}{r_{01}} - \frac{\exp(\mathrm{j}k\tilde{r}_{01})}{\tilde{r}_{01}}. \tag{3-31}$$

显然这个函数在平面孔径 $\Sigma$ 上为零, 并且基尔霍夫边界条件可以只加给 $U$, 使观察到的场的表示式为

$$U_{\mathrm{I}}(P_0) = -\frac{1}{4\pi} \iint_{\Sigma} U \frac{\partial G_-}{\partial n} \mathrm{d}s. \tag{3-32}$$

我们称这个解为*第一种瑞利–索末菲解*.

---

[①] 一个理论自洽而另一个理论不自洽, 这个事实并不一定意味着前者比后者更精确.

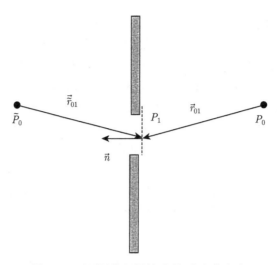

图 3.8　平面屏幕衍射的瑞利–索末菲表述

为进一步确定这个解, 令 $\tilde{r}_{01}$ 为从 $\tilde{P}_0$ 到 $P_1$ 的距离. 对应的 $G_-$ 的法向导数是

$$
\begin{aligned}
\frac{\partial G_-}{\partial n}(P_1) = {} & \cos(\vec{n}, \vec{r}_{01})\left(\mathrm{j}k - \frac{1}{r_{01}}\right)\frac{\exp(\mathrm{j}kr_{01})}{r_{01}} \\
& - \cos(\vec{n}, \vec{\tilde{r}}_{01})\left(\mathrm{j}k - \frac{1}{\tilde{r}_{01}}\right)\frac{\exp(\mathrm{j}k\tilde{r}_{01})}{\tilde{r}_{01}}.
\end{aligned}
\tag{3-33}
$$

对于 $S_1$ 上的 $P_1$ 点, 我们有

$$
r_{01} = \tilde{r}_{01},
$$
$$
\cos(\vec{n}, \vec{r}_{01}) = -\cos(\vec{n}, \vec{\tilde{r}}_{01}),
$$

因此在这个面上

$$
\frac{\partial G_-(P_1)}{\partial n} = 2\cos(\vec{n}, \vec{r}_{01})\left(\mathrm{j}k - \frac{1}{r_{01}}\right)\frac{\exp(\mathrm{j}kr_{01})}{r_{01}}.
\tag{3-34}
$$

假定 $U(P_1)$ 在屏幕的阴影中消失, 在敞开的孔径 $\Sigma$ 中不受干扰, 由此得到 $P_0$ 处场的第一种瑞利–索末菲解为

$$
U_{\mathrm{I}}(P_0) = -\frac{1}{2\pi}\iint_{\Sigma} U(P_1)\left(\mathrm{j}k - \frac{1}{r_{01}}\right)\frac{\exp(\mathrm{j}kr_{01})}{r_{01}}\cos(\vec{n}, \vec{r}_{01})\mathrm{d}s,
\tag{3-35}
$$

它可以写成一个卷积

$$
U_{\mathrm{I}}(x, y, z) = h(x, y, z) * U(x, y, 0),
\tag{3-36}
$$

其中 $h(x, y, z)$ 是这个解的脉冲响应

$$h(x, y, z) = \frac{1}{2\pi} \frac{z}{r} \left( \frac{1}{r} - \mathrm{j}k \right) \frac{\exp(\mathrm{j}kr)}{r}, \tag{3-37}$$

我们用了以下事实: $\cos(\vec{n}, \vec{r}_{01}) = z/r$ 和 $r = \sqrt{x^2 + y^2 + z^2}$. 这个结果代表第一种索末菲解的完整表示式.

注意格林函数 $G_-$ 的法向导数简单地是基尔霍夫解中所用的格林函数 $G$ 的法向导数的两倍, 即

$$\frac{\partial G_-(P_1)}{\partial n} = 2 \frac{\partial G(P_1)}{\partial n}.$$

通过允许两个点源同相振动, 可求得另一个同样成立的格林函数为

$$G_+(P_1) = \frac{\exp(\mathrm{j}kr_{01})}{r_{01}} + \frac{\exp(\mathrm{j}k\tilde{r}_{01})}{\tilde{r}_{01}}. \tag{3-38}$$

容易证明 (见习题 3-4), 这个函数的法向导数在屏幕和孔径上为零, 得出第二种瑞利–索末菲解为

$$U_{\mathrm{II}}(P_0) = \frac{1}{4\pi} \iint_{S_1} \frac{\partial U(P_1)}{\partial n} G_+(P_1) \mathrm{d}s. \tag{3-39}$$

可以证明, 在 $\Sigma$ 上, $G_+$ 是基尔霍夫的格林函数 $G$ 的两倍

$$G_+ = 2G.$$

这可导出基尔霍夫使用的通过格林函数表示 $U(p_0)$ 的表示式,

$$U_{\mathrm{II}}(P_0) = \frac{1}{2\pi} \iint_{\Sigma} \frac{\partial U(P_1)}{\partial n} \frac{\exp(\mathrm{j}kr_{01})}{r_{01}} \mathrm{d}s, \tag{3-40}$$

此式在 $U(P_1)$ 的法向导数在孔径 $S$ 外为零的假定下成立. 一般而言, 第一种索末菲解是最容易应用的, 因为它取决于 $U$ 而不是 $\partial U/\partial n$.

### 3.5.2 瑞利–索末菲衍射公式

在 $r_{01} \gg \lambda$ 的假定下, (3-35) 式可简化为[①]

$$U_{\mathrm{I}}(P_0) = \frac{1}{\mathrm{j}\lambda} \iint_{S_1} U(P_1) \frac{\exp(\mathrm{j}kr_{01})}{r_{01}} \cos(\vec{n}, \vec{r}_{01}) \mathrm{d}s. \tag{3-41}$$

现在可以将基尔霍夫边界条件只应用于 $U$, 得到一般结果

$$U_{\mathrm{I}}(P_0) = \frac{1}{\mathrm{j}\lambda} \iint_{\Sigma} U(P_1) \frac{\exp(\mathrm{j}kr_{01})}{r_{01}} \cos(\vec{n}, \vec{r}_{01}) \mathrm{d}s. \tag{3-42}$$

---

① 也许值得指出, 精确的第一类索末菲解 (3-35) 满足亥姆霍兹方程, 但是近似解 (3-41) 不满足.

由于不需要对 $\partial U/\partial n$ 施加边界条件, 基尔霍夫理论的不自洽性消除了.

现在我们将 (3-42) 式和 (3-40) 式用于一个特殊情况: 用一个发散球面波照明, 这就可以与基尔霍夫理论 (3-27) 式直接比较了. 在所有这些情形下, 孔径的照明都是用 $P_2$ 的点光源发出的球面波 (仍见图 3.7):

$$U(P_1) = A\frac{\exp(\mathrm{j}kr_{21})}{r_{21}}.$$

用 $G_-$, 我们得到

$$U_{\mathrm{I}}(P_0) = \frac{A}{\mathrm{j}\lambda}\iint_\Sigma \frac{\exp[\mathrm{j}k(r_{21}+r_{01})]}{r_{21}r_{01}}\cos(\vec{n},\vec{r}_{01})\mathrm{d}s. \tag{3-43}$$

这个结果称为瑞利–索末菲衍射公式.

用 $G_+$, 并假定 $r_{21}\gg\lambda$, 相应的结果为

$$U_{\mathrm{II}}(P_0) = -\frac{A}{\mathrm{j}\lambda}\iint_\Sigma \frac{\exp[\mathrm{j}k(r_{21}+r_{01})]}{r_{21}r_{01}}\cos(\vec{n},\vec{r}_{21})\mathrm{d}s, \tag{3-44}$$

其中 $n$ 和 $r_{21}$ 的夹角大于 $90°$.

### 3.5.3　边界条件的复现

最常见的情形是, 衍射公式表述的条件是 $r_{01}\gg\lambda$, 这个近似在绝大多数实际应用中得到满足. 集中注意瑞利–索末菲情形, 我们知道完备解需要有脉冲响应 (见 (3-37) 式)

$$h(x,y,z) = \frac{1}{2\pi}\frac{z}{r}\left(\frac{1}{r}-\mathrm{j}k\right)\frac{\exp(\mathrm{j}kr)}{r} = h_1(x,y,z)+h_2(x,y,z), \tag{3-45}$$

其中 $r=\sqrt{x^2+y^2+z^2}$, 而

$$h_1(x,y,z) = \frac{z}{\mathrm{j}\lambda}\frac{\exp(\mathrm{j}kr)}{r^2}, \tag{3-46}$$

并且

$$h_2(x,y,z) = \frac{z}{2\pi}\frac{\exp(\mathrm{j}kr)}{r^3}. \tag{3-47}$$

当 $r\gg\lambda$ 时, $h$ 可以用 $h_1$ 近似, 而当 $r\ll\lambda$ 时 , $h$ 可以用 $h_2$ 近似.

因为导致 $h_1$ 的近似, 我们不能指望基于这个脉冲响应的解当 $z\to 0$ 时复现出边界条件. 当 $r\ll\lambda$ 时, 近似的脉冲响应必须取另一形式 $h_2$. 用 Mathematica 软件, 能够证明, $h_1$ 下面的体积随着 $z\to 0$ 而趋于零. 因此, 它不能趋于一个 $\delta$ 函

数①. 另一方面, 可以证明, 随着 $z \to 0, h_2$ 下面的体积为 1, $h_2$ 之值在 $\rho \neq 0$ 时趋于 0, 在 $\rho = 0$ 时趋于 $\infty$, 这是 $\delta$ 函数的性质.

我们的结论是, $h$ 和 $h_2$ 都能复现边界条件, 但 $h_1$ 不能. 但是, 由于几乎一切实际应用涉及的距离都是 $r \gg \lambda$, 在下面大多数情形下都将作近似 $h \approx h_1$.

## 3.6 基尔霍夫理论和瑞利–索末菲理论的比较

我们简短地总结一下基尔霍夫理论和瑞利–索末菲理论的相似之处和不同之处. 为了本节的目的, 用 $G_K$ 表示基尔霍夫理论的格林函数, 而 $G_-$ 和 $G_+$ 表示两种瑞利–索末菲表述中的格林函数. 前已指出, 在 $\Sigma$ 面上, $G_+ = 2G_K$ 及 $\partial G_-/\partial n = 2\partial G_K/\partial n$. 因此我们感兴趣的普遍结果在下面给出. 对于基尔霍夫理论 (见 (3-24) 式)

$$U(P_0) = \frac{1}{4\pi} \iint_\Sigma \left( \frac{\partial U}{\partial n} G_K - U \frac{\partial G_K}{\partial n} \right) \mathrm{d}s, \tag{3-48}$$

对第一种瑞利–索末菲解 (见 (3-32) 式)

$$U_{\mathrm{I}}(P_0) = -\frac{1}{2\pi} \iint_\Sigma U \frac{\partial G_K}{\partial n} \mathrm{d}s, \tag{3-49}$$

对第二种瑞利–索末菲解 (见 (3-39) 式))

$$U_{\mathrm{II}}(P_0) = \frac{1}{2\pi} \iint_\Sigma \frac{\partial U}{\partial n} G_K \mathrm{d}s. \tag{3-50}$$

上面各个式子的比较使我们得到一个有趣并令人惊讶的结论: **基尔霍夫解是两个瑞利–索末菲解的算术平均!**

比较球面波照明与 $r_{01} \gg \lambda$ 情形的三种方法的结果, 我们看到, 由瑞利–索末菲理论得出的结果 (即 (3-43) 式和 (3-44) 式) 同菲涅耳–基尔霍夫理论衍射公式 (3-27) 的不同仅在于所谓的倾斜因子 $\psi$, 这个因子是余弦项引入的角度依赖关系. 所有情况都可以写成

$$U(P_0) = \frac{A}{\mathrm{j}\lambda} \iint_\Sigma \frac{\exp[\mathrm{j}k(r_{21} + r_{01})]}{r_{21}r_{01}} \psi \mathrm{d}s, \tag{3-51}$$

其中

$$\psi = \begin{cases} \frac{1}{2}[\cos(\vec{n}, \vec{r}_{01}) - \cos(\vec{n}, \vec{r}_{21})], & \text{基尔霍夫理论}, \\ \cos(\vec{n}, \vec{r}_{01}), & \text{第一种瑞利–索末菲理论}, \\ -\cos(\vec{n}, \vec{r}_{21}), & \text{第二种瑞利–索末菲理论}, \end{cases} \tag{3-52}$$

---

① 要复现边界条件, 需要脉冲响应为 $\delta$ 函数.

对于无限远处的点光源产生的正入射平面波照明的特殊情况, 倾斜因子变成

$$
\psi = \begin{cases}
\dfrac{1}{2}[1 + \cos\theta], & \text{基尔霍夫理论}, \\
\cos\theta, & \text{第一种瑞利--索末菲理论}, \\
1, & \text{第二种瑞利--索末菲理论},
\end{cases}
\tag{3-53}
$$

其中, $\theta$ 是矢量 $\vec{n}$ 和 $\vec{r}_{01}$ 之间的夹角.

许多作者对衍射问题的两种公式化表述进行了比较. 我们特别要提到 Wolf 和 Marchand [377] 的工作, 他们考察了圆形孔径、观察点距孔径足够远以至于可以看成"远场"(这个术语的意思将在下章解释) 的情况下这两种理论的差别. 他们发现, 只要孔径的直径比波长大得多, 则基尔霍夫解与两种瑞利--索末菲解实质相同. Heurtley [168] 考察了观察点在圆孔径的轴上、离孔径不同距离时这三个解的预言, 他发现只是在靠近孔径处才有差异.

当衍射问题只涉及小角度时, 容易证明这三个解是一样的. 当角度小时, 三种情况下的倾斜因子都趋于 1, 各个结果之间的差异就消失了. 注意, 若我们离衍射孔径远, 则讨论仅涉及小角度.

在结束本节时, 值得指出, 尽管基尔霍夫理论具有内在的不自洽性, 但在一种意义上说这个理论比瑞利--索末菲理论更普遍. 后者要求衍射屏是平面的, 而前者没有这一要求. 不过, 我们在这里感兴趣的绝大多数问题涉及的都是平面衍射孔径, 因而这一普遍性就不特别重要了. 事实上, 我们一般将选用第一种瑞利--索末菲解, 因为它简单.

## 3.7 惠更斯--菲涅耳原理的进一步讨论

正如第一种瑞利--索末菲解预言的[①] (见 (3-42) 式, 它假设 $r_{01} \gg \lambda$), 惠更斯--菲涅耳原理可以用数学式表示为

$$
U(P_0) = \frac{1}{\mathrm{j}\lambda} \iint_{\Sigma} U(P_1) \frac{\exp(\mathrm{j}kr_{01})}{r_{01}} \cos\theta \mathrm{d}s,
\tag{3-54}
$$

其中 $\theta$ 是矢量 $\vec{n}$ 和 $\vec{r}_{01}$ 之间的夹角. 我们给这个积分一个"准物理的" 解释. 它将观察到的场 $U(P_0)$ 表示为从孔径 $\Sigma$ 上各点 $P_1$ 的次级波源发出的发散球面波 $\exp(\mathrm{j}kr_{01})/r_{01}$ 的叠加. $P_1$ 点上的次级波源具有以下性质:

(1) 它的复振幅与相应点上的激励的振幅 $U(P_1)$ 成正比.

(2) 它的振幅与波长 $\lambda$ 成反比, 也就是说, 与光波的频率 $\nu$ 成正比.

(3) 因子 $1/\mathrm{j}$ 表明, 它的相位超前入射波的相位 $90°$.

---

① 此后我们将略去第一种瑞利--索末菲解的下标, 因为我们只使用这个解, 不用别的解.

(4) 每个次级波源有一个指向形式图样 $\cos\theta$.

上面第一条性质是完全合理的. 波传播现象是线性的, 穿过孔径的波应当与投射到孔径上的波成正比.

第二条和第三条性质的一个合理的解释如下. 从孔径到观察点的波动是由孔径上的场的时间变化产生的. 下节我们将更清楚地看到, $P_1$ 点的次级波源对 $P_0$ 点的场的贡献依赖于 $P_1$ 处场的时间变化率. 由于我们的基本单色场扰动是形如 $\exp(-j2\pi\nu t)$ 的顺时针旋转的相矢量, 它的时间导数正比于 $\nu$ 和 $-j = 1/j$.

最后一条性质, 即倾斜因子, 没有简单的"准物理"解释, 它以稍微不同的形式出现在一切衍射理论中. 要找到它的"准物理"解释也许是一种奢望. 毕竟在孔径内并没有实物源; 正相反, 它们都在孔径的边缘上. 因此, 应该将惠更斯–菲涅耳原理看成一个比较简单的数学结构, 它使我们能够解决衍射问题, 而不必注意发生在孔径边缘上的物理细节.

重要的是认识到, (3-54) 式表示的惠更斯–菲涅耳原理, 只不过是第 2 章里讨论过的那种*叠加积分*. 为了强调这个观点, 我们将 (3-54) 式重写为

$$U(P_0) = \iint_\Sigma h(P_0, P_1)U(P_1)\mathrm{d}s, \tag{3-55}$$

其中脉冲响应 $h(P_0, P_1)$ 在近似解中显式给出为

$$h(P_0, P_1) = \frac{1}{\mathrm{j}\lambda} \frac{\exp(\mathrm{j}kr_{01})}{r_{01}} \cos\theta, \tag{3-56}$$

或者, 在更完备的结果中, 并不假设 $r_{01}$ 比 $\lambda$ 大很多,

$$h(P_0, P_1) = \frac{1}{2\pi} \left( \frac{1}{r_{01}} - \mathrm{j}k \right) \exp(\mathrm{j}kr_{01}) \cos\theta. \tag{3-57}$$

我们分析衍射的结果出现了一个叠加积分, 这不应该使我们惊奇, 前面已经看到, 得出这一结果所要求的主要因素是线性性质, 而在我们的分析中曾假定这一性质存在. 当我们在第 4 章更详细地考察脉冲响应 $h(P_0, P_1)$ 的性质时, 我们将会看到它也具有空间不变性, 这是我们假定电介质均匀的结果. 这时还将看到惠更斯–菲涅耳原理是一个*卷积积分*.

## 3.8 推广到非单色波

前面假设在一切情况下波扰动是理想的单色波. 这样的波在实际中可以很好地近似, 并且特别容易分析. 但是, 现在来简短地考虑更普遍的非单色扰动的情况; 我们只限于注意第一类瑞利–索末菲解, 但对其他的解可以得到类似的结果.

不透明屏幕上有一孔径 $\Sigma$, 一个扰动 $u(P_1,t)$ 射到这个孔径上, 考虑在孔径后方观察到的标量扰动 $u(P_0,t)$. 时间函数 $u(P_0,t)$ 和 $u(P_1,t)$ 可以用它们的傅里叶逆变换表示:

$$u(P_1,t) = \int_{-\infty}^{\infty} U(P_1,\nu) \exp(\mathrm{j}2\pi\nu t)\mathrm{d}\nu,$$
$$u(P_0,t) = \int_{-\infty}^{\infty} U(P_0,\nu) \exp(\mathrm{j}2\pi\nu t)\mathrm{d}\nu,$$

(3-58)

其中 $U(P_0,\nu)$ 和 $U(P_1,\nu)$ 分别是 $u(P_0,t)$ 和 $u(P_1,t)$ 的傅里叶谱, $\nu$ 代表频率.

令 (3-58) 式作变量代换 $\nu' = -\nu$, 得到

$$u(P_1,t) = \int_{-\infty}^{\infty} U(P_1,-\nu') \exp(-\mathrm{j}2\pi\nu' t)\mathrm{d}\nu',$$
$$u(P_0,t) = \int_{-\infty}^{\infty} U(P_0,-\nu') \exp(-\mathrm{j}2\pi\nu' t)\mathrm{d}\nu'.$$

(3-59)

现在可以认为这些关系式是把非单色时间函数 $u(P_0,t)$ 和 $u(P_1,t)$ 表示成 (3-10) 式那种单色时间函数的线性组合. 单色基元函数有各个不同的频率 $\nu'$, 频率 $\nu'$ 的扰动的复振幅就是 $U(P_0,-\nu')$ 和 $U(P_1,-\nu')$. 根据波动传播现象的线性性质, 我们用上节的结果求扰动的每个单色分量在 $P_0$ 的复振幅, 再把结果相加得到总的时间函数 $u(P_0,t)$.

接着往下做, 用 (3-54) 式可直接写出

$$U(P_0,-\nu') = -\mathrm{j}\frac{\nu'}{v} \iint_{\Sigma} U(P_{1'}-\nu') \frac{\exp(\mathrm{j}2\pi\nu' r_{01}/v)}{r_{01}} \cos(\vec{n},\vec{r}_{01})\mathrm{d}s,$$

(3-60)

其中 $v$ 是扰动在折射率为 $n$ 的介质中的传播速度 $(v = c/n)$, 这里用了关系式 $\nu'\lambda = v$. 将 (3-60) 式代入 (3-59) 式的第二个式子, 并交换积分次序, 得到

$$u(P_0,t) = \iint_{\Sigma} \frac{\cos(\vec{n},\vec{r}_{01})}{2\pi v r_{01}} \int_{-\infty}^{\infty} -\mathrm{j}2\pi\nu' U(P_1,-\nu') \exp\left[-\mathrm{j}2\pi\nu'\left(t - \frac{r_{01}}{v}\right)\right] \mathrm{d}\nu'\mathrm{d}s.$$

最后, 用下面的恒等式:

$$\frac{\mathrm{d}}{\mathrm{d}t}u(P_1,t) = \frac{\mathrm{d}}{\mathrm{d}t} \int_{-\infty}^{\infty} U(P_1,-\nu') \exp(-\mathrm{j}2\pi\nu' t)\mathrm{d}\nu'$$
$$= \int_{-\infty}^{\infty} -\mathrm{j}2\pi\nu' U(P_1,-\nu') \exp(-\mathrm{j}2\pi\nu' t)\mathrm{d}\nu'$$

可得

$$u(P_0,t) = \iint_{\Sigma} \frac{\cos(\vec{n},\vec{r}_{01})}{2\pi v r_{01}} \frac{\mathrm{d}}{\mathrm{d}t} u\left(P_1, t - \frac{r_{01}}{v}\right) \mathrm{d}s.$$

(3-61)

我们看到, $P_0$ 点的波扰动与孔径上每一点 $P_1$ 的扰动的时间导数呈线性关系. 由于扰动从 $P_1$ 传播到 $P_0$ 需要一段时间 $r_{01}/v$, 观察到的波依赖于入射波在"推迟"的时刻 $t - (r_{01}/v)$ 的导数.

这个更普遍的讨论表明, 可以直接用单色波衍射的知识综合出更普遍的非单色光波的结果. 不过, 当光源的光谱非常窄时, 可以直接应用单色光的结果. 对这些问题的进一步说明见习题 3-6.

## 3.9 边界上的衍射

在表述惠更斯–菲涅耳原理时, 我们发现把孔径上每一点看成一个新的球面波源将会带来方便. 前面已指出, 这些波源仅仅是在数学上提供了方便, 并没有真实的物理意义. 托马斯·杨于 1802 年最先定性地表述了一个更有物理内容的观点, 认为观察到的场是由不受干扰地通过孔径的入射波与孔径边缘发出的衍射波叠加而成的. 边缘上的物质介质能够发出新的波, 这使得这种解释更有物理内容.

索末菲用电磁理论严格求解了一个平面波在半无穷理想导体屏上的衍射问题 [326], 为杨的定性论据增添了动力. 这个严格解表明, 屏幕几何阴影区内的场具有源于屏幕边缘的柱面波的形式. 在屏幕后被直接照明的区域内, 场由此柱面波和直接透射的入射波叠加而成.

Maggi [238] 和 Rubinowicz [301] 研究了边界衍射方法在更普通的衍射问题中的适用性. 他们证明, 确实可以通过处理基尔霍夫衍射公式得出与杨的概念等价的一种形式. 不久前, Miyamoto 和 Wolf [302] 扩展了边界衍射理论. 对这些概念的进一步讨论, 读者应参考所引的参考文献.

与杨的概念密切相关的另一种方法是 Keller 发展的衍射的几何理论 [191]. 在这种处理方法中, 引起衍射的障碍物后面的场用几何光学原理来求, 再加上从障碍物的一些点上发出的"衍射光线"以作修正. 假定新的光线是从障碍物的边缘、角落、尖端及表面上发出的, 往往可以用这个理论来计算那些过于复杂无法用其他方法处理的物体产生的衍射场.

## 3.10 平面波的角谱

标量衍射理论也能在一个与线性不变系统理论极其相似的框架内表述. 我们将看到, 若对任一平面上的单色扰动的复场分布作傅里叶分析, 则各个空间傅里叶分量可以看成沿不同方向传播离开这个平面的平面波. 在任何其他点上 (或者在任何其他平行平面上) 的场振幅可以对这些平面波的贡献求和算出, 这时要考虑这些平面波在传播过程中发生的相移. 关于这个研究衍射理论的方法及其在无线电波传播理论中的应用的详细讨论, 读者可参考 Ratcliffe 的著作[294].

### 3.10.1　角谱及其物理解释

假设由于某个未说明的单色光源系统的作用, 一个波入射到横向的 $(x, y)$ 平面上, 这个波有一个沿正 $z$ 方向传播的分量. 令 $z = 0$ 平面上的复场为 $U(x, y, 0)$; 我们的最终目的是计算它引起的、出现在这个平面右方距离为 $z$ 的另一个平行平面上的场 $U(x, y, z)$.

在 $z = 0$ 平面上, 函数 $U$ 的二维傅里叶变换式为

$$A(f_X, f_Y; 0) = \iint_{-\infty}^{\infty} U(x, y, 0) \exp[-\mathrm{j}2\pi(f_X x + f_Y y)]\mathrm{d}x\mathrm{d}y. \tag{3-62}$$

在第 2 章曾指出, 可以把傅里叶变换运算看成把一个复杂函数分解为更简单的复指数函数的集合. 为了强调这种观点, 我们把 $U$ 写成其频谱的逆变换

$$U(x, y, 0) = \iint_{-\infty}^{\infty} A(f_X, f_Y; 0) \exp[\mathrm{j}2\pi(f_X x + f_Y y)]\mathrm{d}f_X\mathrm{d}f_Y. \tag{3-63}$$

为了给予上面积分中的被积函数以物理意义, 考虑一个以波矢量 $\vec{k}$ 传播的简单平面波, $\vec{k}$ 的大小为 $2\pi/\lambda$, 方向余弦为 $(\alpha, \beta, \gamma)$, 如图 3.9 所示. 这个平面波的复数表示形式为

$$p(x, y, z; t) = \exp[\mathrm{j}(\vec{k} \cdot \vec{r} - 2\pi\nu t)], \tag{3-64}$$

其中 $\vec{r} = x\hat{x} + y\hat{y} + z\hat{z}$ 为位置矢量 (符号 ˆ 表示单位矢量), 而 $\vec{k} = \dfrac{2\pi}{\lambda}(\alpha\hat{x} + \beta\hat{y} + \gamma\hat{z})$. 忽略对时间的依赖关系, 在 $z$ 为常数的平面上, 平面波的复相矢量的振幅为

$$P(x, y, z) = \exp(\mathrm{j}\vec{k} \cdot \vec{r}) = \exp\left(\mathrm{j}\frac{2\pi}{\lambda}(\alpha x + \beta y)\right) \exp\left(\mathrm{j}\frac{2\pi}{\lambda}\gamma z\right). \tag{3-65}$$

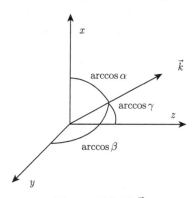

图 3.9　波矢量 $\vec{k}$

注意方向余弦各分量之间通过下式相联系:

$$\gamma = \sqrt{1 - \alpha^2 - \beta^2}.$$

于是在 $z = 0$ 平面上, 可以把复指数函数 $\exp[j2\pi(f_X x + f_Y y)]$ 看成一个平面波, 它传播的方向余弦为

$$\alpha = \lambda f_X, \quad \beta = \lambda f_Y, \quad \gamma = \sqrt{1 - (\lambda f_X)^2 - (\lambda f_Y)^2}. \tag{3-66}$$

在 $U$ 的傅里叶分解式中, 空间频率为 $(f_X, f_Y)$ 的平面波分量的复振幅是 $A(f_X, f_Y; 0)\mathrm{d}f_X\mathrm{d}f_Y$, 在 $(f_X = \alpha/\lambda, f_Y = \beta/\lambda)$ 上求值. 由于这个原因, 下面这个函数:

$$A\left(\frac{\alpha}{\lambda}, \frac{\beta}{\lambda}; 0\right) = \iint_{-\infty}^{\infty} U(x, y, 0) \exp\left[-j2\pi\left(\frac{\alpha}{\lambda}x + \frac{\beta}{\lambda}y\right)\right] \mathrm{d}x\mathrm{d}y \tag{3-67}$$

叫做扰动 $U(x, y, 0)$ 的角谱.

### 3.10.2 角谱的传播

现在来看一个与 $(x, y)$ 平面平行但距离为 $z$ 的平面上的扰动 $U$ 的角谱. 令函数 $A(\alpha/\lambda, \beta/\lambda; z)$ 表示 $U(x, y, z)$ 的角谱,

$$A\left(\frac{\alpha}{\lambda}, \frac{\beta}{\lambda}; z\right) = \iint_{-\infty}^{\infty} U(x, y, z) \exp\left[-j2\pi\left(\frac{\alpha}{\lambda}x + \frac{\beta}{\lambda}y\right)\right] \mathrm{d}x\mathrm{d}y. \tag{3-68}$$

如能找到 $A(\alpha/\lambda, \beta/\lambda; 0)$ 与 $A(\alpha/\lambda, \beta/\lambda; z)$ 之间的关系, 波动传播对扰动的角谱的效应就清楚了.

为了找到所要的关系, 注意 $U$ 可写成

$$U(x, y, z) = \iint_{-\infty}^{\infty} A\left(\frac{\alpha}{\lambda}, \frac{\beta}{\lambda}; z\right) \exp\left[j2\pi\left(\frac{\alpha}{\lambda}x + \frac{\beta}{\lambda}y\right)\right] \mathrm{d}\frac{\alpha}{\lambda}\mathrm{d}\frac{\beta}{\lambda}. \tag{3-69}$$

此外, 在所有的无源点上, $U$ 必须满足亥姆霍兹方程

$$\nabla^2 U + k^2 U = 0.$$

把这一要求直接用于 (3-69) 式表明, $A$ 必须满足微分方程

$$\frac{\mathrm{d}^2}{\mathrm{d}z^2} A\left(\frac{\alpha}{\lambda}, \frac{\beta}{\lambda}; z\right) + \left(\frac{2\pi}{\lambda}\right)^2 [1 - \alpha^2 - \beta^2] A\left(\frac{\alpha}{\lambda}, \frac{\beta}{\lambda}; z\right) = 0.$$

这个方程的一个基元解可以写成下面的形式:

$$A\left(\frac{\alpha}{\lambda}, \frac{\beta}{\lambda}; z\right) = A\left(\frac{\alpha}{\lambda}, \frac{\beta}{\lambda}; 0\right) \exp\left(j\frac{2\pi}{\lambda}\sqrt{1 - \alpha^2 - \beta^2}\, z\right). \tag{3-70}$$

这个结果表明, 当方向余弦 $(\alpha, \beta)$ 满足

$$\alpha^2 + \beta^2 < 1 \tag{3-71}$$

时 (真正的方向余弦都必须满足此式), 传播一段距离 $z$ 的效应只改变各个角谱分量的相对相位. 因为每个平面波分量以不同的角度传播, 它们在两个平行平面间所经过的距离不同, 因而引入了相对的相位延迟.

但是, 若 $(\alpha, \beta)$ 满足

$$\alpha^2 + \beta^2 > 1,$$

需要有一个不同的解释. 注意, 由于 $A(\alpha/\lambda, \beta/\lambda; 0)$ 是场分布的傅里叶变换, 而在孔径平面上对场施加了边界条件, 这个频谱中很可能包含不满足 (3-71) 式的分量. 在这种情况下, 不再将 $\alpha$ 和 $\beta$ 解释为方向余弦. 这时 (3-70) 式中的平方根是虚数, (3-70) 式可重写成

$$A\left(\frac{\alpha}{\lambda}, \frac{\beta}{\lambda}; z\right) = A\left(\frac{\alpha}{\lambda}, \frac{\beta}{\lambda}; 0\right) \exp(-\mu z), \tag{3-72}$$

其中

$$\mu = \frac{2\pi}{\lambda} \sqrt{\alpha^2 + \beta^2 - 1},$$

由于 $\mu$ 是一个正实数, 这些波动分量因传播而迅速衰减. 这种波动分量称为**隐失波**(evanescent wave), 它们与微波波导中在低于截止频率驱动时产生的波非常相似. 像波导在截止频率以下驱动的情形一样, 这些隐失波并不把能量从孔径带走.[①]

最后, 我们注意到, 对 (3-70) 式作逆变换, 可将在 $(x, y, z)$ 点观察到的扰动用初始角谱表示出来

$$U(x, y, z) = \iint_{-\infty}^{\infty} A\left(\frac{\alpha}{\lambda}, \frac{\beta}{\lambda}; 0\right) \exp\left(\mathrm{j}\frac{2\pi}{\lambda}\sqrt{1 - \alpha^2 - \beta^2}\,z\right)$$
$$\times \exp\left[\mathrm{j}2\pi\left(\frac{\alpha}{\lambda}x + \frac{\beta}{\lambda}y\right)\right]\mathrm{d}\frac{\alpha}{\lambda}\mathrm{d}\frac{\beta}{\lambda}, \tag{3-73}$$

其中隐失波现象将有效地将积分区域限制在满足 (3-71) 式的区域.[②]注意, 超出隐失波截止频率的角谱分量对 $U(x, y, z)$ 没有贡献. 这一事实是常规的成像系统不能分辨比所用的辐射波长更精细的周期结构的根本原因. 但是, 用非常精细的结构放在非常靠近产生衍射的物体的地方, 让它与隐失波耦合以恢复否则会丢失的信息, 这还是可能的. 不过我们在这里只关注常规的光学仪器, 对这些仪器隐失波是不可恢复的.

---

① 注意, 隐失波是在标量理论已经靠不住的条件下预言的. 但是, 它们却是真实的物理现象, 虽然也许在一个全矢量理论中能够得到更精确的处理.

② 通常我们可以假定 $z$ 大于几个波长, 使我们可以完全抛弃频谱中的隐失波分量.

### 3.10.3 衍射孔径对于角谱的作用

设在 $z = 0$ 平面上引进一个无穷大的不透明屏幕, 屏幕上包含有衍射结构. 我们现在来研究这个衍射屏幕对扰动的角谱的影响. 定义孔径的振幅透射率函数为 $z = 0$ 平面上每一点 $(x, y)$ 的透射场振幅 $U_t(x, y; 0)$ 与入射场振幅 $U_i(x, y; 0)$ 之比

$$t_A(x, y) = \frac{U_t(x, y; 0)}{U_i(x, y; 0)}. \tag{3-74}$$

于是

$$U_t(x, y, 0) = U_i(x, y, 0) t_A(x, y)$$

可以用卷积定理将入射场的角谱 $A_i(\alpha/\lambda, \beta/\lambda)$ 与透射场的角谱 $A_t(\alpha/\lambda, \beta/\lambda)$ 联系起来,

$$A_t\left(\frac{\alpha}{\lambda}, \frac{\beta}{\lambda}\right) = A_i\left(\frac{\alpha}{\lambda}, \frac{\beta}{\lambda}\right) * T\left(\frac{\alpha}{\lambda}, \frac{\beta}{\lambda}\right), \tag{3-75}$$

这里

$$T\left(\frac{\alpha}{\lambda}, \frac{\beta}{\lambda}\right) = \iint_{-\infty}^{\infty} t_A(x, y) \exp\left[-\mathrm{j}2\pi\left(\frac{\alpha}{\lambda}x + \frac{\beta}{\lambda}y\right)\right] \mathrm{d}x\mathrm{d}y, \tag{3-76}$$

"*" 仍然表示卷积.

于是我们看到, 透射扰动的角谱是入射扰动的角谱与另一个角谱的卷积, 后者是衍射结构的特征.

对于用单位振幅的平面波垂直照射衍射结构的特殊情形, 结果的形式特别简单. 这时

$$A_i\left(\frac{\alpha}{\lambda}, \frac{\beta}{\lambda}\right) = \delta\left(\frac{\alpha}{\lambda}, \frac{\beta}{\lambda}\right),$$

因而

$$A_t\left(\frac{\alpha}{\lambda}, \frac{\beta}{\lambda}\right) = \delta\left(\frac{\alpha}{\lambda}, \frac{\beta}{\lambda}\right) * T\left(\frac{\alpha}{\lambda}, \frac{\beta}{\lambda}\right) = T\left(\frac{\alpha}{\lambda}, \frac{\beta}{\lambda}\right).$$

于是, 对孔径的振幅透射率函数作傅里叶变换, 就直接得出透射的角谱.

注意, 如果衍射结构是一个限制场分布范围的孔径, 那么由傅里叶变换的基本性质得知, 结果将是扰动角谱的扩展. 孔径越小, 孔径后面的角谱越宽. 这个效应完全类似于电信号持续时间减小所导致的频谱展宽.

### 3.10.4 传播现象作为一个线性的空间滤波器

再次考虑光从 $z = 0$ 平面传播到另一个与它平行、距离为 $z$ 的平面. 可以认为, 入射到第一个平面上的扰动 $U(x, y, 0)$ 经过传播变换为一个新的场分布 $U(x, y, z)$. 这种变换满足我们前面对系统的定义. 事实上, 我们下面要证明传播现象的作用相当于一个线性空间不变系统, 它由一个比较简单的传递函数表征.

传播现象的线性性质前面已经讨论过, 它直接隐含在波动方程的线性性质中, 换句话说, 直接隐含在叠加积分 (3-55) 中. 证明空间不变性的最容易的方法, 就是实际推导出描述传播效应的传递函数; 如果一个变换具有传递函数, 那么它必定是空间不变的.

为了求出传递函数, 我们回到角谱的观点. 但是, 我们不再把角谱写成方向余弦 $(\alpha, \beta)$ 的函数, 而让它们仍然作为空间频率 $(f_X, f_Y)$ 的函数更方便些. 空间频率与方向余弦直接通过 (3-66) 式联系.

用 $A(f_X, f_Y; z)$ 表示 $U(x, y, z)$ 的空间频谱, 而 $U(x, y, 0)$ 的频谱仍写作 $A(f_X, f_Y; 0)$. 于是我们可将 $U(x, y, z)$ 表示为

$$U(x, y, z) = \iint_{-\infty}^{\infty} A(f_X, f_Y; z) \exp[j2\pi(f_X x + f_Y y)] \mathrm{d}f_X \mathrm{d}f_Y.$$

此外由 (3-73) 式有

$$U(x, y, z) = \iint_{-\infty}^{\infty} A(f_X, f_Y; 0)$$
$$\times \exp\left[j\frac{2\pi}{\lambda}\sqrt{1 - (\lambda f_X)^2 - (\lambda f_Y)^2}\, z\right] \exp[j2\pi(f_X x + f_Y y)] \mathrm{d}f_X \mathrm{d}f_Y.$$

比较上面这两个式子, 得到

$$A(f_X, f_Y; z) = A(f_X, f_Y; 0) \exp\left[j2\pi\frac{z}{\lambda}\sqrt{1 - (\lambda f_X)^2 - (\lambda f_Y)^2}\right]. \tag{3-77}$$

最后, 我们看到, 波传播现象的传递函数是

$$H(f_X, f_Y) = \exp\left[j2\pi\frac{z}{\lambda}\sqrt{1 - (\lambda f_X)^2 - (\lambda f_Y)^2}\right]. \tag{3-78}$$

在大多数问题里, 在很好的近似程度上, 可以把传播现象看成是具有有限空间带宽的线性色散空间滤波器. 滤波器的透射率在频率平面上半径为 $\lambda^{-1}$ 的圆之外为 0. 在这圆形带宽之内, 传递函数的模为 1, 但引进了与频率有关的相移. 系统的相位色散在空间频率高时最大; 当 $f_X$ 和 $f_Y$ 趋于零时, 色散消失. 此外, 对于任意确定的空间频率对, 相应色散随着传播距离 $z$ 的增大而增加.

作为结束语, 我们要说一件值得注意的事实: 角谱方法和完整的第一种瑞利-索末菲解, 尽管着手的途径明显不同, 但是对衍射场给出了完全相同的预言! Sherman 非常精彩地证明了这一点 [315], 他辨认出, 第一种瑞利-索末菲脉冲响应 (3-37) 的傅里叶变换与角谱方法的传递函数相同,

$$\mathcal{F}\{h(x, y)\} = \mathcal{F}\left\{\frac{1}{2\pi}\frac{z}{r}\left(\frac{1}{r} - jk\right)\frac{\exp(jkr)}{r}\right\}$$
$$= \exp\left[j2\pi\frac{z}{\lambda}\sqrt{1 - (\lambda f_X)^2 - (\lambda f_Y)^2}\right], \tag{3-79}$$

其中 $r = \sqrt{x^2 + y^2 + z^2}$.

# 习　题

3-1 证明在各向同性、非磁性、非均匀电介质中, 由麦克斯韦方程组可导出 (3-8) 式.

3-2 证明发散球面波满足索末菲辐射条件.

3-3 证明: 若 $r_{21} \gg \lambda$, (3-26) 式化为 (3-27) 式.

3-4 证明关于 $G_+$ 的 (3-38) 式的法向导数在屏幕和孔径上为零.

3-5 假定由垂直入射的单位振幅平面波照明. 求以下衍射物的角谱:

 (a) 直径为 $d$ 的圆形孔径;

 (b) 直径为 $d$ 的不透明圆盘.

3-6 考虑真实的非单色扰动 $u(P,t)$, 其中心频率为 $\bar{\nu}$, 带宽为 $\Delta\nu$. 定义一个相关的复值扰动 $u_-(P,t)$, 它只由 $u(P,t)$ 的负频率分量组成. 因此

$$u_-(P,t) = \int_{-\infty}^0 U(P,\nu) \exp(\mathrm{j}2\pi\nu t)\mathrm{d}\nu,$$

其中 $U(P,\nu)$ 是 $u(P,t)$ 的傅里叶谱. 假定几何关系如图 3.6 所示, 证明: 若

$$\frac{\Delta\nu}{\bar{\nu}} \ll 1 \quad \text{且} \quad \frac{1}{\Delta\nu} \gg \frac{nr_{01}}{v},$$

则

$$u_-(P_0,t) = \frac{1}{\mathrm{j}\bar{\lambda}} \iint_{-\infty}^{\infty} u_-(P_1,t) \frac{\exp(\mathrm{j}\bar{k}r_{01})}{r_{01}} \cos(\vec{n}, \vec{r}_{01})\mathrm{d}s,$$

其中 $\bar{\lambda} = v/\bar{\nu}, \bar{k} = 2\pi/\bar{\lambda}$. 上式中, $n$ 为介质的折射率, $v$ 为传播速度.

3-7 对于传播方向与光轴夹角很小的光波, 相矢量复场的一般形式可近似写为

$$U(x,y,z) \approx V(x,y,z) \exp(\mathrm{j}kz),$$

其中, $V(x,y,z)$ 是 $z$ 的缓变函数.

 (a) 证明, 对这样的波, 亥姆霍兹方程可以化简为

$$\nabla_t^2 V + \mathrm{j}2k\frac{\partial V}{\partial z} = 0,$$

其中 $\nabla_t^2 = \partial^2/\partial x^2 + \partial^2/\partial y^2$ 为拉普拉斯算符的横向部分. 这个方程叫做*傍轴亥姆霍兹方程*.

 (b) 证明一个发散的球面波

$$V(x,y,z) = \frac{V_1}{z} \exp\left(\mathrm{j}k\frac{x^2 + y^2}{2z}\right)$$

是这个方程的一个解.

# 第4章　菲涅耳衍射与夫琅禾费衍射

在上一章里, 我们叙述了标量衍射理论结果的最普遍的形式. 现在我们转而讨论普遍理论的某些近似, 这些近似使我们可以用比较简单的数学运算来计算衍射图样. 在许多讨论波动传播的领域里常常作这些近似, 我们把它们称为**菲涅耳近似**和**夫琅禾费近似**. 按照我们把波动传播现象看作一个"系统"的观点, 我们想要求得对广泛的"输入"场分布成立的近似.

## 4.1　背　　景

在这一节里, 我们带领读者为后面的计算作好准备, 我们将引入波场强度的概念. 各种近似都从惠更斯–菲涅耳原理导出, 我们将把惠更斯–菲涅耳原理表述成特别适合于得出这些近似的形式.

### 4.1.1　波场的强度

在电磁波频谱的光学频段, 光探测器对落在它的表面上的光功率直接作出响应. 于是, 对一个半导体探测器, 如果光功率 $\mathcal{P}$ 射到光敏区域上, 吸收一个光子, 就在导带中产生一个电子, 并在价带中产生一个空穴. 在内部场和外加场的影响下, 空穴和电子向相反的方向运动, 产生一个光电流 $i$, 它是对入射并被吸收的光子的响应. 在大多数情况下, 光电流与入射功率成正比,

$$i = \mathcal{R}\mathcal{P}. \tag{4-1}$$

比例常数 $\mathcal{R}$ 叫做探测器的**响应率**, 由下式给出:

$$\mathcal{R} = \frac{\eta_{qe}q}{h\nu}, \tag{4-2}$$

其中 $\eta_{qe}$ 是光探测器的量子效率(每吸收一个光子释放的电子–空穴对的平均数, 无内部增益时它小于等于 1), $q$ 是电子电荷 ($1.602 \times 10^{-19}$C), $h$ 是普朗克常量 ($6.626196 \times 10^{-34}$J · s), $\nu$ 是光波的频率.[①]

于是, 光学中可直接测量的量是光功率, 把这一功率与我们早先讨论衍射理论时所用的复标量场 $u(P,t)$ 和 $U(P)$ 联系起来是重要的. 要理解它们之间的关系, 需

---

[①] 读者也许会感到奇怪, 为什么产生一个电子加一个空穴不使 (4-2) 式中的电荷不是 $2e$ 而仍是 $e$. 这个问题的答案见文献 [305], 650 页.

要回到这个问题的电磁描述. 我们在此忽略细节, 只叙述主要点, 读者要了解细节可参看文献 [305] 第 5.3 和 5.4 节. 令介质是各向同性的, 波是单色波. 假定波的局域行为是一个横向平面电磁波 (即 $\vec{\mathcal{E}}_0$、$\vec{\mathcal{H}}_0$ 和 $\vec{k}$ 构成一个相互正交的三维矢量组), 那么局域的电场和磁场可以表示为

$$\vec{\mathcal{E}} = \mathrm{Re}\{\vec{E}_0 \exp[-\mathrm{j}(2\pi\nu t - \vec{k} \cdot \vec{r})]\},$$
$$\vec{\mathcal{H}} = \mathrm{Re}\{\vec{H}_0 \exp[-\mathrm{j}(2\pi\nu t - \vec{k} \cdot \vec{r})]\}, \tag{4-3}$$

其中, $\vec{E}_0$ 和 $\vec{H}_0$ 是局域的常量, 具有复数分量. 功率沿矢量 $\vec{k}$ 的方向流动, 功率密度可表示为

$$p = \frac{\vec{E}_0 \cdot \vec{E}_0^*}{2\eta} = \frac{E_{0X}^2 \mid E_{0Y}^2 + E_{0Z}^2}{2\eta}, \tag{4-4}$$

式中 $\eta$ 是介质的特性阻抗, 由下式给出:

$$\eta = \sqrt{\frac{\mu}{\epsilon}}.$$

真空中, $\eta = 377\Omega$. 投射到面积为 $A$ 的表面上的总功率是功率密度在 $A$ 上的积分, 考虑到功率流的方向是在 $\vec{k}$ 的方向,

$$\mathcal{P} = \iint_A p \frac{\vec{k} \cdot \hat{n}}{|\vec{k}|} \mathrm{d}x \, \mathrm{d}y.$$

这里 $\hat{n}$ 是垂直于探测器表面向内的单位矢量, 而 $\vec{k}/|\vec{k}|$ 是功率流方向的单位矢量. 当 $\vec{k}$ 近于垂直表面时, 总功率 $\mathcal{P}$ 简单地是功率密度 $p$ 在探测器面积上的积分.

(4-4) 式显示的功率密度和 $\vec{E}_0$ 矢量大小的平方之间的正比关系使我们定义: 一个标量单色波在 $P$ 点的强度为扰动的相矢量表示 $U(P)$ 的大小的平方,

$$I(P) = |U(P)|^2. \tag{4-5}$$

注意功率密度和强度并不等同, 但是后者正比于前者. 因此我们认为, 强度是光波场的物理上可测量的属性.

若一个波不是理想的单色波, 但仍是窄带的, 那么下式给出强度概念的直接推广:

$$I(P) = \langle |u(P,t)|^2 \rangle, \tag{4-6}$$

这里尖括弧表示对无穷长时间取平均. 在某些情况下, 瞬时强度的概念是有用的, 其定义为

$$I(P,t) = |u(P,t)|^2. \tag{4-7}$$

计算衍射图样时, 我们一般认为要求的量是图样的强度.

#### 4.1.2　直角坐标系中的惠更斯–菲涅耳原理

在引进惠更斯–菲涅耳原理的一系列近似之前, 先叙述一下这个原理在直角坐标系中的更清楚的形式是有益的. 如图 4.1 所示, 设衍射孔径处于 $(\xi, \eta)$ 平面内, 在正 $z$ 方向被光照射. 我们要计算与 $(\xi, \eta)$ 平面平行且与其法向距离为 $z$ 的 $(x, y)$ 平面上的波场. $z$ 轴穿过这两个平面的原点. 根据 (3-42) 式, 惠更斯–菲涅耳原理 (在 $r_{01} \gg \lambda$ 时) 可表述为

$$U(P_0) = \frac{1}{\mathrm{j}\lambda} \iint_{\Sigma} U(P_1) \frac{\exp(\mathrm{j}kr_{01})}{r_{01}} \cos\theta \,\mathrm{d}s, \tag{4-8}$$

其中 $\theta$ 是向外的法线 $\hat{n}$ 与从 $P_0$ 指向 $P_1$ 的矢量 $\vec{r}_{01}$ 所夹的角度. $\cos\theta$ 项的精确值为

$$\cos\theta = \frac{z}{r_{01}},$$

因此惠更斯–菲涅耳原理可以写成

$$U(x, y) = \frac{z}{\mathrm{j}\lambda} \iint_{\Sigma} U(\xi, \eta) \frac{\exp(\mathrm{j}kr_{01})}{r_{01}^2} \,\mathrm{d}\xi \,\mathrm{d}\eta, \tag{4-9}$$

其中距离 $r_{01}$ 为

$$r_{01} = \sqrt{z^2 + (x - \xi)^2 + (y - \eta)^2}. \tag{4-10}$$

在推导 (4-9) 式时只用了两个近似, 一个是标量理论固有的, 另一个是从孔径到观察点的距离比波长大得多, $r_{01} \gg \lambda$. 我们下面再作一系列进一步的近似.

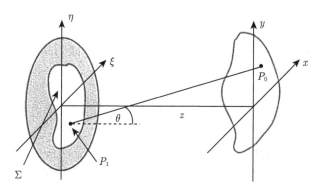

图 4.1　衍射的几何关系

## 4.2　菲涅耳近似

为了把惠更斯–菲涅耳原理化为更简单、更好用的形式, 我们引进关于 $P_1$ 与 $P_0$ 之间的距离 $r_{01}$ 的近似. 这些近似建立在 (4-10) 式中平方根的二项式展开上. 令

$b$ 为一个小于 1 的数, 考虑表示式 $\sqrt{1+b}$. 平方根的二项式展开由下式给出:

$$\sqrt{1+b} = 1 + \frac{1}{2}b - \frac{1}{8}b^2 + \cdots, \tag{4-11}$$

其中为了得到给定的精度, 所需的项数取决于 $b$ 的大小.

为了将二项式展开用于手头的问题, 将因子 $z$ 提出到 $r_{01}$ 的表示式之外, 得到

$$r_{01} = z\sqrt{1 + \left(\frac{x-\xi}{z}\right)^2 + \left(\frac{y-\eta}{z}\right)^2}. \tag{4-12}$$

令 (4-11) 式中的 $b$ 由 (4-12) 式中根号下的第二项和第三项之和构成. 于是, 只保留 (4-11) 式中的头两项, 我们就有

$$r_{01} \approx z\left[1 + \frac{1}{2}\left(\frac{x-\xi}{z}\right)^2 + \frac{1}{2}\left(\frac{y-\eta}{z}\right)^2\right]. \tag{4-13}$$

现在的问题是, 我们是否需要保留近似式 (4-13) 中所有的项, 还是只保留第一项就够了. 这个问题的答案取决于我们是要对出现在好几处的 $r_{01}$ 的哪一个作近似. 对于出现在 (4-9) 式分母中的 $r_{01}^2$, 弃去除 $z$ 以外各项带来的误差一般很小, 这是可以接受的. 但是, 对于出现在指数中的 $r_{01}$, 这样做带来的误差要大得多. 首先, 它们要乘一个很大的数 $k$, 在频谱的视频频段(如 $\lambda = 5 \times 10^{-7}\mathrm{m}$) 其典型值可能大于 $10^7\mathrm{m}^{-1}$. 其次, 哪怕小到 1 弧度的几分之一的相位变化也会使指数值改变很多. 由于这个原因, 我们在指数中保留二项式展开的两项. 于是得出 $(x,y)$ 处的场的表示式变成

$$U(x,y,z) = \frac{\mathrm{e}^{\mathrm{j}kz}}{\mathrm{j}\lambda z}\iint_{-\infty}^{\infty} U(\xi,\eta,0)\exp\left\{\mathrm{j}\frac{k}{2z}[(x-\xi)^2+(y-\eta)^2]\right\}\mathrm{d}\xi\mathrm{d}\eta, \tag{4-14}$$

这里我们已经将孔径的有限大小纳入 $U(\xi,\eta,0)$ 的定义, 与通常假设的边界条件一致.

容易看出 (4-14) 式是一个卷积, 可表示为以下形式:

$$U(x,y,z) = \iint_{-\infty}^{\infty} U(\xi,\eta,0)h(x-\xi,y-\eta)\mathrm{d}\xi\mathrm{d}\eta, \tag{4-15}$$

其中卷积核为

$$h(x,y) = \frac{\mathrm{e}^{\mathrm{j}kz}}{\mathrm{j}\lambda z}\exp\left[\frac{\mathrm{j}k}{2z}(x^2+y^2)\right]. \tag{4-16}$$

我们稍后将回到这一观点.

如果将 $\exp\left[\dfrac{\mathrm{j}k}{2z}(x^2+y^2)\right]$ 项提出积分号外, 就得到结果 (4-14) 的另一形式,

$$U(x,y,z)=\frac{\mathrm{e}^{\mathrm{j}kz}}{\mathrm{j}\lambda z}\mathrm{e}^{\mathrm{j}\frac{k}{2z}(x^2+y^2)}\iint_{-\infty}^{\infty}\left[U(\xi,\eta,0)\mathrm{e}^{\mathrm{j}\frac{k}{2z}(\xi^2+\eta^2)}\right]$$
$$\times\,\mathrm{e}^{-\mathrm{j}\frac{2\pi}{\lambda z}(x\xi+y\eta)}\mathrm{d}\xi\mathrm{d}\eta,\tag{4-17}$$

我们看出 (除了相乘的因子外), 它是紧靠孔径右方的复场与一个二次相位因子的乘积的傅里叶变换.

我们把结果的这两种形式 (4-14) 和 (4-17) 都叫做菲涅耳衍射积分. 当这个近似成立时, 我们就说观察者在菲涅耳衍射区内.[①]

### 4.2.1   正相位还是负相位

我们已经看到, 在使用菲涅耳近似时, 一个通常的做法是把球面波的表示式换成二次相位指数函数. 常常会发生这样的问题: 在一个给定的表示式中, 相位的符号应该取正还是负? 这个问题不仅与二次相位指数函数有关, 而且也在考虑球面波的精确表示式时和考虑与光轴成一角度传播的平面波时发生. 现在我们向读者介绍一种方法, 它有助于决定一切情况下指数的正确符号.

我们需要铭记在心的关键事实是, 我们选定相矢量的旋转方向是顺时针方向, 即它们对时间的依赖关系是 $\exp(-\mathrm{j}2\pi\nu t)$ 形式的. 因此, 如果我们穿过空间的运动方式是截住波场的发射更晚的部分, 那么相矢量将在顺时针方向上有所推进, 相位必定会变得更加负. 相反, 如果我们在空间的运动是截住波场的发射更早的部分, 那么相矢量还来不及在顺时针方向上转那么远, 因此相位必定变得更加正.

如果我们想象观察一个从 $z$ 轴上一点发散的球面波, 观察是在垂直于 $z$ 轴的某一 $(x,y)$ 平面内进行的, 那么离开原点运动的结果永远是遇到比原点的波前更早发射的波前, 因为它需要传播更远才能到达那些点. 因此我们离开原点运动时相位必须在正向增加. 于是表示式 $\exp(\mathrm{j}kr_{01})$ 和 $\exp[\mathrm{j}k(x^2+y^2)/(2z)]$(对正 $z$) 分别代表一个发散的球面波和对这个波的二次相位近似. 同理, $\exp(-\mathrm{j}kr_{01})$ 和 $\exp[-\mathrm{j}k(x^2+y^2)/(2z)]$ 代表一个会聚的球面波, 仍设 $z$ 为正. 显然, 若 $z$ 是负的, 则解释必须倒过来, 因为有个负号隐藏在 $z$ 中.

对与光轴成一角度行进的平面波, 可用类似的推理. 因此对于正的 $\alpha$, 表示式 $\exp(\mathrm{j}2\pi\alpha y)$ 代表波矢量在 $(y,z)$ 平面内的平面波. 但是这个波矢量的指向是与 $z$ 轴成一个正角度, 还是负角度呢 (记住正角度是对 $z$ 轴逆时针旋转而得)? 如果我们是向着正 $y$ 方向运动, 那么指数函数的自变量正向增大, 因此我们就移动到发

---

① 菲涅耳衍射公式与一个叫做"分数傅里叶变换"的量之间存在一个有趣的关系. 有兴趣的读者可参看文献 [273] 和那里引用的文献.

射更早的波所在的地方. 这只有当波矢量的指向与 $z$ 轴成一正角度时才正确, 如图 4.2 所示.

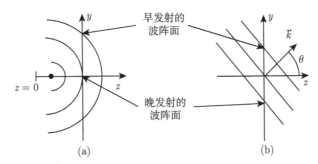

图 4.2    确定波场的指数函数表示中相位的符号. (a) 球面波; (b) 平面波

### 4.2.2 菲涅耳近似的精度

指数中的近似是最关键的近似. 可以看出, 惠更斯–菲涅耳原理中的次级球面子波被改换为二次相位波前的子波. 这个近似的精度由二项式展开 (4-11) 中弃去高于一次项 ($b$ 的线性项) 的各项引入的误差决定. 保证精度的一个充分条件是, 弃去 $b^2/8$ 项引入的最大相位变化远小于 1rad. 若距离 $z$ 满足下式:

$$z^3 \gg \frac{\pi}{4\lambda}[(x-\xi)^2 + (y-\eta)^2]_{\max}^2, \tag{4-18}$$

这个条件将得到满足.

对于大小为 1 cm 的圆孔径, 大小为 1 cm 的圆形观察区域和波长为 0.5 μm 的光波, 这个条件要求距离 $z$ 必须比 25 cm 大很多才能保证精度. 但是, 下面的评论将说明, 这个充分条件常常是过于苛刻的, 在短得多的距离上就可以有很好的精度.

要求菲涅耳近似能够给出精确的结果, 并不一定要求展开式中的高次项小, 只要它们不显著改变菲涅耳衍射积分之值就行了. 考虑上述结果的卷积形式 (4-14), 如果对积分的主要贡献来自 $\xi \approx x$ 和 $\eta \approx y$ 的那些 $(\xi, \eta)$ 点, 那么展开式的更高次项的具体值就不重要了.

### 4.2.3 二次相位指数函数的有限积分

在计算一条有限宽度的狭缝孔径的菲涅耳衍射图样时, 会出现二次相位指数函数在有限的对称积分限上的积分. 图 4.3 表示二次相位指数函数的积分的大小,

$$\left| \int_{-X}^{X} \exp(j\pi x^2) dx \right| = \left| \sqrt{2}C\left(\sqrt{2}X\right) + j\sqrt{2}S\left(\sqrt{2}X\right) \right|,$$

式中用了 2.2.1 节中提到的菲涅耳积分 $C(z)$ 和 $S(z)$ 来表示. 正如我们从图中看见到的, 随着 $X$ 值的增加, 积分向前逐渐接近值为 1 的渐近线. 特别要注意, 积分在

$X = 0.5$ 时首次到达 1, 然后围绕着这个值振荡, 涨落越来越小. 我们的结论是, 在合理的近似程度上, 对这个函数与另一个光滑而缓变的函数的卷积的主要贡献来自范围 $-2 < X \leqslant 2$, 因为在这个范围之外被积函数迅速振荡, 得不到对总面积的实质性增加.

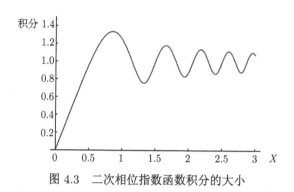

图 4.3　二次相位指数函数积分的大小

　　对 (4-14) 式和 (4-15) 式中的经过标度的二次相位指数函数, 相应的结论是: 对卷积积分的贡献主要来自 $(\xi,\eta)$ 平面上的一个正方形, 其中心在 $(\xi = x, \eta = y)$ 点, 宽度为 $4\sqrt{\lambda z}$. 随着孔径后距离 $z$ 的增大, 这个正方形变大. 事实上, 当这个正方形完全处于孔径的开通部分之内时, 在距离 $z$ 处观察到的场, 在很好的近似程度上就是没有这个孔径时的场. 当这个正方形完全处于孔径的障碍后面时, 观察点所在的区域在很好的近似程度上就是一个由孔径的阴影形成的暗区. 当这个正方形跨在孔径的开通和遮挡两部分之间时, 观察到的场是处于亮暗之间的过渡区内. 这些区域内部的细致结构可能很复杂, 但是上面的一般结论是正确的. 图 4.4 示出上述的各个区域. 对于一维矩形狭缝的情况, 可以证明, 亮区与过渡区之间的边界, 以及暗区与过渡区之间的边界, 都是抛物线 (见习题 4-6). 但是, 各区之间的变化不是像图中看来那样似乎是陡然的, 而是逐渐过渡的.

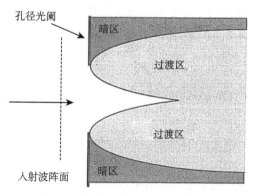

图 4.4　矩形狭缝孔径后面的亮区、暗区和过渡区

　　注意, 如果振幅透射率和 (或) 衍射孔径的照明不是一个比较光滑的缓变函数, 上面的结论可能不成立. 例如, 如果孔径透射的场的振幅有一个高频 (空间频率) 的正弦分量, 这个分量可能与二次相位指数核中的高频相互作用, 从上面说的正方形之外的某个地方产生一个非零的贡献. 因此只注意宽度为 $4\sqrt{\lambda z}$ 的正方形这一限制用起来必须小心. 不过, 只要衍射孔径不包含精细结构, 并且它们由均匀的平面波照明, 上述结论就成立.

　　如果允许距离 $z$ 趋于零, 即允许观察点趋近衍射孔径, 那么二维的二次相位函数在极限下的行为就像是一个 $\delta$ 函数, 产生一个与孔径中的场 $U(\xi, \eta)$ 完全相同的场 $U(x, y)$. 这时, 几何光学的预言成立, 因为这样的处理方法预言：在孔径后面观察到的场简单的是孔径上的场在观察平面上的几何投影.

　　我们上面的讨论与稳相原理有密切联系, 稳相原理是求某些积分的渐近值的方法. 对这个方法的一个很好的讨论可在文献 [34] 的附录III中找到. 对菲涅耳近似的精度的其他考察, 见文献 [276] 的第 9 章, 又可见文献 [329]. 所有这些分析的一般结论都相似, 即一直到非常接近孔径的距离上, 菲涅耳近似的精度都非常好.

### 4.2.4　菲涅耳近似和角谱

　　我们有兴趣从角谱分析方法的观点来理解菲涅耳近似的含义. 这种理解可以从表示自由空间传播的传递函数的 (3-78) 式, 即

$$H(f_X, f_Y) = \exp\left[\mathrm{j}2\pi\frac{z}{\lambda}\sqrt{1 - (\lambda f_X)^2 - (\lambda f_Y)^2}\right] \tag{4-19}$$

得出. 这个结果只对标量近似才成立, 现在可以把这个结果同菲涅耳分析的结果预言的传递函数相比较. 对菲涅耳衍射的脉冲响应 (4-16) 式作傅里叶变换, 借助表 2.1, 我们得到一个对菲涅耳衍射成立的传递函数

$$\begin{aligned} H(f_X, f_Y) &= \mathcal{F}\left\{\frac{\mathrm{e}^{\mathrm{j}kz}}{\mathrm{j}\lambda z}\exp\left[\mathrm{j}\frac{\pi}{\lambda z}\left(x^2 + y^2\right)\right]\right\} \\ &= \mathrm{e}^{\mathrm{j}kz}\exp[-\mathrm{j}\pi\lambda z(f_X^2 + f_Y^2)]. \end{aligned} \tag{4-20}$$

因此在菲涅耳近似中, 表示传播的一般的空间相位弥散便化为一个二次相位弥散. 上式右端的因子 $\mathrm{e}^{\mathrm{j}kz}$ 代表一个恒定的相位延迟, 所有在两个相隔一段法向距离 $z$ 的平行平面之间传播的平面波分量都要受到这个相位延迟. 另一项代表向不同方向行进的平面波受到的不同的相位延迟.

　　(4-20) 式显然是更普遍的传递函数 (4-19) 的一个近似. 我们可以从普遍结果得到这个近似结果, 只要对 (4-19) 式中的指数作二项式展开

$$\sqrt{1 - (\lambda f_X)^2 - (\lambda f_Y)^2} \approx 1 - \frac{(\lambda f_X)^2}{2} - \frac{(\lambda f_Y)^2}{2}, \tag{4-21}$$

它在 $|\lambda f_X| \ll 1$ 和 $|\lambda f_Y| \ll 1$ 的条件下成立. 这些加在 $f_X$ 和 $f_Y$ 上的限制是对传播角度为小角度的简单限制. 特别是, 若 $\theta$ 代表频率对 $(f_X, f_Y)$ 的平面波分量的 $\vec{k}$ 矢量与 $z$ 轴的夹角, 那么二项式展开中的第三项

$$2\pi\frac{z}{\lambda}\sqrt{1-\theta^2} \approx 2\pi\frac{z}{\lambda}\left(1 - \frac{\theta^2}{2} + \frac{\theta^4}{8}\right) \tag{4-22}$$

比 $\pi$ 小得多的条件是

$$\frac{\theta^4 z}{4\lambda} \ll 1. \tag{4-23}$$

这个条件一般比 (4-18) 式更令人满意, 因为它直接与衍射角打交道, 而不是与加在空间广延和 $z$ 上的限制打交道.

　　所以我们看到, 从角谱的视角来看, 只要涉及的衍射角小, 特别是角度满足条件 (4-23), 菲涅耳近似就是精确的. 由于这个原因, 我们常常说菲涅耳近似和傍轴近似是等价的.

### 4.2.5　两个共焦球面之间的菲涅耳衍射

　　迄今为止, 我们集中注意的是两个平面之间的衍射. 另一种几何关系是两个共焦球面之间的衍射 (例如见文献 [30]、[31]), 它在理论上比在实践中更有兴趣, 但仍然很有启发意义. 如图 4.5 所示, 如果一个球面的球心在另一个球面上, 则这两个球面是共焦的. 在我们的情况下, 两个球面和前面所用的平面相切, 切点是 $z$ 轴穿过这些平面的交点. 我们前面的衍射分析中的距离 $r_{01}$ 现在是图中两个球冠之间的距离.

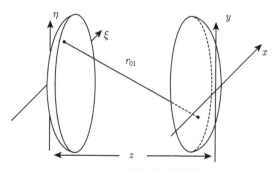

图 4.5　两个共焦球面

　　对这个问题的一个恰当的分析包括写出左边球面和右边球面的方程, 然后用这些方程求出两个球冠的球面上两点的距离 $r_{01}$. 在这个过程中要用二项式展开的头两项化简某些平方根 (即对球面作傍轴近似). 上述分析给出了下面关于 $r_{01}$ 的简单表示式, 它在球冠环绕 $z$ 轴的大小比球半径小得多的条件下成立:

$$r_{01} \approx z - x\xi/z - y\eta/z.$$

菲涅耳衍射方程现在变成

$$U(x, y, z) = \frac{\mathrm{e}^{\mathrm{j}kz}}{\mathrm{j}\lambda z} \iint_{-\infty}^{\infty} U(\xi, \eta, 0)\mathrm{e}^{-\mathrm{j}\frac{2\pi}{\lambda z}(x\xi + y\eta)}\mathrm{d}\xi\mathrm{d}\eta, \tag{4-24}$$

它表示, 除常数相乘因子和标度因子外, 右边的球冠面上观察到的场是左边的球冠面上的场的傅里叶变换.

比较这个结果与 (4-17) 式——菲涅耳衍射积分的傅里叶变换表示的早先版本, 可以看到, 从两个平面变到两个球面, $(x, y)$ 和 $(\xi, \eta)$ 中的二次相位因子就消掉了. 前面的两个二次相位因子事实上只是球形相位面的傍轴表示, 因此转到球面时它们消掉是完全合理的.

值得一提的一个微妙之处是, 我们分析两个球冠之间的衍射时, 用瑞利-索末菲的结果作为计算的基础实际上是不对的, 因为那个结果显然只对平面孔径造成的衍射才成立. 但是, 基尔霍夫的分析仍然正确, 在傍轴条件成立时, 它的预言同瑞利-索末菲方法的预言是相同的.

### 4.2.6 菲涅耳衍射通过光线传递矩阵表示

附录 B 中介绍了光线传递矩阵这个几何光学概念. 本节我们要将惠更斯-菲涅耳原理推广到光穿过一个复杂光学系统传播的情形, 这个光学系统由一个 $ABCD$ 矩阵描述, 系统可能包含多个元素. 对这些内容的另一种讨论, 见文献 [76] 和 [316]. 为了综述这里需要的各种关系, 我们只考虑子午光线, 即 $(y, z)$ 平面内的光线, 这里定义 $z$ 轴沿光轴方向. 此外, 我们仅考虑傍轴光线. 参考图 4.6, 考虑一个没有内部孔径光阑的任意线性光学系统. 让此系统被一个曲率半径为 $R_1$ 的发散球面波照明, 输出曲率半径为 $R_2$ 的会聚球面波. 令 $y_1$ 代表一根输入光线进入光学系统的 $y$ 坐标, $\hat{\theta}_1$ 代表这根光线在输入平面上的"约化角", 所谓约化角简单地说就是角度除以输入平面左边的折射率. 同样, 令 $y_2$ 代表光线从光学系统出来的地点的 $y$ 坐标, $\hat{\theta}_2$ 代表这根光线射出系统时的约化角. 于是输入平面内定义的量与输出平面内定义的量之间的关系可写成

$$\begin{bmatrix} y_2 \\ \hat{\theta}_2 \end{bmatrix} = \begin{bmatrix} A & B \\ C & D \end{bmatrix} \begin{bmatrix} y_1 \\ \hat{\theta}_1 \end{bmatrix}, \tag{4-25}$$

其中, 联系两个矢量的矩阵叫做光线传递矩阵或此系统的 $ABCD$ 矩阵.

费马原理意味着, 对一个理想成像系统, 从 $P_1$ 到 $P_2$ 的各条光程必须统统相等. 因此我们可以只考虑由系统沿 $z$ 轴传播的光程, 来计算总的光程长度 $L_{\text{总}}$. 这一光程长度由下式给出:

$$L_{\text{总}} = n_1 R_1 - n_2 R_2 + \sum_i n_i \Delta z_i, \tag{4-26}$$

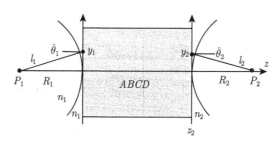

图 4.6　具有任意 $ABCD$ 矩阵的光学系统的输入和输出

其中对 $\Delta z_i$ 求和代表光到达和穿越 $z_1$ 和 $z_2$ 之间系统包含的各个光学零件时沿 $z$ 轴的每段光程之和. 这时用了对发射的球面波曲率半径为正, 对会聚的球面波曲率半径为负的约定. 为了计算 $y_1$ 点与 $y_2$ 点之间的光程, 我们必须从 $L_{总}$ 中减去 $n_1$ 乘上 $P_1$ 到 $y_1$ 的距离 $l_1$, 和 $n_2$ 乘上 $y_2$ 到 $P_2$ 的距离 $l_2$. 用傍轴近似, 我们有

$$l_1 \approx n_1 R_1 + \frac{n_1 y_1^2}{2R_1}, \quad l_2 \approx -n_2 R_2 - \frac{n_2 y_2^2}{2R_2}. \tag{4-27}$$

于是从 $y_1$ 到 $y_2$ 的光程为

$$L_{12} = \sum_i n_i \Delta z_i - \frac{n_1 y_1^2}{2R_1} + \frac{n_2 y_2^2}{2R_2}. \tag{4-28}$$

　　回到光线传递方程 (4-25), 我们注意到

$$y_2 = A y_1 + B \hat{\theta}_1, \quad \hat{\theta}_2 = C y_1 + D \hat{\theta}_1. \tag{4-29}$$

我们可以对 $\theta_1$ 和 $\theta_2$ 求解这一对方程, 将结果用 $y_1$、$y_2$ 和光线传递矩阵的元素表示出来:

$$\hat{\theta}_1 = \frac{y_2 - A y_1}{B},$$
$$\hat{\theta}_2 = C y_1 + D \hat{\theta}_1 = \frac{(BC - DA) y_1 + D y_2}{B} = \frac{D y_2 - y_1}{B}, \tag{4-30}$$

其中我们用了以下事实: 光线传递矩阵的行列式 $DA - BC$ 永远为 1(参阅文献 [316], 584 页). 对小角度, 将 $\tan \hat{\theta}$ 换成 $\hat{\theta}$, 我们用以上结果得到结论

$$\frac{R_1}{n_1} = \frac{y_1}{\hat{\theta}_1} = \frac{B y_1}{y_2 - A y_1},$$
$$\frac{R_2}{n_2} = \frac{y_2}{\hat{\theta}_2} = \frac{B y_2}{D y_2 - y_1}. \tag{4-31}$$

将这些结果代入 (4-28) 式得到从 $y_1$ 到 $y_2$ 的总光程长度

$$L_{12} = L_0 - \frac{1}{2B}[A y_1^2 - 2 y_1 y_2 + D y_2^2], \tag{4-32}$$

其中 $L_0 = \sum_i n_i \Delta z_i$.

现在回想起, 对于在自由空间中传播一段距离 $z$ 的情形, 傍轴的惠更斯–菲涅耳原理由 (4-16) 式给出, 在一维情形下可写成

$$U(y_2) = \int_{-\infty}^{\infty} U(y_1) h(y_2, y_1) \mathrm{d}y_1 , \qquad (4\text{-}33)$$

其中

$$h(y_2, y_1) = \frac{\mathrm{e}^{\mathrm{j}kz}}{\sqrt{\mathrm{j}\lambda z}} \exp\left[\frac{\mathrm{j}\pi}{\lambda z}(y_2 - y_1)^2\right]. \qquad (4\text{-}34)$$

我们上面的结果表明, 当光不只是在自由空间, 而是穿过一个有任意的光线传递矩阵的系统传播时, 相应的脉冲响应可以写成

$$h(y_2, y_1) = \frac{\mathrm{e}^{\mathrm{j}k_0 L_0}}{\sqrt{\mathrm{j}B\lambda_0}} \exp\left[\mathrm{j}\frac{\pi}{B\lambda_0}(Ay_1^2 - 2y_1 y_2 + Dy_2^2)\right], \qquad (4\text{-}35)$$

其中 $k_0$ 和 $\lambda_0$ 是真空中的波数和波长之值, 平方根符号下的因子 $B$ 用来维持能量守恒. 由此得到

$$U_2(y_2) = \frac{\mathrm{e}^{\mathrm{j}k_0 L_0}}{\sqrt{\mathrm{j}B\lambda_0}} \int_{-\infty}^{\infty} U_1(y_1) \exp\left[\mathrm{j}\frac{\pi}{B\lambda_0}(Ay_1^2 - 2y_1 y_2 + Dy_2^2)\right] \mathrm{d}y_1, \qquad (4\text{-}36)$$

其中 $U_1$ 是输入的复数场, $U_2$ 是输出的复数场.

我们在图 4.6 中用一个点光源照明这个系统, 它产生的射到系统上的球面波应当被看作一个探针, 帮助我们测定包含 $y_1$ 和 $y_2$ 的两个平面之间的普遍的复值脉冲响应. 因此, 这个结果不仅仅限于对成像系统成立, 而且可以用于任何不具有限制孔径的傍轴系统. 如果存在限制孔径, 那么应当决定直到此孔径的 $ABCD$ 系统, 计算相应的脉冲响应, 继之以孔径对结果的空间限制, 然后计算下一个 $ABCD$ 系统及其脉冲响应, 等等.

上面导出的各种关系容易推广到无像散的二维系统. 对于像散系统, 需要一个 $4 \times 4$ 的光线传递矩阵, 不过我们不在这里考虑这种情况. 要提醒读者, 我们已经假设这个光学系统不包含任何孔径或光瞳光阑. 如果存在光阑, 那么整个表述必须先用于从输入到光瞳光阑, 然后再从光瞳光阑到输出.

## 4.3 夫琅禾费近似

在讲述几个计算衍射图样的例子之前, 我们考虑另一个条件更苛刻的近似, 这个近似如果成立, 计算将极大地简化. 我们在 (4-17) 式中曾看到, 在菲涅耳衍射区内, 观察到的场强 $U(x, y)$ 可以通过对孔径上的场分布 $U(\xi, \eta)$ 与二次相位函数

$\exp[\mathrm{j}(k/2z)(\xi^2+\eta^2)]$ 的乘积作傅里叶变换求出. 如果除菲涅耳近似外还满足更强的 (夫琅禾费) 近似

$$z \gg \frac{k(\xi^2+\eta^2)_{\max}}{2} , \qquad (4\text{-}37)$$

那么 (4-17) 式中积分号下的二次相位因子在整个孔径上近似为 1, 观察的场强可以从孔径上的场分布本身的傅里叶变换直接求出 (准确到 $(x,y)$ 中一个相乘的相位因子). 因此在夫琅禾费衍射区内 (或等价地, 在远场内),

$$U(x,y,z) = \frac{\mathrm{e}^{\mathrm{j}kz}\mathrm{e}^{\mathrm{j}\frac{k}{2z}(x^2+y^2)}}{\mathrm{j}\lambda z} \iint_{-\infty}^{\infty} U(\xi,\eta,0)\exp\left[-\mathrm{j}\frac{2\pi}{\lambda z}(x\xi + y\eta)\right] \mathrm{d}\xi\mathrm{d}\eta. \qquad (4\text{-}38)$$

除了积分号前相乘的相位因子外, 这个式子简单地就是孔径上场分布的傅里叶变换, 在空间频率

$$\begin{aligned} f_X &= \frac{x}{\lambda z}, \\ f_Y &= \frac{y}{\lambda z} \end{aligned} \qquad (4\text{-}39)$$

上取值. 在光学频段上, 夫琅禾费近似成立的条件可以相当苛刻. 例如, 当波长为 $0.6\mu\mathrm{m}$ (红光)、孔径宽度为 $2.5\mathrm{cm}(1\mathrm{in})$ 时, 观察距离 $z$ 必须满足

$$z \gg 1600\mathrm{m} ,$$

另一个不那么苛刻的条件叫做: "天线设计者公式", 它说, 对一个线度大小为 $D$ 的孔径, 夫琅禾费近似成立的条件是

$$z > \frac{2D^2}{\lambda} , \qquad (4\text{-}40)$$

现在不等式中的符号是 $>$ 而不是 $\gg$. 不过在上面的例子中, 仍要求距离 $z > 2000\mathrm{m}$. 尽管如此, 要求的条件在一些重要问题中仍能满足. 而且, 要是孔径用一个向观察者会聚的球面波照明 (见习题 4-18), 或者将一个会聚透镜放在观察者和孔径之间的适当位置上 (见第 6 章), 夫琅禾费衍射图样能够在比 (4-37) 式所要求的近得多的距离上观察到.

　　最后, 应当注意, 不存在与夫琅禾费衍射联系的传递函数, 因为弃去 (4-17) 式中的二次相位指数破坏了衍射方程的空间不变性 (见习题 2-12). 具有二次相位曲面 (菲涅耳近似就是这个意思) 的次级子波不再随所考虑的特定点 $(\xi,\eta)$ 在 $(x,y)$ 平面内横向移动. 相反, 当次级波源移动位置时, 对应的二次相位曲面在 $(x,y)$ 平面内歪斜, 歪多少取决于次级波源的位置. 无论如何, 不要忘记, 既然夫琅禾费衍射只是菲涅耳衍射的特殊情形, 传递函数 (4-20) 应当对菲涅耳衍射与夫琅禾费衍射两种机制都成立, 即永远能够以菲涅耳近似的全部精度计算夫琅禾费区内的衍射场.

## 4.4 夫琅禾费衍射图样举例

下面我们考虑夫琅禾费衍射图样的几个例子. 更多的例子读者可以参看习题 4-9 到习题 4-12.

可以直接用上节的结果来求任何孔径产生的夫琅禾费衍射图样的复场分布. 但是, 由于在本章的开端讨论过, 我们最终感兴趣的是强度而不是光场的复振幅. 因此这里考虑的具体衍射图样的最终描述是强度分布.

### 4.4.1 矩形孔

首先考虑一个矩形孔径, 其振幅透射率为

$$t_{\mathrm{A}}(\xi,\eta) = \mathrm{rect}\left(\frac{\xi}{\ell_X}\right)\mathrm{rect}\left(\frac{\eta}{\ell_Y}\right).$$

常数 $\ell_X$ 和 $\ell_Y$ 分别是 $\xi$ 和 $\eta$ 方向上的孔径宽度. 若用一个单位振幅的单色平面波垂直照射到孔径上, 那么孔径上的场分布就等于透射率函数 $t_{\mathrm{A}}$. 于是, 用 (4-38) 式, 此孔径产生的夫琅禾费衍射图样是

$$U(x,y,z) = \frac{\mathrm{e}^{\mathrm{j}kz}\mathrm{e}^{\mathrm{j}\frac{k}{2z}(x^2+y^2)}}{\mathrm{j}\lambda z}\mathcal{F}\{U(\xi,\eta,0)\}\bigg|_{f_X=x/(\lambda z),\quad f_Y=y/(\lambda z)}.$$

注意 $\mathcal{F}\{U(\xi,\eta,0)\} = A\,\mathrm{sinc}(\ell_X f_X)\,\mathrm{sinc}(\ell_Y f_Y)$, 其中 $A$ 是孔径的面积 $(A = \ell_X\ell_Y)$, 我们得到

$$U(x,y,z) = \frac{\mathrm{e}^{\mathrm{j}kz}\mathrm{e}^{\mathrm{j}\frac{k}{2z}(x^2+y^2)}}{\mathrm{j}\lambda z}A\,\mathrm{sinc}\left(\frac{\ell_X x}{\lambda z}\right)\mathrm{sinc}\left(\frac{\ell_Y y}{\lambda z}\right),$$

和

$$I(x,y,z) = \frac{A^2}{\lambda^2 z^2}\mathrm{sinc}^2\left(\frac{\ell_X x}{\lambda z}\right)\mathrm{sinc}^2\left(\frac{\ell_Y y}{\lambda z}\right). \tag{4-41}$$

图 4.7 所示为夫琅禾费强度图样沿 $x$ 轴的截面. 注意主瓣的宽度 (即头两个零点之间的距离) 为

$$\Delta x = 2\frac{\lambda z}{\ell_X}. \tag{4-42}$$

图 4.8 是由宽度比为 $\ell_X/\ell_Y = 2$ 的矩形孔径产生的衍射图样的照片.

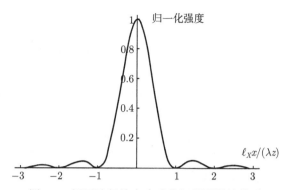

图 4.7   矩形孔径的夫琅禾费衍射图样的截面

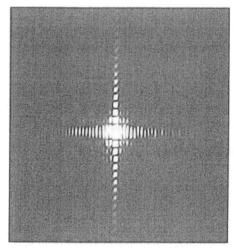

图 4.8   矩形孔径 $(\ell_X/\ell_Y = 2)$ 的夫琅禾费衍射图样

### 4.4.2   圆形孔

若衍射孔径是圆形的而不是矩形的, 令孔径的直径为 $\ell$. 于是, 若 $q$ 是孔径平面上的径向坐标, 就有

$$t_A(q) = \text{circ}\left(2\frac{q}{\ell}\right).$$

这个问题的圆对称性表明, 应将 (4-38) 式中的傅里叶变换改写为傅里叶–贝塞尔变换. 于是, 若 $r$ 是观察平面上的径向坐标, 我们有

$$U(r,z) = \frac{\mathrm{e}^{jkz}}{j\lambda z} \exp\left(j\frac{kr^2}{2z}\right) \mathcal{B}\{U(q,0)\}\bigg|_{\rho=r/(\lambda z)}, \tag{4-43}$$

其中 $q = \sqrt{\xi^2 + \eta^2}$ 表示孔径平面上的径向坐标, 而 $\rho = \sqrt{f_X^2 + f_Y^2}$ 表示空间频率域的径向坐标. 若用单位振幅的垂直入射平面波照明, 则透过孔径的场等于振幅透

射率; 而且

$$\mathcal{B}\left\{\operatorname{circ}\left(2\frac{q}{\ell}\right)\right\} = A\left[2\frac{J_1(\pi\ell\rho)}{\pi\ell\rho}\right],$$

其中 $A = \pi(\ell/2)^2$. 夫琅禾费衍射图样中的振幅分布为

$$U(r,z) = \mathrm{e}^{\mathrm{j}kz}\exp\left(\mathrm{j}\frac{kr^2}{2z}\right)\frac{A}{\mathrm{j}\lambda z}\left[2\frac{J_1 k\ell r/(2z)}{k\ell r/(2z)}\right],$$

强度分布可写成

$$I(r,z) = \left(\frac{A}{\lambda z}\right)^2\left[2\frac{J_1 k\ell r/(2z)}{k\ell r/(2z)}\right]^2. \tag{4-44}$$

这个强度分布以首先导出它的人的名字 G.B.Airy 命名, 叫做艾里图样. 表 4.1 给出了艾里图样在相继的极大点和极小点上的值, 由它可以看出, 沿着 $x$ 轴或 $y$ 轴测量, 中央瓣的半宽度为

$$d = 1.22\frac{\lambda z}{\ell}. \tag{4-45}$$

表 4.1　艾里图样的极大和极小的位置

| $x$ | $\left[2\dfrac{J_1(\pi x)}{\pi x}\right]^2$ | 极大, 极小 |
| --- | --- | --- |
| 0 | 1 | 极大 |
| 1.220 | 0 | 极小 |
| 1.635 | 0.0175 | 极大 |
| 2.233 | 0 | 极小 |
| 2.679 | 0.0042 | 极大 |
| 3.238 | 0 | 极小 |
| 3.699 | 0.0016 | 极大 |

图 4.9 表示艾里图样的截面图, 而图 4.10 则是圆形孔径产生的夫琅禾费衍射图样的照片.

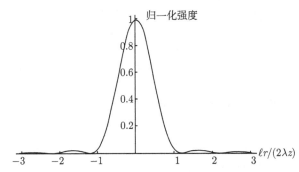

图 4.9　圆形孔径的夫琅禾费衍射图样的截面图

图 4.10   圆形孔径的夫琅禾费衍射图样

### 4.4.3   薄正弦振幅光栅

在前面的例子中, 我们都假设衍射由无穷大不透明屏幕上的透明孔径产生. 在实践中, 衍射物体可以复杂得多. 按照我们早先的定义 (3-74) 式, 一个屏幕的透射率 $t_A(\xi, \eta)$ 定义为紧贴屏幕后的场的复振幅与入射到屏幕上的复振幅的比值. 迄今为止, 我们在例题中只考虑过下面这种形式的透射率函数:

$$t_A(\xi, \eta) = \begin{cases} 1, & \text{孔径内,} \\ 0, & \text{孔径外.} \end{cases}$$

但是, 我们也能在给定的孔径内引入一个预先规定的振幅透射率函数. 例如, 可以用一张有吸收作用的照相透明片来引入空间衰减, 这样使 $t_A$ 可以实现 0 与 1 之间的实数值. 用厚度变化的透明片, 可以引入相移的空间图样. 于是 $t_A$ 可实现的值扩展到复平面上单位圆内和圆上的一切点.

作为这种更普遍类型的衍射屏幕的例子, 我们考虑一个薄正弦振幅光栅, 它用下面的透射率函数定义:

$$t_A(\xi, \eta) = \left[ \frac{1}{2} + \frac{m}{2} \cos(2\pi f_0 \xi) \right] \mathrm{rect}\left( \frac{\xi}{\ell} \right) \mathrm{rect}\left( \frac{\eta}{\ell} \right), \tag{4-46}$$

为简单起见, 这里我们假设光栅结构被限制在一个宽度为 $\ell$ 的方形孔径内. 参数 $m$ 代表屏幕上振幅透射率从峰到谷的变化, $f_0$ 是光栅的空间频率. 这里的薄这个字意味着这个结构的确可以用一个简单的振幅透射率表示. 不够薄的结构是不能这样表示的, 在后面的一章中我们将回到这一点上来. 图 4.11 表示这个光栅透射率函数的截面图.

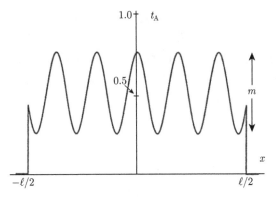

图 4.11 正弦振幅光栅的振幅透射率函数

如果屏幕用一个单位振幅的单色平面波垂直照明, 孔径透射的场分布就简单等于 $t_A$. 为了求出夫琅禾费衍射图样, 我们首先对这个场分布作傅里叶变换. 注意

$$\mathcal{F}\left\{\frac{1}{2} + \frac{m}{2}\cos(2\pi f_0 \xi)\right\} = \frac{1}{2}\delta(f_X, f_Y) + \frac{m}{4}\delta(f_X + f_0, f_Y)$$
$$+ \frac{m}{4}\delta(f_X - f_0, f_Y) \tag{4-47}$$

及

$$\mathcal{F}\left\{\operatorname{rect}\left(\frac{\xi}{\ell}\right)\operatorname{rect}\left(\frac{\eta}{\ell}\right)\right\} = A\operatorname{sinc}(\ell f_X)\operatorname{sinc}(\ell f_Y),$$

用卷积定理得到

$$\mathcal{F}\{U(\xi, \eta, 0)\} = \frac{A}{2}\operatorname{sinc}(\ell f_Y)\left\{\operatorname{sinc}(\ell f_X) + \frac{m}{2}\operatorname{sinc}[\ell(f_X + f_0)]\right.$$
$$\left. + \frac{m}{2}\operatorname{sinc}[\ell(f_X - f_0)]\right\},$$

其中 $A$ 表示包围光栅的孔径的面积. 于是夫琅禾费衍射图样可写成

$$U(x, y, z) = \frac{A}{j2\lambda z}e^{jkz}e^{j\frac{k}{2z}(x^2 + y^2)}\operatorname{sinc}\left(\frac{\ell y}{\lambda z}\right)\left\{\operatorname{sinc}\left(\frac{\ell x}{\lambda z}\right)\right.$$
$$\left. + \frac{m}{2}\operatorname{sinc}\left[\frac{\ell}{\lambda z}(x + f_0\lambda z)\right] + \frac{m}{2}\operatorname{sinc}\left[\frac{\ell}{\lambda z}(x - f_0\lambda z)\right]\right\}. \tag{4-48}$$

最后, 取 (4-48) 式幅值的平方, 就得到相应的强度分布. 注意, 如果在孔径内有许多个光栅周期, 则 $f_0 \gg 1/\ell$, 可以忽略三个 sinc 函数的相互重叠, 允许由对 (4-48) 式中三项的幅值的平方求和算出总强度. 得出的强度为

$$I(x, y, z) \approx \left[\frac{A}{2\lambda z}\right]^2 \operatorname{sinc}^2\left(\frac{\ell y}{\lambda z}\right)\left\{\operatorname{sinc}^2\left(\frac{\ell x}{\lambda z}\right)\right.$$
$$\left. + \frac{m^2}{4}\operatorname{sinc}^2\left[\frac{\ell}{\lambda z}(x + f_0\lambda z)\right] + \frac{m^2}{4}\operatorname{sinc}^2\left[\frac{\ell}{\lambda z}(x - f_0\lambda z)\right]\right\}. \tag{4-49}$$

这个强度图样画在图 4.12 中. 注意有一些入射光被光栅吸收, 此外, 孔径上透射率的正弦式变化将中央衍射图样中一部分能量转移到两个增加的旁瓣图样中. 中央衍射图样称为夫琅禾费衍射图样的零级, 两个旁瓣图样称为一级. 零级到一级之间的空间间隔为 $f_0 \lambda z$, 各级的主瓣的半宽度 (到第一个零点) 为 $\lambda z/\ell$.

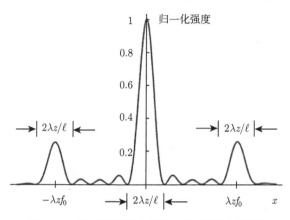

图 4.12   薄正弦振幅光栅的夫琅禾费衍射图样

另一个在全息术和光学信息处理中有些实用价值的量是光栅的衍射效率. 衍射效率定义为入射的光功率中有多少份额出现在该光栅的某个单一的衍射级 (通常是 +1 级) 上. 正弦振幅光栅的衍射效率可从 (4-47) 式导出. 出现在每一衍射级上的功率份额可以由这个表示式中的 $\delta$ 函数的系数求平方得出, 因为决定每一级上功率的是 $\delta$ 函数, 而不是 sinc 函数, 后者的作用仅是展宽这些脉冲. 从这个式子我们求得这三个衍射级的衍射效率 $\eta_0$、$\eta_{+1}$ 和 $\eta_{-1}$ 分别是

$$\eta_0 = 0.25,$$
$$\eta_{+1} = m^2/16,$$
$$\eta_{-1} = m^2/16. \tag{4-50}$$

因此单一的 +1 衍射级至多携带入射功率的 $1/16 = 6.25\%$, 这是一个相当小的份额. 就是把三级的效率都加在一起, 也只有总功率的 $1/4 + m^2/8$, 别的都被光栅吸收而损失了.

对光栅及其衍射级的进一步讨论见附录 D.

### 4.4.4  薄正弦相位光栅

作为计算夫琅禾费衍射的最后一个例子, 我们考虑一个薄正弦相位光栅, 它由

下述振幅透射率函数定义:

$$t_{\mathrm{A}}(\xi,\eta) = \exp\left[\mathrm{j}\frac{m}{2}\sin(2\pi f_0\xi)\right]\mathrm{rect}\left(\frac{\xi}{\ell}\right)\mathrm{rect}\left(\frac{\eta}{\ell}\right), \tag{4-51}$$

式中通过适当选取相位参考点, 我们已弃去通过光栅时的平均相位延迟的因子. 参数 $m$ 表示相位延迟的峰–谷幅度.

如果用一个单位振幅的垂直入射平面波照射光栅, 那么紧贴屏幕后的场分布由 (4-51) 式精确给出. 利用恒等式

$$\exp\left[\mathrm{j}\frac{m}{2}\sin(2\pi f_0\xi)\right] = \sum_{q=-\infty}^{\infty} J_q\left(\frac{m}{2}\right)\exp(\mathrm{j}2\pi q f_0\xi)$$

可使分析简化, 式中 $J_q$ 是 $q$ 阶第一类贝塞尔函数. 于是

$$\mathcal{F}\left\{\exp\left[\mathrm{j}\frac{m}{2}\sin(2\pi f_0\xi)\right]\right\} = \sum_{q=-\infty}^{\infty} J_q\left(\frac{m}{2}\right)\delta(f_X - q f_0, f_Y), \tag{4-52}$$

并有

$$\mathcal{F}\{U(\xi,\eta,0)\} = \mathcal{F}\{t_{\mathrm{A}}(\xi,\eta)\}$$

$$= [A\mathrm{sinc}(\ell f_X)\mathrm{sinc}(\ell f_Y)] * \left[\sum_{q=-\infty}^{\infty} J_q\left(\frac{m}{2}\right)\delta(f_X - q f_0, f_Y)\right]$$

$$= \sum_{q=-\infty}^{\infty} A J_q\left(\frac{m}{2}\right)\mathrm{sinc}[\ell(f_X - q f_0)]\mathrm{sinc}(\ell f_Y).$$

于是夫琅禾费衍射图样中的场强可写为

$$U(x,y,z) = \frac{A}{\mathrm{j}\lambda z}\mathrm{e}^{\mathrm{j}kz}\mathrm{e}^{\mathrm{j}\frac{k}{2z}(x^2+y^2)}$$

$$\times \sum_{q=-\infty}^{\infty} J_q\left(\frac{m}{2}\right)\mathrm{sinc}\left[\frac{\ell}{\lambda z}(x - q f_0\lambda z)\right]\mathrm{sinc}\left(\frac{\ell y}{\lambda z}\right). \tag{4-53}$$

如果我们再次假设在限界孔径内有光栅的多个周期 $(f_0 \gg 1/\ell)$, 那么各个衍射项之间的交叠可以忽略, 相应的强度图样变为

$$I(x,y,z) \approx \left(\frac{A}{\lambda z}\right)^2 \sum_{q=-\infty}^{\infty} J_q^2\left(\frac{m}{2}\right)\mathrm{sinc}^2\left[\frac{\ell}{\lambda z}(x - q f_0\lambda z)\right]\mathrm{sinc}^2\left(\frac{\ell y}{\lambda z}\right). \tag{4-54}$$

这样, 正弦相位光栅的引入将能量从零级衍射偏转到许多更高级衍射上去. $q$ 级衍射的峰值强度是 $[A J_q(m/2)/(\lambda z)]^2$, 这一级距离衍射图样中心的距离为 $q f_0\lambda z$. 图 4.13 示出当峰–谷相位延迟值 $m = 8\mathrm{rad}$ 时强度图样的截面图. 注意各级的强度关于零级是对称的.

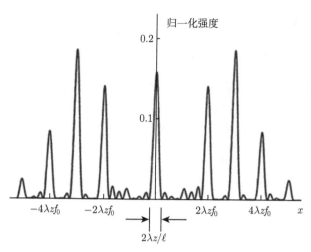

图 4.13　薄正弦相位光栅的夫琅禾费衍射图. 此例中 ±1 级衍射几乎消失.
注意图中衍射级之间有些重叠

求出 (4-52) 式中的系数大小的平方, 可以得到薄正弦相位光栅的衍射效率. 于是此光栅的 $q$ 级衍射效率为

$$\eta_q = J_q^2(m/2). \tag{4-55}$$

图 4.14 画出对不同的 $q$ 值 $\eta_q$ 和 $m/2$ 的关系. 注意只要 $m/2$ 是 $J_0$ 的一个根, 中央级就完全消失! 到达 +1 级或 −1 衍射级可能的最大衍射效率是 $J_1^2$ 的极大值. 这个极大值是 33.8%, 比薄正弦振幅光栅的效率高得多. 这个光栅不吸收光功率, 因此出现在各级上的功率之和为常数, 不随 $m$ 而变, 并等于孔径内的入射功率.

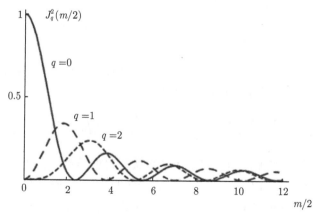

图 4.14　三个不同 $q$ 值的衍射效率 $J_q^2(m/2)$ 与 $m/2$ 的关系

#### 4.4.5  计算光栅的衍射效率的一般方法

在结束本节对夫琅禾费衍射的讨论之前, 我们描述一个求任意的薄周期光栅各个衍射级的衍射效率的非常一般的方法. 令光栅的振幅透射率剖面用周期函数 $P(x)$ 表示 (假设在 $y$ 方向是均匀的). 这个函数可以是复数值的, 也可以是实数值的. 忽略光栅上可能存在的有界孔径或任何宽的窗口函数. 因为窗口函数只影响各级的形状而不影响它们携带的功率. 现在将函数 $P(x)$ 展开为复数傅里叶级数

$$P(x) = \sum_{q=-\infty}^{\infty} c_q e^{j2\pi qx/L}, \tag{4-56}$$

其中 $L$ 是光栅的周期, 傅里叶级数的系数是

$$c_q = \frac{1}{L} \int_{-L/2}^{L/2} P(x) e^{-j2\pi qx/L} dx. \tag{4-57}$$

于是 $q$ 级衍射效率是

$$\eta_q = |c_q|^2. \tag{4-58}$$

这个方法让我们容易算出一个任意薄光栅的各级衍射效率.

## 4.5  菲涅耳衍射计算举例

在前一节里介绍了计算菲涅耳衍射图样的几种不同的方法. 初学者难以知道何时一种方法会比别的方法更容易, 因此在这一节讲两个例子, 它们在这方面会提供一些教益. 第一个例子是方孔径的菲涅耳衍射, 它说明了基于衍射计算的卷积表示的经典空域方法的应用; 第二个例子是塔尔博特成像, 表明频域方法有巨大的优点.

#### 4.5.1  方孔的菲涅耳衍射

设单位振幅的单色平面波垂直照射到一个宽度为 $\ell$ 的方孔径上. 紧贴孔径之后的复场分布为

$$U(\xi, \eta, 0) = \text{rect}\left(\frac{\xi}{\ell}\right) \text{rect}\left(\frac{\eta}{\ell}\right).$$

这个问题用菲涅耳衍射方程的卷积形式最为方便, 它给出

$$U(x, y, z) = \frac{e^{jkz}}{j\lambda z} \iint_{-\ell/2}^{\ell/2} \exp\left\{j\frac{\pi}{\lambda z}[(x-\xi)^2 + (y-\eta)^2]\right\} d\xi d\eta.$$

这个式子可以分为两个一维积分的乘积

$$U(x, y, z) = \frac{e^{jkz}}{j} \mathcal{I}_X(x) \mathcal{I}_Y(y), \tag{4-59}$$

其中

$$\mathcal{I}_X(x) = \frac{1}{\sqrt{\lambda z}} \int_{-\ell/2}^{\ell/2} \exp\left[\mathrm{j}\frac{\pi}{\lambda z}(\xi - x)^2\right]\mathrm{d}\xi,$$

$$\mathcal{I}_Y(y) = \frac{1}{\sqrt{\lambda z}} \int_{-\ell/2}^{\ell/2} \exp\left[\mathrm{j}\frac{\pi}{\lambda z}(\eta - y)^2\right]\mathrm{d}\eta. \tag{4-60}$$

这些积分在形式上完全相同, 因此我们可以集中注意它们中的一个 $\mathcal{I}_X(X)$.

　　为了把这个积分化为与前面几次提到的菲涅耳积分有关的表示式, 作变量代换 $\xi' = \xi\sqrt{\lambda z}$, 得到

$$\mathcal{I}_X(x) = \int_{-\sqrt{N_\mathrm{F}}}^{\sqrt{N_\mathrm{F}}} \exp\left[\mathrm{j}\pi\left(\xi' - \sqrt{N_\mathrm{F}}\frac{x}{\ell}\right)^2\right]\mathrm{d}\xi', \tag{4-61}$$

其中 $N_\mathrm{F}$ 是一个重要的无量纲数, 叫做菲涅耳数, 它是对几何关系的描述, 由下式给出:

$$N_\mathrm{F} = \frac{(\ell/2)^2}{\lambda z}. \tag{4-62}$$

若这个积分的被积函数不用指数函数表示, 而用 sin 和 cos 表示出来, 积分结果可以用下面定义的菲涅耳积分表示:

$$C(z) = \int_0^z \cos(\pi t^2/2)\mathrm{d}t,$$

$$S(z) = \int_0^z \sin(\pi t^2/2)\mathrm{d}t, \tag{4-63}$$

我们可以写出

$$I_X(x) = \frac{1}{\sqrt{2}}\left[C\left(\sqrt{2N_\mathrm{F}}(1 - 2x/\ell)\right) + C\left(\sqrt{2N_\mathrm{F}}(1 + 2x/\ell)\right)\right]$$

$$+ \frac{\mathrm{j}}{\sqrt{2}}\left[S\left(\sqrt{2N_\mathrm{F}}(1 - 2x/\ell)\right) + S\left(\sqrt{2N_\mathrm{F}}(1 + 2x/\ell)\right)\right]. \tag{4-64}$$

　　菲涅耳积分之值已列成表, 也可从许多计算机软件中得到, 如 Mathematica 和 Matlab.[①]因此计算上述强度分布是一件轻而易举的事. 注意, 对固定的 $\ell$ 和 $\lambda$, 随着 $z$ 增大, 菲涅耳数 $N_\mathrm{F}$ 减小, 归一化空间坐标 $\sqrt{N_\mathrm{F}}x/\ell$ 把衍射图样的真正物理宽度放大. 图 4.15 显示的是一系列离孔径不同的归一化距离(由不同的菲涅耳数表示) 的归一化强度沿 $x$ 轴 $(y = 0)$ 的分布图.

---

①过去的习惯是引进一个叫做 "考纽螺线" 的图解方法作为估算菲涅耳积分值的工具. 现在包含有菲涅耳积分的计算机软件包已废弃了这种图解方法, 因此这里不予讨论.

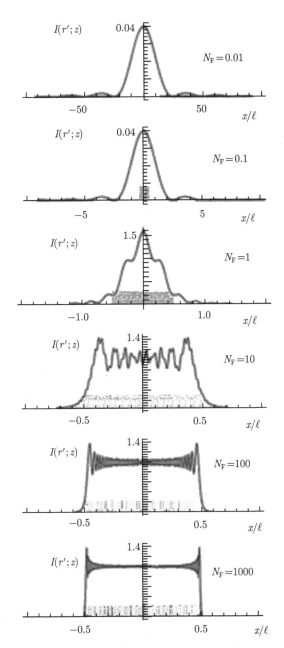

图 4.15 离方孔径不同距离处的归一化菲涅耳衍射图样. 随着菲涅耳数 $N_F$ 缩小, 衍射图样的宽度增大. 原始的方孔径的大小由涂阴影的区域表示

现在注意以下事实: 随着观察平面趋近孔径平面 ($N_F$ 变大), 菲涅耳核趋于 $\delta$ 函数和因子 $e^{jkz}$ 的乘积, 衍射图样的形状趋于衍射孔径自身的形状. 事实上, 这个

过程的极限就是对复场的几何光学预言:

$$U(x,y,z) = \mathrm{e}^{\mathrm{j}kz}U(x,y,0) = \mathrm{e}^{\mathrm{j}kz}\mathrm{rect}\left(\frac{x}{\ell}\right)\mathrm{rect}\left(\frac{y}{\ell}\right),$$

为了避免混淆, 我们在复场的自变量中明显包括了 $z$ 坐标.

还要注意, 随着距离 $z$ 变大 ($N_\mathrm{F}$ 变小), 衍射图样变得比孔径的宽度宽得多, 其结构也变得比较光滑. 在这个极限下, 衍射图样趋于前面讨论的夫琅禾费极限.

### 4.5.2　圆孔的菲涅耳衍射

圆对称孔径产生的衍射图样自身也是圆对称的. 因此衍射图样的结构可以要么用一个二维强度图描述, 要么用沿着通过原点任意轴的强度分布的简单径向剖面图描述. 为了求出衍射图样的径向剖面, 我们可以用傅里叶-贝塞尔变换, 将衍射图样中的场 $U(x,y,z)$ 用其径向剖面轮廓 $R(r;z)$ 写出来, 而 $R(r;z)$ 又可按照下式用孔径场的径向剖面 $R(\rho;0)$ 表示:

$$R(r;z) = \frac{2\pi\mathrm{e}^{\mathrm{j}\pi r^2/(\lambda z)}}{\lambda z}\int_0^\infty \rho R(\rho;0)\exp\left(\mathrm{j}\pi\rho^2/(\lambda z)\right)J_0(2\pi\rho r/(\lambda z))\mathrm{d}\rho, \qquad (4\text{-}65)$$

其中 $R(\rho;0)$ 是圆对称的孔径函数的径向剖面, $\rho$ 是孔径平面上的半径, $r$ 是衍射图样平面上的半径. 将积分变量改为 $\rho' = \rho/\sqrt{\lambda z}$, 将 $r/\sqrt{\lambda z}$ 换成 $r'$, 弃去积分号前的复指数 (因为我们感兴趣的是强度), 得到

$$R(r';z) = 2\pi\int_0^\infty \rho' R(\rho';0)\exp\left(\mathrm{j}\pi\rho'^2\right)J_0(2\pi\rho' r')\mathrm{d}\rho'. \qquad (4\text{-}66)$$

对圆孔径情形, $R(\rho';0) = \mathrm{rect}\left(\dfrac{\rho' - \sqrt{N_\mathrm{F}}/2}{\sqrt{N_\mathrm{F}}}\right)$, 这里 $N_\mathrm{F} = (\ell/2)^2/(\ell z)$ 是菲涅耳数, $\ell$ 是孔径的直径, 衍射图样的径向剖面可以写为

$$R(r';z) = 2\pi\int_0^{\sqrt{N_\mathrm{F}}} \rho' \exp\left(\mathrm{j}\pi\rho'^2\right)J_0(2\pi\rho' r')\mathrm{d}\rho'. \qquad (4\text{-}67)$$

注意变量 $r'$ 也可表示为 $\sqrt{N_\mathrm{F}}\left(\dfrac{r}{\ell/2}\right)$.

不巧, 这个积分没有解析形式的解存在, 但是它可以用数值积分计算. 图 4.16 显示 $N_\mathrm{F}$ =0.01, 0.1, 1, 10, 100 和 1000 时的衍射图样强度 $|R(r';z)|^2$. 为了显示图样对原点的对称性, 将径向变量延伸到负值. 如巴比涅原理[①]预言的, $N_\mathrm{F} = 10, 100$ 和 1000 时光轴上强度的零点是第 2 章中提到的泊松光斑之补.

---

① 巴比涅原理说, 当二元孔径的透射部分和非透射部分互换 (互补) 时, 衍射场互补, 即暗变成亮, 亮变成暗 (文献 [34], 424 页).

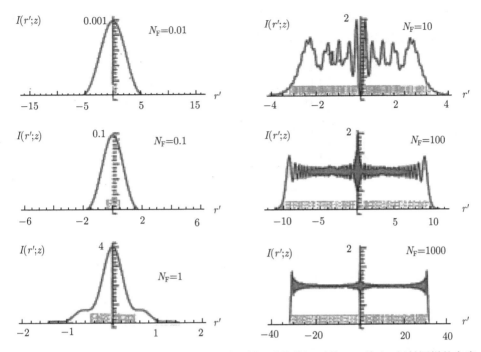

图 4.16 离圆孔径不同距离上的菲涅耳衍射图样. 随着菲涅耳数 $N_F$ 缩小, 衍射图样的宽度增大. 原来的圆孔径的直径由阴影区的宽度给出. $N_F = 10, 100$ 和 $1000$ 的图样中心的强度为零

### 4.5.3 正弦振幅光栅产生的菲涅耳衍射 —— 塔尔博特像

最后一个衍射计算的例子仍考虑薄正弦振幅光栅情况, 但这一次是在菲涅耳衍射区内而不是在夫琅禾费衍射区内. 为简单起见, 我们一开始就忽略光栅的有限大小, 集中研究衍射效应和光栅透射的场在周期结构上的传播.

几何关系如图 4.17 所示. 这个光栅的模型是一个透射结构, 其振幅透射率为

$$t_A(\xi, \eta) = \frac{1}{2}[1 + m\cos(2\pi\xi/L)],$$

$L$ 为周期, 光栅刻线平行于 $\eta$ 轴. 在光栅右边距离 $z$ 处计算场的复振幅和强度. 假定光栅由一个垂直入射的单位振幅平面波照明, 因此紧贴光栅之后的场等于上式中的振幅透射率.

计算光栅后的场有几种不同的方法. 我们可以用菲涅耳衍射方程的卷积形式即 (4-14) 式, 或用 (4-17) 式的 "菲涅耳变换" 形式. 或者, 我们还可以用 (4-20) 式表示的菲涅耳传递函数方法, 我们把它再次写在下面:

$$H(f_X, f_Y) = \exp[-j\pi\lambda z(f_X^2 + f_Y^2)], \tag{4-68}$$

这里我们忽略了定常项 $\exp(\mathrm{j}kz)$. 在这个问题中, 而且在任何讨论纯周期结构的问题中, 传递函数给出的计算最简单, 我们这里采用这个方法.

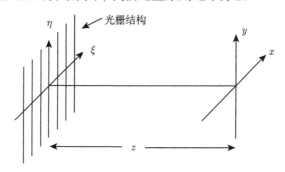

图 4.17  衍射计算的几何关系

求解这个问题的第一步是求此结构透射的场的空间频谱. 为此, 我们对上面的振幅透射率作傅里叶变换, 得

$$\mathcal{F}\{t_{\mathrm{A}}(\xi,\eta)\} = \frac{1}{2}\delta(f_X, f_Y) + \frac{m}{4}\delta\left(f_X - \frac{1}{L}, f_Y\right) + \frac{m}{4}\delta\left(f_X + \frac{1}{L}, f_Y\right). \qquad (4\text{-}69)$$

上面的传递函数在原点之值为 1, 在频率 $(f_X, f_Y) = (\pm 1/L, 0)$ 处之值为

$$H\left(\pm\frac{1}{L}, 0\right) = \exp\left(-\mathrm{j}\frac{\pi\lambda z}{L^2}\right). \qquad (4\text{-}70)$$

于是在光栅后面传播一段距离 $z$ 后, 场的傅里叶变换变成

$$\mathcal{F}\{U(x,y,z)\} = \frac{1}{2}\delta(f_X, f_Y) + \frac{m}{4}\mathrm{e}^{-\mathrm{j}\frac{\pi\lambda z}{L^2}}\delta\left(f_X - \frac{1}{L}, f_Y\right) + \frac{m}{4}\mathrm{e}^{-\mathrm{j}\frac{\pi\lambda z}{L^2}}\delta\left(f_X + \frac{1}{L}, f_Y\right).$$

对这个频谱作逆变换, 我们求得在离光栅距离 $z$ 处的场为

$$U(x,y,z) = \frac{1}{2} + \frac{m}{4}\mathrm{e}^{-\mathrm{j}\frac{\pi\lambda z}{L^2}}\mathrm{e}^{\mathrm{j}\frac{2\pi x}{L}} + \frac{m}{4}\mathrm{e}^{-\mathrm{j}\frac{\pi\lambda z}{L^2}}\mathrm{e}^{-\mathrm{j}\frac{2\pi x}{L}},$$

它可化简为

$$U(x,y,z) = \frac{1}{2}\left[1 + m\mathrm{e}^{-\mathrm{j}\frac{\pi\lambda z}{L^2}}\cos\left(\frac{2\pi x}{L}\right)\right]. \qquad (4\text{-}71)$$

最后得到强度分布

$$I(x,y,z) = \frac{1}{4}\left[1 + 2m\cos\left(\frac{\pi\lambda z}{L^2}\right)\cos\left(\frac{2\pi x}{L}\right) + m^2\cos^2\left(\frac{2\pi x}{L}\right)\right]. \qquad (4\text{-}72)$$

下面我们考虑这个结果的三个特殊情形, 它们有有趣的解释.

(1) 设光栅后的距离 $z$ 满足 $\pi\lambda z/L^2 = 2n\pi$ 或 $z = 2nL^2/\lambda$, 其中 $n$ 是一个整数. 那么在光栅后面这个距离上观察到的强度为

$$I\left(x, y, \frac{2nL^2}{\lambda}\right) = \frac{1}{4}\left[1 + m\cos\left(\frac{2\pi x}{L}\right)\right]^2,$$

它可以解释为光栅的一个理想的像. 即它是在紧贴光栅之后观察到的强度的精确复制品. 没有透镜帮助, 就有大量的这种像出现在光栅后面! 这种像叫做塔尔博特像(以首先观察到它们的科学家的名字命名), 或简单地叫做自成像. 文献 [340] 中有对这种像的一个很好的讨论.

(2) 设观察距离满足 $\pi\lambda z/L^2 = (2n+1)\pi$ 或 $z = (2n+1)L^2/\lambda$. 这时

$$I\left(x, y, \frac{(2n+1)L^2}{\lambda}\right) = \frac{1}{4}\left[1 - m\cos\left(\frac{2\pi x}{L}\right)\right]^2.$$

这个分布也是光栅的一个像, 但这时有一个 $180°$ 的空间相位相移, 或等价地有一个对比度反转, 它也叫做塔尔博特像.

(3) 最后, 考虑距离满足 $\pi\lambda z/L^2 = (2n-1)\pi$ 或 $z = \left(2 - \frac{1}{2}\right)L^2/\lambda$. 这时 $\cos(\pi\lambda z/L^2) = 0$, 以及

$$I\left(x, y, \frac{\left(n - \frac{1}{2}\right)L^2}{\lambda}\right) = \frac{1}{4}\left[1 + m^2\cos^2\left(\frac{2\pi x}{L}\right)\right]$$

$$= \frac{1}{4}\left[\left(1 + \frac{m^2}{2}\right) + \frac{m^2}{2}\cos\left(\frac{4\pi x}{L}\right)\right].$$

这个像的频率是原来的光栅频率的两倍, 对比度减小了. 这样的像叫做塔尔博特子像(subimage). 注意如果 $m \ll 1$, 那么周期的像实际上将在子像平面上消失.

图 4.18 显示了原来的光栅后面各种类型的像的位置.

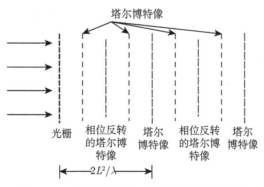

图 4.18 光栅后面的各种塔尔博特像的位置

我们初始时忽略了光栅的有限大小, 现在再引进它以确定它的影响. 令光栅被限制在宽度为 $\ell$ 的一个方孔径中. 图 4.19 显示 0 级、+1 级和 −1 级从宽度为 $\ell$ 的光栅向外传播, 假设传播距离还足够短, 各级衍射扩展还没有发生. 距离 $z_0$ 是这样一个位置, 过了这一点各衍射级不再重叠, 它们之间不再发生干涉, 于是就消除了塔尔博特像. 用傍轴近似, 距离 $z_0$ 由下式给出:

$$z_0 = \frac{\ell L}{\lambda}, \tag{4-73}$$

因此, 要观察塔尔博特像, 我们要求 $z < z_0 = \ell L/\lambda$. 我们也可将这个要求等价地表述为

$$N_F > 0.25 \frac{\ell}{L}, \tag{4-74}$$

其中 $N_F$ 仍为菲涅耳数 $(\ell/2)^2/(\lambda z)$.

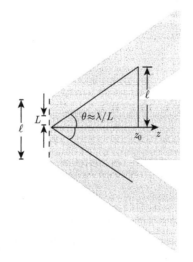

图 4.19　在菲涅耳区的深处 −1 级、0 级和 +1 级衍射的重叠

衍射级的宽度 $W$ 近似为

$$W \approx \ell + \lambda z/\ell, \tag{4-75}$$

其中第一项是光栅的宽度, 第二项是伸展越过这个宽度的衍射. 于是对于其宽度仍与光栅宽度相同的衍射级, 便要求 $\lambda z/\ell \ll \ell$, 或等价地

$$N_F > 0.25. \tag{4-76}$$

于是, 由于 $\ell/L$ 永远大于 1, 支配性的要求便是 (4-74) 式的要求, 即 $z < z_0$, 这时衍射级的重叠如图 4.19 所示.

塔尔博特自成像的现象比这里分析的特殊情况要更普遍得多. 可以证明, 对任何周期结构它都出现 (见习题 4-20).

# 4.6 波束光学

在这一节里, 我们追随文献 [305] 的进展作一些讨论, 更详细的讨论可查阅原文献. 在实际的许多情况下, 相矢量场能够用这样一个函数表示: 它有一个缓慢变化的复包络 $V(x, y, z)$, 乘以一个快速变化的相位因子 $\exp(\mathrm{j}kz)$, 即

$$U(x, y, z) = V(x, y, z) \exp(\mathrm{j}kz), \tag{4-77}$$

假设在像 $\lambda$ 这样小的距离上, $V(x, y, z)$ 的变化小得可以忽略. 如果将一个这样形式的解代入亥姆霍兹方程, 并应用缓变假设 $\dfrac{\partial^2}{\partial z^2}V \ll \mathrm{j}2k\dfrac{\partial V}{\partial z}$, 我们便得到 $V(x, y, z)$ 必须满足的微分方程

$$\nabla_t^2 V + \mathrm{j}2k\frac{\partial V}{\partial z} = 0. \tag{4-78}$$

其中符号 $\nabla_t^2$ 代表横向拉普拉斯算符, $\nabla_t^2 = \partial^2/\partial x^2 + \partial^2/\partial y^2$. 这个方程叫做*傍轴亥姆霍兹方程*.

容易证明 (见习题 3-7), 这个方程的一种类型的解是傍轴球面波,

$$V(x, y, z) = \frac{V_1}{z} \exp\left[\mathrm{j}k\frac{x^2 + y^2}{2z}\right], \tag{4-79}$$

其中 $V_1$ 是一常量. 但是, 我们将看到, 一个我们更感兴趣的解是*高斯光束*, 下面就来描述它.

## 4.6.1 高斯光束

傍轴亥姆霍兹方程的另一个解取下面的形式:

$$V(x, y, z) = \frac{V_1}{q(z)} \exp\left[\mathrm{j}k\frac{x^2 + y^2}{2q(z)}\right], \tag{4-80}$$

其中 $q(z)$ 是一个复数值常数, 形式为

$$q(z) = z - \mathrm{j}z_0. \tag{4-81}$$

$q(z)$ 叫做 $q$ 参量, $z_0$ 叫做瑞利范围.

如果我们定义两个实值函数 $R(z)$ 和 $W(z)$, 使得

$$\frac{1}{q(z)} = \frac{1}{R(z)} + \mathrm{j}\frac{\lambda}{\pi W^2(z)}, \tag{4-82}$$

然后作一适当代换, 我们求得场的复包络为

$$V(x,y,z) = V_1 \left( \frac{1}{R(z)} + \mathrm{j}\frac{\lambda}{\pi W^2(z)} \right) \exp\left[ -\frac{r^2}{W^2(z)} \right] \exp\left[ \mathrm{j}k\frac{r^2}{2R(z)} \right], \qquad (4\text{-}83)$$

其中 $r = \sqrt{x^2 + y^2}$. 从这个式子可以看出, $W(z)$ 是一个高斯振幅剖面的 $1/e$ 半宽度, $R(z)$ 是波前的曲率半径. 配合下面列出的适当定义, 并经过可观的代数演算, 可以将复场相矢量写成

$$U(x,y,z) = V_0 \frac{W_0}{W(z)} \exp\left[ -\frac{r^2}{W^2(z)} \right] \exp\left[ \mathrm{j}kz + \mathrm{j}k\frac{r^2}{2R(z)} - \mathrm{j}\psi(z) \right], \qquad (4\text{-}84)$$

其中

$$V_0 = \mathrm{j}V_1/z_0, \qquad (4\text{-}85)$$

$$W(z) = W_0 \sqrt{1 + \left( \frac{z}{z_0} \right)^2}, \qquad (4\text{-}86)$$

$$W_0 = \sqrt{\frac{\lambda z_0}{\pi}}, \qquad (4\text{-}87)$$

$$R(z) = z \left[ 1 + \left( \frac{z_0}{z} \right)^2 \right], \qquad (4\text{-}88)$$

$$\psi(z) = \arctan\frac{z}{z_0}. \qquad (4\text{-}89)$$

图 4.20 所示的 (a) $\pm W(z)/W_0$、(b)$R(z)$ 和 (c)$\psi(z)$ 的图, 都是作为 $z/z_0$ 的函数. 特别注意 $W_0$ 代表光束的腰在焦点的半径, 这个腰出现在 $z/z_0 = 0$. 曲率半径在焦点左边为负, 意味着一个会聚波, 在焦点右边为正, 对应一个发散波. 在焦点上曲率半径变成无穷大, 意味着在焦点平面上波前是一个平面, 并且垂直于 $z$ 轴. 最后, 相位 $\psi(z)$(叫做 Gouy相位) 随着波经过焦点发生一个符号变化. 在 $z/z_0 = -\infty$ 时相位从 $-\pi/2$ 值出发, 随着光波向 $z/z_0 = \infty$ 发散趋于 $\pi/2$ 值. 于是总相移趋于 $\pi$. 在一段距离内光束的截面面积不大于它在焦点的截面的两倍, 定义这个距离为光束的焦深, 由两倍瑞利范围即 $2z_0$ 给出. 光束的全发散角为

$$\psi = \frac{4}{\pi}\frac{\lambda}{2W_0}. \qquad (4\text{-}90)$$

最后, 在一切 $z$ 的位置上, 光束的强度截面都是高斯型,

$$I(x,y,z) = I_0 \left[ \frac{W_0}{W(z)} \right]^2 \exp\left[ -\frac{2(x^2 + y^2)}{W^2(z)} \right], \qquad (4\text{-}91)$$

其中 $I_0 = |V_0|^2$.

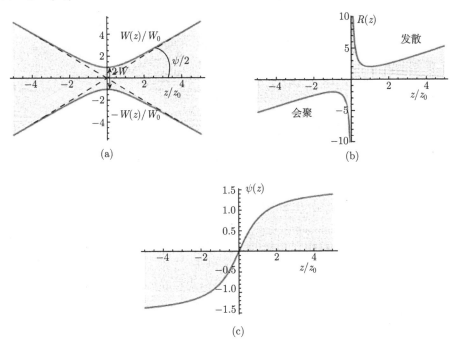

图 4.20 (a) 归一化光束宽度, (b) 曲率半径和 (c) Gouy 相位与 $z/z_0$ 的函数关系

高斯光束是球面谐振腔的一个模式, 球面谐振腔有一对球面终端反射镜, 其曲率半径与高斯光束在终端反射镜位置上的曲率半径相匹配.

### 4.6.2 厄米–高斯光束

与高斯光束有密切关系的是厄米–高斯光束. 这样的光束的波前和发散性质与高斯波束相同, 但是强度分布不同. 特别是, 厄米–高斯光束不只是描述简单的零级高斯光束, 它可用于描述光学谐振腔的更广泛的一系列模式.

光学谐振腔的模式是复杂的光束剖面, 它们在两面终端反射镜之间来回反射复制其自身, 这两面反射镜的形状一般是球面. 若要一个波是谐振腔的一个模式, 它必须在来回穿越谐振腔之后复制出它自身, 特别是振幅和相位二者都必须原样复制出来.

若我们假定将高斯模式修改为可分离变量的一组相乘的振幅剖面, 其中一个是 $x$ 的函数, 一个是 $y$ 的函数, 并要求产生的波满足傍轴亥姆霍兹方程, 那么分离变量将给出一组三个常微分方程, $(x, y, z)$ 三个变量每个变量一个方程. 本征值问题的解是模式振幅调制, 经求得为厄米多项式, 它修正光束的振幅 (详见文献 [305] 第 3.3 节). 厄米多项式由下面的递推关系定义:

$$\mathbb{H}_{l+1}(u) = 2u\mathbb{H}_l(u) - 2l\mathbb{H}_{l-1}(u), \tag{4-92}$$

其中

$$\mathbb{H}_0(u) = 1, \qquad \mathbb{H}_1(u) = 2u. \tag{4-93}$$

厄米–高斯函数由下式定义:

$$\mathbb{G}_l(u) = \mathbb{H}_l(u)\exp(-u^2/2). \tag{4-94}$$

于是厄米–高斯模式振幅可以写为

$$U_{l,m}(x,y,z) = A_{l,m}\left[\frac{W_0}{W(z)}\right]\mathbb{G}_l\left(\frac{\sqrt{2}x}{W(z)}\right)\mathbb{G}_m\left(\frac{\sqrt{2}y}{W(z)}\right)$$
$$\times \exp\left[\mathrm{j}kz + \mathrm{j}k\frac{r^2}{2R(z)} - \mathrm{j}(l+m+1)\psi(z)\right], \tag{4-95}$$

其中 $A_{l,m}$ 是一个常数, 仍有 $r = \sqrt{x^2+y^2}$. 注意第 $(l,m)$ 个模式的 Gouy 相位现在在 $-(l+m+1)\pi/2$ 与 $+(l+m+1)\pi/2$ 之间变化, 而 $l\theta$ 项表明, 随着波在 $z$ 方向行进, 波前是一个螺旋倾斜面. 与第 $(l,m)$ 个模式相联系的强度当然是 $U_{l,m}(x,y,z)$ 幅值的平方

$$I_{l,m}(x,y,z) = |A_{l,m}|^2\left[\frac{W_0}{W(z)}\right]^2\mathbb{G}_l^2\left(\frac{\sqrt{2}x}{W(z)}\right)\mathbb{G}_m^2\left(\frac{\sqrt{2}y}{W(z)}\right). \tag{4-96}$$

图 4.21 是几个低阶模式的强度分布密度图. 注意随着下标增大, 模式的宽度增宽, 并且模式复杂性随着下标增大而增加. 厄米–高斯函数成为展开满足傍轴亥姆霍兹方程的其他形式的波振幅轮廓的一组完备基.

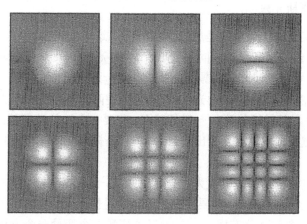

图 4.21　厄米–高斯模式的模式强度: (上一行从左到右)$(0, 0)$, $(1, 0)$, $(0, 1)$ 及 (下一行从左到右)$(1, 1)$, $(2, 2)$, $(3, 3)$

### 4.6.3 拉盖尔–高斯光束

如果在柱面坐标系 $(r, \theta, z)$ 中重写傍轴亥姆霍兹方程, 可以求得另一组特征解. $r$ 和 $\theta$ 分离变量给出一组光束, 其复振幅为

$$
\begin{aligned}
U_{l,p}(r, \theta, z) =& A_{l,p} \left[ \frac{W_0}{W(z)} \right] \left[ \frac{\sqrt{2}r}{W(z)} \right]^{|l|} \mathbb{L}_p^{|l|} \left( \frac{2r^2}{W^2(z)} \right) \exp \left[ -\frac{r^2}{W^2(z)} \right] \\
& \times \exp \left[ \mathrm{j}kz + \mathrm{j}k\frac{r^2}{2R(z)} + \mathrm{j}l\theta - \mathrm{j}(|l| + 2p + 1)\psi(z) \right].
\end{aligned}
\tag{4-97}
$$

这里 $\mathbb{L}_p^{|l|}$ 是 $(l, p)$ 阶广义拉盖尔多项式(又叫连带的拉盖尔多项式), 参量 $W_0$、$W(z)$ 和 $R(z)$ 与前面对高斯光束定义的完全相同. 参量 $p \geqslant 0$ 叫做径向标, 而参量 $l$ 则叫方位标. 我们看到, Gouy 相位从 $-(l + 2p + 1)\pi/2$ 向 $+(l + 2p + 1)\pi/2$ 变化. 各模式通常被一个使它们的总功率相等的常量因子归一化 [316],

$$
A_{l,p} = \sqrt{\frac{2p}{(1 + \delta_{0l})\pi(p + |l|)}},
\tag{4-98}
$$

其中 $\delta_{0l}$ 是 Kronecker $\delta$ 函数. 我们看到, 这个模式的强度

$$
\begin{aligned}
I_{l,p}(r, \theta, z) =& |A_{l,p}|^2 \left[ \frac{W_0}{W(z)} \right]^2 \left[ \frac{2r^2}{W^2(z)} \right]^{|l|} \\
& \times \left[ \mathbb{L}_p^{|l|} \left( \frac{2r^2}{W^2(z)} \right) \right]^2 \exp \left( -\frac{2r^2}{W^2(z)} \right),
\end{aligned}
\tag{4-99}
$$

仅仅依赖于 $r$; 因此拉盖尔–高斯解的一切模式都是圆对称的.

这些模式的一个有趣的性质来自与方位角 $\theta$ 成正比的相位项. 这一项的出现意味着, 当 $l > 0$ 时, 光束的波前有一个螺旋扭转, 扭转的大小随方位指标 $l$ 的增大而增大. 可以证明, 这样一个波携带有轨道角动量(见文献 [305], 454 页), 并且对它撞到的任何物体施加一个转矩. 当相位围绕一个强度零点转圈时, 我们便有一个所谓的 "光涡旋" 或 "相位涡旋". 这些模式也在像一个离焦函数那样旋转的点扩展函数的合成中起一定的作用 (见第 8.2 节).

图 4.22 表示几个低阶的拉盖尔–高斯模式的强度剖面和相位剖面. 随着模式下标增大, 模式变宽, 量 $W(z)$ 亦然.

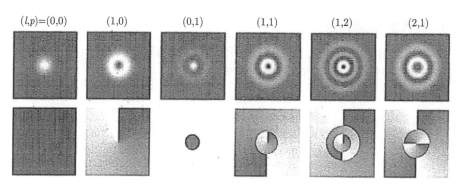

$(l,p)=(0,0)$　　$(1,0)$　　$(0,1)$　　$(1,1)$　　$(1,2)$　　$(2,1)$

图 4.22　几种不同模式数的拉盖尔–高斯光束的模式强度分布和相位分布. 上一行表示模式强度分布, 下一行表示对应的模式相位分布, 黑色代表零弧度, 白色代表 $2\pi$ 弧度. 相位从白色突然变到黑色是相位缩编到主区间 $(0, 2\pi)$ 内的结果

### 4.6.4　贝塞尔光束

贝塞尔光束是完全的亥姆霍兹方程 (不作傍轴近似) 的精确解, 它有一个值得注意的性质: 不随在 $z$ 方向的传播而发散. 要导出贝塞尔光束的形式, 我们从考虑 $z = 0$ 平面上的标量场的理想化的角谱出发, 这个角谱是由等强度的傅里叶分量组成的一个圆环, 圆环足够薄, 可以用傅里叶平面上径向的一个 $\delta$ 函数表示, 即我们假定光束的角谱之形式为 (见第 3.10.1 节)

$$A(f_X, f_Y; 0) = A_0 \delta(\rho - \rho_0), \tag{4-100}$$

其中 $f_X = \alpha/\lambda, f_Y = \beta/\lambda, \rho = \sqrt{f_X^2 + f_Y^2}$, $A_0$ 是一个常数, $\rho_0$ 是值小于 $1/\lambda$ 的固定径向频率. 对应于这样一个谱的场的空间分布可通过作傅里叶–贝塞耳逆变换求出

$$\begin{aligned} U(x,y,0) &= 2\pi A_0 \int_0^\infty \rho \delta(\rho - \rho_0) J_0(2\pi \rho r) \mathrm{d}\rho \\ &= 2\pi \rho_0 A_0 J_0(2\pi \rho_0 r), \end{aligned} \tag{4-101}$$

其中 $r = \sqrt{x^2 + y^2}$.

现在我们要问, 随着光波在 $z$ 方向传播, 这个场分布怎么变化? 为了回答这个问题, 让我们回到频域. 我们知道, 自由空间传播可以用下面的传递函数表示:

$$H(f_X, f_Y) = \exp\left[\mathrm{j}2\pi \frac{z}{\lambda} \sqrt{1 - (\lambda f_X)^2 - (\lambda f_Y)^2}\right]. \tag{4-102}$$

如果我们将这个传递函数与 (4-100) 式的角谱相乘, 就得到一个新角谱,

$$A(f_X, f_Y; z) = A_0 \delta(\rho - \rho_0) \exp\left[\mathrm{j}2\pi \frac{z}{\lambda} \sqrt{1 - \lambda^2 \rho_0^2}\right]. \tag{4-103}$$

由于 $\rho_0$ 是常数, 我们看到, 传播的效果只是将一个依赖于 $z$ 的相位因子应用到整个谱环, 对这个环中的一切空间频率, 这个相位因子完全相同. 于是我们看到, 距离 $z$ 处的场是

$$U(x,y,z) = 2\pi\rho_0 A_0 J_0(2\pi\rho_0 r)\exp\left[j2\pi\frac{z}{\lambda}\sqrt{1-\lambda^2\rho_0^2}\right]. \tag{4-104}$$

这个场的强度为

$$I(x,y,z) = (2\pi\rho_0 A_0)^2 J_0^2(2\pi\rho_0 r), \tag{4-105}$$

我们看到, 它与 $z$ 无关, 因此光束传播时不会发散.

　　贝塞尔光束在以下几方面是理想化的: 首先, 可以很简单地证明, 它包含无穷多的能量. 其次, 它伸展到整个无穷平面上; 将它截断将会破坏它传播时不发散的性质. 最后, 无穷薄 (和无穷高) 的角谱环绝不可能在实际中精确实现. 一个有限宽度的环不显示零发散的理想性质, 虽然经过适当的设计, 可以把发散做得很小, 更详细的讨论见文献 [145].

# 习　　题

4-1 考虑二次相位指数函数 $\dfrac{1}{j\lambda z}\exp\left[j\dfrac{\pi}{\lambda z}(x^2+y^2)\right]$

　　(a) 证明这个函数下面的体积 (关于 $x$ 和 $y$) 为 1.

　　(b) 证明这个函数的二维二次相位的正弦部分贡献了全部体积, 而余弦部分对体积的贡献为零.

　　(提示: 利用表 2.1. )

4-2 考虑从直角坐标系中的 $(0,0,-z_1)$ 点发散的一个球面波. 光波波长为 $\lambda$, $z_0 > 0$.

　　(a) 写出这个球面波在位于 $z=0$ 并垂直于 $z$ 轴的 $(x,y)$ 平面上的相位分布.

　　(b) 用傍轴近似, 写出用来近似这个球面波前的二次相位波前的相位分布.

　　(c) 求相位的一个精确表示式, 根据它可以判断球面波前是落后于还是超前于二次相位波前. 是落后还是超前?

4-3 考虑一个向直角坐标系中的 $(0,0,+z_1)$ 点会聚的球面波. 光波波长为 $\lambda$, 并且 $z_1 > 0$.

　　(a) 写出这个球面波在经过 $z=1$ 并垂直于 $z$ 轴的 $(x,y)$ 平面上的相位分布.

　　(b) 用傍轴近似, 写出用来近似这个球面波前的二次相位波前上的相位分布.

　　(c) 求相位的一个精确表示式, 根据它可以判断球面波前是落后于还是超前于二次相位波前的相位. 是落后还是超前?

4-4 我们还记得, 宽度为 $\ell$ 的孔径的菲涅耳数的定义为 $N_{\mathrm{F}} = (\ell/2)^2/(\lambda z)$.

　　(a) 证明天线设计者公式在夫琅禾费衍射条件下可表示为 $N_{\mathrm{F}} < 1/8$.

(b) 证明夫琅禾费衍射的一个条件 $\dfrac{k}{2z}(\xi^2+\eta^2)_{\max}<\dfrac{\pi}{2}$ (其中 $\xi$ 和 $\eta$ 是孔径平面内的直角坐标) 可以表示为 $N_{\mathrm{F}}<1/2$.

4-5 在一个接一个相继的距离 $z_1,\ z_2,\ \cdots,\ z_n$ 序列上的菲涅耳传播必定等价于在单一距离 $z=z_1+z_2+\cdots+z_n$ 上的菲涅耳传播. 找一个简单的证明, 证明情况的确如此. 对不要用菲涅耳近似的传播重复此题证明.

4-6 证明: 图 4.4 中上面的过渡区的边界是抛物线 $(1/2-x)^2=4\lambda z$, 下面的过渡区的边界是抛物线 $(\ell/2+x)^2=4\lambda z$, 这里 $\ell$ 是孔径的宽度, 坐标原点在孔径的中心, $z$ 是离孔径平面的距离, 而 $x$ 在整个图中是纵坐标.

4-7 用自由空间传播的光线传递矩阵 (B-10) 证明, 一般的一维惠更斯–菲涅耳脉冲响应 (4-35) 式, 在传播穿过自由空间时化为 (4-34) 式.

4-8 半径为 $R$ 的圆孔径的中心在 $(0,0,0)$ 点, 一个球面波向孔径右边的一点 $(0,0,z_1)$ 会聚. 光的波长为 $\lambda$. 考虑在孔径右边任意一点 (轴向距离为 $z$) 上观察到的场. 证明, 对照明的球面波作傍轴近似造成的波前误差与在菲涅耳衍射方程中使用二次相位近似导致的误差彼此部分抵消. 在什么条件下二者完全抵消?

4-9 假定由一个单位振幅并且垂直入射的平面波照明.

　　(a) 求题图 P4.9 中双缝孔径的夫琅禾费衍射图样的强度分布.

　　(b) 画出这个衍射图样沿观察平面内的 $x$ 轴和 $y$ 轴的归一化截面图, 设 $X/(\lambda z)=10\mathrm{m}^{-1}$, $Y/(\lambda z)=1\mathrm{m}^{-1}$, $\Delta/(\lambda z)=3/2\ \mathrm{m}^{-1}$, $z$ 是观察距离, $\lambda$ 是波长.

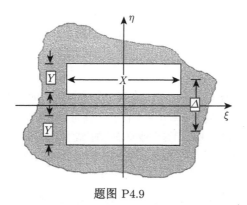

题图 P4.9

4-10 (a) 画出由振幅透射率函数

$$t_{\mathrm{A}}(\xi,\eta)=\left\{\left[\mathrm{rect}\left(\frac{\xi}{X}\right)\mathrm{rect}\left(\frac{\eta}{Y}\right)\right]*\left[\frac{1}{\Delta}\mathrm{comb}\left(\frac{\eta}{\Delta}\right)\delta(\xi)\right]\right\}\mathrm{rect}\left(\frac{\eta}{N\Delta}\right)$$

描述的孔径, 其中 $N$ 是一个奇数并且 $\Delta>Y$.

　　(b) 设由一个垂直入射的平面波照明, 求这个孔径的夫琅禾费衍射图样中强度分布的表示式.

(c) $Y$ 与 $\Delta$ 之间呈什么关系, 可望使偶数级衍射分量的强度减到极小而同时使零级分量近似不变?

4-11　求题图 P4.11 所示的孔径的夫琅禾费衍射图样的强度分布表达式, 设由一个单位振幅、垂直入射的平面波照明. 孔径为方形, 中心又有一个方形的遮挡物.

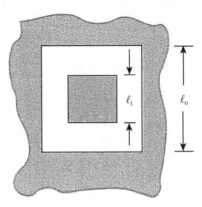

题图 P4.11

4-12　求题图 P4.12 所示的孔径的夫琅禾费衍射图样强度分布的表达式, 设由一个单位振幅、垂直入射的平面波照明. 孔径为圆形, 中心又有一个圆形的遮挡物.

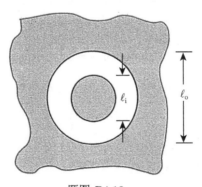

题图 P4.12

4-13　一光源有两条分立的谱线, 波长分别为 $\lambda_1$ 和 $\lambda_2$. 若 $\lambda_1$ 产生的 $q$ 级衍射分量的峰值正好落在 $\lambda_2$ 产生的 $q$ 级衍射分量的第一个零点上, 则称这两条分立谱线是这个衍射光栅"刚刚能分辨的". 光栅的分辨本领定义为平均波长 $\lambda$ 与最小可分辨波长差 $\Delta\lambda$ 之比. 证明本章讨论的正弦相位光栅的分辨本领为

$$\frac{\lambda}{\Delta\lambda} = q\ell f_0 = qM$$

其中 $q$ 是测量中用的衍射级, $\ell$ 是方形光栅的宽度, $M$ 是孔径包含的光栅空间周期数目. 使用任意高的衍射级受到什么现象的限制?

4-14　对一块振幅透射率为

$$t_A(\xi) = \left| \cos\left( \frac{\pi\xi}{L} \right) \right|$$

的光栅, 计算它的第一衍射级的衍射效率.

4-15　一个薄方波吸收光栅的振幅透射率函数如题图 P4.15 所示. 求这个光栅的以下性质:

　　(a)　入射光被光栅吸收的相对份额.

　　(b)　入射光被光栅透射的相对份额.

　　(c)　被衍射到单个第一衍射级的光的相对份额.

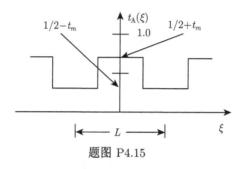

题图 P4.15

4-16　一个薄的方波相位光栅的厚度周期性变化 (周期为 $L$), 使透射光的相位在 0 弧度和 $\phi$ 弧度之间跳变.

　　(a)　求这个光栅将光衍射到第一衍射级的衍射效率.

　　(b)　$\phi$ 的值多大才能使衍射效率极大? 这个效率极大值是多少?

4-17　一个 "锯齿" 相位光栅的周期为 $L$, 在一个周期内, 从 0 到 $L$ 的相位分布为

$$\phi(\xi) = \frac{2\pi\xi}{L}.$$

　　(a)　求这个光栅所有各衍射级的衍射效率.

　　(b)　设此光栅的相位分布是更一般的形式

$$\phi(\xi) = \frac{\phi_o\xi}{L}.$$

　　　　求这个新光栅适用于所有各级衍射效率的一个一般表示式.

4-18　不透明屏幕上有一孔径 $\Sigma$, 由向 $P$ 点会聚的一个球面波照明, $P$ 点位于孔径后距离为 $z$ 的平行平面上, 如题图 P4.18 所示.

　　(a)　设 $P$ 点在 $(x,y)$ 平面上的坐标是 $(0,Y)$, 求孔径平面上照明波前的二次相位近似.

　　(b)　假设从孔径平面到 $P$ 点所在的平面为菲涅耳衍射, 证明在上述情形下观察到的强度分布是孔径的夫琅禾费衍射图样, 图样的中心在 $P$ 点.

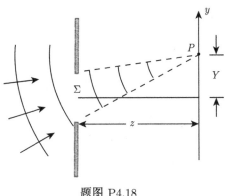

题图 P4.18

4-19　设孔径的透射率函数如下:

   (a)　$t_{\mathrm{A}}(\xi,\eta) = \mathrm{circ}\sqrt{\xi^2 + \eta^2}$,

   (b)　$t_{\mathrm{A}}(\xi,\eta) = \begin{cases} 1, & a \leqslant \sqrt{\xi^2 + \eta^2} < b, \\ 0, & \text{其他}, \end{cases}$

     其中 $a < 1, b < 1$, 并且 $a < b$.

设照明为正直入射的单位振幅平面波, 求上述孔径的菲涅耳衍射图样在孔径轴上的强度分布.

4-20　考虑一个一般的一维周期物体, 其振幅透射率是任意周期函数. 不计任何有界孔径的有限大小, 忽略隐失波现象, 并假定傍轴条件成立. 证明在这个物之后的某几个距离上, 会出现此振幅透射率的理想像. 这些 "自成像" 出现在哪些距离上?

4-21　某个二维非周期物有这样的性质: 它的振幅透射率的所有频率分量都落在频率平面的一些圆周上, 这些圆的半径由下式给出:

$$\rho_m = \sqrt{2ma}, \quad m = 0, 1, 2, 3, \cdots,$$

其中 $a$ 是一个常数. 假设均匀平面波照明, 忽略物的有限大小和隐失波现象, 并假定傍轴条件成立. 证明这个物的理想像成在物后的周期距离上. 求这些像的位置.

4-22　某个圆对称物, 大小为无穷大, 振幅透射率为

$$t_{\mathrm{A}}(r) = 2\pi J_0(2\pi r) + 4\pi J_0(4\pi r),$$

其中 $J_0$ 是零阶第一类贝塞尔函数, $r$ 是二维平面里的半径. 这个物由垂直入射的单位振幅平面波照明, 假设傍轴条件成立. 在这个物后的什么距离上, 我们会发现一个与物有相同形式 (除了可能差一个复常数因子外) 的场分布? (提示: 圆对称函数 $J_0(2\pi r)$ 的傅里叶变换是圆对称谱 $\dfrac{1}{2\pi}\delta(\rho - 1)$. )

4-23 一个扩展的柱面波落在一个光学系统的 "输入" 平面上. 对这个波的傍轴近似可以写成以下形式:

$$U(y_1) = \exp\left\{ j\frac{\pi}{\lambda z_0} \left[ (y_1 - y_0)^2 \right] \right\},$$

其中 $\lambda$ 是光波波长, $z_0$ 和 $y_0$ 是给出的常数. 光学系统可以用一个傍轴 $ABCD$ 矩阵表示 (见附录 B, B.3 节), 这个矩阵表示系统的输入平面和输出平面之间的关系. 求此光学系统的 " 输出" 平面上的场的复振幅的傍轴表示式, 把结果用上述光线矩阵的任何元素表示出来. 假定输入平面和输出平面的折射率是 1. 你可以把这个问题当作一维问题处理.

4-24 本题的目的是用光线矩阵和 (4-36) 式描述一维傅里叶变换系统和一维成像系统中的复场振幅的映射.[①]

　(a) 一个输入复场 $U_1(y)$ 输入到一块正透镜 (假设它的大小为无穷大) 的前焦面上, 在透镜的后焦面上观察场 $U_2(y)$. 用级连的三个光线矩阵分析这个系统, 证明, 若 $A = 0$ 及 $D = 0$, 则这两个场之间呈傅里叶变换关系. 根据 $A$ 和 $D$ 的定义, 证明 $A$ 必定为 0 及 $D$ 必定为 0.

　(b) 对一维成像系统作类似的分析. 这时输入 $U_1$ 位于透镜 (再次假设透镜的大小为无穷大) 前距离 $z_1$ 处, 输出 $U_2$ 位于透镜后距离 $z_2$ 处. 透镜的焦距为 $f$, 透镜定律 $1/z_1 + 1/z_2 = 1/f$ 成立. 证明

$$U_2(y_2) = \frac{e^{jkL_0}}{\sqrt{A}} \exp\left( \frac{j\pi C y_2^2}{\lambda A} \right) U_1\left( \frac{y_2}{A} \right),$$

并且 $A$ 是放大率. 提示: 展开指数中的平方, 并且注意光线矩阵的行列式为 1, 且 $(D - A^{-1})/B = C/A$.

---

① 加进这个习题是 J. Fienup 教授极力建议的.

# 第 5 章 计算衍射和计算传播

有些衍射孔径不能用于衍射公式给出闭合形式的解析解, 但我们常常想要对其预言衍射图样的形式. 或者换个说法, 我们希望用我们上面推导的传播方程的离散形式, 来讨论光场通过一个光学系统的传播. 在这种情况下, 我们必须依靠数值计算. 这样的计算包括: 对孔径函数 $U(x, y, 0)$ 进行足够密集的抽样以使偏差极小, 将这些抽样值补上适当数目的零, 对连续运算进行离散模拟. 在第一节我们要讨论对衍射图样进行数值计算的几种方法.

当我们显示计算得到的衍射图样时, 常常是关于一维或二维均匀方孔径的. 这种例子虽然也许过于简单, 却有一个好处, 那就是我们能够用解析方法得到精确结果, 并且判定数值计算的结果是否是精确的. 在本章的最后几节我们会讨论对更复杂的孔径的推广.

## 5.1 计算衍射的几种方法

计算给定孔径产生的衍射图样, 有以下四种不同的方法:

### 1. 卷积法

菲涅耳衍射图样的卷积形式可以用数值方法计算. 因而, 从 (4-14) 式得到

$$U(x, y, z) = \frac{\mathrm{e}^{\mathrm{j}kz}}{\mathrm{j}\lambda z} \iint_{-\infty}^{\infty} U(\xi, \eta, 0) \exp\left\{\mathrm{j}\frac{\pi}{\lambda z}[(x-\xi)^2 + (y-\eta)^2]\right\} \mathrm{d}\xi\mathrm{d}\eta, \quad (5\text{-}1)$$

强度可由这个结果取模的平方得到. 这个积分在计算时必须离散化. 有两个办法进行所需的卷积运算, 一个是直接计算, 另一个是通过离散傅里叶变换 (DFT). 两个方法我们都会介绍.

### 2. 菲涅耳变换或单 DFT 法

通过把 $\exp\left[\mathrm{j}\dfrac{k}{2z}(x^2 + y^2)\right]$ 移到积分号外, 我们必须打交道的是 $U(\xi, \eta, 0)$ 与 $\exp\left[\mathrm{j}\dfrac{k}{2z}(\xi^2 + \eta^2)\right]$ 形式的二次相位因子的乘积的傅里叶变换 (见 (4-17) 式)

$$U(x, y, z) = \frac{\mathrm{e}^{\mathrm{j}kz}}{\mathrm{j}\lambda z}\mathrm{e}^{\mathrm{j}\frac{\pi}{\lambda z}(x^2 + y^2)} \times \iint_{-\infty}^{\infty}\left[U(\xi, \eta, 0)\mathrm{e}^{\mathrm{j}\frac{\pi}{\lambda z}(\xi^2 + \eta^2)}\right]\mathrm{e}^{-\mathrm{j}\frac{2\pi}{\lambda z}(x\xi + y\eta)}\mathrm{d}\xi\mathrm{d}\eta. \quad (5\text{-}2)$$

此式的离散化形式是表示孔径场的二维阵列与表示二次相位函数的二维阵列的乘积的离散傅里叶变换.

### 3. 菲涅耳传递函数法

可以对方法 1 的卷积作傅里叶变换, 得出 $U(x, y, 0)$ 的谱与自由空间的传递函数的菲涅耳近似 (见 (4-20) 式)

$$U(x, y, z) = \mathcal{F}^{-1} \left\{ \mathcal{F}\{U(x, y, 0)\} \times \mathrm{e}^{\mathrm{j}kz} \exp[-\mathrm{j}\pi\lambda z(f_X^2 + f_Y^2)] \right\}. \tag{5-3}$$

的乘积. 这个方法的离散化方式是用 DFT 方法来进行的.

### 4. 精确传递函数法

最后, 若傍轴条件不满足, 菲涅耳近似发生疑问, 可以用更加精确的传递函数 (4-19)

$$U(x, y, z) = \mathcal{F}^{-1} \left\{ F\{U(x, y, 0)\} \times \exp\left[\mathrm{j}2\pi\frac{z}{\lambda}\sqrt{1 - (\lambda f_X)^2 - (\lambda f_Y)^2}\right] \right\}. \tag{5-4}$$

DFT 是这个方法的基础工具.

在暂离主题对二次相位指数函数的抽样作简短介绍之后, 我们接着讨论这些方法中的每一种. 有关这个问题的相关文献, 见 [144], [241], [270], [359], [358] 和 [192].

## 5.2   对空间置限的二次相位指数函数的抽样

二次相位指数函数

$$f(x) = \frac{1}{\sqrt{\lambda z}} \exp\left[\mathrm{j}\frac{\pi}{\lambda z}x^2\right] \tag{5-5}$$

和它的二维等价物 $f(x)f(y)$ 频繁地出现在衍射问题中, 包括菲涅耳近似. 因为它经常出现, 当它被空间置限于有限区间上时, 对这个函数的抽样要求, 作个简短的讨论是值得的 (又见文献 [359]).

包含这样一个函数的积分一般有限的积分限, 比方说 $(-\ell/2, \ell/2)$, 因此重要的是这个函数在这些积分限之内的行为. 被置限在这些有限积分限内的这个函数, 其带宽可用以下办法估计. 首先计算这个函数的傅里叶变换的解析表示式,

$$F(f_X) = \frac{1}{\sqrt{\lambda z}} \int_{-\ell/2}^{\ell/2} \exp\left(\mathrm{j}\pi\frac{x^2}{\lambda z}\right) \exp(-\mathrm{j}2\pi x f_X)\mathrm{d}x, \tag{5-6}$$

像前面在第 4.5.1 节做的那样. 然后用数值积分求这个结果的大小的模平方的"等价带宽" (文献 [37], 148 页),

$$B_X = \frac{\int_{-\infty}^{\infty} |F(f_X)|^2 \mathrm{d}f_X}{|F(0)|^2}. \tag{5-7}$$

我们将发现结果是菲涅耳数 $N_\mathrm{F} = (\ell/2)^2/(\lambda z)$ 的函数.

上述运算可以用数学软件 Mathematica 来做, 结果示于图 5.1 中. 注意这样定义的带宽在 $N_\mathrm{F} > 0.25$ 和 $N_\mathrm{F} < 0.25$ 时的行为不同. 右边 ($N_\mathrm{F} > 0.25$) 的渐近线是

$$\sqrt{\lambda z}B_X = \sqrt{4N_\mathrm{F}} \quad \text{或} \quad B_X = \frac{\ell}{\lambda z}, \tag{5-8}$$

它与考虑二次相位指数函数的局域空间频率分布所得到的结果相同 (见习题 5-1). 这个结果是, 在 $N_\mathrm{F} > 0.25$ 的条件下, 我们发现谱的宽度由局域空间频率的占有率分布很好地预言, 随着 $N_\mathrm{F}$ 增大, 精确度越来越高. 对于 $N_\mathrm{F} < 0.25$ 的情况, 则不是这样.

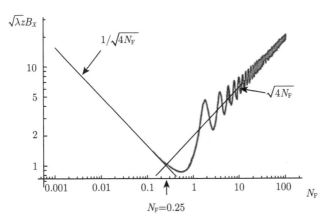

图 5.1　有限宽度的二次相位指数函数的傅里叶变换的模平方的等效带宽. 直实线是函数在 $N_\mathrm{F} > 0.25$ 区域 (右边) 和 $N_\mathrm{F} < 0.25$ 区域 (左边) 趋近的渐近线. 右边带宽由二次相位指数函数决定. 左边带宽由函数在其上定义的孔径的有限大小决定

给出上述结果后, 在决定二次相位函数所需的抽样率方面还有两个问题. 第一个问题是, 如上定义的带宽依赖于菲涅耳数 $N_\mathrm{F}$. 显然一个给定计算中所需的抽样率依赖于有关的菲涅耳数. 其次, 我们在得到图 5.1 时曾用过的带宽的具体测度, 在用来决定所需的抽样率时, 是一个不完善的测度. 在图的右边, 很显然有超出渐近线的振荡, 虽然随着 $N_\mathrm{F}$ 增大, 振荡的振幅减小.

在图的左边, 与带宽估计有关的问题更严重. 在包含了夫琅禾费衍射条件的这个区域里, 如上定义的带宽几乎完全依赖于限制二次相位指数函数的矩形孔径的傅里叶变换的宽度, 并不由局域空间频率的占有率分布很好地预言. 这个区域中预言的带宽是

$$\sqrt{\lambda z} B_X = \frac{1}{\sqrt{4N_{\mathrm{F}}}} \quad \text{或} \quad B_X = \frac{1}{\ell}. \tag{5-9}$$

若接受这个带宽为所需的抽样率, 那么在宽度为 $\ell$ 的矩形孔径的边上至多有两个抽样, 这样的抽样率是完全不恰当的, 因为在频域中和在衍射图样中会发生严重的混叠. 为了避免这样的混叠, 我们代之以选 $B_X = M/\ell$, 其中 $M > 1$ 可以认为是一个常数, 我们选它够大, 以将衍射图样边缘上的混叠减到预定水平. 按照抽样定理, 样本之间的间隔必须遵守 $\Delta\xi \leqslant \ell/M$. 参量 $\Delta\xi$ 在后面各节将起重要作用. 我们将发现, 它决定了从对孔径函数抽样得出的谱的周期. 在算出的谱的主周期的边沿上 (在我们将称之为 "折叠频率" 的频率上), 将会发生来自周期谱的相邻周期的混叠.

还有一个更微妙之处应当说一说, 它是对为了恰当地表示数组 $f_k$ 所需的最小的样本数 $K$ 的约束. 函数 $f(x)$ 的离散形式是

$$f_k = \frac{1}{\sqrt{\lambda z}} \exp\left[\mathrm{j}\frac{\pi}{\lambda z}\Delta x^2 k^2\right], \quad k = \begin{cases} -\dfrac{K}{2}, \cdots, \dfrac{K}{2}-1, & K \text{ 为偶数}, \\[2mm] -\dfrac{K-1}{2}, \cdots, \dfrac{K-1}{2}, & K \text{ 为奇数}, \end{cases} \tag{5-10}$$

其中 $\Delta x$ 是样本之间的间隔. 样本间隔 $\Delta x$ 取决于 $N_{\mathrm{F}}$ 是大于还是小于 0.25.

对于 $N_{\mathrm{F}} > 0.25$ 的情况, 被截断为有限长度的二次相位指数函数具有带宽 $\ell/(\lambda z)$ (见 (5-8) 式), 并且样本间隔应当不大于带宽的倒数, $\Delta x \leqslant \lambda z/\ell$. 用最大容许样本间隔代入关于 $f_k$ 的方程, 得到离散数组

$$f_k = \frac{1}{\sqrt{\lambda z}} \exp\left[\mathrm{j}\frac{\pi}{\lambda z}\left(\frac{\lambda z}{\ell}\right)^2 k^2\right] = \frac{1}{\sqrt{\lambda z}} \exp\left[\mathrm{j}\frac{\pi}{4N_{\mathrm{F}}}k^2\right]. \tag{5-11}$$

数组中元素个数必须由下式给出, 至少为

$$K = \ell/\Delta x \geqslant \frac{\ell^2}{\lambda z} = 4N_{\mathrm{F}}. \tag{5-12}$$

于是当 $N_{\mathrm{F}} > 0.25$ 时, 为了保安全我们必须要求 $K > 4N_{\mathrm{F}}$.

反之若 $N_{\mathrm{F}} < 0.25$, 限制二次相位指数函数宽度的有限孔径决定了带宽为 $M/\ell$. 参数 $M$ 由混叠判据决定. 因此样本间隔应当为 $\Delta x \leqslant \ell/M$. 选最大容许间隔, 二次

相位指数函数序列变为

$$f_k = \frac{1}{\sqrt{\lambda z}} \exp\left[\mathrm{j}\frac{\pi}{\lambda z}\left(\frac{\ell}{M}\right)^2 k^2\right] = \frac{1}{\sqrt{\lambda z}} \exp\left[\mathrm{j}\pi\frac{4N_\mathrm{F}}{M^2}k^2\right], \tag{5-13}$$

数组中元素的总数 $K > M$.

有了本节这些结果, 我们现在可以转而考虑不同的衍射计算方法了.

## 5.3 卷 积 方 法

卷积方法要求我们将孔径函数离散化, 并且将出现在下面的卷积方程:

$$U(x,y,z) = \frac{\mathrm{e}^{\mathrm{j}kz}}{\mathrm{j}\lambda z} \iint_{-\infty}^{\infty} U(\xi,\eta,0) \exp\left\{\mathrm{j}\frac{\pi}{\lambda z}[(x-\xi)^2 + (y-\eta)^2]\right\} \mathrm{d}\xi\mathrm{d}\eta, \tag{5-14}$$

或一维情况下的方程

$$U(x,z) = \frac{1}{\sqrt{\lambda z}} \iint_{-\infty}^{\infty} U(\xi,0) \exp\left\{\mathrm{j}\frac{\pi}{\lambda z}[(x-\xi)^2]\right\} \mathrm{d}\xi, \tag{5-15}$$

中的二次相位指数函数离散化, 这里我们弃去了积分号前的纯相位项, 这只需重新定义相位参考值即可. 注意二次相位指数函数的带宽为无穷, 但是当它被截断后 (为了生成一个有限长度序列必须截断它), 它的带宽变成近似有限.

### 5.3.1 带宽和对抽样的考虑

为简单起见, 我们专门考虑一个均匀一维方孔径. 更复杂的孔径将在后面各节中考虑. 孔径函数的宽度用 $\ell$ 表示, 被截断的二次相位指数函数的宽度用 $L$ 表示. 若我们要进行一次离散卷积, 那么两个序列的长度都必须有限长, 虽然一般并不要求二者长度相同, 但是两个函数中的样本间隔大小必须相同. 被截断的指数函数和孔径函数的样本数目分别用 $K$ 和 $M$ 表示. 又令 $N_\mathrm{F} = (\ell/2)^2/(\lambda z)$ 为有限长度孔径函数的菲涅耳数. 假设 $\ell$ 之值已知, 要求的是所需的 $L$ 值作为 $N_\mathrm{F}$ 的函数.

暂且假设我们处理的是连续函数 (未抽样的函数) 和无限长的二次相位指数函数. 在频域中, 卷积定理意味着孔径函数的谱与二次相位指数函数的谱相乘, 这两个谱哪一个都不是严格带宽受限的. 但是, 孔径函数的谱随频率增大而下降, 可以近似为具有宽度 $M/\ell$, 其中选 $M$ 足够大以将谱的高度降到可接受的低水平, 由它在离散情况下在频域决定一个混叠水平. 由此可得, 两个谱的乘积在超出同一界限的频率上必定也小得可以接受. 若我们现在允许二次相位指数函数的长度从无穷大缩小到一个有限长度 $L$, 我们就将把这个函数的带宽从无穷大减小到近似为

$L/(\lambda z)$, 当 $L$ 为有限时的带宽①. 这个带宽可以减小, 直到它等于孔径函数的带宽, 而在卷积的精度方面并无重大损失. 在这一点我们有

$$\frac{L}{\lambda z} = \frac{M}{\ell} \quad \text{或者} \quad L = \lambda z \frac{M}{\ell} = \frac{M}{4N_F}\ell. \tag{5-16}$$

如果我们现在将上式两边除以共同的抽样增量 $\Delta\xi$, 就将得到, 二次相位指数函数的最小样本数 $K$ 应当满足

$$K = \frac{M^2}{4N_F}, \tag{5-17}$$

其中 $M$ 是孔径函数内的样本数目 ($K$ 可以大于这个限制, 其代价是计算更复杂). 可以证明, 卷积结果的总长度是

$$N = K + M. \tag{5-18}$$

鉴于以上结果, 我们有

$$N = \frac{M^2}{4N_F} + M. \tag{5-19}$$

注意, 因为我们要求 $M > 4N_F$, 上式并不意味着 $N$ 随 $N_F$ 的增大而减小. 实际上结果相反, 因为要求的 $M$ 随着 $N_F$ 增大.

　　我们知道, 当孔径函数的菲涅耳数小于 0.25 时, 衍射图样的振幅趋于孔径上振幅分布的傅里叶变换. 卷积怎么能给出一个向傅里叶变换趋近的东西呢? 答案是, 随着孔径数组滑过二次相位指数函数数组, 在每个位置上它必定与复指数函数的一个近似线性的相位区域叠合. 对二次相位的线性相位近似必定会在这个数组的全部宽度上变化, 使得当孔径数组移过指数函数数组时, 会遇到与感兴趣的一切空间频率对应的局域线性相位的斜率. 于是必须增大二次相位指数数组的长度 $L$, 以允许一切必需的线性相位斜率都能被孔径函数"看到", 从而在卷积中表示出来. 二次相位指数函数中的最大局域频率是 $L/(2\lambda z)$, 这个频率应当等于孔径函数的谱中的 $M/(2l)$, 它给出上面推导的 (5-16) 式和 (5-17) 式.

### 5.3.2 离散卷积公式

　　现在将注意力回到卷积自身, 卷积积分 (5-15) 的离散形式可以写成

$$U_n(z) = \sum_{k=\text{Max}(n-K+1,1)}^{\text{Min}(n,M)} U_k(0)h_{n-k+1}, \quad n = 1, 2, \cdots, K+M-1, \tag{5-20}$$

---

① 只有当有限长度的二次相位指数函数的菲涅耳数 $\tilde{N}_F = (L/2)^2/(\lambda z)$(不要与孔径函数的菲涅耳数 $N_F$ 混淆) 大于 0.25 时, 这个带宽才严格成立. 但是, 如本小节上一段所说, 随着 $N_F$ 减小到 0.25 以下, 其长度 $L$ 必定会增大, 结果是对任何孔径函数的 $N_F, \tilde{N}_F$ 仍然大于 0.25.

其中 $U_n(z) = U(n\Delta x, z), U_k(0) = U(k\Delta\xi, 0)$,

$$h_k = \begin{cases} (1/\sqrt{\lambda z})\exp\left[j\pi\frac{((k-K/2)\Delta\xi)^2}{\lambda z}\right], & 0 \leqslant k \leqslant K-1, \\ 0 & \text{其他}, \end{cases} \quad (5\text{-}21)$$

并且这里对求和有奇特的限制, 用以考虑数组部分重叠的情形. 取 $K$ 之值为对一切 $N_F$ 值 $K = M^2/(4N_F)$. 用 $\Delta\xi = \ell/M, h_k$ 的表示式变为

$$h_k = \begin{cases} (1/\sqrt{\lambda z})\exp\left[j\frac{4\pi N_F}{M^2}(k-K/2)^2\right], & 0 \leqslant k \leqslant K-1, \\ 0 & \text{其他}. \end{cases} \quad (5\text{-}22)$$

二维的等价结果为

$$U_{n,m}(z) = \sum_{k=\text{Max}(n-K+1,1)}^{\text{Min}(n,M)} \sum_{p=\text{Max}(n-K+1,1)}^{\text{Min}(n,M)} U_{k,p}(0)h_{n-k+1,m-p+1}, \quad (5\text{-}23)$$

其中求和的下标 $n = 1, 2, \cdots, K+M-1, m = 1, 2, \cdots, K+M-1$. 这里 $U_{n,m}(z) = U(n\Delta x, m\Delta y, z), U_{n,m}(0) = U(n\Delta\xi, m\Delta\eta, 0)$,

$$h_{n,m} = 1/(\lambda z)\exp\left[j\frac{4\pi N_F}{M^2}\left((n-K/2)^2 + (m-K/2)^2\right)\right], \quad (5\text{-}24)$$

对 $0 \leqslant n \leqslant K-1$ 及 $0 \leqslant m \leqslant K-1$, 并且我们假设了样本间隔相等的方形数组, 即 $\Delta x = \Delta y$.

可以证明, 在将一个数组滑过另一数组时为进行卷积所要求做的加法和乘法运算的次数在一维情形下是 $KM = M^3/(4N_F)$, 二维情形下是 $(KM)^2 = (M^3/(4N_F))^2$.

### 5.3.3 模拟结果

在图 5.2 中我们示出了由数值模拟得到的在 $N_F$ 很宽范围内 $M$、$K$ 和 $N$ 对 $N_F$ 的依赖关系[1]. 用了九个 $N_F$ 值, 结果用一阶内插连接. 在 (a) 中, 图样边沿的强度水平, 在用最大强度归一化后为 $10^{-2}$, 而在 (b) 中为 $10^{-4}$. 在图 5.3 中示出了在 $N_F = 1$ 和 $M = 150$ 及强度混叠判据为 $10^{-4}$ 的情况下由直接卷积方法得到的衍射图样, 用线性尺度和对数尺度两种尺度画出.

---

[1] 当我们宣称一个结论是基于数值模拟得出时, 它意味着离散卷积的计算是用各个不同的 $M$ 进行的. 令参数 $K = M^2/(4N_F)$, 并且选一个在折叠频率上可以允许的归一化强度水平. 将结果与已知的解析结果比较. 然后在解析结果和离散结果二者预言的强度分布对数图的基础上, 作出主观判断, 看何时数值模拟结果与解析结果令人满意地紧密接近. 主观判断是必须的.

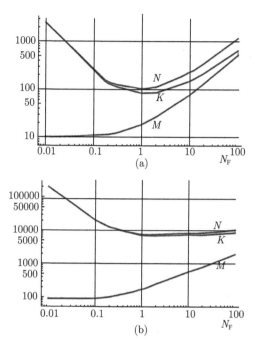

图 5.2　通过数值模拟得到的直接卷积方法中的 $M$、$K$ 和 $N$ 对 $N_F$ 的依赖关系. 两幅图表示的情况是: (a) 在衍射图样边沿的归一化强度旁瓣的大小 $\leqslant 10^{-2}$; (b) 图样边沿的归一化强度旁瓣的大小 $\leqslant 10^{-4}$

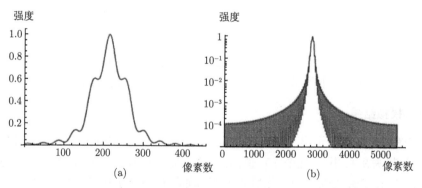

图 5.3　用直接卷积方法得到的衍射图样强度分布, 参数 $N_F = 1, M = 150$, 而归一化强度混叠阈值为 $10^{-4}$. (a) 衍射图样中心部分的线性曲线; (b) 整个衍射图样的对数曲线

在 $N_F > 0.25$ 的另一极端, $K$ 也上升. 在这种情况下, 上升是由于在 $N_F$ 的这一区域里, 抽样率是由二次相位指数函数决定的, 由于相位涨落速率增大, 抽样率随 $N_F$ 增大. 结果, 抽样率随 $N_F$ 的增大而使在二次相位指数数组内有越来越多的样本, 因而 $K$ 增大.

### 5.3.4 用傅里叶变换作卷积

当然卷积也可以间接生成, 缺少的像素值用零填补, 将两个数组都扩充到 $N = K + M$ 个元素, 然后用快速傅里叶变换 (FFT) 为手段作卷积. 这时, 我们必须对每个扩充的数组作一次 FFT, 将两个变换相乘, 然后对这个乘积数组作逆 FFT. 每个长度为 $N$ 的 FFT 在每一维度上近似要做 $N \log_2 N$ 次复数乘法和加法[1], 并且在这个数目上我们还必须再加上 $N$ 个变换乘积. 由于需要作两次正向 FFT 和一次逆 FFT, 总的计算次数变成一维为 $3N \log_2 N + N$, 二维为 $6N^2 \log_2 N + N^2$. 这里 $N$ 必须满足带等号的 (5-19) 式. 在后面一节中我们将比较这些方法与别的方法的计算复杂性.

当我们就要转而考虑菲涅耳变换方法时, 重要的是指出, 用卷积方法, 衍射图样域中的抽样间隔 $\Delta x$ 与孔径域中的抽样间隔 $\Delta \xi$ 相同. 我们将看到, 菲涅耳变换方法的情况不是这样的.

## 5.4 菲涅耳变换方法

再次假设孔径函数可以分离变量, (5-2) 式的一维形式可写为

$$U(x, z) = \frac{e^{j\frac{\pi}{\lambda z}x^2}}{\sqrt{\lambda z}} \int_{-\infty}^{\infty} U(\xi, 0) \exp\left(j\frac{\pi}{\lambda z}\xi^2\right) \exp\left(-j\frac{2\pi}{\lambda z}x\xi\right) d\xi, \tag{5-25}$$

其中我们弃去了纯相位因子 $e^{jkz}/\sqrt{j}$, 这只要适当定义相位参考值就可以了. 注意当 $\lambda z$ 缩小时, 被积函数中的二次相位指数函数的振荡加快, 表明菲涅耳变换方法在 $N_F$ 小的时候是最有效的.

### 5.4.1 抽样增量

通常我们想要把一个宽度为 $\ell$ 的透光孔径置入一个零场中, 使整个输入场的宽度 $L > \ell$. 如果我们选这个由零填补成的宽 $L$ 的孔径平面中有 $N$ 个样本, 那么各样本之间的间隔必定是

$$\Delta \xi = \frac{L}{N} = \frac{\ell}{M}, \tag{5-26}$$

其中 $M$ 是孔径自身的样本个数.

由 (2-80) 式我们知道 $\Delta \xi \Delta f_X = 1/N$, 其中 $N$ 是样本的总数. 这时, 频率变量 $f_X$ 等于 $x/(\lambda z)$, 我们有

$$\Delta \xi \Delta x = \frac{\lambda z}{N}, \tag{5-27}$$

---

① 严格地说, FFT 需要做 $kN \log_2 N$ 次复数乘法, 这里 $k$ 是一个常数, 其大小依赖于所用的具体 FFT 算法. 但是, 常数 $k$ 为 1 的量级, 我们在关于计算复杂性的计算中将使用 $k = 1$. 的确有这样的算法存在, 它将以略少于 $N \log_2 N$ 的运算次数做一次复数值数组上的 FFT[184]. 但是, 我们将比较这里讨论的各种方法的计算复杂性, 并且将始终一贯地对一切 FFT 使用复杂性 $N \log_2 N$ 进行比较.

其中 $N$ 既是 $\xi$ 域中的又是 $x$ 域中的样本总数. 注意对孔径平面中固定不变的 $\Delta\xi$, 衍射平面中样本的间隔 $\Delta x$ 随 $z$ 的增大而减小, 于是补偿了夫琅禾费衍射区域中衍射图样的扩大.

### 5.4.2　抽样比 $Q$

全序列长度 $N$ 与孔径序列长度 $M$ 之比叫做抽样比, 即 $Q = N/M = L/\ell$, 其中 $Q \geqslant 1$. 任何给定的计算中都需要的 $Q$ 之值是菲涅耳数 $N_{\mathrm{F}}$ 的函数. $(N - M)/N = 1 - 1/Q$ 这个量代表总序列长度 $N$ 中必须用零填补的部分.

重要的是要记住, 填补零决定了对衍射图样抽样的精细程度, 而对于固定的孔径长度 $\ell$, 孔径内的样本数目 $M$ 决定了在周期性衍射图样的主周期边缘发现的混叠的大小. 我们用的内插函数会影响对 $Q$ 的选择; 一阶内插 (图中连接在样本之间的直线) 可以表明衍射图样中的离散步骤, 导致需要更精细的抽样. 二阶内插用二次曲线作内插, 给出更光滑的结果. 大多数绘图程序允许用户选择内插的阶数. $Q$ 和 $M$ 都应加以选择, 使给出的结果与用连续积分方法得到的结果实质上无法分辨.

混叠发生在振幅领域, 取决于求强度时对振幅取模平方. 应当考察计算得出的衍射图样边沿上的强度误差, 以决定混叠的严重程度①. 于是对一切 $N_{\mathrm{F}}$ 值, 我们必须选择 $M$ 以保证混叠是可以接受的, 并且侧瓣的光滑程度也可以接受. 一旦恰当选择 $M$ 满足了混叠判据, 那么从一个大的 $Q$ 值出发, 逐渐减小它, 直到可以察觉衍射图样的形状发生变化, 就可以求出需要的零填补的个数. 注意 $Q$ 的极小值将依赖于我们是在线性尺度上还是在对数尺度上考察衍射图样, 后面这种情况一般需要一个较大的 $Q$ 值, 特别是如果很在意衍射图样边沿附近旁瓣的精度. 在许多应用中, 比这里用的值小很多的 $Q$ 值就行了. 我们这里求得的 $Q$ 值可以用作出发点.

菲涅耳变换方法有一个性质是这里讨论的其他方法都没有的——孔径平面上与衍射平面上样本之间的物理距离不相同. 衍射平面上的样本间隔 $\Delta x$ 与孔径平面上的样本间隔 $\Delta\xi$ 之间的关系, 可以通过以下推理求出. 从 (5-27) 式我们知道 $\Delta x = \lambda z/(N\Delta\xi)$. 并且按照定义有 $\Delta\xi = \ell/M$. 由此得到

$$\frac{\Delta x}{\Delta\xi} = \frac{\lambda z}{N} \times \frac{M}{\ell} \times \frac{M}{\ell} = \frac{M}{4QN_{\mathrm{F}}}. \tag{5-28}$$

于是孔径平面上与衍射平面上样本之间的间隔一般不相同. 对 $N_{\mathrm{F}} < 0.25$, 这时将求得对给定的混叠判据, $M$ 和 $Q$ 相对恒定 (见第 5.4.5 节), 衍射平面上的样本间

---

① 假设衍射图样边缘上混叠的主要来源为离散傅里叶变换相邻的周期, 那么算得的衍射图样的振幅至多超不出一个 2 倍因子, 强度至多超不出 4 倍. 通过给衍射图样边缘的强度指定一个值, 我们实际上是要求与周期谱的任何一个周期相联系的强度混叠不大于这个值的 1/4.

隔随着 $N_F$ 减小到 0.25 以下变得越来越大, 因而补偿了衍射图样在空间的散布. 反之, 随着 $N_F$ 超出 0.25 后变得越来越大, $Q$ 渐近地趋于 1, 比值 $M/(4N_F)$ 趋于其下界 1. 于是在大的 $N_F$ 值, 衍射平面上样本之间的间隔渐近地趋于孔径平面上的间隔. 不论是卷积方法还是菲涅耳传递函数方法都不具有这一性质.

### 5.4.3 求所需的 $M$、$Q$ 和 $N$

我们这里采用的求参量 $M$、$Q$ 和 $N$ 的方法表述如下:

(1) 给菲涅耳数 $N_F$ 一个具体值.

(2) 从一个大 $M$ 值 (即孔径中样本的数目) 出发, 记住 $M > 4N_F$ 的要求, 又从一个大 $Q$ 值出发. 逐渐减小 $M$, 直到到达所选的混叠判据, 这可由衍射图样的对数图判定.

(3) 然后减小 $Q$, 直到衍射图样开始显出缺陷. 在这里考察的情形, 衍射图样是用对数尺度画的, 考察衍射图样的形状, 以决定是否有任何明显的缺陷. 如果考察衍射图样的主周期边缘附近的旁瓣 (在折叠频率附近), 可以找到最微细的缺陷. 如果 $Q$ 太小, 在这些旁瓣的形状中可以看到不连续性, 或者旁瓣形状将发生别的扭曲. 理想情况是, 这样选 $Q$, 使这些不连续性低于设定的混叠水平. 注意这些做法有其主观因素, 不同观察者用这个方法可能得出有些不同的 $Q$ 值. 如果图样是用线性尺度画的, 更小的 $Q$ 值就令人满意了.

(4) 由于 $N = QM$, 决定了 $M$ 和 $Q$ 后也就决定了 $N$.

### 5.4.4 离散的衍射公式

计算一维情况下衍射图样所需的离散求和现在可以写成

$$U_n(z) = \exp\left[\mathrm{j}\frac{\pi}{\lambda z}(n - N/2)^2 \Delta x^2\right] \sum_{k=0}^{N-1} U_k(0) \exp\left[\mathrm{j}\frac{\pi}{\lambda z}(k - N/2)^2 \Delta \xi^2\right]$$

$$\times \exp\left[-\mathrm{j}\frac{2\pi}{\lambda z}(kn\Delta\xi\Delta x)\right], \quad n = 0, 1, \cdots, N - 1. \tag{5-29}$$

注意 (5-27) 式及 $\Delta\xi = \ell/M$, 可以将上式再写成

$$U_n(z) = \exp\left[\mathrm{j}\frac{\pi}{4Q^2 N_F}(n - N/2)^2\right] \sum_{k=0}^{N-1} U_k(0) \exp\left[\mathrm{j}\pi\frac{4N_F}{M^2}(k - N/2)^2\right]$$

$$\times \exp\left(-\mathrm{j}\frac{2\pi}{N}nk\right). \tag{5-30}$$

上面的二次相位指数函数序列构建时是以下标 $N/2$ 为中心的, 孔径序列应当移到以同一下标为中心. 注意 DFT 的零频分量将落在下标 $n = 0$ 上, 因此序列 $U_n(z)$

也应移到数组的中心. 还要注意, $N_F$ 越大, 求和号内的二次相位指数函数随 $k$ 变化越快, 这同我们前面说的菲涅耳变换方法对小的 $N_F$ 更有效是一致的.

这个结果在二维下的推广形式为

$$
\begin{aligned}
U_{n,m}(z) = \exp & \left\{ j\frac{\pi}{4Q^2 N_F} \left[ (n - N/2)^2 + (m - N/2)^2 \right] \right\} \\
& \times \sum_{k=0}^{N-1} \sum_{p=0}^{N-1} U_{k,p}(0) \exp\left\{ j\pi\frac{4N_F}{M^2} \left[ (k - N/2)^2 + (p - N/2)^2 \right] \right\} \\
& \times \exp\left[ -j\frac{2\pi}{N}(nk + mp) \right],
\end{aligned}
\tag{5-31}
$$

其中已假设求和号下的数组以 $(N/2, N/2)$ 为中心.

若是只需要衍射图样的强度, 那么求和号前的二次相位指数函数可以忽略掉.

### 5.4.5　$M$ 和 $N$ 对 $N_F$ 的依赖关系的例子

用上面扼要叙述的方法, 对 11 个 $N_F$ 值和选择的两种混淆水平计算了 $M$、$Q$ 和 $N$ 之值. 图 5.4 对于图样边缘的强度值不大于 $10^{-2}$ 和 $10^{-4}$(相对于图样的最大值) 两种情形示出这样得到的 $M$、$N$ 和 $Q$ 对 $N_F$ 的函数关系.

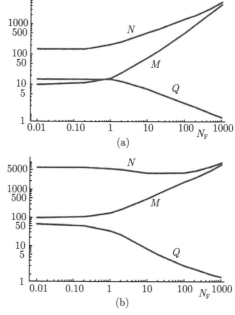

图 5.4　用菲涅耳变换方法得到的, 当衍射图样边缘的归一化强度不大于 (a) $10^{-2}$ 和 (b) $10^{-4}$ 时, $M$、$N$ 和 $Q$ 对 $N_F$ 的函数关系

### 5.4.6　使用菲涅耳变换方法的步骤小结

用这个方法进行二维衍射计算, 所需的运算序列可总结如下:

(1) 给出 $\lambda$、$z$ 和孔径在其最宽点的宽度 $\ell$, 计算总体孔径的菲涅耳数 $N_{\mathrm{F}}$.

(2) 在衍射图样的边缘选一个可允许的强度水平, 然后定义一个混叠判据.

(3) 借助图 5.4, 选择对一个矩形孔径足够的 $M$、$N$ 和 $Q$ 值.

(4) 生成孔径数组和二次相位指数函数数组, 二者大小都是 $M \times M$ (不是 $N \times N$), 二者中心的下标都是 $(M/2, M/2)$.

(5) 将两个数组逐个元素两两相乘.

(6) 将生成的 $M \times M$ 数组并用多个零补充生成一个 $N \times N$ 数组, 让原来的 $M \times M$ 数组在它之内并在中间.

(7) 用 FFT 算法, 在 $N \times N$ 数组上作 DFT.

(8) 将生成的序列的中心从 $(n, m) = (0, 0)$ 移到数组的中心, 即移到 $(n, m) = (N/2, N/2)$.

(9) 若感兴趣的是衍射图样中的场, 将 DFT 的结果乘一个像 (5-30) 式中那样的合适的二次相位因子. 若感兴趣的是强度, 取 DFT 结果中每个元素的模的平方.

(10) 试着增大或减小 $M$, 并考察图样边缘的混叠水平. 增大或减小 $Q$, 同时监测对数图上衍射图样边缘旁瓣的形状, 以断定 $Q$ 的最小允许值.

### 5.4.7　菲涅耳变换方法的计算复杂性

现在来考虑这种计算衍射图样的方法的计算复杂性. 假定感兴趣的是强度, 这时允许我们忽略求和号前的二次相位指数因子, 但是我们要判定场的计算的复杂性, 像我们在上一节中做的那样. 我们将忽略最后对场的大小平方包含的运算, 以及铺垫数组耗掉的时间. 在一维情形, 复数乘法和加法的次数将是两个数组相乘所包括的 $M$ 个乘积, 与作长度为 $N$ 的 FFT 包含的 $N \log_2 N$ 次运算之和, $N$ 是铺垫的孔径数组的长度. 于是在一维情况下[①]菲涅耳变换方法的计算复杂性为

$$C_{1\mathrm{D}}^{\mathrm{FRT}} = N \log_2 N + M, \tag{5-32}$$

在图 5.4 中对两个不同的混淆判据画出了 $N$. 在二维情况下, 对一个 $N \times N$ 数组, 相应的结果是

$$C_{2\mathrm{D}}^{\mathrm{FRT}} = 2N^2 \log_2 N + M^2. \tag{5-33}$$

我们将在本章的 5.7 节与其他方法作比较.

---

① 注意, 若 $N_{\mathrm{F}} \ll 0.25$, 我们是在夫琅禾费区域, 这时二次相位指数函数化为 1. 这种情形下 (5-32) 式中的因子 $M$(将它包括进来是为了考虑两个数组的相乘) 为零. 不过, 在任何情形下, 计算复杂性都由 $N \log_2 N$ 项主导.

## 5.5   菲涅耳传递函数方法

菲涅耳传递函数方法由 (5-3) 式描述, 我们把它重复写在下面①:

$$U(x,y,z) = \mathcal{F}^{-1}\left\{\mathcal{F}\{U(x,y,0)\} \times e^{jkz}\exp[-j\pi\lambda z(f_X^2 + f_Y^2)]\right\}. \tag{5-34}$$

于是菲涅耳传递函数方法先对孔径函数作傅里叶变换, 将这一变换与自由空间的传递函数的已知菲涅耳近似

$$H(f_X, f_Y) = e^{jkz}\exp[-j\pi\lambda z(f_X^2 + f_Y^2)], \tag{5-35}$$

相乘, 再对乘积作傅里叶逆变换. 注意, 对这个方法, 随着 $z$ 趋近孔径, 二次相位指数函数的变化越来越慢, 这种行为与上一节考虑的菲涅耳变换方法的行为相反. 我们仍然先考虑一维情形, 孔径平面中只有一个空间变量 $x$, 以后再推广到二维. 我们再次将一个宽度为 $\ell$ 的通光孔径放置在零场中, 给出一个总宽度 $L$.

### 5.5.1   抽样考虑

令我们的模拟中样本总数为 $N$. 孔径平面上的样本间隔是 $\Delta x = L/N$, 频域中的样本间隔是 $\Delta f_X = 1/L = 1/(N\Delta x)$. 开通的孔径内的样本数为 $M = (\ell/L)N$.

传递函数要同由零铺垫的孔径函数的傅里叶变换相乘. 这个傅里叶变换不是带宽受限的, 因此在频域中总有一些混淆. 频域中谱岛之间的间隔为 $1/\Delta x$, 即孔径平面中样本间隔的倒数, 于是依靠增加孔径的固定大小 $\ell$ 内的样本数目 $M$, 我们便减轻了谱混淆的效应. 由于孔径函数的谱在更高的空间频率上下降, 最终传递函数与铺垫的孔径函数的傅里叶变换的乘积的有效宽度减小了.

### 5.5.2   对每个 $N_F$ 求 $N$、$M$ 和 $G$

我们现在用一个近似的分析来求 $N$、$M$ 的显式表达式, 它将给出良好的结果. 我们再次使用局域频率概念, 这一次是反过来, 考察与二次相位传递函数的相位相联系的局域频率, 以求得被填补孔径所需要的大小 $L$.

对于二次相位指数函数传递函数, 它在空域中的位置与它在频域中的位置之间的关系可由下式得到:

$$x^{(\ell)}(f_X) = \frac{1}{2\pi}\frac{\mathrm{d}}{\mathrm{d}f_X}\left(\pi\lambda z f_X^2\right) = \lambda z f_X. \tag{5-36}$$

频率平面上的带宽 $B_X$ 被孔径函数的谱的下跌所限制, 由 $M/\ell$ 给出. 由此得到, 由零填补的孔径长度 $L$ 应当是

$$L = \lambda z B_X = \lambda z M/\ell. \tag{5-37}$$

① 注意这里和随后各节中的傅里叶变换在频域中没有标度因子 $1/(\lambda z)$.

对 $M$ 求解得到

$$M = \frac{L\ell}{\lambda z} = 4QN_{\mathrm{F}}. \tag{5-38}$$

$N$ 的表示式变为

$$N = QM = 4Q^2 N_{\mathrm{F}}. \tag{5-39}$$

因为计算是离散的, 空域中的数组是周期性的, 周期为 $N = QM$, 并且任何计算都必须核对空域中混叠的大小, 以及总体图样的形状. 参数 $M$、$N$ 和 $Q$ 仍然相互交织, 比方说, 选 $M$ 会影响 $Q$ 和 $N$ 之值. 对给定的 $N_{\mathrm{F}}$, 可以选择 $M$ 并选 $Q$ 满足 (5-38) 式, 即 $Q = M/(4N_{\mathrm{F}})$. 若 $M$ 选得太小, 混叠会发生在衍射图样的边缘, 衍射图样的峰可能会取错误的形状.

### 5.5.3 离散的衍射公式

由于 $\Delta f_X = 1/L$, 中心在下标 $N/2$ 的一维离散传递函数可以写为序列

$$
\begin{aligned}
H(k\Delta f_X) &= \exp\left[-\mathrm{j}\pi\lambda z\left(\frac{k-N/2}{L}\right)^2\right] = \exp\left[-\mathrm{j}\pi\frac{\lambda z}{L^2}(k-N/2)^2\right] \\
&= \exp\left[-\mathrm{j}\pi\left(\frac{\ell}{L}\right)^2\frac{(k-N/2)^2}{4N_{\mathrm{F}}}\right] \\
&= \exp\left[-\mathrm{j}\frac{\pi}{4Q^2 N_{\mathrm{F}}}(k-N/2)^2\right], \quad k = 0,\cdots,N-1.
\end{aligned} \tag{5-40}
$$

注意我们已将这个数组移到以下标 $N/2$ 的元素为中心. 孔径自身有一振幅分布, 它也应当由中心序列表示. 我们必须对填补过零的孔径序列作 DFT, 并且移动得出的离散谱, 使它的零频分量和传递函数的中心排列在一起. 然后我们将这个谱乘以传递函数的离散形式. 最后作逆 DFT. 这一最后的 DFT 结果的中心在 $n = 0$, 因此它应当循环移动到中心在下标 $n = N/2$ 上.

用 DFT 算符, 计算衍射场所需运算序列可表示如下:

$$U_n(z) = \mathrm{DFT}^{-1}\left\{\mathrm{DFT}\{U_k(0)\}\exp\left(-\mathrm{j}\frac{\pi}{4Q^2 N_{\mathrm{F}}}(k-N/2)^2\right)\right\}. \tag{5-41}$$

其中被移动的孔径序列的下标和二次相位指数函数序列从 0 到 $N-1$, 并且孔径数组的离散谱的中心运动应当理解为做循环移动到以下标 $k = N/2$ 为中心. 此式的二维形式为

$$U_{n,m}(z) = \mathrm{DFT}^{-1}\left\{\mathrm{DFT}\{U_{k,p}(0)\}\exp\left[-\mathrm{j}\frac{\pi}{4Q^2 N_{\mathrm{F}}}\left((k-N/2)^2 + (p-N/2^2)\right)\right]\right\}, \tag{5-42}$$

其中的 DFT 运算现在是一个二维 DFT, 已假设孔径数组在二维区域的中心, 并且孔径数组的 DFT 已将其 $(0, 0)$ 下标的分量循环移动到下标 $(N/2, N/2)$ 上. 注

意衍射场的零频分量 $U_{n,m}(0)$ 将出现在 $n = m = 0$, 因此它也将循环到以下标 $(N/2, N/2)$ 为中心.

对这个方法我们再多说一句, 不等式 $M > 4N_F$ 仍然必须满足. $Q > 1$ 时这个不等式保证成立, 情况永远如此.

### 5.5.4   $M$、$N$ 和 $Q$ 对 $N_F$ 的依赖关系的例子

通过一系列对衍射图样的模拟计算, 我们求得了 $M$、$N$ 和 $Q$ 对菲涅耳数 $N_F$ 的依赖关系. 考虑了两个混叠约束, 一个要求衍射图样边上的旁瓣强度不大于峰值的 $10^{-2}$ 倍, 另一个要求它们不大于峰值的 $10^{-4}$ 倍. 在示出的结果中, 先假设一个大 $M$ 值, 然后减小 $M$ 直到遇到混叠约束, 再减小 $Q$ 值直到在对数尺度显示的衍射图样中观察到缺陷. 这样得到的 $Q$ 值紧密遵循理论关系, 对一切 $N_F$ 值 $Q = M/(4N_F)$. 这些结果示于图 5.5 中, 这个图是对 11 个 $N_F$ 值得出的. 对这个

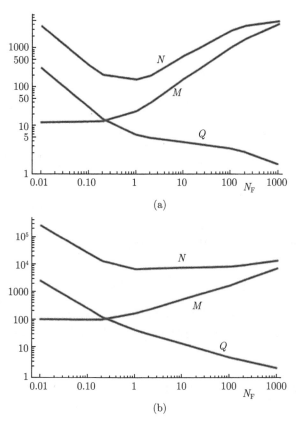

图 5.5   菲涅耳传递函数方法所要求的 $M$、$N$ 和 $Q$ 值作为菲涅耳数 $N_F$ 的函数. (a) 强度混叠约束为 $10^{-2}$; (b) 强度混叠约束为 $10^{-4}$

图里的结果应当作些评论. 我们早先观察到, 菲涅耳传递函数方法在 $N_F$ 大时最有效, 它不像菲涅耳变换方法是在 $N_F$ 小时最有效. 在这个图里, $N_F$ 小时 $N$ 的上升很清楚, 表明这个方法在这种情况下效率很低. 但是, 所要求的 $N$ 值在 $N_F$ 大时并不下降, 这一结果可能是效率得到改进所期望的. 这一行为的原因是, 随着 $N_F$ 增大, 衍射图样的结构变得越来越细, 要求 $M$ 和 $N$ 的值越来越大. 我们得到结论, 虽然菲涅耳传递函数对大的 $N_F$ 值比对小的 $N_F$ 值更有效, 我们却不能得出结论说, 在大的 $N_F$ 值下它比菲涅耳变换方法更有效. 在第 5.7 节中我们将比较它们的计算效率.

### 5.5.5 使用菲涅耳传递函数方法的步骤小结

这种计算衍射的方法的步骤小结如下:

(1) 给出 $\lambda$、$z$ 和孔径的最大宽度 $\ell$, 计算对全孔径合适的菲涅耳数 $N_F$.

(2) 在衍射图样的边缘选一个可接受的混叠值.

(3) 从假设孔径为矩形出发, 哪怕它也许并不是矩形. 在图 5.5 的基础上选 $M$、$Q$ 和 $N = QM$.

(4) 生成大小为 $N \times N$ 的填补零孔径数组, 其中心在下标 $(N/2, N/2)$.

(5) 生成长度为 $N \times N$ 的二次相位指数函数传递函数数组, 其中心在下标 $(N/2, N/2)$.

(6) 在孔径数组上用 FFT 算法作 DFT[①]. 把结果的中心置于下标 $(N/2, N/2)$.

(7) 将两个谱的数组逐个元素两两相乘, 仍用 FFT 算法对乘积作逆 DFT.

(8) 将得到的序列的中心从下标 $(0, 0)$ 循环移动到下标 $(N/2, N/2)$.

(9) 若感兴趣的是强度, 取逆 DFT 的结果中每一个元素的模的平方.

(10) 试着增大或减小 $M$, 以决定它的能满足混叠判据的最小许可值. 选 $Q = M/(4N_F)$, 若有必要, 调节这个值以给出良好结果.

### 5.5.6 菲涅耳传递函数方法的计算复杂性

现在我们来决定菲涅耳传递函数方法的计算复杂性. 由于菲涅耳传递函数已经预先知道, 并不需要作计算来求它. 我们的确需要对孔径序列作一次 DFT, 在一维情形下这需要做 $N \log_2 N$ 次运算. 然后我们将两个变换相乘, 这需要 $N$ 次运算, 最后我们对乘积作逆 DFT, 要求另一个 $N \log_2 N$ 次运算. 于是总运算次数是

$$C_{1D}^{FTF} = 2N\log_2 N + N, \tag{5-43}$$

这里的 $N$ 由 (5-39) 式给出. 在二维下二维 FFT 需要 $2N^2 \log_2 N$ 次运算, 谱序列的

---

① 若我们只对已知宽度的矩形孔径感兴趣, 我们可以预先计算这样一个孔径的 DFT, 避免重复作孔径函数的 DFT. 但是, 在比一个简单的矩形孔径更普遍的情况下, 孔径函数的 DFT 是不得不算的.

乘积需要 $N^2$ 次运算. 于是二维下需要的总运算次数为

$$C_{\mathrm{2D}}^{\mathrm{FTF}} = 4N^2\log_2 N + N^2. \tag{5-44}$$

我们仍然把各种方法的计算复杂性的比较留到下一节.

在结束时, 请注意一个重要之点. 在菲涅耳传递函数方法中 (在精确的传递函数方法中也一样), 衍射图样中样本的间隔 $\Delta x$ 与孔径函数中样本的间隔 $\Delta \xi$ 相同. 这与卷积方法相似, 但与菲涅耳变换方法不同.

## 5.6　精确的传递函数方法

最后一个方法使用不作菲涅耳近似时成立的传递函数, 即

$$U(x,y,z) = \mathcal{F}^{-1}\left\{\mathcal{F}\{U(x,y,0)\} \times \exp\left[\mathrm{j}2\pi\frac{z}{\lambda}\sqrt{1-(\lambda f_X)^2-(\lambda f_Y)^2}\right]\right\}. \tag{5-45}$$

现在感兴趣的传递函数是

$$H(f_X,f_Y) = \exp\left[\mathrm{j}2\pi\frac{z}{\lambda}\sqrt{1-(\lambda f_X)^2-(\lambda f_Y)^2}\right], \tag{5-46}$$

其中对传播的波 (即非隐失波) $\sqrt{(\lambda f_X)^2+(\lambda f_Y)^2} < 1$. 若频率平面中的半径大于 $1/\lambda$, 可以认为传递函数为零.

### 5.6.1　在频域中抽样

这个传递函数不能分离变量为一个 $f_X$ 的函数乘上一个 $f_Y$ 的函数. 于是, 我们必须从一开始就坚守问题的二维性. 对一个 $L \times L$ 的由零填补成的方形区域, 我们有 $\Delta x = \Delta y = L/N$, 其中 $N$ 是 $x$ 和 $y$ 方向上的样本数, $\Delta f_X = \Delta f_Y = 1/L$. 对于大小为 $\ell \times \ell$ 的方孔径, 我们在两个方向上都有 $M = (\ell/L)N$ 个像素. 于是求出衍射场所需的数学运算为

$$U_{n,m}(z) = \mathrm{DFT}^{-1}\left\{\mathrm{DFT}\{U_{n,m}(0)\}H(k\Delta f_X,p\Delta f_Y)\right\}, \tag{5-47}$$

其中的 DFT 都是二维的, 并且序列应当移到二维数组的中心. 由此可得

$$H(k\Delta f_X,p\Delta f_Y) = \exp\left[\mathrm{j}\frac{2\pi z}{\lambda}\sqrt{1-\left(\frac{\lambda}{L}\right)^2((k-N/2)^2+(p-N/2)^2)}\right],$$

其中 $k$ 和 $p$ 从 0 到 $N-1$. 下一小节里将得到 $L$ 通过 $M$ 和别的参量的表示式.

### 5.6.2 在空域中抽样

像菲涅耳传递函数的场合中那样, 我们用空域中的卷积等价于频域中的乘法这一事实. 如果我们采用一个混叠判据, 我们可以认为孔径函数的带宽是 $M/\ell$, 其中 $M$ 已选得足够大以满足达到混叠判据的目标. 不像菲涅耳传递函数伸展到一切频率上, 精确的传递函数在频率平面的半径 $1/\lambda$ 为截止频率. 于是我们应当考虑两种情形, 一种是精确传递函数的宽度 $2/\lambda$ 超过了 $M/\ell$, 一种是精确传递函数的宽度小于 $M/\ell$. 如果传递函数的宽度超过宽度 $M/\ell$, 那么可以认为乘积谱是被 $M/\ell$ 限制的. 如果传递函数的宽度小于宽度 $M/\ell$, 那么这个带宽将由精确传递函数的截止频率决定. 令 $B_{\mathrm{H}} = 2/\lambda$ 表示传递函数的带宽, $B_{\mathrm{A}} = M/\ell$ 表示孔径的带宽, 它们都遵守所需的混叠条件.

首先考虑 $B_{\mathrm{H}} \gg B_{\mathrm{A}}$ 的情形. 在这种情形下, 用菲涅耳传递函数计算与用精确传递函数计算没有区别. 于是精确传递函数平坦部分的大小被孔径函数的谱衰减, 实际感兴趣的带宽只是孔径函数的带宽, 并服从频域中的混叠判据. 我们假设一个大小为 $\ell \times \ell$ 的方形孔径函数, 并选 $M$(孔径的一个维度上的样本数目) 之值为使折叠频率 (混叠在此发生) 之值位于 $\pm M/(2\ell)$. $M$ 的选择依赖于我们对谱混叠判据的选择.

下面考虑的情形是传递函数的带宽 $B_{\mathrm{H}}$ 仍然大于孔径函数的带宽 $B_{\mathrm{A}}$, 但是大得不多, 因此频域中的隐失波截止的效应也许能在产生的衍射图样中看到. 各种空间频率的精确传递函数相位的变化规定了相当数量的衍射光到达空域的位置. 这里我们将反向应用局域频率的概念. 在低于隐失截止频率的频段内精确传递函数的相位是

$$\theta(f_X, f_Y) = 2\pi \frac{z}{\lambda} \sqrt{1 - (\lambda f_X)^2 - (\lambda f_Y)^2}. \tag{5-48}$$

沿着 $f_X$ 和 $f_Y$ 轴的局域频率的空域等价物由下式给出:

$$x^{(\ell)}(f_X) = \frac{1}{2\pi} \frac{\partial}{\partial f_X} \theta(f_X, 0) = -\frac{f_X z \lambda}{\sqrt{1 - f_X^2 \lambda^2}},$$
$$y^{(\ell)}(f_Y) = \frac{1}{2\pi} \frac{\partial}{\partial f_Y} \theta(0, f_Y) = -\frac{f_Y z \lambda}{\sqrt{1 - f_Y^2 \lambda^2}}. \tag{5-49}$$

由于假设孔径是方孔, 我们可以集中注意已填补数组沿 $x$ 轴的长度 $L$, 沿 $y$ 轴的结果立刻就可得出. 长度 $L$ 可由 $x^{(i)}(-M/(2\ell))$ 与 $x^{(i)}(M/(2\ell))$ 之差求出, 因为 $\pm M/(2\ell)$ 是周期谱的主周期边缘上的频率. 它们是与传递函数相位相联系的最高局域频率, 因此它们将在很好的近似程度上决定空域中衍射图样的大小. 估计这个差值, 我们得到

$$L = \frac{M z \lambda}{\ell \sqrt{1 - M^2 \lambda^2/(4\ell^2)}}. \tag{5-50}$$

我们还记得 $M = \ell/\Delta x$, 其中 $\Delta x$ 是空域抽样间隔, 我们看到等价地有

$$L = \frac{M/(4N_{\mathrm{F}})}{\sqrt{1 - \frac{1}{4}\left(\frac{\lambda}{\Delta x}\right)^2}}\ell. \tag{5-51}$$

从这个结果求 $Q = L/\ell$,

$$Q = \frac{M/(4N_{\mathrm{F}})}{\sqrt{1 - \frac{1}{4}\left(\frac{\lambda}{\Delta x}\right)^2}}. \tag{5-52}$$

$Q$ 的这个值大于在菲涅耳传递函数情形下导出的 $Q = M/(4N_{\mathrm{F}})$ 的值. 大多少取决于 $\lambda$ 与 $\Delta x$ 之比. 我们注意到, 当 $\Delta x = \lambda/2$ 时, 平方根的自变量变成零, $Q$ 值变成无穷大. 于是用零填补的空域序列变成无穷长. 这正是当 $B_{\mathrm{H}} < B_{\mathrm{A}}$ 时出现的情况, 因为传递函数在 $\pm 1/\lambda$ 时下降到零, 这时谱的乘积的带宽是 $2/\lambda$. 无穷长的序列在实际中当然没有用处, 但是考虑它们的确也让我们对精确传递函数和菲涅耳传递函数二者作用的对比有了较深的认识.

　　注意当 $\Delta x \gg \lambda/2$ 时, 平方根下的第二项可以忽略, $Q$ 值与用菲涅耳传递函数求得的值一致. 基于菲涅耳传递函数的结果在这种情形下是精确的. 但是注意, 为了避免 $Q$ 的表示式中出现虚数平方根 (虚平方根表示我们已超出了隐失波截止频率), 必须满足不等式 $\Delta x > \lambda/2$. 由于 $\Delta x$ 有一下限, 为了保证精度, 孔径的样本数目 $M$ 也有一下限, 孔径长度 $\ell = M\Delta x$ 必定存在一个可以用此方法分析的下限. 这个下限依赖于菲涅耳数, 因为 $M$ 的下限依赖于 $N_{\mathrm{F}}$.

　　现在我们的任务便是, 从满足假设的谱混叠条件的 $M$ 值出发, 求相应的 $Q$ 和 $N$ 之值, 并且作数值模拟, 来求精确结果所需的这些参量的值. 这时我们并没有解析结果可用于比较, 因此精度必须通过增大参量值来决定, 直到衍射图样的强度形状不再发生进一步的变化.

### 5.6.3　模拟结果

　　精确传递函数情况的模拟, 由于问题必须坚持二维性质, 本来就更耗费时间. 况且, 另外还有个新参量 $\Delta x/\lambda$, 它对结果有重大影响, 另外还有一个约束, 在一旦选定 $M$ 和 $N_{\mathrm{F}}$ 后, 规定 $\Delta x/\lambda$ 可以多小. 这里我们只通过一个例子来介绍, 这个例子是每边长 $\ell$ 的方孔径和菲涅耳数 $N_{\mathrm{F}} = 10$ 的情况. 图 5.6 画的是对 $\Delta x/\lambda$ 的两个不同的值, 穿过衍射图样的中心剖面的归一化强度, 左边是用线性尺度画的, 右边是对数尺度. 在所有的图中 $M$ 之值为 180. 在 (a) 部分, $\Delta x/\lambda = 111$, 因此菲涅耳传递函数和精确传递函数给出相同的结果. 这个结果是精确的, 这可以通过比较它与图 4.15 中的解析结果得到验证. 在 (b) 部分, $\Delta x/\lambda = 0.509$, 这只比容许的下

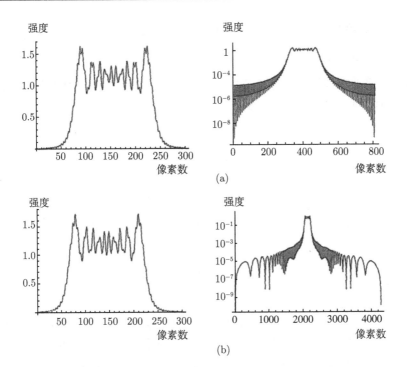

图 5.6　用精确传递函数方法, 对 $\Delta x/\lambda$ 的两个值画的二维衍射图样强度的中心剖面图. 左图是用线性尺度画的, 右图是用对数尺度画的. (a)$\Delta x/\lambda = 111$; (b) $\Delta x/\lambda = 0.509$. 对二者都有 $N_F = 10$ 和 $M = 180$. (a) 中 $Q = 4.5$, $N = 810$; (b) 中 $Q = 24$, $N = 4320$

限稍大一点. 左边用线性尺度画出强度的中心子序列. 右边画的则是用对数尺度表示的计算得出的全衍射图样, 因此衍射图样边缘的混叠水平是可以估计的. 通过比较这些结果, 可以观察到以下几点:

(1) 首先考虑用线性尺度画的衍射图样的归一化强度的两个图. 左边用线性尺度画的两个衍射图样中的精细结构的差异是相当明显的, 因此当 $\Delta x/\lambda$ 接近下限时, 菲涅耳传递函数方法和精确传递函数方法可以得出不同的结果.

(2) 两个对数尺度图表明, 对于固定的 $M$, 衍射图样边缘上的混叠, 当 $\Delta x/\lambda$ 接近下限时要比 $\Delta x/\lambda$ 很大时小得多. 显然, 在衍射图样的边缘, 图样将被隐失波现象推到接近于零. 在这个具体场合, 衍射图样边缘的归一化强度的值近似为 $10^{-10}$, 而在菲涅耳传递函数的情形它接近 $10^{-3}$.

(3) 上面的观察表明, 当 $\Delta x/\lambda$ 接近其下限时, 有可能把 $M$ 的值减到小于在菲涅耳传递函数的情形下用的值, 结果 $Q$ 和 $N$ 二者都可以小于这里所用的值. 在这个具体例子里, 采用 $N_F = 10$ 和 $\Delta x/\lambda = 0.509$, $M$ 的值可以从 180 减到 100, 而结果不发生明显的改变, 伴随着 $Q$ 从 23 减小到 3, $N$ 从 4320 减小到 298. 在这些更小的参量下, 强度衍射图样边缘的归一化混叠水平变成了 $6 \times 10^{-4}$.

### 5.6.4　精确传递函数方法的计算复杂性

精确传递函数方法的计算复杂性的表示式, 在表示为 $N$ 的函数时, 与菲涅耳传递函数方法的计算复杂性的表示式是一样的

$$C_{1D}^{\mathrm{ETF}} = 2N\log_2 N + N, \tag{5-53}$$

在二维情况下

$$C_{2D}^{\mathrm{ETF}} = 4N^2\log_2 N + N^2. \tag{5-54}$$

但是, 下节将会讨论, 对给定的 $N_{\mathrm{F}}$ 值, 上式中的 $N$ 值可以不同于菲涅耳传递函数方法的 $N$ 值.

## 5.7　计算复杂性的比较

比较计算复杂性是一个微妙的问题, 因为我们必须作一些假设. 这里和后面所示的曲线, 在一切情形下都是以一组 9 个 $N_{\mathrm{F}}$ 值下取的样本为基础得到的. 我们只提供二维计算的结果. 我们将强调, 这里讨论的计算复杂性假设了, 在空域中用零对函数作了填补. 若用别的获取结果的方法, 可能会得到不同的结果.

### 1. 卷积方法

若使用卷积方法, 在通常的 "直接" 离散卷积方法中将一个数组滑过另一个, 这时的计算复杂性由下式给出:

$$C_{2D}^{\mathrm{D}} = (KM)^2 = \left(\frac{M^3}{4N_{\mathrm{F}}}\right)^2, \tag{5-55}$$

此式对一切 $N_{\mathrm{F}}$ 成立, 其中的 $M$ 由图 5.2 决定. 或换个做法, 若卷积用 3 次 FFT 来做, $C_{2D}^{\mathrm{FFT}}$ 的计算复杂性是

$$C_{2D}^{\mathrm{FFT}} = 6N^2\log_2 N + N^2, \tag{5-56}$$

其中 $N = (M^2/(4N_{\mathrm{F}})+M)$. 图 5.7 所示为直接卷积方法的计算复杂性 $C_{2D}^{\mathrm{D}}$ 和 FFT 方法的计算复杂性 $C_{2D}^{\mathrm{FFT}}$ 的比较, 它们是关于两个归一化强度值的在折叠频率处的卷积. 可以看到, FFT 方法永远比直接卷积法效率更高.

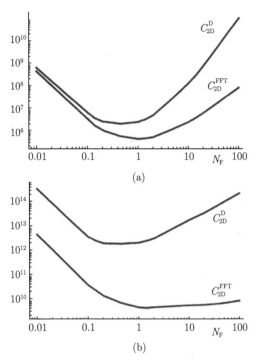

图 5.7 对于归一化强度混叠判据 (a)$10^{-2}$ 和 (b)$10^{-4}$, 作卷积的直接卷积方法的计算复杂性 $C_{2D}^{D}$ 与傅里叶方法的计算复杂性 $C_{2D}^{FFT}$ 的比较

## 2. 菲涅耳变换方法

对二维菲涅耳变换方法, 下面是有关的表示式:

$$C_{2D}^{FRT} = 2N^2\log_2 N + M^2 ,$$

其中 $N = MQ$.

图 5.8 是对于归一化强度混叠判据 $10^{-2}$ 和 $10^{-4}$, FFT 卷积方法和菲涅耳变换方法的计算复杂性的比较曲线. 注意, FFT 方法需要作三次傅里叶变换而菲涅耳变换法只要作一次, 在 $N_F = 0.4$ 到 $N_F = 40$ 的范围里, 对于混叠判据 $10^{-2}$, FFT 方法在计算方面的复杂性要少一些, 但是对大多数其他的 $N_F$ 值, 菲涅耳变换方法需要的运算更少. 当混淆判据为 $10^{-4}$ 时, 菲涅耳变换方法运算永远比 FFT 方法少.

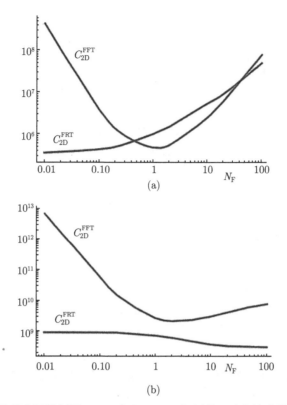

图 5.8　对归一化强度混叠判据 (a)$10^{-2}$ 和 (b)$10^{-4}$, 用傅里叶方法求卷积的计算复杂性 $C_{2D}^{FFT}$ 与用菲涅耳变换方法计算衍射图样的计算复杂性 $C_{2D}^{FRT}$ 的比较

### 3. 菲涅耳传递函数方法

用第 5.5 节得到的关于 $N$ 的结果, 并考虑到需要作两个二维 DFT, 这时的计算复杂性的表示式为

$$C_{2D}^{FTF} = 4N^2 \log_2 N + N^2. \tag{5-57}$$

图 5.9 中所示为菲涅耳变换方法和菲涅耳传递函数方法的计算复杂性. 可以看到, 当强度混叠判据为 $10^{-2}$ 时, 菲涅耳变换方法和菲涅耳传递函数方法的计算复杂性在 $N_F > 0.2$ 时很接近, 菲涅耳传递函数方法在近似地 $N_F = 0.4$ 与 $N_F = 3$ 之间和 $N_F > 60$ 时略微优越一些, 但是菲涅耳变换法在别的地方更好. 当强度混淆条件为 $10^{-4}$ 时, 菲涅耳变换方法总是比菲涅耳传递函数法效率更高. 我们看到, 菲涅耳传递函数法, 就其自身而言, 正如人们期望的, 它对大 $N_F$ 值比对小 $N_F$ 值效率更高.

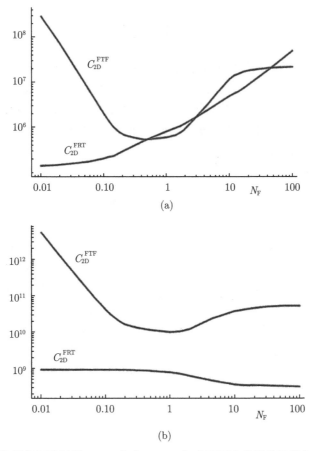

图 5.9  对归一化强度混淆判据 (a)$10^{-2}$ 和 (b)$10^{-4}$, 菲涅耳变换法的计算复杂性 $C_{2D}^{FRT}$ 与菲涅耳传递函数法的计算复杂性 $C_{2D}^{FTF}$ 的比较

#### 4. 基于精确函数的方法

虽然菲涅耳传递函数与精确传递函数法的计算复杂性在通过样本点的总数 $N$ 表示时的表示式相同, 但是如果说这两种方法一般有同样的计算复杂性则并不正确. 虽然当 $\Delta x/\lambda \gg 1$ 时计算复杂性的确相同, 当 $\Delta x/\lambda$ 靠近它的下限 $1/2$ 时却并不必然如此. 在后一情形, 对固定的 $M$ 和 $N_F$, $N$ 随着 $\Delta x/\lambda$ 趋近这个下限而增大. 但是, 我们已经看到, 在趋近这个极限时, $M$ 有可能减小, 这是由于混叠得到改善, 而 $M$ 减小产生更小的 $N$. 所有这些变量 $M$、$Q$、$N$ 和 $\Delta x/\lambda$ 的交互作用使得难以与前面的场合比较计算复杂性. 也许这时唯一可靠的信息是, 当 $\Delta x/\lambda$ 足够大时, 精确传递函数法与菲涅耳传递函数法的计算复杂性基本上相同.

## 5.8   推广到更复杂的孔径

人们可能考虑的孔径形状的数目是无穷尽的, 难以找到一个对一切孔径形状都合适的单一步骤. 在本节中, 我们将用一些增补的例子来说明, 我们希望, 所用的这些例子步骤将会提示一些在更普遍的情形下能用的方法. 我们从一维例子开始, 然后推广到在 $(x, y)$ 坐标系中能够分离变量的孔径, 再考虑圆对称情形, 最后对任意的普遍情形提一些建议.

### 5.8.1   一维情形

我们的第一个例子是一对矩形孔径, 每个的宽度为 $\ell$, 中心距离为 $2\ell$, 如图 5.10 所示. 我们首先必须决定这个孔径的带宽, 因为带宽决定了对这个孔径的抽样要求. 双孔径函数的最小结构是单个矩形孔径, 从过去的资料我们知道对这样的孔径的抽样要求. 我们定义 $N_{F1}$ 为两个子孔径之一的菲涅耳数 $(\ell/2)^2/(\lambda z)$, 并且整个装置的菲涅耳数为 $N_{F2} = (3\ell/2)^2/(\lambda z)$. 一个孔径中的样本数用 $M_1$ 表示, 它可由图 5.4 或图 5.5 求得, 用哪个图由所使用的计算方法而定. 在孔径函数的全部宽度 $3\ell$ 上的样本数必定是 $M = 3M_1$. 对于精确结果, 在全数组中的样本总数必须满足 $M > 4N_{F2}$, 这里 $N_{F2}$ 应用于表示双孔径的全数组.

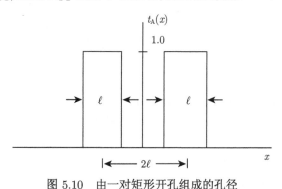

图 5.10   由一对矩形开孔组成的孔径

我们选择用菲涅耳变换方法来计算这个孔径的衍射图样, 因为这一方法常常效率最高. 从图 5.4 我们可以估计单个矩形孔径需要的 $M_1$ 和 $N_1 = QM_1$ 的大小, 然后在此情形下将它们加大到 3 倍以给出 $M$ 和 $N$. 图 5.11 所示为对 $N_{F1} = 100, 1$ 和 0.01 用这个方法算出的衍射图样. 注意衍射条纹存在于一个包络下, 这个包络由 $N_{F1} = 0.01$ 时单个矩形孔径产生的 $\mathrm{sinc}^2$ 衍射图样组成. 计算这个图样的关键性一步是决定孔径结构的带宽, 这相当于求孔径函数的最窄的部分, 并随你的意把它当作一个矩形孔径处理.

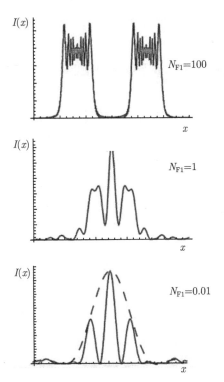

图 5.11  双矩形孔径 $N_{\mathrm{F1}} = 100, 1$ 和 0.01 时的衍射图样. 三幅图的水平尺度不同. 当 $N_{\mathrm{F1}} = 0.01$ 时, 选 $M_1$ 为 10. 虚线代表由子孔径之一产生的 $\mathrm{sinc}^2$ 归一化强度分布

### 5.8.2  在 $(x, y)$ 坐标系中可分离变量的二维孔径

本小节中我们考虑在 $(x, y)$ 坐标系中可分离变量的孔径, 由下面的振幅透射率函数描述:

$$t_{\mathrm{A}}(x, y) = t_X(x) t_Y(y),\tag{5-58}$$

其中 $t_X(x)$ 和 $t_Y(y)$ 一般可以有不同的函数形式. 这时我们需要遵循上一小节描述的步骤, 分别估计振幅透射率的每个因子的带宽, 并根据图 5.4 或图 5.5, 分别选择 $M$ 和 $N$ 之值. 一旦一维衍射图样作为 $x$ 和 $y$ 的函数被分别算出, 将这些因子相乘得到一个 $(x, y)$ 的函数就可求出二维图样.

### 5.8.3  圆对称孔径

要摹想圆对称情形下的衍射图样, 可以用两个方法. 第一个, 可以用像素化的形式定义一个圆孔径, 并应用前面讨论的任何一个方法来计算二维衍射图样. 我们在此引入另一个方法, 它允许人们直接摹想沿着通过二维衍射图样中心的任何一条直线的一维强度分布. 这个方法要比计算全二维图样并抽取穿过原点的一维图片的计算强度低一些.

这里要用的方法将使用第 2.6 节叙述的投影片定理. 整个步骤基于菲涅耳变换方法, 详述如下:

(1) 用像素化形式定义圆对称孔径, 使直径等于 $M$ 个像素, 这里 $M$ 对感兴趣的特定菲涅耳数由图 5.4 决定.

(2) 定义被抽样的二次相位指数函数

$$h_{pq} = \exp\left[ \mathrm{j}\pi \frac{4N_{\mathrm{F}}}{M^2}(p^2 + q^2) \right], \tag{5-59}$$

其中选 $M$ 为一奇数, 为的是在衍射图样的中心抽样, $p$ 和 $q$ 都从 $-(M-1)/2$ 到 $(M-1)/2$.

(3) 将两个数组的元素逐个相乘.

(4) 将 $M \times M$ 数组投影到水平轴上, 我们取水平轴为 $p$ 轴. 投影运算包含有对每一竖直列的一切元素 (即在 $q$ 个下标上) 简单求和. 结果是一个一维长度为 $M$ 的数组[①].

(5) 用零填补长度为 $M$ 的数组, 使其总长度达到 $N$, 如同对给定的 $N_{\mathrm{F}}$ 从图 5.4 得到的那样.

(6) 在长度 $N$ 的序列上作一维 DFT, 取大小的平方以得到强度.

图 5.12 所示为 $N_{\mathrm{F}} = 10$ 的圆孔径的衍射图样的两张强度图. (a) 部分中的图由 (4-67) 式作数值积分得出, 而 (b) 部分则由上面描述的投影和 FFT 方法得到. (a) 和 (b) 中的结果有细微的差异. 例如, (a) 中衍射图样中心的强度变为零, 而 (b) 中则不完全为零. 产生差异的原因是, (b) 中用的像素圆不是完全圆对称的, 不论 $M$ 多大. 于是差异的产生是由于不能用离散的矩形阵列去代表一个完美的圆, 而不是由于 (b) 中用的计算方法. $M$ 选得越大, 中心像素越接近零[②].

---

[①] 这个方法的效率的一部分来自以下事实, 即复数求和要比复数乘法快得多. 二维菲涅耳变换方法的 $2N^2 \log_2 N + M^2$ 个复数相乘和相加换成了两个数组的 $M^2$ 次复数相乘, 投影运算中的 $M^2$ 个和, 和一维 DFT 中的 $N \log_2 N$ 次复数相乘和相加.

[②] 用数学软件 Mathematica 能够从一个圆对称函数的分立的中心切片生成它的三维展示. 这要用两个指令: ListInterpolate, 它将分立的数组变成一个被内插的连续函数; RevolutionPlot, 它产生圆对称连续函数的一个三维显示.

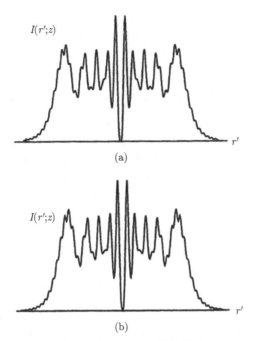

图 5.12 当 $N_F = 10$ 时算出的一个圆孔径的衍射图样的截面. (a) 显示的图样由 (4-67) 式作数值积分得出; (b) 显示的则是由此处描述的离散的投影和 FFT 方法得到的结果

### 5.8.4 更一般的情形

难以给出一个确定的方案用来计算任意形状的孔径的衍射图样. 一般地说, 合理的做法是, 首先根据孔径函数最窄处的大小 $\ell$, 对孔径函数的带宽作出最佳猜测. 然后根据孔径的最大宽度 $L$ 和给定的 $\lambda$ 和 $z$, 决定二次相位函数的最大带宽. 以 $\Delta x = \Delta y$ 等于这两个带宽中较大者的倒数对孔径函数抽样. 定义 $N_F = (L/2)^2/(\lambda z)$. 从由图 5.4 或图 5.5 推出的最早的猜测值出发, 选取 $M$、$N$ 和 $Q$ 的值, 如何选取依赖于用哪种计算方法. 此后遵循所选的计算方法规定的步骤. 用对数图核对窗口边缘混叠水平的大小. 若有必要, 增大 $M$ 以达到想要的混叠判据. 然后试着增大 $Q$, 看结果是否有可观的变化. 当衍射图样的形状在这些参量值增大时仍然稳定, 你就得到你要求的答案了.

## 5.9 结 束 语

对本章叙述的结果有一些评述, 也许会受到读者欢迎. 这些评述依次叙述如下.

(1) 关于在菲涅耳变换和菲涅耳传递函数情形下如何最有效地选择 $M$, 迄今还没有一个基础性的理论. 这样的选择必须满足 $M > 4N_F$, 此外 $M$ 还应当足够大,满足所选的任何混叠判据. 除了这两条要求似乎尚不存在一个理论能得出对 $M$ 的优化选择. 由于这个原因, 我们求助于数值模拟的结果来决定在这两种情形下, 每个 $N_F$ 的最佳 $M$ 值.

(2) 第 5.5 节中已讲过, 菲涅耳变换方法和菲涅耳传递函数方法并不总是给出完全相同的结果. 我们可以在这两种方法中为 $M$、$Q$ 和 $N$ 选完全相同的值, 在有些情形下, 使用菲涅耳传递函数方法与使用菲涅耳变换方法相比, 产生的衍射图样的宽度将是长度为 $N$ 的衍射图样序列更小的部分. 这看来是由于在两种情形下 $Q$ 的不同的效应. 在菲涅耳变换方法里, $Q$ 的选择决定了样本在衍射图样中的间隔. 在菲涅耳传递函数方法里, $Q$ 的选择决定了样本在频域中的间隔, 从而确保空域中和频域中序列的长度相等. 但是, 在菲涅耳传递函数方法里, 增大 $Q$ 将不会改变在算出的衍射图样的值具有实际意义大小的区域里样本的数目. 结果, 衍射图样的宽度将是总输出序列的更小的一部分. 但是, 两种方法衍射图样内的结果很好地保持一致.

(3) 人们普遍以为, 对小的 $N_F$(离孔径的距离长) 菲涅耳变换方法是最有效的方法, 而对大的 $N_F$(离孔径的距离短) 菲涅耳传递函数方法是最有效的方法, 这是由于它们对 $z$ 的不同的依赖关系. 但是, 这里所述的结果表明, 尤其是在强度混叠判据小于 $10^{-2}$ 时, 对 0.01 到 100 范围里的一切 $N_F$ 值, 菲涅耳变换方法是一切方法中最有效的.

(4) 精确传递函数方法的吸引力在于比菲涅耳传递函数方法更精确, 但是在实际中, 两个方法的结果不同主要发生在标量近似存疑的条件下.

我们的结论是, 对这个重要问题的进一步理解的开发还有很大的空间.

## 习　题

5-1 考虑以下形式的一维有限长度的二次相位指数函数:

$$g(x) = \begin{cases} \exp\left(j\dfrac{\pi}{\lambda z}x^2\right), & |x| \leqslant L/2 \\ 0, & \text{其他.} \end{cases}$$

证明, 这个函数的局域频率分布 $f^{(\ell)}(x)$ 由下式给出:

$$f^{(\ell)}(x) = \frac{x}{\lambda z},$$

因此, 在很好的近似程度上, 当菲涅耳数大于 0.25 时, $g(x)$ 的谱没有高于 $L/(2\lambda z)$ 的频谱分量. 因此这个函数的谱近似地被限于下面的区域内:

$$-\frac{L}{2\lambda z} \leqslant fx \leqslant \frac{L}{2\lambda z}.$$

5-2  (a) 证明, 对于 $N_F > 1$, 矩形孔径的菲涅耳衍射图样中的最细结构的空间尺寸大约是孔径宽度 $\ell$ 的 $1/(4N_F)$.

   (b) 证明, 在同样的条件下, 孔径内的样本数目应满足 $M \geqslant 4N_F$.

5-3 某个一维孔径, 由下面形式的振幅透射率描述:

$$t_A(x) = \text{rect}(x/\ell) \exp\left[-4\left(\frac{x}{\ell}\right)^2\right]$$

它被一单位振幅的单色平面波照射. 用我们讲述过的任何一种数值衍射方法, 画出在以下情况下衍射平面上的强度分布: (a)$N_F = 10$; (b) $N_F = 500$.

5-4 某一圆对称孔径, 直径为 $\ell$, 它的振幅透射率在半径 $\ell/4$ 与 $\ell/2$ 之间为 1, 其他地方为 0. 假设这个孔径被一个单位振幅的单色平面波照明.

   (a) 用傅里叶–贝塞尔变换求这个孔径在 $N_F = 10$ 的菲涅耳衍射图样的径向截面. 画出结果.

   (b) 用基于片投影定理和一次 DFT, 求同一径向截面.

# 第6章 相干光学系统的波动光学分析

大多数光学系统中最重要的元件是透镜. 虽然对几何光学和透镜的性质作一透彻讨论会是有益的, 但是这样的讨论要兜一个大圈子. 为了提供最起码的背景, 我们在附录 B 中给出了傍轴几何光学的矩阵理论的简短描述, 定义了一些在本章我们的纯 "波动光学" 方法中很重要的量. 有需要时, 我们会请读者参考附录中适当的材料. 我们的讨论方法的基本原则是尽量少用几何光学, 代之以对感兴趣的系统的纯波动光学分析. 这种方法的结果与几何光学的结果完全一致, 而且还另有好处: 在波动光学方法中完全考虑了衍射效应, 而在几何光学方法中是无法考虑的. 我们的讨论将限于单色照明情形, 对非单色照明情形的推广留待第 7 章.

## 6.1 薄透镜作为相位变换器

透镜由光密物质 (通常是玻璃, 其折射率大约是 1.5) 构成, 光扰动在其中的传播速度小于光在空气中的速度. 若一条光线在透镜的一面上坐标为 $(x, y)$ 的点射入, 而在另一面上从近似相同的坐标处射出, 也就是说, 如果可以忽略光线在透镜内的侧向平移, 则称此透镜是一个薄透镜, 参看附录 B. 于是, 一个薄透镜的作用只是使入射波前被延迟, 延迟的大小正比于透镜各点的厚度.

参看图 6.1, 令透镜的最大厚度 (在透镜轴上) 为 $\Delta_0$, 坐标 $(x, y)$ 处的厚度为 $\Delta(x, y)$. 于是波在 $(x, y)$ 点穿过透镜发生的总相位延迟为

$$\phi(x, y) = kn\Delta(x, y) + k[\Delta_0 - \Delta(x, y)] ,$$

其中 $n$ 是透镜材料的折射率, $kn\Delta(x, y)$ 是透镜引起的相位延迟, 而 $k[\Delta_0 - \Delta(x, y)]$ 是两个平面之间的自由空间区域引起的相位延迟. 透镜的作用可以等效地用一个相乘的相位变换表示, 其形式为

$$t_l(x, y) = \exp[jk\Delta_0] \exp[jk(n-1)\Delta(x, y)]. \tag{6-1}$$

紧贴透镜之后的平面上的复场 $U_l'(x, y)$ 和入射到紧贴透镜之前的平面上的复场 $U_l(x, y)$ 之间的关系是

$$U_l'(x, y) = t_l(x, y)U_l(x, y). \tag{6-2}$$

要了解透镜的效应, 只要求出厚度函数 $\Delta(x, y)$ 的数学形式就行了.

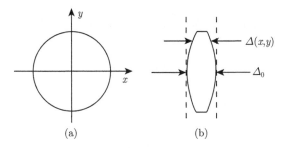

图 6.1 厚度函数. (a) 前视; (b) 侧视

### 6.1.1 厚度函数

为了确定不同类型的透镜引起的相位变换的具体形式, 我们首先采用以下的符号规则: 当光线从左到右行进时, 它遇到的每个凸面的曲率半径为正, 每个凹面的曲率半径为负. 于是图 6.1(b) 中透镜左边曲面的曲率半径 $R_1$ 为正, 而右边曲面的曲率半径 $R_2$ 为负.

为了求出厚度 $\Delta(x, y)$, 我们把透镜分成三部分, 如图 6.2 所示, 把总厚度函数写成三个单独的厚度函数之和:

$$\Delta(x, y) = \Delta_1(x, y) + \Delta_2(x, y) + \Delta_3(x, y). \tag{6-3}$$

由图中的几何关系可知, 厚度函数 $\Delta_1(x, y)$ 由下式给出:

$$\begin{aligned}
\Delta_1(x, y) &= \Delta_{01} - \left( R_1 - \sqrt{R_1^2 - x^2 - y^2} \right) \\
&= \Delta_{01} - R_1 \left( 1 - \sqrt{1 - \frac{x^2 + y^2}{R_1^2}} \right).
\end{aligned} \tag{6-4}$$

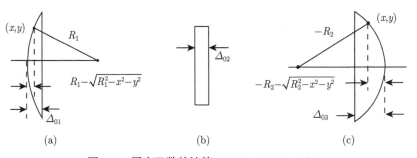

图 6.2 厚度函数的计算. (a)$\Delta_1$; (b)$\Delta_2$; (c)$\Delta_3$

厚度函数的第二个分量来自玻璃的定常厚度 $\Delta_{02}$ 的区域. 第三个分量由下式给出:

$$
\begin{aligned}
\Delta_3(x,y) &= \Delta_{03} - \left( -R_2 - \sqrt{R_2^2 - x^2 - y^2} \right) \\
&= \Delta_{03} + R_2 \left( 1 - \sqrt{1 - \frac{x^2 + y^2}{R_2^2}} \right),
\end{aligned}
\tag{6-5}
$$

其中我们把正数 $-R_2$ 提出根号. 合并三个厚度表示式, 得总厚度为

$$
\Delta(x,y) = \Delta_0 - R_1 \left( 1 - \sqrt{1 - \frac{x^2 + y^2}{R_1^2}} \right) + R_2 \left( 1 - \sqrt{1 - \frac{x^2 + y^2}{R_2^2}} \right),
\tag{6-6}
$$

其中 $\Delta_0 = \Delta_{01} + \Delta_{02} + \Delta_{03}$.

### 6.1.2　傍轴近似

如果只限于考虑透镜轴近旁的那部分波前, 或等效地, 如果只考虑傍轴光束, 那么厚度函数的表示式可以大为简化. 于是, 我们仅考虑足够小的 $x$ 和 $y$ 值, 小到下述近似精确成立

$$
\begin{aligned}
\sqrt{1 - \frac{x^2 + y^2}{R_1^2}} &\approx 1 - \frac{x^2 + y^2}{2R_1^2}, \\
\sqrt{1 - \frac{x^2 + y^2}{R_2^2}} &\approx 1 - \frac{x^2 + y^2}{2R_2^2}.
\end{aligned}
\tag{6-7}
$$

当然, 这样得出的相位变换只在有限的区域内才精确代表透镜的作用, 但这个限制并不比几何光学中常见的傍轴近似更苛刻. 注意, 关系式 (6-7) 相当于用抛物面 (二次相位曲面) 来近似透镜的球面. 在这样的近似下, 厚度函数变成

$$
\Delta(x,y) = \Delta_0 - \frac{x^2 + y^2}{2} \left( \frac{1}{R_1} - \frac{1}{R_2} \right).
\tag{6-8}
$$

### 6.1.3　相位变换及其物理意义

将 (6-8) 式代入 (6-1) 式, 得到透镜变换的以下近似:

$$
t_l(x,y) = \exp[jkn\Delta_0] \exp \left[ -jk(n-1)\frac{x^2 + y^2}{2} \left( \frac{1}{R_1} - \frac{1}{R_2} \right) \right].
$$

透镜的各种物理性质 (即 $n$, $R_1$ 和 $R_2$) 可以组合为一个叫做焦距 $f$ 的数, 其定义为

$$
\frac{1}{f} \equiv (n-1) \left( \frac{1}{R_1} - \frac{1}{R_2} \right).
\tag{6-9}
$$

忽略常相位因子 (此后我们将不再提及它), 相位变换可以改写为

$$t_l(x,y) = \exp\left[-\mathrm{j}\frac{k}{2f}(x^2+y^2)\right] = \exp\left[-\mathrm{j}\frac{\pi}{\lambda f}(x^2+y^2)\right]. \tag{6-10}$$

这个式子是我们表示一个薄透镜对入射光的效应的基本表示式. 它忽略了透镜的有限大小, 这一点我们将在后面说明.

注意, 虽然我们在推导这个式子时假设透镜的具体形式如图 6.1 所示, 但是上面采用的符号规则使这一结果可用于别的类型的透镜. 图 6.3 画出了凸面和凹面的各种组合得出的几种不同类型的透镜. 习题 6-1 要求读者证明, 我们采用的符号规则意味着, 双凸透镜、平凸透镜和正弯月形透镜的焦距 $f$ 为正, 而双凹透镜、平凹透镜和负弯月形透镜的焦距 $f$ 为负. 因此只要焦距的符号用得正确, (6-10) 式可以用来代表上述任何一种透镜.

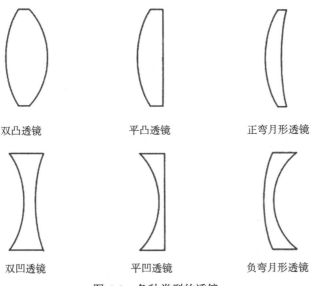

双凸透镜　　　　　　平凸透镜　　　　　　正弯月形透镜

双凹透镜　　　　　　平凹透镜　　　　　　负弯月形透镜

图 6.3　各种类型的透镜

在一维情形下, 用一种全然不同的方法, 即使用光线传递矩阵, 可以导出相同的结果. 我们从 (B-14) 式得知, 当透镜前后的材料的折射率是 1 时, 薄透镜的光线传递矩阵是

$$\mathbf{M} = \begin{bmatrix} 1 & 0 \\ -1/f & 1 \end{bmatrix}, \tag{6-11}$$

设单位振幅的平面波垂直照射到这面透镜上. 入射波的光线矢量是

$$\vec{v}_1 = \begin{bmatrix} y \\ 0 \end{bmatrix}, \tag{6-12}$$

其中 $y$ 是薄透镜平面内的纵向位置. 薄透镜透射的波的光线矢量是

$$\vec{v}_2 = \begin{bmatrix} 1 & 0 \\ -1/f & 1 \end{bmatrix} \begin{bmatrix} y \\ 0 \end{bmatrix} = \begin{bmatrix} y \\ -y/f \end{bmatrix}. \tag{6-13}$$

从这个结果可清楚看出, 光在它进入透镜的同一 $y$ 坐标上从透镜射出, 但是光线的角度从 $\theta_1 = 0$ 变为 $\theta_2 = -y/f$. 从 (B-9) 式我们得知, $\theta_2$ 角通过下式与波的局域空间频率相联系:

$$f^{(l)}(y) = \frac{\theta_2}{\lambda} = -\frac{y}{\lambda f}. \tag{6-14}$$

但是局域频率对 $y$ 的线性依赖关系相当于二次相位波前, 因此透射波的复振幅与入射波的复振幅的比值由下式给出[①]:

$$t_l(y) = \exp\left[-\mathrm{j}\frac{\pi}{\lambda f}y^2\right], \tag{6-15}$$

这是 (6-10) 式的一维类比.

回到二维情形上来. 要理解透镜变换的物理意义, 最好是再次考察透镜对垂直入射的单位振幅平面波的效应. 透镜前的场分布 $U_l$ 等于 1, (6-1) 式和 (6-10) 式给出透镜后的场 $U_l'$ 的表示式为

$$U_l'(x,y) = \exp\left[-\mathrm{j}\frac{k}{2f}(x^2 + y^2)\right].$$

我们可以将这个表示式解释为对球面波的二次相位近似. 如果焦距是正的, 那么球面波向透镜轴上在透镜后面距离为 $f$ 的一点会聚. 若 $f$ 为负, 则球面波从透镜轴上在透镜前面与透镜距离为 $f$ 的一点散开. 这两种情形都画在图 6.4 中. 因此, 焦距为正的透镜称为正透镜或会聚透镜, 焦距为负的透镜称为负透镜或发散透镜.

我们关于球面透镜将入射的平面波映射为一个球面波的结论, 在很大程度上依赖于傍轴近似. 在非傍轴条件下, 即使透镜表面是理想球面, 出射波前也将显示出对理想球面的偏离 (叫做像差——见第 7.4 节). 事实上, 往往把透镜表面磨成非球面形状, 以减少出射波前对球面的偏离, 从而 "校正" 透镜的像差.

---

① 敏锐的读者可能会感到疑惑, 在对瞬时频率积分得到的相位分布的表示式中是否应当有一个相加常数. 在这种情形下, 我们知道沿光轴入射的光线离开透镜也是沿着光轴, 这意味着当 $y = 0$ 时 $\theta_2 = \theta_1$. 这一事实确定了相加常数应当为 0.

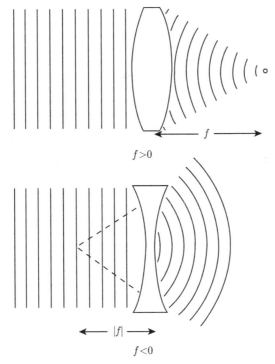

图 6.4 会聚透镜和发散透镜对垂直入射平面波的效应

但是应该强调, 用相乘的相位变换 (6-10) 式导出的结果, 其成立条件实际上要比导出这个式子的分析所隐含的条件更为宽松. 在设计成像系统时, 透镜设计者尽力使非傍轴光线也和傍轴光线到达同一像点, 因此一切光线都到达一个共同点. 因为这个, 傍轴处理与非傍轴处理给出同样的一级近似. 大多数经过良好校正的透镜系统的透彻的几何光学分析表明, 它们的行为完全遵照更加严格的理论预言.

## 6.2 透镜的傅里叶变换性质

会聚透镜的最突出和最有用的性质之一是, 当它与透镜前后的自由空间传播结合在一起时, 它固有的进行二维傅里叶变换的本领. 利用光的传播和衍射的基本定律, 这种复杂的模拟运算可以在一具相干光学系统中极其简单地完成.

下面的内容将描述进行傅里叶变换运算的几种不同的光路. 在所有场合下, 都假定照明是单色的. 在此条件下, 所研究的系统是 "相干" 系统, 意思是这个系统对复振幅是线性的, 并且我们感兴趣的是正透镜后面一个特定平面上光场振幅的分布. 在有些情况下, 这个平面是透镜的后焦面, 根据定义它是在透镜后面 (在光传播的方向) 离透镜距离 $f$ 处垂直于透镜轴的平面. 要进行傅里叶变换的信息由一个器件输入光学系统, 这个器件的振幅透射率与我们感兴趣的输入函数成正比. 在某些情况下, 这个器件可以由一张感光透明片构成, 在其他情况下它可以是非感光片的空间光调制器, 它能按照外加的电信号或光信号控制振幅透射率. 这些输入器件将在第 9 章更详细地讨论. 我们将它们称为输入 "透明片", 虽然在有些情况下它们是靠光的反射而不是透射来运作的. 我们也常常把输入称为 "物".

图 6.5 画出这里将考虑的三种光路. 在一切情形中, 照明都是一个准直的平面光波, 投射在输入透明片上或透镜上. 在情形 (a) 中, 输入透明片紧贴透镜. 在情形 (b) 中, 输入放在透镜之前距离为 $d$ 处. 在情形 (c) 中, 输入放在透镜后离焦面距离为 $d$ 处. 另外更一般的情况将在 6.4 节中研究.

对正透镜的傅里叶变换性质的另一种讨论, 读者可参看文献 [297]、[81] 或 [288].

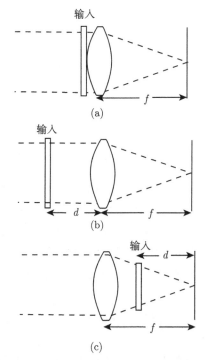

图 6.5    用正透镜进行傅里叶变换的光路

### 6.2.1    输入紧贴透镜

设一平面输入透明片, 其振幅透射率为 $t_A(x,y)$, 紧贴着放在一个焦距为 $f$ 的会聚透镜之前, 如图 6.5(a) 所示. 假定输入被一个振幅为 $A$ 的单色平面波垂直入射均匀照明, 这时入射到透镜上的光扰动是

$$U_l(x,y) = A\, t_A(x,y). \tag{6-16}$$

透镜孔径的有限大小可以通过赋予透镜一个光瞳函数 $P(x,y)$ 来考虑, 其定义为

$$
P(x,y) = \begin{cases} 1, & \text{透镜孔径内,} \\ 0, & \text{其他.} \end{cases}
$$

用 (6-10) 式, 紧贴透镜后面的振幅分布为

$$
U_l'(x,y) = U_l(x,y)P(x,y)\exp\left[-\mathrm{j}\frac{k}{2f}(x^2+y^2)\right]. \tag{6-17}
$$

为了求透镜后焦面上场振幅的分布 $U_f(x_f, y_f)$, 我们用菲涅耳衍射公式 (4-17). 于是, 令 $z=f$, 得

$$
\begin{aligned}
U_f(u,v) =\, & \frac{\exp\left[\mathrm{j}\dfrac{k}{2f}(u^2+v^2)\right]}{\mathrm{j}\lambda f} \\
& \times \iint_{-\infty}^{\infty} U_l'(x,y)\exp\left[\mathrm{j}\frac{k}{2f}(x^2+y^2)\right]\exp\left[-\mathrm{j}\frac{2\pi}{\lambda f}(xu+yv)\right]\mathrm{d}x\mathrm{d}y,
\end{aligned} \tag{6-18}
$$

式中弃去了一个常数相位因子. 将 (6-17) 式代入 (6-18) 式, 我们看到, 被积函数内的二次相位因子精确抵消, 剩下

$$
\begin{aligned}
U_f(u,v) =\, & \frac{\exp\left[\mathrm{j}\dfrac{k}{2f}(u^2+v^2)\right]}{\mathrm{j}\lambda f} \\
& \times \iint_{-\infty}^{\infty} U_l(x,y)P(x,y)\exp\left[-\mathrm{j}\frac{2\pi}{\lambda f}(xu+yv)\right]\mathrm{d}x\mathrm{d}y.
\end{aligned} \tag{6-19}
$$

于是场分布 $U_f$ 与透镜孔径上那一部分入射光场的二维傅里叶变换成正比. 若输入的尺度小于透镜孔径, 因子 $P(x,y)$ 可以略去, 得到

$$
U_f(u,v) = \frac{\exp\left[\mathrm{j}\dfrac{k}{2f}(u^2+v^2)\right]}{\mathrm{j}\lambda f} \iint_{-\infty}^{\infty} U_l(x,y)\exp\left[-\mathrm{j}\frac{2\pi}{\lambda f}(xu+yv)\right]\mathrm{d}x\mathrm{d}y. \tag{6-20}
$$

于是我们看到, 透镜焦面上的场的复振幅分布是入射到透镜上的场的夫琅禾费衍射图样, 尽管到观察平面的距离只等于透镜的焦距, 而不满足通常的观察夫琅禾费衍射的距离判据. 注意, 在焦平面上的 $(u,v)$ 点, 光场的振幅和相位由输入光场的频率为 $(f_X = u/(\lambda f), f_Y = v/(\lambda f))$ 的傅里叶分量的振幅和相位决定.

由于积分号前有二次相位因子出现, 输入振幅透射率与焦面上振幅分布之间的傅里叶变换关系并不是准确的. 虽然焦面上的相位分布与输入信号的频谱的相位分布不同, 但二者之间的差别只是一个相位弯曲.

在大多数情形下真正有兴趣的是焦面上的强度分布. 如果我们的终极目标是计算经过进一步传播并可能通过别的附加透镜之后的另一个场分布, 这时需要知道完整的复场, 这个相位项就是重要的. 但是, 在大多数情况下, 要测量的是焦平面内的强度分布, 相位分布就无关紧要. 测量强度分布得出输入物的功率谱(更准确地说是能谱) 的知识. 于是

$$I_f(u,v) = \frac{A^2}{\lambda^2 f^2} \left| \iint_{-\infty}^{\infty} t_A(x,y) \exp\left[-\mathrm{j}\frac{2\pi}{\lambda f}(xu + yv)\right] \mathrm{d}x\mathrm{d}y \right|^2 . \tag{6-21}$$

### 6.2.2　输入在透镜之前

其次讨论图 6.5(b) 的更一般的光路. 输入放在透镜前面距离透镜为 $d$ 的地方, 由一个垂直入射的振幅为 $A$ 的平面波照明. 物体的振幅透射率仍用 $t_A$ 表示. 此外, 令 $F_o(f_X, f_Y)$ 代表输入透明片所透射的光的傅里叶频谱, 而 $F_l(f_X, f_Y)$ 代表投射到透镜上的光场的傅里叶频谱, 即

$$F_o(f_X, f_Y) = \mathcal{F}\{At_A\}, \quad F_l(f_X, f_Y) = \mathcal{F}\{U_l\}.$$

假定菲涅耳近似或傍轴近似对于在距离 $d$ 上的传播成立, 那么 $F_o$ 和 $F_l$ 通过 (4-20) 式相联系, 得到

$$F_l(f_X, f_Y) = F_o(f_X, f_Y) \exp\left[-\mathrm{j}\pi\lambda d(f_X^2 + f_Y^2)\right], \tag{6-22}$$

其中弃去了常数的相位延迟.

我们暂不考虑透镜孔径有限大小的效应. 于是, 令 $P = 1$, (6-19) 式可改写为

$$U_f(u,v) = \frac{\exp\left[\mathrm{j}\dfrac{k}{2f}(u^2 + v^2)\right]}{\mathrm{j}\lambda f} F_l\left(\frac{u}{\lambda f}, \frac{v}{\lambda f}\right). \tag{6-23}$$

将 (6-22) 式代入 (6-23) 式, 我们得到

$$U_f(u,v) = \frac{\exp\left[\mathrm{j}\dfrac{k}{2f}\left(1 - \dfrac{d}{f}\right)(u^2 + v^2)\right]}{\mathrm{j}\lambda f} F_o\left(\frac{u}{\lambda f}, \frac{v}{\lambda f}\right),$$

或

$$\begin{aligned}
U_f(u,v) = {} & \frac{A \exp\left[\mathrm{j}\dfrac{k}{2f}\left(1 - \dfrac{d}{f}\right)(u^2 + v^2)\right]}{\mathrm{j}\lambda f} \\
& \times \iint_{-\infty}^{\infty} t_A(\xi, \eta) \exp\left[-\mathrm{j}\frac{2\pi}{\lambda f}(\xi u + \eta v)\right] \mathrm{d}\xi\mathrm{d}\eta.
\end{aligned} \tag{6-24}$$

于是, 坐标 $(u,v)$ 处光的振幅和相位仍然与输入物频谱中频率为 $(u/(\lambda f),$ $v/(\lambda f))$ 的分量的振幅和相位相联系. 注意在变换积分之前仍有一个二次相位因子, 但在 $d=f$ 这一非常特殊的情形下, 这一相位因子消失. 显然, 若输入放在透镜的前焦面上, 则相位弯曲消失, 得到准确的傅里叶变换关系!

迄今我们完全忽略了透镜孔径大小有限造成的效应. 为了把孔径效应考虑进来, 我们用几何光学近似. 如果距离 $d$ 足够小, 使输入深深位于透镜孔径的菲涅耳衍射区之内 (如果光倒过来从焦面向输入透明片传播), 则这一近似就是精确的. 绝大多数我们有兴趣的问题都很好地满足这个条件. 参看图 6.6, 坐标 $(u_1,v_1)$ 处的光场振幅是一切以方向余弦 $(\xi \approx u_1/f, \eta \approx v_1/f)$ 行进的光线的叠加. 但是, 这些光线只有有限的一部分通过透镜孔径. 于是透镜孔径的有限大小的效应可以这样来考虑: 把透镜孔径向后用几何方法投影到输入平面上, 投影中心是坐标 $(u_1,v_1)$ 与透镜中心的连线与输入平面的交点 (图 6.6). 经过投影的透镜孔径仍然限制了输入物的有效大小, 但是具体是哪一部分 $t_\mathrm{A}$ 对场 $U_f$ 有贡献则依赖于后焦面上考虑的具体坐标 $(u_1,v_1)$. 如图 6.6 所示, $(u,v)$ 点的 $U_f$ 值, 可以从中心在 $[\xi = -(d/f)u, \eta = -(d/f)v]$ 的投影光瞳函数 $P$ 所包围的那一部分输入的傅里叶变换求出. 把这一事实写成数学形式, 就得到

$$U_f(u,v) = \frac{A\exp\left[\mathrm{j}\dfrac{k}{2f}\left(1-\dfrac{d}{f}\right)(u^2+v^2)\right]}{\mathrm{j}\lambda f}$$
$$\times \iint_{-\infty}^{\infty} t_\mathrm{A}(\xi,\eta) P\left(\xi+\frac{d}{f}u, \eta+\frac{d}{f}v\right)\exp\left[-\mathrm{j}\frac{2\pi}{\lambda f}(\xi u + \eta v)\right]\mathrm{d}\xi\mathrm{d}\eta. \quad (6\text{-}25)$$

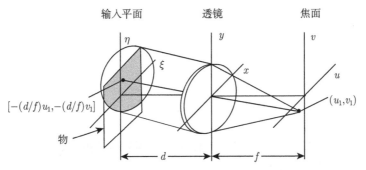

图 6.6 输入的渐晕. 输入平面上阴影的面积代表输入透明片对傅里叶变换在 $(u_1,v_1)$ 点的值有贡献的部分

由透镜孔径有限而引起的对有效输入的限制称为渐晕(vignet ting) 效应. 注意, 对于一个简单的傅里叶变换系统, 当物体紧靠透镜, 并且透镜孔径比输入透明片大得多时, 物空间的渐晕效应最小. 在实践中, 当物的傅里叶变换是主要兴趣所在时,

往往喜欢把物体紧贴透镜放置以尽量减小渐晕, 虽然在分析时一般把输入放在前焦面上要方便些, 因为这里傅里叶变换关系不受二次相位因子的拖累.

### 6.2.3　输入位于透镜之后

下面讨论输入放在透镜之后的情形, 如图 6.5 (c) 所示. 输入仍为振幅透射率 $t_A$, 但是现在置于透镜的后焦面之前距离为 $d$ 处. 设透镜由一个均匀振幅 $A$ 的垂直入射平面波照明. 于是投射到输入上的是一个向透镜的后焦点会聚的球面波.

在几何光学近似下, 射到物上的球面波的振幅为 $Af/d$, 因为圆形的会聚光束的截面已经减小到 $d/f$ 倍而能量守恒. 输入得到照明的具体区域由会聚的光锥与输入平面的交截面确定. 若透镜是圆形的, 直径为 $l$, 那么输入平面上有一直径为 $ld/f$ 的圆形区域受到照明. 照明光斑的有限大小在数学上可以表示为把透镜的光瞳函数沿着光锥投影为输入平面上与光锥的交截面, 结果给出输入平面上一个由光瞳函数 $P[\xi(f/d), \eta(f/d)]$ 描述的有效照明区域. 注意输入振幅透射率 $t_A$ 本身也带有一个有限孔径; 因此, 物空间中的有效孔径由真实的输入孔径与透镜的投影光瞳函数相交决定. 如果有限大小的输入透明片被会聚光完全照明, 那么投影光瞳可以略去.

对照明输入的球面波用傍轴近似, 输入透射的光波振幅可以写成

$$U_o(\xi, \eta) = \left\{ \frac{Af}{d} P\left(\xi\frac{f}{d}, \eta\frac{f}{d}\right) \exp\left[-\mathrm{j}\frac{k}{2d}(\xi^2 + \eta^2)\right] \right\} t_A(\xi, \eta). \tag{6-26}$$

假定从物平面到焦平面为菲涅耳衍射, 于是可以对输入透射的场应用 (4-17) 式. 做了这一步后我们发现, 照明光波所带的 $(\xi, \eta)$ 的二次相位因子与菲涅耳衍射积分中被积函数的类似的二次相位因子正好抵消, 得到以下结果:

$$\begin{aligned} U_f(u, v) = &\frac{A \exp\left[\mathrm{j}\dfrac{k}{2d}(u^2 + v^2)\right]}{\mathrm{j}\lambda d} \frac{f}{d} \\ &\times \iint_{-\infty}^{\infty} t_A(\xi, \eta) P\left(\xi\frac{f}{d}, \eta\frac{f}{d}\right) \exp\left[-\mathrm{j}\frac{2\pi}{\lambda d}(u\xi + v\eta)\right] \mathrm{d}\xi\mathrm{d}\eta. \end{aligned} \tag{6-27}$$

因此, 除了差一个二次相位因子外, 焦面上的振幅分布是由投影的透镜孔径包围的那一部分输入的傅里叶变换式.

(6-27) 式表述的结果实质上就是前面让输入紧贴着透镜放置时得到的同一结果. 但是, 在现在这种光路中, 我们得到了一种额外的灵活性, 即傅里叶变换式的大小尺寸可以受实验者控制. 增大物到焦面的距离 $d$, 变换的空间尺寸也变大, 直到透明胶片紧贴透镜 (即 $d = f$) 为止. 减小 $d$, 变换的尺寸变小. 这种灵活性将会在空间滤波应用中 (见第 8 章) 发挥作用, 对傅里叶变换的调整也将有很大的帮助.

### 6.2.4　光学傅里叶变换的一个例子

我们用一个典型例子来形象地显示用光学方法极易实现的二维傅里叶分析的形式. 在图 6.7 中, 一个透明的数字 "3" 放在一个正透镜之前, 并用平面波照明, 在后焦面上得出的强度分布如图的右边所示. 特别注意输入中的直边所带来的高频分量.

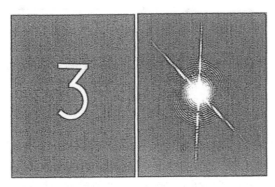

图 6.7　用光学方法得到的字符 "3" 的傅里叶变换

# 6.3　成像：单色光照明

透镜最为人熟悉的性质肯定是它们的成像能力. 若把一物体置于透镜之前, 并得到照明, 那么在适当条件下, 在另一个平面上将出现一个与物体极为相似的光场强度分布. 这个强度分布称为该物体的像. 像可以是实像, 即一个实际的光强分布出现在透镜后面的一个平面上; 也可以是虚像, 即透镜后的光看来好像是从透镜前面一个新平面上的光强分布发出的.

目前, 我们只在很有限的范围内讨论成像问题. 首先, 我们只注意一个无像差的薄正透镜所成的实像. 其次, 我们只讨论单色光照明情形, 这个限制意味着成像系统对复场振幅是线性的 (见习题 7-18). 在第 7 章里这两个限制都会取消, 那里我们将以更普遍的方式讨论成像问题.

### 6.3.1　正透镜的脉冲响应

参看图 6.8 的光路, 设一平面物放在一块正透镜前面距离为 $z_1$ 的位置上, 并用单色光照明. 我们用 $U_o(\xi,\eta)$ 表示紧贴物体之后的复场. 在透镜之后距离为 $z_2$ 的平面上有一个复场分布, 用 $U_i(u,v)$ 表示. 我们的目的是求出在什么条件下场分布 $U_i$ 可以合理地说成是物分布 $U_o$ 的 "像".

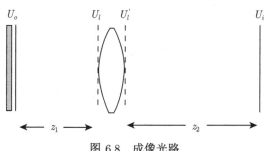

图 6.8　成像光路

由于波动传播现象的线性性质, 我们总可以把场分布 $U_i$ 表示成下面的叠加积分:

$$U_i(u, v) = \iint_{-\infty}^{\infty} h(u, v; \xi, \eta) U_o(\xi, \eta) \mathrm{d}\xi \mathrm{d}\eta, \tag{6-28}$$

其中 $h(u, v; \xi, \eta)$ 是物坐标 $(\xi, \eta)$ 上的单位振幅点源在坐标 $(u, v)$ 处产生的场振幅. 因此, 若能定出脉冲响应 $h$, 就能完备地描写成像系统的性质.

若要光学系统产生高质量的像, 那么 $U_i$ 必须尽可能与 $U_o$ 相似. 也就是说, 脉冲响应应当非常近似于狄拉克 $\delta$ 函数,

$$h(n, v; \xi, \eta) \approx K\delta(u - M\xi, v - M\eta), \tag{6-29}$$

其中 $K$ 是一个复常数, $M$ 代表系统的放大率, 它是一个带符号的量, 在像是倒像的情形下它取负号. 因此我们将把 (6-29) 式近似得成立最好的那个平面规定为 "像平面".

为了求出脉冲响应 $h$, 令物为 $(\xi, \eta)$ 点上的一个 $\delta$ 函数 (点源). 于是会有一个从 $(\xi, \eta)$ 点发出的发散球面波射到透镜上. 它的傍轴近似为

$$U_l(x, y) = \frac{1}{\mathrm{j}\lambda z_1} \exp\left\{\mathrm{j}\frac{k}{2z_1}[(x - \xi)^2 + (y - \eta)^2]\right\}. \tag{6-30}$$

通过透镜 (焦距为 $f$) 后, 场分布变为

$$U_l'(x, y) = U_l(x, y) P(x, y) \exp\left[-\mathrm{j}\frac{k}{2f}(x^2 + y^2)\right]. \tag{6-31}$$

最后, 用菲涅耳衍射公式 (4-14) 描写在距离 $z_2$ 上的传播, 我们得到

$$h(u, v; \xi, \eta) = \frac{1}{\mathrm{j}\lambda z_2} \iint_{-\infty}^{\infty} U_l'(x, y) \exp\left\{\mathrm{j}\frac{k}{2z_2}[(u - x)^2 + (v - y)^2]\right\} \mathrm{d}x\mathrm{d}y, \tag{6-32}$$

其中已弃去了常数相位因子. 合并 (6-30) 式~(6-32) 式, 并再次忽略一个纯相位因

子, 得到下面过于复杂的结果:

$$
h(u,v;\xi,\eta) = \frac{1}{\lambda^2 z_1 z_2} \exp\left[\mathrm{j}\frac{k}{2z_2}(u^2+v^2)\right] \exp\left[\mathrm{j}\frac{k}{2z_1}(\xi^2+\eta^2)\right]
$$

$$
\times \iint_{-\infty}^{\infty} P(x,y)\exp\left[\mathrm{j}\frac{k}{2}\left(\frac{1}{z_1}+\frac{1}{z_2}-\frac{1}{f}\right)(x^2+y^2)\right]
$$

$$
\times \exp\left\{-\mathrm{j}k\left[\left(\frac{\xi}{z_1}+\frac{u}{z_2}\right)x + \left(\frac{\eta}{z_1}+\frac{v}{z_2}\right)y\right]\right\}\mathrm{d}x\mathrm{d}y. \tag{6-33}
$$

(6-28) 和 (6-33) 式提供了一个规定物 $U_o$ 和像 $U_i$ 之间的关系的形式解. 但是, 除非作进一步的简化, 否则很难确定可以把 $U_i$ 合理地当作 $U_o$ 的像的条件.

### 6.3.2 消去二次相位因子: 透镜定律

上面的脉冲响应中最麻烦的是那些含二次相位因子的项. 注意这些项中有两项与透镜坐标无关, 它们是

$$
\exp\left[\mathrm{j}\frac{k}{2z_2}(u^2+v^2)\right] \quad \text{和} \quad \exp\left[\mathrm{j}\frac{k}{2z_1}(\xi^2+\eta^2)\right],
$$

还有一项则依赖于透镜坐标 (积分变量), 即

$$
\exp\left[\mathrm{j}\frac{k}{2}\left(\frac{1}{z_1}+\frac{1}{z_2}-\frac{1}{f}\right)(x^2+y^2)\right].
$$

现在我们考虑用来消掉这些因子的一连串的近似和限制. 首先考虑包含积分变量 $(x,y)$ 的项, 注意如果没有这一项的话就将得到一个傅里叶变换, 出现这一项的效果一般是使脉冲响应变宽. 由于这个原因, 我们这样选择像平面的距离 $z_2$, 使这一项恒等于零. 能满足这一点的条件是

$$
\frac{1}{z_1}+\frac{1}{z_2}-\frac{1}{f}=0. \tag{6-34}
$$

注意这个关系正是几何光学中的**经典透镜定律**, 要能成像必须满足这个关系.

下面考虑仅依赖于像坐标 $(u,v)$ 的二次相位因子. 只要满足下面两个条件中的任何一个, 这一项就可以忽略:

(1) 感兴趣的只是像平面中的强度分布, 这时与像联系的相位分布不起什么作用.

(2) 感兴趣的是像场分布, 但像是在一个球面上测量, 球心是光轴和透镜的交点, 半径是 $z_2$ (参阅 4.2.5 节).

由于通常都是对像的强度感兴趣, 我们后面将弃掉这个二次相位因子.

最后, 考虑物坐标 $(\xi,\eta)$ 的二次相位因子. 注意这一项依赖的变量就是在其上进行卷积运算 (6-28) 的变量, 它有可能对积分的结果产生重大影响. 满足下面三个不同条件中的一个, 这一项就可忽略:

(1) 物在一个球面上, 球心是光轴和透镜的交点, 半径为 $z_1$.

(2) 物由一会聚的球面波照明, 会聚点是光轴和透镜的交点.

(3) 在物的对特定像点 $(u, v)$ 上的场有重大贡献的区域里, 二次相位因子的相位变化远小于 1 rad.

第一个条件在实际中很少遇到. 第二个条件很容易发生, 只要适当选择照明, 如图 6.9 所示. 这时, 球面波照明给出了放在透镜光瞳平面上的物的傅里叶变换. 我们关心的二次相位因子正好被这个会聚球面波抵消.

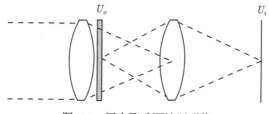

图 6.9　用会聚球面波照明物

第三种消去物坐标的二次相位因子效应的可能性需要作冗长的讨论. 在一个成像光路中, 系统对一特定物点的一个脉冲的响应, 应当在像空间中围绕对应该物点的精确像点只伸展一个很小的区域. 如果情况不是这样, 系统就不会生成物的一个精确的像, 或者换句话说, 它就会有一个大得不可接受的模糊像. 同理, 如果我们把一个固定像点的脉冲响应看成在物空间规定一个对该像点作贡献的权重函数, 那么在物上只应有一小区域对任意给定的像点有贡献[①]. 图 6.10 表明这个观点. 图左方的灰斑代表对右方的特定像点有重大贡献的小区域. 如果在这个区域上因子 $(k/(2z_1))(\xi_2 + \eta_2)$ 的变化比 1 rad 小很多, 那么物空间中的二次相位因子就可以用单个相位值代替, 这个相位值只依赖于感兴趣的是那一像点 $(u, v)$, 而与物坐标 $(\xi, \eta)$ 无关. 这种代替可以更精确地表述为

$$\exp\left[\mathrm{j}\frac{k}{2z_1}(\xi^2 + \eta^2)\right] \rightarrow \exp\left[\mathrm{j}\frac{k}{2z_1}\left(\frac{u^2 + v^2}{M^2}\right)\right], \tag{6-35}$$

其中 $M = -z_2/z_1$ 是系统的放大率. 若感兴趣的量是像的强度, 像空间里的这个新二次相位因子可以弃去. 若想要得到的是像平面中的复振幅而不是强度, 这时可参考习题 6-12.

_____

① 对于有大的像差的成像系统这个假设不一定成立.

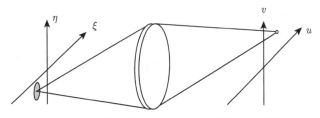

图 6.10　对特定像点的场有贡献的物空间区域

Tichenor 和 Goodman[342] 详细考察了这个论据, 发现只要物的大小不大于透镜孔径大小的大约 1/4, 上述论据就成立. 对这个问题的进一步考虑见习题 6-12.

在用单个薄透镜成像时遇到的成问题的二次相位因子来自这种系统的一个基本性质. 成像实际上发生在两个球冠之间, 而不是发生在两个平面之间. 如果我们在物空间里构建一个球冠, 其中心在薄透镜的中心, 同时在像空间也构建这样一个中心在薄透镜的中心的球冠, 那么成像发生在这样两个球冠之间, 不出现任何成问题的二次相位因子.

回到平面到平面成像的情形, 上面的论据的最终结果是成像系统的脉冲响应的一个简化的表示式:

$$
\begin{aligned}
h(u,v;\xi,\eta) \approx & \frac{1}{\lambda^2 z_1 z_2} \iint_{-\infty}^{\infty} P(x,y) \\
& \times \exp\left\{-\mathrm{j}k\left[\left(\frac{\xi}{z_1}+\frac{u}{z_2}\right)x+\left(\frac{\eta}{z_1}+\frac{v}{z_2}\right)y\right]\right\}\mathrm{d}x\,\mathrm{d}y. \quad (6\text{-}36)
\end{aligned}
$$

再次看到, 系统的放大率为

$$
M = -\frac{z_2}{z_1}, \quad (6\text{-}37)
$$

加负号是为了消除倒像的效果. 我们得到脉冲响应最后的简化形式为

$$
\begin{aligned}
h(u,v;\xi,\eta) \approx & \frac{1}{\lambda^2 z_1 z_2} \iint_{-\infty}^{\infty} P(x,y) \\
& \times \exp\left\{-\mathrm{j}\frac{2\pi}{\lambda z_2}[(u-M\xi)x+(v-M\eta)y]\right\}\mathrm{d}x\mathrm{d}y. \quad (6\text{-}38)
\end{aligned}
$$

于是, 如果透镜定律得到满足, 我们就看到, 脉冲响应由透镜孔径的夫琅禾费衍射图样给出 (除掉一个额外的标度因子 $1/(\lambda z_1)$), 其中心在像点 $(u=M\xi, v=M\eta)$ 上. 夫琅禾费衍射公式的出现并不完全出乎意料. 因为通过选择 $z_2$ 满足透镜定律, 我们就已选定要考察的是离开透镜的球面波向之会聚的平面; 而由习题 4-18 的结果, 我们应当料到, 会聚点附近的光场分布正是限制该球面波大小的透镜孔径的夫琅禾费衍射图样.

### 6.3.3　物和像之间的关系

首先研究几何光学预言的像的本性. 如果成像系统是理想的, 那么像就是物的一个颠倒的和放大 (或缩小) 的复制品. 因此按照几何光学, 像场 $U_g$ 和物场 $U_o$ 将通过下式相联系:

$$U_g(u,v) = \frac{1}{|M|} U_o\left(\frac{u}{M}, \frac{v}{M}\right).\tag{6-39}$$

我们能够证明, 我们的波动光学解的确化为几何光学解, 方法是通常的让波长 $\lambda$ 趋于零, 结果得到 (见习题 6-16):

$$h(u,v;\xi,\eta) \to \frac{1}{|M|}\delta\left(\xi - \frac{u}{M}, \eta - \frac{v}{M}\right).\tag{6-40}$$

把这个结果代入普遍的叠加公式 (6-28) 就得出 (6-39) 式.

几何光学的预言不包括衍射效应. 只有将衍射效应也包括进来, 才能得到对物像关系的更完整的理解. 为此, 我们回到成像系统的脉冲响应 (6-38) 式. 现在的情况是, 这个脉冲响应是一个空间变线性系统的脉冲响应, 因此物和像是由一个叠加积分而不是由一个卷积积分联系的. 这种空间变属性是成像操作中发生的放大和像倒置的直接后果. 为了把物像关系化为一个卷积式子, 我们必须将物坐标归一化以消除倒置和放大. 引进如下的归一化物平面坐标:

$$\tilde{\xi} = M\xi, \quad \tilde{\eta} = M\eta,$$

这时脉冲响应 (6-38) 式化为

$$\begin{aligned}\hat{h}(u,v;\tilde{\xi},\tilde{\eta}) =&\frac{1}{\lambda^2 z_1 z_2} \iint_{-\infty}^{\infty} P(x,y)\\ &\times \exp\left\{-\mathrm{j}\frac{2\pi}{\lambda z_2}\left[(u-\tilde{\xi})x + (v-\tilde{\eta})y\right]\right\} \mathrm{d}x\mathrm{d}y,\end{aligned}\tag{6-41}$$

它只依赖于坐标的差 $(u-\tilde{\xi}, v-\tilde{\eta})$, 因此是一个空间不变的脉冲响应.

对坐标最后再进行一次归一化, 将使结果更进一步简化. 令

$$\tilde{x} = \frac{x}{\lambda z_2}, \quad \tilde{y} = \frac{y}{\lambda z_2}, \quad \tilde{h} = \frac{1}{|M|}\hat{h}.$$

于是物像关系变为

$$U_i(u,v) = \iint_{-\infty}^{\infty} \tilde{h}(u-\tilde{\xi}, v-\tilde{\eta})\left[\frac{1}{|M|}U_o\left(\frac{\tilde{\xi}}{M}, \frac{\tilde{\eta}}{M}\right)\right]\mathrm{d}\tilde{\xi}\mathrm{d}\tilde{\eta},\tag{6-42}$$

或者, 用 (6-39) 式,

$$U_i(u,v) = \tilde{h}(u,v) * U_g(u,v),\tag{6-43}$$

其中

$$\tilde{h}(u,v) = \frac{1}{\lambda^2 z_2^2} \iint_{-\infty}^{\infty} P(x,y) \exp\left[-\mathrm{j}\frac{2\pi}{\lambda z_2}(ux+vy)\right] \mathrm{d}x\mathrm{d}y$$

$$= \iint_{-\infty}^{\infty} P(\lambda z_2 \tilde{x}, \lambda z_2 \tilde{y}) \exp[-\mathrm{j}2\pi(u\tilde{x}+v\tilde{y})]\mathrm{d}\tilde{x}\mathrm{d}\tilde{y}. \tag{6-44}$$

从上面的分析和讨论中得到两个主要结论:

(1) 衍射置限光学系统(即无像差系统) 生成的理想像是物的一个标度的及可能为倒置的形式.

(2) 衍射的效应是对理想像 ((6-39) 式) 和正比于透镜光瞳的夫琅禾费衍射图样作卷积.

与卷积相联系的光滑化运算能使物的精细结构受到强烈衰减, 从而使像的保真度蒙受相应的失真. 在电系统中, 当一个有高频分量的输入信号通过一个频率响应有限的滤波器时, 会发生类似的效应. 在电系统的情形下, 信号的失真在频域中描写最方便. 频谱分析概念在电学中的巨大用途提示我们, 类似的概念对研究成像系统也可能很有用. 滤波概念在成像系统中的应用是一个重要题目, 将在第 7 章详细讨论.

## 6.4 复杂相干光学系统的分析

在前几节中我们分析了几种不同的光学系统. 这些系统至多包含一块薄透镜, 并且至多在两个自由空间区域里传播. 用上面的方法同样可以分析更复杂的光学系统. 但是, 随着自由空间区域数目的增加, 积分的个数也增加; 随着包含的透镜个数的增长, 计算的复杂性也增长. 由于这些原因, 找到一种分析这样的系统的方法, 使我们能够分析相当复杂的感兴趣的光学系统, 是很有用的. 这里我们讨论一种这样的方法.

### 6.4.1 光线矩阵方法

分析复杂的光学系统的最简单的方法, 也许是傍轴几何光学的使用 $ABCD$ 光线矩阵的方法 (见附录 B, B.3 节), 与第 4.2.6 节的结果特别是 (4-35) 式结合在一起, 这个式子在一维情形下可写成

$$U_2(x) = \frac{1}{\sqrt{\lambda B}} \int_{-\infty}^{\infty} U_1(\xi) \exp\left[\mathrm{j}\frac{\pi}{\lambda B}\left(A\xi^2 - 2\xi x + Dx^2\right)\right] \mathrm{d}\xi, \tag{6-45}$$

对一个圆对称的、非像散的二维系统可写成

$$U_2(x,y) = \frac{1}{\lambda B} \iint_{-\infty}^{\infty} U_1(\xi, \eta)$$

$$\times \exp\left\{ j\frac{\pi}{\lambda B}[A(\xi^2 + \eta^2) - 2(\xi x + \eta y) + D(x^2 + y^2)] \right\} d\xi\, d\eta. \quad (6\text{-}46)$$

在上面两个式子里, 我们通过适当地重新定义相位参考值, 消掉了常数相位因子.

### 6.4.2　用光线矩阵分析两个光学系统

我们来分析两个以前未讨论过的光路, 以阐明如何使用光线矩阵方法. 第一个相当简单, 由两块球面透镜构成, 两块透镜的焦距同为 $f$, 相互间隔为 $f$, 如图 6.11 所示. 我们的目的是, 决定紧贴透镜 $L_1$ 左边的平面 $S_1$ 上的复场与紧贴透镜 $L_2$ 右边的平面 $S_2$ 上的复场的关系.

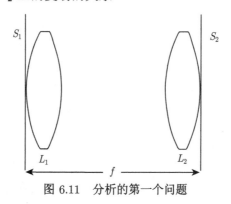

图 6.11　分析的第一个问题

为了分析这个系统, 我们需要两个光线矩阵, 一个矩阵是描述通过一块焦距为 $f$ 的透镜的, 第二个矩阵是用于描述在自由空间传播一段距离 $f$ 的. 假定自由空间区域的折射率为 1, 两个矩阵分别为

$$\mathbf{M}_f = \begin{bmatrix} 1 & 0 \\ -\dfrac{1}{f} & 1 \end{bmatrix}, \quad \text{穿过焦距为 } f \text{ 的薄透镜,}$$

$$\mathbf{M}_z = \begin{bmatrix} 1 & f \\ 0 & 1 \end{bmatrix}, \qquad \text{在自由空间传播一段距离 } z = f \quad (6\text{-}47)$$

将矩阵按适当的顺序相乘, 得到

$$\mathbf{M}_{\text{total}} = \mathbf{M}_f \mathbf{M}_{z=f} \mathbf{M}_f = \begin{bmatrix} 0 & f \\ -\dfrac{1}{f} & 0 \end{bmatrix}. \quad (6\text{-}48)$$

于是 $A = 0, B = f, C = -1/f, D = 0$. 由此得到场 $U_2(x)$ 由下式给出:

$$U_2(x) = \frac{1}{\sqrt{\lambda f}} \int_{-\infty}^{\infty} U_1(\xi) \exp\left( -j\frac{2\pi}{\lambda f}\xi x \right) d\xi. \quad (6\text{-}49)$$

于是图 6.11 的系统用通常的标度因子实行一个傅里叶变换, 不带预乘的二次相位因子.

我们感兴趣的第二个光路见图 6.12. 这时物的照明是一个傍轴球面波, 穿过物的波为

$$U_1(\xi) = \exp\left[j\frac{\pi}{\lambda(z_1 - d)}\xi^2\right] t_o(\xi), \tag{6-50}$$

其中 $t_o(\xi)$ 是物的振幅透射率, 并且我们已经假设物上的球面波照明强度为 1. 假设透镜有焦距 $f$, 我们通过假设透镜定律对 $z_1$ 和 $z_2$ 成立, 即 $f = z_1 z_2 /(z_1 + z_2)$ 将 $f$ 从答案中消掉. 从紧贴物后的平面到输出平面的传播由下面的光线矩阵描述:

$$\mathbf{M}_{\text{total}} = \mathbf{M}_{z=z_2}\mathbf{M}_{f=z_1 z_2/(z_1+z_2)}\mathbf{M}_{z=d} \tag{6-51}$$

$$= \begin{bmatrix} -z_2/z_1 & z_2(1 - d/z_1) \\ -(z_1 + z_2)/(z_1 z_2) & 1 - d(z_1 + z_2)/(z_1 z_2) \end{bmatrix}. \tag{6-52}$$

比值 $A/B$ 和 $D/B$ 由下面的式子给出:

$$\begin{aligned} \frac{A}{B} &= -\frac{1}{z_1 - d} \\ \frac{D}{B} &= \frac{z_1 z_2 - d(z_1 + z_2)}{z_2^2(z_1 - d)}. \end{aligned} \tag{6-53}$$

由于 $\pi A/(\lambda B)$ 是 (6-45) 式中 $\xi^2$ 的系数, 并且由于 (6-50) 式中物的照明的二次相位指数为此系数的负值, 我们的结论是, 输出端的场 $U_2(x)$ 由下式给出:

$$U_2(x) = \frac{\exp\left[j\frac{\pi}{\lambda}\frac{z_1 z_2 - (z_1 + z_2)d}{z_2^2(z_1 - d)}x^2\right]}{\sqrt{\frac{\lambda z_2(z_1 - d)}{z_1}}} \int_{-\infty}^{\infty} t_o(\xi) \exp\left[-j\frac{2\pi z_1}{\lambda z_2(z_1 - d)}x\xi\right] d\xi, \tag{6-54}$$

其中 $x^2$ 中的二次相位指数已经消掉了. 于是我们得到输入的物振幅透射率的一个标定的傅里叶变换, 带有复杂的标定因子和 $x$ 的一个复杂的二次相位指数.

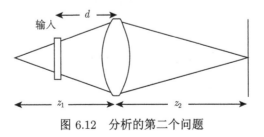

图 6.12 分析的第二个问题

这一分析的结果揭示了在我们早先的分析中不是很明显的一些重要的普遍事实. 由于这些事实具有普遍性, 我们要加以强调:

傅里叶变换平面不必是进行变换的透镜的焦平面! 相反, 傅里叶变换永远出现在光源成像的平面上.

虽然若不进一步思考和分析的话并不明显, 我们的结果还是表明, 傅里叶变换运算前面的二次相位因子永远是一个在输入透明片平面上位于光轴上的点光源在变换平面上将产生的二次相位因子.

可以证明, (6-54) 式中的结果可以化为我们前面讨论过的几种结果, 如果适当地选择 $z_1$、$z_2$ 和 $d$ 表示这些情况的话 (见习题 6-17).

# 习　　题

6-1　证明双凸透镜、平凸透镜和正弯月形透镜的焦距总是正的, 而双凹透镜、平凹透镜和负弯月形镜的焦距总是负的.

6-2　考虑题图 P6.2 中由圆柱体的一部分构成的薄透镜.

　　(a)　求这种形状的透镜引进的相位变换的傍轴近似.

　　(b)　这样一块透镜对沿光轴传播的平面波有什么影响?

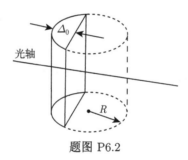

题图 P6.2

6-3　一块棱镜 (题图 P6.3) 将一个正入射的平面波的传播方向偏折为在 $(y, z)$ 平面内与光轴 ($z$ 轴) 成 $\theta$ 角, 这块棱镜的作用在数学上可以表示为一个振幅透射率

$$t_P(x, y) = \exp\left[-\mathrm{j}\frac{2\pi}{\lambda}(\sin\theta)y\right].$$

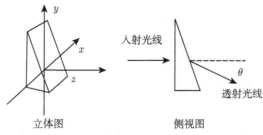

题图 P6.3

(a) 考虑一薄透射结构, 其振幅透射率为

$$t_{\mathrm{A}}(x,y) = \exp\left\{-\mathrm{j}\pi[a^2 x^2 + (by + c)^2]\right\},$$

其中 $a, b, c$ 都是正实常数. 有人宣称, 可以将这个结构考虑为由一块球面透镜、一块柱面透镜和一块棱镜的系列相互接触构成. 描述给出这样一个透射率的薄光学元件组合, 通过 $a, b, c$ 和波长 $\lambda$ 给出透镜的焦距和棱镜的偏振角.

(b) 你能想出一个办法, 用两块柱面透镜得到振幅透射率

$$t_{\mathrm{A}}(x,y) = \exp(-\mathrm{j}\pi dxy)$$

吗 (其中 $d$ 是常数)? 解释你的结论.

6-4 考虑题图 P6.4 中由圆锥体的一部分构成的一块透镜.

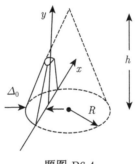

题图 P6.4

(a) 证明这种透镜引进的相位变换的傍轴近似 (在薄透镜假定下) 为

$$t_l(x,y) = \exp\left\{\mathrm{j}k\left[n\Delta_o - \frac{(n-1)Ry}{h} - \frac{x^2}{2f(y)}\right]\right\},$$

其中

$$f(y) = \frac{R(1 - y/h)}{n - 1}.$$

(b) 这种透镜对垂直于 $(x, y)$ 平面传播的平面波有什么作用?

6-5 一个被直径为 $D$ 的圆形孔径限定的输入函数 $U_o$, 被一垂直入射的平面波照明, 放在直径为 $L$ 的圆形正透镜的前焦面上. 在透镜的后焦面上测量强度分布, 假定 $L > D$.

(a) 求输入物的最大空间频率的表示式, 对这个频率, 测得的强度仍准确代表物的傅里叶谱的模的平方 (没有渐晕效应).

(b) 如果 $L = 4$ cm, $D = 2$ cm, $f$(焦距)= 50 cm , $\lambda = 6 \times 10^{-7}$ m, 这个空间频率的数值等于多少 (单位用周/mm)?

(c) 在多大的频率以上测得的频谱为零? 尽管输入物在这些频率上可以有不为零的傅里叶分量.

6-6 一维输入函数的一个阵列可表示为 $U_0(\xi, \eta_k)$, 其中 $\eta_1, \eta_2, \cdots, \eta_k, \cdots, \eta_N$ 是输入平面上 $N$ 个固定的 $\eta$ 坐标. 我们想要对所有 $N$ 个函数在 $\xi$ 方向作傅里叶变换, 得出变换的一个阵列

$$G_o(f_X, \eta_k) = \int_{-\infty}^{\infty} U_o(\xi, \eta_k) \exp(-\mathrm{j}2\pi f_X \xi)\mathrm{d}\xi, \quad k = 1, 2, \cdots, N.$$

忽略透镜和物孔径的有限大小, 用本章所推导的透镜的傅里叶变换性质和成像性质, 说明这一变换怎样能够用下述装置来完成:

　(a) 两个不同焦距的柱面透镜.

　(b) 焦距相同的一个柱面透镜和一个球面透镜.

　简化: 只需显示 $|G_o|^2$, 因此相位因子可以弃去.

6-7 一束单位振幅的单色平面波, 垂直入射一个会聚透镜, 透镜的直径为 5 cm, 焦距为 2 m (见题图 P6.7). 在透镜后面 1 m 的地方, 以透镜轴为中心, 放置一物, 其振幅透射率为

$$t_{\mathrm{A}}(\xi, \eta) = \frac{1}{2}[1 + \cos(2\pi f_o \xi)]\mathrm{rect}\left(\frac{\xi}{L}\right)\mathrm{rect}\left(\frac{\eta}{L}\right).$$

假设 $L = 1\mathrm{cm}$, $\lambda = 0.633\mu\mathrm{m}$, $f_0 = 10$ 周/mm, 画出焦平面上沿 $u$ 轴的强度分布, 标出各个衍射分量之间的距离和每个分量 (第一个零点之间) 的宽度之值.

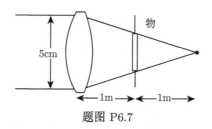

题图 P6.7

6-8 在题图 P6.8 中, 一个单色点光源放在焦距为 $f$ 的正透镜左边固定距离 $z_1$ 处, 一个透明物放在透镜左边一个可变的距离 $d$ 上, 距离 $z_1$ 大于 $f$. 物的傅里叶变换和像出现在透镜之右.

　(a) 距离 $d$ 应当多大 (用 $z_1$ 和 $f$ 表示) 才能使傅里叶平面和物离透镜等距离?

　(b) 当物距取上面 (a) 中求得的值时, 它的像在透镜之右多远处? 像的放大率是多少?

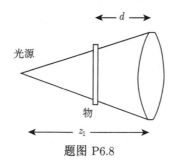

题图 P6.8

6-9 一个单位振幅的单色平面波, 垂直入射照明一个物, 物的最大线度为 $D$, 紧贴着放在一个比它线度更大的焦距为 $f$ 的正透镜之前 (见题图 P6.9). 由于定位误差, 强度分布是在透镜之后距离为 $f - \Delta$ 的平面上测量的. 如果要测到的强度分布能准确代表物体的夫琅禾费衍射图样, $\Delta$ 必须多小?

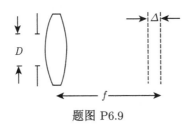

题图 P6.9

6-10 考虑题图 P6.10 中的光学系统. 左边的物被一垂直入射的平面波照明. 透镜 $L_1$ 是负透镜, 焦距为 $-f$, 透镜 $L_2$ 是正透镜, 焦距为 $f$. 两块透镜隔一段距离 $f$. 透镜 $L_1$ 在物之右距离 $2f$ 处. 用尽可能简单的推理, 预言傅里叶平面和像平面分别在透镜 $L_2$ 右边或左边的距离 $d$ 和 $z_2$(答案中要写明是在右边还是在左边).

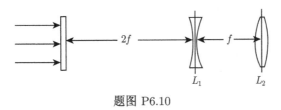

题图 P6.10

6-11 在题图 P6.11 示出的光学系统中, 标出所有傅里叶平面或像平面在透镜左方或右方的位置. 透镜是正透镜, 焦距为 $f$. 对物的照明是一个会聚球面波, 如题图所示.

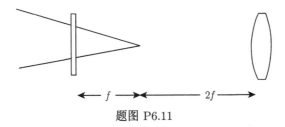

题图 P6.11

6-12 参照 (6-35) 式:

(a) 在物平面中多大的半径上, $\exp[j(k/2z_1)(\xi_2 + \eta_2)]$ 的相位相对于其原点值改变 1 rad?

(b) 设光瞳函数是一个半径为 $R$ 的圆, 假定像平面上的观察点是原点, 那么脉冲响应 $h$ 的第一个零点的半径 (在物平面上) 是多少?

(c) 由上面的结果, 设观察是在透镜轴附近进行的, 那么 $R$、$\lambda$ 和 $z_1$ 之间应当呈什么关系, 二次相位因子 $\exp[j(k/2z_1)(\xi_2 + \eta_2)]$ 才可以换成一个单一复数?

6-13 参看第 6.3.2 节, 在有些情况下我们想要的可能是像场的复振幅, 而不是强度. 例如, 将一个透射结构放置在像平面上, 让光传播到这个光学系统的下一部分, 情形便是这样. 证明, 若遵从任何像点在物空间的权重函数都限于一个很小的区域的假定, 那么像场的复振幅由下式给出:

$$U_i(u, v) = \exp\left[j\frac{\pi}{|M|\lambda f}(u^2 + v^2)\right](h(u, v) * U_g(u, v)),$$

其中

$$h(u, v) = \frac{1}{\lambda^2 z_2^2}\iint_{-\infty}^{\infty} P(x, y)\exp\left[-j\frac{2\pi}{\lambda z_2}(ux + vy)\right]\mathrm{d}x\mathrm{d}y,$$

$U_g(u, v)$ 是几何光学预言的像.

6-14 一个衍射结构具有圆对称的振幅透射率函数为

$$t_A(r) = \left(\frac{1}{2} + \frac{1}{2}\cos\gamma r^2\right)\mathrm{circ}\left(\frac{r}{R}\right).$$

(a) 这个屏的作用在哪些方面像一个透镜?

(b) 给出这个屏的焦距的表示式.

(c) 什么特性可能会严重限制将这种屏用作多色物体的成像装置?

6-15 某一衍射屏, 其振幅透射率为

$$t_A(r) = \left[\frac{1}{2} + \frac{1}{2}\mathrm{sgn}(\cos\gamma r^2)\right]\mathrm{circ}\left(\frac{r}{R}\right),$$

用单位振幅的单色平面波垂直照明. 证明这个屏的行为相当于一个有多个焦距的透镜. 确定这些焦距的值和被聚焦到相应的焦平面中的焦点上的光功率的相对大小 (这样的衍射屏叫做菲涅耳波带片). 提示: 题图 P6.15 中的方波可以展为傅里叶级数.

$$f(x) = \sum_{n=-\infty}^{\infty}\left[\frac{\sin(\pi n/2)}{\pi n}\right]\exp\left(j\frac{2\pi nx}{X}\right).$$

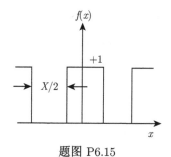

题图 P6.15

6-16 证明在 $\lambda \to 0$ 极限下, (6-38) 式趋近 (6-40) 式中的脉冲响应.

6-17 求 (6-54) 式的普遍结果在以下极限条件下的形式:

(a) $z_1 \to \infty$ 且 $d \to 0$.

(b) $z_1 \to \infty$ 且 $d \to f$.

(c) $z_1 \to \infty$, 一般的距离 $d$.

6-18 考虑题图 P6.18 中的简单光学系统.

(a) 写出描写这个系统中光在两个平面之间及穿过透镜的相继传播的光线矩阵序列.

(b) 把这个光线矩阵序列化为简单的标定算符.

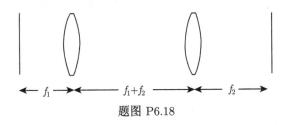

题图 P6.18

6-19 证明: 任何在自由空间使用一块薄透镜的完美成像系统, 物离透镜的距离为 $z_1$, 像离透镜的距离为 $z_2$, 其傍轴光线传递矩阵之形式必定为

$$\mathbf{M} = \begin{bmatrix} M & 0 \\ -1/f & 1/M \end{bmatrix}$$

其中 $M = z_2/z_1$ 是这个系统的 (带符号的) 放大率, 而 $f$ 是这个透镜的 (带符号的) 焦距.

# 第7章 光学成像系统的频谱分析

与光学的悠久而丰富的历史相比, 频率分析和线性系统理论这两种方法在光学中起重要作用的时间是相当短的. 然而, 在这短短的时期内, 这些方法应用得如此广泛和成功, 使得它们已成为成像系统理论的基础.

将傅里叶方法实际用来分析光学系统, 是在 20 世纪 30 年代末自发出现的, 那时一些光学工作者开始提议利用正弦试样来评价光学系统的性能. 最初的推动力有许多来自法国科学家 P. M. Duffieux, 他的工作最后总结为一本阐述傅里叶方法在光学中应用的书 [97], 于 1946 年出版. 这本书不久前已译成英文版 [98]. 在美国, 对这些课题的关心主要是由电气工程师 O. Schade 推动的, 他曾非常成功地应用线性系统理论方法来分析和改进电视摄像管透镜组 [308]. 在英国, 霍普金斯在使用传递函数方法来评估成像系统质量方面作出了榜样, 并首先计算了有通常的各种像差出现时的多种传递函数 [173]. 但是必须说, 傅里叶光学的基础实际上很久以前就已经奠定了, 特别是通过阿贝 (1840—1905) 和瑞利 (1842—1919) 的工作.

在本章中, 我们将考虑傅里叶分析在相干成像和非相干成像理论中的作用. 虽然历史上非相干光照明的情形更为重要, 但是相干光照明的情形在显微镜成像中始终是重要的, 而从激光出现以后, 它的重要性就更增加了. 例如, 全息术领域就只考虑相干成像.

对后面的题目各个方面的进一步讨论, 读者可参阅以下参考书的任何一种: [269], [117], [229], [84], [373].

## 7.1 成像系统的一般分析

前一章研究了在单色光照明的情形下单个薄透镜的成像性质. 下面首先把我们的讨论推广到不限于单个薄正透镜的情形, 求出可适用于更为普遍的透镜组的结果, 然后再取消单色光照明的限制, 求出空间相干的和空间非相干的 "准单色" 光照明情形的结果. 为了拓宽视野, 我们有必要用到几何光学理论的一些结果. 必需的概念都在附录 B 中介绍.

### 7.1.1 普遍模型

假定感兴趣的成像系统不是由一个透镜而是由几个透镜组成的, 其中有些是正透镜, 有些是负透镜, 相互之间隔着不同的距离. 这些透镜并不一定要求是如前定

义的 "薄" 的. 但是我们假定, 这个系统最后将在空间产生一个实像; 这并不是一个严格的限制, 因为如果系统产生一个虚像, 为了观看这个像最后必须把它转换成一个实像, 也许是用眼睛这个透镜.

为了确定这个透镜系统的性质, 我们采用的观点是: 全部成像元件都可以装在一个 "黑盒子" 中, 只要确定这一组件的边端性质, 就完全描述了这个系统的主要性质. 参看图 7.1, 这个黑盒子的 "边端" 由包含入射光瞳和出射光瞳的两个平面组成 (对这些平面的讨论见附录 B)[①]. 假定光在入射光瞳和出射光瞳之间的传播可用几何光学很好地描述.

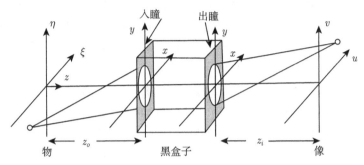

图 7.1 成像系统的普遍模型

入射光瞳和出射光瞳实际上是系统内同一限制孔径的像. 结果是, 可以有几种不同的方法来设想对波前的空间限制最终引起衍射的起源. 可以认为这种限制是由系统内部的物理限制孔径引起的 (它是这种限制的真正物理原因). 也可以等价地认为是系统的入射光瞳或出射光瞳引起的.

在这一章中, 我们将用符号 $z_o$ 代表入射光瞳平面到物平面的距离, 用符号 $z_i$ 代表出射光瞳平面到像平面的距离[②]. 于是距离 $z_i$ 就是将出现在衍射方程中的那个距离, 衍射方程代表出射光瞳的衍射对光学系统的点扩展函数的影响. 在讨论这些影响时, 我们将说到系统的出射光瞳或简称系统的 "光瞳".

一个成像系统被称为是衍射置限的 (diffraction-limited), 如果从任一点光源发出的发散球面波被这个系统转换成一个新的理想球面波, 这个新球面波在像平面上会聚成一理想点, 这个理想像点的位置与原来的物点的位置通过一个简单的标定因子 (放大率) 相联系, 如果系统是理想的, 对像场中我们有兴趣的一切点, 这个因子都必须相同. 因此, 衍射置限的成像系统的边端性质是, 将投射到入射光瞳上的发散球面波变换为出射光瞳上的会聚球面波. 对于任何真实成像系统, 这一性质充其量只能在物平面和像平面上的一个有限区域内满足. 若感兴趣的物限在上述性质

---

① 一般地说入射光瞳并不是必定要像图 7.1 所示那样在出射光瞳之左, 不论两个光瞳次序如何, 光学系统作为将入射到入射光瞳上的光变换为离开出射光瞳的光的系统的概念仍然成立.

② 保留符号 $z_1$ 和 $z_2$ 分别用来代表物到第一主面和第二主面到像的距离.

成立的区域内, 那么, 这个系统就可以看成是衍射置限系统.

　　在点光源情况下, 离开出射光瞳的波前大大地偏离了理想的球面波形, 那么就说成像系统具有像差. 像差将在 7.4 节中讨论, 我们将看到, 像差导致成像系统的空间频率响应的缺陷.

### 7.1.2　衍射对像的影响

　　由于几何光学已恰当地描述了光在一个系统的入射光瞳和出射光瞳之间的传播, 那么衍射效应就只在光从物到入射光瞳, 或等价的另一种说法, 从出射光瞳到像的传播中才起作用. 实际上, 可以把全部衍射限制归结到这两个光瞳的随便哪一个. 把像的分辨率看成是① 由物空间所看到的入射光瞳的有限大小所限, 或是② 由像空间所看到的出射光瞳的有限大小所限, 这两种看法是完全等价的, 其原因是, 一个光瞳只不过是另一个光瞳的像.

　　认为衍射效应是由有限的入射光瞳引起的看法, 是阿贝于 1873 年在对显微镜的相干成像的研究中首先提出的 [1]. 按照阿贝的理论, 一个复杂的物所产生的衍射分量中, 只有一部分被有限的入射光瞳截取. 未被孔径截取的分量正是物振幅透射率的高频分量所产生的分量. 这种观点在图 7.2 中画出, 这里物是一个多级光栅, 成像系统由单个正透镜组成.

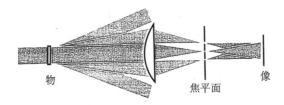

物　　　　　　　　　　焦平面　　　　　像

图 7.2　阿贝成像理论

　　一个等价的看法认为衍射效应来自出射光瞳, 这个看法是瑞利爵士在 1896 年提出的 [295]. 这是我们在 6.3 节中用过的观点, 在这里仍将采用它.

　　像的振幅①还是用叠加积分表示

$$U_i(u,v) = \iint_{-\infty}^{\infty} h(u,v;\xi,\eta)U_o(\xi,\eta)\mathrm{d}\xi\mathrm{d}\eta, \tag{7-1}$$

其中 $h$ 是对于物坐标 $(\xi,\eta)$ 处的 $\delta$ 函数在像坐标 $(u,v)$ 生成响应的振幅, $U_o$ 由物透过的振幅分布. 在没有像差时, 响应 $h$ 是从出瞳会聚到理想像点 $(u=M\xi,v=M\eta)$ 的球面波 (范围受到限制的) 产生的. 放大率可以是正的也可以是负的取决于像是正立的或者相反.

────────────
　　① 我们保留了单色光的假设, 但是在下一小节将取消这个假设.

理想像点的光振幅是出瞳的简单的夫琅禾费衍射图像①, 其中心位于像坐标 $(u = M\xi, v = M\eta)$ 处. 因此

$$h(u, v; \xi, \eta) = \frac{1}{\lambda^2 z_i^2} \iint_{-\infty}^{\infty} P(x, y) \exp\left\{-\mathrm{j}\frac{2\pi}{\lambda z_i}[(u - M\xi)x + (v - M\eta)y]\right\} \mathrm{d}x\mathrm{d}y,$$
(7-2)

式中光瞳函数 $P$ 在出瞳孔径内为 1, 在其外为 0, $z_i$ 是出瞳到像面的距离, 并且 $(x, y)$ 为出瞳面上的坐标. 在下述章节中, 我们会忽略掉积分中的纯相位因子, 其理由在 6.3.2 节中已经讲过.

为了在成像运算中得到空间不变性, 必须从公式中消除放大率和像倒置的影响. 通过在物空间②里定义约化坐标, 根据

$$\tilde{\xi} = M\xi, \quad \tilde{\eta} = M\eta,$$

在这种情况下, 振幅点扩展函数变成

$$h(u - \tilde{\xi}, v - \tilde{\eta}) = \frac{1}{\lambda^2 z_i^2} \iint_{-\infty}^{\infty} P(x, y) \exp\left\{-\mathrm{j}\frac{2\pi}{\lambda z_i}[(u - \tilde{\xi})x + (v - \tilde{\eta})y]\right\} \mathrm{d}x\mathrm{d}y.$$

在这点上, 可以很方便地定义理想像或几何光学对一个理想成像系统的预言像为

$$U_g(\tilde{\xi}, \tilde{\eta}) = \frac{1}{|M|} U_o\left(\frac{\tilde{\xi}}{M}, \frac{\tilde{\eta}}{M}\right),$$
(7-3)

从而给出像的卷积式 (7-4)

$$U_i(u, v) = \iint_{-\infty}^{\infty} h(u - \tilde{\xi}, v - \tilde{\eta}) U_g(\tilde{\xi}, \tilde{\eta}) \mathrm{d}\tilde{\xi}\mathrm{d}\tilde{\eta},$$
(7-4)

其中

$$h(u, v) = \frac{1}{\lambda^2 z_i^2} \iint_{-\infty}^{\infty} P(x, y) \exp\left\{-\mathrm{j}\frac{2\pi}{\lambda z_i}(ux + vy)\right\} \mathrm{d}x\mathrm{d}y.$$
(7-5)

因此, 在这种普遍的情形下, 对于一个衍射置限系统, 我们可以认为, 实际的像是几何光学所预言的像与一个脉冲响应的卷积, 这个脉冲响应是正比于出射光瞳的夫琅禾费衍射图样.

---

① 脉冲响应必须具有 $1/m^2$ 量纲, 因而, 与早先夫琅禾费衍射图样表达式相比较, 下面的表达式多出一个 $1/(\lambda z_i)$ 因子, 参阅 (6-44) 式.

② 使用更复杂的坐标变换常常会带来好处, 特别是在分析非傍轴情形时. 我们仍然选择与傍轴空间不变系统一致的最简单的坐标系. 对别种坐标变换 (它们之中的多种是霍普金斯提出的) 及其好处的讨论见文献 [373].

### 7.1.3   多色光照明: 相干情形和非相干情形

迄今为止, 成像系统的整个讨论中都用了严格的单色光照明的假定. 这个假定是过于严格了, 因为实际光源 (包括激光器) 产生的照明绝不是理想单色的. 事实上, 照明光的振幅和相位随时间变化的统计本性, 对成像系统的性能会有深远的影响. 因此我们暂时离开正题, 先来考虑多色性的十分重要的效应.

要十分满意地讨论这个问题, 就必须绕一个相当大的圈子去研究部分相干性理论. 但就我们的目的来说, 这样做是不切实际的. 因此我们从两种观点来讨论这个问题, 第一种方法纯粹是启发式的定性讨论, 第二种方法更严格些, 但不够全面. 关于更全面的讨论, 有兴趣的读者可参阅文献 [376], [34] 或 [135].

在单色光照明的情形下, 用一个复数相矢量 $U$ 代表场的复振幅是方便的, $U$ 是空间坐标的函数. 若照明是多色光, 但是为窄带的, 即所占的带宽与其中心频率比起来很小, 则可以推广这个方法, 用一个随时间变化的相矢量 (它既与时间又与空间坐标有关) 来表示场. 对于窄带光的情形, 随时间变化的相矢量的振幅和相位很容易与现实光波的包络和相位等同起来.

考虑用多色光照明的物所透射或反射的光的本性. 由于相矢量振幅的时间变化本质上是统计性的, 只有用统计概念才能提供对光场的满意描述. 前面已经看到, 每个物点都在像平面上产生一个脉冲响应. 如果一个特定物点上的光的振幅和相位随时间随机变化, 那么振幅脉冲响应的总体振幅和相位也将相应地变化. 这样, 物上不同点相矢量的振幅之间的统计关系将会影响像平面上相应的脉冲响应之间的统计关系. 这些统计关系对给出最后的像强度分布的求时间平均运算的结果有很大的影响.

这里只考虑两种照明. 第一种照明具有下述特性: 所有的物点上的场的相矢量振幅的变化是步调一致的; 这样, 尽管物的任意两点可有不同的固定相对相位, 但它们的绝对相位随时间变化的方式是理想地相互关联的. 这种照明称为空间相干的. 第二种照明性质相反, 物上所有各点的相矢量振幅随时间的变化完全没有关联. 这种照明称为空间非相干的 (以后我们提到这两类照明时简称为相干的和非相干的). 无论什么时候, 只要光显得是从单一点光源发出时, 就得到相干照明[①]. 这种光源的最普通的例子是激光器, 虽然更常规的光源 (如锆弧灯) 若是其输出先通过一个针孔也可以给出相干光 (尽管它的亮度比激光弱). 非相干光可从漫射或扩展光源获得, 譬如气体放电管和太阳.

若物是采用相干照明, 那么像平面上各个脉冲响应的变化是步调一致的, 因此

---

① 这是完全相干的一个充分条件而不是必要条件. 例如, 使从一个点光源发出的光通过一个漫射体, 在漫射体后面任何两点的光的相对相位仍然是相关的. 因此透射光仍然是空间相干的, 尽管它看起来不再是从一个点光源发出的. 但是注意, 在射到漫射体上之前, 它的确是从一个点光源发出的.

必须按复数振幅相加. 于是相干成像系统对复振幅是线性的. 因此, 我们对单色照明分析的结果可以直接应用于这样的系统, 只要把复振幅 $U$ 理解为一个依赖于光的相对相位的时间不变的相矢量.

若物的照明是非相干照明, 则像平面上各个脉冲响应以互不相关的方式变化. 因此它们必须按功率或强度相加. 由于任何给定的脉冲响应的强度正比于产生它的点光源的强度, 因此非相干成像系统对强度是线性的, 并且这个系统的脉冲响应是振幅脉冲响应的模的平方.

上面的论据完全是讨论式的, 并且实际上隐含着某些假定和近似. 因此我们下面来更严格地考察这个问题. 首先注意, 在单色光照明的情形下, 我们是这样得出相矢量表示的: 弃去余弦场变化的正频分量并对剩下的负频分量加倍. 为了把这个概念推广到多色波 $u(P,t)$, 我们弃去 $u(P,t)$ 的傅里叶频谱中的全部正频率分量, 并且把它的负频分量加倍, 得出一个新的 (复) 函数 $u_-(P,t)$. 若进一步写成

$$u_-(P,t) = U(P,t)\exp(-\mathrm{j}2\pi\bar{\nu}t),$$

其中 $\bar{\nu}$ 是光波的平均频率或中心频率, 则复函数 $U(P,t)$ 可看成是 $u(P,t)$ 的随时间变化的相矢量表示.

在前面假设的窄带条件下, 在光学频谱所包含的各个频率上, 振幅脉冲响应没有明显的变化. 因此我们能够把像的随时间变化的相矢量表示用卷积表示出来, 这是一个同波长无关的脉冲响应与物的随时间变化的相矢量表示的卷积 (用约化的物坐标),

$$U_i(u,v;t) = \iint_{-\infty}^{\infty} h(u-\tilde{\xi}, v-\tilde{\eta})U_g(\tilde{\xi}, \tilde{\eta}; t-\tau)\mathrm{d}\tilde{\xi}\mathrm{d}\tilde{\eta}, \tag{7-6}$$

其中, $\tau$ 与从 $(\tilde{\xi}, \tilde{\eta})$ 到 $(u,v)$ 的传播相联系的时间延迟 (注意一般而言, $\tau$ 是所涉及的坐标的函数).

为了计算像的强度, 我们必须对 $|U_i(u,v;t)|^2$ 所代表的瞬时强度求时间平均, 因为探测器的积分时间通常比光频带宽的倒数长得多, 即使对窄带光源也是如此. 在下面的表达式中, 角括号代表无限长时间的平均操作. 于是像的强度由 $I_i(u,v) = \langle|U_i(u,v;t)|^2\rangle$ 给出, 或者在 (7-6) 式代入后, 交换求平均和积分的次序, 得到

$$I_i(u,v) = \iint_{-\infty}^{\infty} \mathrm{d}\tilde{\xi}_1\mathrm{d}\tilde{\eta}_1 \iint_{-\infty}^{\infty} \mathrm{d}\tilde{\xi}_2\mathrm{d}\tilde{\eta}_2 h(u-\tilde{\xi}_1, v-\tilde{\eta}_1)h^*(u-\tilde{\xi}_2, v-\tilde{\eta}_2)$$
$$\times \left\langle U_g(\tilde{\xi}_1, \tilde{\eta}_1; t-\tau_1)U_g^*(\tilde{\xi}_2, \tilde{\eta}_2; t-\tau_2) \right\rangle. \tag{7-7}$$

对于一个固定的像点, 脉冲响应 $h$ 只在理想像点周围一个小区域内不为零. 从而被积函数只是对非常靠近的两点 $(\tilde{\xi}_1, \tilde{\eta}_1)$ 和 $(\tilde{\xi}_2, \tilde{\eta}_2)$ 才不为零[1]. 因此我们假定

---

① 如前所述, 这个假设对于有明显像差的系统可能是不对的.

在窄带条件下时间延迟 $\tau_1$ 和 $\tau_2$ 之间的差别可以忽略, 使得这两个时间延迟可以弃去.

现在像强度的表示式可以写成

$$
\begin{aligned}
I_i(u,v) = {} & \iint_{-\infty}^{\infty} \mathrm{d}\tilde{\xi}_1 \mathrm{d}\tilde{\eta}_1 \iint_{-\infty}^{\infty} \mathrm{d}\tilde{\xi}_2 \mathrm{d}\tilde{\eta}_2 \, h(u - \tilde{\xi}_1, v - \tilde{\eta}_1) h^*(u - \tilde{\xi}_2, v - \tilde{\eta}_2) \\
& \times J_g(\tilde{\xi}_1, \tilde{\eta}_1; \tilde{\xi}_2, \tilde{\eta}_2),
\end{aligned}
\tag{7-8}
$$

其中

$$
J_g(\tilde{\xi}_1, \tilde{\eta}_1; \tilde{\xi}_2, \tilde{\eta}_2) = \left\langle U_g(\tilde{\xi}_1, \tilde{\eta}_1; t) U_g^*(\tilde{\xi}_2, \tilde{\eta}_2; t) \right\rangle,
\tag{7-9}
$$

(7-9) 式定义的物理量叫做**互强度**, 它是两个物点上的光的空间相干性的量度.

当照明是完全相干的时候, 物平面上各点的随时间变化的相矢量的振幅仅相差一个复常数. 可以等价地写为

$$
\begin{aligned}
U_g(\tilde{\xi}_1, \tilde{\eta}_1; t) &= U_g(\tilde{\xi}_1, \tilde{\eta}_1) \frac{U_g(0,0;t)}{\langle |U_g(0,0;t)|^2 \rangle^{\frac{1}{2}}}, \\
U_g(\tilde{\xi}_2, \tilde{\eta}_2; t) &= U_g(\tilde{\xi}_2, \tilde{\eta}_2) \frac{U_g(0,0;t)}{\langle |U_g(0,0;t)|^2 \rangle^{\frac{1}{2}}},
\end{aligned}
\tag{7-10}
$$

其中随意地把原点的随时间变化的相矢量的相位选为相位参考点, 两个不含时间的 $U_g$ 是相对于原点处的随时间变化的相矢量振幅的相矢量振幅, 并进行了归一化, 使不含时间的相矢量可以保留关于平均功率或强度的正确信息. 把这些关系式代入互强度的定义 (7-9) 式, 对相干情形我们得到

$$
J_g(\tilde{\xi}_1, \tilde{\eta}_1; \tilde{\xi}_2, \tilde{\eta}_2) = U_g(\tilde{\xi}_1, \tilde{\eta}_1) U_g^*(\tilde{\xi}_2, \tilde{\eta}_2).
\tag{7-11}
$$

把这个结果再代入 (7-8) 式求强度, 得到

$$
I_i(u,v) = \left| \iint_{-\infty}^{\infty} h(u - \tilde{\xi}, v - \tilde{\eta}) U_g(\tilde{\xi}, \tilde{\eta}) \mathrm{d}\tilde{\xi} \mathrm{d}\tilde{\eta} \right|^2.
\tag{7-12}
$$

最后, 在像空间定义一个相对于原点处的对应的相矢量振幅的时间不变的相矢量振幅 $U_i$, 得到相干成像系统由一个振幅卷积式描述,

$$
U_i(u,v) = \iint_{-\infty}^{\infty} h(u - \tilde{\xi}, v - \tilde{\eta}) U_g(\tilde{\xi}, \tilde{\eta}) \mathrm{d}\tilde{\xi} \mathrm{d}\tilde{\eta},
\tag{7-13}
$$

这个结果与单色照明情形下所得到的结果相同. 于是我们证实了, 对物的相干照明得出的成像系统对**复振幅**是线性的.

当物的照明是完全非相干的时候, 物上各点的相矢量振幅的变化方式是统计独立的. 这个理想化的性质可用下式表示:

$$
\left\langle U_g(\tilde{\xi}_1, \tilde{\eta}_1; t) U_g^*(\tilde{\xi}_2, \tilde{\eta}_2; t) \right\rangle = \kappa I_g(\tilde{\xi}_1, \tilde{\eta}_1) \delta(\tilde{\xi}_1 - \tilde{\xi}_2, \tilde{\eta}_1 - \tilde{\eta}_2),
\tag{7-14}
$$

其中 $\kappa$ 是一个实常数. 但是这个表示式是不精确的; 实际上, 相干性可以存在的最小距离是一个波长的数量级 (详见文献 [25] 的 4.4 节). 但是只要物上的相干面积比起物空间中的可分辨元胞大小来讲很小, (7-14) 式就是正确的. 把它代入 (7-9) 式, 得到结果

$$I_i(u,v) = \kappa \iint_{-\infty}^{\infty} |h(u-\tilde{\xi}, v-\tilde{\eta})|^2 I_g(\tilde{\xi}, \tilde{\eta}) \mathrm{d}\tilde{\xi} \mathrm{d}\tilde{\eta}, \tag{7-15}$$

于是对于非相干照明, 得到像强度是**强度脉冲响应** $|h|^2$ 与理想的像强度 $I_g$ 的卷积. 因此我们验证了, 非相干成像系统对**强度**而不是对振幅是线性的. 此外, 非相干成像变换的脉冲响应正是振幅脉冲响应的模的平方.

当照明光源是一个扩展的非相干光源时, 在什么条件下成像系统表现得实质上是一个非相干系统, 在什么条件下表现得实质上是一个相干系统, 是可以确定的 (见文献 [135] 的第 283 页). 用 $\theta_s$ 表示对物照明的非相干光源的有效角直径, $\theta_p$ 表示成像系统的入射光瞳的角直径, $\theta_o$ 表示物的角谱的角直径, 所有的角度都是从物方测量的. 那么可以证明, 对于平面物, 诸如显微胶片或者光刻用的掩模片, 若是

$$\theta_s \geqslant \theta_o + \theta_p,$$

则系统的行为像是非相干系统; 若是

$$\theta_s \ll \theta_p,$$

则系统的行为像是相干系统. 若条件在这两个极端情况之间, 则系统表现为部分相干系统, 对它的处理已超出了本书的范围. 关于部分相干成像系统的信息可参看诸如文献 [135] 的第 7 章.

如果所感兴趣的物具有粗糙表面能够透过或反射散射光, 对于表面的细节一般不会感兴趣, 而且, 如果

$$\theta_s \gg \theta_p,$$

或者, 换句话说, 如果照明光的相干宽度比成像系统横向分辨率小得多, 系统趋于具有非相干性.

上述结果对于近单色照明是严格适用的. 注意, 在相干照明散射物体的情况下, 所成的像包含着大量的散斑. 然而, 如果照明是非单色光, 照明光源不同波长区域产生的不同散斑图样会使散斑被平滑掉 (参阅本书 7.5.3 节和文献 [135] 的 7.7.4 节). 独立的散斑图样叠加的结果是否能呈现出非相干性多于相干性, 取决于光源的带宽.

## 7.2　衍射置限相干成像系统的频率响应

现在转向本章的中心议题, 即成像系统的频谱分析. 本节专注于相干照明的成像系统. 非相干照明系统在 7.3 节讨论.

前面已经强调指出, 相干成像系统对复振幅是线性的. 当然就意味着, 这样的系统给出的强度变换是高度非线性的. 如果要在通常形式下应用频谱分析, 它们必须用于线性的振幅变换.

### 7.2.1　振幅传递函数

我们对相干系统所做的分析得出一个空间不变形式的振幅变换, 这从 (7-13) 式给出的卷积式子可以证实. 于是我们预期, 传递函数的概念可以直接应用于这个系统, 只要这种应用是在振幅的基础上进行的. 为了这个目的, 分别定义系统的输入和输出的频谱[①] 如下:

$$G_g(f_X, f_Y) = \iint_{-\infty}^{\infty} U_g(u,v) \exp[-j2\pi(f_X u + f_Y v)]\mathrm{d}u\mathrm{d}v,$$

$$G_i(f_X, f_Y) = \iint_{-\infty}^{\infty} U_i(u,v) \exp[-j2\pi(f_X u + f_Y v)]\mathrm{d}u\mathrm{d}v.$$

此外, 还定义振幅传递函数 $H$ 为空间不变的振幅脉冲响应的傅里叶变换,

$$H(f_X, f_Y) = \iint_{-\infty}^{\infty} h(u,v) \exp[-j2\pi(f_X u + f_Y v)]\mathrm{d}u\mathrm{d}v. \tag{7-16}$$

将卷积定理应用于 (7-13) 式, 立即得到

$$G_i(f_X, f_Y) = H(f_X, f_Y)G_g(f_X, f_Y). \tag{7-17}$$

于是, 至少在形式上, 衍射置限成像系统的效应就在频域中表示出来了. 现在还要把 $H$ 与成像系统本身的物理性质更直接地联系起来.

在这方面, 注意到虽然 (7-16) 式把 $H$ 定义为振幅点扩展函数 $h$ 的傅里叶变换, 但是后一函数本身又是一个夫琅禾费衍射图样, 可以表示为光瞳函数的一个经过标定的傅里叶变换 [见 (7-5) 式]. 于是

$$H(f_X, f_Y) = \mathcal{F}\left\{\frac{1}{\lambda^2 z_i^2} \iint_{-\infty}^{\infty} P(x,y) \exp\left\{-j\frac{2\pi}{\lambda z_i}(ux + vy)\right\} \mathrm{d}x\mathrm{d}y\right\}$$
$$= P(-\lambda z_i f_X, -\lambda z_i f_Y). \tag{7-18}$$

---

[①] 在这里和所有的地方, 我们将保留频率变量的下标 $X$ 和 $Y$, 虽然它们对应的空间变量可能有不同的符号.

为了记号的方便, 我们忽略 $P$ 的自变量中的负号 (我们在这里感兴趣的几乎所有应用的光瞳函数关于 $x$ 和 $y$ 都是对称的). 于是有

$$H(f_X, f_Y) = P(\lambda z_i f_X, \lambda z_i f_Y). \tag{7-19}$$

这个关系式极其重要, 它提供了关于衍射置限相干成像系统在频域中的行为的很说明问题的信息. 如果光瞳函数 $P$ 之值的确在某个区域内为 1, 在其他区域为 0, 那么在频域中就存在一个有限的通频带, 衍射置限相干成像系统通过此通带内的全部频谱分量而没有振幅或相位畸变[①]. 在这个通带的边界上, 频率响应突然降到零, 这意味着通带外的频率分量完全消失.

最后, 我们做一些直观解释, 说明为什么标定的光瞳函数会起着振幅传递函数的作用. 我们还记得, 为了消去物上的二次相位因子, 物应当用一个会聚球面波照明, 球面波的会聚点是光轴和入射光瞳的交点 (见引出图 6.9 的讨论). 会聚的球面波照明使物的振幅透射率出现在入射光瞳中, 也出现在出射光瞳中, 因为后者是前者的像 (见附录 B). 因此光瞳陡然限制了系统通过的傅里叶分量的范围. 如果没有会聚球面波照明, 那么如我们结合图 6.10 所讨论的那样, 同样的结论也近似成立, 特别是对物平面内一个足够小的物.

### 7.2.2 振幅传递函数的例子

为了举例说明衍射置限相干成像系统的频率响应, 考虑具有正方形光瞳 (宽度为 $w$) 和圆形光瞳 (直径为 $w$) 的系统的振幅传递函数. 对于这两种情形, 我们分别有

$$P(x, y) = \text{rect}\left(\frac{x}{w}\right) \text{rect}\left(\frac{y}{w}\right),$$

$$P(x, y) = \text{circ}\left(\frac{\sqrt{x^2 + y^2}}{w/2}\right).$$

于是, 从 (7-19) 式, 对应的振幅传递函数为

$$H(f_X, f_Y) = \text{rect}\left(\frac{\lambda z_i f_X}{w}\right) \text{rect}\left(\frac{\lambda z_i f_Y}{w}\right), \tag{7-20}$$

$$H(f_X, f_Y) = \text{circ}\left(\lambda z_i \frac{\sqrt{f_X^2 + f_Y^2}}{w/2}\right). \tag{7-21}$$

这些函数画在图 7.3 中. 注意, 在两种情形下都可以定义一个截止频率 $f_o$,

$$f_o = \frac{w/2}{\lambda z_i}, \tag{7-22}$$

---

[①] 注意只是对无像差的系统才能得出这个结论. 在 7.4 节将看到, 一个有像差的系统在其通带内也不能免于相位失真.

在圆形光瞳情况下, 式中这个截止频率在频率平面的一切方向上是相同的; 但在正方形光瞳的情况下, 这个截止频率只适用于沿 $f_X$ 和 $f_Y$ 轴方向. 为了说明 $f_o$ 具体的数量级, 假定 $w = 1\mathrm{cm}$, $z_i = 10\mathrm{cm}$ 以及 $\lambda = 1 \times 10^{-4}\mathrm{cm}$, 得到截止频率为 250 周/mm.

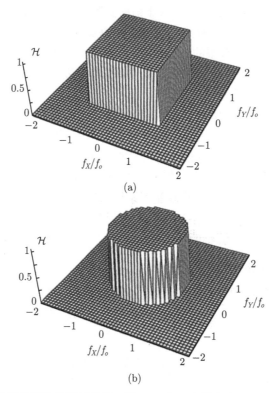

图 7.3　衍射置限系统的振幅传递函数. (a) 方形出射光瞳; (b) 圆形出射光瞳

## 7.3　衍射置限非相干成像系统的频率响应

在相干情形下, 我们已看到, 光瞳和振幅传递函数之间的关系非常直接和简单. 当物体被非相干照明时, 我们将看到, 成像系统的传递函数仍由光瞳确定, 但是二者的关系较为间接并且更有趣. 因此, 非相干光成像理论具有在相干成像理论中没有的一些额外的丰富内容. 现在来考虑这个理论; 仍然只限于衍射置限系统, 虽然下面紧接着的讨论对一切非相干系统都适用, 不管它们有没有像差.

### 7.3.1　光学传递函数

前面已经看到, 使用非相干光照明的成像系统遵从强度卷积积分

$$I_i(u,v) = \kappa \iint_{-\infty}^{\infty} |h(u - \tilde{\xi}, v - \tilde{\eta})|^2 I_g(\tilde{\xi}, \tilde{\eta}) \mathrm{d}\tilde{\xi}\mathrm{d}\tilde{\eta}. \tag{7-23}$$

因此, 这样的系统应当作为强度分布的线性变换来进行频谱分析. 为此, 用频谱的 "零频" 值来对频谱进行归一化, 定义 $I_g$ 和 $I_i$ 的归一化频谱为

$$\mathcal{G}_g(f_X, f_Y) = \frac{\iint_{-\infty}^{\infty} I_g(u,v) \exp[-\mathrm{j}2\pi(f_X u + f_Y v)] \mathrm{d}u\mathrm{d}v}{\iint_{-\infty}^{\infty} I_g(u,v) \mathrm{d}u\mathrm{d}v}, \tag{7-24}$$

$$\mathcal{G}_i(f_X, f_Y) = \frac{\iint_{-\infty}^{\infty} I_i(u,v) \exp[-\mathrm{j}2\pi(f_X u + f_Y v)] \mathrm{d}u\mathrm{d}v}{\iint_{-\infty}^{\infty} I_i(u,v) \mathrm{d}u\mathrm{d}v}. \tag{7-25}$$

这一方面是为了数学上的方便, 另一方面还有更根本的原因. 可以证明, 任何像 $I_g$ 和 $I_i$ 这样的非负的实值函数, 其傅里叶变换在原点达到其极大值. 我们取该极大值为定义 $\mathcal{G}_g$ 和 $\mathcal{G}_i$ 的归一化常数. 由于强度是一个非负值的量, 它们在原点总是有一个非零的频谱. 一个像的视觉质量在很大程度上依赖于像的 "对比度", 或者说依赖于像的载有信息的部分相对强度以及总是会出现的背景强度. 因此用这个背景强度来对频谱进行归一化.

相仿地, 系统的归一化传递函数可定义为

$$\mathcal{H}(f_X, f_Y) = \frac{\iint_{-\infty}^{\infty} |h(u,v)|^2 \exp[-\mathrm{j}2\pi(f_X u + f_Y v)] \mathrm{d}u\mathrm{d}v}{\iint_{-\infty}^{\infty} |h(u,v)|^2 \mathrm{d}u\mathrm{d}v}. \tag{7-26}$$

对 (7-23) 式应用卷积定理, 得到频域关系式

$$\mathcal{G}_i(f_X, f_Y) = \mathcal{H}(f_X, f_Y)\mathcal{G}_g(f_X, f_Y). \tag{7-27}$$

按照国际的约定, 函数 $\mathcal{H}$ 叫做系统的光学传递函数 (optical transfer function, OTF). 它的模 $|\mathcal{H}|$ 叫做调制传递函数 (modulation transfer function, MTF). 注意, $|\mathcal{H}(f_X, f_Y)|$ 简单地表示系统施加于频率分量 $(f_X, f_Y)$ 的复数权重因子相对于施加于零频分量的权重因子的比值.

由于振幅传递函数和光学传递函数二者的定义中都含有函数 $h$, 我们预料它们之间应有某种特殊关系. 实际上也的确存在这样的关系, 并且不难用第 2 章中的自相关定理求出. 由于

$$H(f_X, f_Y) = \mathcal{F}\{h\}$$

和

$$\mathcal{H}(f_X, f_Y) = \frac{\mathcal{F}\{|h|^2\}}{\iint_{-\infty}^{\infty} |h(u,v)|^2 \mathrm{d}u\mathrm{d}v},$$

可得 [借助于瑞利定理 (译者注: 过去绝大多数教科书都称之为 "Parseral" 定理)]

$$\mathcal{H}(f_X, f_Y) = \frac{\iint_{-\infty}^{\infty} H(p', q')H^*(p'-f_X, q'-f_Y)\mathrm{d}p'\mathrm{d}q'}{\iint_{-\infty}^{\infty} |H(p', q')|^2 \mathrm{d}p'\mathrm{d}q'}. \tag{7-28}$$

做简单的变量代换

$$p = p' - \frac{f_X}{2}, \quad q = q' - \frac{f_Y}{2},$$

得到对称的表示式

$$\mathcal{H}(f_X, f_Y) = \frac{\iint_{-\infty}^{\infty} H\left(p+\frac{f_X}{2}, q+\frac{f_Y}{2}\right) H^*\left(p-\frac{f_X}{2}, q-\frac{f_Y}{2}\right) \mathrm{d}p\mathrm{d}q}{\iint_{-\infty}^{\infty} |H(p,q)|^2 \mathrm{d}p\mathrm{d}q}. \tag{7-29}$$

因此 OTF 是振幅传递函数的归一化自相关函数!

(7-29) 式是相干系统的性质与非相干系统的性质之间的主要联系. 注意, 它对有像差的系统和没有像差的系统都完全成立.

### 7.3.2  OTF 的一般性质

只从 OTF 是归一化自相关函数这一点就可以说出它的一系列非常简洁而优美的性质. 最重要的几条性质如下:

(1) $\mathcal{H}(0,0) = 1$.

(2) $\mathcal{H}(-f_X, -f_Y) = \mathcal{H}^*(f_X, f_Y)$.

(3) $|\mathcal{H}(f_X, f_Y)| \leqslant |\mathcal{H}(0,0)|$.

在 (7-29) 式中以 ($f_X = 0, f_Y = 0$) 代入就直接得出性质 (1). 性质 (2) 的证明留给读者作为一个练习, 它只不过是一个实函数的傅里叶变换具有厄米对称性的一个说法.

证明 MTF 在任何频率下之值总是小于它的直流分量值 1 要费些力气. 为了证明性质 3, 我们要用施瓦茨不等式 (见文献 [276] 的第 177 页), 它可表述如下: 若 $X(p,q)$ 和 $Y(p,q)$ 为 $(p,q)$ 的任意两个复值函数, 那么

$$\left|\iint XY \,\mathrm{d}p\mathrm{d}q\right|^2 \leqslant \iint |X|^2 \mathrm{d}p\mathrm{d}q \iint |Y|^2 \mathrm{d}p\mathrm{d}q, \tag{7-30}$$

当且仅当 $Y = KX^*$ 时其中等号才成立, $K$ 是一个复常数. 令

$$X(p,q) = H\left(p + \frac{f_X}{2}, q + \frac{f_Y}{2}\right) \quad \text{并且} \quad Y(p,q) = H^*\left(p - \frac{f_X}{2}, q - \frac{f_Y}{2}\right),$$

得到

$$\left| \iint_{-\infty}^{\infty} H\left(p + \frac{f_X}{2}, q + \frac{f_Y}{2}\right) H^*\left(p - \frac{f_X}{2}, q - \frac{f_Y}{2}\right) \mathrm{d}p\mathrm{d}q \right|^2$$

$$\leqslant \iint_{-\infty}^{\infty} \left| H\left(p + \frac{f_X}{2}, q + \frac{f_Y}{2}\right) \right|^2 \mathrm{d}p\mathrm{d}q \iint_{-\infty}^{\infty} \left| H\left(p - \frac{f_X}{2}, q - \frac{f_Y}{2}\right) \right|^2 \mathrm{d}p\mathrm{d}q$$

$$= \left[ \iint_{-\infty}^{\infty} |H(p,q)|^2 \mathrm{d}p\mathrm{d}q \right]^2.$$

用不等式右边的项进行归一化, 便得到 $|\mathcal{H}(f_X, f_Y)|$ 永远不大于 1.

最后应该指出, 虽然 OTF 在零频率下之值恒为 1, 但这并不意味着像的背景的绝对强度水平与物的背景的绝对强度水平相同. OTF 的定义中所用的归一化已经消除了关于绝对强度水平的一切信息.

### 7.3.3 无像差系统的 OTF

到现在为止, 我们的讨论对有像差和无像差的系统都同样适用. 现在来考虑一个衍射置限的非相干系统的特殊情形. 我们还记得, 对相干系统有

$$H(f_X, f_Y) = P(\lambda z_i f_X, \lambda z_i f_Y).$$

对于非相干系统, 在 (7-29) 式中作简单的变量代换 $x = \lambda z_i f_X$ 和 $y = \lambda z_i f_Y$, 可得

$$\mathcal{H}(f_X, f_Y) = \frac{\iint_{-\infty}^{\infty} P\left(x + \frac{\lambda z_i f_X}{2}, y + \frac{\lambda z_i f_Y}{2}\right) P\left(x - \frac{\lambda z_i f_X}{2}, y - \frac{\lambda z_i f_Y}{2}\right) \mathrm{d}x\mathrm{d}y}{\iint_{-\infty}^{\infty} P^2(x,y)\mathrm{d}x\mathrm{d}y},$$

$$(7\text{-}31)$$

式 (7-31) 分母中, 如果 $P$ 要么等于 1 要么等于 0, 其中的 $P^2$ 可以换成 $P$. $\mathcal{H}$ 表示式 (7-31) 本身能够引出它的一个极为重要的几何解释. 其分子代表两个错开的光瞳函数相互重叠的面积, 其中一个中心在 $(\lambda z_i f_X/2, \lambda z_i f_Y/2)$ 点, 而另一个的中心则位于径向相对的点 $(-\lambda z_i f_X/2, -\lambda z_i f_Y/2)$, 其分母只不过是用光瞳的总面积来对这个重叠面积归一化. 因此有

$$\mathcal{H}(f_X, f_Y) = \frac{\text{重叠面积}}{\text{总面积}}$$

要计算一个衍射置限系统的 OTF, 可直接按照这个几何解释所指明的几个步骤进行. 如图 7.4 所示, 对于简单的几何形状, 可以求出归一化的重叠面积的表示式 (见

下面的例子). 注意这个几何解释表明一个衍射置限系统的 OTF 永远为**实值**并且是**非负的**. 但是, 它并不一定是频率的一个单调下降函数 (见习题 7-3).

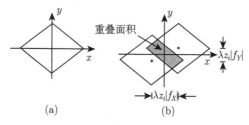

(a)　　　　　　　　　　(b)

图 7.4　衍射置限系统的 OTF 的几何解释. (a) 光瞳函数总面积是 OTF 的分母;
(b) 两个错开的光瞳函数——阴影面积是 OTF 的分子

对于复杂的光瞳, 可用数字计算机来计算出 OTF. 一个进行这样的计算的直截了当的方法是对经过空间反转的光瞳函数 $P(-x, -y)$ 进行傅里叶逆变换 (或等效地对光瞳函数 $P(x, y)$ 进行傅里叶变换), 从而求得振幅点扩展函数, 取这个量的模的平方 (从而求得强度点扩展函数), 再取这个结果的傅里叶变换, 以求未归一化的 OTF. 然后进行最后的归一化, 使原点之值为 1.

为了对 OTF 的物理意义有更深刻的理解, 考虑在像中产生一个频率为特定的 $(f_X, f_Y)$ 的正弦强度分量的可能办法. 我们要求, 这样的强度条纹只能通过两束光在像平面上干涉才能产生, 这两束光必须来自系统的出射光瞳上的两个分离间隔为 $(\lambda z_i |f_X|, \lambda z_i |f_Y|)$ 的点. 只有来自具有特定间隔为 $(\lambda z_i |f_X|, \lambda z_i |f_Y|)$ 的两点的光干涉, 才能产生这个频率的条纹 (见习题 7-1). 但是, 系统的光瞳可以包含许多对不同的点, 它们之间的间隔都是这个值. 事实上, 系统给予这一特定的频率 $(f_X, f_Y)$ 的相对权重就是由光瞳中有多少种不同的方式来容纳这个间隔所决定的. 出射光瞳可容纳一个特定间隔的方式数目正比于两个错开这一间隔的光瞳的重叠面积, 见图 7.5.

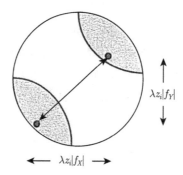

图 7.5　来自间隔为 $(\lambda z_i |f_X|, \lambda z_i |f_Y|)$ 的两点的光发生干涉, 产生一组频率为 $(f_X, f_Y)$ 的正弦条纹. 光瞳上涂阴影的区域是两个间隔为这一特定值的光点可以存在的区域

### 7.3.4 衍射置限系统的 OTF 的举例

作为例子, 下面讨论具有正方形光瞳 (宽度为 $w$) 和圆形光瞳 (直径为 $w$) 的衍射置限系统的 OTF. 图 7.6 说明正方形光瞳情况下的计算方法. 重叠面积显然是

$$\mathcal{A}(f_X, f_Y) = \begin{cases} (w - \lambda z_i|f_X|)(w - \lambda z_i|f_Y|), & |f_X| \leqslant w/(\lambda z_i), |f_Y| \leqslant w/(\lambda z_i), \\ 0, & \text{其他.} \end{cases}$$

用总面积 $w^2$ 对这块面积归一化, 结果变成

$$\mathcal{H}(f_X, f_Y) = \Lambda\left(\frac{f_X}{2f_o}\right)\Lambda\left(\frac{f_Y}{2f_o}\right), \tag{7-32}$$

其中, $\Lambda$ 是第 2 章中所述的三角形函数, 而 $f_o$ 是同一系统在相干照明下的截止频率,

$$f_o = \frac{w/2}{\lambda z_i}.$$

注意, 非相干系统沿 $f_X$ 和 $f_Y$ 轴方向上的截止频率是 $2f_o$.[①](7-32) 式表示的 OTF 描绘在图 7.7 中.

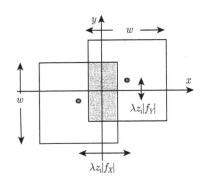

图 7.6 方形孔径的 OTF 的计算

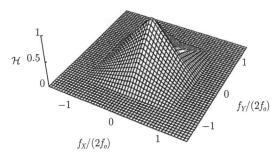

图 7.7 一个具有方形孔径的衍射置限系统的光学传递函数

---

① 这并不意味着非相干系统的分辨本领是相干系统的两倍, 见 7.5 节.

当光瞳为圆形时, 计算没有这么直截了当. 由于这时 OTF 显然应该是圆对称的, 故只需沿正 $f_X$ 轴方向计算 $\mathcal{H}$ 就行了. 如图 7.8 所示, 重叠面积是圆扇形 $A+B$ 中的阴影部分 $B$ 的面积的 4 倍. 但圆扇形面积是

$$\text{Area}(A+B) = \left[\frac{\theta}{2\pi}\right](\pi(w/2)^2) = \left[\frac{\arccos(\lambda z_i f_X/w)}{2\pi}\right](\pi(w/2)^2)$$

而三角形 $A$ 的面积是

$$\text{Area}(A) = \frac{1}{2}\left(\frac{\lambda z_i f_X}{2}\right)\sqrt{w^2 - \left(\frac{\lambda z_i f_X}{2}\right)^2}.$$

最后我们有

$$\mathcal{H}(f_X, 0) = \frac{4[\text{Area}(A+B) - \text{Area}(A)]}{\pi w^2},$$

或者, 对于频率平面上的一个径向距离 $\rho$, 有

$$\mathcal{H}(\rho) = \begin{cases} \dfrac{2}{\pi}\left[\arccos\left(\dfrac{\rho}{2\rho_o}\right) - \dfrac{\rho}{2\rho_o}\sqrt{1 - \left(\dfrac{\rho}{2\rho_o}\right)^2}\right], & \rho \leqslant 2\rho_o, \\ 0, & \text{其他}. \end{cases} \tag{7-33}$$

式中的 $\rho_o$ 是相干系统的截止频率,

$$\rho_o = \frac{w/2}{\lambda z_i}.$$

从图 7.9, 再次看到 OTF 延伸到相干截止频率的二倍值处.

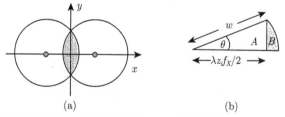

图 7.8　两个错开的圆的重叠面积的计算. (a) 重叠的两个圆; (b) 计算的几何图形

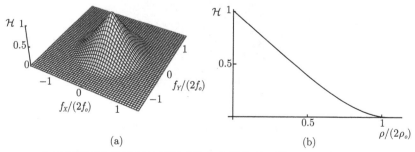

图 7.9　一个具有圆形孔径的衍射置限系统的光学传递函数. (a) 三维透视图; (b) 截面

## 7.4 像差及其对频率响应的影响

在讨论成像系统的普遍模型时, 曾特别假设, 点光源物将在出射光瞳上产生一个理想球面波, 这个球面波向理想的几何像点会聚. 这样的系统叫做衍射置限系统. 现在我们考虑像差的影响, 所谓像差即是出射光瞳上的波前对理想球面的各种偏离. 像差可以由各种原因引起, 从聚焦不良之类的简单缺陷, 到理想的球面透镜的固有性质, 如球面像差. 对像差以及它们对频率响应的细致影响的完整讨论已超出本书范围. 我们只集中讨论非常一般的影响, 并举一个比较简单的例子来说明. 对各种类型的像差和它们对频率响应的影响的较完备的讨论, 读者可参看文献 [373], [173], [366] 或 [239].

### 7.4.1 广义光瞳函数

前面已经看到, 当成像系统是衍射置限系统时, (振幅) 点扩展函数是出射光瞳的夫琅禾费衍射图样, 其中心在理想像点上. 这个事实向我们提示了一个方便的方法, 使得可以把像差直接包括到前面的结果中. 具体地说, 当存在波前偏差时, 可以设想射到出射光瞳上的仍是一个理想球面波, 但在孔径内有一块移相板, 它使离开孔径的波前变形. 若出射光瞳中 $(x, y)$ 点的相位偏差用 $kW(x, y)$ 表示, 其中 $k = 2\pi/\lambda$, $W$ 是有效的光程误差, 那么虚拟的移相板的复数振幅透射率 $\mathcal{P}(x, y)$ 便由下式给出:

$$\mathcal{P}(x, y) = P(x, y) \exp[jkW(x, y)]. \tag{7-34}$$

复函数 $\mathcal{P}$ 可以叫做广义光瞳函数. 一个有像差的相干系统的脉冲点扩展函数就简单地是一个振幅透射率为 $\mathcal{P}$ 的孔径的夫琅禾费衍射图样. 有像差的非相干系统的强度脉冲响应当然仍是振幅脉冲响应的模的平方.

图 7.10 是定义像差函数 $W$ 的几何图. 如果系统没有像差, 出射光瞳将被一个向理想像点会聚的理想球面波充满. 我们用中心在理想像点并通过光轴与出射光瞳交点的理想球面定义一个高斯参考球面, 相对于这个参考球面就能够定义像差函数了. 如果向后追踪一条光线, 从理想像点到出射光瞳上的点 $(x, y)$, 那么像差函数 $kW(x, y)$ 便是这条光线从高斯参考球面传到实际波前所积累的光程差, 实际波前也被定义为与光轴相交于出射光瞳上. 这个误差可以是正的也可以是负的, 取决于实际波前分别在高斯参考球面的左边还是右边.

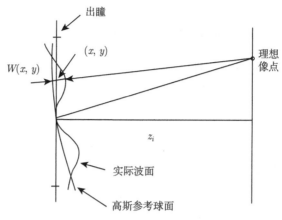

图 7.10   定义像差函数的几何图

### 7.4.2   像差对振幅传递函数的影响

在研究衍射置限相干系统时, 它的传递函数是从以下考虑求得的: ①脉冲响应是光瞳函数的傅里叶变换, ②振幅传递函数是脉冲响应的傅里叶变换. 由于这两个傅里叶变换关系的结果, 得到传递函数正比于标定的光瞳函数 $P$. 存在像差时, 也可以用完全一样的推理, 只要把 $P$ 换成广义光瞳函数 $\mathcal{P}$. 因此振幅传递函数可写成

$$H(f_X, f_Y) = \mathcal{P}(\lambda z_i f_X, \lambda z_i f_Y) = P(\lambda z_i f_X, \lambda z_i f_Y) \exp[\mathrm{j}kW(\lambda z_i f_X, \lambda z_i f_Y)]. \quad (7\text{-}35)$$

显然, 像差的出现, 并不影响振幅传递函数由出射孔径的有限大小造成的通带限制, 我们看到, 像差的唯一影响是在通带内引入了相位畸变. 当然, 相位畸变可能对成像系统的保真度有严重的影响.

关于像差对相干成像系统的影响的一般性质还有一点说明. 结果仍然很简单: 正如现在我们要看到的, 对于非相干系统, 在许多方面结果仍然更复杂些, 也更有趣些.

### 7.4.3   像差对 OTF 的影响

在求出像差对振幅传递函数的影响之后, 借助于 (7-29) 式能够求像差对光学传递函数的影响. 为了简化记号, 定义函数 $\mathcal{A}(f_X, f_Y)$ 为下列两个光瞳函数的重叠面积:

$$P\left(x - \frac{\lambda z_i f_X}{2}, y - \frac{\lambda z_i f_Y}{2}\right) \quad \text{和} \quad P\left(x + \frac{\lambda z_i f_X}{2}, y + \frac{\lambda z_i f_Y}{2}\right),$$

用这个新记号, 衍射置限系统的 OTF 由下式给出:

$$\mathcal{H}(f_X, f_Y) = \frac{\iint_{\mathcal{A}(f_X, f_Y)} \mathrm{d}x\mathrm{d}y}{\iint_{\mathcal{A}(0,0)} \mathrm{d}x\mathrm{d}y}. \tag{7-36}$$

当存在像差时, 将 (7-35) 式代入 (7-29) 式得到

$$\mathcal{H}(f_X, f_Y) = \frac{\iint_{\mathcal{A}(f_X, f_Y)} e^{jk\left[W\left(x+\frac{\lambda z_i f_X}{2}, y+\frac{\lambda z_i f_Y}{2}\right) - W\left(x-\frac{\lambda z_i f_X}{2}, y-\frac{\lambda z_i f_Y}{2}\right)\right]} \mathrm{d}x\mathrm{d}y}{\iint_{\mathcal{A}(0,0)} \mathrm{d}x\mathrm{d}y}. \tag{7-37}$$

然后这个式子就使我们把波前偏差与 OTF 直接联系起来了.

作为一个重要的普遍性质, 可以证明, 像差绝不会增大MTF(OTF 的模) 之值. 为了证明这一性质, 要用到施瓦茨不等式 (7-30). 将该不等式中的函数 $X$ 和 $Y$ 定义为

$$X(x,y) = \exp\left[jkW\left(x+\frac{\lambda z_i f_X}{2}, y+\frac{\lambda z_i f_Y}{2}\right)\right],$$
$$Y(x,y) = \exp\left[-jkW\left(x-\frac{\lambda z_i f_X}{2}, y-\frac{\lambda z_i f_Y}{2}\right)\right].$$

注意到 $|X|^2 = |Y|^2 = 1$, 可得

$$|\mathcal{H}(f_X, f_Y)|^2_{\text{有像差}}$$
$$= \left| \frac{\iint_{\mathcal{A}(f_X, f_Y)} e^{jk\left[W\left(x+\frac{\lambda z_i f_X}{2}, y+\frac{\lambda z_i f_Y}{2}\right) - W\left(x-\frac{\lambda z_i f_X}{2}, y-\frac{\lambda z_i f_Y}{2}\right)\right]} \mathrm{d}x\mathrm{d}y}{\iint_{\mathcal{A}(0,0)} \mathrm{d}x\mathrm{d}y} \right|^2$$
$$\leqslant \left[ \frac{\iint_{\mathcal{A}(f_X, f_Y)} \mathrm{d}x\mathrm{d}y}{\iint_{\mathcal{A}(0,0)} \mathrm{d}x\mathrm{d}y} \right]^2 = |\mathcal{H}(f_X, f_Y)|^2_{\text{无像差}}.$$

因此, 像差不能增大像中任何一个空间频率分量的对比度, 而且一般会降低其对比度. 绝对截止频率仍保持不变, 但是严重的像差能使 OTF 的高频部分减小到这样的程度, 即使得有效截止频率远低于衍射置限的截止频率. 此外, 像差可以使 OTF 在某些频带上取负值(甚至复数值), 无像差的系统绝不会有这样的结果. 当 OTF 为负时, 像在这个频率上的分量的反差发生反转, 即强度峰值变为强度零点, 反之亦然. 在下一节我们将看到这一效应的例子.

### 7.4.4　简单像差的例子: 聚焦误差

数学上最容易处理的像差之一是简单的聚焦误差. 但是即使在这种简单情形下, 也必须假定一个方形孔径 (而不是圆形孔径) 才能保持数学的简单.

当出现聚焦误差时, 向着一个点光源物的像点会聚的球面波前的曲率中心要么在像平面的左边, 要么在像平面的右边. 为简单起见, 考虑轴上的一点, 这意味着出射光瞳上的相位分布之形式为

$$\phi(x,y) = -\frac{\pi}{\lambda z_a}(x^2 + y^2),$$

其中 $z_a \neq z_i$. 这时光程误差 $W(x,y)$ 可以通过从实际相位分布减去理想相位分布来决定,

$$kW(x,y) = -\frac{\pi}{\lambda z_a}(x^2 + y^2) + \frac{\pi}{\lambda z_i}(x^2 + y^2). \tag{7-38}$$

于是光程误差由下式给出:

$$W(x,y) = -\frac{1}{2}\left(\frac{1}{z_a} - \frac{1}{z_i}\right)(x^2 + y^2), \tag{7-39}$$

我们看到, 它依赖于出瞳中空间变量的二次方.

对于宽度为 $w$ 的方孔径, 孔径边上 (沿 $x$ 或 $y$ 轴) 的最大的光程误差 $W_m$ 为

$$W_m = -\frac{1}{2}\left(\frac{1}{z_a} - \frac{1}{z_i}\right)(w/2)^2. \tag{7-40}$$

数 $W_m$ 是聚焦误差的严重程度的一个方便的指标. 用 $W_m$ 的定义, 可以把光程误差表示为

$$W(x,y) = W_m \frac{x^2 + y^2}{(w/2)^2}. \tag{7-41}$$

对于聚焦误差情况, (7-37) 式中分子中指数项的相位可以相当大地简化为

$$
\begin{aligned}
\theta &= k\left[W\left(x + \frac{\lambda z_i f_X}{2}, y + \frac{\lambda z_i f_Y}{2}\right) - W\left(x - \frac{\lambda z_i f_X}{2}, y - \frac{\lambda z_i f_Y}{2}\right)\right] \\
&= k\frac{W_m}{(w/2)^2}\left[\left(x + \frac{\lambda z_i f_X}{2}\right)^2 + \left(y + \frac{\lambda z_i f_Y}{2}\right)^2 - \left(x - \frac{\lambda z_i f_X}{2}\right)^2 + \left(y - \frac{\lambda z_i f_Y}{2}\right)^2\right] \\
&= \frac{16\pi W_m z_i}{w^2}(f_X x + f_Y y),
\end{aligned}
\tag{7-42}
$$

其中 $W_m$ 是出瞳边缘的光程误差. OTF 分子上的表达式可分解为对于 $x$ 的积分 $I_X$ 和对于 $y$ 的积分 $I_Y$. 只考虑对 $x$ 的积分, 我们得到

$$I_X = \int_{-\infty}^{\infty} \left[ \text{rect}\left( \frac{x + \dfrac{\lambda z_i f_X}{2}}{w} \right) \text{rect}\left( \frac{x - \dfrac{\lambda z_i f_X}{2}}{w} \right) \right] \exp\left[ j\frac{16\pi W_m z_i}{w^2} f_X x \right] \mathrm{d}x$$

$$= \int_{-\frac{w}{2}\left(1 - \frac{|f_X|}{2f_o}\right)}^{\frac{w}{2}\left(1 - \frac{|f_X|}{2f_o}\right)} \exp\left[ j\frac{16\pi W_m z_i}{w^2} f_X x \right] \mathrm{d}x,$$

$$(7\text{-}43)$$

其中再一次用到 $f_o = \dfrac{w/2}{\lambda z_i}$. 对 $y$ 的积分具有相同的形式. 归一化和进一步化简后的结果为

$$\mathcal{H}(f_X, f_Y) = \Lambda\left( \frac{f_X}{2f_o} \right) \Lambda\left( \frac{f_Y}{2f_o} \right)$$

$$\times \text{sinc}\left[ 8\frac{W_m}{\lambda}\left( \frac{f_X}{2f_o} \right)\left( 1 - \frac{|f_X|}{2f_o} \right) \right] \text{sinc}\left[ 8\frac{W_m}{\lambda}\left( \frac{f_Y}{2f_o} \right)\left( 1 - \frac{|f_Y|}{2f_o} \right) \right].$$

$$(7\text{-}44)$$

这个 OTF 对于不同 $W_m$ 的值画在图 7.11 中. 注意当 $W_m = 0$ 时的确得到了衍射置限的 OTF. 还要注意, 对于大于 $\lambda/2$ 的 $W_m$ 值, OTF 的符号发生反转. 用图 7.12(a) 中的 "辐条" 靶作为物, 很容易观察到这种反差反转. 这个靶的 "局域空间频率" 缓慢连续变化, 随着离中心的径向半径减小而增大. 因此它的条纹的局域反差是不同频率上的 MTF 之值的一个指示. 条纹的位置是由每个频率上的 OTF 的相位决定的[①].

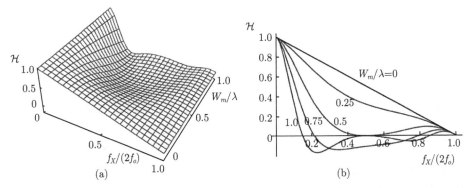

图 7.11　一个方形光瞳的系统在聚焦有误差时的 OTF. (a) 三维图, 一个轴为 $f_X/(2f_o)$, 另一个轴为 $W_m/\lambda$; (b) 参数 $W_m/\lambda$ 的不同值下沿 $f_X$ 轴的截面图. 注意, 只有当 $W_m/\lambda > 0.5$ 时, OTF 在一定的频率范围内变为负值

---

① 译者注: "辐条" 靶的像在穿越零反差时随半径改变, 由图 7.12(b) 可以明显看出, 这时有半个周期的移动, 即 "反差反转".

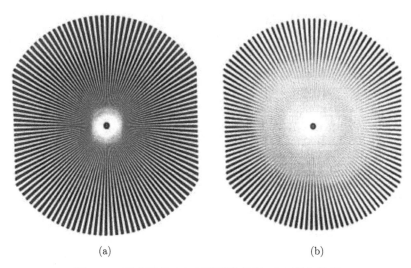

(a)　　　　　　　　　　　　　　　　(b)

图 7.12　辐条靶的 (a) 正确聚焦的像, (b) 离焦的像

当系统离焦时, 随着空间频率的增高, 对比度逐渐减弱, 并且得到多次反差反转, 如图 7.12(b) 所示.

最后, 考虑离焦误差十分严重 (即 $W_m > \lambda$) 时 OTF 的形式. 这时在 $f_X/(2f_o)$ 和 $f_Y/(2f_o)$ 比较小的值下频率响应就趋近于零. 因此我们可以写出

$$1 - \frac{|f_X|}{2f_o} \approx 1, \quad 1 - \frac{|f_Y|}{2f_o} \approx 1,$$

而且 OTF 简化为

$$\mathcal{H}(f_X, f_Y) \approx \mathrm{sinc}\left[8\frac{W_m}{\lambda}\left(\frac{f_X}{2f_o}\right)\right]\mathrm{sinc}\left[8\frac{W_m}{\lambda}\left(\frac{f_Y}{2f_o}\right)\right]. \tag{7-45}$$

有兴趣的读者可以验证, 这正是几何光学所预言的 OTF. 几何光学预言, 点扩展函数是出射光瞳在像平面上的几何投影, 因此该点扩展函数应当均匀地照亮一个方形, 而在其他地方照度为零 (图 7.13). 这样一个点扩展函数的傅里叶变换给出 (7-45) 式的 OTF. 更普遍地, 当任何一种像差很严重时, 对几何光学所预言的脉冲响应进行傅里叶变换, 就可得出该系统的 OTF 的一个良好的近似. 这一情况的基本原因是, 在有严重像差出现时, 点扩展函数主要由几何光学效应决定, 衍射在决定它的形状方面所起的作用可以忽略.

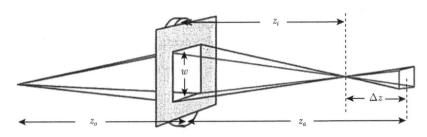

图 7.13 几何光学对一个具有方光瞳函数和严重的聚焦误差的系统所预言的点扩展函数

### 7.4.5 切趾法及其对频率响应的影响

衍射置限成像系统的点扩展函数一般都有强度可观的旁瓣 (side-lobe) 或次环 (side-ring). 虽然这些多余的响应在许多成像问题中都关系不大, 但是在某些类型的问题中, 它们却有重要影响, 例如, 在我们想要分辨出一个强点源附近的一个弱点源时. 这样的问题在天文学中很重要, 天文学对一颗亮星附近是否有一颗暗的行星相伴常常是极感兴趣的 (参阅 8.3 节).

在企图减弱旁瓣或次环的强度的过程中, 发展出一种叫做切趾法的方法. 切趾(apodize) 一词来自希腊语, 字面意义是 "去掉脚". 事实上我们称之为 "脚" 的就是衍射置限脉冲响应的旁瓣或次环. 类似的技术在数字信号处理领域中是为人熟知的, 那里叫做 "开窗术"(windowing)(见文献 [96] 的 3.3 节).

一般地说, 切趾相当于在一个成像系统的出射光瞳中引进衰减, 这种衰减在光瞳中央可能微不足道, 但是随着离开中心的距离的增加而增大. 因此它相当于通过引进一块衰减掩模来 "软化" 孔径的边缘. 我们还记得, 突变的孔径的衍射可以想象为来自发源于孔径边缘周围的边界波, 对边缘的软化效果是把这些衍射波的发源地伸展到光瞳的边缘周围更广阔的面积上, 从而抑制发源地高度局域化的边界波产生的振铃效应 (ringing effect). 图 7.14(a) 画的是穿过一个方形光瞳的无切趾的和切趾的强度透射率, 后者是高斯强度切趾, 在孔径的边界下降到中心值的 $(1/e)^2$. 图 7.14(b) 表示两种情形下的强度点扩展函数的截面图. 纵坐标使用强度的对数以突显侧瓣, 强度的归一化是用每种情形下通过光瞳的总的积分强度来进行的. 注意侧瓣已被切趾显著地抑制. 还要注意切趾使主瓣的宽度有所增加, 而由于光瞳中额外的吸收, 最大强度也减小了. 图 7.14(b) 部分显示了两种情况下的点扩展函数横截面. 为了强调旁瓣的大小在垂直方向上画的是强度的对数, 而强度归一化正比于在每一种情况下通过出瞳的总积分强度. 注意, 旁瓣已经被切趾法显著压缩. 还要注意的是, 主瓣的宽度也由于切趾法增宽了, 并且由于附加的吸收还使得强度最大值减小.

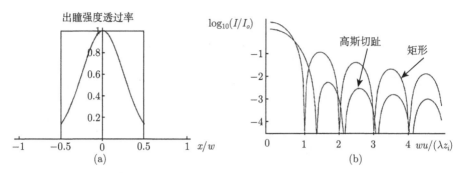

图 7.14　矩形孔径被一高斯函数切趾. (a) 有切趾和无切趾时的强度透射率; (b) 有切趾和无切趾时的点扩展函数

切趾对相干成像系统和非相干成像系统二者的频率响应的影响也是人们关心的. 在相干情形下, 由于光瞳和振幅透射函数之间的直接对应, 答案是直截了当的. 随着离光瞳中心的距离增加而增加的衰减, 使振幅传递函数比没有切趾时随频率下降得更快. 在非相干情形下, OTF 和光瞳之间不那么直接的关系使得其影响更微妙. 图 7.15 表示一个具有矩形光瞳的系统的切趾和无切趾的 OTF 的截面图, 切趾形式仍为上述的高斯形式. 可以看出, 切趾的效果是在减小高频强度的同时加大中间频率和低频的相对重要性.

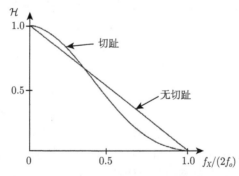

图 7.15　有高斯切趾时和没有高斯切趾时的光学传递函数

虽然切趾这个术语原来的意思是在光瞳的边沿附近逐步减小透过光瞳的透射率, 以抑制点扩展函数的旁瓣, 但是随着时间的流逝这个术语已经变成用来描述在光瞳中引进的任何吸收, 不论它是降低还是抬升了旁瓣. 也许 "反切趾" 是一个更好的术语, 用来描述加强点扩展函数旁瓣的加权作用. 图 7.16 表示是否用一个三角形振幅加权作用, 对光瞳的靠近边缘的部分给予强调的振幅透射率, 它降低了光瞳中央部分的重要性. 同时也显示了有和没有这一加权作用时的 OTF 的截面图. 注意这种加权作用强调的是高频分量相对于低频分量的重要性.

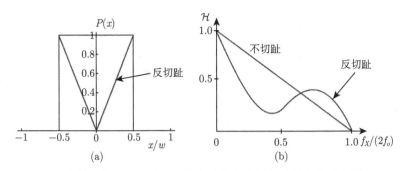

图 7.16 有特别的反切趾时和没有它时的光瞳振幅透射率和对应的 OTF

在结束本节对于这个问题的评述时, 请注意, 虽然一个系统不论有无切趾, 其 OTF 在原点之值永远为 1, 但是这并不表示透射到像的光总量在两种情况下相同. 在光瞳中引进吸收材料自然会减少到达像的光量, 但是 OTF 的归一化掩盖了这一事实. 还要注意, 不像有像差的情形, 与无切趾时之值相比, 反切趾可以提升 OTF 在某些频率上的值.

对于切趾术的更多讨论, 请参阅 8.3.2 节.

## 7.5 相干成像和非相干成像的比较

前几节中看到, 衍射置限系统的 OTF 延伸到振幅传递函数的截止频率的两倍处. 因此似乎可以得出结论: 使用同一个成像系统, 非相干照明必定要比相干照明得到 "更好" 的分辨率. 下面我们将看到, 这个结论一般说来并不正确. 这两种照明的比较远比这种肤浅的考察得出的结论更为复杂.

上述论据的主要毛病在于对这两种情形下的截止频率直接进行比较. 实际上, 这二者是不可直接比的, 因为振幅传递函数的截止频率确定像的振幅的最高频率分量, 而光学传递函数的截止频率确定的则是像的强度的最高频率分量. 无疑, 两个系统的任何直接比较必须用同一可观察量——像的强度来进行.

即使待比较的物理量一致, 也还有一个基本原因, 使得进行这种比较仍是一个困难问题, 即究竟怎样才算更好并没有定义. 这样, 就没有一个普适的品质判据, 依据它来得出我们的结论. 可以考虑一些可能的判据 (例如, 物强度和像强度之间的最小均方差), 但遗憾的是, 人类观察者的相互影响是如此复杂而且对它了解得如此之少, 以至于很难规定一个真正有意义的判据.

在没有一个有意义的品质判据的情况下, 我们就只能考察这两类像的某些有限的方面, 不过要认识到, 这样进行的比较与像的总体质量也许没有多少直接关系. 但是, 这样的比较仍然富有启发性, 因为它们指出了这两种照明之间的某些基本差异.

### 7.5.1　像强度的频谱

像强度的一个可在这两种照明情形下进行比较的简单属性是它的频谱. 虽然非相干系统关于强度是线性的, 但相干系统对于它却是高度非线性的. 因此在求相干系统像强度的频谱时必须小心.

在非相干情形下, 像强度由下面的卷积式给出:

$$I_i = |h|^2 * I_g = |h|^2 * |U_g|^2.$$

另一方面, 在相干情形下则有

$$I_i = |h * U_g|^2.$$

令符号 $\star$ 代表自相关积分

$$X(f_X, f_Y) \star X(f_X, f_Y) = \iint_{-\infty}^{\infty} X(p,q)X^*(p - f_X, q - f_Y)\mathrm{d}p\mathrm{d}q. \tag{7-46}$$

于是可直接写出在这两种情形下像强度的频谱为

$$\text{非相干} : \mathcal{F}\{I_i\} = (H \star H)(G_g \star G_g),$$
$$\text{相干} : \mathcal{F}\{I_i\} = (HG_g) \star (HG_g), \tag{7-47}$$

其中 $G_g$ 是 $U_g$ 的频谱而 $H$ 是振幅传递函数.

从普遍结果 (7-47) 式并不能得出结论说, 就频谱内容而言, 一种照明要比另一种照明更好. 但是它的确表明这两种情形下的频谱内容可以很不相同, 并且表明, 任何这类比较的结论将强烈地依赖于物上的强度和两者的相位分布.

为了强调后一点, 考虑两个物, 它们具有同样的强度透射率, 但相位分布不同. 可以说其中一个在相干光照明下成像较好, 而另一个则在非相干光下成像较好. 为简单起见, 假设系统的放大率为 1, 因此可以随意在物空间工作或者在像空间工作, 而无须引进一个归一化因子. 令两种情形下的理想像的强度透射率为

$$\tau(\xi, \eta) = \cos^2(2\pi \tilde{f}\xi),$$

这里为了证明我们的论点, 假定

$$\frac{f_o}{2} < \tilde{f} < f_o,$$

$f_o$ 是振幅传递函数的截止频率. 两个物的振幅透射率取为

$$\text{A} : t_A(\xi, \eta) = \cos 2\pi \tilde{f}\xi,$$
$$\text{B} : t_A(\xi, \eta) = |\cos 2\pi \tilde{f}\xi|.$$

于是两个物只差一个周期性相位分布.

图 7.17 形象地说明了频域中的各步运算, 这些运算最后得出了物 A 的像的频谱. 在所有情况下都假定成像系统是衍射置限的. 注意像的强度分布的对比度在非相干情形下要比在相干情形下差一些. 因此物 A 在相干光下成像比在非相干光下好.

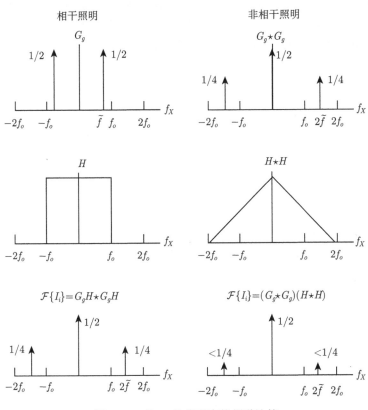

图 7.17　物 A 的像强度的频谱计算

对物 B 进行的相应的比较不必讲得这么细. 物振幅分布是周期性的, 基频为 $2\tilde{f}$. 但既然 $2\tilde{f} > f_o$, 在相干情形下像的强度就没有变化, 然而对于非相干系统, 所成的像与对物 A 所成的像相同. 于是对物 B 来说, 必须说非相干照明比相干照明更好.

总之, 从像的频谱内容的观点来看, 到底哪种具体照明方式更好, 这个问题的答案十分强烈地依赖于物的精细结构, 特别是它的相位分布. 不能得出结论说某种照明在所有的情形下都更可取. 对两种照明进行比较一般来说是很复杂的, 虽然也存在着上述那种简单情形. 另一个例子读者可参看习题 7-10.

### 7.5.2　两点分辨率

第二个可能作为比较的判据是各个系统分辨很靠近的两个点光源的本领. 两点分辨率判据早就用来作为光学系统的一个品质因数, 尤其是在天文学应用中, 它有非常实在的实际意义.

根据分辨率的所谓瑞利判据, 对于一个具有直径 $w$ 圆形光瞳的衍射置限系统, 两个非相干点光源, 若一个点光源产生的艾里斑强度图样的中心正好落在另一个点光源所产生的艾里斑的第一零点上, 则说它们是这个系统 "刚刚能够分辨" 的两个点光源. 因此, 两个几何像的最小可分辨间隔是

$$\delta x = 1.22\lambda z_i/w = 1.22\lambda F^{\#}, \tag{7-48}$$

其中 $F^{\#}$ 表示系统的 $F$ 数, 定义为

$$F^{\#} = z_i/w. \tag{7-49}$$

可以证明, 在像平面浸没在折射率为 $n$ 的材料中, 相应的非傍轴情况下结果为

$$\delta x = 1.22\frac{\lambda}{2n\sin\theta} = 1.22\frac{\lambda}{2\mathrm{NA}}, \tag{7-50}$$

其中, $\theta$ 为从像平面看出射光瞳所张的半角, NA 是光学系统的数值孔径, 定义为 $\mathrm{NA} = n\sin\theta$. 如果出瞳用宽度为 $w$ 的方形代替圆形, 保证上述结果成立的系数 1.22 也要用 1 来代替.

图 7.18 画出了间隔为瑞利分辨距离的两个等亮度的非相干点光源的像的强度分布. 我们得到其中心凹陷大约比峰值强度矮 27%.

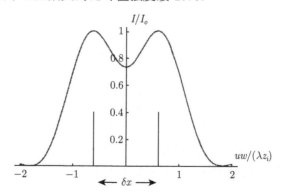

图 7.18　相隔瑞利分辨距离的两个等亮度非相干点光源的像强度, 两根垂直线表示两个点光源的位置

现在我们可以问这样一个问题: 要分辨相距为瑞利分辨距离 $\delta$ 的两个点光源, 用相干照明比非相干照明是更容易些还是更难些? 这个问题对于天体来说纯粹是

学院式的, 但是在显微术中却是相当有意义的, 显微术中的照明通常更接近于相干照明而不是非相干照明, 而且在有些情形下照明的相干度是可以控制的.

和前例一样, 我们发现这个问题的答案依赖于与物体相关的相位分布. 在归一化的像坐标中, 可直接写出像的强度的截面分布如下:

$$I(x) = \left| 2\frac{J_1[\pi(x-0.61)]}{\pi(x-0.61)} + e^{j\phi}2\frac{J_1[\pi(x+0.61)]}{\pi(x+0.61)} \right|^2$$

其中, $\phi$ 是两个点光源之间的相对相位. 图 7.19 画出两个点光源在同相 ($\phi = 0$ rad)、正交 ($\phi = \pi/2$ rad) 和反相 ($\phi = \pi$ rad) 三种情形下像的强度分布. 当两个点光源相位正交时, 像的强度分布与非相干点光源所得结果全同. 当两个光源同相时, 像的强度分布中不出现中心凹陷, 因此这两点间的分辨不像非相干照明的情形那样好. 最后当两个物反相时, 在两点位置之间中点处, 凹陷一直下降到强度为零 (一个 100% 的凹坑), 这两点间的分辨用相干照明应该说比用非相干照明更好. 因此, 到底哪种照明对提高两点分辨率更为可取, 同样还是没有一个普遍结论.

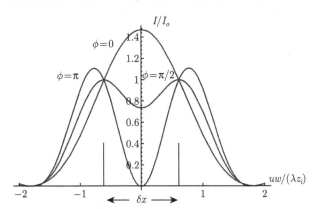

图 7.19　相隔瑞利分辨距离的两个等亮度的相干点光源的像强度, 参数为两个光源之间的相位差. 两根垂直线表示两个点光源的位置

### 7.5.3　其他效应

用相干光成的像, 与非相干光成像比较, 还有别的一些各式各样的性质也该谈到 [77]. 首先, 非相干系统和相干系统对锐边 (sharp edge, 即下文的阶跃函数物) 的响应迥然不同. 图 7.20 画出了一个具有圆形光瞳的系统对一个阶跃透射物的理论响应曲线, 阶跃透射物的振幅透射率是

$$t_A(\xi, \eta) = \begin{cases} 0, & \xi < 0, \\ 1, & \xi \geqslant 0. \end{cases}$$

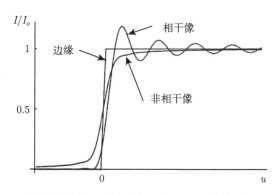

图 7.20　一个阶跃物在相干光和非相干光照明下的像, 假设光瞳为圆形

　　图 7.21 是在两种照明情况下一个锐边的像的真实照片. 我们看到, 相干系统显现出相当显著的 "振铃振荡"(ringing). 这个性质类似于传递函数随频率下降过于陡峭的视频放大器电路中所出现的振铃振荡. 相干成像系统的传递函数具有陡峭的不连续性, 但 OTF 的下降则平缓得多. 相干成像的另一个重要性质是, 它在穿过真实的边缘位置时的强度值只有强度渐近值达到的最大时的 1/4, 而非相干像在此位置的强度值则是强度渐近最大值的 1/2. 如果我们曾假设边的真实位置是在强度达到其渐近值一半的地方, 那么我们在非相干情形下将得到边的位置的正确估计, 而在相干情形下我们的估计则是错的, 偏向锐边的亮侧. 这个事实可能是很重要的, 例如, 在评估集成电路掩模线的宽度时就是这样.

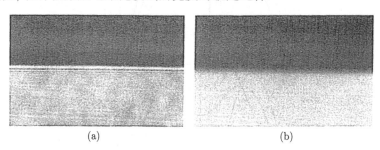

图 7.21　一个锐边在 (a) 相干照明和 (b) 非相干照明下的照片 (取自文献 [74], 版权属美国光学学会, 1966, 经允许复制)

　　此外, 我们还必须提到所谓的散斑效应, 这个效应在高度相干照明下很容易观察到. 虽然我们是在光学成像的范围内来考虑这个效应的, 但在某些别的非光学成像设备, 如微波侧视雷达、医用超声波成像中, 它也被证明是一个问题. 图 7.22 是一个透明片物分别用相干光和非相干光通过一个漫射体 (如一片毛玻璃) 照明所摄得的照片. 相干像上的颗粒状特性是漫射体所引入的复杂而随机的波前扰动和光的相干性的直接结果. 关于散斑效应的背景材料, 可参看文献 [268], [132] 和

[83]. 像中的颗粒性来自漫射体中间隔紧密而相位随机变化的散射单元互相的干涉. 可以证明 (参看文献 [318]), 单个散斑的大小大约是像 (或物) 上一个分辨单元(resolution cell) 的大小. 在非相干照明情况下, 这种干涉是不能发生的, 所成的像上没有散斑. 因此, 当我们感兴趣的特定物体接近光学系统的分辨极限时, 如果采用相干光照明, 散斑效应将是相当令人困扰的. 在观察时使毛玻璃运动, 结果使得在测量过程中照明的相干性至少被部分破坏而散斑被 "洗掉", 可以在很大程度上解决这个问题. 可是, 在后面的一章里我们将会看到, 在常规的全息术中 (全息术由于其本性质几乎永远是一个相干成像过程), 使漫射体运动是不可能的, 因而散斑在全息成像中仍然是一个特殊的问题. 这个主题将在 11.10.4 节中进一步讨论.

最后, 高度相干照明对可能存在于到观察者的路程上的光学缺陷是特别敏感的. 例如, 透镜上微小的尘粒可以引起十分显著的衍射图样叠加在像上. 这类效应在相干成像中重要性的一个基本原因是所谓 "干涉增益", 它发生在一个不想要的弱信号与一个想要的强信号产生干涉时 (见习题 7-17).

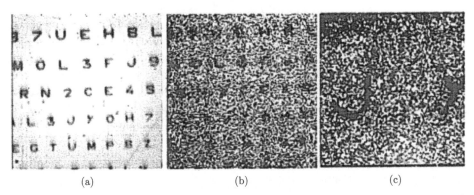

(a)        (b)        (c)

图 7.22 说明散斑效应的图像. 物是通过一个散射体照明的透明片. (a) 非相干光照明的像; (b) 相干光照明的像; (c) 在相干光照明的像中一个特定字母的放大像 (经 P. Chavel 和 T. Avignon 允许发表)

上面讨论的一个合理结论是, 人们应该尽可能选用非相干照明, 以避免与相干照明有关的各种弊端. 但是, 存在许多情况, 在这些情况中, 要么简单地无法实现非相干照明, 要么由于某一基本原因不得使用非相干照明. 这些情况包括高分辨显微术、相干光学信息处理和全息术.

## 7.6 共焦显微镜

共焦显微镜是一种成像系统, 利用其特殊的几何光路, 能够分辨物体比同样物镜的普通显微镜可分辨的更小的细节. 共焦显微镜的发明通常认为是 Marvin Minsky 的贡献, 他在 1957 年提出了这个想法的专利申请 [253]. 这种成像方法的细节研究是 T. Wilson 和 C. Sheppard 在 20 世纪 70 年代以后的时间进行的 (参阅文献 [374]). 对共焦显微镜的详细讨论请参阅文献 [78] 和 [250]. 共焦显微镜是一种扫描显微镜, 能够用反射和透射两种方式建构. 图 7.23 所示为反射共焦显微镜的几何结构. 注意, 其中照明与成像用的是同一个物镜. 扫描既可以用移动样品实现, 也可以通过偏转照明与探测光束来实现. 光束一般由激光器提供, 入射到物体上并被反射回来, 然后被分束器从入射其上的光束分离出来, 最后通过一个小孔被探测到. 然后探测器记录下透过对应于物体上每个聚焦点的针孔的光强.

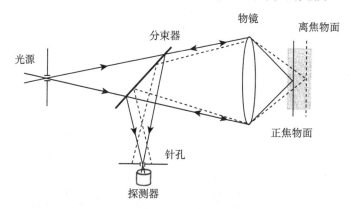

图 7.23　共焦反射显微镜几何光路. 实线表示入射到正焦物面上以及从其上反射的光线. 虚线表示入射到离焦物面上以及从其上反射的光线

　　该显微镜的具体工作方式取决于入射相干光只是被物体反射或后向散射 (这种情况是相干的), 还是照明光用来激发荧光样品 (这种情况成像系统收集到的光是非相干的). 我们首先考虑相干情况, 再考虑非相干情况.

### 7.6.1　相干情况

　　在相干和非相干两种情况下, 凭借着取样照明和提供空间辨别本领的部分成像两个特点, 共焦显微镜的分辨率不同于具有同样物镜的普通显微镜. 第一个效应来自照明: 物镜的有限口径的衍射导致了对于感兴趣点照明的衍射置限振幅点扩展函数. 第二个效应是由探测小孔造成的: 从相互作用的角度来看, 如果探测小孔足够小, 探测小孔能生成在物体上的权重函数, 在理想的极小针孔极限情况下, 该函数就是与入射到小孔上光束振幅分布完全一样的振幅分布. 当然, 实际上小孔是不能无限小的, 因为它必须要允许光通过而到达探测器上, 因此, 我们必须保持区分照明和探测针孔的效应. 从探测器角度来看, 物体上的有效振幅图样是照明图样振幅和由于针孔产生的振幅权重函数的乘积. 这样一来, 如果物空间横向坐标为 $(x, y)$

而扫描点中心位于坐标 $(x_0, y_0)$, 则探测强度必须是

$$I(x_0, y_0) = \left| \iint_{-\infty}^{\infty} h_i(x - x_0, y - y_0) h_d(x - x_0, y - y_0) r(x, y) \mathrm{d}x \mathrm{d}y \right|^2, \qquad (7\text{-}51)$$

式中 $h_i(x, y)$ 表示照明图样的振幅分布, $h_d(x, y)$ 表示由探测器小孔引起的物体上的振幅权重函数, 而 $r(x, y)$ 表示在焦面上物体的振幅反射率分布. 因此, 我们可以把成像系统看作对振幅是线性不变的, 具有的振幅脉冲响应 $h_{\mathrm{coh}}(x, y)$ 由下式给出:

$$h_{\mathrm{coh}}(x, y) = h_i(x, y) h_d(x, y). \qquad (7\text{-}52)$$

空间域的乘积意味着频率域的卷积, 所以我们得到, 相干共焦显微镜的振幅传递函数 $H_{\mathrm{coh}}(f_X, f_Y)$ 应该是

$$H_{\mathrm{coh}}(f_X, f_Y) = H_i(f_X, f_Y) * H_d(f_X, f_Y), \qquad (7\text{-}53)$$

式中 $H_i(f_X, f_Y)$ 是 $h_i(x, y)$ 的傅里叶变换, 而 $H_d(f_X, f_Y)$ 是 $h_d(x, y)$ 的傅里叶变换. 和通常一样, 星号表示卷积. 从 (7-21) 式我们知道, 对于直径 $w$ 的圆形物镜出瞳, $h_i$ 的傅里叶变换是截止频率为 $\rho_o$ 的圆

$$H_i(\rho) = \mathrm{circ}\left( \frac{\rho}{\rho_o} \right), \qquad (7\text{-}54)$$

其中 $\rho_o = w/(2\lambda z_i)$ 是截止频率的半径, $z_i$ 是像距. 对于直径足够小的圆形针孔, 我们有一个和 $H_d(f_x, f_y)$ 完全一样的表达式, 我们看到, 相干共焦显微镜的振幅传递函数与用同样物镜但是非相干物体的普通显微镜的 OTF 是完全一样的. 为了方便, 如果把原点处振幅传递函数归一化到 1, 那么对于 $\rho < 2\rho_o$ 并且其他位置为零, 我们有

$$H_{\mathrm{coh}}(\rho) = \frac{2}{\pi} \left[ \arccos(\rho/2\rho_o) - (\rho/2\rho_o)\sqrt{1 - (\rho/2\rho_o)^2} \right] \qquad (7\text{-}55)$$

### 7.6.2 非相干情况

如果物本质上发出荧光, 或者其分子用荧光做了标记, 入射光强度激发物体发射出非相干光, 一般来说会有一个与照明光不同的波长. 在这种情况下, 成像方程变为

$$I(x_0, y_0) = \iint_{-\infty}^{\infty} |h_i(x - x_0, y - y_0)|^2 |h_d(x - x_0, y - y_0)|^2 R(x, y) \mathrm{d}x \mathrm{d}y, \qquad (7\text{-}56)$$

其中 $R(x, y) = |r(x, y)|^2$ 是样品的强度反射率. 系统再一次是线性而且是空间不变的, 但是这是对于**强度**. 非相干系统的点扩展函数由下式给出:

$$h_{\mathrm{inc}}(x, y) = |h_{\mathrm{coh}}(x, y)|^2 = |h_i(x, y)|^2 |h_d(x, y)|^2. \qquad (7\text{-}57)$$

如果我们再一次假设物镜是圆形的, 而圆形探测器针孔也足够小, 我们对 $H_{\mathrm{coh}}$ 应用 (7-55) 式, 这样结果是振幅传递函数 $H_{\mathrm{coh}}$ 的适当归一化的自相关函数,

$$\mathcal{H}_{\mathrm{inc}}(f_X, f_Y) = H_{\mathrm{coh}}(f_X, f_Y) \star H_{\mathrm{coh}}(f_X, f_Y), \tag{7-58}$$

式中 $\star$ 号表示自相关. 自相关可以用数字方法计算, 图 7.24 中画出的是对于非相干辐射计算的结果. 图中所示既有普通显微镜的 OTF, 也有共焦显微镜的 OTF. 正如图中可以看到的, 共焦显微镜的 OTF 的绝对截止频率是普通显微镜的两倍, 实际上带宽的拓展为 1.5~1.6 倍.

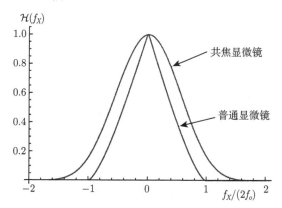

图 7.24　假设是非相干辐射对于普通显微镜和共焦显微镜的光学传递函数

### 7.6.3　光学分割

共焦显微镜能够拓展使用同样物镜的普通显微镜的空间频率响应范围, 在此以外, 这个系统最重要的特性是它能够在深度方向分割图像的强大能力. 对于在深度方向上延展的物体, 一个普通显微镜可以生成一个在焦深范围内物体部分的调焦正确的像和一些在焦深范围以外的平面上的离焦像. 对于高数值孔径的物镜, 其焦深很小, 因而将图像的离焦部分移除的方法很有吸引力. 图 7.23 中虚线描绘了在离焦平面上散射点的光路. 正如图中所见, 对于在正确调焦平面后面的离焦面来说, 散射点的像出现在针孔之前, 并且光到达针孔之前基本扩散了. 对于那些焦深之前的物点会发生类似的效应. 这一针孔的作用是减少或消除大量离焦光线, 提供用普通显微镜不具备的深度方向的分割能力. 这个分割能力对于相干和非相干两种情况都是具备的, 这个能力就是共焦显微镜得以极大普及的基本原因.

同一时间扫描多于一个点的方法和使用探测器阵列而不只是使用单个探测器的方法已经发展出来了 (参阅文献 [282] 和 [78]), 但是这里不再讨论.

# 习　题

7-1 如题图 P7.1 所示的掩模嵌在一个成像系统的出射光瞳内. 来自两个小孔的光发生干涉, 在像平面上形成一组条纹.

   (a) 求用两个小孔中心到中心的间隔 $s$、波长 $\lambda$ 和像距 $z_i$ 表示的条纹的空间频率.

   (b) 两个小孔是圆形的, 直径为 $d$. 确定由光瞳平面内小孔的有限大小所造成的条纹图样的包络线.

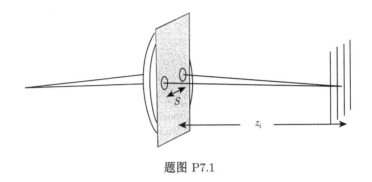

题图 P7.1

7-2 二维成像系统的线扩展函数的定义是这个系统对于通过输入平面原点的一维 $\delta$ 函数的响应.

   (a) 对于一个沿 $x$ 轴的一维线激励源的情形, 证明线扩展函数 $l$ 和点扩展函数 $p$ 的关系为

$$l(y) = \int_{-\infty}^{\infty} p(x, y)\mathrm{d}x,$$

   这里 $l$ 和 $p$ 解释为振幅还是强度, 取决于系统是相干的还是非相干的.

   (b) 证明对沿 $x$ 轴的一维线光源, 线扩展函数的一维傅里叶变换等于点扩展函数的二维傅里叶变换中沿 $f_Y$ 轴的一窄条. 换句话说, 若 $\mathcal{F}\{l\} = L$ 和 $\mathcal{F}\{p\} = P$, 那么 $L(f) = P(0, f)$.

   (c) 求线扩展函数与系统的阶跃响应的关系, 即单位阶跃刺激取得的响应的方向平行于 $x$ 轴.

7-3 一个非相干成像系统, 其光瞳函数是宽度为 $w$ 的正方形. 在出射光瞳的中心有一个宽度为 $w/2$ 的正方形遮光板, 如题图 P7.3 所示.

   (a) 画出其中心处有遮光板时和没有遮光板时光学传递函数的横截面图.

   (b) 画出当其中心处遮光板的大小趋于整个光瞳大小时光学传递函数的极限形式.

7-4 一个非相干成像系统有一个直径为 $w$ 的圆形光瞳. 在光瞳内嵌入一个半平面遮光板, 最后得到的光瞳如题图 P7.4 所示. 求光学传递函数沿 $f_X$ 轴和 $f_Y$ 轴的表达式.

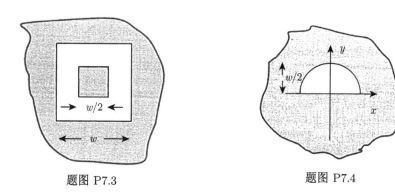

题图 P7.3　　　　　　　　　　　　　　题图 P7.4

7-5　一个非相干成像系统的光瞳是一个等边三角形, 如题图 P7.5 所示. 求这个系统在空间频率域中沿 $f_X$ 轴和 $f_Y$ 轴的 OTF.

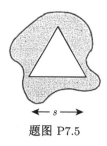

题图 P7.5

7-6　一个非相干成像系统, 其光瞳函数为题图 P7.6 所示的孔径, 画出它的光学传递函数沿 $f_X$ 轴和 $f_Y$ 轴的截面图. 在图上标出各个截止频率和中心频率.

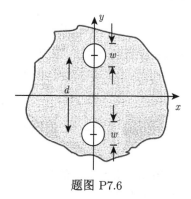

题图 P7.6

7-7　考虑如题图 P7.7 所示的针孔相机. 假定物是非相干的和近单色的, 与物的距离 $z_o$ 是如此之大, 可以把它当成无穷大处理. 针孔是圆形的, 直径为 $w$.

　　(a) 假设针孔足够大, 允许对点扩展函数做一纯几何光学近似, 求这个相机的光学传递函数. 如果我们定义相机的 "截止频率" 为 OTF 的第一个零点所在的频率, 在上面

的几何光学近似下的截止频率是什么? (提示: 先求强度点扩展函数, 再对它作傅里叶变换. 记住上面的第二个假设. )

(b) 再次计算截止频率, 但是这一次假设针孔是如此之小, 使得针孔的夫琅禾费衍射决定了点扩展函数的形状.

(c) 考虑上面求得的两个截止频率表示式. 你能估计用系统的各个参量表示的最优针孔尺寸吗? 这里最优指的是给出可能的最高截止频率的针孔大小.

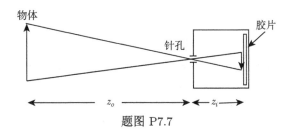

题图 P7.7

7-8 考虑 (7-45) 式的 OTF, 它是对一个有方形光瞳和聚焦误差的系统所预言的 OTF. 有人主张这个系统的点扩展函数是衍射置限点扩展函数与几何光学预言的点扩展函数的卷积. 考察这个主张是否成立.

7-9 在确定一个光学系统的像差严重程度时, 一个颇为有用的量是 Strehl 清晰度 $\mathcal{D}_S$, 其定义为有像差的系统的点扩展函数的极大值上的光强与同一系统无像差时的同一极大值之比 (假设这两个极大值都存在于光轴上). 这时 $\mathcal{D}_S$ 等于有像差的成像系统的光学传递函数下面的归一化体积, 也就是说

$$\mathcal{D}_S = \frac{\iint_{-\infty}^{\infty} \mathcal{H}(f_X, f_Y)_{有} \mathrm{d}f_X \mathrm{d}f_Y}{\iint_{-\infty}^{\infty} \mathcal{H}(f_X, f_Y)_{没有} \mathrm{d}f_X \mathrm{d}f_Y},$$

试证明之, 其中 "有" 和 "没有" 下标分别指的是存在和不存在像差.

7-10 一个物的振幅透射率为一方波 (见题图 P7.10), 通过光瞳为圆形的透镜成像. 透镜的焦距为 10 cm, 方波的基频是 100 周/mm, 物距为 20 cm, 光波波长为 1 μm. 问在下述两种情形下, 透镜的直径最小应为多少, 才会使像平面上的强度出现任何变化?

(a) 物为相干照明.

(b) 物为非相干光照明.

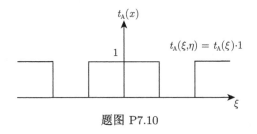

题图 P7.10

7-11 一个物的强度透射率为

$$\tau(\xi,\eta) = \frac{1}{2}(1 + \cos 2\pi \tilde{f}\xi),$$

并且在整个物平面上引入一个恒定的、均匀的相位延迟. 物放在焦距为 $f$ 的正透镜前距离为 $2f$ 处, 在透镜后面距离 $2f$ 的平面上考察像. 比较在相干照明和非相干照明两种情形下, 系统透射的最大频率 $\tilde{f}$.

7-12 一个正弦振幅光栅, 振幅透射率为

$$t_A(\xi,\eta) = \frac{1}{2}(1 + \cos 2\pi \tilde{f}\xi),$$

放在一个圆形正透镜 (直径为 $w$, 焦距为 $f$) 之前, 用单色平面波倾斜照明, 平面波的行进方向在 $(\xi, z)$ 平面内, 与 $z$ 轴成 $\theta$ 角, 如题图 P7.12 所示.

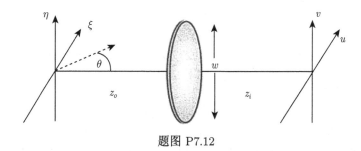

题图 P7.12

(a) 物透射的光的振幅分布的傅里叶变换是什么?

(b) 假设 $z_i = z_0 = 2f$, 要想平面上的强度出现任何变化, 角 $\theta$ 的最大值是多少?

(c) 假设用的倾斜角就是 $\theta$ 的这个最大值, 求像平面上的强度分布. 它与 $\theta = 0$ 时相应的强度分布比较有哪些不同?

(d) 假设用的倾斜角就是 $\theta$ 的这个最大值, 要使像平面上出现强度变化, 最大光栅频率 $\tilde{f}$ 是多少? 这个频率与 $\theta = 0$ 时的截止频率比较是大还是小?

7-13 一个具有圆形孔径的透镜的 $F$-数的定义为透镜的焦距与直径之比. 证明当物距为无穷大时, 使用这个透镜的相干成像系统的截止频率为 $f_o = \dfrac{1}{2\lambda F^{\#}}$, 其中 $F^{\#}$ 代表 $F$ 数.

7-14 两个等强度的非相干点光源, 随着它们之间的间隔增大, 两点的像的中点会出现凹陷. Sparrow 分辨判据称, 当两点间隔为像的中点尚不出现凹陷的最大值时, 这两点刚刚可以分辨. 这个条件可以等价地表述为, 此时在两个单独的扩展函数的中心之间的中点上总强度曲线的曲率变为零.

(a) 证明: 对于一个 $u$ 的偶函数的扩展函数, 这一条件在点扩展函数的中心之间的间隔 (在 $u$ 方向) 等于满足如下方程的 $u$ 值的两倍时成立:

$$\frac{\partial^2 |h(u,0)|^2}{\partial u^2} = 0$$

其中, $|h|^2$ 是系统的强度点扩展函数.

(b) 若一个系统具有方孔径, 宽为 $w$, 孔径的一条边与两个点光源的间隔的方向平行, 求这个系统的 Sparrow 间隔 (在像平面上) 之值.

7-15 考虑两个不同的成像系统的阶跃响应, 其中一个系统具有圆形孔径, 直径为 $w$; 另一个系统具有方形孔径, 宽度为 $w$, 孔径的一条边与阶跃的边平行. 两个系统的其他方面全同.

(a) 证明: 用相干照明时, 两个系统的阶跃响应完全相同.

(b) 证明: 用非相干照明时, 两个系统的阶跃响应不完全相同.

(c) 描述你如何用数值计算两种情形下的阶跃响应.

7-16 一个相干成像系统对阶跃物 (阶跃的边在 $\eta$ 方向) 成像, 系统具有方孔径, 宽 $w$, 孔径的边平行和垂直于阶跃的边, 证明这个像的强度可以表示为

$$I_i(u,v) = c\left|\frac{\pi}{2} + \mathrm{Si}\left(\frac{\pi w u}{\lambda z_i}\right)\right|^2,$$

其中 $\mathrm{Si}(z)$ 已知为 "正弦积分", 其定义为

$$\mathrm{Si}(z) = \int_0^z \frac{\sin t}{t}\mathrm{d}t,$$

并且 $c$ 是常数. 注意, 函数 $\mathrm{Si}(z)$ 是一个有表可查的函数, 许多数学软件包中都有它. 试求出阶跃物的像的强度.

7-17 考虑一个需要的强场 (振幅为 $A$) 和一个不想要的弱场 (振幅为 $a$) 的相加. 你可以假设 $A \gg a$.

(a) 当两个场相干时, 计算不想要的场的出现而引起的对需要的强度的干扰 $\Delta I/|A|^2$.

(b) 当两个场相互不相干时, 重复这一计算.

7-18 用互强度的定义证明任何纯单色波是完全空间相干的, 因此所涉及的光学系统必须当作一个关于振幅为线性的系统来分析.

# 第8章   点扩展函数和传递函数工程

本章各小节会简要讨论涉及用于特殊目的的点扩展函数和传递函数设计的一些成像技术. 在某些情况下, 这些技术基于设计具有特别的 PSF 和 MTF 的光学系统, 它们的特性使得系统能够得到改良的图像, 这些改良通常是在对于图像做计算机处理后得到的. 在另一些情况下, 故意改变成像系统以得到用其他方法得不到的物信息. 最后在荧光显微镜中, 物的本身用某种方式改变后使得计算机后处理给出的分辨率显著提高.

## 8.1   增加景深的立方相位掩模

立方相位掩模是能使成像系统提高景深的若干种技术中的一种, 否则, 用不改进的系统, 景深达不到很大的提升. 为了理解这样一种系统的效益, 首先要定义调焦深度或者景深的概念.

### 8.1.1   调焦深度

成像系统的调焦深度定义为, 在成像空间里基本不改变分辨率的条件下, 成像面可以从最佳聚焦面偏离的距离. 物面的像在调焦深度以内被认为是调焦准确的, 而到了调焦深度范围以外被认为是模糊的. 因此, 调焦深度指的是物体在入瞳前一个固定距离上物体所成的像保持完全分辨的同时, 像平面内的像传感器能够沿着轴向运动的距离.

我们可以将波动光学和几何光学结合起来推导出调焦深度的表达式. 图 8.1(a) 所示为所用的几何光路. 这里调焦深度定义为只包含正确像面的一侧, 用 $\Delta z_i$ 来表示. 为了定义 "完全分辨" 的阈值, 我们要求由几何光学预测的离焦面上横向像的模糊量要和准确调焦面上衍射所预测的图像分辨率一致. 几何光学在离焦面上预测的点扩展函数是出瞳在像面上的投影. 假设方形出瞳宽度为 $w$, 简单的几何关系表明, 出瞳投影的宽度为

$$X = \frac{w\Delta z_i}{z_i}. \tag{8-1}$$

对于宽度为 $w$ 的方形光瞳, 由 Rayleigh 判据和衍射极限定义的横向分辨率为

$$\Delta x_i = \lambda F_i^{\#}. \tag{8-2}$$

令 $X$ 和 $\Delta x_i$ 相等, 解出 $\Delta z_i$, 我们得到

$$\Delta z_i = \lambda(F_i^{\#})^2. \tag{8-3}$$

注意, 对于高分辨率系统, $F_i^{\#}$ 达到了 1 的数量级, 调焦深度变得很小, 在波长量级.

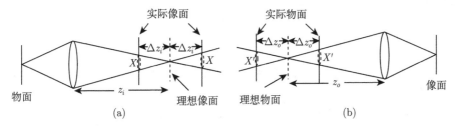

图 8.1　用于计算的几何光路 (a) 调焦深度 (b) 景深

### 8.1.2　景深

景深的定义是物体保持在某个固定的像面上基本固定的分辨率的同时能够在其某一侧沿光轴运动的距离. 图 8.1 (b) 显示了景深的几何意义. 根据透镜定律可以计算景深、调焦深度表达式和小增量近似. 将透镜定律写成

$$
\begin{aligned}
&\frac{1}{z_o + \Delta z_o} + \frac{1}{z_i + \Delta z_i} + \frac{1}{f} \\
&= \frac{1}{z_o(1 + \Delta z_o/z_o)} + \frac{1}{z_i(1 + \Delta z_i/z_i)} + \frac{1}{f} \\
&\approx \frac{1}{z_o}(1 - \Delta z_o/z_o) + \frac{1}{z_i}(1 - \Delta z_i/z_i) + \frac{1}{f} = 0,
\end{aligned}
\tag{8-4}
$$

其中我们已经假设 $\Delta z_i \ll z_i$ 和 $\Delta z_o \ll z_o$. 再一次使用透镜方程我们可以把 $\Delta z_o$ 用 $\Delta z_i$ 来表示

$$\Delta z_o = -\left(\frac{z_o}{z_i}\right)^2 \Delta z_i = -\frac{\Delta z_i}{|M|^2} = -\frac{\lambda(F_i^{\#})^2}{|M|^2}, \tag{8-5}$$

这里 $M$ 是放大率. 因此对于固定的 $F$ 数来说, 放大率大于 1 的系统景深小于调焦深度, 而放大率小于 1 的系统, 景深是大于调焦深度的.[①]

---

　　① 对于聚焦于无穷远光学系统的这种特殊情况, 超焦距 定义为物空间的一个最短距离, 在其后到无穷远的所有物体都是调焦良好的. 如果物体在超焦距处, 离开透镜比超焦距更近的物体 (8-5) 式成立, 但是在超焦距以外的景深是无穷远. 在显微术和光刻技术中, (8-5) 式中 $\Delta z_o$ 的表达式是最有用的. (译者注: 此处超焦距和调焦指的是摄影行业的术语, 专指物像共轭被调整准确, 和光学工程中 "焦距" 并没有联系, 因此, "Depth of focus" 在这一章翻译成为 "调焦深度", 而不是透镜的 "焦深", 摄影行业并不是技术领域的, 因此他们不必那样严格区分技术概念, 他们讲究的是艺术效果, 基本属于艺术行业. )

### 8.1.3　立方相位掩模

在非相干光学系统的光瞳处插入一个立方相位掩模与数字后处理相结合, 可以显著扩展成像系统的景深, 最早是 Dowski 和 Cathey [92] 证明的. 为了简化, 我们限于描述一维的系统. 一块立方相位掩模, 我们指的是一个透射物, 具有下述振幅透射率:

$$t_{\mathrm{A}}(x) = \exp\left(\mathrm{j}2\pi \frac{W_{m3}}{\lambda} \frac{x^3}{(w/2)^3}\right), \tag{8-6}$$

式中 $W_{m3}$ 是宽度 $w$ 的矩形光瞳边缘光程长度误差. 要理解这种技术的细节, 我们还是要回到存在像差时 OTF 的一般表达式.

带有调焦误差和出瞳处立方相位掩模的成像系统 OTF 可以写成 (参阅 (7-43) 式)

$$\mathcal{H}(f_X) = \frac{1}{w} \int_{-\frac{w}{2}\left(1-\frac{|f_X|}{2f_o}\right)}^{\frac{w}{2}\left(1-\frac{|f_X|}{2f_o}\right)} \exp[\mathrm{j}\theta_2(f_X, x) + \mathrm{j}\theta_3(f_X, x)]\mathrm{d}x, \tag{8-7}$$

其中

$$\theta_2(f_X, x) = 16\pi \frac{W_{m2}}{\lambda} \frac{\lambda z_i f_X}{w^2} x = 16\pi \frac{W_{m2}}{\lambda} \left(\frac{f_X}{2f_o}\right)\left(\frac{x}{w}\right) \tag{8-8}$$

代表调焦误差单独的作用, $W_{m2}$ 是调焦误差在出瞳边缘的最大光程差, 同时

$$\begin{aligned}
\theta_3(f_X, x) &= 16\pi \frac{W_{m3}}{w^3} \left[\left(x + \frac{\lambda z_i f_X}{2}\right)^3 - \left(x - \frac{\lambda z_i f_X}{2}\right)^3\right] \\
&= 4\pi \frac{W_{m3}}{\lambda}\left(\frac{\lambda z_i f_X}{w}\right)^3 + 48\pi \frac{W_{m3}}{\lambda}\left(\frac{\lambda z_i f_X}{w^3}\right)x^2 \\
&= 4\pi \frac{W_{m3}}{\lambda}\left(\frac{f_X}{2f_o}\right)^3 + 48\pi \frac{W_{m3}}{\lambda}\left(\frac{f_X}{2f_o}\right)\left(\frac{x}{w}\right)^2 \tag{8-9}
\end{aligned}$$

单独表示了立方相位掩模的作用, 式中 $W_{m3}$ 表示的是立方相位掩模在出瞳边缘的最大光程差. 如通常那样, $f_o = (w/2)/(\lambda z_i)$. 用这些结果, 就可以写出当在出瞳处插入立方相位掩模并具有任何离焦量时的光学传递函数表达式

$$\begin{aligned}
\mathcal{H}(f_X) = & \frac{\exp\left[\mathrm{j}4\pi \dfrac{W_{m3}}{\lambda}\left(\dfrac{f_X}{2f_o}\right)^3\right]}{w} \int_{-\frac{w}{2}\left(1-\frac{|f_X|}{2f_o}\right)}^{\frac{w}{2}\left(1-\frac{|f_X|}{2f_o}\right)} \exp\left[\mathrm{j}48\pi \frac{W_{m3}}{\lambda}\left(\frac{f_X}{2f_o}\right)\left(\frac{x}{w}\right)^2\right] \\
& \times \exp\left[\mathrm{j}16\pi \frac{W_{m2}}{\lambda}\left(\frac{f_X}{2f_o}\right)\left(\frac{x}{w}\right)\right]\mathrm{d}x. \tag{8-10}
\end{aligned}$$

这个积分还是有点难做的, 但是现在可以用商用软件 Mathematica 来解. 结果 OTF 由下式给出:

$$
\mathcal{H}(f_X) = \frac{(-1)^{3/4}\exp\left[\left(\mathrm{j}8\pi\Delta^3 W_{m3} - \mathrm{j}\dfrac{4\pi\Delta W_{m2}^2}{3W_{m3}}\right)\right]}{8\sqrt{3\Delta W_{m3}}}
$$
$$
\times \left(\operatorname{erfi}\left[\frac{(1+\mathrm{j})\sqrt{2\pi\Delta/3}(W_{m2}-3W_{m3}+3W_{m3}|\Delta|)}{\sqrt{W_{m3}}}\right]\right.
$$
$$
\left. - \operatorname{erfi}\left[\frac{(1+\mathrm{j})\sqrt{2\pi\Delta/3}(W_{m2}+3W_{m3}-3W_{m3}|\Delta|)}{\sqrt{W_{m3}}}\right]\right), \quad (8\text{-}11)
$$

式中 $\Delta = f_X/(2f_0)$ 而 $\operatorname{erfi}(z)$ 是虚误差函数

$$
\operatorname{erfi}(z) = \sqrt{\frac{2}{\pi}}\int_0^z \exp(t^2)\mathrm{d}t. \qquad (8\text{-}12)
$$

虚误差函数也可以用菲涅耳积分表达,

$$
\operatorname{erfi}(z) = (1-\mathrm{j})\left(C\left[\frac{(1+\mathrm{j})z}{\sqrt{\pi}}\right] - \mathrm{j}S\left[\frac{(1+\mathrm{j})z}{\sqrt{\pi}}\right]\right). \qquad (8\text{-}13)
$$

用菲涅耳积分表达 $\mathcal{H}(f_X)$ 的方法请参阅文献 [325].

MTF 现在可以表示为

$$
|\mathcal{H}(f_X)| = \frac{1}{8\sqrt{3\Delta W_{m3}}}
$$
$$
\times \left|\operatorname{erfi}\left[\frac{(1+\mathrm{j})\sqrt{2\pi\Delta/3}(W_{m2}-3W_{m3}+3W_{m3}|\Delta|)}{\sqrt{W_{m3}}}\right]\right.
$$
$$
\left. -\operatorname{erfi}\left[\frac{(1+\mathrm{j})\sqrt{2\pi\Delta/3}(W_{m2}+3W_{m3}-3W_{m3}|\Delta|)}{\sqrt{W_{m3}}}\right]\right|. \qquad (8\text{-}14)
$$

可以证明 (参阅文献 [92]), 在 MTF 的中频段, 对于足够大的 $W_{m3}$, MTF 可以近似为

$$
|\mathcal{H}(f_X)| \approx \frac{1}{\sqrt{12\dfrac{W_{m3}}{\lambda}\left(\dfrac{|f_X|}{2f_0}\right)}}. \qquad (8\text{-}15)
$$

图 8.2 所示为在离焦系统中引入立方相位掩模的作用. 这些都是各种不同情况下准确的 MTF 曲线. 参阅图中的文字说明可以了解其细节.

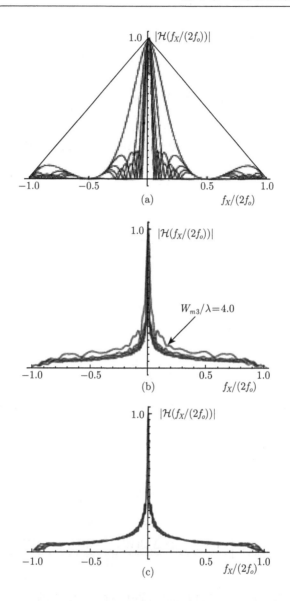

图 8.2  各种不同离焦大小和立方相位像差情况下的准确 MTF. (a) 无立方相位掩模时, 离焦
参数为 $W_{m2}/\lambda = 0, 0.5, 1.0, 1.5, 2.0$ 和 2.5 的 MTF. (b) 离焦参数固定为 $W_{m2}/\lambda = 2.0$, 立
方相位参数为 $W_{m3}/\lambda = 4.0, 8.0, 10.0, 12.0$ 和 14.0 的 MTF. 离焦参数为 $W_{m2}/\lambda > 4.0$ 时的
曲线在中间频段看上去接近一条渐近线, 实际上它们都接近由 (8-15) 式给出的近似值, 并且
反比于 $\sqrt{W_{m3}}$. (c) 固定立方相位参数 $W_{m2}/\lambda = 8.0$ 时, 不同离焦量的 MTF. 对于这些曲
线, $W_{m2}/\lambda$ 取值分别为 0.5, 1.0, 1.5, 2.0 和 2.5. 这些曲线几乎区分不清, 表明在中间频段, 在一
个很好的近似下, MTF 是与离焦量大小无关的

图 8.3 所示为当离焦参数 $W_{m2}/\lambda = 2.5$, 立方相位掩模参数 $W_{m3}/\lambda = 8$ 时, 准确的 OTF 相位表现. 这一相位移动必须在图像频谱处理时得到补偿. 要注意与这个相位函数的线性近似对应着图像的漂移. 如果移去这个图像的漂移, 补偿的相位函数会比较简单一些.

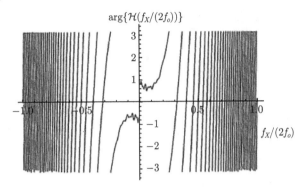

图 8.3  $W_{m2}/\lambda = 2.5$ 并且 $W_{m3}/\lambda = 8$ 时的 OTF 的相位结构

我们应该注意到立方相位掩模板不必是一个与透镜分开的结构器件, 相反, 一个单一成像器件可以设计成既有正常聚焦能力也带有立方相位像差的一个透镜. 实际上, 还存在着另一种方法, 用完全不同的出瞳修正途径实现修正出瞳函数以拓展景深. 作为一个例子, 有兴趣进一步探讨这个课题的读者可以参阅文献 [63].

最后, 由于在中频段 MTF 被压低到 (8-15) 式给出的水平, 所以需要一个恢复滤波器 (作为一个例子, 可参阅 10.6.2 节) 把 MTF 恢复到无像差的水平. 与无调焦误差时相比较, 需要增加曝光次数以使恢复滤波器工作良好以得到足够的信噪比.

## 8.2  提高深度分辨率的旋转点扩展函数

点扩展函数随着物方点源远离最佳调焦面旋转 (保持其横向坐标不变) 对于确定点源在三维空间位置有着潜在的用途. 关于这样一类旋转点扩展函数, 已有大量文献发表. 作为一些例子, 可参阅文献 [309], [206], [193], [283], [147] 和 [279]. 大多数文献都利用了这样一个事实, 即 Laguerre-Gauss (拉盖尔–高斯) 光束构成一个完备正交模式族, 它能够表示任何傍轴传播光束, 以及另一个事实, 就是适当地选择参数, 这些傍轴光束能够在光束沿着 $z$ 轴传播的同时旋转.

为了解释这个现象, 我们重写 Laguerre-Gauss 光束表达式 (4-97) 如下:

$$U_{l,p}(r, \theta, z) = G_{l,p}(r, z)\Theta_l(\theta)\Psi_{l,p}(z), \tag{8-16}$$

其中

$$G_{l,p}(r,z) = A_{l,p} \left[\frac{W_0}{W(z)}\right] \left[\frac{\sqrt{2}r}{W(z)}\right]^{|l|} \mathbb{L}_p^{|l|}\left(\frac{2r^2}{W^2(z)}\right) \exp\left[-\frac{r^2}{W^2(z)}\right]$$

$$\times \exp\left[\mathrm{j}kz + \mathrm{j}k\frac{r^2}{2R(z)} - \mathrm{j}\psi(z)\right], \tag{8-17}$$

$$\Theta_l(\theta) = \exp[\mathrm{j}l\theta], \tag{8-18}$$

并且

$$\Psi_{l,p}(z) = \exp\left[-\mathrm{j}(|l| + 2p)\psi(z)\right]. \tag{8-19}$$

提醒一下, 这些方程中的众多重要参数罗列如下:

$(r, \theta)$ 分别为横截面上的半径与方位角;

$(l, p)$ 分别为与模式相关的方位角和径向序号;

$z$ 为轴向位置, 当 $z = 0$ 时为光束的腰部;

$W_0$ 为聚焦时, 即在 $z = 0$ 处的光束束腰半径;

$2z_0$ 为 Rayleigh 范围, 对调焦深度的度量;

$W(z)$ 为在轴向坐标 $z$ 处的光束半径, $W(z) = W_0\sqrt{1 + \left(\dfrac{z}{z_0}\right)^2}$;

$R(z)$ 为在轴向坐标 $z$ 处波前的曲率半径, $R(z) = z\left[1 + \left(\dfrac{z_0}{z}\right)^2\right]$;

$\psi(z)$ 为在轴向坐标 $z$ 处的 Gouy 相位, $\psi(z) = \arctan\dfrac{z}{z_0}$;

$A_{l,p}$ 为模式振幅归一化常数, $\sqrt{\dfrac{2p}{(1 + \delta_{0l})\pi(|l| + p)}}$, 其中 $\delta_{0l}$ 是 Kronecker $\delta$ 函数 (克罗内克 $\delta$ 函数). 模式归一化以使得其总和等于总功率.

如果我们要实现旋转点扩展函数, 必须要确定满足两个条件:

(1) 点扩展函数必须不是围绕 $z$ 轴圆对称;

(2) 点扩展函数必须作为 $z$ 的函数旋转.

首先来考虑上述第一个条件, 我们在 $\psi_{l,p}(0) = 1$ 的 $z = 0$ 平面上进行验证. 读者可能奇怪, 在图 4.22 中显示的圆对称强度图形如何重叠以后得到一个强度非圆对称的图样. 答案在于尽管每一个序号对 $(l, p)$ 的模式强度是圆对称的, 模式相位却并不是圆对称的, 而且能够在叠加后得到非对称图样. 首先注意到随着 $z$ 离开, $z = 0$, $G_{l,p}(r,z)$ 项只因光束宽度增加、曲率半径 (在 Rayleigh 范围内) 减小、线性相移 $kz$, 以及 Gouy 相位项而改变. 线性相移、二次相位因子, 以及 $G_{l,p}$ 中的 Gouy 相位对于所有的模式影响是完全相同的, 因此不会破坏旋转所要求的条件.

此刻考虑最佳调焦平面 ($z = 0$), 并固定径向序号为 $p = p_0$. 考虑仅仅对方位角序号 $l$ 的集合 $\mathcal{L}$ 求和,

$$U_{p_0}(r, \theta, 0) = \sum_{\mathcal{L}} G_{l,p_0}(r, 0) \exp[\mathrm{j}l\theta]. \tag{8-20}$$

该方程使人联想到以 $2\pi$ 为周期的角度 $\theta$ 的傅里叶级数及其傅里叶系数 $G_{l,p_0}(r, \theta, 0)$. 因此在 $z = 0$ 平面上, 能够合成一个角度的周期函数, 其一个角度周期的形式取决于傅里叶系数的选择, 该系数则依赖于序号 $(l, p_0)$ 的 Laguerre 多项式. 在更一般的情况下, $z$ 是任意的但仍然有 $p = p_0$, 我们可以将光场写成

$$U_{p_0}(r, \theta, z) = \sum_{\mathcal{L}} G_{l,p_0}(r, z) \exp[\mathrm{j}l\theta] \exp[-\mathrm{j}(|l| + 2p_0)\psi(z)]. \tag{8-21}$$

在固定径向序号数为 $p = p_0$ 情况下, Laguerre-Gauss 光束模式的有限子集不是基本函数完备集合, 因此能够合成得到的场横截面不是随意的. 因为在指数 $l\theta - (|l| + 2p_0)\psi(z)$ 对 (8-21) 式中序号 $l$ 的线性关系, 场分布能够随 $z$ 变化转动. 最终前述方程中的指数取决于径向序号数 $p_0$. 对于每个 $l$ 要加上一个常数相位移动, 但是相移的数值取决于我们考察的径向模式.

处于轴向距离 $z$ 的总光场 $U(r, \theta, z)$ 需要对于还有待决定的序号 $(l, p)$ 的子集 $\mathcal{S}$ 求和才能产生. 我们用整数 $n$ 来标记该集合; 集合中的每个数与序号 $(l_n, p_n)$ 对相对应, 并且我们假设该集合只有 $N$ 个有限数量的成员. 这样一来

$$\begin{aligned} U(r, \theta, z) &= \sum_{n=1}^{N} G_{l_n, p_n}(r, z) \Theta_{l_n}(\theta) \Psi_{l_n, p_n}(z). \\ &= \sum_{n=1}^{N} G_{l_n, p_n}(r, z) \exp(\mathrm{j}l_n\theta) \exp[-\mathrm{j}(|l_n| + 2p_n)\psi(z)] \\ &= \sum_{n=1}^{N} G_{l_n, p_n}(r, z) \exp\left[\mathrm{j}l_n \left(\theta \mp \left(1 + \frac{2p_n}{|l_n|}\right)\psi(z)\right)\right], \end{aligned} \tag{8-22}$$

其中 $p_n \geqslant 0$, 而上式最后一行中上面的符 (负) 号用于 $l_n > 0$ 时, 下面的符 (加) 号用于 $l_n < 0$ 时. 剩下的任务就是找出用来求和的子集.

我们作下列讨论:

(1) 指数项 $\exp\left[\mathrm{j}l_n \left(\theta \mp \left(1 + \frac{2p_n}{|l_n|}\right)\right)\psi(z)\right]$ 是振幅图样旋转的原因, 在距离 $z$ 处转动的量为 $\pm \left(1 + \frac{2p_n}{|l_n|}\right)\psi(z)$.

(2) 序号 $(l_n, p_n)$ 必须选择得使 $2p_n/|l_n|$ 对于所有被加的模式都是常数, 从而保证所有的转动量都是相同大小.

(3) 因为当 $z$ 从 $-\infty$ 变化到 $+\infty$ 时, Gouy 相位 $\psi(z)$ 从 $-\pi/2$ 变到 $+\pi/2$, 对于给定的比值 $2p_n/|l_n|$, 点扩展函数振幅图样的角度随着 $z$ 的范围从 $-\infty$ 变化到 $+\infty$, 从 $-\left(1 + \dfrac{2p_n}{|l_n|}\right)(\pi/2)$ 转到 $+\left(1 + \dfrac{2p_n}{|l_n|}\right)(\pi/2)$.

(4) 如果 $2p_n/|l_n| = 1$, 点扩展函数随着 $z$ 从 $-\infty$ 变到 $+\infty$, 会从 $-\pi$ 转到 $+\pi$, 就是说, 它将会完成 $360°$ 的完整一周的旋转.

(5) 如果 $2p_n/|l_n| = K$, 点扩展函数随着 $z$ 从 $-\infty$ 变到 $+\infty$, 将会转动 $360°$ 的 $(K+1)/2$ 倍.

(6) 如果实现转动能够用到的可提供的模式只是一个子集, 就不可能实现任意点扩展函数形状, 因为可以用的模式集合不是一个完备的集合.

(7) 在很多应用中感兴趣的是强度点扩展函数. 如果振幅点扩展函数转动角度 $\theta$, 强度点扩展函数也会转动同样的角度.

图 8.4 所示为上述结果所预言的强度点扩展函数的密度图. 在 (a) 部分四个模式 $(l,p) = (2,1),(4,2),(6,3)$ 和 $(8,4)$ 相加, 而在 (b) 部分四个模式 $(l,p) = (1,1),(2,2),(3,3)$ 和 $(4,4)$ 相加. 注意, 在这张图中, 光束随着 $z/z_0$ 变大而变宽已经忽略了.

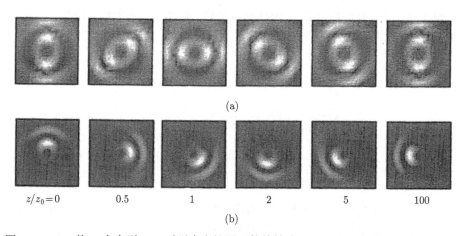

(a)

$z/z_0 = 0$      0.5      1      2      5      100

(b)

图 8.4    $z/z_0$ 从 0 变大到 100 时强度点扩展函数的转动. $z/z_0 = 0$ 是最佳调焦平面, 而 $z/z_0 = \pm 1$ 是 Rayleigh 范围的边界. (a) 在这个例子中 $2p/|l| = 1$ 并且是四个模式 $(l,p) = (2,1),(4,2),(6,3)$ 和 $(8,4)$ 相加. 用这些强度图表示的总转角是 $180°$, 因此在 $z = \pm\infty$ 范围内总转角是 $360°$. 然而点扩展函数的对称性限制了清楚的范围达到 $z/z_0 = \pm\tan(\pi/4)$. (b) 在这个例子中 $2p/|l| = 2$, 而被加的四个模式是 $(l,p) = (1,1),(2,2),(3,3)$ 和 $(4,4)$. 用这些强度图表示的总转角是 $270°$, 因此在 $z = \pm\infty$ 范围内总转角是 $1\frac{1}{2}$ 倍的 $360°$. 如果 $z$ 限制在 $z/z_0 = \pm\tan(\pi/3)$ 范围中, 转动会被限制于 $360°$ 内

在显微镜的应用中, 一组稀疏分立的点源 (即点扩展函数不重叠的点源) 位于不同深度成像, 点源的深度可以从它所生成的点扩展函数的方向区别开, 只要对点源的体积加以限制, 消除掉由转动角度大于 360° 或者点扩展函数的对称性引起的任何不确定性. 应用的举例可以参阅文献 [280].

点扩展函数是用显微镜傅里叶平面上加适当的掩模生成的. 因为通过 Laguerre-Gauss 模式和生成的任何掩模都会被吸收所限制, 具有高的光通过率的合适的纯相位掩模已经发展出来, 所用的方法是重复迭代技术, 它使得光在傅里叶平面上具有高的通过率, 而且在许多轴向平面上生成需要的点扩展函数转动形式 (参阅文献 [279]).

要进一步探讨 Laguerre-Gauss 模式之和的性质, 请参考习题 8-1 和习题 8-2.

## 8.3 发现系外行星的点扩展函数工程

围绕着遥远的太阳 (恒星) 轨道运动的系外行星(即其他太阳系的行星) 成像是天文学中一个极其有趣的问题, 人类已经发明了很多精巧的方法使其成为可能. 文献 [349] 是对这个领域的一篇优秀的综述文章. 从系外恒星收集到的光通量与从围绕系外恒星轨道运行的行星收集到的光通量之比 (即 "对比度") 从 $10^{11}$ 到 $10^{16}$ 变化, 在红外频段, 会遇到更小的对比度. 行星到其恒星之间的分离, 如同从地球上看到的那样, 可能是在 $10^{-2}$ 到 10 角秒范围内, 它仍然取决于被成像的特殊行星/恒星系统. 从地球表面成像一般需要自适应光学去除大气扰动的影响, 得到理想的接近衍射极限的性能.

系外行星成像的中心问题是抑制掉从恒星来的光, 以使得从行星来的光能够被观察到. 天文学家发明了许多抑制恒星光线的独特方法, 而且确实已经成功将系外行星成像. 在许多情况下, 这些方法涉及点扩展函数工程. 这里我们回顾其中两种, 但是提供其他方法的参考文献.

### 8.3.1 Lyot 日冕观测仪

日冕观测仪这个术语指的是许多种类仪器, 它们至少部分挡掉了从恒星来的光, 而让行星发来的光通过, 这样提高了行星图像的对比度. 最早的日冕观测仪是法国天文学家 Bernard Lyot 发明的, 并在 1931 年引入天文学界. 该仪器发明的初始目的是给太阳的日冕成像, 太阳/日冕系统的对比度是 $10^6$ 数量级. 借助于图 8.5 最容易理解 Lyot 日冕观测仪的几何光路原理. 望远镜光瞳置于 $P_1$ 平面. 通过光瞳的粗黑色光线表示从明亮的恒星到达的光, 同时细实的光线代表从围绕恒星的昏暗的行星到达的光. 恒星的角偏置事先是无法推测的, 这是因为既不知道行星在它的轨道上的位置, 也不知道行星离开它的恒星的分离角. 望远镜指向恒星, 同时它

会在 $P_2$ 平面上成像于光轴上. 遮挡掩模放在 $P_2$ 平面上尽可能多地挡住从恒星来的光, 同时尽可能多地让来自离轴行星的光通过. 假设大气的影响已经被自适应光学系统去除, 恒星的像是一个衍射置限的艾里斑图样, 它的一些旁瓣并不能被光阑挡住. 行星的光也会产生艾里斑图样, 大部分光能够通过成像光阑. 注意, 光阑越大, 来自恒星的光被遮挡得越多, 但是, 行星离开恒星越远, 通过光阑时它的衰减一定越小. 在 $P_2$ 平面上的遮挡掩模工作像个空间滤波器, 挡住来自恒星的低空间频率光, 只让望远镜光瞳边缘产生的高空间频率光通过. 这样一来, 在 $P_3$ 面上, 会成一个望远镜入瞳的像. 带着大部分入瞳边缘的光, 第二个光阑, 所谓的 Lyot 光阑放在这里会挡住这些光. 最后成像透镜将像成在照相机像面上, 在这里, 行星的像的对比度就被提高了.[①]

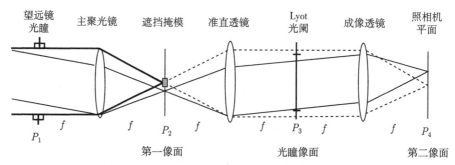

图 8.5    Lyot 日冕观测仪的几何光路. 左边的粗黑色线表示来自恒星的光线, 而细的实线表示来自行星的光. 射向遮挡掩模右边的虚线代表遮蔽掩模不存在时来自恒星的光路

参阅图 8.6, 它显示了模拟计算得到的摄入并穿过若干平面的光强. 模拟过程中, 若将射到光阑上的恒星艾里盘的最大值归一化为 1, 在同样平面上行星艾里盘的最大值为 $10^{-6}$. 然而在日冕望远镜输出的照相机平面上, 恒星像强度将是 $4.6 \times 10^{-2}$, 而行星像的最大强度为 $1.5 \times 10^{-4}$. 因此, 在这个模拟中日冕望远镜已经在这个特例中把行星/恒星强度比从 $10^{-6}$ 改变为 $3.3 \times 10^{-3}$.[②]

存在着大量的各种各样的 Lyot 日冕望远镜. 成像光阑可以采用许多其他形式, 包括那些用纯相位掩模代替不透明光阑的形式. 参阅文献 [159] 和 [300], 可以看到许多例子. 一种另类的例子是所谓的 "涡旋相位滤波器", 当它放在来自恒星的艾里盘的位置上时, 能够使光瞳中心的光线偏转出去被 Lyot 光阑挡掉, 只允许大部分来自行星的光束通过, 射到最终的成像平面上 (参阅文献 [115] 和 [185]).

最后要指出, Lyot 日冕望远镜可以看成是点扩展函数工程的一个范例, 它实现了这样一种点扩展函数, 随着角度变化, 轴上点源物体衰减, 而离轴点源物体的光

---

① 全面分析 Lyot 日冕观测仪还需要包括在光学系统前面所放置的望远镜反射镜的作用, 它会导致这里没有包括的偏振效应.

② 实践中, 行星像的强度与恒星点扩展函数侧瓣的强度比决定了行星的可被测量的能力.

能够通过.

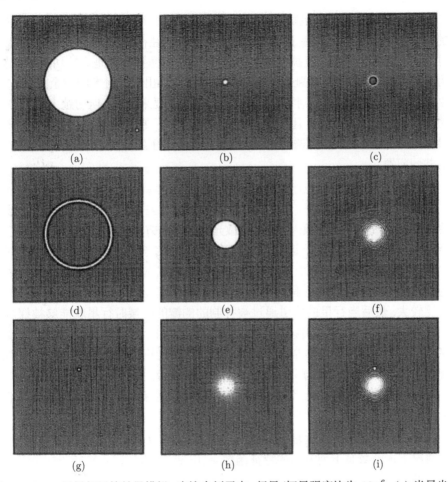

图 8.6 Lyot 日冕望远镜效果模拟. 在这个例子中, 行星/恒星强度比为 $10^{-6}$. (a) 当星光本身入射时的望远镜入瞳 (平面 $P_1$). 模拟使用的是 $400 \times 400$ 像素, 而入瞳直径有 200 像素. (b) 入射到初始像面 $P_2$ 上的星光强度分布. (c) 通过在 $P_2$ 平面上直径 26 像素光阑的星光. (d) 在光瞳平面 $P_3$ 的结果中得到的像. 中心光阑的存在已经将光衍射到光瞳边缘. (e) 直径 80 像素开孔的 Loyt 光阑. (f) 在平面 $P_4$ 上曝光过度的恒星的像. (g) 在平面上行星单独的像. 行星假设离开恒星 50 像素. (h) 在平面 $P_2$ 上恒星和行星的像. 行星完全不可探测. (i) 在平面 $P_4$ 上恒星和行星的像. 可以看到行星靠着曝光过度的恒星像. 注意在实践中, 行星会比这里假设的 50 像素更加靠近恒星, 行星的像会落在恒星像的旁瓣之中, 但是, 这里为了说明清楚其原理的目的, 选择了比较大的分离

### 8.3.2  抑制星光的切趾术

将一颗在围绕明亮恒星轨道运动的昏暗的行星变得更便于观察的一个明显可行的方法是在望远镜的光瞳上实施切趾术. 我们已经在 7.4.5 节中讨论过切趾术, 并且看到它能够用来减小点扩展函数旁瓣的强度. 那里描述的是高斯切趾术. 然而, 因为光瞳是有限的, 高斯切趾术总会导致在光瞳边缘出现透射率的剩余阶跃 (参阅图 7.14), 并且这个阶跃是点扩展函数残余旁瓣的主要来源. 高斯切趾术越窄, 在孔径边缘残余阶跃就越低, 而且旁瓣就越低, 但是同时, 越窄的高斯切趾术造成透射通过光瞳的光越少, PSF 主瓣越宽. 在透过光通量与压低旁瓣之间如何折中是切趾术的共同问题.

在考虑可能的一些其他连续圆对称灰度振幅透射率切趾函数时, 如果要达到将星光抑制到所要求的低水平, 这样一些掩模的制造公差在实践中是很严苛的. 结果使注意力转向二元光学掩模, 它可以用微光刻技术的方法制造到极高的精确度. 因为行星在围绕恒星的轨道上运动, 如果这条轨道相对于望远镜处于一个合适的位置, 它可以出现在围绕恒星 PSF 主瓣区域中的任何位置上. 结果就是, 有一个替代的切趾方法能够使侧瓣只在围绕主瓣一个有限的区域被抑制, 允许侧瓣在这些区域以外比较大. 然后当行星的轨道通过被抑制的侧瓣的区域时行星就能够被探测到, 而在围绕恒星产生的 PSF 中心的其他区域都不能被探测. 转动切趾掩模到一系列角度, 允许在更大的角区域内进行探测. 理想的切趾掩模要有这样一个光瞳切趾, 不管在侧瓣被抑制的任何方向, 它都不会出现硬边缘, 实际上, 如果只在围绕恒星的一定的角区域内抑制星光, 切趾掩模可以旋转并可以拍摄到附加的像以发现在轨道上运行的行星.

这样一种切趾术可以由扁椭球波函数提供 (参阅文献 [320]、[215] 和 [260]), 在一维情况下该函数是下列方程的特征函数 $\psi_n(c, x)$

$$\int_{-1}^{1} \frac{\sin(c(x-\xi))}{\pi(x-\xi)} \psi_n(c, \xi) \mathrm{d}\xi = \mu_n(c)\psi_n(c, x), \tag{8-23}$$

其中 $\mu_n(c)$ 是特征值, 而 $c$ 是与空间–带宽积有关的参量, 在一维情况下, 这种函数可以证明有以下性质, ① 它们在所取的有限区域以外是 0, 这里我们取的有限区域中其值处在区间 $(-1, 1)$ 内, ② 它们的傅里叶变换在主瓣里集中了可能的最大能量而在侧瓣里集中的是可能的最少能量. 这些是适于切趾术最理想的性质. 扁椭球波函数的二维形式也存在, 并且也有类似性质 (参阅文献 [319]).

为了在切趾术中引入扁椭球波函数的应用, 我们根据习题 2-18 的结果提出一个简单的一维分析, 这里我们先重复一下 (读者也可参考文献 [3]). 假设我们在光瞳中插入一块二元切趾掩模, 其振幅透射率定义为

$$t_{\mathrm{A}}(x,y) = \begin{cases} 1, & -g(x) \leqslant y \leqslant +g(x), \\ 0, & \text{其他}, \end{cases} \tag{8-24}$$

其中 $g(x)$ 是待选择的 $x$ 的给定函数. 然后根据投影截面定理的启示利用一维傅里叶变换给出沿着 $f_X$ 轴的频谱 $G(f_X, f_Y)$ 值为

$$G(f_X, 0) = 2 \int_{-\infty}^{\infty} g(x) \exp(-\mathrm{j}2\pi x f_X) \mathrm{d}x. \tag{8-25}$$

如果 $g(x)$ 是一个选择适当的一维扁椭圆波函数, 那么沿着在像平面上的 $u = \lambda z_i f_X$ 轴的侧瓣应该是最小值, 所付出的代价是主瓣更宽且减小了透过的光功率. 这里 $z_i$ 是从出瞳到所成的像的距离, 一般就是望远镜的有效焦距, 而 $\lambda$ 是波长.

将 $g(x)$ 选为一个零阶扁椭球波函数 $\psi_0(c, x)$ 并考虑其归一化形式 $\psi_0(c, x)/\psi_0(c, 0)$ 的特性, 同时 $c$ 参数取三个值 $c = 2, 10$ 和 $50$. 结果显示在图 8.7 (a) 中, 这些函数对 $x$ 的导数则显示在图中的 (b) 部分. 注意, $g(x)$ 的硬边缘平行于垂直轴 $(\mathrm{d}g(x)/\mathrm{d}x)$ 的无穷大值处) 会导致光偏向到沿着 $u$ 轴的侧瓣中. 这 3 个函数都被约束在 $(-1,1)$ 区间内, 没有平行于垂直轴的硬边缘, 但是正如在图 8.7(b) 中可以看出的, 在选择 $c$ 参数太大 (50) 或者太小 (2) 时, 导数值都变得比 $c = 10$ 更大. 靠近端点的大导数值会使得 $u$ 轴的范围变窄, 侧瓣因此会减小. 此外, $c$ 数值越大, 透过到成像平面上的光功率就越少. 因此 $c$ 的最好选择是在 10 的邻域, 下面我们就用这个选择. 对于这个选择, 到达像平面的光能部分大约是透过整个圆形光瞳的光功率的 1/2.

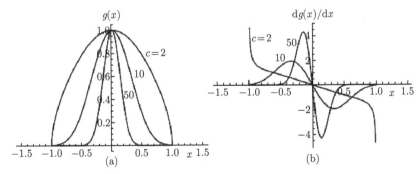

图 8.7 (a) 当 $c = 2, 10$ 和 50 时 $g(x) = \psi_0(c, x)/\psi_0(c, 0)$ 的曲线. (b) 对于同样的 $c$ 的选择, $g(x)$ 对于 $x$ 的导数的相应曲线. 大的导数对应于硬边缘, 几乎是垂直的

图 8.8 所示为选择 $c = 10$ 后的切趾掩模. 半径为 1 的白色圆圈表示被切趾的孔径的边缘. 这一切趾掩模的形式有时被称作是 "猫眼" 掩模.

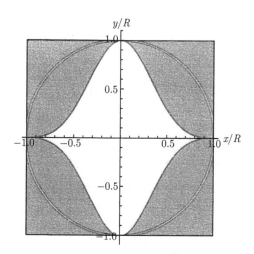

图 8.8　当 $g(x) = \psi_0(c, x)/\psi_0(10, 0)$ 时的 "猫眼" 切趾掩模. 注意此处没有平行于垂直轴的硬边缘. $R$ 是圆形孔径的半径

　　图 8.9 示出的是当 $c = 2, 10$ 和 50 的猫眼掩模插入出瞳时沿着 $u$ 轴的强度 $I_i(u, 0)$ 的点扩展函数曲线. 在同样曲线上也示出了在出瞳上没有掩模时的强度分布. 正如可以看到的那样, 当参数增加时, 点扩展函数的主瓣宽度增加而侧瓣的大小在减小, 其代价是在成像平面上总功率减小. 注意, 对于 $c = 10$, 侧瓣的高度已经减小了一个很大的因子, 其范围在 $10^5 \sim 10^6$, 这取决于我们感兴趣的侧瓣范围大小. 图 8.10 所示为在全二维点扩展函数中强度分布的密度曲线.

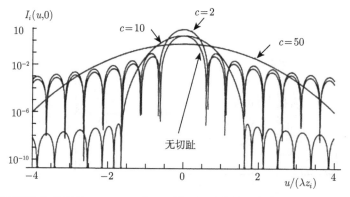

图 8.9　对于无切趾和参数为 $c = 2, 10$ 和 50 猫眼切趾术的强度点扩展函数. 当 $c = 10$ 时主瓣宽度是没有切趾时主瓣宽度的 2.7 倍

　　注意, 如果猫眼掩模在垂直方向收缩, 孔径边缘的倾斜度也会减小, 并且在侧瓣减小的水平轴附近的区域, 会在角度方向上展开. 光能输出也会减少, 同时在 $v$(垂直) 方向上分辨率也会降低. 这些负面影响能够用在猫眼之上或下部开半个猫眼附

加孔径部分得以减小, 只要在 $x$ 方向上孔径的选择没有硬边缘就可以.

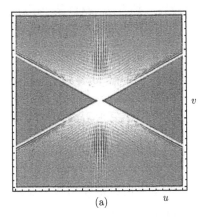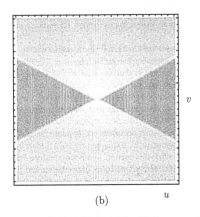

图 8.10 (a) 具有猫眼切趾掩模的系统完整二维点扩展函数的线性密度图. 图中 PSF 中心被强烈地过曝光了. (b) 同样函数的对数密度图, 该图揭示出恒星的点扩展函数被抑制的区域中某些结构. 这幅图表示强度的动态范围大致有 $10^8$

在文献 [51] 中报道的工作中提出了切趾掩模设计的一个改进方法. 它用限制 ① 二元孔径掩模和 ② 侧瓣水平 (大小) 减小到要求值的目标区域, 以及 ③ 掩模通量的指定数量的优化程序来寻找切趾掩模. 读者需参考引用的论文得到进一步细节.

## 8.4 超越经典衍射极限的分辨率

很多年来, 人们相信瑞利分辨率极限是绝对的, 没有任何办法能够使成像系统的分辨率超越这个极限. 这样一来, 参阅 (7-50) 式并忽略因子 1.22, 一个数值孔径 NA 等于折射率 $n$ 的成像系统可以分辨的细节仅仅可以到 $\lambda/(2n)$, 对于 500nm 波长的光来说, 在空气中可以得到 250nm 的分辨极限. 在显微镜中物体浸没在折射率为 $n$ 的液体中, 可以把最大可能的数值孔径增加 $n$ 倍, 对于折射率 1.5 的介质来说, 就把分辨率极限减小到了 167nm.

意大利物理学家 Toraldo di Francia [347] 关于通常的衍射极限可能并不是最终分辨率极限的一篇论文发表在 1952 年, 他证明了, 利用精心选择的出瞳函数, 点扩展函数的主瓣可以任意小, 并且从侧瓣分离开, 其代价是最后主瓣里的光越来越少.

在下面的小节中, 我们描述了超越通常衍射极限分辨的一些方法. 第一个方法是解析延拓, 这与 Toraldo di Francia 的观察很接近, 在数学上很是精美, 但已经被证明是不切实际的, 其原因下面解释. 把它包括在这里是为了完整的讨论. 这一小节以后的四种方法, 综合孔径傅里叶全息术, 相干谱复用, 非相干结构光照明和傅里叶叠层算法, 都是在扩展成像系统分辨率时很有用, 因而更接近最终的分辨率极限, 即横向分辨率 $\lambda/(2n)$. 8.4.6 小节中描述的最后一种方法, 题目是 "超分辨荧光显微镜" 能够很好地拓展分辨率到极限 $\lambda/(2n)$ 以外, 并由于其足够的重要性, 它们的发明人于 2014 年获诺贝尔化学奖.

### 8.4.1  解析延拓

这一节中我们将要证明, 在没有噪声的情况下, 对于空间有界的这类物体, 原则上可以分辨到无穷小的物体细节.

**数学基础**

对于上面所说的这类物, 在没有噪声时, 分辨率之所以可能超越经典极限, 是由于很基本的数学基础. 它们的基础是两条基本的数学原理, 我们把它们作为定理列在下面. 这些定理的证明见文献 [151].

**定理 1**  一个空间有界函数的二维傅里叶变换是 $(f_X, f_Y)$ 平面上的解析函数.

**定理 2**  $(f_X, f_Y)$ 平面上一个任意的解析函数, 若在此平面上的一个任意小 (但有限) 的区域内精确地知道这个函数的值, 那么整个函数可通过解析延拓手段 (唯一地) 解出.

对于任何成像系统, 不论是相干的还是非相干的, 像的信息都仅仅来自物的频谱的一个有限部分 (在相干情形下是物振幅谱的一部分, 在非相干情形下是物强度谱的一部分), 即成像系统的传递函数让通过的那一部分. 如果能够根据像来精确确定物的频谱的这一有限部分, 那么, 对于一个有界物体, 就能通过解析延拓求出整个物谱. 而如果能够求得整个物谱, 那么该物就可以无限精确地重现. 正如我们马上就要看到的, 这个结论仅仅在没有一点噪声时成立, 在实践中这种情况从来都不存在.

**带宽外推的直观解释**

对一个空间有限的物有可能实现超分辨率的一个似乎有道理的论据, 可以通过一个简单例子来讲述. 对这个例子, 假设物的照明是非相干的, 并且为简单起见, 我们就一维而不是二维来进行论证. 令物体是一个有限大小的余弦强度分布, 其频率超出了非相干截止频率, 如图 8.11 所示. 注意这个余弦强度分布必须调制在一个矩形背景脉冲上, 才能保证强度维持是一个正量.

有限长度的余弦函数本身可以表示为下面的强度分布:

$$I_g(u) = \frac{1}{2}\left[1 + m\cos(2\pi\tilde{f}u)\right]\mathrm{rect}\left(\frac{u}{L}\right).$$

在适当归一化后, 可得这一强度分布的谱为

$$\mathcal{G}_g(f_X) = \mathrm{sinc}(Lf_X) + \frac{m}{2}\mathrm{sinc}[L(f_X - \tilde{f})] + \frac{m}{2}\mathrm{sinc}[L(f_X + \tilde{f})],$$

这个谱连同成像系统假设的 OTF 见图 8.11(b). 注意, 频率 $\tilde{f}$ 已在 OTF 的截止频率之外. 从这幅图看到的关键点是, 余弦函数的有限宽度使它的频谱分量展宽为 sinc 函数, 虽然频率 $\tilde{f}$ 是在 OTF 的界限之外, 但是中心在 $f_X = \pm\tilde{f}$ 的 sinc 函数的尾巴却越过截止频率延伸到了谱的可观察部分之内. 因此, 在成像系统的通带内, 的确存在着来自通带之外的余弦分量的信息. 为了达到超分辨率, 必须修复这些极微弱的分量, 利用它们去恢复产生它们的信号.

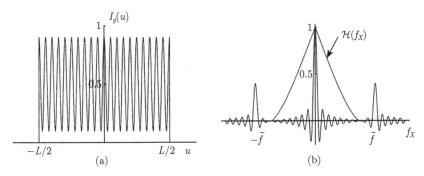

图 8.11  (a) 物强度分布 (b) 物频谱和 OTF

虽然基本数学原理用解析延拓三言两语就可以讲清, 但是却存在着应用到带宽外推问题的多种多样的具体手段. 它们包括一种基于频域中的抽样定理的方法 [161], 一种基于扁椭球波函数展开式的方法 [15], 以及一种适合于数字方法实施的迭代方法, 它能够逐步加强空域和空间频率域中的约束 [130,277].

不幸的是, 要得到任何一点有意义的带宽扩展, 都必须要在带宽内探测来自带宽以外极其微弱的分量, 而它们总是伴随着不可避免的噪声 (任何光学测量必须有有限量的能量, 其结果就是成像总是至少包含有光子噪声, 通常还有来自热源的噪声). 成功的外推算法要求在带宽内无噪声分量极其精确的测量, 其所要求的精度已经证明在实践中几乎不可能达到. 对于这些方法, 噪声灵敏度的讨论可以参阅许多文献, 如文献 [304], [348], [57] 和 [312].

因为这个方法已经证明在实际上并不成功, 我们这里不再进一步追寻下去, 相反要转向那些已经用得比较成功的方法.

### 8.4.2  综合孔径傅里叶全息术

综合孔径傅里叶全息术是利用一系列改变相干照明物的角度, 对系列中每个物在傅里叶平面上的复振幅用全息记录, 从而提高分辨率的方法. 记录以后再将傅里

叶谱结合起来, 以得到综合的傅里叶谱, 使得该谱宽度超过用轴上单一照明记录的频谱宽度. 我们会在第 11 章用相当长的篇幅讨论全息记录, 但是对于我们这里的目的来说, 知道利用这种技术能够确定射到探测器阵列上的光的振幅和相位就足够了. 图 8.12 为该实验的几何光路示意图. 一束来自激光器的扩了束的高斯光被分束到参考光臂和物光臂. 图中扩束光只用一根线来表示. 参考光束相对于光轴成一定角度入射到由像素组成的探测器上. 物光束入射到一个可旋转的反射镜上以一定的角度照明物体, 在每次全息记录之间改变角度. 透镜使得穿过物体的复波前作傅里叶变换, 在探测器处参考光束与代表物场的傅里叶变换的复光场相干涉. 因为在每次曝光时, 物体都是在不同角度上照明的傅里叶平面上, 这些谱会一步接一步地旋转通过探测器. 否则, 这些被探测器捕捉到的谱分量就不能通过傅里叶变换透镜的孔径. 因此每次曝光记录物谱的不同部分, 尽管为了保证同样的参考光可以用于所有的区域, 要使得这些谱区域有些重叠. 考虑到在每种情况下物照明光倾斜的大小以及在重叠区域的相位相等, 再用数字方法将记录下的复频谱移到它们适当的中心频率处.

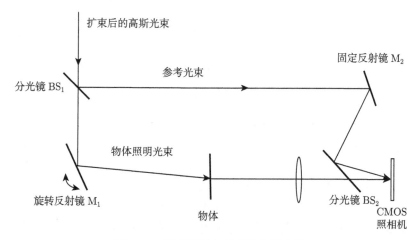

图 8.12　综合孔径全息术的几何光路

用这种方式, 一个低 NA 的成像系统变成一个同时保留着小 NA 系统的大视场和景深的大 NA 成像系统. 在文献 [114] 中报道了一个高达 1G (32000×32000) 像素大小的综合孔径已经组装起来处理一幅图像.

### 8.4.3　傅里叶叠层算法

在 8.4.2 节, 我们已经看到, 用一组不同入射角度相干光束照明物体能够把物体傅里叶谱的不同部分集中到傅里叶空间的可观察区域. 那一节中每次成像的复数值的谱是用全息术得到的. 一个替代方法, 叫做傅里叶叠层算法(参阅文献 [385]),

它能够代替用对于一组不同照明角度得到的低分辨率图像强度分布的简单探测组合得到的全息探测方法, 用迭代计算技术, 得到高分辨率的成像. 对于这个课题的一个有用参考可以在文献 [384] 中找到.

这种方法使用一个点光源阵列 (一般是 LED 阵列), 产生不同角度上的平面波二维集合, 再按顺序用这些平面波照明物体. 探测到低分辨率 (受制于成像透镜的低 NA) 成像的强度分布, 这些图像都是由每个这样不同的照明角度生成的. 分清每一幅低分辨率光强图像来自哪部分光学系统, 以及该幅低分辨率光强图像从该光学系统通过时, 在傅里叶空间中具有有限带宽的具体已知区域, 可以设计出一种迭代算法, 利用已知的一组强度图像和相应已知的有限傅里叶谱, 复原相互重叠的谱区域并把它们衔接起来, 就可以覆盖宽广得多的傅里叶空间并得到高分辨率图像. 因此, 其视场与具有大 NA 的常用的光学系统相比要大许多.[①]

令 $\sqrt{i_h}\mathrm{e}^{\mathrm{j}\phi_h}$ 表示我们最后有兴趣得到的高分辨率图像的复振幅分布, $i_{mk}$ 表示当物体由以角度 $\alpha_k$ 入射的第 $k$ 个平面波照明时测量出的强度分布, 其中 $k$ 的范围由 1 到 $K$. 再令 $i_{\ell k}^{(p)}$ 表示假设用第 $k$ 个照明角度时 $p$ 次迭代结果得到的低分辨率图像强度. 一般地讲, $i_{\ell k}^{(p)} \neq i_{mk}$, 它将在迭代过程的第 $(p+1)$ 步被 $i_{mk}$ 所替代. 为了实现超越小 NA 成像镜头所提供的分辨率, 处理过程与用于相位恢复的技术有关 (参阅 2.7 节). 其中一个详细的迭代程序可以总结如下:

(1) 从对于高分辨率图像振幅分布所估计的初始值 $\sqrt{i_{h0}}\mathrm{e}^{\mathrm{j}\phi_{h0}}$ 开始. 对于 $i_{h0}$ 的合适的估计是任意一个低分辨率用 $i_{m0}$ 表示的测得的图像, 也许就是一个用垂直入射光照明物体得到的分布. 初始相位分布可以取为 $\phi_{h0} = 0$. 对于这样的阵列长度, 现在 $i_{h0} = i_{m0}$ 应该是过采样的[②]. 它适合于高分辨率图像而不是低分辨率图像要求的较短的长度. 这样如果在低分辨率中, 当图像有 $M$ 个采样, 且过采样到 $N/M$ 倍时, 在新的序列中将有 $N$ 个采样. 这个过采样的振幅图像的傅里叶变换得到长度为 $N$ 的谱, 它由在傅里叶空间中适当位置为中心的 $i_{m0}$ 的长度 $M$ 的谱和添加围绕着它的零组成.

(2) 选择对应于一个不同照明角度 $\alpha_k$ 的扩展谱的一个子区域, 并且这个子区域与步骤 (1) 中找到的谱区域部分相重叠. 这个子区域通常以相干成像系统的振幅传递函数为边界 (通常为圆形), 并以与照明角度 $\alpha_k$ 相对应的空间频率为中心. 对于这个频谱子区域作傅里叶逆变换产生一个新的低分辨率图像振幅分布 $\sqrt{i_{\ell k}}\mathrm{e}^{\mathrm{j}\phi_{\ell k}}$.

(3) 用 $\sqrt{i_{mk}}$ 代替 $\sqrt{i_{\ell k}}$, 其中 $i_{mk}$ 是照明角度为 $\alpha_k$ 时实际测量得到的图像. 现

---

[①] 在显微镜中, 所达到的分辨率与保证这一分辨率所能得到的视场之间有一个平衡 (交换). 大 NA(数值孔径) 系统视场小而分辨率高, 而小 NA 有较大的视场但分辨率低.

[②] 过采样指的是这样一个处理过程, 根据采样定理要求的 sinc 函数内插取得 $M$ 个采样点序列, 再用 $N$ 个更大数量采样点进行采样. 这样分立的采样序列的长度就从 $M$ 增加到 $N(N > M)$, 在这种情况下, $M$ 指的是用低分辨率成像的 Nyquist 间隔要求的抽样数量, $N$ 对应着用高分辨率成像的 Nyquist 间隔要求的抽样数量. 在空间域的过采样可能伴随着在逆 DFT 得到的频谱域中用零值填充多出来的频谱点.

在对这个新的振幅分布 $\sqrt{\overline{i_{mk}}}e^{j\phi_{\ell k}}$ 作傅里叶变换, 从而扩展频谱的非零区域.

(4) 对于所有的照明角度 $K$ 重复步骤 (2) 和 (3). 照明角度必须在二维阵列中选取, 以使得陈列中不同照明角度产生的不同子区域之间都有频谱相重叠.

(5) 重复步骤 (2)~(4), 直到相邻谱区域相重叠的公共部分之间是连续一致的, 在这种情况下就得到了扩展的傅里叶谱. 这一扩展的傅里叶变换的傅里叶逆变换就是寻找到的高分辨率图像的振幅分布.

上面概括的算法既不是唯一可能的算法, 也不一定是最好的算法, 但是已经证明它是可行的 [385]. 对其他算法的讨论作为例子可以参阅文献 [380]. 这种方法得到的图像既有极高的分辨率, 也有极大的视场.

### 8.4.4  相干谱复用

1966 年, W. Lukosz [235] (还可参阅 [236]) 提出一种相干复用技术, 用接近物平面的高频光栅调制系统的输入, 将类似的光栅放在接近成像面的光栅成像的平面上进行解调. 输入光栅的作用是在系统的入瞳处生成物体衍射图样的多重相互之间有位移的拷贝, 导致物体衍射图样的不同部分, 由两个或多个在入瞳处相互重叠而成. 然后第二个光栅对该图像进行解调, 分离开衍射图样的多重部分, 将其置于合适的相对位置, 以便有效地提高系统的有效数值孔径 (NA). 这个方法会从形成的主像中引出在许多不同位置处的鬼像. 为了避免主图像与这些鬼像重叠, 必须对视场加以限制, 事实上成像自由度的总数保持不变.

为了提高视场的宽度, 必须要引入时间自由度, 最终它们是用来增加空间自由度的. 这里我们描述这样一种方法 [371,372]. 类似于傅里叶综合孔径方法, 这个方法要求测量一系列 $K$ 个图像的振幅分布. 因为光学传感器只对强度有响应, 必须再一次在测量出的强度分布中解码出复振幅, 这可以用在第 11 章中详细讨论的全息术来完成. 为了这里讨论的目的, 只要假设我们能够从检测到的图像中提取出复振幅分布就够了. 图像可以用小 NA 的系统来收集, 但是最终的综合图像具有大 NA 系统的分辨率, 同时保持着小 NA 系统的较大的视场与景深.

这里描述的方法包括了将光栅放置在接近物体的地方而且要等间距地移动光栅 $K$ 步. 得到 $K$ 个图像, 每个光栅位置对应一幅图像. 光栅可以成像到物体上, 或者贴近物体放置, 置于其前或置于其后都可以. 通过数字全息术的相干检测允许作线性信号处理以用于对透射谱解重叠, 并以相当大的分辨率增益重构图像.[①]

光栅振幅透射率是以 $L$ 为周期的周期函数, 我们用复函数 $P_x(x)$(为了简单用一维形式) 表示第 $K$ 次成的像. 这一函数可以展开为复值傅里叶级数,

---

① 这里采用的方法非常类似于在模-数转换中设计调制带宽转换器以减小采样率. 请参阅文献 [254] 和 [255].

$$P_k(x) = \sum_{n=-\infty}^{\infty} p_{k,n} \exp(-j2\pi nx/L),\qquad\qquad (8\text{-}26)$$

式中傅里叶系数一般是复数值. 进一步我们假设光栅制作具有如下特点: 对于每一幅图像它都具有大小近似相等的有限数量的傅里叶系数 $p_{k,n}$, 这意味着照明物体的所有平面波分量是近似等强度的, 同时所有高阶系数 $p_{k,n}$ 都接近于零. 如果用 $t_o(x)$ 表示物体的复振幅透射率, 这个量就是我们希望恢复的量, 对于第 $K$ 个图像离开夹层的物体和光栅的场为

$$u_k(x) = t_o(x)P_k(x) = t_o(x) \sum_{n=-N}^{N} p_{k,n} \exp(-j2\pi nx/L),\qquad (8\text{-}27)$$

这里已经假设光栅具有 $2N+1$ 个有效衍射级次. $t_o(x)P_k(x)$ 的谱由下式给出:

$$U_k(f_X) = T_o(f_X) * \sum_{n=-N}^{N} p_{k,n}\delta(f_X - n/L)\qquad\qquad (8\text{-}28)$$

其中 $T_o(f_X)$ 是物体的谱, 而如同常用的那样, 星号表示卷积.

我们明确地假设光栅是置于物体之前或者与其紧密相贴在一起的. 如果光栅在物体之后, 那么对于垂直入射来说, 只有物体谱的非消逝波部分被利用. 没有光栅时, 系统的有限光瞳会通过光瞳的快门限制进入有限谱域的光束, 其截止频率用 $\pm f_p$ 来表示. 结果是, 在截止频率 $\pm f_p$ 以外的频率分量携带的重要信息就丢失了, 降低了成像分辨率. 光栅的作用是将许多物体频谱的不同部分都重叠地送入光瞳. 结果的像不会组成原来的物体, 但是, 具有一系列 $k \geqslant N$ 个图像可以扩展物谱到因子 $\leqslant N$ 倍, 每一个图像都采用适当改变的光栅傅里叶系数 $p_{k,n}$.

现在来简要讨论当应用 $2N+1$ 个光栅衍射级次, 对一组 $2K+1$ 次被测量出的光场如何实施数字处理 (为了数学上的方便, 我们用 $2K+1$ 次测量和 $2N+1$ 个光栅衍射级次, 而不是做 $K$ 次测量和 $N$ 个衍射级次, 试图将频谱扩展一个因子 $\leqslant 2N+1$ 倍). 使用一维分析方法, 第 $K$ 次探测出的图像振幅的傅里叶变换可以写成

$$A_k(f_X) = \sum_{n=-N}^{N} p_{k,n}T_o(f_X - n/L)\mathrm{rect}(f_X/2f_p), \quad k = -K,\cdots,K,\qquad (8\text{-}29)$$

这里下标 $k$ 再一次表示被检测的图像, 而下标 $n$ 表示光栅衍射级次, 不同光栅级次的振幅 $p_{k,n}$ 以一种确定的方式在图像之间变化. 如同前述, 频率 $f_p$ 代表有效数值孔径 (NA) 光学系统的截止频率.

我们假设光栅频率这样选择, 使其满足 $(\sigma f_p) = 1/L$, 其中 $\sigma$ 是一个在 0 和 1 之间的因子, 它能够确定多重谱区域重叠的程度. 用这种方式, 光栅本身的 $\pm 1$ 级

衍射落在入瞳内的程度, 由 $\sigma$ 确定, 因此光栅产生相互重叠的谱区域. 在实践中, $\sigma$ 常取在 $0.75 \sim 0.90$. 我们在信号处理时利用这个谱重叠区间, 但是当推广到二维用圆形孔径时这个重叠也是需要的, 以使得拓宽的谱区域得到全覆盖, 且没有一点遗漏.

(8-29) 式可以用矢量形式重写如下:

$$\vec{A}(f_X) = \mathbf{P}\vec{T}(f_X), \tag{8-30}$$

式中 $\vec{A}(f_X)$ 和 $\vec{T}(f_X)$ 是列矢量,

$$\vec{A}(f_X) = \begin{bmatrix} A_{-K}(f_X) \\ \vdots \\ A_K(f_X) \end{bmatrix}, \tag{8-31}$$

$$\vec{T}(f_X) = \begin{bmatrix} T_o(f_X + N/L)\mathrm{rect}(f_X/2f_p) \\ \vdots \\ T_o(f_X - N/L)\mathrm{rect}(f_X/2f_p) \end{bmatrix}, \tag{8-32}$$

而 $\mathbf{P}$ 有 $(2K + 1)$ 行, $(2N + 1)$ 列,

$$\mathbf{P} = \begin{bmatrix} p_{-K,-N} & \cdots & p_{-K,N} \\ \vdots & \vdots & \vdots \\ p_{K,-N} & \cdots & p_{K,N} \end{bmatrix}. \tag{8-33}$$

现在如果图像测量的次数等于光栅衍射级次的总数, 矩阵 $\mathbf{P}$ 就是个非奇异的, 因而矩阵的逆 $\mathbf{P}^{-1}$ 存在并且谱区域 $T_o(f_X - n/L)$ 的列矢量 $\vec{T}(f_X)$ 能够恢复成为

$$\vec{T}(f_X) = \mathbf{P}^{-1}\vec{A}(f_X). \tag{8-34}$$

测量多于 $2N + 1$ 次可能会提高信噪比, 在这种情况下 $\mathbf{P}$ 不再是个方阵, 但是仍然可以用伪逆操作便利地求逆. 一旦矢量 $\vec{T}(f_X)$ 已知, 各个谱区域可以用数字方法, 在这些谱相互重叠部分的帮助下, 移到它们适当的中心位置, 拼合到一起形成一个新的谱, 其截止频率从 $f_p$ 增加到 $(\sigma N + 1)f_p$.

余下的问题是关于如何选择每个图像的光栅系数. 我们知道对于非奇异矩阵 $\mathbf{P}$, 它的行必须是正交的, 它的列也必须是正交的. 另外, 为了被检测的图像中信噪比最大化, 我们希望不同光栅级次的振幅 $p_{k,n}$ 达到可能的最大值. 一个适当的选择是利用相位光栅, 它的各级衍射强度相等或者几乎相等 (例如, Dammann 相位光

栅具有这样一种衍射级次). 抓取图像之间平移光栅周期的一部分, 特别是 $\Delta x = L/(2K+1)$, 可以得到谱系数 $p_{k,n}$. 对于一个给定的光栅级次 $n$, 每一次这样的平移对于第 $K$ 个图像分量的相位改变为 $\Delta\phi_{k,n} = 2\pi nk/(2K+1)$. 这样 $\mathbf{P}$ 的行和列是正交的, 假设有 $K \geqslant N$, $\mathbf{P}$ 的逆或者伪逆就可以求得.

图 8.13 所示为全息记录光路的简图, 它能够测量图像序列中的每个复数场. 图 8.14 所示为将不同谱区域放到它们适当位置上解复用后的复谱的大小, 在这种情况下利用选择小于 1 的 $\sigma$, 谱区间具有相当大的重叠. 这个系统结果的 NA 已经从 0.063 增加到 0.164, 增大因子为 2.6. 最后图 8.15 所示为通过 (a) 没有谱复用 (b) 利用谱复用两个系统所得到的图像, 其水平方向分辨率的提高是明显的.

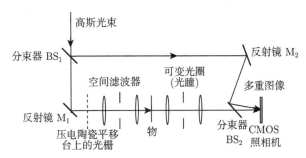

图 8.13　记录复值图像的全息照相机. $M_1$ 和 $M_2$ 是反射镜, $BS_1$ 和 $BS_2$ 是分束器, 高斯照明光分束成为两路, 上面的光路是参考光路而下面是物光路. 光束通过一个用来精密平移光栅的压电陶瓷台上的光栅. 空间滤波器选择光栅的预定级次并使它们的强度相等. 物体用这些级次的光束照明 (在这里给定的实例中是 0, ±1, ±2). 可变光圈表示系统的有限入瞳, 在这个实例中对应着 NA = 0.063. 复用的像落在一个 CMOS 探测器上, 并在其上与倾斜入射的参考光干涉, 得到解码相位的干涉图像. 如何从这个全息图上得到复光场将在第 11 章介绍

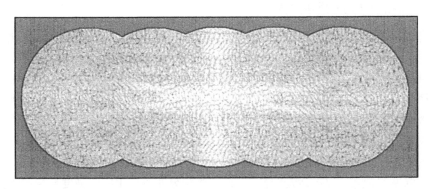

图 8.14　当用光栅的 0, ±1, ±2 级衍射光照明物体时, 重建的物光谱的对数幅值. 通过基于光栅照明的相干超分辨成像, Jeffrey P. Wilde, Joseph W. Goodman, Yonina C. Eldar 和 Yuzuru Takashima, 发表于 *Appl. Opt.*, 2017, 56(1): A79-A88

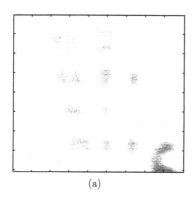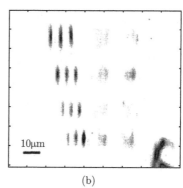

(a)                                                    (b)

图 8.15  (a) 没有谱复用 (b) 利用谱复用所得到的图像. 通过基于光栅照明的相干超分辨成像, Jeffrey P. Wilde, Joseph W. Goodman, Yonina C. Eldar 和 Yuzuru Takashima, 发表于 *Appl. Opt.*, 2017, 56(1): A79-A88

最后给一些结束评述. 第一, 所描述的程序要求光栅以增量形式运动, 这个增量对应着增强系统可能达到的最大分辨率. 因为压电陶瓷平移台可以提供小于 10nm 的分辨率, 在原理上, 这种方法并没有特别值得注意的限制. 第二, 用在二维角度上传播的衍射级次光栅, 这个程序可以推广到二维情况. 第三, 对于矩阵 $\mathbf{P}$ 存在着其他选择, 例如, Hadamard 矩阵, 如果用一个动态空间光调制器 (参阅第 9 章) 以对于每个记录的图像产生不同的合适的复光栅的话, 就可以实现. 第四, 这里所描述的方法只对于物镜 NA 远远小于 1, 并且将有效 NA 增加快要接近于 1 时是有用的. 如果物镜 NA 已经接近于 1, 用这种方法能够得到的分辨率增益很有限. 最后, 这里已经描述的相干成像方法与非相干结构光照明成像方法关系密切, 这会在紧接着的下一小节说明.

### 8.4.5  非相干结构光照明成像

非相干结构光照明成像技术研究的先驱是 M. G. L. Gustafsson 和他的同事 [158,156] (亦可参阅文献 [165]). 这种方法广泛用于荧光物体成像, 荧光物体对照明强度响应时发出非相干光, 这里物体照明可以是相干的也可以是非相干的. 如果照明光强包含有高频条纹, 由物体辐射出的非相干谱的某些部分就会叠加到非相干成像系统的光学传递函数中去.

物体的强度透射率或者反射率用 $\tau_0(x)$ 表示 (为了简化, 我们再一次用一维数学形式描述), 再令在物体面上入射照明的强度表示 $I_{il}(x)$. 然后假设对于入射到物面上的强度的荧光强度响应是线性的, 像的光强分布可以用照明强度与物体的强度透射率或反射率的乘积来表示,

$$I_o(x) = \kappa I_{il}(x)\tau_o(x), \tag{8-35}$$

其中 $\kappa$ 是一个比例常数. 因此物体的谱为

$$\mathcal{G}_o(f_X) = \kappa \mathcal{G}_{il}(f_X) * \mathcal{T}_o(f_X), \tag{8-36}$$

其中 $\mathcal{G}_o$ 和 $\mathcal{G}_{il}$ 分别是 $I_o$ 和 $I_{il}$ 的傅里叶变换, 而 $\mathcal{T}_o$ 是 $\tau_o$ 的傅里叶变换. 物强度到像的传递是由成像系统的 OTF, 即 $\mathcal{H}(f_X)$, 实现的, 因此得到

$$\mathcal{G}_i(f_X) = \mathcal{G}_o(f_X)\mathcal{H}(f_X) = \kappa \mathcal{H}(f_X)[\mathcal{G}_{il}(f_X) * \mathcal{T}_o(f_X)]. \tag{8-37}$$

现在令物体用两束等振幅平面波照明, 但是两束光对于光轴对称倾斜, 在物面上射入的复场描述为

$$U_{il}(x) = A\exp\left(j2\pi\frac{\alpha}{2}x\right) + A\exp\left(-j2\pi\frac{\alpha}{2}x\right). \tag{8-38}$$

相对应的照明强度为

$$I_{il}(x) = |U_{il}(x)|^2 = 2A^2[1 + \cos(2\pi\alpha x)]; \tag{8-39}$$

就是说, 入射光强度是频率为 $\alpha$ 的余弦条纹. 入射照明强度的谱相应为

$$\mathcal{G}_{il}(f_X) = 2A^2\left[\delta(f_X) + \frac{1}{2}\delta(f_X - \alpha) + \frac{1}{2}\delta(f_X + \alpha)\right]. \tag{8-40}$$

现在利用 (8-36) 式, 我们发现用上面描述的光束照明得到的物光谱为

$$\mathcal{G}_o(f_X) = \kappa'\left[\mathcal{T}_o(f_X) + \frac{1}{2}\mathcal{T}_o(f_X - \alpha) + \frac{1}{2}\mathcal{T}_o(f_X + \alpha)\right], \tag{8-41}$$

其中 $\kappa' = \kappa A^2$.

回顾一下, 半径为 $w$ 的圆形出瞳的 OTF 有一个在频率空间中频率 $f_X = \pm 2f_o = \pm w/(\lambda z_i)$ 处的截止频率圆. 如果余弦照明图样的频率 $\alpha$ 选作与截止频率一致, 那么在频率域我们将得到图 8.16 中描述的状态. 如同图中可见, 余弦条纹照明将部分物体频谱带入系统带宽, 原来这些部分是在截止频率之外的.

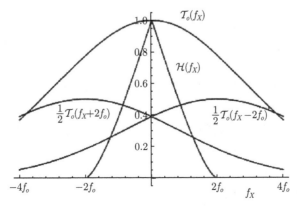

图 8.16 物光谱的三个部分频率域描述和 OTF

采集的图像是三个图像的叠加, 它们分别对应于由 OTF 通过的三个谱分量的一部分. 剩下的就是恢复这些谱分量并将其放置到它们适当的中心位置. 在照明光束之中引入一个相位移动, 并抓取移动了 0, 120° 和 240° 的余弦强度条纹的三个像, 这就能办到. 然后可以用在上一小节中简述的程序, 恢复这三个不同的谱段, 再将它们移到适当的频率中心, 扩展频率覆盖的范围并提高分辨率 2 倍. 注意在非相干情况下 (不像在相干情况下), 对于由 OTF 引入的与频率有关的衰减进行补偿是必须的.

如果荧光物体是透过照明并通过某个物镜成像, 如同在反射照明光路中, 在一维情况下带宽的最大扩张是 2 倍. 然而, 如果照明光路与成像光路是分离的, 而且成像光路的 NA 小于照明光路的 NA, 则可以通过将光栅成像到物体上并以一系列步骤移动光栅来产生一系列像, 联合起来增加带宽, 使分辨率增益大于 2. 然而像相干情况一样, 这种方法对于物镜 NA 比 1 小很多时是最有用的, 有希望扩展其有效 NA 达到物镜具有的限制以外.

此外, 如果荧光过程是由照明光强度的单一频率正弦条纹驱动的, 那么将会在等空间频率下产生条纹频率的谐波, 移动两束照明光束之一的相位将会使得条纹相位移动, 由适当增量产生的谐波能够使得分辨率提高超过 2 倍 [157].

另一个替代方法仅仅利用在角度上分离的两束照明光, 并且一步步地改变它们之间的夹角, 从而改变其条纹频率. 用不同条纹频率得到每一个像然后这一系列图像结合起来以扩展带宽超过 2 倍, 再一次我们假设可以包容谱区域之间的重叠, 以使得这些区域之间任何不需要的常数相位移动能够补偿.

最后, 利用一系列照明光束, 这些光束可以产生大量能生成二维谱区域的多重谱区段, 这个方法也可以推广到二维.

### 8.4.6　超分辨荧光显微镜

**荧光标识**

用荧光团分子标记是现代显微镜的很强大的一种技术, 在用入射较短波长的光刺激它时会发出一定波长的光. 图 8.17 的分子能级图描述了荧光发光的最简单形式 (完整的能级图比这张图要复杂得多).

吸收了入射的短波长光子, 这会在 $10^{-15}$s 时间尺度内发生, 能在上层能级产生一个受激电子. 这一迁移接着在 $10^{-12}$s 时间量级发生受激电子转移到低能级. 最后的过程辐射出一个较长波长的光子, 在 $10^{-9}$s 时间量级内将分子送回到底层能级. 这种辐射的光子组成荧光辐射.

M. E. Moerner 和 L. Kador 第一次把光谱学用于单一荧光分子 [257]. 在这一进展的刺激下, 用荧光团标记感兴趣的分子 (特别是生物分子) 的能力引出了荧光显微镜领域, 其细节将在下面解释.

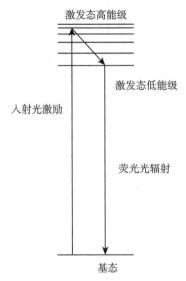

图 8.17 描述荧光辐射的能带图

**局域精度**

假设需要对一族稀释的分子成像, 这些分子已经被荧光标定, 并且已经用合适的光激发, 发出相互不相干的光. 每一个这样的点源生成一个成像系统的强度点扩展函数. 如果这一族点源物体足够稀, 点扩展函数重叠的可能性很小. 如果主要对稀释排列的分子位置感兴趣, 这一族位置可以用远比分辨率高, 即用比点扩展函数宽度可能对应着的分辨率高的精度确定下来. 已经证明 [265] 由下式给出的所谓 Abbe 分辨率极限,

$$\Delta x = \frac{\lambda}{2n\sin\alpha}, \tag{8-42}$$

式中, $\alpha$ 是物镜成像时用的半角, $n$ 是物空间折射率, 与此同时, 仍然可以确定点源位置到如下精度 (忽略有限的像素尺寸和背景噪声):

$$\widetilde{\Delta x} \approx \frac{\Delta x}{\sqrt{N}}, \tag{8-43}$$

式中, $N$ 表示在点源的点扩展函数像中捕获的光子总数. 事实上每个被探测的光子给出一个估值点源位置的噪声, $N$ 个被检测到的这样的光子提高了定位精度, 减小误差到 $1/\sqrt{N}$ 倍.

**受激辐射损耗荧光显微术 (STED)**

作为 STED 所熟知的受激辐射损耗荧光显微术首先是由 Stehan Hell 及其同事们发明的 [166,195](Hell 因为发现并证实了这项技术而分享了 2014 年诺贝尔化学奖). STED 是一种扫描显微技术, 其中无论是光的衍射置限点下的物体, 还是扫描稳定物体的光点都是平移的. 在 STED 后的基本思路是用适当的波长激发荧光分子以产生荧光, 但是同时用高强度不同波长的圆环形圈, 围绕着这个衍射置限扫描点, 后者的波长能够在围绕物体分辨率单元的外围部分的一个圈中, 淬灭受激辐射产生的正常的荧光 (具有不同波长因而能够被一个滤波器挡住). 结果只有在扫描点位置上一个小区域实际贡献了成像光, 而荧光原点的位置可以用比点扩展函数宽度更高的精度确定下来. 工作在 400nm 并且 NA=1.4 的荧光显微镜的标准衍射极限是 140nm, 已经证明 STED 的分辨率在 60nm 以下.

### 光激活定位显微镜 (PALM) 和随机光学重建显微镜 (STORM)

作为 PALM 为人熟知的荧光显微镜方法首先是 Eric Betzig, Harold Hess 及其同事发明的 [27,28]. Betzig 和 S. Hell 及 W. E. Moerner 分享了 2014 年诺贝尔化学奖. STED 显微镜当时是用扫描方式完成的, PALM 显微镜是一种全场成像技术, 它能够用稀释的不同分子团的子族在全时间内成像, 从而得到浓密的荧光分子族的像. 在 PALM 中, 可开关的光子蛋白质荧光分子团 (光可激活的绿色荧光蛋白质 (FA-GFP)) 用于对感兴趣的蛋白质进行基因标识. 荧光分子在关闭状态开始成像过程. 然后用微弱强度的激活光照明样品, 这样仅仅使得一个稀释的随机分子子群被激活. 采集到稀释的子群的图像, 从这个图像中能够定位高分辨率的图像. 采集到图像后, 样品用足够强度的不同波长光照明使激活的荧光褪色, 这样永久地将它关闭. 然后再用激发激活新的一族稀疏的荧光分子, 再一次采集图像, 并进行定位. 该过程重复足够多次数, 充分积累重组的所需要的图像. 将这些图像合成起来就得到一幅单一高分辨率图像.

与 PALM 有密切联系的是随机光学重建显微镜 (STORM), 它与 PALM 的基本区别是对于样品基因标记的实质. STORM 用能够开关的光子染料标记感兴趣的蛋白质. 红色激光关闭所有的荧光光子, 而绿色激光打开一个稀疏的子集采集图像. 然后红色激光再一次关闭所有的荧光光子, 绿色激光用以激活不同的另一族稀释的荧光光子. 被激活的子群一幅图像接着一幅图像随机地改变, 以这种方式采集到一系列不同分子群的图像, 对这些图像进行分子团定位. 这些图像结合起来得到一幅完全超分辨的图像. 图 8.18 所示为用这些技术能够得到的分辨率增益的例子. 这里用的是改进的 STORM. 用这种技术已经验证了 20nm 数量级的分辨率.

这些技术还有很多, 有些用不同的荧光团, 但是空间的限制使我们难以前行. 需要更多信息请参阅文献 [337] 和 [256].

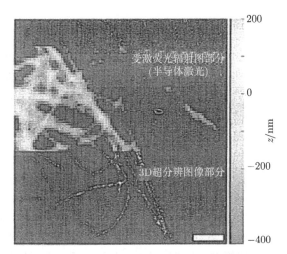

图 8.18 该图显示了免疫微管中 BSC-1 细胞在 $14 \times 14\mu m$ 视场内衍射极限图像 (左上角) 与超分辨图像 (左下角). 三维信息用双螺旋结构的点扩展函数来确定. 该图经允许复制于 Hsiao-lu D. Lee, Steffen J. Sahl, Matthew D. Lew, W. E. Moerner, 在 *Appl. Phys .Lett.*, 100, 153710(2012) 发表的 *The double-helix microscope super-resolves extended biological structures by localizing single blinking molecules in three dimensions with nanoscale precision* 文中

## 8.5　光场照相机

光场的概念起源于二十世纪九十年代早期的计算机图形学领域 [2]. 光场概念用于光场或者全景照相机的先驱是 Ren Ng, 在他的 Stanford 大学博士论文中 [264].

图 8.19 所示为一个光场照相机的非常简化的结构图. 物平面成像到微透镜阵列上. 每个微透镜将主镜头的出瞳成像到一个探测器的超级像素上, 这个超级像素是由一个大探测器阵列中的探测单元子阵列构成的. 一个独立微透镜可以想象成为收集与图像中的一个超级透镜相联系的光. 同时与这些超级像素相联系的探测器单元测量从主镜头出瞳中不同点出射来的光线的强度, 或者等价地说是测量到达的不同角度光线的强度. 坐标 $(x_i, y_i)$ 表示第 $i$ 个超级像素中心坐标, 用坐标 $(u, v)$ 表示主成像物镜出瞳上点的坐标, 同时 $(u_i, v_i)$ 是第 $i$ 个微透镜所成的出瞳像中的坐标. 这样完全的探测器阵列测量了在 $(x, y, u, v)$ 四维坐标系中到达光线的强度. 这一组测量构成了到达探测器光场的测量. 正如我们将要看到的, 从光场的测量, 在一定限度下, 我们可以重构在物镜前任何物平面的聚焦像, 同时还记录了透镜的调焦深度. 注意, 光场是个几何光学的概念, 光场照相机是个非相干成像系统.

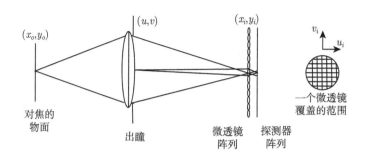

图 8.19　光场照相机的几何光路

　　目视四维光场具有挑战性. 只考虑二维光场, 一维是像素的位置 $x$ 而另一维是入射光角度坐标 $u$ 要容易理解得多. 为了理解光场照相机的原理, 我们必须理解光场在光学系统中是如何变换的. 考虑图 8.20, 它显示了一个原始假设的光场以及由于傅里叶变换、向前传播距离 $z$ 和向后传播距离 $z$ 对于光场的影响. 假设傍轴几何光学始终成立. 原始光场覆盖的区域, 在成像系统的采集过程中, 其实就是该物体占有空间/角度的基础. 传播的作用是用与传播距离和传播角度乘积成正比的量剪切光场. 傅里叶变换的作用是转动光场 $90°$. $x$ 和 $x'$ 之间的关系显示为在这张图中剪切变形了的光场.

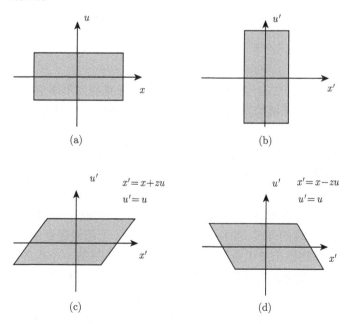

图 8.20　光场变换 (a) 原始光场 (b) 傅里叶变换后的光场 (c) 向前传播距离 $z$ 后的光场
(d) 向后传播距离 $z$ 后的光场

接着, 我们考虑图 8.21 中显示的光场离焦的作用. 左边落在第 $i$ 个超像素的光场显示对于点源物体微透镜阵列正好处于正确的成像面上. 所有角度的光都落在超像素中的同一子像素上, 用在下排左边 $(x_i, u_i)$ 光场的中心的黑方块表示. 中间的情况物面与理想正确调焦的情况比较更靠近透镜, 因此像出现在探测器阵列下面. 在探测器面上出现的光场实际上是由图像面反向向探测器面传输了, 因此超像素探测器阵列看到的光场如同图中下排中间所示的光场. 最后, 在图的右边, 我们显示了相反的情况, 即物体离开透镜比理想情况更远, 这就导致像比探测器更接近透镜. 为了找到在探测器面上的光场, 在这种情况下我们必须将光从像面向前传播到探测器平面, 导致显示在图的左下方超级像素探测器处的光场. 注意, 为了简化, 这里忽略了放大和缩小的影响. 很清楚, 在中间和右边的情况下, 探测器不能记录下调焦准确的图像. 然而, 正如我们下面要解释的, 这就可能将调焦准确的图像从探测到的图像中恢复出来.[①]

为了恢复一个与探测器阵列一致 (调焦正确时) 的图像, 我们只需要将所有在位于 $x_i$ 坐标以上和之下的 $u_i$ 值处探测到的强度加起来, 并指定该和值为图像中 $x_i$ 坐标的强度. 就是说, 当图像不聚焦时, 我们以在 $u_i$ 空间的一个角度投影到 $x_i$ 轴上. 如果对所有的超像素实施完成该操作, 结果就是正确调焦的图像. 注意, 根据分层投影定理, 在空间 $(x, u)$ 投影等价于对 $(x, u)$ 函数作二维傅里叶变换, 在垂直于投影方向上的角度将光谱分层, 并对于分了层的谱作一维傅里叶逆变换. 在实际的四维空间坐标 $(x, y, u, v)$ 的情况下, 初始变换当然必须是四维的而且分片是二维的.

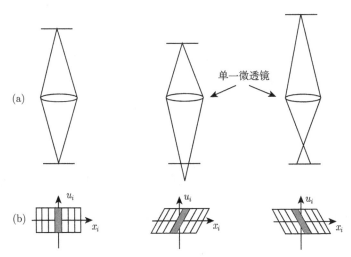

图 8.21　在离焦的第 $i$ 个超级像素处对于光场的作用 (a) 成像几何关系 (b) 探测器处的光场

---

① 在光场性质与 Wigner 分布之间有密切关系. 为讨论这个关系请参阅文献 [383].

# 习 题

8-1 求证对于随着 $z$ 从 $-\infty$ 变到 $\infty$, 转动角度为 $q \times 360°$ 的任何旋转点扩展函数, 在画出 $l_n$ 值对于 $p_n$ 的曲线时, 可能的每个点对 $(l_n, p_n)$ 都处于通过原点和角度为 $1/(q - 1/2)$ 的离散平面上.

8-2 可以断言, 一个适当选择的 Laguerre-Gaussian 模式集合 $\mathcal{S}$, 能够显示出随着 $z$ 轴向下传输的自成像特性. 这就是说, 如果给定在 $z = 0$ 处的强度分布为 $I_0(x, y)$, 那么该强度分布将沿着轴在一些离散的位置上被重复, 不会发生旋转只会在横向发生尺度变化.

   (a) 证明对于自成像, 在集合 $\mathcal{S}$ 中模式序号数 $(l_n, p_n)$ 必须满足

$$|l_n| + 2p_n = M, \tag{8-44}$$

   式中 $M$ 为整数且 $M > 4$.
   (b) 求在集合 $\mathcal{S}$ 中, 当模式 $M > 5$ 及 $M > 10$ 时允许的模式序号数.
   (c) 找出在上述两种情况下自成像的 $z$ 轴的位置.

8-3 图 8.5 中描绘的 Lyot 日冕观测仪包含的望远镜是指向恒星而不是指向其行星. 令 $\rho_1$ 表示其主镜的半径, 而 $\rho_2$ 表示其 Lyot 面上光阑的半径. 其像平面上半径坐标为 $r_1$ 而 Lyot 面上半径坐标为 $r_2$. 其主镜焦距为 $f$, 波长是 $\lambda_0$. 令 $\rho_2$ 能够遮住入射到像平面上艾里图样 10 个亮环的半径, 计数时中心亮斑也算一个环. 为了简化计算, 假设 $\rho_1/(\lambda_0 f) = 1$.

   (a) 求出成像平面光阑的半径 $\rho_2$.
   (b) 求出从第一个像平面透过的光振幅的解析表达式.
   (c) 使用任何一种技术画出包含有 Lyot 光阑的平面上射入的光强度分布图.

8-4 为了压缩星光到一个选定的好方向上, 如同在图 8.7 中所示的那种扁椭圆切趾实现的那样, 考虑另外一种切趾函数, 例如, 由下式定义的Nuttall 切趾函数

$$g(x) = 0.355768 - 0.487396 \cos(\pi(x - 1)) + 0.144232 \cos(2\pi(x - 1))$$
$$- 0.012604 \cos(3\pi(x - 1))$$

式中 $-1 \leqslant x \leqslant 1$, 其他为零.

   (a) 画出上述定义的函数 $g(x)$ 及其对于 $x$ 的一阶导数.
   (b) 给出这一沿轴切趾函数的傅里叶变换的平方幅值对原点归一化的结果的对数曲线与没有切趾的半径为 1 的圆形孔径类似的对数曲线.
   (c) 总透过能量因为切趾的存在而减少的比例是多少?

# 第9章　波前调制

在许多光学的应用中我们需要操控光的空间振幅和相位的能力. 在全息术中, 在制作有衍射光学元件的系统时, 以及在某些光学信息处理系统中这种能力尤为重要. 因此, 在这一章我们集中讨论空间调制光波场的方法, 尤其是相干场的调制方法. 历史上最通用的探测和调制的方法是使用照相材料. 然而, 在 20 世纪 90 年代 CCD 探测器得到充分的发展, 在许多摄像的应用中取代了照相材料. 最终, 在商用照相机中 CCD 和 CMOS 探测器取代了胶片. 此外, 在要对光场操控的应用中, 通常是基于液晶或微机电器件 (MEM) 的空间光调制也发展成为和照相胶片和干板相竞争的对手. 现在, 尽管昔日名声显赫的大胶片和胶版制造商多数已离开了这个行业, 我们仍然能从世界各国中找到小厂商, 他们提供各色各样的照相胶片和干板. 照相材料在历史上起过重要的作用, 对多种全息照相术中至今还很重要, 因此我们在 9.1 节中对它做一个概述, 在 11 章中再详尽地讨论全息术.

区别 "不变的" 掩模和 "动态的" 器件是有用的, 其中前者是以不变的方式调制光的空间分布, 而后者以极快的速度改变着光的空间调制. 照相材料和光刻确定的掩模是不变形的, 而液晶器件、微机电驱动器件以及声–光盒属于动态型. 确实存在着许多不变掩模的应用, 它们的功能足够好, 但如果将不变掩模代之以变动掩模, 会使许多光学系统变得更灵活并强有力. 下面我们会讨论不变掩模和动态器件两者的例子.

衍射光学元件、全息成像和光学信息处理三者的综合体为不变掩模起主要作用的应用领域. 在 9.2 节, 我们考虑构建衍射光学元件的两个途径, 这些元件用不变但复杂的方式来控制透射光的复振幅. 顾名思义, 它们通过衍射而不是折射来控制透射光. 在设计构建这些元件时常常要使用计算机, 它们的性质比折射元件要复杂得多.

## 9.1　用照相胶片进行波前调制

照相胶片和干板在历史上一直是成像系统的基本元件, 例如, 玻璃照相干板多年来用于天文学、高能物理学、电子显微镜和医疗成像. 胶片和干板在光学中可以起三个非常根本的作用. 它们, 首先可以用来作为光辐射的探测器, 非常有效; 其次, 作为存储图像的介质, 可以将信息保存很长时间; 再次, 可以作为透射或反射光的空间调制器, 这个作用在光学信息处理中特别重要. 所有这些功能都以极低的成本获得.

照相胶片不仅对全息照相很重要, 对光学的整体来说也一直起着重要作用, 所以我们要在这里花一些时间讨论它的特性. 对照相过程更完备的讨论, 请参阅文献 [247]. 其他有用的参考文献有 [323] 和 [29].

### 9.1.1  曝光、显影和定影的物理过程

未曝光的照相胶片或干板通常由极大量的微小卤化银 (通常是 AgBr) 颗粒悬浮在一层明胶上构成, 明胶又附着在一层坚实的 "片基" 上, 胶片的片基由醋酸盐或聚酯构成[①], 干板的片基则是玻璃. 软乳胶的曝光面上还有一薄层保护膜, 如图 9.1 的截面图中所示. 此外, 在明胶中还要加入一些敏化剂; 这些敏化剂对卤化银晶体位错中心的产生有很强的影响. 光射到乳胶上将引起复杂的物理过程, 它可概括如下:

(1) 射到卤化银颗粒上的光子可能被这个颗粒吸收, 也可能不吸收. 如果被吸收了, 就在颗粒内释放一个电子–空穴对.

(2) 产生的电子是在导带内, 它在卤化银晶体中运动, 最后以某一概率在晶体的位错处被捕获.

(3) 被捕获的电子通过静电吸引一个银离子; 这种离子由于热运动的结果, 甚至在曝光之前就在运动.

(4) 电子和银离子复合在位错处生成单个金属银原子. 复合的寿命是很短的, 只有几秒的量级.

(5) 如果在第一个银原子的寿命期中, 在同一地点通过同样的过程有第二个银原子生成, 这就生成了比较稳定的双原子单元, 它的寿命至少有几天.

(6) 典型的情况是, 至少还必须有另外的两个银原子加到这个银斑点中, 才能使它最终能够显影. 阈值的存在, 即要求有若干电子被捕获才能激活显影过程, 是尚未曝光的胶片有良好稳定性的原因.

如上形成的银斑点叫做显影斑点, 已曝光的乳胶中显影斑点的集合叫做潜像. 这时候的胶片就可以进入显影和定影过程了.

曝光的照相透明片浸入一种化学液即显影液中, 显影液和含有多于阈值数目[②]的银原子的银斑点发生反应. 对于这些颗粒, 显影液使晶体完全还原为金属银. 在显影后的颗粒中的银原子数和为了使这个颗粒进入可显影的状态而必须吸收的光子数的比率的典型值是 $10^9$ 的量级, 它通常叫做照相过程的 "增益".

---

① 使用相干光时应该避免用聚酯片基, 因为它是双折射的, 会引起透射光的偏振性质和相位的不需要的变化.

② 阈值实际上不是一个固定值, 而是一个统计值. 假设阈值为 4 个原子, 是一个近似.

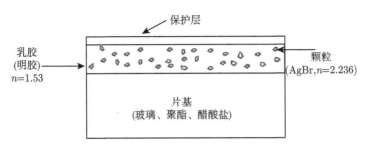

图 9.1 照相胶片或干板的结构

到这一步, 处理过的乳胶由两种颗粒组成, 一种已转变成银, 另一种没有吸收足够的光, 因而未形成显影中心. 后一种晶体仍然是卤化银, 若不进一步处理, 最终会通过热过程转换成金属银. 因此, 为了保证影像的稳定性, 必须除掉未显影的卤化银颗粒, 这个过程叫做乳胶的定影. 将透明片浸在第二种化学液中, 它将剩余的卤化银晶体从乳胶中除去, 只留下稳定的金属银.

图 9.2 示出曝光、显影及定影的过程.

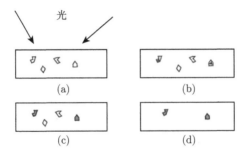

图 9.2 照相过程的图示: (a) 曝光; (b) 潜像; (c) 显影后; (d) 定影后. 图中只示出乳胶

### 9.1.2 术语的定义

照相术领域中已经有一套专业术语, 要稍微详细地讨论照相乳胶的性能, 就必须熟悉这些术语. 这里我们介绍这些术语中的一部分.

**曝光量** 在曝光过程中入射到每单位面积照相乳胶上的能量叫做曝光量, 用符号 $E$ 表示, 等于在每一点上入射光的强度 $\mathcal{I}$ 和曝光时间 $T$ 的乘积

$$E(x, y) = \mathcal{I}(x, y)T.$$

曝光量的单位是 $\mathrm{mJ/cm^2}$. 注意符号 $\mathcal{I}$ 用来表示曝光期间入射到胶片上的光强度; 我们保留符号 $I$ 来表示显影后的透明片所入射 (或透射) 的光强度.

**强度透射率** 显影后的透明片所透射的光强度和入射到该透明片上的光强度之比 (在一个区域上取平均, 这个区域大于单个颗粒但仍小于原来的曝光图案上最

精细的结构) 叫做强度透射率. 它用符号 $\tau$ 表示, 其定义为

$$\tau(x, y) = \frac{\text{局域}}{\text{平均}} \left\{ \frac{\text{在} (x,y) \text{处透射} I}{\text{在} (x,y) \text{处入射} I} \right\}.$$

**照相透明片密度**    1890 年, 赫特 (F. Hurter) 和德里菲尔德 (V. C. Driffield) 发表了一篇经典论文, 文中指出照相透明片强度透射率倒数的对数与透明片上每单位面积的银粒质量成正比. 因此他们将照相透明片密度 $D$ 定义为

$$D = \log_{10} \left( \frac{1}{\tau} \right).$$

相应的强度透射率与密度的关系式为

$$\tau = 10^{-D}.$$

**Hurter-Driffield 曲线**    对照相乳胶的光度学性质的最常用的描述是 Hurter-Driffield 曲线, 或简称为 H&D 曲线. 它是照相透明片密度 $D$ 和生成此密度的曝光量 $E$ 的关系曲线图. 照相负片的曲线是典型的 H&D 曲线, 如图 9.3 所示.

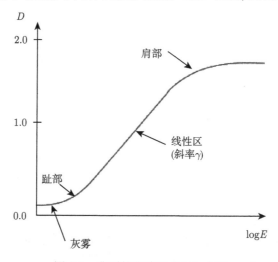

图 9.3   典型的乳胶的 H&D 曲线

注意 H&D 曲线上的不同区域: 当曝光量低于一定水平时, 密度和曝光量无关, 等于一个最小值, 叫做灰雾. 在曲线的趾部, 密度开始随曝光量增加. 接着是一个相当宽的区域, 在这个区域里, 密度与曝光量的对数呈线性关系——这是照相最常用的区域. 线性区域内的曲线斜率叫做乳胶的反差系数, 用符号 $\gamma$ 表示. 最后曲线在一个叫做肩部的区域饱和, 越过这个区域后密度就不再随曝光量的增加而改变了. 在斜率为 $\gamma$ 的 H&D 曲线的线性区, 强度透射率和曝光量的关系为

$$\tau = kE^{-\gamma},$$

其中, $k$ 是常数, $\gamma$ 对负透明片为正, 对正透明片为负.

在光学信息处理和全息照相中比 H&D 曲线更为重要的关系是入射到已显影的胶片或底版的光的复振幅和从该透明片透过的光振幅的关系. 在下一节, 在相干光学系统中将讨论这个关系.

### 9.1.3 相干光学系统中的感光胶片或干板

当胶片用来作为相干光学系统中的一个元件时, 最适合的是把它看作提供了两种可能的映射, 或者是①把曝光时的入射光强映射为显影后透射的复光场, 或者是②把曝光时的入射光复振幅映射为显影后透射光的复振幅. 当然, 第二种观点只能用于以下情况, 即透明片曝光的光本身是相干的, 而且, 必须伴随着这样一个事实, 入射复光场的所有相位信息在探测时都会丢失. 只有使用干涉量度探测方法才能捕捉到相位信息, 所以, 这样的探测系统更适合用于第一种观点, 而不是第二种.

不论从哪种观点来看, 透射光的复振幅都是相干系统中重要的量, 因此必须用复振幅透射率 $t_A$ 来描述透明片 [221]. 最吸引人的当然就是将 $t_A$ 简单地定义为强度透射率 $\tau$ 的正平方根 $t_A = \sqrt{\tau}$. 但是, 这样的定义忽略了光通过胶片时可能发生的相对相移 [178]. 这一相移是由于胶片或干板厚度变化或曝光图案造成的内部折射率的变化而产生的. 厚度变化可能来自两个不同的途径. 第一, 胶片的片基通常有随机的厚度变化, 即片基不是光学平坦的. 第二, 经常发现, 乳胶厚度随着已显影的透明片上银密度的变化而变化. 后一种变化强烈依赖于胶片所受的曝光量的变化. 内部折射率也会出现变化, 而且因乳胶的漂白而加剧, 我们很快会讲述乳胶漂白的问题. 总之, 胶片的振幅透射率的完整描述必须写成

$$t_A(x, y) = \sqrt{\tau(x, y)} \exp[\mathrm{j}\phi(x, y)], \tag{9-1}$$

式中 $\phi(x, y)$ 描述由透明片引入的相移项.

在大多数应用中, 厚度变化是我们完全不想看到的, 因为对它们不容易控制. 用一种叫做液门的器件能够除去厚度变化的影响. 这种器件有两片玻璃, 每一片有一个面研磨并抛光成光学平面, 将透明片和折射率匹配液 (常常是油) 夹在两片玻璃之间, 如图 9.4 所示. 玻璃片的光学抛光面当然朝外, 液体的折射率必须选得适中, 因为要同时与基底、乳胶和玻璃三样东西的不同的折射率相匹配是不可能的. 但是, 适当地选择液体, 可以使得通过液门的光程接近于常数, 从而胶片加上液门的振幅透射率可以写成

$$t_A(x, y) = \sqrt{\tau(x, y)}. \tag{9-2}$$

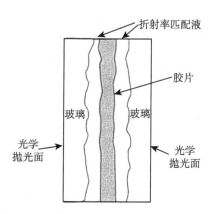

图 9.4   消除胶片厚度变化的液门. 厚度变化被极大地夸大了

在后面几节中要讨论的许多例子中将看到, 常常想要让胶片起一种使复振幅按平方律映射的作用. 用一张任意 $\gamma$ 值的透明片, 不论是正片还是负片, 在有限的动态范围内得到平方律作用是有可能的. 放弃传统的用 H&D 曲线描述胶片的方法, 而代之以直接按线性标度画振幅透射率与曝光量的关系图, 最容易看出这一点. 这种描述方式早期由 Maréchal 提倡, 之后由 Kozma 非常成功地用于分析照相中的非线性效应[210]. 图 9.5 表示一张典型的负透明片的振幅透射率–曝光量关系图 ($t_A$-$E$ 曲线). 如果胶片 "偏置" 在曲线的最大线性区内的工作点上, 那么胶片就会在一定的动态范围内给出了入射振幅的增量变化和振幅透射率的增量变化的平方律映射关系. 因此, 若 $E_b$ 表示偏置曝光量, $t_b$ 表示对应的偏置振幅透射率, 我们就可以将 $t_A$-$E$ 曲线在其线性区域内表示为

$$t_A \approx t_b + \beta(E - E_b) = t_b + \beta'|\Delta U|^2, \tag{9-3}$$

式中 $\beta$ 是曲线在偏置点的斜率, $\Delta U$ 表示增量振幅的变化, $\beta'$ 是 $\beta$ 和曝光时间的乘积. 注意, 对于透明负片, $\beta$ 和 $\beta'$ 是负数.

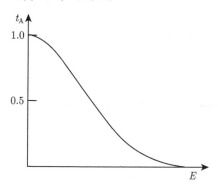

图 9.5   典型的振幅透射率–曝光量关系曲线

一般说来, 高反差胶片的 $t_A$-$E$ 曲线的斜率比低反差胶片的更陡, 因此将微小的曝光量变化转换为振幅透射率变化的效率更高. 然而, 这一效率的提高通常伴随着使 $t_A$-$E$ 曲线保持线性的曝光量动态范围缩小. 另一个有趣之点是, 人们发现, 能得到最大动态范围的偏置点是在 H&D 曲线的趾部.

在结束这一节之前, 我们注意到, 用干涉方法在照相乳胶中记录薄光栅时 (制作空间滤波器和记录全息图常常就属于这种情况), 想要达到的常常是尽可能高的衍射效率, 而不是尽可能宽的动态范围. 可以证明 (见文献 [323] 第 7 页), 对于小调制度来说, 一个用照相记录的薄正弦光栅的效率与记录的区域有关, 在乳胶的 $t_A$-$\log E$ 曲线的斜率 $\alpha$ 最大的区域中记录的光栅有最大衍射效率. $t_A$-$\log E$ 曲线是照相乳胶的另一种描述, 这种描述在某些应用中是中肯的.

### 9.1.4 调制传递函数

迄今我们都暗中假定, 曝光量的任何变化, 不论其空间尺度多么精细, 都会按照 H&D 曲线给出的规律转化为银密度的相应变化. 但在实践中人们发现, 若曝光量的变化在太小的空间尺度上发生, 它所引起的密度变化可能会远小于 H&D 曲线所指定的大小. 用通用的术语来表达就是: 每种给定类型的胶片有一个有限的空间频率响应.

对乳胶的空间频率响应的限制来自两种独立的现象:

(1) 曝光时光在乳胶中的散射;

(2) 显影过程中的化学扩散.

两种现象都是线性的, 虽然二者呈线性关系的物理量不同. 光散射对曝光量的变化是线性的, 而化学扩散对密度变化是线性的. 人们可能会希望将限制空间频率响应的线性现象同 H&D 曲线固有的高度非线性行为分离开来, 事实上这是可以做到的. 其方法如图 9.6 所示, 将照相过程看成是由几个单独的映射串接而成, 这个串接过程的第一步是一个线性不变滤波, 代表的是光散射的效应, 产生曝光量图样 $E$ 的扩展或模糊. 从这个滤波器出射的 $E'$ 通过 H&D 曲线, 可看作是具有零扩展的非线性性质, 和分析通信系统时常遇到的零记忆的非线性相似. H&D 曲线的输出是密度 $D'$, 它又受到化学扩散过程所引起的线性扩展和模糊作用, 产生最后的密度 $D$. 这个模型由 D. H. Kelley 首先提出, 因而常常叫做 "Kelley 模型". 这个模型常常被简化为在 H&D 曲线之前只有一个线性滤波器, 忽略了与扩散有关的线性滤波.

线性滤波的效应当然是限制了乳胶的空间频率响应. 如果将模型简化为只有一个线性滤波并在非线性映射之前 (图 9.6(b)), 那么我们就有兴趣来求这步滤波操作的传递函数, 常常将它叫做照相过程的调制传递函数(简称 MTF). 可以用一个

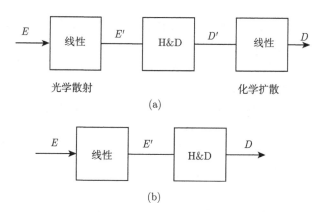

图 9.6   照相过程的 Kelly 模型. (a) 完整的模型; (b) 简化的模型

余弦曝光图样 (这样一个图样很容易由两个相干平面波在乳胶上生成)

$$E = E_0 + E_1 \cos(2\pi f x) \tag{9-4}$$

来测量这个线性滤波器的特征. 曝光量的 "调制" 定义为曝光量变化的峰值和背景曝光水平之比, 即

$$M_i = \frac{E_1}{E_0}. \tag{9-5}$$

如果在产生的透明片中测出密度的变化, 可以通过 H&D 曲线 (设为已知) 将它们反推为曝光量, 得出一个推断的或 " 有效" 的余弦曝光图样, 如图 9.7 所示. 有效曝光量分布的调制 $M_{\text{eff}}$ 总是小于真实的曝光量分布的调制 $M_i$, 于是底片的调制传递函数定义如下:

$$M(f) = \frac{M_{\text{eff}}(f)}{M_i(f)}$$

式中强调了对曝光的空间频率的依赖关系. 在实际遇到的大多数情况下, 散射过程的点扩展函数的形式 (近似为高斯型) 是圆对称的, 而且没有与传递函数相伴的相移. 因此, 施加到底片非线性部分的有效曝光分布可以写成

$$E' = E_0 + M(f)E_1 \cos(2\pi f x). \tag{9-6}$$

图 9.8 表示一条典型的实测得的乳胶 MTF 与频率的依赖关系曲线, 它以径向空间频率 $\rho$ 为横轴画出. 在低频处有一个高于 1 的小凸包, 它是由化学扩散 (我们的模型中最后一个线性滤波器, 在测量 MTF 的程序中被忽略了) 造成的, 我们称它来自毗邻效应 (adjacency effect).

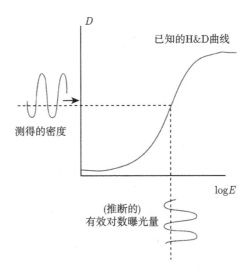

图 9.7 通过 H&D 曲线反推来测量 MTF

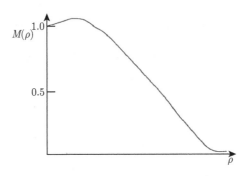

图 9.8 典型的测得的 MTF 曲线

不同乳胶能得到显著的响应的频率范围变化很大, 依赖于颗粒大小、乳胶厚度和其他因素. 用于全息照相的高分辨率的照相干板到超出 2000 线对/mm(即空间分辨率至少为 250nm) 时还有显著的 MTF 值.

### 9.1.5 照相乳胶的漂白

常规的照相乳胶主要通过透明片中的金属银所引起的吸收来调制光. 其结果是, 光波通过这样一个空间调制器后, 大量的光能损失了. 在许多应用中, 希望有效率更高的调制器, 它主要是通过相位调制而不是通过吸收调制来工作的. 这种结构可以用照相物质经过化学漂白处理来实现.

漂白过程从乳胶中除去金属银, 在银粒原来的位置留下乳胶的厚度变化或乳胶内折射率的变化. 导致这两种不同现象的化学过程一般是不同的. 使用所谓的鞣化漂白, 得到厚度变化; 而使用非鞣化漂白, 则发生折射率调制.

首先考虑鞣化漂白. 用于这种类型漂白的化学药剂在除去金属银时, 会释放某些化学副产品, 这些副产品会在银的浓度高的区域使乳胶中明胶分子交联. 随着透明片的变干, 硬化区域比未硬化区域收缩得少, 结果生成了浮雕像, 原来密度最高的地方现在乳胶最厚, 原来密度最低的地方现在乳胶最薄. 图 9.9 表示方波密度图样的漂白现象. 人们发现, 这种现象强烈依赖于密度图案的空间频谱内容, 其行为类似于一个带通滤波器, 在很低的空间频率和很高的空间频率上都不生成浮雕. 对于一块 $15\mu m$ 厚的乳胶, 发现厚度变化的峰值出现在大约 10 周/mm 的空间频率上, 最大浮雕高度为 $1 \sim 2\mu m$ 的范围. 用这种漂白方法, 能够制作一个近似的正弦浮雕光栅, 它将呈现正弦相位光栅的典型衍射效率, 比正弦振幅光栅的效率高得多.

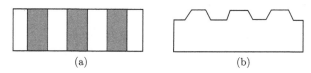

(a)                                         (b)

图 9.9  鞣化漂白产生的浮雕像. (a) 原来的密度像; (b) 漂白后的浮雕像

反之, 非鞣化漂白在乳胶内产生内部折射率的变化, 而不是浮雕像. 对于这种漂白, 显影后的透明片中的金属银被化学漂白剂变回透明的卤化银晶体, 其折射要比周围明胶的折射率大不少. 此外, 漂白过程还必须除去未曝光的卤化银晶体中的敏化剂, 以免它们因为热效应或附加的光照又变成金属银. 由此生成的折射率结构构成一个纯相位像. 这种漂白透明片的空间频率响应不是带通响应, 而是和原来银的图像的响应相似. 很高频率的相位结构可以用这种方法记录. 在一个通过漂白乳胶的波前可以引入量级为 $2\pi$ 的相移, 虽然这个值显然依赖于乳胶的厚度.

## 9.2  用衍射光学元件进行波前调制

大多数现今用的光学仪器使用折射光学元件或反射光学元件 (如透镜、反射镜、棱镜等) 来控制光的分布. 在有些情况下, 可以用衍射元件来代替折射和反射元件, 对某些应用, 这种改变会带来一些明显的好处. 用衍射光学方法可以实现一些用更常规的光学方法难以甚至不可能实现的功能 (比如, 单个衍射光学元件可以同时有几个或多个不同的焦点). 衍射光学元件一般也比对应的折射元件或反射元件轻得多, 占用体积小, 制造成本也可能更低, 在某些情况下它们的光学性能可能更优越 (如更广的视场). 这些零件应用的例子包括光盘用的光学头、激光光束整形、光栅分束器和在干涉计量测试中的参考元件.

随着这些优点而来的是衍射光学元件的一个重大困难: 因为它们以衍射为基

础, 是高度色散的 (即对波长敏感), 因此, 它们最适合用在光是高度单色的系统中. 这正是大多数相干光学系统的场合. 然而, 衍射光学元件可以和折射光学元件或另外的衍射元件一起用, 以部分消除它们的色散性质(参见文献 [331], [261], [108]), 从而允许它们用在光不是高度单色的系统中.

为了了解关于衍射光学元件的更多的背景知识, 读者可以查阅评论文献 [338], [107]和 [17] 的第 2 卷第 8 章.

集成电路工业的需要大大促进了用光刻方法将极其精致的图案确切地成像到不同物质上的能力, 由此也大大开启了构建 "不变的" 非卤化银的光学元件的机会. 可以制作不同类型的衍射光学元件, 最简单的结构是光栅, 它们可以是固定周期的, 也可以是周期随空间而变的. 方波相位光栅比方波振幅光栅有更高的衍射效率, 最为通用, 而且只需要一次光刻曝光. 用这种方法制成的衍射光学透镜, 其光栅的周期随空间适当地变化. 常常需要更为复杂的结构, 如 (制作恰当时) 能达到 100% 衍射效率的锯齿光栅. 这种结构可以通过单次或多次光刻曝光来实现. 下面, 概述不用卤化银物质来制作一般的衍射光学元件的两种方法. 我们的注意力将集中在纯相位衍射元件, 因为它们有超高的衍射效率.

### 9.2.1 单步光刻术

只需要用单次光刻步骤的加工工艺就可以制作大量不同的相位剖面. 此工艺先在玻璃片上涂一层薄的镍, 再在镀镍的玻璃片上用旋转涂膜机涂一层正的光刻胶 (光致抗蚀剂). 用电子束或激光束直写的方式在光刻胶上曝光一个二元图案; 显影时去除了光照过的光刻胶, 留下了曝光部分形成的镍的掩模. 再用合适的溶剂将曝光过的部分进行刻蚀, 经过这番操作在玻璃上制成了镍的二元掩模板.

再在常用来作基底的玻璃片上用旋转涂膜机涂上一层薄薄的光刻胶, 光照射并透过掩模板使光刻胶曝光. 对于正的光刻胶而言, 涂胶的干板进行化学处理 (显影) 后去除的是已被曝光的部分光刻胶, 去除的量和曝光量成正比. 虽然通常认为光刻胶是二元记录材料, 即它产生的是二元浮雕图案, 但许多光刻胶存在一个曝光区, 在这个区间, 光刻流程中取出的胶的量和曝光量有关. 图 9.10 表示一个假设的曲线图, 去除胶的部分与胶所受的曝光剂量的关系. 注意, 和讨论卤化银材料时用符号 $D$ 来表示银的密度不同, 在光刻工艺中符号 $D$ 用来表示曝光剂量. 符号 $D_0$ 代表当两条虚线相遇时的剂量, 相应于显影后没有光刻胶会去除时的剂量. 符号 $D_{100}$ 表示显影后 100% 的胶会去除的剂量. 可以看到, 有一个区域中光刻胶残留部分和曝光剂量的对数成正比, 光刻胶的对比度$\gamma$ 定义为曲线线性部分的斜率. 所得到的对比度取决于所用的特定的光刻胶、显影工序的细节和曝光的波长. 要了解光刻胶和用它制作光刻图案的细节, 可参阅文献 [50] 和 [271].

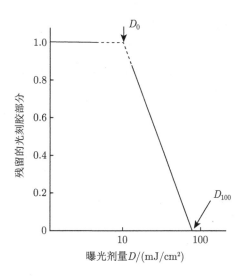

图 9.10  残留的光刻胶和曝光剂量 $D$ 的关系 (假设是正的光刻胶)

可以将二元掩模板看作是一组分立的元胞构成的, 每个元胞的大小和所用的光刻成像系统的分辨率大致相同. 由于用来形成掩模板图案的电子束或激光束比后面的光刻成像系统的分辨率要高, 所以在掩模板一个元胞中可能写入一个或更多的二元子元胞, 也就是说对于光刻系统传递到光刻胶上的每一个模拟的曝光值各有一套不同的 "元胞". 图 9.11 显示了一个例子. 处理的过程和印刷工业的半色调铜版印刷相似. 按照这个方法, 一组模拟 (不是二元) 曝光量送到光刻胶上, 生成一组不同高度的模拟浮雕. 因为用在模板元胞中的是浮雕图案所要求的模拟值二元表示的特定集合, 于是浮雕图案就会量化为一个有限集合的值. 下一小节讨论对于锯齿相位光栅近似的一组量化的值.

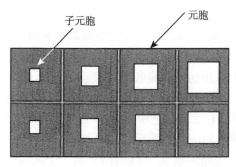

图 9.11  举例: 四等级掩模中的两排

光刻胶的折射率在 1.5 的范围, 因此如果 (衍射光学) 元件用于可见光波长的范围, 那么要求胶的涂层相当薄. 一个波长为 550nm 的光在传播时产生 $2\pi$ 相移仅要求 367nm 的厚度, 因而只有黏滞度较高的光刻胶才能做到这么薄.

### 9.2.2 多步光刻工艺

二元光学这一术语对不同的人有不同的意义, 但是有一些共同的思路, 可以用来定义这个领域. 首要的事实是, 二元光学元件是最容易用超大规模集成电路 (VLSI) 制作技术即光刻和微加工技术来生产的 (在对光刻胶曝光时, 上面讨论的模拟曝光值比二元曝光要更加小心地对待). 其次, 二元光学元件所引起的相移只依赖于光学元件的表面浮雕剖面中的深度以及用于元件的波长. 它们通常是薄结构, 带有深度为次微米 (sub-micron) 到几个微米量级的浮雕, 这样, 它们就可以用已经很完善的模压方法廉价复制. 令人惊奇的是, 所用的浮雕图案常常根本不是二元的, 因此在某种意义上, 这些元件的名称用错了. 不过, 这些元件常常通过一系列二元曝光步骤来确定, 这个事实又为保留这个名称提供了理由.

#### 用阶梯厚度函数近似

二元光学元件为理想的连续相位分布提供一个阶梯式的近似. 我们在这里简略地讨论近似过程, 然后再讨论最常见的制造方法.

假设元件需要某一厚度函数 $\Delta(x, y)$(如通常那样, $x$ 和 $y$ 是元件面上的横向坐标), 这个函数可能是一个设计过程得出的, 它可能很简单, 也可能很复杂. 作为简单情况的例子, 元件可能是空间频率为常数的光栅, 其目的是要将入射光以最大可能的光效率偏转某一角度. 较复杂情况的例子可以是一个聚焦元件, 它产生一个非球面波前以减小或消除某种像差. 我们假设所要的厚度函数 $\Delta(x, y)$ 的形式已经知道, 手头的问题是如何制造一个薄浮雕元件, 它能很近似于这个厚度函数.

通过量化这个函数得到一组 $2^N$ 个离散的台阶 (通常是等距的), 完成所要求的厚度函数的近似. 图 9.12 示出一个具有完好的锯齿周期的理想相位光栅的剖面以及它的一个量化为 $2^N$ 个台阶的版本. 连续的闪耀光栅具有这样的性质: 如果它引入的峰–峰相位变化正好是 $2\pi$(或 $2\pi$ 的整数倍), 那么入射光将被 100% 衍射到一个第一衍射级 (见习题 4-15). 如图 9.12 所示, 对这个光栅的二元光学近似是具有 4 个离散台阶的量化版本. 更为一般的 $2^N$ 个量化台阶可以通过下面描述的一系列 $N$ 次曝光和微加工操作来实现. 量化元件的峰–峰厚度变化是 $(2^N - 1)/2^N$ 乘以未量化元件的峰–峰厚度.[①]

锯齿光栅的阶梯近似的衍射效率可以通过将它的周期性的振幅透射率展开成傅里叶级数而得到. 一个直接而冗长的计算表明 [87], 第 $q$ 衍射级的衍射效率可以表示为

---

[①]这些理想的和量化的光栅, 从光栅的局域周期角度来看, 可以当成是更一般的光栅的局域近似, 从而其偏转角在整个光栅上变化.

$$\eta_q = \text{sinc}^2\left(\frac{q}{2^N}\right) \frac{\text{sinc}^2\left(q - \frac{\phi_o}{2\pi}\right)}{\text{sinc}^2\left(\frac{q - \frac{\phi_o}{2\pi}}{2^N}\right)}, \tag{9-7}$$

其中 $\phi_o$ 是连续锯齿光栅的峰-峰相位差, 它和连续光栅的峰-峰厚度变化的关系为

$$\phi_o = 2\pi\frac{\Delta_o(n_2 - n_1)}{\lambda_o}, \tag{9-8}$$

其中 $n_2$ 是基底的折射率, $n_1$ 是周围介质的折射率, 而 $\lambda_o$ 是光的真空波长.

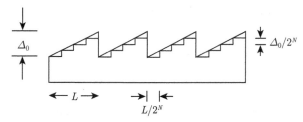

图 9.12   闪耀光栅的理想锯齿厚度剖面和该剖面的二元光学近似 $(N = 2)$

特别有兴趣的情况是闪耀光栅的量化近似的峰-峰相位差为 $\phi = 2\pi$. 代入 (9-7) 式, 得到

$$\eta_q = \text{sinc}^2\left(\frac{q}{2^N}\right) \frac{\text{sinc}^2(q - 1)}{\text{sinc}^2\left(\frac{q - 1}{2^N}\right)}. \tag{9-9}$$

暂且只考虑由两个 sinc 函数之比构成的末项. 分子对除 $q = 1$ 之外的所有整数 $q$ 均为零, 当 $q = 1$ 时它是 1, 同时分母也是 1, 而且除了

$$q - 1 = p2^N$$

之外分母都不为零, 式中 $p$ 是除零之外的任何整数. 对于使分子分母同时为零的 $q$ 值, 可用洛必达法则证明这两项的比值是 1. 因此这个讨论中的因子将是零, 除非当

$$q = p2^N + 1$$

时, 这个因子为 1. 于是, 衍射效率由下式给出:

$$\eta_{(p2^N+1)} = \text{sinc}^2\left(p + \frac{1}{2^N}\right). \tag{9-10}$$

随着所用的相位台阶数 $2^N$ 增加, 非零衍射级之间的角间隔也增大, 因为它正比于 $2^N$. 我们最感兴趣的主要衍射级是 +1 级 $(p = 0)$, 其衍射效率

$$\eta_1 = \text{sinc}^2\left(\frac{1}{2^N}\right). \tag{9-11}$$

图 9.13 表示各个非零级的衍射效率作为离散台阶个数的函数. 可以看到, 当 $N \to \infty$ 时, 除 $+1$ 级之外所有的衍射级都消失, 而不消失的衍射级的衍射效率趋于 $100\%$, 与有同样的峰–峰相移的连续闪耀光栅的情况相同. 由此可见, 当连续闪耀光栅用阶梯近似时, 其具有的性质的确随着阶梯数的增加而趋于连续光栅的性质.

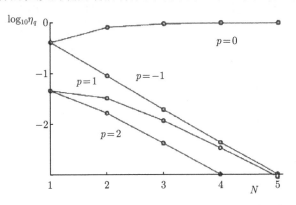

图 9.13　锯齿光栅的阶梯近似的各个级的衍射效率. 参数 $p$ 确定的特定的衍射级为 $p2^N + 1$, 离散的台阶数目是 $2^N$

**制造工艺**

　　图 9.14 所示为制作近似于锯齿厚度函数的四台阶二元光学元件工艺流程. 流程由多个分立步骤组成, 每一步都包括涂光刻胶、通过若干种二元掩模之一的一次曝光、清除光刻胶并且刻蚀. 掩模常常是用电子束直写制成的. 对于一个有 $2^N$ 个台阶的二元光学元件, 需要有 $N$ 个单独的掩模. 图 (a) 部分所示为一块涂有光刻胶的基片, 通过第一个掩模曝光, 掩模上有一些透明元胞, 其宽度等于想要的最终结构的周期的 $1/2^N$. 曝光后, 对光刻胶显影. 对于正性的光刻胶, 显影过程除掉已曝光区域, 留下未曝光区域; 对于负性的光刻胶, 情况反过来, 我们这里假设是正光刻胶. 在光刻胶显影过程之后, 用微加工方法去掉基片中无遮挡的部分的材料, 如图 (c) 部分所示. 两种最常用的微加工方法是反应离子刻蚀和离子研磨. 这第一步微加工去除基片材料直至其深度为所要的光栅峰–峰深度的 $1/2^N$. 现在再次将光刻胶用离心机涂到基片上, 并通过第二个掩模曝光, 这个掩模上的开口宽度等于所要的最终周期的 $1/2^N$, 如图 (b) 部分所示. 微加工又一次将基片上曝光的部分除去, 这次刻蚀的深度是最后要求的最大深度的 $1/2^N$, 如图 (d) 部分所示. 对于一个四台阶元件, 制造过程到此就结束了. 如果想要有 $2^N$ 个台阶, 就得有 $N$ 个不同的掩模和曝光、显影、刻蚀的过程. 最后一次刻蚀过程的深度必须是总的要求的峰–峰深度的 $1/2$. 多种不同的材料可以用作这类元件的基片, 包括硅和玻璃. 也能在刻蚀的剖面上涂一薄层金属来作反射光学器件. 用电子束直写, 能够控制掩模的精度

到大约十分之一 μm. 当剖面比二元更复杂时, 就要求将几个掩模对准, 这时精度会降低.

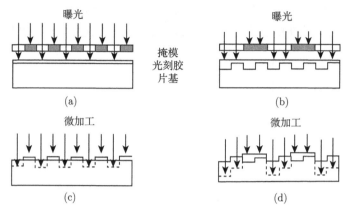

图 9.14    四台阶二元光学元件的制作步骤

对这类元件, 80%~90% 的衍射效率是相当常见的.

### 9.2.3    其他类型的衍射光学元件

上面我们将注意力集中在两类衍射光学元件上, 它们是用半导体工业中广泛使用的技术制造的. 还存在其他许多种制造衍射光学元件的方法. 有些方法用的基片和前面说的类似, 但是用的微加工方法不同, 例如, 用的是金刚石车削或激光烧蚀. 有些方法的不同在于它们使用照相底片而不是可刻蚀的基片作为生成元件的手段. 计算机生成的全息光学元件就是一个例子, 将在第 11 章详细讨论. 还有些方法依赖于更常规的记录全息图的方法, 例如, 用两束光的相干图来曝光光刻胶.

读者可参阅为这个一般的课题所召开的一系列会议文集 (文献 [64]~[68]) 以了解包括许多不同方法的例子对这个领域的综述.

### 9.2.4    几句提醒的话

半导体制造技术的能力越来越强, 可生成的结构有越来越小的物理尺寸, 制造出的衍射光学元件的单个特征尺寸会相当于甚至小于它们使用的光波波长. 这样小的结构处于一个不同的物理问题的领域, 在这个领域中, 若用标量理论来预测光学元件的性质, 其结果会有相当大的误差. 因此在进行衍射光学元件性质的分析时, 必须谨慎. 如果在光学元件中最小细节的尺寸比光的几个波长还小, 那么, 考虑到计算精度的要求, 就有必要用更加严格的方法来计算衍射. 对这些问题的讨论, 请参考文献 [285] 和 [240].

# 9.3 液晶空间光调制器

用照相胶片或光刻技术制作波前调制原件在许多应用时有一个显著的缺点, 即它们对波前的调制是固定的而不是动态的. 然而, 如果信息以很快的速度收集, 或用某种电子手段, 则人们可能希望在电子信息和光学数据处理系统之间有一个更直接的界面. 由于这个原因, 在光学信息处理领域工作的人们探讨了大量的器件, 它们能将电子形式的数据 (或者有时是非相干光形式的数据) 转换为空间调制的相干光信号. 这种器件叫做空间光调制器, 简称为 SLM.

类别繁多的 SLM 可以粗分为两类: ①电写入的 SLM 和②光写入的 SLM. 在前一种情况, 电信号表示的信息 (多半是光栅格式) 输入系统, 直接驱动一个 (SLM) 器件来控制信号的吸收或相移的空间分布. 如果信息是以光学图像的形式写入, 它可能以光学图像的形式输入, 而不是以电子形式输入 SLM. 在这种情况下, SLM 的功能可能是, 例如, 先将非相干光图像转化成相干光图像, 接着用相干光学系统做处理. 对一种给定的 SLM 技术常常可能有两种不同的形式, 一种适合于电寻址, 另一种适合于光寻址.

光寻址的 SLM 除了快速的时间响应之外, 还具有几个关键的性质, 这些性质对光学处理系统十分有用. 首先, 如上所述, 它们能够将非相干光图像转换成相干光图像. 其次, 它们能提供图像增强功能: 一个输入到光学寻址的 SLM 的弱的非相干图像可以用一个强的相干光源读出. 第三, 它们能提供波长转换功能: 例如, 一幅红外的非相干图像可以用来控制一个可见光波段的器件的振幅透射率.

SLM 不仅用来输入待处理的数据, 而且也用来生成可以实时修改的空间滤波器. 这时, SLM 放在一个傅里叶变换透镜的后焦面上, 按照所要求的复空间滤波来修正透射场的振幅.

人们已开发了很多种不同的 SLM 技术. 关于这个题目写了几本书 (参见文献 [102]). 为了总结比我们将要讨论的类型更多的 SLM 的性质的文章, 读者可以参考文献 [263] 和它所附的参考文献. 此外, 一系列有关这个题目的会议文集也提供了有价值的信息, 见文献 [99], [100], [101]. 这里只限于提纲挈领地呈现当前认为最重要的几种 SLM 技术的工作原理. 这些 SLM 包括: ① 液晶 SLM, ②可形变反射镜 SLM 和③声–光调制器.

## 9.3.1 液晶的性质

液晶用在显示器中已很常见了, 如电视显示和手提计算机的屏幕. 在这些应用中, 电压加到像素电极上使显示器的透射或反射光强度发生变化. 类似的原理也可以用来建造一个空间光调制器, 调制光学信息处理系统的输入.

在文献 [305] 的 6.5 节可以找到液晶光学的背景知识. 更多的讨论液晶显示细节的参考资料, 读者可以查阅文献 [189], 又可见文献 [102] 第 1 章和第 2 章.

**液晶的力学性质**

从物理学的观点看, 液晶材料很有趣, 因为它们同时兼具固体和液体的一些性质. 可以将构成这些材料的分子想象为一些椭球, 具有单一的长轴, 在任何一个横断面上绕着这根长轴都是圆对称的. 这些椭球形分子可以以各种方式一个挨着一个叠起来, 堆叠的不同几何位形确定了液晶的不同大类. 相邻的分子并不是刚性地互相连接的, 在机械力或电力的作用下相互之间会转动或滑动, 因而表现出一些液体的性质. 但是, 分子集合的几何架构受到约束, 这些约束引入了一些通常是固体才有的性质.

光学中普遍感兴趣的液晶有不同的三大类型 (或晶相): ① 向列型; ②近晶型; ③胆甾型. 这些类型的区别在于不同的分子排列次序或者组织约束, 如图 9.15 所示. 对于向列型液晶 (NLC), 它的整个体积中的所有分子都倾向于平行排列, 分子中心在这个体积中随机分布. 对于近晶型液晶, 分子也倾向于平行排列, 但是分子的中心位于互相平行的层内, 在层内是随机分布的. 最后, 胆甾型液晶是近晶型液晶的一种扭转形式, 在这种液晶内, 分子在不同层内的排列方向绕一个轴做螺旋旋转. 空间光调制器主要基于向列型液晶和一类叫做铁电液晶 (FLC) 的特殊的近晶型液晶 (所谓的近晶型-C* 相), 所以我们的讨论主要集中在这两个类型.

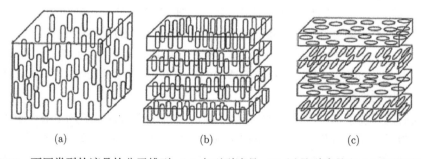

(a)　　　　　　　　　　　(b)　　　　　　　　　　　(c)

图 9.15　不同类型的液晶的分子排列. (a) 向列型液晶, (b) 近晶型液晶和 (c) 胆甾型液晶. (b) 和 (c) 中的各个层画成相互分隔是为了看起来清楚. 图中只画了很小的一列分子

我们可以对灌装在液晶盒两片玻璃基片之间的定向的向列型液晶分子的排列施加边界条件, 方法是沿着想要的分子排列方向打磨, 抛光涂在两片玻璃基片上的软定向层. 抛光操作引起的细微刮痕建立起与玻璃板接触的分子排列的优先定向 (preferred direction), 使分子的长轴平行于刮痕. 如果两个定向层在不同的方向 (如相互垂直) 抛光, 那么分子既要保持相互同向排列 (向列相液晶的特性), 又要使挨着玻璃板的分子的排列方向与抛光方向相同, 这两种倾向结合便产生了扭转的向列

型液晶, 如图 9.16 所示. 这时, 在两块玻璃板之间运动时, 在平行于玻璃基片的各层面上不同分子的长轴方向保持互相平行, 但在这些平面之间则逐渐扭转以满足定向层上的边界条件.

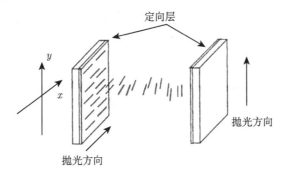

图 9.16  扭转的向列型液晶内的分子排列. 定向层之间的短线表示液晶盒内不同深度上分子的排列方向

铁电液晶的结构更复杂些. 由于它们是近晶型的, 它们的分子是分层安排的, 在给定的层上, 分子排列在同一方向. 对于近晶型-C* 材料, 每一层中的分子和该层的法线之间成一个特殊的倾角 $\theta_t$, 因此, 对于给定的任何一层, 分子可能的取向构成一个锥面. 图 9.17 表示厚液晶盒的表面稳定铁电液晶的结构. 各层的分子排列方向构成一条螺旋线. 玻璃基片界面上的两层的角向可以通过定向抛光来稳定[①][69]. 在实践中, 液晶盒做得很薄 (典型值只有几微米厚) 以消除不同的层会处于不同允许状态的可能性.

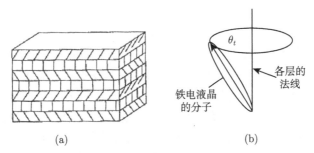

(a)                    (b)

图 9.17  铁电液晶. (a) 近晶型-C* 分层结构; (b) 允许的分子取向

**液晶的电学性质**

显示器和 SLM 利用的都是液晶在外加电场时能改变透射率的能力. 通常, 在装着液晶材料的两块玻璃基片的内表面涂上透明的导电层 (氧化铟锡薄膜), 将电

---

① 液晶盒的材料在高温下充填, 此时液晶处于近晶型-A 相. 这个相没有倾角, 因此, 分子都按照长轴方向平行于定向沟来排列. 当材料冷却时, 它转变到近晶型-C* 相, 有一个如上所述的倾斜角.

场施加在这两块玻璃基片之间. 为了使液晶在界面内对齐, 导电层上覆盖着薄薄的经过抛光处理的定向层 (通常是聚酰亚胺), 如图 9.18 所示.

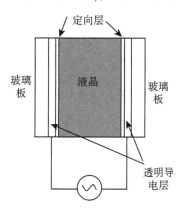

图 9.18　电控液晶盒的结构

在这种器件上施加一个电场, 会在每个液晶分子内感应出一个电偶极子, 它能和可能存在的永久电场相互作用. 如果分子的介电常数在分子的长轴方向比垂直于长轴方向的大 (通常都是这样), 那么感应出的电偶极子在分子长轴方向的两端就有电荷, 在外加场的影响下, 作用在电偶极子上的转矩能使液晶分子改变它们无外场时的自然空间取向.

对于向列型液晶, 它们不受近晶型和胆甾型那样的额外约束, 施加一个足够大的电压就会使那些不紧靠定向层的分子自由转动, 使它们的长轴随施加的外电场方向排列. 因此, 在扭转的向列型液晶盒内, 前面如图 9.16 所示的分子排列, 在足够大的外场下, 就会变成图 9.19 所示的分子排列, 其中绝大多数分子的长轴随着电场方向排列, 指向垂直于玻璃基片的方向. 我们很快就会看到, 分子取向的改变也改变了液晶盒的光学性质. 为了避免向列型液晶物质发生永久的化学变化, 这类液晶盒都用交流电压驱动, 典型的频率值在 1~10 kHz, 电压为 5 V 的量级. 注意: 由于向列型液晶的偶极矩是感生偶极矩而不是永久偶极矩, 当外加的电场的极性反过来时, 偶极矩的方向也反过来. 因此外场施加在分子上的转矩的方向与外加电压的极性无关, 不论极性如何, 分子相对于外电场的排列方向相同.

在铁电液晶盒的情况下, 可以证明分子具有永久的电偶极子 (其取向垂直于分子的长轴), 它增强了分子和外场的相互作用, 以至于只出现两个取向状态, 每个状态对应于外场的两个可能的方向之一. 图 9.20 表明, 对外场的一个方向, 分子的取向与表面法线成 $+\theta_t$ 角, 对外场的另一个方向, 分子与表面法线成 $-\theta_t$ 角. 由于铁电液晶有永久的偶极矩, 即使当外场被撤销后, 当前的状态仍由物质保留. 因此铁电液晶盒是双稳态的并且有记忆. 与向列型液晶不同, 在铁电液晶上必须加相反极性的直流电场才能在两个状态之间进行切换.

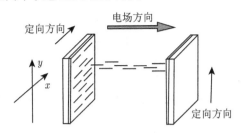

图 9.19  在外加电压作用下扭转的向列型液晶. 只画出一小列分子

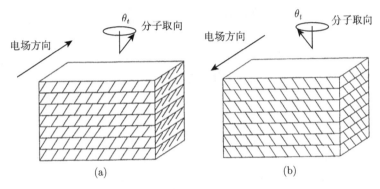

图 9.20  铁电液晶分子根据外场的方向, 排列在两个允许方向之上.
两个状态中方向角相隔 $2\theta_t$

　　液晶具有高电阻率, 因此其行为基本上像是一种介电材料. 液晶盒在电路中的响应基本上就是一个简单的 $RC$ 电路, 其电阻来自透明电极的有限电阻率, 电容就是平行板电容器的电容 (向列型液晶盒的典型厚度是 $5 \sim 10$ μm). 对于足够小的液晶盒, 或者一个大阵列中足够小的像素, 与分子的转动所需的时间常数比起来, 其电学时间常数是不大的. 向列型液晶物质的时间常数的典型值是: 使分子按外场方向排列的时间约为 $100$ μs, 分子弛豫回到原来状态的时间是 $20$ μs. 铁电液晶材料的永久偶极矩使得它们快得多; 晶盒的典型厚度范围是 $1 \sim 2$ μm, 外加电压的典型值范围为 $5 \sim 10$ V, 开关时间为 $50$ μs 量级. 在有些情况下甚至观察到亚微秒的响应时间[70].

**向列型液晶和铁电液晶的光学性质**

　　要定量理解基于液晶的 SLM(空间光调制器) 的行为以及通过偏振效应来操作的许多其他类型的 SLM 的行为, 需要用到一种叫做琼斯算法的数学方法. 附录 C 中概述了这种数学方法, 请读者参考. 一个 $X$ 方向的偏振分量为复数相矢量 $U_X$,

$Y$ 方向的偏振分量为复数相矢量 $U_Y$ 的单色波的偏振态可以用偏振矢量 $\vec{U}$ 表示为

$$\vec{U} = \begin{bmatrix} U_X \\ U_Y \end{bmatrix}. \tag{9-12}$$

光通过一个线性的偏振敏感器件的效应可以用一个 $2 \times 2$ 的琼斯矩阵描述, 通过此器件后的新偏振矢量 $\vec{U}'$ 和通过前的原偏振矢量 $\vec{U}$ 由下面的矩阵方程相联系:

$$\vec{U}' = \mathbf{L}\vec{U} = \begin{bmatrix} l_{11} & l_{12} \\ l_{21} & l_{22} \end{bmatrix} \vec{U}. \tag{9-13}$$

如果我们对一种给定的器件能够明确给出它的琼斯矩阵, 那么我们就能完全了解这一器件对入射波偏振状态的作用.

　　液晶分子的长条结构使这种材料的光学性质是各向异性的, 特别是显现出双折射现象, 即对在不同方向偏振的光有不同的折射率. 最常见的材料, 在平行于晶体长轴的方向偏振的光的折射率较大 (非寻常折射率 $n_{\mathrm{e}}$), 对于所有垂直于长轴的偏振方向有较小的均匀的折射率 (寻常折射率 $n_{\mathrm{o}}$). 这些物质非常有用的性质之一是它们呈现的非寻常折射率和寻常折射率之间有很大的差别, 常常在 0.2 或更大.

　　可以证明 (参阅文献 [305], 第 232~234 页), 对于未加电压的、扭转的向列型液晶, 若沿着波传播方向每米有 $\alpha$ 弧度的右旋螺旋扭转, 并且在非寻常偏振分量和寻常偏振分量之间引入一个 $\beta$ 弧度的相对延迟, 只要 $\beta \gg \alpha$, 那么一个初始时在液晶盒的入射面上在分子长轴方向偏振的波, 随着光通过液晶盒将发生偏振方向的旋转, 其偏振方向紧紧跟踪晶体的长轴方向. 可以证明, 描述这个变换的琼斯矩阵是坐标旋转矩阵 $\mathbf{L}_{旋转}(-\alpha d)$ 和波延迟矩阵 $\mathbf{L}_{延迟}(-\beta d)$ 的乘积,

$$\mathbf{L} = \mathbf{L}_{旋转}(-\alpha d)\mathbf{L}_{延迟}(\beta d), \tag{9-14}$$

其中坐标旋转矩阵由下式给出:

$$\mathbf{L}_{旋转}(-\alpha d) = \begin{bmatrix} \cos \alpha d & -\sin \alpha d \\ \sin \alpha d & \cos \alpha d \end{bmatrix}, \tag{9-15}$$

波延迟矩阵是 (忽略常数相位相乘因子)

$$\mathbf{L}_{延迟}(\beta d) = \begin{bmatrix} 1 & 0 \\ 0 & \mathrm{e}^{-\mathrm{j}\beta d} \end{bmatrix}, \tag{9-16}$$

式中 $\beta$ 由下式给出:

$$\beta = \frac{2\pi(n_{\mathrm{e}} - n_{\mathrm{o}})}{\lambda_{\mathrm{o}}}. \tag{9-17}$$

这里 $\lambda_{\circ}$ 是光在真空中的波长, $d$ 是液晶盒的厚度. 对任何初始偏振态, 依靠这个琼斯矩阵可以求出没有外加电压的扭转的向列型液晶盒的效应.

若沿着波传播方向对一个向列型液晶盒施加电压, 分子正好转动到其长轴与这个方向一致, 这样, 偏振方向就不会发生旋转. 在这个条件下, $\alpha$ 和 $\beta$ 都变成零, 液晶盒对入射偏振态没有影响. 因此, 一个向列型液晶盒可以用作一个可变的转偏器, 在未激励的状态 (不加电压) 下偏振方向会旋转, 旋转量由两块玻璃基片上的定向层的取向和液晶盒的厚度决定, 而在激励状态 (加电压) 下偏振方向不发生旋转.

要讨论铁电液晶盒, 需要更多一点的背景知识. 若厚度为 $d$ 的液晶盒中的全部液晶分子都倾斜了, 使得分子的长轴都在 $(x, y)$ 平面内, 与 $y$ 轴 (垂直轴) 成 $+\theta_t$ 角, 那么液晶盒对入射光的作用可以用一个琼斯矩阵表示, 它由以下的操作序列构成: 一次转角为 $\theta_t$ 的坐标旋转, 它把 $y$ 轴转到分子长轴的方向; 一个波推迟矩阵, 它表示方向平行于液晶分子的长轴和短轴的两偏振分量间的相移; 后面再跟着一个转角为 $-\theta_t$ 的第二次坐标系旋转矩阵, 它把 $y$ 轴转回原来的方向, 即与分子长轴成 $-\theta_t$ 角的方向. 考虑矩阵相乘的适当顺序, 有

$$
\begin{aligned}
\mathbf{L} &= \mathbf{L}_{旋转}(-\theta_t)\mathbf{L}_{延迟}(\beta d)\mathbf{L}_{旋转}(\theta_t) \\
&= \begin{bmatrix} \cos\theta_t & -\sin\theta_t \\ \sin\theta_t & \cos\theta_t \end{bmatrix} \begin{bmatrix} 1 & 0 \\ 0 & \mathrm{e}^{-\mathrm{j}\beta d} \end{bmatrix} \begin{bmatrix} \cos\theta_t & \sin\theta_t \\ -\sin\theta_t & \cos\theta_t \end{bmatrix},
\end{aligned} \tag{9-18}
$$

式中 $\beta$ 仍由 (9-17) 式给出.

这样一个铁电液晶盒的琼斯矩阵有两种可能的形式, 每种形式对应于外场的一个方向. 当外场切换排列的方向, 使分子长轴与 $y$ 轴成 $+\theta_t$ 角时, 由 (9-18) 式, 琼斯矩阵的形式是

$$
\mathbf{L}_+ = \mathbf{L}_{旋转}(-\theta_t)\mathbf{L}_{延迟}(\beta d)\mathbf{L}_{旋转}(\theta_t), \tag{9-19}
$$

而对反方向的外力场, 则

$$
\mathbf{L}_- = \mathbf{L}_{旋转}(\theta_t)\mathbf{L}_{延迟}(\beta d)\mathbf{L}_{旋转}(-\theta_t). \tag{9-20}
$$

一个特别感兴趣的情况是液晶盒的厚度 $d$ 使延迟满足 $\beta d = \pi$(即液晶盒是半波片). 请读者验证 (见习题 9-2), 这时上面的两个琼斯矩阵可以化简为以下形式:

$$
\begin{aligned}
\mathbf{L}_+ &= \begin{bmatrix} \cos 2\theta_t & \sin 2\theta_t \\ \sin 2\theta_t & -\cos 2\theta_t \end{bmatrix} \\
\mathbf{L}_- &= \begin{bmatrix} \cos 2\theta_t & -\sin 2\theta_t \\ -\sin 2\theta_t & -\cos 2\theta_t \end{bmatrix}.
\end{aligned} \tag{9-21}
$$

更进一步, 当铁电液晶盒的输入是一个线偏振波, 其偏振矢量对 $y$ 轴有 $+\theta_t$ 的倾斜角时, 上述两种情况下输出的偏振矢量为

$$
\begin{aligned}
\vec{U}'_+ &= \left[ \begin{array}{c} \sin\theta_t \\ -\cos\theta_t \end{array} \right] \\
\vec{U}'_- &= \left[ \begin{array}{c} -\sin 3\theta_t \\ -\cos 3\theta_t \end{array} \right].
\end{aligned}
\tag{9-22}
$$

最后我们注意到, 如果液晶的倾斜角是 $22.5°$, 那么, 除了一个标示 $180°$ 相移的符号变化外, 上面这两个矢量还正交. 于是对这个特殊的倾斜角, 一个偏振方向与器件的一个状态下的分子长轴同方向的线偏振波, 当器件切换到另一状态时, 波的线偏振方向旋转 $90°$. 因此, 对于这一特殊的输入偏振方向, 这样的器件是 $90°$ 的转偏器.

液晶盒常常用来建造强度调制器, 而这种调制对于几种不同类型的 SLM 的确是重要的. 首先考虑向列型液晶的情形. 如果向列型液晶盒的前表面上有一个起偏器, 其后表面上有一个检偏器, 它就能调制透射光的强度. 例如, 在前面图 9.16 所示的 $90°$ 扭转的情形, 让起偏器的方向和前表面的液晶分子排列方向平行, 检偏器的方向和后表面的液晶分子排列方向平行, 在液晶盒上不加电压时, 光会通过出口处的检偏器 (偏振方向旋转的结果), 但是当在液晶盒上加上完全消光电压时, 由于偏振方向不旋转, 光就被挡住了. 如果所加的电压比完全消光电压小, 那么在某一电压范围内, 光强会部分地透射, 可在一个有限的动态范围内实现模拟运算. 类似地, 如上所述, 铁电液晶可以当 $90°$ 转偏器用, 因此可以用作二元 (0 或 1) 强度调制器.

也可以用液晶盒做成反射式调制器, 如图 9.21 所示. 对于向列型液晶材料, 无扭转的液晶盒是最简单的. 考虑一个液晶盒, 整个液晶盒中的分子的长轴 ("慢" 轴) 方向都平行于 $y$ 轴. 选择晶盒的厚度, 以保证在单程通过液晶盒后, 沿慢轴方向的偏振分量和垂直于慢轴方向的偏振分量有 $90°$ 的相对延迟 (即此液晶盒是 $1/4$ 波片). 液晶盒的输出玻璃基片用一反射镜代替, 并且将一个偏振方向与 $x$ 轴成 $45°$ 角的起偏器放在液晶盒之前.

这个液晶盒的运作可以直观地理解如下: 由于有起偏器, 入射到液晶盒上的光在与 $x$ 轴成 $45°$ 角的方向上线偏振. 液晶盒上不加电压时, 分子不转动. 光第一次通过液晶盒后, 入射的线偏振转化为圆偏振. 镜子的反射反转了圆偏振的方向, 返回时第二次通过 $1/4$ 波片得到与原来偏振方向垂直的线偏振. 于是反射光被起偏器挡住.

反之, 若加有足够大的外部电压, 分子的长轴全都旋转到和外加电场的方向排列, 与波的传播方向一致, 这就消除了液晶盒的双折射. 因此线偏振方向在通过液

晶盒后保持不变, 在镜面上反射时不变, 在返回第二次通过晶盒后也不变. 因此反射光被起偏器透射.

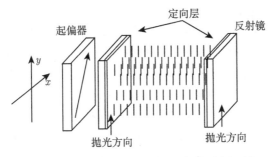

图 9.21 用反射式向列型液晶盒做强度调制

若加的电压不足以完全转动分子, 那么结果将是反射光的部分透射.

以相似的方式, 可以证明一个倾斜角为 22.5° 的铁电液晶盒, 可以起二元反射强度调制器的作用, 只要输入起偏器的偏振方向和众分子长轴之一对准, 并且适当选择液晶盒厚度能使它成为一个 1/4 波片.

以上我们讲完了有关液晶盒的背景知识, 下面转而介绍基于这些材料的各种具体的空间光调制器.

### 9.3.2 基于液晶的空间光调制器

在探索多年的各种 SLM 技术中, 液晶器件是存在时间最长、在实践中留下来的最重要的器件. 这些器件有多种形式, 有的用向列型液晶, 另外一些用铁电液晶. 我们对最重要的类型作简要介绍.

**电驱动的液晶空间调制器**

液晶显示已经广泛地用于电视机, 近年来这种显示技术已经有了快速的发展. 虽然这种类型的显示不是为使用相干光而做的, 但它们也可以用在相干光系统中 [148].

这种类型的电视显示当然是电寻址的, 是高清 1080p, 即显示 $1920 \times 1080$ 像素. 市场上有液晶微显示, 用在如头盔显示器 (heads-up display) 中, 它们的分辨率比较适中, 典型值为 VGA 水平, 即 $640 \times 480$, 也可以出高价买到分辨率高到 QXGA, 即 $2048 \times 1536$. 这类显示用向列型液晶制成, 通常有 90° 或 270° 的扭转. 作为波前调制设施, 显示器用比较少的资源就行. 要把它们用在相干光处理系统中, 首先必须去掉附在显示器上的起偏器和任何附设的漫射屏. 制造这种类型的显示器时也不需要注意它们的光学平面性, 因为电视显示对此并没有要求. 它们最重要的特性是与别的 SLM 技术相比成本极低, 图 9.18 显示了这类 SLM 的构成.

电驱动的液晶 SLM 可以构筑成像素振幅调制器或像素相位调制器. 作为相位调制器, 液晶层不需要扭转, 因而液晶每一面的定向层是平行的. 在没有施加电压时, 入射光以定向层的方向偏振, 光程中遇到的液晶分子折射率为非寻常折射率, 它们具有协同一致的偏振方向. 在有外场时, 分子转动了, 它们的长轴现在平行于光的传播方向, 于是对在液晶中传播的光呈现了寻常折射率. 液晶盒的厚度和两个折射率的差决定了在状态变化时相位调制的多少.

对振幅调制, 像素化的液晶盒应该有一个扭转. 假若扭转了 90°, 而且入射到液晶盒的光沿着该器件入射处的分子长轴的方向偏振. 在没有外场时, 液晶分子从盒子的一边到另一边旋转 90°, 而传播通过盒子的光的线偏振方向也旋转同样的值. 在器件的输出端有一个与入射偏振方向正交的检偏器, 它让传播到盒子输出端的光通过, 对应的像素是 "开" 的状态. 相反地, 若有足够大的电压加到了像素化的液晶层上, 分子要旋转到和施加的外场对齐, 同时偏振不旋转. 在输出端的检偏器就会阻挡光穿透液晶盒, 于是像素是 "关" 的状态.

还有其他的方法也可以产生同样的行为, 特别是如前面说过, 可以构建反射式器件来达到这个目的.

### 光驱动的液晶空间调制器

我们选择了由休斯研究实验室 (Hughes Research Laboratory) 开发的 SLM 作为光驱动的液晶空间调制器的例子. 不像前几节讨论的器件依靠直接外加电场来改变状态, 它是用光学方法写入而不是用电学方法写入的. 不过, 光学写入的结果是建立了某一内部电场, 因此这种器件的功能仍然可以在前面的背景知识的基础上来理解. 对这种相当复杂的器件的完整描述可以在参考文献 [149] 中找到. 我们的描述将作一些简化.

这种器件的结构如图 9.22 所示. 它可以用任何偏振态的非相干光或相干光来写入, 而用偏振的相干光来读出. 如下面将讨论的, 这种器件要外接一个起偏器与检偏器. 我们从图 9.22 右边所示的 "写入" 一边开始讨论, 来理解器件的运作.

把一个光学图像投射到器件右边入口处, 此入口可以只有一块玻璃板, 或为了有更好的分辨率, 由一块光纤面板构成. 光经过一个透明的导电电极, 被一层光电导体检测, 最常用的是硫化镉 (CdS). 光电导体在没有写入光照射时应该有尽可能高的电阻率, 而当有强的写入光照射时有尽可能低的电阻率. 因此被光电导体吸收的光使局部的电导率增加, 与入射光的强度成正比. 在光电导体左边是一层由碲化镉 (CdTe) 构成的挡光层, 它使器件的写入侧与读出侧在光学上隔离. 在器件的两个电极上加了一个音频交流电压, 其均方根电压在 5 ~ 10V 的范围.

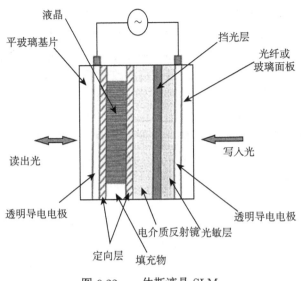

图 9.22 休斯液晶 SLM

在器件的读出一边, 有一块光学平坦的平面玻璃面板, 其右面是一个透明导电电极, 再右面是一个薄的向列型液晶盒, 它的两边是定向层. 两定向层的取向互成 45° 夹角, 因此没有外加电压时液晶分子有 45° 的扭转. 液晶后面是一个电介质反射镜, 它将入射的读出光反射回来, 使之第二次通过器件. 电介质反射镜也防止了直流电流过器件, 从而延长其寿命.

从电学观点看, 是施加在液晶层两侧的交流电压的均方根值决定了器件的读出边的光学状态. 这种器件的一个简化的电学模型 (参阅文献 [14]) 如图 9.23 所示. 在关闭状态 (不加写入光) 下, 两个电阻足够大, 可以忽略, 而光敏层和电介质层的电容值与液晶层的电容值相比必须足够小 (即它们在驱动电压频率的阻抗必须足够高), 使得液晶层两侧的均方根电压太小, 不能使分子离开原来的扭转状态. 在开启状态下, 理想情况是光敏层上完全没有电压降, 外加到液晶两端的那部分电压的均方根值必然足够大, 引起分子明显的转动. 在设计器件时, 通过适当选择层厚, 可以控制有关的电容值, 以满足这些要求[1].

图 9.24 表示写入和读出操作的原理. 液晶层工作在所谓 "混合场效应" 模式, 它可解释如下. 将入射的读出光的偏振方向选为平行于按左边的定向层排列的液晶分子的长轴方向. 因此, 当光通过液晶层时, 偏振方向跟随着液晶分子的扭转方向转动, 到达电介质反射镜时偏振方向旋转了 45°. 反射之后, 光第二次通过液晶往回走, 其偏振方向又一次跟随着分子的排列方向, 因此回到其原始状态. 一个和

---

[1] 在实际的器件中, 工作机理更加复杂, 因为光敏层和挡光层一起构成了一个具有非对称 $I\text{-}V$ 特性的二极管.

入射偏振方向成 90° 角的检偏器阻挡了反射光, 在没有写入光时产生一个均匀的暗场输出图像. 如果有写入光加到此器件上, 那么在液晶层两侧会建立起一个空间变化的交流电场, 液晶分子的长轴开始偏离电极平面. 如果电场足够强能将分子完全转动, 那么材料的双折射就会消失, 器件将不改变偏振的方向, 反射光将再次被输出检偏器完全阻挡. 然而, 场不会强到将分子完全旋转, 因此分子只是部分地倾斜越出横断面, 其倾斜量和场的强度 (因此也就是写入图像的强度) 成正比. 部分倾斜的分子保留了一些双折射效应, 因此线偏振的输入光转换成椭圆偏振光, 其椭圆度依赖于外场的强度. 椭圆偏振光场有一个平行于输出检偏器方向的分量, 因此有一些反射光通过检偏器.

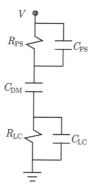

图 9.23　　光学写入的 SLM 电学模型. $R_{PS}$ 和 $C_{PS}$ 是光敏层的电阻和电容, $C_{DM}$ 是电介质反射镜的电容, $R_{LC}$ 和 $C_{LC}$ 是液晶层的电阻和电容

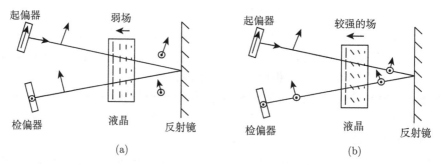

图 9.24　休斯液晶 SLM 的读出. (a) 没有写出光的情况和 (b) 有写出光的情况

用这种器件可以达到 100:1 量级的对比度, 其分辨率是每毫米几十个线对. 写入时间是在 10ms 的量级, 擦除时间约为 15ms. 由于器件的读出一边是达到光学抛光的面板, 从这个器件出来的波前具有很好的光学质量, 因而这个器件适合在相干光数据处理系统中使用. 由于反射率对外加电压的非单调依赖关系 (不加电压及加非常高的电压都会使检偏器阻挡全部或大部分光), 器件可以在几种不同的线性和

非线性模式下工作, 依所加的电压而定.

**铁电液晶空间光调制器**

铁电液晶提供了构建空间光调制器的几种方法的基础. 基于这些材料的 SLM 本质上是二元的, 但是依靠半色调技术可以得到灰阶. 光寻址和电寻址的 FLC-SLM 都已经有过报道, 在文献 [102] 第六章有出色的参考文献.

与基于 NLC 液晶的器件不同, FLC 器件必须要依靠加在其液晶层上的电场的方向反转而工作. 其中用了一种不同的光电导体, 氢化非晶硅, 它的响应时间比硫化镉 (CdS) 更快. 这种器件用音频方波驱动. 恰当选择各层的厚度 (从而得到图 9.23 中的适当电容) 使液晶层两端的电压总是保持足够负或正 (取决于有或无写入光), 来驱动 FLC 材料到它的适当状态. FLC 分子的倾斜角仍然是偏离 45°, FLC 层的厚度选为能产生 1/4 波长的延迟, 这适合于依靠偏振方向旋转来工作的反射调制器.

与光寻址的 SLM 不同, 电寻址的 FLC-SLM 是分立像素器件, 它们显示的是抽样的图像而不是连续图像. FLC-SLM 是前一节中描述的 FLC 强度调制器的像素化的形式.

**硅基液晶 (LCOS)**

"硅基液晶" 这个术语用在显示技术上, 其实是 CMOS 半导体技术和液晶技术的结合. 这种技术是像素化的、高分辨率的, 小尺寸的 (典型的 LCOS 片一边的大小为 3/4 in(1in=2.54 cm) 的数量级). LCOS 背后的基本概念是在每个像素内的小金属镜子上放置一层液晶, 在液晶上再加一个透明的电极. 加在金属镜子和透明电极间的电压是由在每个像素的镜子底下的 CMOS 电路驱动的. 这种器件的操作和之前描述的反射式液晶振幅调制器相似, 除了在显示应用中用来读出的是偏振不相干光 (通常是 LED). 已经发现这种技术特别适合应用到所谓的微型投影仪上, 以及头盔显示器和其他靠近眼睛的应用中. 它也可以在用相干光的像素化的振幅调制器中应用. 要了解 LCOS 技术, 请参阅文献 [183] 和 [245].

## 9.4 可形变反射镜空间光调制器

已经报道过多种用静电感生的机械形变来调制一个反射光波的器件. 这种器件通常叫做 "可形变反射镜器件", 或 DMD(deformable mirror device). 最先进的这种形式的 SLM 是德州仪器公司开发的. 早期的器件使用连续的薄膜, 它在像素化的驱动电极所加的电场作用下发生形变. 这些 SLM 逐渐演化为可形变反射镜器件, 在这种器件中, 分立的悬臂镜通过施加在浮置 MOS(金属氧化物半导体) 源上的电压, 单个地被寻址, 整个器件集成在硅片上. 最新的版本已采用了有两个支撑点的反射镜, 它们在外场的作用下扭转. 在文献 [174] 中可找到对所有这些方法的精彩讨论.

图 9.25 所示为薄膜器件和悬臂梁器件的结构. 在薄膜器件里, 镀金属的聚酯薄膜被拉伸铺在一个定位格架上, 定位格架在膜和下面的寻址电极之间形成一层空气隙. 在镀金属的膜上加一个负偏压. 若膜下面的寻址电极上加一个正电压, 膜在静电力的影响下会往下弯. 寻址电压移去时, 膜又向上运动回到它原来的位置. 用这种方式就引入了一个相位调制, 但是这个相位调制可以被随后的适当的光学系统转换为强度调制.

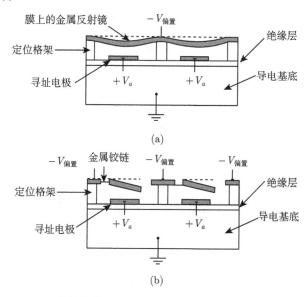

图 9.25  可形变镜的像素结构. (a) 薄膜 SLM 和 (b) 悬臂梁 SLM

悬臂梁器件的结构很不一样. 镀金属的梁上加有一个负偏压, 它通过一个细金属铰链连在一个定位柱上. 当下面的寻址电极由一个正电压激活时, 悬臂向下转, 不过转得不够远, 接触不到寻址电极. 倾斜的像素于是将一束入射光偏转, 不能被随后的光学系统收集到. 用这种方法在每个像素引入强度调制.

最先进的 DMD 结构是以相似的几何结构为基础的, 但是用一个扭力梁代替悬臂梁, 它在两点连接而不是只通过单一的金属铰链. 图 9.26 表示金属化的像素的顶视图. 图 (a) 表明, 扭杆将反射镜连接到镜子对角线两端的支撑点上. 反射镜是镀金属的, 仍接着负偏压.

图 (b) 表明, 每个像素有两个寻址电极, 各在转轴的一边. 当一个寻址电极由正电压激活时, 镜子往一个方向扭转, 而当另一个电极被激活时, 镜子往反方向扭转. 在每个反射镜单元下面有两个着陆电极, 上带负偏压, 因此当反射镜末端扭转到与着陆电极相碰时不放电. 入射到每个像素上的光, 当反射镜被激活时被反射镜偏转到两个偏转方向之一, 当反射镜没有被激活时不偏转. 器件即可以在模拟方式下工作, 这时扭转是外加的寻址电压的连续函数; 也可以在数字方式下工作, 这时器件有两个或三个稳定态, 取决于外加的偏压 [174].

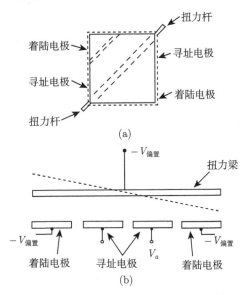

图 9.26 扭力梁 DMD. (a) 顶视图; (b) 侧视图

这种 SLM 技术的主要优点是它以硅片为基底, 和在 SLM 像素所用的同样的基底上使用 CMOS(互补金属氧化半导体) 驱动器兼容. 不论线寻址的或帧寻址的 DMD 都已见报道, 其规模为 $128 \times 128$ 或更大. 也报道过用像素多到 $1152 \times 2048$ 的这种器件来做高清晰度电视 (HDTV) 的显示. 第二个优点是这种器件能在任何光学波长工作, 只要在这个波长上能够以集成方式做出质量完好的反射镜.

对这种类型的 DMD 的电学性质和光学性质的测量已在文献 [336] 中报道过. 外加电压约 16 V 时测到的最大偏转角达 $10°$. 测得单个像素的偏转时间大约是 28 μs, 但是这个数和像素的几何大小有关, 对于更小的像素这个时间更短些. 像素的共振频率为 10 kHz 的量级.

# 9.5 声光空间光调制器

前面几节考虑的 SLM 能够调制一个二维波前, 调制可以用连续方式, 也可以用分立的二维阵列元素的方式. 我们现在转向一种 SLM 技术, 它最常见的形式是一维形式, 经过多年的开发, 已经是高度成熟的技术. 这种波前调制方法用一列声的行波与入射的一束相干光的相互作用来调制透射光波波前的性质. 其他的讨论声光相互作用及它们在相干光系统中的应用的文献, 可参考例如文献 [205], [26] 及 [356].

图 9.27 所示为声光 SLM 的两种模式, 各自在不同的物理机制下工作. 在两种情况下, 声光调制单元都由一块透明介质 (如一种液体或一块透明晶体) 构成, 声波可以由一个压电换能器发射到透明介质中. 换能器由一个射频电压源驱动, 发射一个压缩波 (或在有些情况中是一个切变波) 进入传声介质. 声波通过分子的小的局部位移 (应变) 在介质中传播. 与这些应变相伴随的是局部折射率的小变化, 这个现象叫做声光效应或光弹效应. 驱动电压的频谱在射频范围, 有一个中心频率 $f_c$ 和围绕中心频率的带宽 $B$.

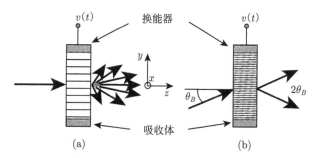

图 9.27　声光调制单元. (a) 工作于拉曼–奈斯制式; (b) 工作于布拉格制式

### 连续波驱动电压

对于一个理想的频率为 $f_c$ 的正弦驱动电压 (即一个连续波电压), 换能器在单元中发射一个正弦声波行波, 它以介质固有的声速 $V$ 行进. 这个行波引发一个运动的正弦相位光栅, 周期为 $\Lambda = V/f_c$, 并且和入射光波波前相互作用, 产生了各级衍射 (参阅 4.4.4 节). 然而, 存在有两种不同的机制, 即拉曼–奈斯(Raman-Nath) 衍射和布拉格(Bragg) 衍射, 两种机制中声光相互作用显示不同的性质.

拉曼–奈斯衍射发生在用液体作声介质的单元中, 常见的是声波中心频率为几十兆赫 (MHz) 范围内. 运动的光栅起着一个薄相位光栅的作用, 其行为几乎完全如 4.4.4 节的例子所述, 只有一个差别, 那就是由于光栅在单元中运动的结果, 自它发出的不同衍射级具有不同的光学频率. 如果调制器单元在与声波传播垂直的方向被照明, 如图 9.27 (a) 所示, 零级分量的频率仍然以入射光的频率 $\nu_o$ 为中心, 但是高级分量却有频率移动, 这可以用由光栅运动引起的多普勒频移解释. 由于光栅周期是 $\Lambda$, 第 $q$ 个衍射级离开单元时与入射波成一角度 $\theta_q$,

$$\sin \theta_q = q \frac{\lambda}{\Lambda}, \tag{9-23}$$

其中 $\lambda$ 是声光介质中的光波波长. $q$ 级衍射的光学频率可以由多普勒频移关系决定

$$\nu_q = \nu_o \left(1 - \frac{V}{c}\right) \sin\theta_q \approx \nu_o - qf_c. \tag{9-24}$$

因此, $q$ 衍射级的光学频率移动量是射频频率的 $q$ 倍, 其中 $q$ 可以是正数或负数. 按照附录 D 所引入的约定, 如果衍射级向逆时针方向偏转, $q$ 是正整数; 向顺时针方向偏转, $q$ 是负整数. 因此, 如图 9.27 (a) 所示, 向下偏的级有负的 $q$, 而向上翘的级有正的 $q$, 负的各级光学频率往上移动了 $|q|f_c$. 像任何薄正弦相位光栅一样, 在拉曼–奈斯衍射制式中, 各衍射级的强度正比于第一类贝塞尔函数的平方 $J_q^2(\Delta\phi)$, 其中 $\Delta\phi$ 是相位调制量的峰–峰值, 如图 4.14 所示.

对于在几百 MHz 到 GHz 范围内的射频频率, 并且是在晶体构成的声介质中, 当声–光柱的厚度与声波波长可比拟时, 会对某些衍射级引入择优 (preferential weighting) 加权, 而抑制其他衍射级. 这个效应叫做布拉格效应, 在第 11 章中将以更多的篇幅讨论. 暂且只要指出下面一点: 在这种制式下处于支配地位的衍射级是零级和单个第一级 (如图 9.27(b) 所示的情况, 即 $-1$ 级). 第一衍射级只发生在以下情形: 若入射光束和声波前平面成一特殊角 $\theta_B$, 它满足

$$\sin\theta_B = \pm\frac{\lambda}{2\Lambda} \tag{9-25}$$

(参见图 9.27(b)), 式中 $\Lambda$ 仍是声介质中的光波长. 满足这个关系的角叫做布拉格角. 等价地, 如果 $\vec{k}_i$ 是入射光波的波矢量 ($|\vec{k}_i| = 2\pi/\lambda$), $\vec{K}$ 是声波的波矢量 ($|\vec{K}| = 2\pi/\Lambda$), 于是

$$\sin\theta_B = \pm\frac{|\vec{K}|}{2|\vec{k}_i|}. \tag{9-26}$$

对于图 9.27(b) 中的几何关系, 一级衍射分量的频率是 $\nu_o + f_c$. 一级分量的强度可以比拉曼–奈斯衍射中的强度大得多, 第 11 章将更详细地讨论.

图 9.28 所示的波矢量图能够直观地摹想光矢量和声矢量之间的关系. 对于强布拉格衍射, 波矢图必须如图所示是闭合的, 这个性质可以看成是动量守恒的表述.

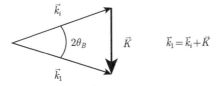

图 9.28 布拉格相互作用的波矢量图. $\vec{k}_i$ 是入射光的波矢量, $\vec{k}_1$ 是衍射到第一衍射级的分量的波矢量, $\vec{K}$ 是声波波矢量

拉曼–奈斯衍射制式和布拉格衍射制式之间的界限并不是很分明的, 而是常常用所谓的 $Q$ 因子来描写, $Q$ 因子由下式给出:

$$Q = \frac{2\pi\lambda_o d}{n\Lambda^2} \tag{9-27}$$

式中, $d$ 是声柱在 $z$ 方向的厚度, $n$ 是声光单元的折射率, $\lambda_o$ 是光在真空中的波长. 如果 $Q < 2\pi$, 工作于拉曼–奈斯制式, 而如果 $Q > 2\pi$, 工作于布拉格制式.

**受调制的驱动电压**

迄今为止, 假设驱动声光单元的电压是理想的连续波信号. 现在我们来作推广, 允许这个电压是下述形式的受振幅调制和相位调制的连续波信号

$$v(t) = A(t)\sin[2\pi f_c t - \psi(t)], \tag{9-28}$$

式中 $A(t)$ 和 $\psi(t)$ 分别是受调制的振幅和相位. 这个外加电压产生的折射率扰动以速度 $V$ 传播通过调制单元. 参照图 9.27, 如果 $y$ 坐标与声波行进方向相反, 其中心是单元的中心 (图 9.27), 而 $x$ 垂直于图面, 那么在任一时刻 $t$, 折射率的微扰在单元中的分布可以写成

$$\Delta n(y;t) = \sigma v\left(\frac{y}{V} + t - \tau_o\right), \tag{9-29}$$

式中 $\sigma$ 是比例常数, $\tau_o = L/(2V)$ 是声传播过单元长度 $L$ 的一半所要求的时间, 并且我们忽略了对 $x$ 的依赖关系, 因为在这里及以后的讨论中它都不起作用.

在拉曼–奈斯衍射制式中, 光波波前只是受到运动折射率光栅的相位调制, 得到的透射信号复振幅由下式给出:

$$\begin{aligned}
U(y;t) =&U_o \exp\left\{j\frac{2\pi\sigma d}{\lambda_o} A\left(\frac{y}{V} + t - \tau_o\right)\right. \\
&\times \left.\sin\left[2\pi f_c\left(\frac{y}{V} + t - \tau_o\right) - \psi\left(\frac{y}{V} + t - \tau_o\right)\right]\right\} \text{rect}\frac{y}{L},
\end{aligned} \tag{9-30}$$

式中 $U_0$ 是入射单色光波的复振幅. 现在可以把下面的展开式:

$$\exp[j\phi\sin\beta] = \sum_{q=-\infty}^{\infty} J_q(\phi)\exp(jq\beta) \tag{9-31}$$

用于 $U(y;t)$ 的表示式. 此外, 光波通过调制器时所受的相位调制的峰值通常很小, 结果, 对我们最感兴趣的两个衍射一级近似式

$$J_{\pm 1}(\phi) \approx \pm\phi/2$$

成立. 因此, 透射到两个一级衍射的复振幅 (分别用 $U_{\pm1}$ 表示) 可近似给出为

$$
\begin{aligned}
U_{\pm1} \approx &\pm \frac{\pi\sigma d}{\lambda_o} U_o A\left(\frac{y}{V} + t - \tau_o\right) \\
&\times \mathrm{e}^{\mp j\psi(y/V+t-\tau_o)} \mathrm{e}^{\pm j2\pi y/\Lambda} \mathrm{e}^{\pm j2\pi f_c(t-\tau_o)} \mathrm{rect}\frac{y}{L},
\end{aligned}
\tag{9-32}
$$

式中上面的符号对应于我们叫做 "+1" 的衍射级 (在图 9.27 中向上衍射), 而下面的符号对应于 "−1" 衍射级 (向下衍射).

　　从 (9-32) 式我们看到, +1 级衍射的波前正比于外电压的复数表示 $A(y/V)\cdot$ $\mathrm{e}^{j\psi(y/V)}$ 的运动形式, 而 −1 级衍射则含有这一表示的复共轭. 运动场的空间自变量由声速 $V$ 标度. 一个简单的空间滤波操作 (见第 10 章) 可以消除不想要的衍射级, 只让想要的级次通过. 因此, 声光调制单元起了一维空间光调制器的作用, 将外加调制电压转换为离开调制器的光波波前.

　　上面的讨论是在拉曼–奈斯衍射的框架内进行的, 但在布拉格衍射的情况下也有类似的各级衍射表达式, 主要的差别只在于各级的强度. 如前所述, 在布拉格衍射中, 衍射到一个第一级的衍射效率一般要比拉曼–奈斯衍射的效率高很多, 而其他级通常被衍射过程自身强烈抑制. 因此, 在布拉格衍射下工作的声光单元也是起一维空间光调制器的作用, 将外加的电压调制转化为一个空间波前, 但是它比拉曼–奈斯衍射的效率更高.

## 9.6　波前调制的其他方法

　　在全息照相术领域有许多特别引人关注的波前调制的材料, 包括双色重铬酸盐明胶片, 光聚合物胶片, 光折变材料和玻璃中的光损伤. 这些方法将在全息照相术那一章讨论.

## 习　　题

9-1　两个平面波

$$
U_1(x,y) = A\exp(j2\pi\beta_1 y)
$$
$$
U_2(x,y) = B\exp(j2\pi\beta_2 y)
$$

之间的干涉图案记录在一个照相底片上. 底片的 MTF 已知形式为 $M(f)$, 底片经处理后产生一张 $\gamma$ 为 −2 的正透明片. 然后把这张透明片 (大小为 $L \times L$) 放在一个焦距为 $f$ 的正透镜之前, 用一个垂直入射平面波照明, 测量后焦面上的强度分布. 光的波长是 $\lambda$. 假设在全部曝光量范围中有相同的照相 $\gamma$ 值, 画出后焦面上的光强分布, 特别是标出出现的各个频率分量的相对强度和位置.

9-2 证明：若相位延迟为 $\beta d = \pi$, (9-19) 和 (9-20) 式的琼斯矩阵化为 (9-21) 式的琼斯矩阵.

9-3 一个铁电液晶盒的倾斜角为 $22.5°$. 液晶盒的输入端有一个起偏器, 其取向平行于液晶盒的分子的长轴 (当液晶盒处于其两个状态之一时), 液晶盒的后方有一个反射镜. 用琼斯矩阵, 证明若液晶盒的相位延迟是 1/4 个波, 那么这个 FLC 可以用来作为一个二元光强调制器.

9-4 一个理想的光栅的剖面如题图 P9.4 中的三角形的曲线所示. 这个理想剖面由一个四台阶的量化光栅所近似, 其剖面亦示于图中. 连续光栅引入的峰–峰相位差正好是 $2\pi$.

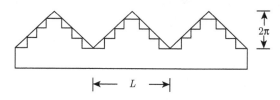

题图 P9.4　理想光栅和量化光栅的剖面

(a) 求连续光栅的 $\pm 4, \pm 3, \pm 2, \pm 1$ 和 0 级的衍射效率.

(b) 求量化光栅在同样级的衍射效率.

# 第 10 章　模拟光学信息处理

线性系统概念对分析成像系统有广泛的用途, 从前面几章已经看得很清楚了. 但是, 如果这些概念仅仅只对分析成像系统有用, 那么它们在近代光学中的地位将远没有它们今天实际上享有的地位那么重要. 只有考虑到应用于系统综合的令人鼓舞的可能性, 我们才能充分理解这些概念真正的重要性.

把线性系统概念应用于光学系统综合而获益的例了很多. 其中　　类是应用频域中的推理来改进各种成像仪器. 这类问题的例子将在 10.1 节里从历史角度来讨论.

另一些同等重要的应用, 它们不属于成像范围, 归到信息处理这一普遍领域内更为恰当. 这类应用是基于光学系统对输入数据实施普遍的线性变换的本领. 在有些情况下, 极大量数据的处理, 由于其数量庞大, 是人们力所不能及的. 这时一个线性变换可以对大量数据简约起关键作用, 显示数据的特定部分的出现, 引起观察者注意. 在讨论特征识别(10.5 节) 时将看到这类应用的一个例子.

在 20 世纪 60~70 年代, 计算机的功能还不能够适当地匹配处理大量二维数据阵列的需要. FFT 算法对于改变对于合理大小的图像处理提供的能力具有很大影响, 但是, 直到 20 世纪 60 年代, 它还没有流行. 然而, 更重要的是, 计算机本身, 在 CPU 功能 (摩尔定理)、能够提供存储器大小及软件计算方法诸方面有令人惊异的发展. 这些在 20 世纪 60~70 年代只能用模拟光学信息处理方法解决的处理问题现在甚至用台式计算机就能够轻而易举地完成. 由于这些原因, 模拟光学信息处理的重要性这些年来显著消退.

无论怎么说, 光学信息处理的主要思想的讨论仍然有某些意义. 首先, 这些问题在智能方法上是有吸引力的. 相干光系统能够以光传播速度完成二维傅里叶变换, 这个事实似乎仍然是令人惊异的. 扩展二维线性滤波的能力仍然会激起许多可能应用的想象, 特别是在被处理的数据一开始就是光学形式的情况下. 讨论这些思想的第二个原因是它们能够激起在其他领域有用的新思想. 这种情况的一个很好的例子是在 12.5 节里讨论的阵列波导光栅的情况. 在那里一个适当设计的星形耦合器可以扮演正透镜的角色并完成一维傅里叶变换. 最后, 要提及的是, 这里遇到的思想, 例如, 在光学模拟领域中的匹配滤波器和图像存储, 在同样的操作最终用于数字方法实施时, 对于深入理解也是十分有帮助的.

专门讨论光学信息处理这个题目已经有许多专著 (例如, 可参阅文献 [284],

[344], [216], [53], [26], [175] 和 [356]. 我们在这里将把目标限定为介绍最重要而且广泛应用的模拟光学信息处理系统及其应用. 我们明确地不考虑 "数字的" 或 "数值的" 光学计算, 对数字领域有兴趣的读者可参考文献 [109], [367], [262], [243], [190] 或 [180].

# 10.1　历 史 背 景

傅里叶综合技术的历史, 可以说是从首次有意改变像的频谱开始. 这类实验首先是阿贝于 1873 年 [1]、然后是波特于1906 年 [286] 报道的. 在这两次实验中, 实验的明确目的都是要验证阿贝的显微镜成像理论并研究它的全部含义. 由于这些实验漂亮而且简洁, 我们在这里对它们做简单的讨论.

### 10.1.1　阿贝–波特实验

阿贝–波特所做的实验对相干成像的详细机制, 并且实际上也就是对傅里叶分析的最基本的原理提供了有力的证明. 这些实验的一般原理如图 10.1 所示. 用准直的相干光照明由一张细丝网格构成的物体. 在成像透镜的后焦面上出现周期性网格的傅里叶频谱, 最后, 通过透镜的各个傅里叶分量在像平面上重新组合, 以复现网格的像. 把各种遮断物 (例如, 光圈、狭缝或小光阑) 放到焦面上, 就能够以各种方式直接改变像的频谱.

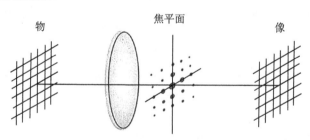

图 10.1　阿贝–波特实验

图 10.2(a) 是网格频谱的照片; 图 10.2(b) 是原网格完整的像. 物体的周期性结构在焦面上产生一系列分立的频谱分量, 由于网格所在的圆形孔径的有限大小, 每个频谱分量都有一定的扩展. 焦面上沿水平轴的亮点由物体的水平方向的复指数分量产生 (参阅图 2.1); 沿竖直轴的亮点则对应于竖直方向的复指数分量. 不在轴上的亮点对应于在物面上相应角度指向的分量.

在焦面上插入一个狭缝, 使得只通过单独一行频谱分量, 就可以清楚地说明空间滤波技术的功能. 图 10.3(a) 是使用一条水平狭缝时透过的频谱. 对应的像如图 10.3(b) 所示, 它只包含网格的竖直结构; 对像的竖直方向均匀结构有贡献的正是水平方向的复指数分量. 对水平结构的抑制是相当彻底的.

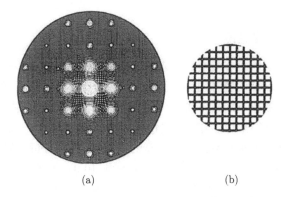

(a)             (b)

图 10.2    (a) 网格的谱和 (b) 原网格的照片

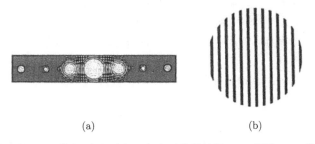

(a)             (b)

图 10.3    网格经过焦面上一条水平狭缝滤波. (a) 频谱; (b) 像

     若把狭缝旋转 $90°$ 只通过图 10.4(a) 所示的竖直的一列频谱, 则会看到像图中 (b) 部分只包含水平结构. 还不难观察到别的有趣的效应. 例如, 若在焦面上放一个可变光圈, 开始光圈缩小使得只通过轴上的傅里叶分量, 然后逐渐加大光圈, 就可以看到网格的一步步的傅里叶综合. 此外, 如果去掉光圈而在焦面内的透镜轴处

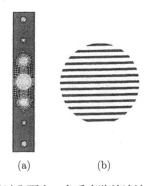

(a)        (b)

图 10.4    网格经过焦面上一条垂直狭缝滤波. (a) 频谱; (b) 像

放一个小光阑, 使其挡住中心级或 "零频" 分量, 那么就会看到网格的像的衬度反转 (习题 10-1).

### 10.1.2　策尼克相衬显微镜

显微术中要观察的许多物体, 其透明度很高, 对光吸收很少或不吸收 (如未染色的细菌). 光通过这样的物体时, 最主要的效应是产生一个随空间变化的相移; 这个效应用通常的显微镜不能直接观察到, 因为探测器只对光的强度有响应. 观察这类物体的一些方法已经知道多年了; 这包括干涉量度技术, 用一个小光阑只挡住中心的零阶频谱分量的**中央暗场法**(习题 10-2), 以及把零频分量一侧的所有频谱分量全部挡掉的**纹影法**(the schlieren method, 见习题 10-3). 所有这些方法都有一个共同的缺点, 就是所观察到的强度变化与相移不呈线性关系, 因而就不能用它来直接表示物体的厚度变化.

1935 年, 策尼克 [381]根据空间滤波原理提出一个新的相衬方法, 这个方法的优点是, 观察到的强度与物体引起的相移呈线性关系① (在一定的条件下, 下面要讨论这条件). 因为这个发明, 策尼克获得了 1953 年诺贝尔物理学奖. 下面我们将比较详细地讨论这个方法.

设透明物体的振幅透射率为

$$t_A(\xi, \eta) = \exp[\mathrm{j}\phi(\xi, \eta)] \tag{10-1}$$

成像系统中用相干光照明. 为了数学上简单, 假定放大率为 1, 并且忽略系统的出射光瞳和入射光瞳的有限大小. 此外, 要使相移与强度之间呈线性关系, 一个必要条件是由物体引起的相移的变化部分 $\Delta\phi$ 远小于 $2\pi$ , 这时对振幅透射率的粗略近似可写成

$$t_A(\xi, \eta) = \mathrm{e}^{\mathrm{j}\phi_o}\mathrm{e}^{\mathrm{j}\Delta\phi} \approx \mathrm{e}^{\mathrm{j}\phi_o}[1 + \mathrm{j}\Delta\phi(\xi, \eta)]. \tag{10-2}$$

在上式中略去了 $(\Delta\phi)^2$ 及更高阶的项, 认为它们在所取近似中为零; 并用 $\phi_o$ 表示通过物体产生的平均相移, 因此按定义 $\Delta\phi(\xi, \eta)$ 没有零频分量. 注意 (10-2) 式右边的第一项表示一个通过样品经历均匀相移 $\phi_o$ 的强的分量波, 而第二项则产生较弱的偏离光轴的衍射光.

在我们的近似中, 一个通常显微镜对上述物体所成的像可以写成

$$I_i \approx |1 + \mathrm{j}\Delta\phi|^2 \approx 1$$

其中 $(\Delta\phi)^2$ 项用零代替, 以便同我们前面的近似一致. 策尼克认识到, 由相位结构产生的衍射光之所以在像面上观察不到, 是由于它与很强的本底之间相位差 90°,

---

① 对于相衬技术历史的讨论以及对策尼克的科学生涯的了解, 可参阅文献 [110].

如果能够改变这个相位正交关系, 那么这两项就会更直接地干涉, 产生可观察到的像强度变化. 认识到本底在焦面上将会聚成轴上的一个焦点, 而由较高空间频率成分形成的衍射光则散布在光轴之外, 因此他提出在焦面上插入一块变相板(phase-changing plate) 以改变被聚焦的光和衍射光之间的相位关系.

变相板可以由一块玻璃基片上沉积一个透明的电介质小点构成.[①]电介质小点位于焦面中心并具有一定的厚度和折射率, 以使得被聚焦的光通过它后, 其相位相对于衍射光的相位延迟 $\pi/2$ 或 $3\pi/2$. 在前一情形下像平面上的强度为

$$I_i = |\exp[j(\pi/2)] + j\Delta\phi|^2 = |j(1 + \Delta\phi)|^2 \approx 1 + 2\Delta\phi \tag{10-3}$$

而在后一情形下我们有

$$I_i = |\exp[j(3\pi/2)] + j\Delta\phi|^2 = |-j(1 - \Delta\phi)|^2 \approx 1 - 2\Delta\phi. \tag{10-4}$$

于是像的强度与相移的变化 $\Delta\phi$ 呈线性关系. (10-3) 式的情形称为正相衬, 而 (10-4) 式的情形称为负相衬. 还能通过使移相点处有部分吸收作用来改善像内由相位引起的强度变化的对比度 (见习题 10-4).

相衬法是一种将空间相位调制转换成空间强度调制的方法. 对通信技术有一定基础的读者会感兴趣地注意到, 在策尼克的发明提出一年后, E. H. Armstrong[8]提出了一个非常相似的方法把调幅电信号变换成调相信号. 我们在第 7 章已经看到了而且在本章将继续看到, 电气工程和光学这两门学科在随后的年代中建立了更紧密的联系.

### 10.1.3 照片质量的改善: Maréchal 的工作

在 20 世纪 50 年代初期, 巴黎大学光学研究所的工作人员开始积极从事用相干光滤波方法改善照片质量. 这些人中最著名的是 A. Maréchal, 他在这方面的成功强有力地推动了后来在光学信息处理领域中研究兴趣的增长.

Maréchal 认为照片中的各种不希望有的缺陷是由产生照片的非相干成像系统的光学传递函数中相应的缺陷引起的. 他进而推论, 如果把照相底片放在一个相干光学系统内, 在这个系统的焦面上插入适当的衰减板和移相板, 就可以合成一个补偿滤波器, 从而至少能部分地消除那些不希望要的缺陷. 虽然原来的成像系统的传递函数可能很差, 但是这个传递函数与补偿系统的 (振幅) 传递函数的乘积将有望得出一个更加令人满意的总体频率响应.

Maréchal 和他的同事们成功地显示了对照片质量的各种不同类型的改善. 例如, 他们曾表明只要衰减掉物频谱的低频分量, 那么像中的微小细节就会得到强烈

---

① 实际上, 相衬显微镜通常有一个圆环状的光源, 它的移相结构也是一个圆环, 放在焦平面内的光源像上. 然而基于用点光源照明的假设, 解释起来某种程度上更易于理解.

的突出. 在消除像模糊方面也显得相当成功. 在后一类情况下, 原来的成像系统离焦很厉害, 产生的脉冲响应 (在几何光学近似下) 是一个均匀的圆形光斑. 因此相应的传递函数形式为

$$\mathcal{H}(\rho) \approx 2\frac{J_1(\pi a\rho)}{\pi a\rho},$$

式中 $a$ 是一个常数, 而 $\rho = \sqrt{f_X^2 + f_Y^2}$. 补偿滤波器由安放在相干滤波系统的焦面上的一块吸收板和一块移相板组合而成, 如图 10.5(a) 所示. 吸收板使很强的 $\mathcal{H}$ 的低频峰受到衰减而移相板使 $\mathcal{H}$ 的第一个负瓣的相位移动 180°. 图 10.5(b) 表明原来的传递函数和补偿后的传递函数.

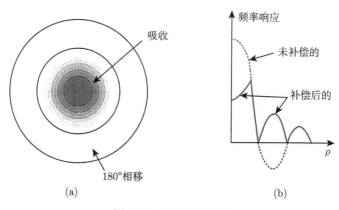

图 10.5 像模糊的补偿

另一个附加的例子是, 他们借助一个简单的空间滤波器, 抑制了在印刷照片时用的半色调处理方法 (如在报纸上所见到的照片) 相伴而来的周期结构. 半色调处理技术在许多方面都和 2.4 节所讨论的周期性抽样程序类似. 用这种方法印制的图片的频谱, 有一种与图 2.6 所示很相像的周期性结构. 在滤波系统的焦平面上加上一个光圈, 就能够只让以零频率为中心的谐波频带通过, 从而去掉图像的周期性结构, 而同时让全部所需的图像数据通过.

注意上述所有应用中有一个共同的要求: 用非相干光拍得的一幅照片通过采用相干光的系统来滤波. 为了保证所用的是线性系统, 从而传递函数概念维持有效, 必须使被引入相干系统的振幅正比于我们要对之进行滤波的图像的强度.

### 10.1.4 相干光学在更加普遍的数据处理中的应用

虽然 20 世纪 50 年代初期, 物理学家已越来越认识到电气工程的某些方面和光学有着特殊的联系, 但直到 50 年代末和 60 年代初, 电气工程师才逐渐认识到, 空间滤波系统可以有效地应用于更普遍的数据处理问题. 相干滤波的潜力在雷达信

号处理这一领域内特别明显, 密歇根大学雷达实验室的 L. J. Cutrona 和他的同事们在此较早的阶段挖掘了这种潜力. 密歇根小组于 1960 年发表的论文《光学数据处理和滤波系统》[81] 在电气工程师和物理学家中都引起了对这些技术的浓厚兴趣. 相干滤波在雷达领域中应用最为成功的一例是处理合成孔径雷达系统所收集的数据 [82], 这个问题现在是完全用数字处理解决的. 20 世纪 60 年代中期以来的文献表明, 相干处理技术已应用于相差极远的许多领域, 如傅里叶光谱学 [334] 和地震波分析 [179].

# 10.2 相干光学信息处理系统

使用相干照明时, 就可通过对傅里叶变换透镜的后焦面上的复振幅作直接处理而合成出滤波运算. 这种类型处理的例子已经在相衬显微镜 (如 Zernike) 和照片滤波 (如 Maréchal) 的讨论中看到. 本节我们将概述用于相干光学信息处理的系统结构, 并指出试图合成一般的复滤波器将会遇到的困难.

## 10.2.1 相干系统的结构

相干系统对于复振幅是线性的, 有能力实现如下形式的操作:

$$I(x,y) = K \left| \iint_{-\infty}^{\infty} g(\xi,\eta)h(x-\xi, y-\eta)\mathrm{d}\xi\mathrm{d}\eta \right|^2. \tag{10-5}$$

能够用来实现这一操作的不同系统结构有许多, 在图 10.6 中给出了其中三种.

图中 (a) 部分显示的系统从概念上讲是最直接的, 常被称作 "4f" 滤波结构, 这是因为将输入平面到输出平面分开的距离是四个分离的焦距 $f$. 来自点源 $S$ 的光用透镜 $L_1$ 准直. 为了使得系统总长度最小化, 振幅透射率为 $g(x_1, y_1)$ 的输入透明片紧贴着平面 $P_1$ 上的准直透镜放置. 输入面后一个焦距处是傅里叶变换透镜 $L_2$, 在其后焦面 ($P_2$) 上放置一透明片来控制通过该平面的振幅透射率. 入射到该平面上的振幅为 $k_1 G(x_2/(\lambda f), y_2/(\lambda f))$, 这里 $G$ 是 $g$ 的傅里叶变换, $k_1$ 是常数. 一个滤波器插入 $P_2$ 平面处理 $g$ 的频谱. 若 $H$ 表示所要的传递函数, 那么频率平面滤波器的振幅透射率应该是

$$t_{\mathrm{A}}(x_2, y_2) = k_2 H\left(\frac{x_2}{\lambda f}, \frac{y_2}{\lambda f}\right). \tag{10-6}$$

于是滤波器后面的场就是 $GH$. 在另一个焦距之后放置透镜 $L_3$, 其作用是对输入的经过处理的频谱再作傅里叶变换, 在其后焦面 $P_3$ 上产生最后的输出. 要注意 $P_3$ 平面上的输出是倒置的, 这是由成像作用造成的, 或者等价地说是由于先后用了两次傅里叶变换, 而不是一次变换之后接着进行反变换. 这种不便之处可通过图中所

示的倒置最后的坐标系 $(x_3, y_3)$ 的办法来补救. 这时 $P_3$ 平面上的输出由 (10-5) 式描述. 为简单起见, 所有三个透镜的焦距都取为 $f$, 系统的总长度为 $5f$. 这种结构的缺点是在第一次傅里叶变换运算中可能发生渐晕.

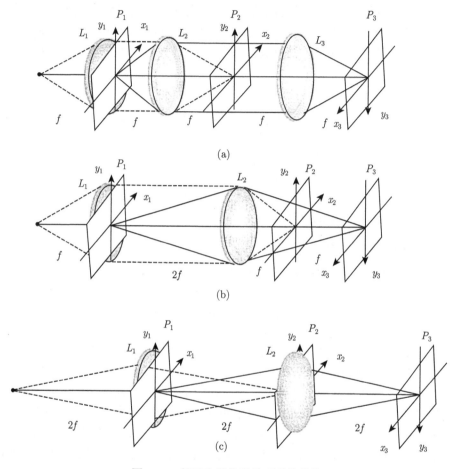

图 10.6　相干光学信息处理系统结构

该图中 (b) 部分所示系统的长度与前一系统相同, 但少用了一个透镜. 透镜 $L_1$ 还是将来自 $S$ 的光准直为平行光, 输入透明片还是紧贴 $L_1$ 放置以使系统长度最小. 透镜 $L_2$ 则放在距输入面 $2f$ 处, 这时 $L_2$ 同时起着实施傅里叶变换与成像的两个作用, 使输入的频谱呈现在后焦面 $P_2$ 上 (这里放有傅里叶滤波透明片) 而滤波后的像成在位于这个焦面后面一个焦距处的 $P_3$ 平面上. 因为物距和像距都是 $2f$, 系统的放大率为 1. 要注意, 在这样的光路中输入的谱附加有形如 $\exp\left[-\mathrm{j}\dfrac{k}{2f}(x_2^2 + y_2^2)\right]$ 的二次相位因子, 这是因为输入不在透镜的前焦面上. 这个系统的长度与前面的一

样仍为 $5f$.

第二种光路有两个实用方面的缺点. 首先, 与系统 (a) 相比, 现在输入面到透镜 $L_2$ 的距离变为前一系统的两倍, 从而渐晕会比系统 (a) 更为严重. 第二个缺点来自分析薄透镜相干成像性质导出 (6-35) 式时所作的近似处理. 在那个推导过程中, 我们发现有必要假定任一特定点的像振幅仅由来自几何物点周围很小的区域的贡献构成. 如果由传递函数 $H$ 表示的滤波运算具有高的空间-带宽积, 则脉冲响应 $h$ 要扩展到相当大的范围, 从而该系统的输出必须看作是函数 $g(x_1, y_1)\exp\left[\mathrm{j}\dfrac{k}{2f}(x_1^2 + y_1^2)\right]$ 而不简单地是函数 $g(x_1, y_1)$ 经过滤波后的结果. 这个问题在系统 (a) 中没有遇到, 该系统是将平面 $P_1$ 的图像投射到平面 $P_3$ 上, 而不是将一个球面的图像投射到一个球面上. 这个困难可以通过加入一个与物接触并且焦距为 $2f$ 的附加正透镜从而消去带来麻烦的二次相位因子的办法来克服. 这个附加透镜也使频谱面从透镜 $L_2$ 后距离 $f$ 处移到与该透镜重合, 而像平面 $P_3$ 的位置不受影响.

作为最后一个有某些优点的例子 (绝不是唯一可能的其他系统结构), 考察图 10.6(c) 系统. 还是只用两个透镜. 透镜 $P_1$ 现在既接收来自点光源 $S$ 的光也起着傅里叶变换透镜的作用. 输入放在与透镜 $L_1$ 接触的平面 $P_1$ 上. 该透镜将光源成像到频率平面 $P_2$ 上, 这里放置滤波器透明片. 这一成像操作的放大率如图所示为 1. 第二个透镜 $L_2$ 也放在这个平面上, 并将输入成像到输出平面 $P_3$ 上, 其放大率为 1. 此系统没有渐晕问题, 并且前面所说的输入面上的二次相位因子被会聚光照明抵消. 此系统的缺点是现在长度为 $6f$ 而非 $5f$.

最后我们指出, 也能安排一个相干系统处理由多个一维输入堆积成的阵列而不是单一的二维输入. 这种所谓的 组合变形 (anamorphic) 滤波器① 的一个例子如图 10.7 所示. 紧靠准直透镜 $L_1$ 之后是 $P_1$ 平面内的输入数据. 输入数据包含一个一维透射率函数阵列, 每个阵列的透射率函数都在水平方向变化. 一个柱面透镜 $L_2$ 接着放在离开平面 $P_1$ 一个焦距 $f$ 处, 而且只在垂直方向有光焦度. 在 $L_2$ 后面 $2f$ 处放置一个球面镜 $L_3$, 其焦距仍然是 $f$. "频率平面" 现在出现在 $P_2$ 面, 在其上可以发现一维谱的阵列. 透镜组合 $L_2, L_3$ 完成在 $y$ 方向上的两次傅里叶变换, 因而在垂直方向成像. 因为 $L_2$ 在 $x$ 方向上没有光焦度, 球面镜在水平方向完成傅里叶变换, 并在平面 $P_2$ 上生成相位因子 $\exp\left(-\mathrm{j}\dfrac{k}{f}x_2^2\right)$. 这个相位因子可以通过紧贴 $P_2$ 前面放置一个焦距为 $f/2$ 的负柱面透镜以抵消相位弯曲的方法来消除. 如果输入阵列是一组透射率函数 $g_k(x_1), k = 1, 2, \cdots, K$, 那么在 $P_2$ 上就会显示相应的一组变换 $G_k(x_2), k = 1, 2, \cdots, K$, 但是竖直方向上的顺序被成像操作所颠倒.

---

① 如果系统光焦度在两个相互垂直的方向上是不相等的, 则该光学系统称之为 组合变形 (anamorphic) 的.

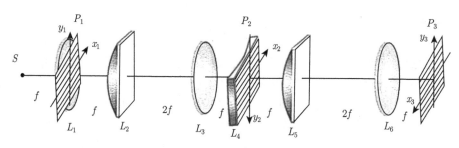

图 10.7　组合变形处理器的例子

现在可以把由多个一维滤波器组成的线性阵列放入 $P_2$ 平面. $L_5$ 和 $L_6$ 这一对透镜再一次在 $y$ 方向上成像而在 $x$ 方向上作傅里叶变换, 从而保持阵列结构而使原来的函数回到 "空域". 伴随最后一次傅里叶变换出现的相位因子一般无须考虑.

### 10.2.2　对滤波器实现的限制

虽然相干系统一般比大多数非相干系统更灵活而且有更大的数据处理能力, 然而对能够用 Maréchal 早期所用的那种简单的频率平面滤波器实现的运算类型还是有若干限制的. 基于干涉量度记录方法来制作频率平面掩模的更复杂的技术可以摆脱某些限制, 这将在下节讨论.

在 1963 年前, 实现一个给定传递函数的传统方法, 是在频率平面上放置独立的振幅掩模和相位掩模. 用浸在液门 (liquid gate) 中的照相底片控制振幅透射率. 相位透射率由插入一块厚度适当变化的透明板来控制. 这样的板可以像刻制衍射光栅那样刻制在衬底上, 也可以用镀膜技术沉积在平板上. 所有这些方法都很麻烦, 并且只有当所要求的相位控制形式相当简单时 (例如, 二元的并且具有简单的几何结构) 才能成功地使用.

图 10.8 表示对频率平面透射率提出不同限制时相干光学系统传递函数在复平面上可以到达的区域. 如 (a) 所示, 当只用吸收型透明片时, 这个区域被限定为正实轴上 0~1 的区间. 如果二元相位控制加到这个吸收型透明片上, 那么可到达的区域扩展为实轴上 −1 ~ 1 的范围, 如 (b) 所示. 如果用纯相位滤波器, 具有任意的可实现的相位值, 则传递函数的值将被限制在单位圆的圆周边缘上, 如 (c) 所示. 最后, 图的 (d) 部分表示没有任何限制时一般想要到达的复平面上的区域, 即为整个单位圆内部和边缘.

应该注意的是, 即使是很简单的脉冲响应 (例如, 字母 "P" 形状的脉冲的响应), 它对应的传递函数也①难以计算 (在用来作频谱的数字计算的快速傅里叶变换算法提出之前), ②过于复杂不能用这些比较简单的方法综合出来.

总之, 传统的相干处理器的最严重的局限 (在下一节将讨论的方法发明之前), 在于难以用任意但却简单的图样来同时控制振幅透射率和相位透射率. 因此, 相干光学滤波器只局限于其传递函数非常简单的情形. 直到 1963 年, 随着用干涉法记录的滤波器的发明, 才在很大程度上克服了这个严重的局限, 而把能实现的复滤波器的范围扩大到具有简单脉冲响应的情形.

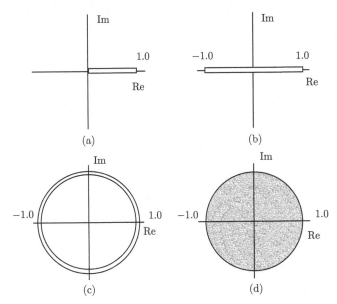

图 10.8　不同类型滤波器在频率平面上可到达的区域. (a) 纯吸收型滤波器; (b) 吸收滤波器和二元相位控制; (c) 纯相位滤波器; (d) 吸收与相位控制任意分布的滤波器

## 10.3　VanderLugt 滤波器

1963 年, Michigan 大学雷达实验的 A. B. VanderLugt提出并证实了一个合成出相干光学处理器用的频率平面掩模的新方法 [354, 355].①用这个方法制出的频率平面掩模具有一种卓越的性质: 尽管它们只由吸收图样组成, 但它们能够同时有效地控制传递函数的振幅和相位. 利用这种技术, 能够在很大程度上克服上面说的相干处理系统的两个局限.

### 10.3.1　频率平面掩模的合成

VanderLugt 滤波器的频率平面掩模是用诸如图 10.9 所示的干涉系统 (或全息系统 —— 见第 11 章) 合成的. 透镜 $L_1$ 使点源 $S$ 发出的光准直. 一部分准直光射

---

① 历史上, 在这种类型的滤波器之前已出现了一种与之有关但不够普遍的技术, 叫做硬削波滤波器, 它是一种由计算机生成的滤波器, 而且是现在称为纯相位(phase-only) 滤波器的最早的例子. 虽然硬削波滤波器早在 1961 年就用于雷达信号处理, 但由于保密问题, 直到 1965 年才出现在公开文献上 [213]. 用干涉法记录脉冲响应的傅里叶变换能实现具有所需传递函数的复滤波器或其共轭的基本思想可归于 C. Palermo(私人通信, E. N. Leith).

到膜片 $P_1$ 上, $P_1$ 的振幅透射率正比于所需要的脉冲响应$h$. 透镜 $L_2$ 对振幅分布 $h$ 进行傅里叶变换, 在记录介质①(通常是胶片)上产生一个振幅分布 $\dfrac{1}{\lambda f} H\left(\dfrac{x_2}{\lambda f}, \dfrac{y_2}{\lambda f}\right)$. 此外, 准直光的第二部分穿过掩模 $P_1$, 射入棱镜 $P$ 并出射, 最后以图中所示角度 $\theta$ 入射到记录平面上.

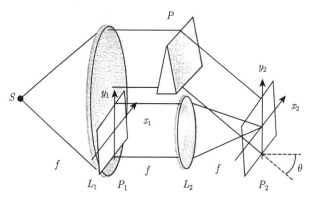

图 10.9　记录用于 VanderLugt 滤波器的频率平面掩模

入射到记录介质上每一点的总强度取决于所出现的两个互相干振幅分布的干涉. 由棱镜射来的倾斜入射平面波产生场分布为

$$U_r(x_2, y_2) = r_o \exp(-\mathrm{j}2\pi\alpha y_2), \tag{10-7}$$

式中空间频率 $\alpha$ 由下式给出:

$$\alpha = \frac{\sin\theta}{\lambda}. \tag{10-8}$$

因而总强度分布可以写成

$$
\begin{aligned}
\mathcal{I}(x_2, y_2) &= \left| r_o \exp(-\mathrm{j}2\pi\alpha y_2) + \frac{1}{\lambda f} H\left(\frac{x_2}{\lambda f}, \frac{y_2}{\lambda f}\right) \right|^2 \\
&= r_o^2 + \frac{1}{\lambda^2 f^2} \left| H\left(\frac{x_2}{\lambda f}, \frac{y_2}{\lambda f}\right) \right|^2 + \frac{r_o}{\lambda f} H\left(\frac{x_2}{\lambda f}, \frac{y_2}{\lambda f}\right) \exp(\mathrm{j}2\pi\alpha y_2) \\
&\quad + \frac{r_o}{\lambda f} H^*\left(\frac{x_2}{\lambda f}, \frac{y_2}{\lambda f}\right) \exp(-\mathrm{j}2\pi\alpha y_2).
\end{aligned}
\tag{10-9}
$$

注意, 如果复函数 $H$ 的振幅分布为 $A$, 相位分布为 $\psi$, 亦即如果

$$H\left(\frac{x_2}{\lambda f}, \frac{y_2}{\lambda f}\right) = A\left(\frac{x_2}{\lambda f}, \frac{y_2}{\lambda f}\right) \exp\left[\mathrm{j}\psi\left(\frac{x_2}{\lambda f}, \frac{y_2}{\lambda f}\right)\right],$$

---

① 我们在这里并且以后常常略去与光学傅里叶变换相联系的相乘因子 1/j, 因为我们总是可以为了方便改变相位参考点.

那么 $\mathcal{I}$ 的表达式可重新写成以下形式:

$$
\begin{aligned}
\mathcal{I}(x_2, y_2) =& r_o^2 + \frac{1}{\lambda^2 f^2} A^2 \left( \frac{x_2}{\lambda f}, \frac{y_2}{\lambda f} \right) \\
& + \frac{2r_o}{\lambda f} A \left( \frac{x_2}{\lambda f}, \frac{y_2}{\lambda f} \right) \cos \left[ 2\pi \alpha y_2 + \psi \left( \frac{x_2}{\lambda f}, \frac{y_2}{\lambda f} \right) \right].
\end{aligned} \tag{10-10}
$$

这种形式说明了干涉过程如何能在一个只对强度敏感的探测器上记录一个复函数 $H$ 振幅信息和相位信息, 它们分别是作为一个高频载波的振幅调制和相位调制而记录下来的, 这个高频载波是由来自棱镜的 "参考" 波的相对角度倾斜而引入的.

当然, 还有别的光学系统也能产生与 (10-10) 式一样的强度分布. 图 10.10 给出另外两种可能性. 系统 (a) 由改装的马赫–曾德尔干涉仪构成. 使反射镜 $M_1$ 倾斜, 在胶片平面上产生一倾斜平面波. 在干涉仪的下面一臂上透镜 $L_2$ 仍对所需要的脉冲响应进行傅里叶变换. 最后的分束器使这两束波在记录平面上相加.

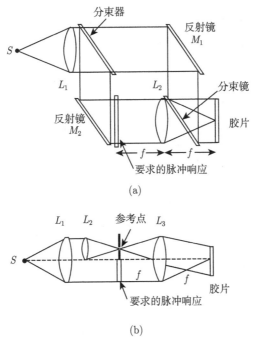

(a)

(b)

图 10.10 用于制作频率平面透明片的另外两种光学系统. (a) 改装的 Mach-Zender 干涉仪;
(b) 改装的 Rayleigh 干涉仪

系统 (b) 是一个改装的 Rayleigh 干涉仪, 它提供了产生同一强度分布的第三种方法. 准直透镜 $L_1$ 后面有一个较小的透镜 $L_2$, 它将一部分准直光聚焦成透镜 $L_3$ 的前焦面上的一个亮斑. 这一 "参考点" 所产生的球面波经透镜 $L_3$ 准直, 在记录平面上产生一个倾斜平面波. 透过脉冲响应膜片的振幅以通常的方式进行傅里叶变换. 于是在记录平面上又得到一个与 (10-10) 式类似的强度分布.

合成频率平面掩模的最后一步, 是将经过曝光的胶片显影, 以制得一张透明片, 其振幅透射率正比于曝光期间所受照射的强度分布. 这样, 滤波器的振幅透射率具有以下形式:

$$t_A(x_2, y_2) \propto r_o^2 + \frac{1}{\lambda^2 f^2}|H|^2 + \frac{r_o}{\lambda f}H\exp(\mathrm{j}2\pi\alpha y_2)$$
$$+ \frac{r_o}{\lambda f}H^*\exp(-\mathrm{j}2\pi\alpha y_2). \tag{10-11}$$

注意: 上式中的第三项, 除了一个简单的复指数因子外, 正比于 $H$, 因此它的形式正好与为合成出一个脉冲响应为 $h$ 的滤波器所需要的形式相同. 下面还需说明, 怎样才能利用透射率中这一特定项而同时排除掉其他项.

### 10.3.2　处理输入数据

合成出频率平面掩模之后, 就可以把它插进前面图 10.6 所示的任何一个处理系统中. 为明确起见, 我们集中讨论图 10.6(a) 的系统. 如果要进行滤波的输入函数是 $g(x_1, y_1)$, 那么投射到频率平面掩模上的复振幅分布是 $\frac{1}{\lambda f}G\left(\frac{x_2}{\lambda f}, \frac{y_2}{\lambda f}\right)$. 于是透过掩模的光场强度遵从比例式

$$U_2 \propto \frac{r_o^2 G}{\lambda f} + \frac{1}{\lambda^3 f^3}|H|^2 G + \frac{r_o}{\lambda^2 f^2}HG\exp(\mathrm{j}2\pi\alpha y_2)$$
$$+ \frac{r_o}{\lambda^2 f^2}H^* G\exp(-\mathrm{j}2\pi\alpha y_2).$$

图 10.6(a) 中最后一个透镜 $L_3$ 对 $U_2$ 进行光学傅里叶变换. 注意到 $P_3$ 平面上的坐标系是倒置的, 以及出现于傅里叶变换中的标度常数, 我们得到这个平面上的场强遵从比例式

$$U_3(x_3, y_3) \propto r_o^2 g(x_3, y_3) + \frac{1}{\lambda^2 f^2}[h(x_3, y_3) * h^*(-x_3, -y_3) * g(x_3, y_3)]$$
$$+ \frac{r_o}{\lambda f}[h(x_3, y_3) * g(x_3, y_3) * \delta(x_3, y_3 + \alpha\lambda f)]$$
$$+ \frac{r_o}{\lambda f}[h^*(-x_3, -y_3) * g(x_3, y_3) * \delta(x_3, y_3 - \alpha\lambda f)]. \tag{10-12}$$

我们对上式中的第三项和第四项特别感兴趣. 注意到

$$h(x_3, y_3) * g(x_3, y_3) * \delta(x_3, y_3 + \alpha\lambda f)$$
$$= \iint_{-\infty}^{\infty} h(x_3 - \xi, y_3 + \alpha\lambda f - \eta)g(\xi, \eta)\mathrm{d}\xi\mathrm{d}\eta, \tag{10-13}$$

我们看到输出的第三项在 $(x_3, y_3)$ 平面上给出 $h$ 和 $g$ 的卷积, 其中心坐标为 $(0, -\alpha\lambda f)$, 类似地, 第四项可改写为

$$h^*(-x_3, -y_3) * g(x_3, y_3) * \delta(x_3, y_3 - \alpha\lambda f)$$
$$= \iint_{-\infty}^{\infty} g(\xi, \eta)h^*(\xi - x_3, \eta - y_3 + \alpha\lambda f)\mathrm{d}\xi\mathrm{d}\eta, \qquad (10\text{-}14)$$

它在 $(x_3, y_3)$ 平面上给出 $h$ 和 $g$ 的交叉相关, 中心坐标为 $(0, \alpha\lambda f)$.

注意, (10-12) 式的第一项和第二项在通常的滤波运算中没有什么特别的用处, 它们的中心在 $(x_3, y_3)$ 平面的原点. 于是很清楚, 如果 "载波频率" $\alpha$ 选得足够高, 也就是说, 如果采用的参考波具有足够斜的倾角, 那么卷积项和交叉相关项将 (沿相反方向) 偏离轴足够远, 使得这两项可以被独立观察. 要得到 $h$ 和 $g$ 的卷积, 观察者只需要考察坐标 $(0, -\alpha\lambda f)$ 周围的光场分布即可. 要得到 $h$ 和 $g$ 的交叉相关, 观察中心应位于坐标 $(0, \alpha\lambda f)$.

为了更精确地说明对 $\alpha$ 的要求, 考虑如图 10.11 所示的各个输出项的宽度. 若 $h$ 在 $y$ 方向的最大宽度为 $W_h$, $g$ 在 $y$ 方向的最大宽度为 $W_g$, 那么各输出项的宽度如下:

(1)  $r_o^2 g(x_3, y_3) \to W_g$;

(2)  $\dfrac{1}{\lambda^2 f^2}[h(x_3, y_3) * h^*(-x_3, -y_3) * g(x_3, y_3)] \to 2W_h + W_g$;

(3)  $\dfrac{r_o}{\lambda f}[h(x_3, y_3) * g(x_3, y_3) * \delta(x_3, y_3 + \alpha\lambda f)] \to W_h + W_g$;

(4)  $\dfrac{r_o}{\lambda f}[h^*(-x_3, -y_3) * g(x_3, y_3) * \delta(x_3, y_3 - \alpha\lambda f)] \to W_h + W_g$.

由图可清楚看出, 若

$$\alpha > \frac{1}{\lambda f}\left(\frac{3W_h}{2} + W_g\right),$$

或等价地, 若

$$\theta > \frac{3}{2}\frac{W_h}{f} + \frac{W_g}{f}, \qquad (10\text{-}15)$$

(这里用了小角度近似 $\sin\theta \approx \theta$), 则各项将会完全分离.

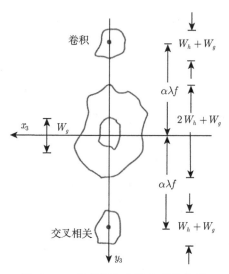

图 10.11    处理器各个输出项的位置

### 10.3.3    VanderLugt 滤波器的优点

使用 VanderLugt 滤波器可以消除通常的相干处理器两个最严重的局限. 第一, 想要得到一个指定的脉冲响应时, 不必去求相联系的传递函数了; 可以通过合成频率平面掩模的系统用光学方法对脉冲响应进行傅里叶变换得到. 第二, 一般复杂程度的复值传递函数, 用单个吸收掩模片就合成出来了; 不再需要用复杂的方法来控制频率平面的相位透射率. 吸收掩模只要浸在液门中就消除了所有的相对相移.

VanderLugt 滤波器对频率平面掩模的精确位置仍然是很敏感的, 但其敏感程度并不比通常的相干处理器更高. 对记录受调制的高频载波的胶片要求比用来按别的方式合成出掩模的胶片有更高的分辨率, 但是具有合用分辨率的胶片有现成的, 这个要求在原理上并未提出什么特殊难题.

注意: VanderLugt 方法对相干处理提供了一种重要的新的灵活性. 以前, 频率平面掩模的制备是重要的实际问题, 但是现在困难又回到空域去了. 一般说来, 在空域中的困难程度要轻得多, 因为想要的脉冲响应常常是简单的, 并且它所必需的掩模可以用常规的照相方法制备. 于是 VanderLugt 滤波器将相干处理系统的用途, 扩展到不用 VanderLugt 就不可实现的相干光学处理领域, 相干处理的许多最有前途的应用正是在这个领域中.

## 10.4    联合变换相关器

在考察相干光学处理的应用之前, 先来考虑另一种用空间载波对振幅和相位信息编码进行复滤波的方法. 这个方法由 Weaver 和 Goodman 提出 [360], 被人们称为**联合变换相关器**, 虽然像 VanderLugt 滤波那样, 它同样也能实施卷积和相关运算.

这种类型的滤波器与 VanderLugt 滤波器不同之处在于, 在记录过程中既要提供想要的脉冲响应也要提供待滤波处理的数据, 而不是只提供想要的脉冲响应. 这样制成的透明片接着用简单的平面波或球面波照明以获得滤波器的输出.

考察图 10.12(a) 中的记录过程. 透镜 $L_1$ 将来自点光源 $S$ 的光线准直. 这束准直光接着照明位于同一平面内的一对透明片 (在图中用它们的振幅透射率标明), $h$ 代表想要的脉冲响应, $g$ 代表待滤波的数据. 为简单起见, 这个输入面取在傅里叶变换透镜 $L_2$ 的前焦面上, 然而事实上这个距离是任意的 (如果输入面与透镜贴在一起而不是透镜前方, 可以消除渐晕). 组合输入的傅里叶变换出现在 $L_2$ 的后焦面上, 在这里用照相介质或光敏空间光调制器检测入射的光强.

透过前焦面的光场输出为

$$U_1(x_1, y_1) = h(x_1, y_1 - Y/2) + g(x_1, y_1 + Y/2)$$

这里两个输入的中心距离为 $Y$. 在透镜的仿焦面上得到这个场的傅里叶变换

$$U_2(x_2, y_2) = \frac{1}{\lambda f} H\left(\frac{x_2}{\lambda f}, \frac{y_2}{\lambda f}\right) e^{-j\pi y_2 Y/\lambda f} + \frac{1}{\lambda f} G\left(\frac{x_2}{\lambda f}, \frac{y_2}{\lambda f}\right) e^{+j\pi y_2 Y/\lambda f}.$$

取这个场的模的平方, 则入射到记录平面上的强度为

$$
\begin{aligned}
\mathcal{I}(x_2, y_2) = \frac{1}{\lambda^2 f^2} & \left[ \left| H\left(\frac{x_2}{\lambda f}, \frac{y_2}{\lambda f}\right) \right|^2 + \left| G\left(\frac{x_2}{\lambda f}, \frac{y_2}{\lambda f}\right) \right|^2 \right. \\
& + H\left(\frac{x_2}{\lambda f}, \frac{y_2}{\lambda f}\right) G^*\left(\frac{x_2}{\lambda f}, \frac{y_2}{\lambda f}\right) e^{-j2\pi y_2 Y/\lambda f} \\
& \left. + H^*\left(\frac{x_2}{\lambda f}, \frac{y_2}{\lambda f}\right) G\left(\frac{x_2}{\lambda f}, \frac{y_2}{\lambda f}\right) e^{+j2\pi y_2 Y/\lambda f} \right].
\end{aligned}
\tag{10-16}
$$

由这个记录得出的透明片的振幅透射率可假设为正比于透明片曝光的强度. 经处理后, 这个透明片由准直光照明, 其透射场由透镜 $L_4$ 进行傅里叶变换, 假定 $L_4$ 与用于记录过程的透镜有相同的焦距 $f$(图 10.12(b)). 在这个最后的傅里叶变换透镜 $L_4$ 前焦面上的场由 4 项构成, 其中每一项都正比于 (10-16) 式中的一项. 考虑到定标因子和坐标倒置, $L_4$ 后焦面上的场为

$$
\begin{aligned}
U_3(x_3, y_3) = \frac{1}{\lambda f} & [h(x_3, y_3) * h^*(-x_3, -y_3) + g(x_3, y_3) * g^*(-x_3, -y_3) \\
& + h(x_3, y_3) * g^*(-x_3, -y_3) * \delta(x_3, y_3 - Y) \\
& + h^*(-x_3, -y_3) * g(x_3, y_3) * \delta(x_3, y_3 + Y)].
\end{aligned}
\tag{10-17}
$$

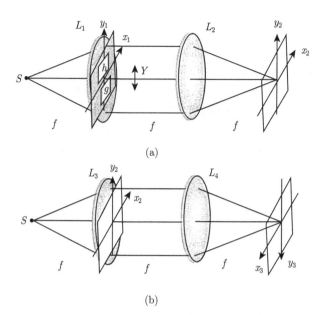

(a)

(b)

图 10.12　联合变换相关器. (a) 记录滤波器; (b) 得到滤波输出

这个输出表达式中同样还是第三、四两项最有意义. 把它们重新写为

$$h(x_3, y_3) * g^*(-x_3, -y_3) * \delta(x_3, y_3 - Y)$$
$$= \iint_{-\infty}^{\infty} h(\xi, \eta) g^*(\xi - x_3, \eta - y_3 + Y) \mathrm{d}\xi \mathrm{d}\eta \tag{10-18}$$

和

$$h^*(-x_3, -y_3) * g(x_3, y_3) * \delta(x_3, y_3 + Y)$$
$$= \iint_{-\infty}^{\infty} g(\xi, \eta) h^*(\xi - x_3, \eta - y_3 - Y) \mathrm{d}\xi \mathrm{d}\eta. \tag{10-19}$$

这两个表达式都是函数 $g$ 和 $h$ 的交叉相关. 一个输出以点 $(0, -Y)$ 为中心, 另一个则以 $(0, Y)$ 为中心. 第二个输出是第一个输出对光轴的镜面反射.

　　为得到函数 $g$ 和 $h$ 的卷积, 就要把它们中的一个 (而且只是一个) 对其自身原点作一镜面反射[①]然后输入图 10.12(a) 的处理器. 例如, 若原来我们引入的是函数 $h(x_1, y_1 - Y/2)$, 现在这个输入应该变成 $h(-x_1, -y_1 + Y/2)$, 它的中心还是在 $Y/2$, 但相对于自身的原点做了反射. 所得结果有两个输出项, 在输出面上它们的中心分别位于 $(0, Y)$ 和 $(0, -Y)$, 其中每一个都是 $g$ 和 $h$ 的卷积. 一项与另一项完全相同, 只是相对于光轴做了反射.

---

　　① 严格说来, 应该对这个函数取共轭, 不过实际上函数 $g$ 和 $h$ 通常都是实的.

为了使相关 (或卷积) 项与不感兴趣的轴上项分开, 要求两个输入一开始就分开足够的距离. 若 $W_h$ 表示 $h$ 的宽度, $W_g$ 表示 $g$ 的宽度 (二者都在 $y$ 方向上度量), 如果有

$$Y > \max\{W_h, W_g\} + \frac{W_g}{2} + \frac{W_h}{2}, \tag{10-20}$$

那么想要的项就可以分离出来. 证明见习题 10-13.

联合变换相关器在某些情况下比 VanderLugt 几何光路更方便, 不过两者都得到了广泛应用. VanderLugt 几何光路要求滤波器透明片精确对准, 而联合变换相关器则无须这种对准. 此外, 联合变换方法对实时系统 (即要求能迅速改变滤波器的脉冲响应的系统) 更具优越性. 为联合变换相关器付出的代价是, 它一般会使输入传感器能提供给待滤波数据的空间–带宽积有所下降, 因为空间–带宽积的一部分必须给滤波器的脉冲响应. 对这两种方法的进一步比较见文献 [234].

## 10.5 对特征识别的应用

光学信息处理多年来一直备受人们关注的一种特殊应用是在特征识别这一领域中. 我们将看到, 这方面的应用提供了一个极好的例子, 表明所需的处理操作具有简单的脉冲响应, 但其传递函数未必简单. 因此载频滤波器综合方法特别适宜于这个方面的应用.

### 10.5.1 匹配滤波器

匹配滤波器的概念在图像识别问题中起着重要作用, 作为定义, 一个匹配于一个特定的信号 $s(x,y)$ 的线性空间不变滤波器, 条件是其脉冲响应 $h(x,y)$ 为

$$h(x,y) = s^*(-x,-y). \tag{10-21}$$

如果将一输入 $g(x,y)$ 加到与 $s(x,y)$ 匹配的滤波器上, 则输出 $v(x,y)$ 为

$$\begin{aligned}
v(x,y) &= \iint_{-\infty}^{\infty} h(x-\xi, y-\eta) g(\xi, \eta) \mathrm{d}\xi \mathrm{d}\eta \\
&= \iint_{-\infty}^{\infty} g(\xi, \eta) s^*(\xi-x, \eta-y) \mathrm{d}\xi \mathrm{d}\eta,
\end{aligned} \tag{10-22}$$

由此看出, 它是 $g$ 与 $s$ 的交叉相关函数.

历史上, 匹配滤波器概念最初是在信号检测领域内出现的; 如果要检测一个埋没在 "白" 噪声之中的已知形式的信号, 那么匹配滤波器提供了使瞬时信号功率 (在一特定时刻) 与平均噪声功率之比为极大的线性运算 [350]. 但是在我们现在的应用

中, 假定输入图形或特征是无噪声的, 就必须依据别的理由来论证为什么要使用这种特殊的滤波运算.

如同图 10.13 所示的光学解释, 可以深入理解匹配滤波器运算的本质. 假设一个与输入信号 $s(x,y)$ 匹配的滤波器是在通常相干处理系统中用频率平面掩模合成出的. 脉冲响应 (10-21) 的傅里叶变换式表明所要的传递函数是

$$H(f_X, f_Y) = S^*(f_X, f_Y), \tag{10-23}$$

式中 $H = \mathcal{F}\{h\}, S = \mathcal{F}\{s\}$. 于是频率平面滤波器的振幅透射率应与 $S^*$ 成正比.

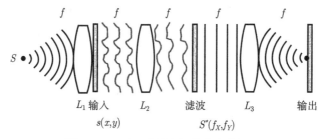

$$
\begin{array}{ccccc}
L_1\ \text{输入} & L_2 & \text{滤波} & L_3 & \text{输出} \\
s(x,y) & & S^*(f_X,f_Y) & &
\end{array}
$$

图 10.13   匹配滤波器运算的光学解释

现在考虑当信号 $s$(滤波器与之匹配) 出现在输入上时, 掩模所透射的场分布的特性. 入射到滤波器上的场分布正比于 $S$, 而透过滤波器的场分布则正比于 $SS^*$. $SS^*$ 这个量完全是实数, 这意味着频率平面滤波器恰好抵消了入射波前 $S$ 的全部弯曲. 于是透射的场分布是一个平面波(一般具有不均匀的强度), 它被最后的变换透镜会聚成一亮焦点. 当出现的输入信号不是 $s(x,y)$ 时, 波前弯曲一般不会被频率平面滤波器抵消, 透射光也不会被最后的透镜会聚为一个亮焦点. 于是可以想到, 通过测量最后的变换透镜的焦点上的光强度, 可以检测出信号 $s$ 的出现.

如果输入 $s$ 中心不在原点, 那么输出平面上的亮点只是移动一段距离, 等于错位距离, 这是匹配滤波器的空间不变性的结果 (见习题 10-12).

### 10.5.2   一个特征识别问题

考虑下面这个特征识别问题: 一个处理系统的输入 $g$ 可以是 $N$ 个可能字符 $s_1, s_2, \cdots, s_N$ 之中的任何一个, 要由处理器来确定到底出现了哪个特定字符. 下面将证明, 把这个输入加到一组 $N$ 个滤波器上, 其中每一个滤波器各自与一个可能的输入字符相匹配, 那么就可以实现辨认过程.

图 10.14 给出识别机的方框图. 输入同时 (或依次地) 加到传递函数分别为 $S_1^*, S_2^*, \cdots, S_N^*$ 的 $N$ 个匹配滤波器上. 每个滤波器的响应用各自所匹配的字符中的总能量的平方根值来归一化. 这种归一化可以在滤波器输出检测之后用电子学方法实现. 之所以要进行归一化是考虑到各个输入字符的能量一般不相等. 最后,

在预期各滤波器的输出将取极大值的那些特定点上 (假定每一次都出现滤波器所匹配的字符), 对各个输出模的平方 $|v_1|^2, |v_2|^2, \cdots, |v_N|^2$ 进行比较. 下面要证明, 如果在输入上实际出现的是特定字符

$$g(x,y) = s_k(x,y)$$

那么特定的输出 $|v_k|^2$ 将是 $N$ 个响应中最大的一个.

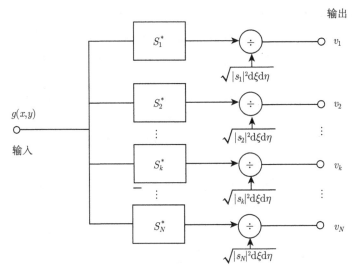

图 10.14 字符辨认系统框图

要证明这个结论, 首先注意, 由 (10-22) 式可知, 正确的匹配滤波器的峰值输出 $|v_k|^2$ 为

$$|v_k|^2 = \frac{\left[\iint_{-\infty}^{\infty} |s_k|^2 \mathrm{d}\xi \mathrm{d}\eta\right]^2}{\iint_{-\infty}^{\infty} |s_k|^2 \mathrm{d}\xi \mathrm{d}\eta} = \iint_{-\infty}^{\infty} |s_k|^2 \mathrm{d}\xi \mathrm{d}\eta. \tag{10-24}$$

另一方面, 不正确的匹配滤波器的响应 $|v_n|^2 (n \neq k)$ 为

$$|v_n|^2 = \frac{\left[\iint_{-\infty}^{\infty} s_k s_n^* \mathrm{d}\xi \mathrm{d}\eta\right]^2}{\iint_{-\infty}^{\infty} |s_n|^2 \mathrm{d}\xi \mathrm{d}\eta}. \tag{10-25}$$

但是, 由施瓦茨不等式, 有

$$\left|\iint_{-\infty}^{\infty} s_k s_n^* \mathrm{d}\xi \mathrm{d}\eta\right|^2 \leqslant \iint_{-\infty}^{\infty} |s_k|^2 \mathrm{d}\xi \mathrm{d}\eta \iint_{-\infty}^{\infty} |s_n|^2 \mathrm{d}\xi \mathrm{d}\eta.$$

由此直接推出

$$|v_n|^2 \leqslant \iint_{-\infty}^{\infty} |s_k|^2 \mathrm{d}\xi\mathrm{d}\eta = |v_k|^2, \tag{10-26}$$

其中等号当且仅当

$$s_n(x,y) = \kappa s_k(x,y).$$

时才成立. 从这个结果很明显地看出, 匹配滤波器的确提供了一种方法以辨认在一组可能的字符中究竟是哪一个字符实际输入到系统. 应当强调指出, 这种能力并不是匹配滤波器独有的. 实际上, 我们常常能够对全部滤波器作一些修改 (即使之失配), 使得各字符之间的甄别得到改善. 这种修改的例子包括: ① VanderLugt 滤波器透明片的低频部分过度曝光以抑制这些频率在判读过程中的影响 (例如, 见参考文献 [344] 第 130~133 页), ②消除匹配滤波器传递函数的振幅部分, 仅仅保留相位信息 [176], ③修改联合变换相关器中通常的平方律检测过程的非线性以提高图样之间的甄别率 [181,182].

　　并非所有图样识别问题都属于上述这种类型. 例如, 不是要区别几个可能的已知图样, 而是查明单个已知物体是否出现在一个大图像中. 这更接近于人们公认的匹配滤波器能胜任解决的那种问题, 即在有背景噪声的情况下检测一个已知图样, 不过难度增加了, 这是由于对物体的方位可能还有尺寸大小的控制程度, 与特征识别问题中出现的情形可能有所不同. 我们在 10.5.4 节中将会讨论解决这种问题的匹配滤波方法的一些困难.

### 10.5.3　特征识别机的光学合成法

　　用前面讨论的 VanderLugt 方法或联合变换方法很容易合成出匹配滤波器. 我们这里的讨论针对 VanderLugt 类型系统, 读者也许愿意考虑如何用联合变换方法实现等效的系统.

　　我们还记得, VanderLugt 滤波操作的输出之一本身就是输入图样与合成出滤波器所用的原始图样之间的交叉相关. 把注意力集中在输出空间的适当区域, 很容易观察到匹配滤波器的输出.

　　图 10.15(a) 显示的是对字母 "P" 综合出一个 VanderLugt 滤波器的脉冲响应的照片. 响应的上面部分将产生输入数据与符号 P 的卷积, 而下面部分则将产生输入与字母 P 的交叉相关. 响应的中心部分是不需要的, 我们不感兴趣.

　　图 10.15(b) 显示的是滤波器对字母 Q、W 和 P 的响应. 注意在对 P 的响应中有亮点出现, 它表明输入字母与滤波器所匹配的字母之间有高度的相关.

　　为了实现图 10.14 所示的完整的匹配滤波器组, 可以合成出 N 个分开的 VanderLugt 滤波器, 而将输入依次加到每个滤波器上. 另一种方法, 如果 N 不太大,也可以把整个滤波器组合在单独一个频率平面掩模上. 这可以用频分复用的办法来做到, 即用不同的载波频率将各个频率平面滤波器记录在单独一张透明片上. 图 10.16(a) 说明记录多路滤波器的一种方法. 字母 Q, W 和 P 相对于参考点成不同角度, 因此 Q, W 和 P 与输入字符的交叉相关出现在离原点不同的距离上, 如图 10.16(b) 所示.

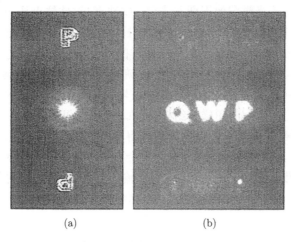

图 10.15　(a) 一个 VanderLugt 滤波器的脉冲响应的照片; (b) 滤波器对字母 Q, W 和 P 的响应的照片

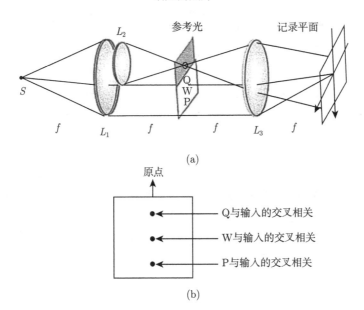

图 10.16　在单个频率平面滤波器上合成出一组匹配滤波器. (a) 频率平面滤波器记录; (b) 输出中的匹配滤波器部分的样式

用这个技术可以实现的不同滤波器的数目受到频率平面滤波器上所能达到的动态范围的限制. VanderLugt 早期曾表明, 在单独一个掩模上能合成 9 个不同的脉冲响应 (见文献 [344] 第 133~139 页).

### 10.5.4　对尺寸大小和旋转的敏感性

上面描述的相干光学图像识别方法有一些缺点, 这些缺点是一切用光学匹配滤波器来解决图像识别问题的方法所共有的. 具体地说, 这些滤波器对输入图样的尺寸大小的变动和旋转非常敏感. 当输入图样的角度取向和尺寸大小与滤波器所匹配的图样的角度取向和尺寸大小不同时, 正确匹配的滤波器的响应就会减小, 同时在特征识别过程中就会发生误判. 匹配滤波器对旋转和尺寸大小的敏感程度在很大程度上取决于它所匹配的图样的结构. 例如, 用于字母 L 的匹配滤波器显然要比用于字母 0 的匹配滤波器对旋转更为敏感得多. 已经采用的一种解决方法是做一个匹配滤波器组, 其中每个滤波器与具有一个不同转角或尺寸大小的感兴趣的图样匹配. 若这些匹配滤波器中的任何一个有大输出, 就知道感兴趣的图样已出现在输入上. 其他的不变相关光学图像识别方法, 请参考文献 [11], [54] 和 [55].

# 10.6　图 像 恢 复

图像恢复是图像处理中一个常见的问题, 也是在光学信息处理范围内得到广泛研究的一个问题. 所谓的图像恢复是恢复一个被已知的线性空间不变点扩展函数模糊的图像. 本节将综述过去关于这个问题的一些工作. 之所以要这样做, 是因为过去在这方面的广泛的工作只是部分原因. 同样重要的是, 在这一应用中我们学到了许多东西, 特别是关于波前调制器件的性质的巧妙运用, 这方面的知识可应用于别的不相关的问题.

### 10.6.1　逆滤波器

令 $o(x, y)$ 表示非相干物的强度分布, $i(x, y)$ 表示该物的模糊像的强度分布. 为简单起见, 取成像系统的放大率为 1, 并将图像坐标系取成可以不考虑倒像效应.

假定图像经受的模糊是一个线性的空间不变变换, 可由一已知的空间不变点扩展函数 $s(x, y)$ 描述. 于是对这个问题的最简单的描述是, 物像之间的关系可表示为

$$i(x, y) = \iint_{-\infty}^{\infty} o(\xi, \eta) s(x - \xi, y - \eta) \mathrm{d}\xi \mathrm{d}\eta. \tag{10-27}$$

我们想要根据实测的像强度 $i(x, y)$ 和已知的点扩展函数 $s(x, y)$, 得出对 $o(x, y)$ 的估值 $\hat{o}(x, y)$. 换言之, 我们希望逆转模糊操作, 恢复原来的物.

对这个问题的一个简单解法十分直截了当. 给定物像之间在频域的关系为

$$\mathcal{F}\{i(x,y)\} = \mathcal{F}\{s(x,y) * o(x,y)\} = S(f_X, f_Y)O(f_X, f_Y), \qquad (10\text{-}28)$$

看来似乎很明显, 只要用已知的成像系统的 OTF 除像的频谱, 就得到原物的频谱

$$\hat{O}(f_X, f_Y) = \frac{I(f_X, f_Y)}{S(f_X, f_Y)}. \qquad (10\text{-}29)$$

对这一解法的一个等价的说法是, 应该让检测到的像 $i(x,y)$ 通过一个线性的空间不变滤波器, 滤波器的传递函数为

$$H(f_X, f_Y) = \frac{1}{S(f_X, f_Y)}. \qquad (10\text{-}30)$$

很明显这样一个滤波器通常叫做 "逆滤波器".

这个简单直接的解法有几个严重缺点:

(1) 衍射把传递函数 $S(f_X, f_Y)$ 不为零的频率集合限定在有限范围内. 在这个范围外 $S = 0$, 并且它的倒数没有意义. 因此, 必须把逆滤波器的应用限制在衍射置限通带内的频率上.

(2) 在衍射置限传递函数不为零的频率范围内, 传递函数 $S$ 可能 (确实常常会) 有孤立的零点. 严重的离焦和多种运动模糊(见习题 10-14) 就属于这种情况. 在这种孤立的零点所在的频率上恢复滤波器的值是不确定的. 这个问题的另一种说法是, 恢复滤波器将需要一个有无限的动态范围的传递函数, 才能恰当地补偿像的频谱.

(3) 逆滤波器没有考虑到, 在检测到的图像中, 与想要的信号一起, 不可避免地还有噪声出现. 逆滤波器极大地增强了那些信噪比最差的频率成分, 结果使得在恢复的图像中通常是噪声占优势.

上述最后一个问题的唯一解决方法是采取新方法来确定所需的恢复滤波器, 这个方法要考虑噪声的影响. 下面将描述一种这样的方法, 我们也将看到, 这个方法能解决前两个问题.

### 10.6.2　维纳滤波器或最小均方差滤波器

现在采用一种成像过程的新模型, 它明确地考虑到噪声的存在. 检测到的图像现在表示成

$$i(x,y) = o(x,y) * s(x,y) + n(x,y), \qquad (10\text{-}31)$$

式中 $n(x,y)$ 是检测过程中的噪声. 在这一表达式中, 除了出现的噪声项必须看作是随机过程以外, 我们还把物 $o(x,y)$ 当作随机过程处理 (如果我们知道物是什么样

的, 就不必对它成像了, 因此把出现的物看作是随机过程的一个实现). 假设物和噪声的功率谱密度[①](即平均功率在频率上的分布) 是已知的, 分别表示为 $\Phi_o(f_X, f_Y)$ 和 $\Phi_n(f_X, f_Y)$. 最后, 我们的目的是制作一个线性复滤波器, 它使真正的物 $o(x, y)$ 与物的估值 $\hat{o}(x, y)$ 之间的均方差最小, 即使得

$$e^2 = \text{Average}[|o - \hat{o}|^2]. \tag{10-32}$$

最小.

　　对最优滤波器的推导会让我们走得太远, 因此我们只满足于叙述其结果并请读者参阅文献 [131]. 最优的恢复滤波器的传递函数由下式给出:

$$H(f_X, f_Y) = \frac{S^*(f_X, f_Y)}{|S(f_X, f_Y)|^2 + \dfrac{\Phi_n(f_X, f_Y)}{\Phi_o(f_X, f_Y)}}. \tag{10-33}$$

这种类型的滤波器常常以其发明者 Norbert Wiener 的名字命名, 即维纳滤波器.

　　注意, 在信噪比高 $(\Phi_n/\Phi_o \ll 1)$ 的频率上, 最优滤波器化为逆滤波器,

$$H \approx \frac{S^*}{|S|^2} = \frac{1}{S},$$

而在信噪比低 $(\Phi_n/\Phi_o \gg 1)$ 的频率上, 它化为一个强烈衰减的匹配滤波器,

$$H \approx \frac{\Phi_o}{\Phi_n} S^*.$$

图 10.17 画出了假定有严重的聚焦误差并且信号与噪声都具有白的 (即平的) 功率谱的情形下恢复滤波器传递函数模的量值大小的曲线. 图中示出几种不同的信噪

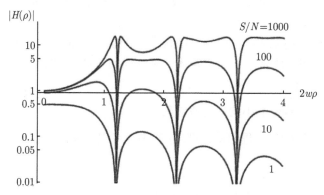

图 10.17　维纳滤波器传递函数模的量值曲线. 假定像被一个半径为 $w$ 的圆盘状的点扩散函数所模糊. 信噪比由 1000 变到 1. 滤波器的相位在此传递函数相邻的零点之间取零或 $\pi$

---

比的情形. 注意, 在高信噪比的情形, Wiener 滤波器减小了低频的相对强度, 增强了高频的相对强度. 在低信噪比的情形, 所有频率成分都减小.

注意, 在成像系统衍射置限的通带外的频率上, 没有物信息出现, 因此信噪比为无穷大. 因而 Wiener 滤波器并不试图恢复那些压根不出现在像中的物的频率成分, 这是一个很明智的策略.

### 10.6.3 滤波器的实现

有许多方法可以从光学上实现逆滤波器和维纳图像恢复滤波器. 我们只讨论两个这样的方法, 一个比较显而易见, 另一个则不然. 两个方法都有赖于使用 VanderLugt 滤波器. 在两种情况下都假定已有现成的透明片, 它记录了模糊系统的已知的脉冲响应 $s(x, y)$. 这张透明片可以用让点光源通过模糊系统成像的方法获得, 或者由计算机生成. 我们还假定此透明片是用照相胶片制作的, 但是它们实际上可以用任何一种空间光调制器实现, 只要能够适当地完成操作以实现要求的振幅透射率.

**逆滤波器**

第一种方法想要实现逆滤波器[333]. 用对模糊斑的记录, 我们记录两张透明片, 将它们叠在一起 (即两片紧密接触) 构成频率平面滤波器. 回到前面参看图 10.16(a), 这个滤波器中的一个组分是 VanderLugt 类型的, 用图示的干涉法记录得到, 但输入仅由已知的模糊函数 $s$ 构成. 这个滤波器记录了模糊的传递函数 $S$ 的振幅和相位. 第二张透明片在同一光路中记录得到, 但是将参考点光源挡住, 于是只记录了有关强度 $|S|^2$ 的信息.

像前面那样, VanderLugt 滤波器的透射率由四项构成, 在这个问题中只是其中一项有意义. 我们再次关注与 $S^*$ 成正比的那一项, 即在匹配滤波器情形下感兴趣的同一项. 在 $t_A$-$E$ 曲线的线性区域曝光并适当处理后, 振幅透射率的这一分量可以写成

$$t_{A1} \propto S^*(f_X, f_Y).$$

第二张透明片在 H&D 曲线线性区域内曝光, 并在照片 $\gamma = 2$ 的条件下处理, 得到的透明片的振幅透射率为

$$t_{A2} \propto \frac{1}{|S(f_X, f_Y)|^2}.$$

当这两张透明片紧贴在一起时, 这一对透明片的振幅透射率为

$$t_A = t_{A1} t_{A2} = \frac{S^*(f_X, f_Y)}{|S(f_X, f_Y)|^2} = \frac{1}{S(f_X, f_Y)},$$

这正是逆滤波器的传递函数.

除了早先提到的伴随逆滤波器的全部困难外, 这个方法还受到与照相介质或空间光调制器有关的其他问题的困扰. 滤波器能正常工作的振幅透射率的动态范围相当有限. 我们只要考察记录在 H&D 曲线线性区域的第二个滤波器, 这个问题就很明显. 如果希望该滤波器像要求的那样在 $|S|$ 的 10:1 的动态范围内工作, 这就要求在 $1/|S|^2$ 的 100:1 范围内正常工作. 但是因为这个滤波器的振幅透射率正比于 $1/|S|^2$, 其强度透射率就正比于 $1/|S|^4$, 而 $S$ 的一个 10:1 的变化意味着强度透射率的 10000:1 的变化. 为了在感兴趣的范围内恰当地控制这个滤波器, 就要求在 0~4 的范围上精确地控制密度. 高达 4 的密度实际上是难以得到的, 哪怕密度是 3 也需要做特殊努力. 因此, 滤波器正常工作的 $|S|$ 的动态范围在实际工作中受到严厉的限制.

### 维纳滤波器

实现图像恢复滤波器的一个较好的方法是制作维纳滤波器的方法, 而且它制得的滤波器的动态范围比前述方法所提供的大得多. 这种方法是 Ragnarsson 提出的 [292]. 这个实现滤波器的方法有几个新奇的特点:

(1) 用衍射而不是吸收来衰减频率分量.

(2) 只需要一个单一的用干涉法生成的滤波器, 虽然它是在一组不寻常的记录参数下生成的.

(3) 滤波器经过漂白, 因此在透射光中只引入相移.

这个记录滤波器的方法以若干假设为基础. 首先, 假设滤波器引入的最大相移远小于 $2\pi$, 因而

$$t_A = e^{j\phi} \approx 1 + j\phi.$$

另外, 还假设漂白后的透明片的相移线性正比于漂白前呈现的银密度

$$\phi \propto D.$$

若采用非鞣化漂白, 这个假设在很好的近似程度上是正确的, 因为这种漂白使金属银变回透明的银盐, 而这种透明物质的密度决定了漂白后的透明片引入的相移. 最后, 假设滤波器的曝光和处理的操作是在 H&D 曲线的线性部分进行的, 在这里密度与曝光的对数呈线性关系, 即

$$D = \gamma \log E - D_o.$$

注意, 这不是其他的干涉方法制作滤波器时所在的通常的工作区域, 那些滤波器一般是在 $t_A$-$E$ 曲线的线性部分记录制作的.

上面三个假设推出关于曝光量变化与所产生的振幅透射率变化之间的数学关系的若干结论. 为了揭示这个关系, 首先注意对数曝光量的一个变化推导出振幅透射率的一个呈比例的变化, 如同下面的连锁关系表明的那样:

$$\Delta t_{A} \propto \Delta \phi \propto \Delta D \propto \Delta(\log E),$$

上面的假设已隐含了这一关系. 此外, 如果曝光图样由一个强的平均曝光量 $\bar{E}$ 和一个弱的变化曝光量 $\Delta E$ 构成, 那么

$$\Delta(\log E) \approx \frac{\Delta E}{\bar{E}},$$

使得

$$\Delta t_{A} \propto \frac{\Delta E}{\bar{E}}. \tag{10-34}$$

有了上面的信息背景, 我们转而注意消模糊滤波器的记录过程. 记录光路就是记录 VanderLugt 滤波器的光路, 正如前面图 10.9 或图 10.10 所示, 但是输入透明片上只出现函数 $s(x,y)$. 由这个干涉记录产生的曝光量为

$$E(x,y) = T\left\{A^2 + a^2\left|S\left(\frac{x}{\lambda f}, \frac{y}{\lambda f}\right)\right|^2 \right.$$
$$\left. +2Aa\left|S\left(\frac{x}{\lambda f}, \frac{y}{\lambda f}\right)\right|\cos\left[2\pi\alpha x + \phi\left(\frac{x}{\lambda f}, \frac{y}{\lambda f}\right)\right]\right\}, \tag{10-35}$$

式中 $A$ 是胶片平面上参考波的强度的平方根, $a$ 是胶片平面原点物波强度的平方根, [1]$\alpha$ 仍是由离轴参考波引入的载波频率, $\phi$ 是模糊传递函数 $S$ 的相位分布, $T$ 是曝光时间.

Ragnarsson 滤波器的另一个不寻常的属性是记录它所用的物波在胶片平面原点比参考波强得多, 即

$$a^2 \gg A^2.$$

由于这个条件, 我们写出以下关于平均曝光量 $\bar{E}$ 和曝光量的变化部分 $\Delta E$ 的式子:

$$\bar{E} = \left[A^2 + a^2\left|S\left(\frac{x}{\lambda f}, \frac{y}{\lambda f}\right)\right|^2\right]T,$$
$$\Delta E = 2AaT\left|S\left(\frac{x}{\lambda f}, \frac{y}{\lambda f}\right)\right|\cos\left[2\pi\alpha x + \phi\left(\frac{x}{\lambda f}, \frac{y}{\lambda f}\right)\right].$$

[1] 为简单起见, 假设传递函数 $S$ 在原点归一化为 1.

选取处理后透明片透射率中与 $S^*$ 成正比的那一项, 有

$$\Delta t_A \propto \frac{\Delta E}{\bar{E}} \propto \frac{S^*}{K + |S|^2},\tag{10-36}$$

其中

$$K = \frac{A^2}{a^2},$$

(常称为光束比), 这正是当信号和噪声都具有平的频谱, 而噪声功率与信号功率之比在所有频率上都是 $K$ 时 Wiener 滤波器所需要的振幅透射率.

Ragnarsson[292] 和 Tichenor 与 Goodman[343] 已经用这个方法以 $|S|$ 的 100:1 的动态范围证实了恢复效果. 图 10.18 给出了模糊脉冲响应的照片, 消模糊脉冲响应模的照片和模糊与消模糊滤波器串接起来后的脉冲响应的照片, 表明了对模糊后的点光源的恢复效果. 随着其动态范围的增大, 消模糊运算变得对处理器输入端的光学噪声高度敏感. 例如, 输入透明片上的尘埃微粒和小的相位扰动都会在输出图像内产生消模糊脉冲响应, 它们最终将掩盖掉想要得到的图像细节[134].

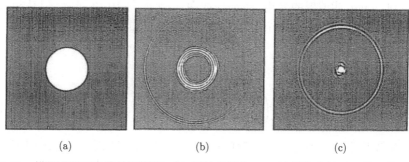

(a)　　　　　　　　　　(b)　　　　　　　　　　(c)

图 10.18　模糊点扩展函数的消模糊. (a) 原始的模糊; (b) 消模糊点扩展函数的模; (c) 模糊–消模糊过程的点扩展函数 [引自文献 [343] 美国光学学会 1975 年版权, 经允许后复制]

上面描述的技术可以看作当在平均曝光量 $\bar{E}$ 上物强度超过参考光强度时, 对于振幅透射率饱和现象的利用. 在文献 [266] 中已经用类似的现象探测使用光折变晶体作为空间光调制器时周期性结构的缺陷.

## 10.7　声光信号处理系统

在 9.5 节讨论了依靠声光器件把时间性的电信号转换为运动的空间光学信号的方法. 这里我们转而注意将这种器件用作不同类型信号处理系统的输入传感器. 因为实际上这一领域内所有近代的工作都用晶体中的微波信号, 所以我们只集中考察作为输入传感器的布拉格声光转换器. 虽然基于拉曼–奈斯衍射的系统在早期声光信号处理中很重要[321,9], 但它们今天实际上已不复存在.

讨论必然很简短, 不过我们还是要描述三种不同的系统结构. 一种是布拉格声光转换频谱分析仪, 它可用来分析宽带微波信号的频谱. 然后介绍两种声光相关器, 即空间积分相关器和时间积分相关器.

### 10.7.1 布拉格声光转换频谱分析仪

用相干光进行傅里叶变换操作的简易性提示我们, 一个将声光输入传感器与相干光傅里叶变换系统结合在一起的系统, 可以用作宽带和高频电信号的频谱分析仪. 图 10.19 展示了这种频谱分析仪的基本结构.

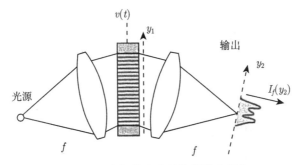

图 10.19　布拉格声光转换频谱分析仪

考察一个用电压表示的高频信号

$$v(t) = A(t)\cos[2\pi f_c t - \psi(t)] = \mathrm{Re}\left\{A(t)\mathrm{e}^{\mathrm{j}\psi(t)}\mathrm{e}^{-\mathrm{j}2\pi f_c t}\right\} = \mathrm{Re}\left\{s(t)\mathrm{e}^{-\mathrm{j}2\pi f_c t}\right\},$$
$$(10\text{-}37)$$

式中 $s(t) = A(t)\mathrm{e}^{\mathrm{j}\psi(t)}$ 是这个信号的复数表示.

参看 (9-32) 式和图 10.19, 令坐标 $y_1$ 表示透射场射出布拉格单元的平面, $y_2$ 表示傅里叶变换透镜的后焦面. 当将上述信号加到一个声光单元上, 并用一束准直的单色波以布拉格角入射照明这个单元时, 就会产生一个 $-1$ 衍射级的透射波前, 由下式给出:

$$U(y_1;t) = Cs\left(\frac{y_1}{V} + t - \tau_o\right)\mathrm{e}^{-\mathrm{j}2\pi y_1/\Lambda}\mathrm{rect}\frac{y_1}{L}$$

式中 $C$ 为常数,[①] 我们已略去时间频率漂移 $f_c$, 因为它对我们的计算没有影响.

这个光学信号现在通过一个以布拉格角倾斜的正透镜, 如图 10.19 所示. 注意到与 $y_1$ 有关的线性相位因子被透镜的倾斜所抵消, 于是透镜后焦面上场的空间分布将是 (除了可以忽略的与 $y_2$ 有关的二次相位因子)

$$U_f(y_2;t) = C'\int_{-\infty}^{\infty} s\left(\frac{y_1 + Vt - V\tau_o}{V}\right)\mathrm{rect}\frac{y_1}{L}\exp\left(-\mathrm{j}\frac{2\pi y_1 y_2}{\lambda f}\right)\mathrm{d}y_1. \quad (10\text{-}38)$$

---

① 译者注: 此处原书第三版中有一句 "$V$ 是声速, $\Lambda$ 是声波周期", 对于公式说明更清楚, 特此说明.

这是两个函数之积的傅里叶变换, 因此可以用卷积定理单独考察这两个频谱中的每一个. 首先考察经过尺度缩放的信号傅里叶变换, 我们有

$$\mathcal{F}\left\{s\left(\frac{y_1 + Vt - V\tau_o}{V}\right)\right\} = VS(Vf_Y)\exp[\mathrm{j}2\pi f_Y V(t - \tau_o)] \tag{10-39}$$

式中 $S = \mathcal{F}\{s\}$. 与时间 $t$ 有关的项在这个结果中的出现表明, 每个空间频率分量以一个不同的光学频率振荡. 接着考察 rect 函数, 有

$$\mathcal{F}\left\{\mathrm{rect}\frac{y_1}{L}\right\} = L\,\mathrm{sinc}\,(Lf_Y).$$

暂且忽略布拉格单元的有限长度, 容许 $L$ 变得任意大, 在这种情况下 sinc 函数趋近于 $\delta$ 函数. 于是投射到焦平面的光强度将是 (略去常数因子)

$$I_f(y_2) = \left|S\left(\frac{Vy_2}{\lambda f}\right)\exp\left[\mathrm{j}\frac{2\pi}{\lambda f}Vy_2(t - \tau_o)\right]\right|^2 = \left|S\left(\frac{Vy_2}{\lambda f}\right)\right|^2. \tag{10-40}$$

因此由一个时间积分探测器阵列测得的强度分布将正比于输入信号的功率谱, 从而这个声光系统就起着频谱分析仪的作用.

注意到电信号的中心频率 $f_c$ 对应于 $y_2$ 平面的原点 (我们选取原点使这一点成立), 就可以求得焦平面上位置 $y_2$ 与输入信号的时间频率 $f_t$ 之间的关系. 随着在正 $y_2$ 方向移动, 我们将移向较低的时间频率 (零时间频率相应于声光光栅的零级方向). 由上式中出现的标度因子. 我们看到, 对应于坐标 $y_2$ 的时间输入频率为

$$f_t = f_c - \frac{Vy_2}{\lambda f}.$$

但是, 当只是检测光的时间积分强度时, 光的时间频率无关紧要.

当布拉格单元的长度不是无穷大时, 在频域中与 sinc 函数的卷积不能忽略. 这个卷积实际上平滑了测得的频谱, 确定了可以得到的频率分辨率. 容易证明, 最小可分辨的时间频率差值近似为在布拉格单元窗口内积累的总的时间延迟的倒数, 即

$$\Delta f_t = \frac{V}{L}.$$

高性能布拉格声光转换频谱分析仪的制造技术已得到长足发展. 中心频率在几百 MHz 到 $1\sim3\mathrm{GHz}$ 的范围, 而时间–带宽积 (等于可分辨谱单元的个数) 从几百到 1000 以上的产品已有报道.

### 10.7.2　空间积分相关器

布拉格单元也可用作卷积器和相关器的实时输入. 历史上最早的这种系统是基于现在所说的空间积分结构. 考察图 10.20 所示的声光系统. 该系统包含一个布拉

格单元, 它用来把随时向变化的电压 $v_1(t)$ 转换成一个场的复分布 $s_1\left(\dfrac{y_1}{V} + t - \tau_o\right)$. 这里 $s_1$ 与 (10-37) 式的复表示类似, 是一个调幅调相电压的复表示, 由于布拉格效应, 可以认为这个单元只传送零级和 $-1$ 级.

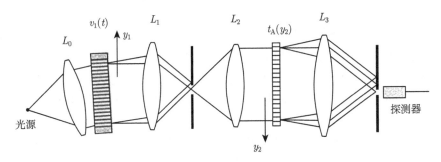

图 10.20　声光空间积分相关器

第二个输入由一个固定的透明片提供, 该透明片包含一个受到调幅和调相的光栅. 如果 $s_2 = B\exp(\mathrm{j}x)$ 表示的是 $s_1$ 要与之进行相关运算的第二个信号, 则透明片的振幅透射率理想地应选成

$$t_\mathrm{A}(y_2) = \frac{1}{2}\{1 + B(y_2)\cos[2\pi f_Y y_2 - \chi(y_2)]\}$$
$$= \frac{1}{2} + \frac{B(y_2)}{4}\mathrm{e}^{-\mathrm{j}\chi(y_2)}\mathrm{e}^{\mathrm{j}2\pi f_Y y_2} + \frac{B(y_2)}{4}\mathrm{e}^{\mathrm{j}\chi(y_2)}\mathrm{e}^{-\mathrm{j}2\pi f_Y y_2}. \tag{10-41}$$

这样的光栅可由计算机生成. 换种方法, 也可用干涉法记录一张具有同样的两个一级光栅分量的透明片, 记录方式与用于 VanderLugt 滤波器的方法类似. 假定它是一个薄光栅, 因此产生一个零级和两个 1 级衍射光.

布拉格单元后的光学系统包括一个空间频率域中的光阑, 它挡住零级透射分量, 让 $-1$ 级衍射分量通过. 透镜 $L_1$ 和 $L_2$ 一起将第一衍射级对应的振幅分布成倒像到固定的透明片上. 由于这个成像操作的倒置效果, $y_2$ 坐标系也倒过来. 透镜 $L_3$ 用来把固定光栅衍射的 $-1$ 级分量聚焦到一个针孔上, 针孔后面是一个非积分的光电探测器.

透镜 $L_3$、针孔和探测器所完成的操作, 可以表示为所考虑的两个复函数之积的空间积分. 于是探测器产生的电流 (除常数因子外) 为

$$i_\mathrm{d}(t) = \left|\int_{-\infty}^{\infty} s_1\left(\frac{y_2 + Vt - V\tau_o}{V}\right) s_2^*(y_2)\mathrm{rect}\frac{y_2}{L}\mathrm{d}y_2\right|^2 \tag{10-42}$$

式中, $L$ 仍是布拉格单元的长度, $s_2$ 的复共轭的出现是因为选的是固定光栅的 $-1$ 衍射级. 随着时间演进, 经过缩放的信号 $s_1$ 滑过布拉格单元, $s_1$ 与 $s_2$ 之间的相对

延迟发生变化, 于是给出了这两个信号之间对应于不同延迟的相关值. 相关运算只发生在由布拉格单元的有限长度提供的窗口内.

空间积分相关器的显著特征是, 相关积分是在空间进行的, 而相对延迟的不同数值随时间顺次出现.

### 10.7.3　时间积分相关器

一种完全不同的实现声光相关器的方法, 是一个与空间积分相关器相比, 将时间和空间的角色互换的系统. 这种方法首先由 Montgomery 想到 [259]. 完成相似运算的一种不同的结构由 Sprague 和 Koliopoulis 提出 [330]. 这种实现相关运算的一般方法叫做 "时间积分相关".

图 10.21 表示这类相关器的一种结构. 两个射频电压 $v_1(t)$ 和 $v_2(t)$ 加到紧挨着的不同的布拉格单元上, 两个单元的安排使它们产生的声信号向相反方向传播. 透镜 $L_1$ 和 $L_2$ 构成一个标准的双傅里叶变换系统. 进入第一个布拉格单元的一条光线射出时形成一条零级光线和一条 $-1$ 级光线.[①]由第一个布拉格单元透射的零级和 $-1$ 级都被第二个盒子束, 对入射的每条光线都产生零级和 $-1$ 级衍射. 在 $L_1$ 后焦面上的一个光阑只通过曾经历 $0 \rightarrow -1$ 级顺序衍射的光线或 $-1 \rightarrow 0$ 级顺序衍射的光线, 挡住那些经历两次零级或两次 $-1$ 级衍射的光线. 注意: 两束通过的光的光学频率相同, 这是因为声波在相反的方向上传播. 通过孔径光阑的两个光信号然后在一个时间积分探测器阵列上会合到一起, 这个探测器阵列位于两个布拉格单元的振幅透射率的乘积成像的平面上.

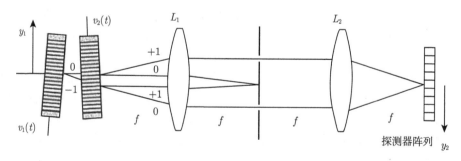

图 10.21　时间积分相关器

注意, 探测器阵列的每个像素测量两个布拉格单元上一个不同竖直位置的强度, 因此对于每个探测器像素, 在两个驱动单元的信号之间有不同的相对时间延迟, 这是由声波传播方向相反引起的. 若 $s_1(y_1)$ 是第一个布拉格单元中信号的复表示, $s_2(y_1)$ 是第二个单元中信号的复表示, 则位于 $y_2$ 的一个探测器将测量经过两条不同路径到达探测器的两个场 (都是复共轭) 之和的模平方的有限时段积分. 略去常

---

① 我们保持习惯认为 $+1$ 级是反时针偏转, 而 $-1$ 级是顺时针偏转.

数因子, 该积分为

$$E(y_2) = \int_{\Delta T} \left| s_1^* \left( -\frac{y_2}{V} + t + \tau_o \right) e^{-j2\pi\alpha_c y_2} + s_2^* \left( \frac{y_2}{V} + t + \tau_o \right) e^{j2\pi\alpha_c y_2} \right|^2 dt, \quad (10\text{-}43)$$

式中符号相反的线性指数项说明两个分量以相反的角度到达探测器平面, $\Delta T$ 是有限的积分时间.

考察这个积分的不同部分, 其中两项

$$E_1 = \int_{\Delta T} \left| s_1 \left( -\frac{y_2}{V} + t + \tau_o \right) \right|^2 dt$$

$$E_2 = \int_{\Delta T} \left| s_2 \left( \frac{y_2}{V} + t + \tau_o \right) \right|^2 dt$$

随着积分时间 $\Delta T$ 变长趋于常数. 其余的项为

$$\begin{aligned}
E_3 &= \int_{\Delta T} \left[ s_1 \left( t + \tau_o - \frac{y_2}{V} \right) e^{j2\pi\alpha_c y_2} s_2^* \left( t + \tau_o + \frac{y_2}{V} \right) e^{j2\pi\alpha_c y_2} + \text{cc} \right] dt \\
&= 2\text{Re} \left\{ e^{j4\pi\alpha_c y_2} \int_{\Delta T} s_1 \left( t + \tau_o - \frac{y_2}{V} \right) s_2^* \left( t + \tau_o + \frac{y_2}{V} \right) dt \right\} \\
&= 2\text{Re} \left\{ e^{j4\pi\alpha_c y_2} \int_{\Delta T'} s_1(t') s_2^* \left( t' + \frac{2y_2}{V} \right) dt' \right\}, \quad (10\text{-}44)
\end{aligned}$$

式中在最后一行作了一个简单的变量变换, $\Delta T'$ 与 $\Delta T$ 的持续长度相同, 只是有一个与变量变换一致的位移, cc 代表前一项的复共轭.

令复函数 $c(\tau)$ 表示 $s_1$ 和 $s_2$ 的复值有限时间交叉相关

$$c(\tau) = \int_{\Delta T'} s_1(t') s_2^*(t' + \tau) dt' = |c(\tau)| e^{j\phi(\tau)}.$$

于是 (10-44) 式的最后一行变为

$$E_3 = 2\text{Re}\{ e^{j4\pi\alpha_c y_2} c(2y_2/V) \} = 2|c(2y_2/V)| \cos\left[ 4\pi\alpha_c y_2 + \phi(2y_2/V) \right]^*. \quad (10\text{-}45)$$

如果探测器比空间载波的周期 $1/(2\alpha_c)$ 小很多, 则可以按奈奎斯特抽样率或更高的抽样率对投射到探测器上的条纹图样进行抽样, 从而探测器阵列将获得复相关信息. 如果探测器阵列是电荷耦合器件 (CCD)类型的, 测得的强度将由阵列顺序读出. 结果从 CCD 阵列得到一个交流输出, 用一个高通或带通滤波器可将其与直流输出分量分开. 交流分量的振幅代表复相关系数的模, 其相位就是复相关系数的相位. 用包络探测器可测得复相关的模, 要测量相位必须用同步检测, 一般最有意义的是模信息.

注意, 对于这种结构, 每个探测器像素测量的是两个信号在不同的相对延迟 $2y_2/V$ 下的相关. 相关性测量的时间–带宽积由探测器阵列的积分时间决定, 而不再由声光单元延迟时间限制; 反之, 这一延迟时间决定了能够检测到的相对延迟的范围. 实际工作中积分时间受限于暗电流的累积和最终由常数项 $E_1$ 和 $E_2$ 引入的探测器的饱和.

上面描述的是 Montgomery 提出的系统结构[259]. Sprague 和 Koliopoulis[330] 的系统结构的不同之处仅在于只用一个布拉格单元, 第二个信号是通过对光源进行时间调制引入的. 读者欲知其详情应参考相关文献.

### 10.7.4    其他声光信号处理系统

有许多其他的声光信号处理系统, 不过这里将不讨论. 我们特别提一下声光系统用于二维处理的各种推广 (例如, 见文献 [356] 的第 15 章). 这里忽略了声光处理在数值或数字计算中的应用.

## 10.8    离散模拟光学处理器

迄今我们只考察了处理连续的模拟光学信号的光学系统. 现在转向另一类系统, 即处理离散的模拟光学信号的系统. 离散信号在许多不同应用中都会出现. 例如, 一个传感器阵列采集测量结果的一个离散集合. 这些测量结果可以随时间连续变化, 然而因为用的是一个离散的传感器阵列, 在任一时刻能够得到的只是一个离散的数据阵列. 另外, 为了处理数据, 常常必须把连续数据离散化, 因此离散数据会以多种不同的方式出现.

离散并不意味着数据是数字式的, 相反, 这里感兴趣的数据是模拟值, 并未被数字化, 只是有一个这种数据的有限集合有待处理. 我们将要描述的所有的光学处理系统都符合上面的限制, 都是模拟处理系统.

### 10.8.1    信息和系统的离散表示

任何一个依赖于时间坐标 $t$ 并且/或者空间坐标 $(x,y)$ 的信号 $s$, 都可以抽样成一个离散的数据阵列, 这个阵列可以表示为一个数值矢量

$$\vec{s} = \begin{bmatrix} s_1 \\ s_2 \\ \vdots \\ s_N \end{bmatrix}. \tag{10-46}$$

如果样本值取得充分靠近, 并且如果函数 $s$ 是限带函数或接近限带函数, 那么我们知道能够精确地 (在限带情形) 或以高精度 (在接近限带的情形) 重建 $s$. 因此, 矢量 $\vec{s}$ 是原来数据的一个适当的表示. 注意, 如果信号 $s$ 来自一个离散的传感器阵列, 那么 $\vec{s}$ 的每个分量都可以是时间的函数.

对于离散信号, 叠加积分变成了一个矩阵–矢量积 (参见文献 [216], 第 6 章). 于是一个以 $\vec{s}$ 为输入 ($N$ 个样本) 的线性系统的输出 $\vec{g}$($M$ 个样本) 可表示为

$$\vec{g} = \mathbf{H}\vec{s}, \tag{10-47}$$

式中 $\mathbf{H}$ 是一个 $M$ 行 $N$ 列的矩阵,

$$\mathbf{H} = \begin{bmatrix} h_{11} & h_{12} & \cdots & h_{1N} \\ h_{21} & h_{22} & \cdots & h_{2N} \\ \vdots & \vdots & \vdots & \vdots \\ h_{M1} & h_{M2} & \cdots & h_{MN} \end{bmatrix} \tag{10-48}$$

并且

$$\vec{g} = \begin{bmatrix} g_1 \\ g_2 \\ \vdots \\ g_M \end{bmatrix}. \tag{10-49}$$

注意, 进行上述运算需要 $M \times N$ 次模拟乘法运算和 $M \times N$ 次模拟加法运算.[①]

于是在离散信号处理中, 矩阵–矢量积就像叠加积分 (或特殊情形是卷积积分) 那样具有根本性的意义. 因此人们对设计出用光学方法, 最好是充分发挥光学系统做并行处理的优点, 进行这种运算有很大兴趣.

### 10.8.2 并行的非相干矩阵–矢量乘法器

图 10.22 是一个全并行非相干矩阵–矢量处理器[136], 图中暂时忽略所用光学元件的详情. 这个系统已经以 "Stanford 矩阵–矢量乘法器" 而著称. 这个系统从根本上说是并行的, 这是由于信号矢量 $\vec{s}$ 的全部元素在一个时钟周期内同时进入系统.

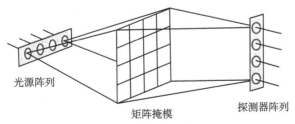

光源阵列　　　矩阵掩模　　　探测器阵列

图 10.22 一个全并行非相干矩阵–矢量乘法器

---

[①] 严格说来, 只需 $(M-1) \times (N-1)$ 次加法运算, 不过我们把一个和的第一个分量的产生看作是与零相加.

　　掩模前面的光路安排使来自任一输入光源 (可以是 LED 或激光二极管) 的光在竖直方向发散而在水平方向成像, 使光布满掩模的单一竖列. 于是每个光源照明不同的一列. 掩模后面的光路安排使来自矩阵掩模每一行的光在水平方向上聚焦而在竖直方向上成像, 从而落在输出探测器阵列的单一探测元件上. 于是掩模每行透射的光在一个唯一的探测元件上按光学方式相加. 这里用的探测器不积累电荷, 而是尽快地响应, 产生与落在它们上面的光强度变化一致的输出信号.

　　事实上, 输入矢量 $\vec{s}$ 在竖直方向扩展, 从而每个输出探测器能测量输入矢量与存储在矩阵掩模中的一个不同的行矢量的内积. 因此这样的处理器有时叫做 "内积处理器".

　　有几种不同方式来构成一个实现图 10.22 所示的运算的光学系统. 图 10.23 表明其中的一种. 注意, 因为在矩阵掩模之前和之后在水平和竖直两个维度上都需要进行不同的运算, 所以光学系统必须是由球面透镜和柱面透镜组合成的变形系统. 这一光学系统的运作如下. 每个透镜不论是球面透镜还是柱面透镜, 焦距都是 $f$. 球面透镜和柱面透镜紧密接触的透镜组合, 在柱面透镜有聚焦能力的方向上的焦

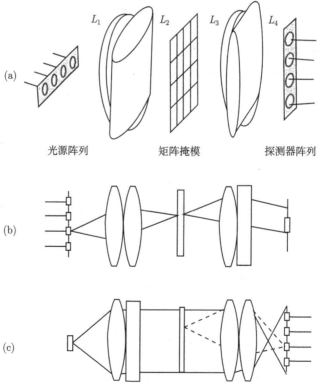

图 10.23　构成并行矩阵–矢量乘法器的光学元件. (a) 透视图; (b) 顶视图; (c) 正视图

距为 $f/2$, 在柱面透镜无聚焦能力的方向上为 $f$. 于是, 这样一对透镜将聚焦能力较弱的方向上的发散光准直, 而将聚焦能力较强的方向上的发散光成像. 结果, 这一透镜组合 $L_1$ 和 $L_2$ 将来自输入光源在竖直方向发散的光准直, 而在水平方向上则成像, 从而照亮掩模矩阵的一列. 类似地, 透镜组合 $L_3$ 和 $L_4$ 将掩模的一行成像到单个探测元件所在的竖直位置上, 而将来自掩模矩阵的一列的光进行准直或发散. 理想的情况当然是, 探测器在水平方向上应该长, 使得能够检测到掩模的一行上大部分的光, 但是长的探测器的电容大, 这样大的电容会限制后面的电子通道的带宽.

并行的矩阵–矢量乘法器在单一时钟周期内实施全部 $N \times M$ 次乘法运算和加法运算. 一个时钟周期可以很短, 例如 10ns, 这取决于来自每个光源的可用的光的多少. 尽管这个系统用的是非相干叠加, 但还是可以用激光器作光源的, 因为全部加法运算是用来自不同激光器的光实现的, 对于大多数类型的半导体激光器, 它们在一个时钟周期的时间尺度上是互不相干的.

已经提出并验证了并行矩阵–矢量乘法器系统的许多应用. 这些应用包括光学交叉开关[91,242]、Hopfield 神经网络的构建 [106] 以及其他. 这个系统是以往光学信息处理领域中的一个得力工具.

### 10.8.3　处理双极性和复数数据的方法

迄今我们已经假设无论输入矢量还是系统矩阵的元素都是非负的实数, 这个假设可以保证非相干光学系统的非负实数性质是可以相容的. 要操作双极性数据和复数数据, 可以有两种方法, 既可以单独使用也可以共同使用. 为讨论的目的, 我们聚焦于并行矩阵–矢量乘法器, 尽管这些方法可以应用在更广泛的地方.

第一种方法将所有双极性信号置于一个偏置之上, 该偏置选取得足够大, 从而输入矢量所有元素和系统矩阵所有元素仍都是非负的. 注意到输入矢量现在是信号矢量 $\vec{s}$ 与一个偏置矢量 $\vec{b}$ (假定所有偏置元素相同) 之和, 并且系统矩阵也同样是两个矩阵 $\mathbf{H}$ 与 $\mathbf{B}$ 之和 (偏置矩阵的元素也假定相同). 现在系统的输出变成

$$(\mathbf{H} + \mathbf{B})(\vec{s} + \vec{b}) = \mathbf{H}\vec{s} + \mathbf{H}\vec{b} + \mathbf{B}\vec{s} + \mathbf{B}\vec{b}. \tag{10-50}$$

若偏置矩阵和偏置矢量是已知的而且不随时间变化, 则最后一项可用电子学方法从输出中减去. 此外, 矩阵 $\mathbf{H}$ 是事先知道的, 因而乘积 $\mathbf{H}\vec{b}$ 可事先计算出来并从任一结果中减去. 但是, 矢量 $\vec{s}$ 事先并不知道, 因此一般需要测量它与偏置矩阵的一个行矢量的内积, 也许需要在矩阵 $\mathbf{H}$ 中增加一个简单的额外的偏置行并且在探测器阵列中增加一个额外的单元来做到.

另一个处理双极性元素的方法是把输入矢量和系统矩阵分别表示成两个非负矢量和两个非负矩阵之差. 于是 $\mathbf{H} = \mathbf{H}_+ - \mathbf{H}_-$, 而且 $\vec{s} = \vec{s}_+ - \vec{s}_-$, 这里矩阵 $\mathbf{H}_+$ 仅

在 **H** 含有正元素的位置上有正元素, 其他位置上为零, 而 **H₋** 中的正元素则等于 **H** 的任一负元素的模, 其他元素皆为零, $\vec{s}_+$ 与 $\vec{s}_-$ 的构成方法类似. 此外, 输出矢量 $\vec{g}$ 可以类似地分解. 现在容易证明, 输出矢量的非负分量与输入矢量和系统矩阵的非负分量有以下关系:

$$\vec{g}_+ = \mathbf{H}_+\vec{s}_+ + \mathbf{H}_-\vec{s}_-,$$
$$\vec{g}_- = \mathbf{H}_-\vec{s}_+ + \mathbf{H}_+\vec{s}_-. \tag{10-51}$$

表达这一关系的一个更简单的方法是把 $\vec{s}_+$ 与 $\vec{s}_-$ 堆放在一个更长的列矢量中, 对 $\vec{g}$ 的两部分也同样处理, 从而有

$$\begin{bmatrix} \vec{g}_+ \\ \vec{g}_- \end{bmatrix} = \begin{bmatrix} \mathbf{H}_+ & \mathbf{H}_- \\ \mathbf{H}_- & \mathbf{H}_+ \end{bmatrix} \begin{bmatrix} \vec{s}_+ \\ \vec{s}_- \end{bmatrix}. \tag{10-52}$$

由这一结果可以看到, 将矩阵掩模的两个维度的大小加倍以容纳上述更大的矩阵, 并将输入矢量的长度加倍, 将允许在不使用偏差的情况下计算 $\vec{g}$ 的两个分量. 然后, 这两个输出矢量必须用电子学方法逐个元素相减.

　　当输入矢量和矩阵的复元素很重要时, 最简单的方法是将输入矢量、输出矢量和矩阵的维度大小加大为 4 倍, 这样就可以合理地处理正负实部和正负虚部. 还可找到更有效的分解方式 [143].

# 习　题

10-1　一个物体有如下的周期性的振幅透射率:

$$t_A(\xi, \eta) = t_A(\xi) \cdot 1$$

式中 $t_A(\xi)$ 如题图 P10.1 所示. 将此物置于图 10.1 所示光学系统的物平面上, 并在通过焦平面处的光轴上放一个小的完全不透明光阑, 它只阻挡光轴上的光斑. 大致画出在像平面上观察到的强度分布.

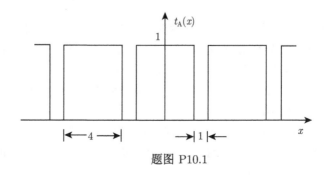

题图 P10.1

10-2 观察相位型物体的**中心暗场法**, 是在成像透镜的后焦面内在光轴上放一个极小的不透明光阑以阻挡未衍射的光. 假定通过物体的相移的变化部分远小于 $2\pi$, 求用物体的相位延迟表示出的观察到的像强度.

10-3 观察相位型物体的**纹影法**是在焦平面上加一刀口以阻挡一半衍射光. 于是通过焦平面的透射率可写成

$$t_f(x,y) = \frac{1}{2}(1 + \operatorname{sgn} x).$$

(a) 假定放大率为 1 并忽略像的倒置, 证明像振幅 $U_i$ 与物振幅 $U_o$ 之间的关系为

$$U_i(u,v) = \frac{1}{2}\left[U_o(u,v) + \frac{\mathrm{j}}{\pi}\int_{-\infty}^{\infty}\frac{U_o(\xi,v)}{u-\xi}\mathrm{d}\xi\right].$$

(b) 令物体透射的场为

$$U_o(\xi,\eta) = \mathrm{e}^{\mathrm{j}\phi_o}\exp[\mathrm{j}\Delta\phi(\xi,\eta)]$$

其中 $\Delta\phi(\xi,\eta) \ll 2\pi$. 证明像强度可近似表示为

$$I_i(u,v) \approx \frac{1}{4}\left[1 - \frac{2}{\pi}\int_{-\infty}^{\infty}\frac{\Delta\phi(\xi,v)}{u-\xi}\mathrm{d}\xi\right].$$

(c) 当

$$\Delta\phi = \Phi\mathrm{rect}\left(\frac{\xi}{U}\right)$$

式中常数 $\Phi \ll 2\pi$ 时, 求出并大致画出像强度的分布.

10-4 当 Zernike 相衬显微镜的相移点也有部分吸收, 其强度透射率等于 $\alpha(0 < \alpha < 1)$ 时, 求观察到的像强度的表达式.

10-5 某个相干处理系统的输入孔径宽 3cm. 第一个变换透镜的焦距为 10cm, 光的波长是 0.6328μm. 假定频率平面掩模的结构的精细程度可与输入的频谱的最小结构比较, 问此掩模在焦平面上定位必须精确到何种程度?

10-6 要从一张用一个成像系统拍摄的照片中除去一个形如 $I_N(\xi,\eta) = \frac{1}{2}[1 + \cos 2\pi f_0\xi]$ 的附加周期强度干扰. 为此采用一个 "4$f$" 相干光学处理系统. 相干光波长为 $\lambda$. 图像是用 H&D 曲线的线性区域记录在大小为 $L \times L$ 的照相底片上. 制得一张纯吸收透明正片, 其 $\gamma$ 值为 $-2$, 这个透明片放在光学处理系统的输入平面内. 设计一个吸收掩模片, 放置在相干光学处理系统的频率平面上以除去上述干扰. 特别要求考虑:

(a) 吸收斑应位于何处?

(b) 吸收斑的大小应做多大?

(c) 在频率 $(f_X = 0, f_Y = 0)$ 处该做什么?

注意: 忽略掩模对出现在输入上的非周期信号可能有的任何影响.

10-7　一个振幅透射率为 $t_A(x, y) = \dfrac{1}{2}[1 + \cos(2\pi f_o x)]$ 的光栅, 放在图 10.6(a) 所示的那种标准的 "$4f$" 相干光处理系统的输入面上. 试确定出一个纯相位型的空间滤波器的传递函数 (作为 $f_X$ 的函数) 的参数, 要能够完全消除输出强度中空间频率为 $f_o$ 的空间频率分量. 假设单色平面波正入射照明, 并忽略透镜有限孔径的影响.

10-8　一个复振幅透射率为 $t_A(x_1, y_1)$ 的透明物体紧挨着放在一个正球面透镜之前. 物体由单色平面波正入射照明, 用一张照相底片记录后焦面上的强度分布. 由此制得一张 $\gamma$ 值为 $-2$ 的透明正片. 然后用一个单色平面波正入射照明显影后的透明片, 把同一正透镜紧靠着放在底片之后. 问原来的物的振幅透射率与过程的第二步在透镜后焦面上观察到的强度分布之间有什么关系?

10-9　一个振幅透射率为 $t_A(x_1, y_1) = \exp[\mathrm{j}\phi(x_1, y_1)]$ 的相位型物体放在相干成像系统的物平面上. 在系统的后焦面上加一块厚度均匀的衰减板, 其强度透射率为

$$\tau(x_2, y_2) = \alpha \left( x_2^4 + 2x_2^2 y_2^2 + y_2^4 \right)$$

所得到的像强度与物的相位的关系如何?

10-10　考察题图 P10.10 所示的光学系统. 具有非负的实数振幅透射率 $s_1(\xi, \eta)$ 的透明片放在平面 $P_1$ 处, 由一单色、单位强度、正入射平面波相干照明. $L_1$ 和 $L_2$ 是具有相同焦距 $f$ 的球面透镜. 在 $L_1$ 的后焦面 $P_2$ 上有一个运动漫射体, 可以认为它的作用是把空间相干的入射光转换成空间非相干的透射光, 而不改变 $P_2$ 平面上光的强度分布, 并且没有明显加宽光的频谱. 在与 $L_2$ 接触的 $P_3$ 平面上放第二张透明片, 它的振幅透射率为 $s_2(x, y)$. 求投射到平面 $P_4$ 上的强度分布表达式.

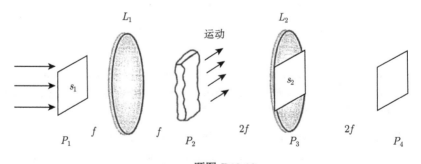

题图 P10.10

10-11　用 VanderLugt 方法来合成一个频率平面滤波器. 如题图 P10.11(a) 所示, 一个振幅透射率为 $s(\xi, \eta)$ 的 "信号" 透明片紧挨在一个正透镜之前 (而不是放在前焦面上), 用照相底片记录后焦面上的强度. 使显影后底片的振幅透射率正比于曝光量, 这样制得的透明片放在题图 P10.11(b) 的系统中. 假定在下述每种情形下考察输出平面的适当部位, 问物面和滤波系统第一个透镜之间的距离 $d$ 应为多少才能合成出

(a) 脉冲响应为 $s(x, y)$ 的滤波器?

(b) 脉冲响应为 $s^*(x,y)$ 的滤波器?

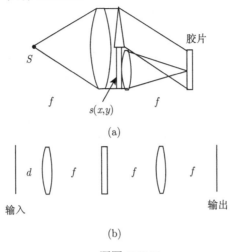

(a)

输入　　　　　　　　　　　　　　　　　　　　　　　　输出

(b)

题图 P10.11

10-12 给定一个标准 VanderLugt 匹配滤波系统, 证明输出的相关亮斑随着这个输入信号 (参考信号总是与输入信号相关) 的任何移动而移动, 假定系统的放大率为 1.

10-13 证明: 如果要求联合变换相关器的不同输出项彼此分开, 必须满足 (10-20) 式给出的不等式.

10-14 由于相机运动, 投射到记录胶片上的图像在 $T$ 的曝光时间内, 以速度 $V$ 在胶片上直线运动, 从而使图像变模糊.

　　(a) 确定这种模糊斑的点扩展函数和光学传递函数.

　　(b) 确定并画出原则上能消除这种模糊的逆滤波器的传递函数的模.

　　(c) 假定信号功率谱与噪声功率谱之比为 10 不变, 确定并画出 Wiener 滤波器的传递函数, 这个滤波器要能起到比简单逆滤波器更好的消模糊滤波器的作用.

　　(d) 如果你能上机 (计算机), 在计算机上计算 (c) 部分的 Wiener 滤波器的脉冲响应并作图.

10-15 考察一个理想的周期性透射物, 其振幅透射率 $p(x,y)$ 在 $x$ 和 $y$ 两个方向上的周期都是 $L$. 在这个物上有一个不透明的瑕疵, 其尺寸比物的周期小得多, 但仍比 $p(x,y)$ 所包含的最小结构大得多. 我们想要做一个光学滤波器, 它能提高此瑕疵相对于周期性物体的亮度, 从而提高我们检测这个瑕疵的能力. 最理想的做法是, 完全抑制掉图像的周期性部分, 只通过瑕疵的明亮的像.

　　(a) 描述你将怎样制作一个能完成上述任务的空间滤波器, 尽可能具体.

　　(b) 假设你的滤波器能够完全消除与理想的周期物有关的那些离散频率分量, 但是还能基本通过全部由瑕疵造成的不在这些频率上的光. 求在输出面上得到的像强度的近似表达式. 为了帮助分析, 设瑕疵的振幅透射率为 $1 - d(x,y)$, 函数 $d(x,y)$ 在瑕疵内为 1, 在瑕疵外为零. 记住: 应该把瑕疵和周期性物当作紧密接触的两个单独的衍射结构来处理. 你可以忽略透镜的有限大小和任何渐晕效应.

10-16 你要做一个相干光 "改成绩" 滤波器, 它将把字母 F 改成字母 A. 这个滤波系统属于标准的 "4$f$" 型. 详细描述怎样制作这样一个滤波器. 要具体制作滤波器时, 你使照相底片怎样曝光? 你试图使照相底片具有什么性能? 你将在处理器输出平面的什么地方观看? 给出你的尽可能详细的说明.

10-17 参看 (9-32) 式, 证明在布拉格声光转换频谱分析仪的空间频域内 $y_2$ 坐标处光的频率偏离光源频率的量精确等于该坐标处所表示的射频谱分量的时间频率.

# 第11章 全 息 术

1948 年, D. 伽博提出了一种新的两步无透镜成像过程[120], 他称之为*波前重现*, 现在我们把它叫做*全息术*. 伽博认识到, 若有一个合适的相干参考波与一个被物体衍射或散射的光波同时存在, 那么衍射波或散射波的振幅和相位的信息就能够被记录下来, 尽管记录介质只对强度有响应. 他证明, 由这样一张记录下来的干涉图样 (伽博称之为*全息图*, 意即 "完全的记录"), 最终可以得到原来物体的像.

虽然伽博的成像技术当初并不太引人注目, 但在 20 世纪 60 年代它在概念上和技术上都有了惊人的改进, 这些改进极大地扩展了它的应用范围与实用性. 1971 年伽博由于他的发明获得了诺贝尔物理学奖.

本章我们探讨全息术背后的基本原理, 研究从伽博原来的题目演变而来的各种现代 "变型", 综述这一新的成像技术的某些重要应用. 有几本关于全息术的极好的书. 经典的教材是 Collier, Burckhardt和 Lin 的著作 [75]. 另一出色的权威性论述见 Hariharan的书 [160]. 其他一些内容丰富的书包括 Smith[322], Develis与 Reynolds[90], Caulfield[58] 和 Saxby[307] 等的著作. 其现代处理方法则可参阅 Benton 和 Bove的文献 [24], 以及 Toal的文献 [345].

## 11.1 历 史 引 言

伽博开始研究全息术是受 W. L. Bragg在 X 射线晶体学方面工作 (可以参阅文献 [39]) 的影响, 但推动力主要是伽博认为这门新发现的技术有可能应用于电子显微术. 伽博继自己的原始想法之后, 于 1949 和 1951 年发表的两篇文献 [121] 和 [122] 中, 研究了全息术对显微术的可能应用. 虽然由于实际原因他未能实现所设想的应用, 但是 20 世纪 60 年代出现的进展, 促使许多伽博始料不及的应用.

在 20 世纪 50 年代, 一批作者, 包括 G. L. Rogers[298], H. M. A. EL-Sum[103] 和 A. W. Lohmann[230], 大大地扩充了全息术的理论和对它的了解. 然而直到 20 世纪 60 年代初, 才开始了全息术的革命. 这一次仍是密歇根大学雷达实验室的工作人员, 特别是 E. N. Leith 和 J. Upatnieks, 他们认识到伽博的无透镜成像方法与合成孔径雷达问题的相似性, 并提出了对伽博原始技术的改进方案, 大大改善了伽博的无透镜成像方法. 实际上, 当时在苏联工作的 Y. N. Denisyuk[89] 创造性地综合了伽博和法国物理学家 G. Lippmann的想法, 发明了厚的反射全息图, 并使之完善并达到一个新的先进阶段.

密歇根大学的研究人员很快就把他们的新发展与初露头角的激光技术结合起来以实现无透镜三维摄影[224]. 由全息术所摄得的三维像的高质量和逼真感是使这一领域受到广泛关注的原因. 当今世界上许多大城市都有专门的全息术博物馆或画廊, 这已经是很普通的事情了. 然而, 与一般的印象相反, 全息术的许多最有意义也最有用处的性质, 却与它的三维成像能力没有什么关系, 这一点将在后面几节中作较为详细地讨论.

# 11.2   波前重现问题

全息术的基本问题是如何记录以及随后如何重现来自相干照明物体的光波的振幅和相位. 这个问题是一个相当普遍的问题, 对于电磁波的整个频谱范围以及声波和地震波, 这个问题都是有意义的. 但我们在这里基本上限于考虑光学问题.

## 11.2.1   振幅与相位的记录

正如上面所指出的, 波前重现过程必须包含两步不同的操作: 一步是记录或检测信息, 一步是重现. 暂时我们只限于讨论第一步.

由于所讨论的波前是相干的, 就必须同时检测波的振幅和相位的信息. 然而所有记录介质仅对光强有响应. 因此, 就必须设法把相位信息转换成以记录为目的的强度的变化. 能完成此任务的标准技术是干涉法, 即把与第一个波前互相干的且其振幅和相位为已知的第二个波前加到未知波前上, 如图 11.1 所示. 两个复场之和的强度既依赖于未知场的振幅, 还依赖于它的相位. 于是如果

$$a(x, y) = |a(x, y)| \exp[\mathrm{j}\phi(x, y)] \tag{11-1}$$

表示要检测和重现的波前, 而

$$A(x, y) = |A(x, y)| \exp[\mathrm{j}\psi(x, y)] \tag{11-2}$$

表示与 $a(x, y)$ 发生干涉的 "参考" 波, 则总强度为

$$\mathcal{I}(x, y) = |A(x, y)|^2 + |a(x, y)|^2 + 2|A(x, y)||a(x, y)| \cos[\phi(x, y) - \psi(x, y)]. \tag{11-3}$$

在上式的头两项仅依赖于各个波的强度的同时, 第三项依赖于它们的相对相位关系. 结果, $a(x, y)$ 的振幅和相位二者的信息均被记录. 至于这一信息是否足以重现原来的波前, 还有待解决. 至此我们还没有给定参考波 $A(x, y)$ 的任何详细特征. 为了能再现 $a(x, y)$, 参考波所必须具备的性质, 在讨论过程中将会变得明显. 这样一个记录下来的 "物" 波与 "参考" 波之间的干涉图样就可以看成是一个全息图.

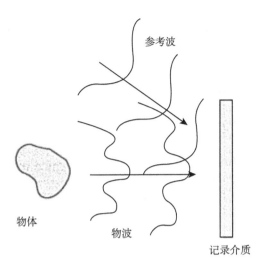

图 11.1 干涉法记录

## 11.2.2 记录介质

假定用来记录上述干涉图样的材料, 把记录过程中的入射强度线性地转换为重现过程中由这种材料透射或反射的振幅. 对光的记录和波前调制通常都是用照相胶片或底版完成的. 所要求的线性关系就通过在乳胶的 $t_A$-$E$ 曲线的线性部分内的操作来提供. 然而, 也有许多别的材料适用于全息术, 包括光致聚合物、重铬酸盐明胶、光折变材料和别的材料 (见 11.8 节). 甚至能够用电子学方法检测干涉图样, 用数字计算机重现波前. 然而照相材料仍是最重要的、应用最广的记录介质.

因此我们假定干涉图样内的曝光量变化范围保持在 $t_A$-$E$ 曲线的线性区域内. 此外, 还假定记录材料的 MTF 延伸到足够高的空间频率范围, 从而能够记录全部的入射空间结构 (11.10 节将考察取消某些这种理想假设的后果). 最后我们还假定参考波的强度 $|A|^2$ 在整个记录材料上是均匀的. 这时显影后的胶片或底版的振幅透射率可写为

$$t_A(x,y) = t_b + \beta'(|a|^2 + A^*a + Aa^*), \tag{11-4}$$

式中 $t_b$ 是由不变的参考波产生的一项均匀的 "偏置" 透射率, $\beta'$ 代表 $t_A$-$E$ 曲线在偏置点的斜率 $\beta$ 和曝光时间的乘积. 注意, 像在 9.1 节中那样, 对于负片 $\beta'$ 是负数, 对于正片 $\beta'$ 是正数.

## 11.2.3 原始波前的重建

物波 $a(x,y)$ 的振幅和相位信息一旦被记录下来, 要做的就是重建 (现) 这个波. 用一束相干的重现波 $B(x,y)$ 照射显影后的透明底片. 透过透明底片的光显然是

$$B(x,y)t_{A}(x,y) = t_{b}B + \beta'aa^{*}B + \beta'A^{*}Ba + \beta'ABa^{*}$$
$$= U_{1} + U_{2} + U_{3} + U_{4}. \tag{11-5}$$

注意, 若 $B$ 正是原来的均匀参考波前 $A$ 的精确再现, 那么上式中第三项变为

$$U_{3}(x,y) = \beta'|A|^{2}a(x,y). \tag{11-6}$$

因为参考波的强度是均匀的, 显然 $U_{3}$ 就是原来的物波前 $a(x,y)$ 的精确重现, 只差一常数因子, 如图 11.2(a) 所示.

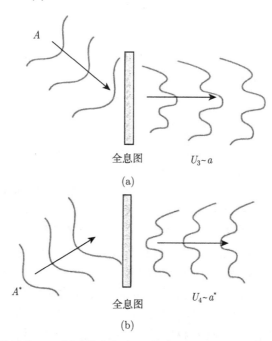

图 11.2　波前重现. (a) 用原始参考波 $A$ 作照明; (b) 用共轭参考波 $A^{*}$ 作照明

　　类似地, 若 $B(x,y)$ 正好是原来的参考波的共轭, 即 $A^{*}(x,y)$, 则重现场的第四项变为

$$U_{4}(x,y) = \beta'|A|^{2}a^{*}(x,y), \tag{11-7}$$

它正比于原来的物波前的共轭. 图 11.2(b) 中所示的就是这种情况.

　　注意, 无论上述哪种情况, 除了我们感兴趣的那个特定场分量 (即 $B = A$ 时的 $U_{3}$ 项及 $B = A^{*}$ 时的 $U_{4}$ 项), 还总伴随着三项附加的场分量, 每一项都可看成是外加的干扰. 很明显, 若要得到物波 $a(x,y)$ (或 $a^{*}(x,y)$) 的一个可用的再现, 就需要有某种方法分离透射光中的这些分量.

### 11.2.4 全息过程的线性性质

(11-4) 式中对记录材料所假设的特性对应于曝光时的入射场与显影后的透射场之间的一个高度非线性的变换关系. 乍看起来, 线性系统概念似乎对全息术理论不能起作用. 然而尽管胶片带来的总变换是非线性的, 但从物场 $a(x,y)$ 到透射场分量 $U_3(x,y)$ 的变换却完全是线性的, (11-6) 式的正比关系清楚地表明了这一点. 同样, (11-7) 式所表示的由 $a(x,y)$ 到透射场分量 $U_4(x,y)$ 的变换也是线性的. 因此, 若把物场 $a(x,y)$ 看作输入, 而透射场分量 $U_3(x,y)$(或 $U_4(x,y)$) 看作输出, 那么这样定义的系统就是一个线性系统. 检测过程的非线性性质表现为产生了几个输出项, 但是只要曝光量的变化范围保持在 $t_A$-$E$ 曲线的线性区域内, 则我们感兴趣的那一项并没有非线性畸变.

### 11.2.5 全息术成像

迄今我们只讨论了重建一个从相干照明物体射到记录介质上的波前的问题. 上述讨论只需在观点上稍加改变, 就可以把波前重建过程看作是一种成像方法.

要采用这种观点, 让我们注意到, (11-6) 式所表示的波分量 $U_3(x,y)$ 既然是原来的物波前 $a(x,y)$ 的一个简单的复制, 那么在一个观察者看来, $U_3(x,y)$ 一定是从原来物体发散的波, 尽管物体早就移开了. 因此, 在重现时若用参考波 $A(x,y)$ 来照明, 就可以把透射波分量 $U_3(x,y)$ 看作是形成原物体的一个虚像. 图 11.3(a) 和 (b) 对一简单的点光源物体的特例表明了这一点.

相仿地, 重现时若用参考波的共轭 $A^*(x,y)$ 来照明, (11-7) 式的波分量 $U_4(x,y)$ 也形成一个像, 但这时是一个实像, 相应于光在空间的实际聚焦. 要证明这个结论, 我们利用前面讨论过的线性性质, 考虑仅由一个点光源构成的物体. 更复杂的物体的相应结果可由点光源的解的线性叠加来得到.

投射到记录介质上的波是参考波 $A(x,y)$ 和一个简单球面波之和, 球面波为

$$a(x,y) = a_o \exp\left[jk\sqrt{z_o^2 + (x - \hat{x}_o)^2 + (y - \hat{y}_o)^2}\right], \tag{11-8}$$

其中 $(\hat{x}_o, \hat{y}_o)$ 是物点的 $(x,y)$ 坐标, $z_o$ 是它到记录平面的垂面距离. 用重现波 $A^*(x,y)$ 照射显影后的全息图, 得透射波分量

$$
\begin{aligned}
U_4(x,y) &= \beta'|A|^2 a^*(x,y) \\
&= \beta'|A|^2 a_o^* \exp\left[-jk\sqrt{z_o^2 + (x - \hat{x}_o)^2 + (y - \hat{y}_o)^2}\right],
\end{aligned}
\tag{11-9}
$$

它是向全息图在右侧距离为 $z_o$ 的实焦点会聚的一个球面波, 如图 11.3(c) 所示. 一个比较复杂的物体可看作由大量具有不同振幅和相位的点源组成的; 根据线性

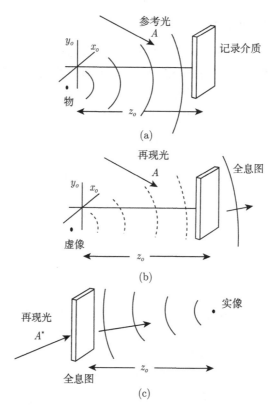

图 11.3　波前重现成像: (a) 记录一个点源物体的全息图; (b) 产生虚像; (c) 产生实像

性质, 每一个这样的点源都形成它自己的实像如上. 因此, 整个物体的实像就是用这种方式形成的.

注意, (11-9) 式描述的波的振幅正比于原来物点源振幅的共轭 $a_o^*$. 类似地, 对于更复杂的物体, 其全息图所形成的实像总是原来物振幅的复共轭. 这一相位变化并不影响像的强度, 但是在既要用到像的振幅又要用到像的相位的某些应用中, 这一点可能是重要的. 另外, 对于三维物体, 还有一些特殊效应, 我们以后会详尽说明.

应当再次强调, 在每种情况下我们都只考虑全息图透射波的 4 个分量中的一个. 如果通过适当选取参考波, 可以把不想要的分量加以削弱或把它与所需的像分离开来, 那么上述方法就可以接受, 否则, 透射光各分量的相互干扰必须考虑.

## 11.3　伽博全息图

根据上面的一般讨论, 现在来研究伽博原来提出和实现的那种形式的波前重现过程. 在 11.4 节我们转向它的改进形式, 此改进形式能改善它的成像本领.

### 11.3.1 参考波的来源

记录伽博全息图所需的光路如图 11.4 所示. 设物体是高度透明的, 其振幅透射率为

$$t(x_o, y_o) = t_o + \Delta t(x_o, y_o), \tag{11-10}$$

式中 $t_o$ 是一个很高的平均透射率, $\Delta t$ 表示在此平均值上下的变化, 并且

$$|\Delta t| \ll |t_o|. \tag{11-11}$$

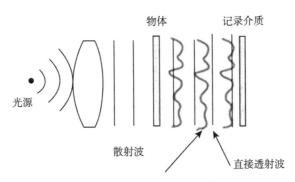

图 11.4　记录伽博全息图

当这样一个物体被图 11.4 所示的准直波相干照明时, 透射光由两个分量组成: ①由 $t_o$ 项透过的一个强而均匀的平面波, 以及②由透射率变化 $\Delta t(x_o, y_o)$ 形成的弱的散射波. 投射在离物体距离为 $z_o$ 处的记录介质上的光强可写成

$$\begin{aligned} \mathcal{I}(x, y) &= |A + a(x, y)|^2 \\ &= |A|^2 + |a(x, y)|^2 + A^* a(x, y) + A a^*(x, y), \end{aligned} \tag{11-12}$$

其中, $A$ 是平面波的振幅, $a(x, y)$ 是散射光在记录平面上的振幅.

因此, 物体的高平均透射率 $t_o$, 在某种意义上, 物体本身就提供了所需要的参考波. 直接透射光与散射光相互干涉产生一个强度图样, 这个图样既取决于散射波 $a(x, y)$ 的振幅也取决于其相位.

### 11.3.2 孪生像

假设显影后的全息图有一正比于曝光量的振幅透射率. 于是

$$t_{\text{A}}(x, y) = t_b + \beta'(|a|^2 + A^* a + A a^*). \tag{11-13}$$

现若用一具有均匀振幅 $B$ 的平面波垂直入射照明透明片, 则所产生的透射场振幅由四项之和组成:

$$Bt_A = Bt_b + \beta' B|a(x,y)|^2 + \beta' A^* Ba(x,y) + \beta' ABa^*(x,y). \tag{11-14}$$

第一项是直接通过透明底片的平面波, 它受到均匀衰减而未受散射. 第二项可忽略不计, 因为我们的假设 (11-11) 式, 意味着

$$|a(x,y)| \ll A. \tag{11-15}$$

第三项表示一个正比于原始散射波 $a(x,y)$ 的场分量. 这个波看起来是从原来物体的一个虚像(位于离透明底片距离为 $z_o$ 处) 发生的, 如图 11.5 所示. 同样, 第四项正比于 $a^*(x,y)$, 根据前面的讨论, 它将形成一实像, 位于透明底片的和虚像相反的另一面, 离透明底片的距离为 $z_o$(图 11.5).

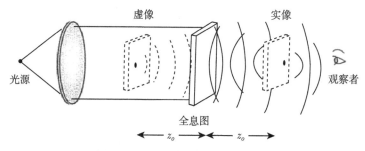

图 11.5　由伽博全息图形成孪生像

　　因此, 伽博全息图同时产生物体透射率变化 $\Delta t$ 的实像和虚像, 两个像的中心都在全息图的轴上. 我们把这两个像称为孪生像, 它们相隔距离为 $2z_o$, 并且有一相干背景 $Bt_b$ 伴随出现.

　　由 (11-14) 式我们注意到, 透明底片的正负使成像波相对于相干背景波有不同的符号 (对正片, $\beta'$ 为正; 对负片, $\beta'$ 为负). 另外, 对这两种情形中的任何一种, 实像波都是虚像波的共轭, 并且当这两个波中的一个与均匀背景干涉时, 发生进一步的衬度反转是可能的, 这随物的相位结构而定. 对一个具有恒定相位的物, 正的全息图透明片会产生一个正像, 负的全息图透明片产生一负像.

### 11.3.3　伽博全息图的局限性

　　伽博全息图具有某些弱点, 限制了它的应用范围. 最大的局限性也许是假定物体透明度很高以及随之而来的结果 (11-15) 式所带来的. 如果不采用这个假设, 那么全息图所透射的波还要多一个分量:

$$U_2(x,y) = \beta' B|a(x,y)|^2 \tag{11-16}$$

此分量将不可以忽略不计了. 事实上, 若物体的平均透射率很低, 这个分量可成为几个透射项中最大的透射项, 结果可能使较弱的像完全湮没. 因此, 用一张伽博全

息图, 只能对透明的背景上的不透明字母这样的物体成像, 而对不透明背景上的透明字母却不行. 这一限制严重妨碍了伽博全息图在许多可能的应用中的使用.

第二个严重的限制在于它产生重叠的孪生像, 而不是产生一个像. 问题并不在于出现两个像这件事本身, 而在于它们是不可分离的. 当对实像聚焦时, 总是伴随有一个离焦的虚像. 同样, 观察者对虚像聚焦的同时也看到由实像项引起的一个离焦像. 因此即使对于高透明物体, 其像的质量也将由于这个孪生像问题而降低. 为了消除或减少孪生像问题, 已提出了很多办法 (例如, 见文献 [230]), 其中包括伽博本人提出的一个办法 [124]. 所有这些方案中最成功的是利思和乌帕特尼克斯提出的方法 [222], 在下节中我们将详细讨论这个方法.

# 11.4 利思–乌帕特尼克斯全息图

利思和乌帕特尼克斯提出并演示了对伽博原来用的记录光路的一种改进形式, 它解决了孪生像问题从而极大地扩充了全息术的可应用性. 这种类型的全息图叫做利思–乌帕特尼克斯全息图, 亦称倾斜参考波全息图. 它与伽博全息图之间的主要差别是, 不靠由物体直接透射的光作参考波, 而是引入一束单独的不同的参考波. 并且, 参考波成一倾斜角射入, 而不是和物体–胶片轴共线.

这种全息图的首次成功演示(见文献 [222] 的报道) 是在没有激光光源的情况下实现的. 但是在这种方法与高相干性激光照明结合之后, 才显示出它的巨大潜力 [224,223].

## 11.4.1 全息图的记录

记录利思–乌帕特尼克斯全息图的一种可能的光路如图 11.6 所示. 来自照明点光源的光由透镜 $L$ 准直. 所得平面波的一部分射在物上, 设物为具有一般振幅透射率 $t(x_o, y_o)$ 的透明片. 平面波的第二部分投射到位于物的上方的棱镜 $P$ 上, 向下偏折, 与记录平面的法线成 $2\Theta$ 角①. 结果在记录表面上得到两束相干波之和, 一束是物体的透射光, 第二束是倾斜平面波. 入射到记录平面的振幅分布可以写为

$$U(x,y) = A\exp(-\mathrm{j}2\pi\alpha y) + a(x,y), \tag{11-17}$$

式中参考波的空间频率 $\alpha$ 由下式给出:

$$\alpha = \frac{\sin 2\Theta}{\lambda}. \tag{11-18}$$

---

① 把这个角叫做 $2\Theta$ 而不是 $\Theta$ 的理由, 在我们考察干涉条纹在厚乳胶中深度方向的取向时就会变得明显.

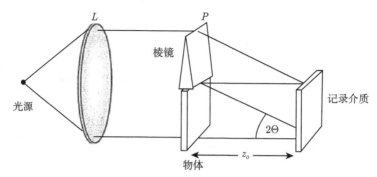

图 11.6　利思–乌帕特尼克斯全息图的记录

记录平面上的强度分布显然为

$$\mathcal{I}(x,y) = |A|^2 + |a(x,y)|^2$$
$$+ A^* a(x,y) \exp(\mathrm{j}2\pi\alpha y) + A a^*(x,y)\exp(-\mathrm{j}2\pi\alpha y). \tag{11-19}$$

把 $a(x,y)$ 明显地表示为振幅分布和相位分布, 就可以得到强度分布的另一个更能揭示其意义的表达式

$$a(x,y) = |a(x,y)| \exp[\mathrm{j}\phi(x,y)] \tag{11-20}$$

再合并 (11-19) 式的最后两项得到

$$\mathcal{I}(x,y) = |A|^2 + |a(x,y)|^2 + 2|A||a(x,y)| \cos[2\pi\alpha y + \phi(x,y)]. \tag{11-21}$$

这个式子表明, 来自物体的光的振幅和相位分别作为一个频率为 $\alpha$ 的空间载波的振幅调制与相位调制被记录下来. 若载波频率足够高 (必须高到什么程度下面就会看到), 由这幅干涉图样就可以毫无二意地恢复原来的振幅和相位分布.

### 11.4.2　获得重建像

通常使显影后的照相底版的振幅透射率正比于曝光量. 因此胶片的透射率可写为

$$t_{\mathrm{A}}(x,y) = t_b + \beta'[|a(x,y)|^2 + A^* a(x,y)\exp(\mathrm{j}2\pi\alpha y) + A a^*(x,y)\exp(-\mathrm{j}2\pi\alpha y)].$$
$$\tag{11-22}$$

为了方便, 我们把透射率的 4 项写成

$$t_1 = t_b, \quad t_3 = \beta' A^* a(x,y)\exp(\mathrm{j}2\pi\alpha y),$$
$$t_2 = \beta'|a(x,y)|^2, \quad t_4 = \beta' A a^*(x,y)\exp(-\mathrm{j}2\pi\alpha y). \tag{11-23}$$

暂且假设全息图由一束垂直入射、振幅为 $B$ 的均匀平面波照明, 如图 11.7 所示. 透过全息图的光场有四个不同的分量. 每一分量由 (11-23) 式中的一个透射率

项生成

$$U_1 = t_b B, \quad U_3 = \beta' B A^* a(x, y) \exp(\mathrm{j}2\pi\alpha y),$$
$$U_2 = \beta' B |a(x, y)|^2, \quad U_4 = \beta' B A a^*(x, y) \exp(-\mathrm{j}2\pi\alpha y). \tag{11-24}$$

场分量 $U_1$ 只是经过衰减的入射重现波, 因此它代表一个沿光轴传播的平面波. 第二项 $U_2$ 是在空间变化的, 因此具有和光轴成各种角度传播的各平面波分量. 但是, 很快就会更详细地看到, 若 $a(x, y)$ 的带宽比载波频率 $\alpha$ 小得多, 则 $U_2$ 波分量中的能量仍然非常靠近光轴, 从而在空间可与所感兴趣的像分离开来.

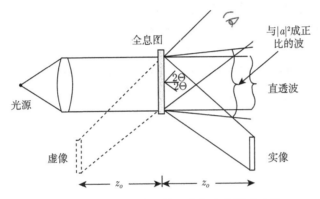

图 11.7　由利思–乌帕特尼克斯全息图重建像

波分量 $U_3$ 正比于原来的物波前 $a$ 乘以一个线性指数因子. 正比于 $a$ 就意味着该项将在透明片左侧相距 $z_o$ 处形成物体的一个虚像, 线性指数因子 $\exp(\mathrm{j}2\pi\alpha y)$ 表示这个虚像偏离光轴一个角度 $2\Theta$, 如图 11.7 所示. 同理, 波分量 $U_4$ 正比于共轭波前 $a^*$, 它表明在透明片右侧距离为 $z_o$ 处形成实像. 线性指数因子 $\exp(-\mathrm{j}2\pi\alpha y)$ 的存在说明实像偏离光轴一个角度 $-2\Theta$, 这也可在图 11.7 中看到.

从上述结果推出的最重要的结论是: 虽然在这个重现过程中仍然生成孪生像, 但它们彼此之间有一个角分离, 并且和波分量 $U_1$ 及 $U_2$ 也是分开的. 这种分离是由于采用了具有一偏角的参考波, 的确, 要成功地使孪生像相互分开, 就要使物波与参考波之间的夹角大于某一下限 (这个最小参考角下面将更详细讨论). 只要这个角超过最小参考角, 这对孪生像就不再相互干扰也不被其他波分量干扰.

另外要注意, 由于这两个像可以在物透明片产生的相干背景不出现的条件下观察, 于是 (11-24) 式中分量波 $U_3$ 及 $U_4$ 所带的特定符号就无所谓了. 透明片可正可负, 每种情况下都得到一个正像. 由于实际的原因, 一般都宁可直接采用负片, 以避免制作透明正片所需的两步过程.

最后应当指出, 我们是选用垂直入射的平面波来照明全息图, 这个平面波既不是初始参考波的复现也不是它的复共轭, 但我们仍然同时得到一个实像和一个虚像. 显然我们关于重现照明所需性质所设的条件是过于严格了. 但是当我们考虑乳胶厚度对重现的波前的影响时, 重现照明的精确性质就变得更为重要了. 在 11.7 节将会讨论到, 这时将严格要求全息图由原参考波的精确复制品照明以得到一个像, 而用参考波的复共轭照明以得到另一个像.

### 11.4.3　最小参考角

我们回过头看图 11.7 的重现光路, 如果要使孪生像彼此分开并和光轴近旁的透射光分开, 那么参考光束相对于物光束的偏角 $2\Theta$ 必须要大于某一最小角 $2\Theta_{\min}$. 为了求出这个最小角值, 只要确定最小载波频率 $\alpha$, 它能使 $t_3$ 和 $t_4$(即全息图透射的虚像和实像项) 的空间频谱不至互相重叠, 并且与 $t_1$ 和 $t_2$ 的谱也不相互重叠就足够了. 如果频谱不重叠, 那么原则上可以用一个正透镜对全息图振幅透射率进行傅里叶变换, 在焦面上用适当的光阑消除不需要的频谱分量, 然后进行第二次傅里叶变换以得到所要的那一部分透射光生成孪生像①.

考虑 (11-23) 式中列出的各个透射率项的空间频谱. 忽略全息图的有限孔径, 我们直接有

$$G_1(f_X, f_Y) = \mathcal{F}\{t_1(x, y)\} = t_b \delta(f_X, f_Y). \tag{11-25}$$

利用自相关定理, 还有

$$G_2(f_X, f_Y) = \mathcal{F}\{t_2(x, y)\} = \beta' G_a(f_X, f_Y) \star G_a(f_X, f_Y) \tag{11-26}$$

其中 $G_a(f_X, f_Y) = \mathcal{F}\{a(x, y)\}$, 而 $\star$ 表示自相关运算. 最后有

$$G_3(f_X, f_Y) = \mathcal{F}\{t_3(x, y)\} = \beta' A^* G_a(f_X, f_Y - \alpha)$$
$$G_4(f_X, f_Y) = \mathcal{F}\{t_4(x, y)\} = \beta' A G_a^*(-f_X, -f_Y - \alpha).$$

现在注意, $G_a$ 的带宽和物的带宽相同, 因为这两个频谱的差别仅在于传播现象的传递函数, 而这个传递函数 (忽略掉截止的消逝波) 是 (3-74) 式那种纯相位函数. 假定物没有高于 $B/2$ 线对/mm 的空间频率分量. 于是频谱 $|G_a|$ 可能如图 11.8(a) 所示. 相应的全息图透射率的频谱示于图 11.8(b) 中. $|G_1|$ 项只不过是 $(f_X, f_Y)$ 平面原点上的一个 $\delta$ 函数. $|G_2|$ 项正比于 $|G_a|$ 的自相关函数, 其频率扩展到 $\pm B$. 最后 $|G_3|$ 简单地正比于 $|G_2|$, 且中心频率移到 $(0, \alpha)$, 而 $|G_4|$ 则正比于 $G_a$ 的镜像, 中心位于频率 $(0, -\alpha)$.

考察图 11.8(b) 可知, $|G_3|$ 和 $|G_4|$ 可以和 $|G_2|$ 分开的条件为

---

① 实用上很少用空间滤波操作来分离孪生像. 如果参考角满足这里推导出的要求, 那么两个像由于各自的分量波有不同的传播方向 (参见图 11.7) 自然会分开. 然而空间滤波的论据的确为寻求两个像分离所需的充分条件提供了一个概念上很简单的方法.

$$\alpha \geqslant 3B/2 \tag{11-27}$$

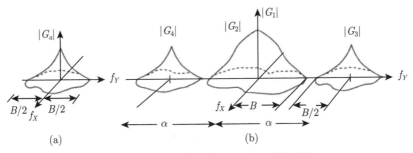

图 11.8　(a) 物的频谱; (b) 全息图的频谱

上式可等价地写为

$$\sin 2\Theta \geqslant 3B\lambda/2. \tag{11-28}$$

显然可容许的最小参考角为

$$2\Theta_{\min} = \arcsin(3B\lambda/2). \tag{11-29}$$

　　当参考波比物波强得多时, 这个要求可以减弱一些. 从物理上看, $G_2$ 项是由来自物的每一点和来自物的所有其他点的光的干涉所产生的, 而 $G_3$ 和 $G_4$ 都是参考波和物波的干涉所引起的. 当物波大大弱于参考波 (即 $|a| \ll |A|$) 时, $G_2$ 项的大小要比 $G_1, G_3$ 或 $G_4$ 小得多, 可忽略不计. 这时最小参考角只要使 $G_3$ 和 $G_4$ 彼此分离就行了, 或

$$2\Theta_{\min} = \arcsin(B\lambda/2). \tag{11-30}$$

### 11.4.4　三维景物全息术

　　1964 年, 利思和乌帕特尼克斯报告了他们首次成功地把全息术推广到三维成像 [224]. 这一努力的成功在很大程度上应归功于得到了具有极好的时间和空间相干性的 He-Ne 激光器作光源.

　　图 11.9(a) 画出了用来记录三维景物的全息图的一般光路安排. 用相干光照明待摄景物. 同时, 照明光束的一部分射到一块在景物旁边的 "参考波" 反射镜上. 由这块反射镜反射的光直接照到照相底版上, 它就作为参考波与从景物本身反射的光相干涉. 这样照相底版就记录了三维景物的一个全息图.

　　为了重现景物的三维像, 我们推荐两种不同的光路, 一个用来观察虚像, 另一个用来观察实像. 如图 11.9(b) 所示, 为了看到虚像, 我们用精确复现的原始参考波照明全息图. 这时虚像看上去位于照相底版后面的三维空间内, 与物原来所处位置完全一致. 因为原来入射到底版上的波前在重现的过程中被复现, 所以这个像保留了物的全部三维特性. 特别是, 观察者只要改变观看的位置或透视关系, 即可看到前排物体后面的东西.

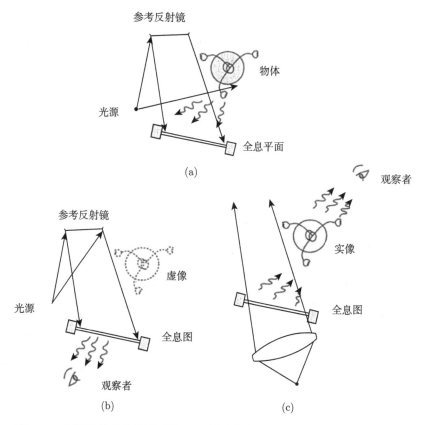

图 11.9   三维景物的全息术成像. (a) 记录全息图; (b) 重现虚像; (c) 重现实像

要最好地观察实像, 需用一种不同的方式照明全息图. 令这时的重现波在所有方面除了一点之外都是参考波的复现, 这唯一的不同点就是重现波向着原来的参考波源位置逆向传播, 就像记录过程中时间反演了似的. 这个波可以叫做 "反参考波", 可想象成是在全息图上每一点参考波的本地矢量 $\vec{k}$ 的倒转方向而得到的. 这样得到的重现波的场的复分布是原来的参考波的复共轭, 即 $A^*(x,y)$. 在这样的照明下实像形成于照相底版与观察者之间的空间中, 如图 11.9(c) 所示. 对三维物体而言, 此实像所具有的某些性质使它在许多应用中不如虚像有用. 首先, 物体上离照相底版最近的点 (即离原来景物的观察者最近的点) 在重现出的实像中仍离照相底版最近, 但在这时却是离观察者最远(图 11.9(c)). 因此对观看实像的观察者来说, 视差关系不再是原来物体的视差关系, 看到的像仿佛是 "由内向外的", (给人以某种古怪的感觉, 只有亲自观察后才能充分体会). 这种像称为凹凸反转像, 而具有正

常视差关系的像 (就像前述的虚像) 则称为凹凸正常像.

实像的第二个缺点是, 若将照相底片直接插入该像内以求直接记录实像, 实验者立刻会发现 (对一个合理大小的全息图), 景深一般是如此之小, 以至于不能得到一个可辨认的记录. 若只照明全息图的一小部分, 这个问题可以减轻一些, 这时景深增大了, 可以记录到一个能用的二维像. 如果照明光斑在全息图上移动, 那么二维像的透视点明显会变化. 于是一张大全息图的每一小区域都能够产生与原始景物具有不同透视点的一个实像!

图 11.10 是漫反射三维景物全息图的一部分的照片. 注意, 从记录在全息图上的结构中辨认不出任何东西. 事实上, 大部分可观察到的结构都与重现无关, 这样说的意义是指这种结构是由光学仪器中的瑕疵 (如反射镜和透镜上的尘埃微粒) 产生的. 产生重现像的结构过于精细, 在这幅照片中分辨不出来.

图 11.10   漫反射三维情景的全息图的局部照片

为了说明重现像的真正三维特性, 我们看图 11.11, 它给出虚像的两张照片. 在图 11.11(a) 中相机聚焦在虚像的背景上, 背景上的标牌非常清晰, 而在前排的小塑像则因离焦而模糊不清, 并且注意马尾巴遮蔽了的马影子的头部. 现在把相机重新聚焦到前排景物, 并移动一下以改变透视点, 结果如图 11.11(b) 所示. 现在前排景物清晰了而背景离焦了, 马尾巴不再遮蔽马影子的头部, 这是改变透视中心点的结果. 于是相机已经依靠简单的横向运动成功地看到尾巴后面的情况.

### 11.4.5   全息术的实际问题

任何一个实际从事全息术的人都会面对一些问题, 为了成功制作出全息图这些问题必须解决. 为了更熟悉全息术的实际工作, 读者要参阅文献 [307].

历史上, 激光出现之前的光源的极短的相干长度严格限制了可以记录的到的全息图的类型. 现今可用高质量激光光源在很大程度上解决这个问题. 但是, 实验者仍须采取某些预防措施, 因为激光的相干性并非完美. 例如, 一个好的做法是, 测量参考波束和物波束从光源到照相底版的传播距离, 并使它们的长度尽可能接近.

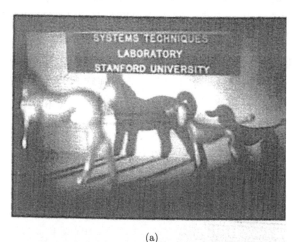

(a)

(b)

图 11.11　显示由一张全息图重现的虚像的三维特性的照片

全息图记录过程是干涉法的实际应用. 像做任何干涉实验一样, 要记录到清晰明锐的干涉条纹, 重要的是在曝光期间相互干涉的光的光程差必须稳定在一个光波波长的几分之一的范围内. 激光光源有效功率越高, 所需的曝光时间越短, 对稳定性的要求就越不严格. 所需的曝光时间取决于许多因素, 包括物体的透射率或反射率, 有关的距离和光路, 以及用来记录全息图的特定胶片或底版. 脉冲持续时间短到几纳秒的脉冲激光器已在某些场合下使用, 而长达数小时的连续波曝光也已用于某些情形.

记录三维景物全息图有一些最苛刻的实验要求. 这种情形需要具有极高分辨率的照相乳胶(关于这一问题的更全面的讨论见 11.8 节), 而高分辨率乳胶极不灵敏也是确定无误的.

另一个相当重要的问题是照相记录材料的有限的动态范围. 振幅透射率与曝光量之间的关系曲线只在曝光量的有限范围内是线性的. 平均曝光量最好选在这个线性区域的中点. 但是, 如果物体是一块结构相当粗的透明片, 那么全息图上就会有显著的区域曝光量远远超出线性区域. 可以预料, 这种非线性的后果将是重现像的像质下降 (进一步的讨论见 11.10.2 节). 用最早由利思和乌帕特尼克斯演示的方法 [224], 动态范围问题可以在很大程度上得到克服. 物体由一漫射体照明, 这使得经过物体任一点的光都分散开来覆盖整个全息图. 因此物体上的一个亮点不再在部分全息图上产生一个强菲涅耳衍射图样, 而是给出一个更均匀的光的分布. 伴随着曝光图样的动态范围, 这种有益的缩小还有另一个好处: 因为每一个物点对全息图上每一点都有贡献, 所以仅通过全息图的一部分观看重现像的观察者总会看到完整的像. 可以预料到, 这个虚像看起来是由漫射光从背后照明的.

## 11.5  像的位置和放大率

迄今我们主要考察了准直的波长相同的参考波和重现波. 在实际工作中, 这些波更一般地是由空间一个特定点发出或向空间一特定点会聚的球面波, 有时还具有不同的波长. 因此本节用来对这个更一般的情况下的全息术成像过程作一个分析. 从确定像的位置开始, 然后用这些结果求出这个成像过程特有的轴向放大率和横向放大率. 最后以一个例子结束.

### 11.5.1  像的位置

参看图 11.12(a), 我们假定参考波由位于坐标 $(x_r, y_r, z_r)$ 处的点源产生. 因为物振幅到像振幅的变换是线性的, 若参考波偏角足够大使得孪生像能够彼此分开, 也能与透射光中其他不想要的项分开, 那么只要考虑位于坐标 $(x_o, y_o, z_o)$ 的单一物点源就足够了. 由该图我们注意到, 对应于我们对坐标系中心位置的选择, 位于全息图记录平面左边的点源的 $z_r$ 和 $z_o$ 是负数 (即相应于发散球面波), 位于该面右边的点源的 $z_r$ 和 $z_o$ 是正数 (即相应于会聚波面波).

重现阶段如图 11.12(b) 所示, 假定全息图由一来自坐标为 $(x_p, y_p, z_p)$ 的点源发出的球面波照明. $z_p$ 为负仍然对应于一个发散球面波, $z_r$ 为正对应于一个会聚球面波.

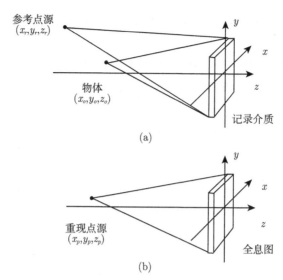

图 11.12　一般化的 (a) 记录光路与 (b) 重现光路

为了适用于尽可能普遍的情况, 我们允许记录过程和重现过程可以用不同波长的辐射. 例如, 微波全息术就是这种情形, 这种全息术中全息图用微波记录, 而用可见光重现. 记录波长用 $\lambda_1$ 表示, 重现波长用 $\lambda_2$ 表示.

我们的分析将为给定坐标处的一个物点源确定对应的 (孪生) 像的位置的傍轴近似. 一个扩展的相干物体可看成许多互相干的点源的集合.

利用对所涉及的球面波的二次相位近似[①], 投射到记录平面上的总场可表示为

$$U(x,y) = A\exp\left[-\mathrm{j}\frac{\pi}{\lambda_1 z_r}[(x-x_r)^2 + (y-y_r)^2]\right]$$
$$+ a\exp\left\{-\mathrm{j}\frac{\pi}{\lambda_1 z_o}[(x-x_o)^2 + (y-y_o)^2]\right\}, \tag{11-31}$$

式中 $A$ 和 $a$ 是代表两个球面波的振幅和相位的复常数. 两个波的干涉图样中相应的强度分布为

$$\mathcal{I}(x,y) = |A|^2 + |a|^2$$
$$+ Aa^*\exp\left\{-\mathrm{j}\frac{\pi}{\lambda_1 z_r}[(x-x_r)^2 + (y-y_r)^2] + \mathrm{j}\frac{\pi}{\lambda_1 z_o}[(x-x_o)^2 + (y-y_o)^2]\right\}$$
$$+ A^*a\exp\left\{\mathrm{j}\frac{\pi}{\lambda_1 z_r}[(x-x_r)^2 + (y-y_r)^2] - \mathrm{j}\frac{\pi}{\lambda_1 z_o}[(x-x_o)^2 + (y-y_o)^2]\right\}. \tag{11-32}$$

---

[①] 注意: 发散球面波的指数中有一负号, 而过去它们有正号. 这是因为这里用的 $z$ 值是负的, 而以前它们是正的. 下面的规则仍然正确: 如果指数总的符号是正的, 球面波发散; 如果指数总的符号是负的, 球面波会聚.

如果显影后的透明片的振幅透射率正比于曝光量, 那么透射率的重要的两项为

$$t_3 = \beta' Aa^* \exp\left\{-\mathrm{j}\frac{\pi}{\lambda_1 z_r}[(x-x_r)^2 + (y-y_r)^2] + \mathrm{j}\frac{\pi}{\lambda_1 z_o}[(x-x_o)^2 + (y-y_o)^2]\right\}$$

$$t_4 = \beta' A^* a \exp\left\{\mathrm{j}\frac{\pi}{\lambda_1 z_r}[(x-x_r)^2 + (y-y_r)^2] - \mathrm{j}\frac{\pi}{\lambda_1 z_o}[(x-x_o)^2 + (y-y_o)^2]\right\}.$$
(11-33)

重现时全息图用一个球面波照明, 该球面波在傍轴近似条件下由下式描述:

$$U_p(x,y) = B \exp\left\{-\mathrm{j}\frac{\pi}{\lambda_2 z_p}[(x-x_p)^2 + (y-y_p)^2]\right\}.$$
(11-34)

使 (11-33) 和 (11-34) 两式相乘, 得到透明片后有意义的两个波前为

$$U_3(x,y) = t_3 B \exp\left\{-\mathrm{j}\frac{\pi}{\lambda_2 z_p}[(x-x_p)^2 + (y-y_p)^2]\right\}$$

$$U_4(x,y) = t_4 B \exp\left\{-\mathrm{j}\frac{\pi}{\lambda_2 z_p}[(x-x_p)^2 + (y-y_p)^2]\right\}.$$
(11-35)

为了判明这些透射波的性质, 我们必须考察它们对 $(x,y)$ 的依赖关系. 由于只有 $x$ 和 $y$ 的线性项和二次项出现, 这两个表达式 $U_3$ 和 $U_4$ 可以看成离开全息图的球面波的二次相位近似. 线性项的出现不过表明这两个波的会聚点 (实像) 或发散点 (虚像) 不在 $z$ 轴上. 要确定的只是这些实像或虚像会聚点的确切位置.

既然从全息图发出的波是由二次相位指数函数之积给出的, 那么它们自身一定可以表示成二次相位指数函数. 因此, 把展开后的 (11-35) 式与下述形式的二次相位指数函数相比较

$$U_i(x,y) = K \exp\left\{-\mathrm{j}\frac{\pi}{\lambda_2 z_i}[(x-x_i)^2 + (y-y_i)^2]\right\}.$$
(11-36)

就可求得像点的坐标 $(x_i, y_i, z_i)$. 从 $x$ 和 $y$ 的二次项的系数, 可以得出, 像点的轴向距离 $z_i$ 为

$$z_i = \left(\frac{1}{z_p} \pm \frac{\lambda_2}{\lambda_1 z_r} \mp \frac{\lambda_2}{\lambda_1 z_o}\right)^{-1}$$
(11-37)

其中上面一组符号适用于一个成像波, 下面一组符号适用于另一个成像波. 当 $z_i$ 为负时, 像是虚像, 位于全息图左侧; 当 $z_i$ 为正时, 像是实像, 位于全息图右侧.

令 (11-35) 和 (11-36) 两式中 $x$ 和 $y$ 的线性项相等, 即可得到像点的 $x$ 和 $y$ 坐标, 结果是

$$x_i = \mp\frac{\lambda_2 z_i}{\lambda_1 z_o}x_o \pm \frac{\lambda_2 z_i}{\lambda_1 z_r}x_r + \frac{z_i}{z_p}x_p$$

$$y_i = \mp \frac{\lambda_2 z_i}{\lambda_1 z_o} y_o \pm \frac{\lambda_2 z_i}{\lambda_1 z_r} y_r + \frac{z_i}{z_p} y_p. \tag{11-38}$$

(11-37) 和 (11-38) 两式给出了一个基本关系, 使我们能够预测全息术所产生的点源像的位置. 两个像可以是一实一虚, 也可以都是实像或都是虚像, 视空间光路而定 (见习题 11-2).

### 11.5.2  轴向放大率和横向放大率

全息术的轴向放大率和横向放大率现在可由上面导出的像的位置的方程求出. 容易看出, 横向放大率为

$$M_t = \left| \frac{\partial x_i}{\partial x_o} \right| = \left| \frac{\partial y_i}{\partial y_o} \right| = \left| \frac{\lambda_2 z_i}{\lambda_1 z_o} \right| = \left| 1 - \frac{z_o}{z_r} \mp \frac{\lambda_1 z_o}{\lambda_2 z_p} \right|^{-1}. \tag{11-39}$$

相仿地, 轴向放大率为

$$M_a = \left| \frac{\partial z_i}{\partial z_o} \right| = \left| \frac{\partial}{\partial z_o} \left( \frac{1}{z_p} \pm \frac{\lambda_2}{\lambda_1 z_r} \mp \frac{\lambda_2}{\lambda_1 z_o} \right)^{-1} \right| = \frac{\lambda_t}{\lambda_2} M_t^2. \tag{11-40}$$

注意: 一般情况下, 轴向放大率与横向放大率并不相同. 这在考虑三维物体成像时 (不久就要讨论这个题目) 是很重要的, 因为这两个放大率的差异会产生像的三维畸变. 有另外一个参数可用来减轻这种畸变, 即可以在记录过程与重现过程之间改变比例尺. 例如, 如果全息图是用微波或声波生成的, 就可以按我们选择的任意比例尺画出全息图, 记录出一张有放大或缩小的全息图透明片. 如果 $m$ 是记录全息图时的放大率 ($m > 1$) 或缩小率 ($m < 1$), 则可以证明横向放大率和轴向放大率取以下形式:

$$M_t = m \left| 1 - \frac{z_o}{z_r} \mp m^2 \frac{\lambda_1 z_o}{\lambda_2 z_p} \right|^{-1}, \tag{11-41}$$

$$M_a = \frac{\lambda_1}{\lambda_2} M_t^2. \tag{11-42}$$

### 11.5.3  一个例子

考察一个例子, 在微波波谱范围内以波长 $\lambda_1 = 10\text{cm}$ 记录全息图, 而在可见光光谱范围内以 $\lambda_2 = 5 \times 10^{-5}\text{cm}$ 重现像. 图 11.13 表明这个实验怎样做. 一个微波源照射一个具有变化的微波透射率的物体, 也许就是一个部分吸收微波的三维结构. 另一个与之互相相干的微波源发出参考波, 参考波与物体衍射的辐射发生干涉. 在某一距离外, 一个具有喇叭形微波天线的扫描装置测量照射到一个较大的孔径上的微波强度. 为明确起见, 假定被扫描的孔径的大小为 $10\text{m} \times 10\text{m}$. 在微波喇叭形扫描天线上附加一个灯泡, 它的驱动电流与被扫描孔径内每点的入射微波功率成正比.

当灯泡在微波孔径上扫描时, 一个相机记录下灯泡的照度图样的定时曝光量, 这一记录下来的照片产生一个光学透明片, 把它送入一个光学系统, 并用上面说的可见光波长照明.

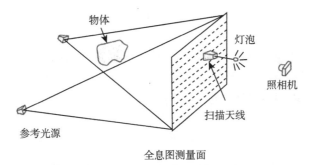

图 11.13 记录微波全息图. 提供物体照明和参考照明的微波源来自同一个微波信号发生器以确保相干性

如果我们设想一个物理上不可能的情况: 照相透明片的大小与整个被扫描的微波孔径相同, 并且假设在记录过程中的微波参考波是平面波 ($z_r = \infty$), 并且光学重现波也是平面波 ($z_p = \infty$), 则由 (11-39) 和 (11-40) 式得到以下的横向放大率和轴向放大率:

$$M_t = 1,$$
$$M_a = 2 \times 10^5.$$

从这些数值可以看到, 由于横向放大率比轴向放大率小 5 个数量级以上, 所成像会出现极大的畸变.

现假设我们修正这个实验: 照片用光学方法缩小到每边边长仅为 50μm, 这相当于缩小率为 $m = \lambda_2/\lambda_1 = 5 \times 10^{-6}$. 仍然假定参考波与重现波都是平面波. 这时求得横向放大率和轴向放大率为

$$M_t = 5 \times 10^{-6},$$
$$M_a = 5 \times 10^{-6}.$$

于是我们看到, 依靠用波长比来标度全息图, 使得两个放大率变成相等, 从而消除了三维畸变. 遗憾的是, 在这个过程中, 像被变得如此之小 (只有原物的 $5 \times 10^{-6}$ 倍), 可能需要一个显微镜束考察它, 而这时显微镜又将引入与从全息过程所消除的畸变相仿的畸变.

上面的例子一定程度上只是人为的设想, 但它的确说明了一些问题, 这些问题在记录波长和重现波长显著不同时会遇到. 声全息术和微波全息术常常属于这种

情形. 对于用很短的波长 (如光谱的紫外和 X 射线区域) 生成的全息图来说, 问题将反过来, 这时全息图大小必须放大以避免畸变.

# 11.6  不同类型的全息图简介

现在转而简要地介绍各种不同类型的全息图. 全息图可以按照许多不同的特性来区分, 这导致了相当混乱的全息图分类系统, 在这种分类系统中, 给定的一张全息图事实上可以同时被适当地归到两种或更多种不同的类别. 只要能够理解不同类别的含义, 这也没有什么根本的错误. 本节下面讨论的内容不包括按 "薄" 和 "厚" 来分类, 这只是因为这一区别将要在后面几节中详细讨论.

## 11.6.1  菲涅耳全息图、夫琅禾费全息图、像全息图和傅里叶全息图

我们讨论的第一种分类方法是根据物与记录全息图的照相干板之间的衍射或成像条件来区分的. 于是, 如果记录干板位于被照明物体的菲涅耳衍射区内, 就称这个全息图为菲涅耳全息图; 反之, 如果从物体到全息图平面的变换用夫琅禾费衍射公式描述最合适, 那么这张全息图就属于夫琅禾费全息图.

在某些情况下, 全息图是在像平面上记录的, 这样的全息图称为像全息图. 像全息图最常用在物体是三维但在第三维方向上的纵深不是很深的情况下, 可使物体的中间 (沿第三维方向的中间面) 聚焦在照相干板平面上, 由这个全息图所获得的再现图像看起来好像漂浮在全息图上, 物的一部分从全息图上向前伸展而另一部分向后延伸.

主要适用于透明物体的一类全息图称为傅里叶全息图, 这种全息图的记录干板放在物振幅透射率的傅里叶变换平面内. 这时, 将垂直照明的物透明片放在透镜的前焦面上, 将记录干板放在透镜的后焦面上, 两个平面上的光场之间是傅里叶变换关系. 对这样一张全息图, 来自物上每一个点的光与参考光束 (假设是平面波) 发生干涉, 产生正弦条纹, 其空间频率矢量是该物点独有的. 这种从物点到具有唯一空间频率的正弦条纹的变换是傅里叶变换全息图的特征. 为了观看重现图像, 可以把全息图放在正透镜之前, 用垂直入射的平面波照明, 就可以在后焦面上找到图像. 注意, 对这样的全息图, 一对孪生像将会聚焦在同一个平面上, 这用 (11-37) 式可以证明.

最后, 对于透明物体, 有时还会提到这样一种全息图, 称为无透镜傅里叶变换全息图. 这个叫法并不妥当, 因为在光路中通常还是要用一块透镜, 但不是通常的傅里叶变换光路中用的傅里叶变换透镜. 而是如图 11.14 所示, 用来使参考波聚焦于物透明片平面上, 然后不通过任何光学元件直接发散到记录干板上. 同样, 透过物的波也传播到记录干板上, 没有任何光学元件介入. 然后记录下干涉图. 物体和

全息记录平面之间的距离并不重要. 尽管事实上并没有发生傅里叶变换, 在这样的全息图的名称中加上傅里叶变换字样的原因可以这样来理解, 即其干涉图样是由物体上的单个点发出的光所生成的. 物波和参考波都是具有同样曲率的发散球面波, 结果, 在它们相干涉时, 其强度图样 (在傍轴近似下) 是一组正弦条纹, 条纹的空间频率矢量是该物点独有的. 这和真正的傅里叶变换全息图的性质完全相同, 因此这种全息图的名字中带有傅里叶这个词. 这种全息图和真正的傅里叶变换全息图之间的差别在于不同的正弦条纹的空间相位, 在这种全息图的情况下正弦条纹的相位并不是物体的傅里叶变换的相位. 这种全息图透射的光场用正透镜作傅里叶变换, 也可以观察到一对孪生像. 如果这个全息图用平面再现波照明, 仍有两个像出现在变换透镜的焦面上.

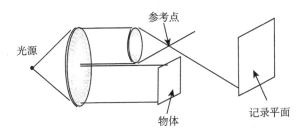

图 11.14　无透镜傅里叶变换全息图的记录

　　从物点到定常频率的正弦条纹的编码 (变换) 应当和菲涅耳全息图对比, 在菲涅耳全息图中, 每个物点被编码为具有全部所出现的空间频率的啁啾正弦条纹 (正弦波带片) 的一部分. 傅里叶变换全息图和无透镜傅里叶变换全息图最有效地利用了全息图的空间带宽积.

### 11.6.2　透射全息图和反射全息图

　　迄今为止讨论的全息图大部分是透射型的, 就是说我们是在全息图透射的光中观看再现像. 这种全息图对再现过程中所用光波的波长是比较宽容的 (虽然具体的宽容度大小还取决于感光胶的厚度), 即不用和曝光时完全相同的波长, 也可以得到一个亮的再现像. 但是这也使得用白光照明透射全息图时产生色模糊, 因此对光源进行某种程度的滤色一般是需要的.

　　另一类重要的全息图是反射全息图, 这种全息图的再现像在全息图反射的光中观看. 用得最广泛的一种反射全息图是 Y. Denisyuk 于 1962 年发明的 [89]. 记录这种全息图的方法如图 11.15(a) 所示. 这时只有一个照明光束, 它既提供了物的照明, 同时也提供了参考光束. 如图所示, 物是穿过全息干板被照明的. 入射光束首先落在全息乳胶上, 它在这里起着参考波的作用. 然后它穿过照相干板, 照明一个通常是三维的物. 光线从物上向后散射到记录干板上, 并且在近似与原来的入射方向相反的方向上透过乳胶层. 在乳胶内, 两条光束干涉产生条纹极细密的驻波干涉图. 在 11.7 节将会看到, 在相互夹角为 $2\Theta$ 的两个方向上传播的两束平面波, 它们干涉生成的正弦条纹的周期由下式给出:

$$\Lambda = \frac{2\pi}{|K|} = \frac{\lambda}{2\sin\Theta}. \tag{11-43}$$

在反射全息图的情况下, $2\Theta = 180°$, 条纹周期是乳胶中的光波波长的一半①. 在 11.7 节中将会看到, 条纹的方向是参考波和物波传播方向夹角的平分线, 因而对于反射全息图, 条纹近似地平行于乳胶的表面.

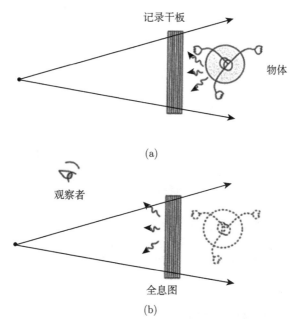

图 11.15  (a) 反射全息图的记录; (b) 在反射光中重现一个像

图 11.15(b) 表示如何观看反射全息图的虚像. 全息图由与原来的参考波完全一样的再现光照明, 产生物光波的再现波, 这时的再现波是反射波. 观察者观看反射波, 在全息图后面看到在物的原来位置上的虚像. 图 11.16 是用白光照明反射全息图所再现的虚像的照片.

反射全息图可以用白光照明, 是因为这种全息图对波长有高度选择性, 满足 Bragg 条件的波长被自动反射, 而别的波长不反射. 在这方面应当注意的是, 照相乳胶通常在化学处理和干燥期间会有些收缩, 因此这种全息图反射的光的颜色常常与记录过程中用的光的颜色不同. 例如, 用红光记录的全息图可能会反射绿光. 这种效应可以通过适当的化学方法有意使乳胶膨胀来补偿.

① 还要注意, 乳胶中的光波波长比真空中的光波波长小, 只有后者的 $1/n$, 对于 $n \approx 1.5$ 就是 $2/3$.

图 11.16 从反射全息图重现的虚像的照片

### 11.6.3 全息立体照片

在全息术发展比较早的阶段, 曾出现过几种想法, 要用全息过程将此前由常规照相方法记录的大量图像综合在一起, 通过立体视觉效应产生三维立体感. 在这些方案中, 全息术的作用是让观察者的左眼和右眼中看到的是从不同的透视关系拍摄的不同图像, 从而产生立体视觉效应. 这个过程以普通的摄影术开头, 原来的景物并不需要用激光照明, 这一事实是一个明显的优点. 只是在记录全息图的过程中才要求用激光, 见参考文献 [244], [88], [296].

记录这样的全息图的一种方法如图 11.17 所示 [88]. 从不同的水平位置对主体拍摄一系列黑白照片, 每张照片都有自己独有的透视关系. 然后每张照片都用激光投射到半透明屏幕上. 引入参考光束, 并且通过一条移动的狭缝记录全息图. 随着照片框的前进, 狭缝也跟着移动. 结果记录下大量一张接着一张的全息图, 每张全

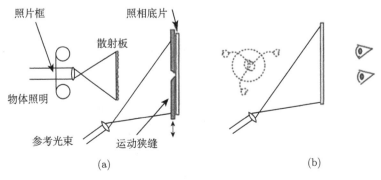

(a)          (b)

图 11.17 全息立体图的记录 (顶视图). (a) 记录全息图; (b) 观看重现像

息图能够重现出一张从不同的水平视角拍摄的原来的物体的像. 如果生成的整张全息图由与参考波完全一样的再现光照明, 那么观察者的每只眼睛将通过不同的窄条全息图观看, 因此每只眼睛将看到从不同的透视关系拍摄的对象, 通过立体视觉产生三维图像.

另一种方法 [296] 用厚全息图的角度复用技术, 将大量相互之间略有不同角度的全息图叠加在照相干板上. 每只眼睛从稍微不同的角度观看全息干板, 结果由于布拉格效应, 每只眼睛都可看到不同的重现图像, 最后产生三维图像.

### 11.6.4 彩虹全息图

S. Benton[33] 发明的**彩虹全息图**是显示全息术的一个重要进展. 这一发明提供了一种用白光照明观看全息图的方法, 它之所以能够做到这一点, 是以放弃一个维度上的视差信息为代价的, 以使透射全息图中色散引起的模糊最小化. 能够在白光下观看全息图像是使全息术适合于显示方面应用的极其重要的一步.

这种方法包括一个两步过程, 先做一张初始全息图, 然后用第一张全息图作为过程的一部分做第二张全息图. 这个过程的第一步是以通常方式, 特别是用单色光或近单色光记录一张三维景像的全息图, 如图 11.18(a) 所示. 来自参考光源 $R_1$

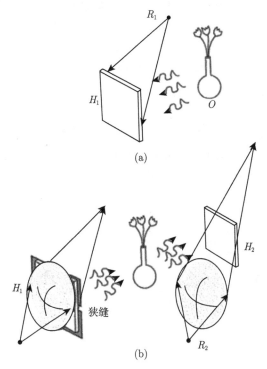

(a)

(b)

图 11.18　彩虹全息图. (a) 第一步记录过程; (b) 第二步记录过程

的光和物体 $O$ 散射来的光发生干涉, 生成全息记录 $H_1$. 这个记录用通常的方法处理, 得出一张全息图. 现在用一个单色的共轭参考光, 也就是除了传播方向相反外其余完全与原参考波一样的光波, 照明第一张全息图, 如图 11.18(b) 所示. 全息图 $H_1$ 产生原来物体的一个实像, 实像的位置和物体原来的位置重合.

现在, 在图 11.18(b) 的重建光路中引进一个新的元件, 即紧贴在全息图 $H_1$ 之后的一个很窄的水平狭缝. 通过这条狭缝的光再次重建出原来物体的一个实像, 但这一次垂直方向上的视差被消去了; 所生成的像是在这条狭缝所在的垂直位置上所看到的像. 生成这个实像后, 记录第二张全息图 $H_2$, 这一次是第一张全息图产生的像的全息图, 并且用新的参考波, 特别是一个会聚球面波. 记录过程中用的光仍是单色光. 干涉图样是光源 $R_2$ 发出的参考波和通过实像的焦点并继续前进到记录干板的光波之间的干涉生成的, 如图 11.18(b) 所示. 最后的全息图 $H_2$ 是这个过程生成的.

由上述方法得到的全息图现在用一个发散球面波照明, 这个发散球面波实际上是记录 $H_2$ 时从 $R_2$ 发出的会聚参考波的 "反参考波"(即共轭波), 如图 11.19(a) 所示.

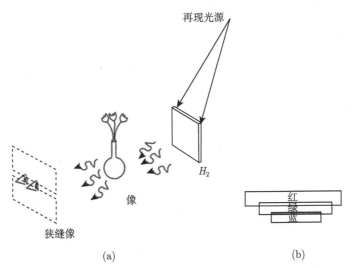

图 11.19　由彩虹全息图再现图像. (a) 再现光路; (b) 不同波长下的狭缝大小

全息图会生成原来的物体的一个实像[1], 但是在这个像后面靠近观察者那里也生成一个在记录全息图 $H_2$ 时引入的狭缝的像. 现在, 如果在这最后一步中用的再现光源发白光, 那么全息图的色散实际上将引起物和狭缝的像的模糊. 特别是, 再现光源的每个不同颜色的窄光谱带将在不同的竖直位置上生成狭缝的像 (并且有

---

[1] 因为这是膺像 (凹凸反转像) 的膺像 (凹凸反转像), 所以从观察者的透视角度看是无畸变的.

不同的放大率), 红光在竖直方向上衍射最多而蓝光衍射最少. 一个位于狭缝像的平面内的观察者事实上将通过一条狭缝 (它只对应于光谱中很窄的一条颜色带) 观看, 并且不会遇到这条光谱带以外的光. 因此再现像将显得没有色模糊, 而具有一种颜色, 具体的颜色取决于观察者眼睛在竖直方向的位置. 高个子观察者与矮个子观察者看到的像的颜色不同 (放大率也稍有不同). 因此, 加到全息图 $H_2$ 中的色散性质对于消除色模糊、允许用白光观看全息像是有利的. 如图 11.19(b) 所示, 狭缝的竖直位置和放大率两方面都随颜色的变化而变化.

### 11.6.5　合成全息图

另一类已被广泛用于显示目的的主要全息图类型是由 Lloyd Cross 发明的合成全息图[80]. 参考文献 [307] 中有对合成全息图过程的很好的描述.

过程开始于一序列的静态图像, 代表性的作法是用一架摄影机一个时刻照一张像. 图 11.20(a) 显示了这个过程. 物体放置在一个缓慢旋转的平台上, 拍摄静态照片序列, 典型的速率是物体每转动 1° 拍三幅. 这样一来对于提供 120° 视角的全息图来说, 就记录了 360 幅图像. 在转动过程中, 物体也许还要承受某些运动或者自身做运动, 这些运动最终会在观察物体过程中显示出来.

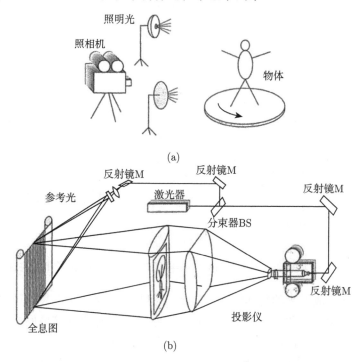

图 11.20　合成全息图的制作. (a) 记录静态图像序列; (b) 记录合成全息图. M 为反射镜, BS 为分束器. 参考波从上方到达记录平面

将用上述方法得到的照片序列用一个专门的投影机放映出来, 如图 11.20(b) 所示. 用激光器发出的光, 把图像投射到一个大柱面透镜上, 这个柱面透镜把光聚焦在记录全息图的胶片上成为垂直方向上的窄条. 与此同时, 分束器将一部分激光送到放映机的上方, 并聚焦到放映出的图像所在的同一窄条中, 提供一个在竖直方向上与物光束偏离一个角度的参考光束. 于是就对给定的一幅静态照片记录了在垂直方向上的一窄条全息图, 其载波频率矢量在竖直方向. 然后胶卷进到下一幅静态照片, 同时移动全息图胶片, 在胶片上曝光新的一条竖直窄条全息图, 通常相邻的两条全息图之间有部分重叠. 通过一系列这样的曝光, 记录了 360 条全息图. 注意, 每张静态照片, 因而每幅窄条全息图, 都含有在初始的照片拍摄过程中从不同的透视关系拍摄的图像信息.

为用处理后的全息图观看三维图像, 把全息图胶片卷成圆柱面形状, 并用白光光源从圆柱里面照明, 光源在竖直方向上置于适当的位置, 以得到记录时所用的参考角 (图 11.21). 为了避免像模糊, 要求用灯丝竖直布设的透明玻璃灯泡作照明光源. 观察者向全息图内看, 就会在圆柱内看到一个明显的三维图像. 全息光栅使照明的白光在竖直方向上发生色散, 红光比蓝光向下偏转更多. 向全息图内观看的观察者会自动做两个选择. 第一, 观察者的头所处的竖直位置, 会将他置于一个很窄的颜色谱范围内, 于是简单地依靠几何关系就可以实行滤色. 第二, 观察者的两只眼睛将通过合成全息图的不同区域观看, 因而主要是通过两条不同的窄条全息图观看, 每条全息图给出原来物体的一个不同视角的像. 结果, 立体视觉效应产生出三维物体的感觉. 随着观看者在水平方向上移动, 图像看起来在空间静止, 而透视关系则相应改变. 如果当原始平台旋转时物体做某种形式的运动, 那么随着观看者环绕全息图运动, 或者反过来随着全息图的旋转, 将会看到三维图像相应的运动. 注意, 和彩虹全息图的情况一样, 在再现像中竖直方向上没有视差, 即没有立体视觉感.

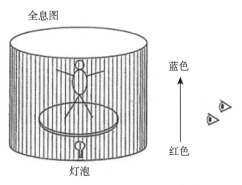

图 11.21 观看合成全息图的像

### 11.6.6  模压全息图

模压已经成为用于复制 CD 和 DVD 光盘的一种非常精密和先进的技术, 这两种光盘的结构尺寸与光波波长相当. 同一技术可以用来复制全息图, 和光学复制方法比较, 能够使成本大为降低. 能够廉价地生产全息图的能力, 导致了全息图的广泛应用, 例如, 在安全卡、信用卡、杂志、书刊以及有时在日用钞票等方面的应用. 我们在这里简述一下制作模压全息图的各个步骤.

这个过程的第一步是在光刻胶上记录感兴趣的物体的全息图. 适当地选择一种光刻胶, 其分辨率要充分满足手头的任务. 这一步通常采用功率相当大的氩离子激光器. 然后将曝光的光刻胶显影, 得到一个浮雕图案, 它构成光刻胶母全息图.

然后用电铸方法从光刻胶全息图上制作金属母版全息图. 在光刻胶表面喷上一层银, 使表面导电. 然后把这块母版和一根纯镍棒浸没在电镀槽内, 在电镀槽中通以电流, 将一薄层镍镀到光刻胶母版上. 然后将构成金属母版的镍层从光刻胶上剥离. 现在可以在第二次电铸过程中使用这块金属母版, 由这块原始母版制作出第二代金属母版. 这个过程可以重复多次, 制成许多金属母版, 在全息图复制过程中用作模压工作版.

有了这些金属工作版, 就可以开始模压. 模压方法有好几种, 包括平板模压、滚筒模压、热模压. 在所有这些情况下, 都要加热金属工作板提高其温度, 将全息图案压印到通常是聚酯的材料上. 常常还要使模压上的全息图案表面金属化制成反射全息图.

毫无疑问, 现有的全部全息图中最大量的是模压型的, 因为只有模压方法能够将复制全息图的成本降低到能够极大批量应用的水平.

## 11.7  厚 全 息 图

和声光空间光调制器(9.5 节) 一样, 全息图因其包含的最细条纹的周期和记录介质的厚度之间关系的不同而有不同的性质. 因此通常根据这个关系把全息图分为厚全息图和薄全息图. 像声光空间光调制器中的声波一样, 全息图是一个光栅. 但是和声光空间光调制器不同, 这个光栅是静止的而不是动态的, 并且根据其曝光条件以及它所受的照相冲洗过程的不同, 全息图还可以是高吸收、部分吸收或非吸收型的.

考虑一张由单个正弦光栅构成的全息图, 光栅面垂直于乳胶表面. 它是一个厚光栅还是一个薄光栅, 取决于 (9-27) 式中的参数 $Q$ 的值, 我们将这个式子重写在下面:

$$Q = \frac{2\pi\lambda_o d}{n\Lambda^2}, \tag{11-44}$$

式中 $\lambda_o$ 是再现时用的光在真空中的波长, $n$ 是乳胶显影定影后的折射率, $\Lambda$ 是正弦光栅的周期, $d$ 是乳胶的厚度. 仍然当 $Q > 2\pi$ 时认为该光栅是 "厚" 光栅, $Q < 2\pi$ 时为 "薄" 光栅.

全息术中最常用的照相干板乳胶的厚度为 $15\mu\mathrm{m}$ 量级, 全息图中形成的条纹, 根据参考波和物波之间夹角的不同, 其宽度只有几个光波波长, 有时小到半个波长. 所以任何对全息图平面具有明显张角的物的全息图, 将至少包含一些展现出厚光栅性质的条纹. 因而在大多数情况下都必须考虑布拉格衍射效应.

在这一节里, 我们更详细地考虑由全息过程记录的光栅的性质, 以及从这种光栅得到高衍射效率所提出的要求. 最后确定厚全息图的衍射效率, 并将它与薄全息图的衍射效率进行比较. 对这个题目的出色且更为详尽的讨论见文献 [324].

### 11.7.1　记录体全息光栅

考虑非常简单的情况: 一个平面参考波和一个平面物波入射到厚度不可忽略的乳胶上. 可以认为这两个波生成一个简单的全息光栅.

参看图 11.22, 为简单起见假设这两束光的波法线 (用箭头表示并指向两个波的 $\vec{k}$ 矢量方向) 都与乳胶表面法线成 $\Theta$ 角. 波前或相继的零相位线都画成虚线; 任何一个波的波前之间的垂直距离都是一个波长. 沿着乳胶中这两个波的波前相交的线 (在这个二维图中是点), 两个波的振幅同相位相加, 得到大曝光量. 随着时间的流逝, 两个波前在各自的波法线方向运动, 相长干涉线穿过乳胶, 生成一族大曝光量准平面. 用简单的几何关系可以证明, 这些平面平分两条波法线之间的夹角 $2\Theta$, 而且在乳胶中周期性地出现.

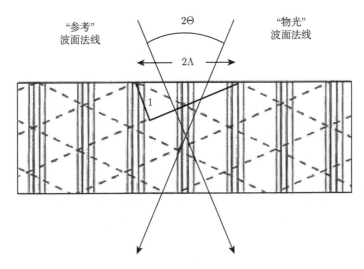

图 11.22　用厚乳胶记录基元全息图

为了对三维的干涉过程进行数学描述, 将两束光波的复振幅表示为

$$U_r(\vec{r}) = A \exp\left(\mathrm{j}\vec{k}_r \cdot \vec{r}\right),$$
$$U_o(\vec{r}) = a \exp\left(\mathrm{j}\vec{k}_o \cdot \vec{r}\right),$$

(11-45)

式中 $\vec{k}_r$ 和 $\vec{k}_o$ 分别表示参考光和物光的波矢, $\vec{r}$ 是一个位置矢量, 其分量为 $(x, y, z)$. 由这两束光叠加形成的光强分布由下式给出:

$$I(\vec{r}) = |A|^2 + |a|^2 + 2|A||a|\cos[(\vec{k}_r - \vec{k}_o) \cdot \vec{r} + \phi],$$

(11-46)

式中 $\phi$ 是相矢量 $A$ 和 $a$ 之间的相位差.

这时定义一个光栅矢量 $\vec{K}$ 会带来方便, 它是两束光的波矢之差,

$$\vec{K} = \vec{k}_r - \vec{k}_o.$$

(11-47)

矢量 $\vec{K}$ 的大小为 $2\pi/\Lambda$, $\Lambda$ 是条纹周期, 并且指向 $\vec{k}_r$ 和 $\vec{k}_o$ 之差的方向. 矢量 $\vec{K}$ 的图示由图 11.23 中所示的波矢图给出. 从该图可以导出光栅的周期 $\Lambda$ 为

$$\Lambda = \frac{2\pi}{|\vec{K}|} = \frac{\lambda}{2\sin\Theta},$$

(11-48)

这和上一节所说的相同.

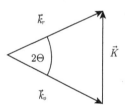

图 11.23　说明光栅矢量大小和方向的波矢图

照相底片显影后, 银原子将沿着大曝光量的准平面集中, 将把这些平面称为 "银小反射板"(silver platelet), 它们的间距是上面给出的条纹周期 $\Lambda$.

### 11.7.2　从体光栅重建波前

假设我们要用一个平面再现波照明体光栅来重现原来的平面物波. 这时自然会出现一个问题, 即要获得最大光强的再现物波, 应当以什么角度照明呢? 为了回答这个问题, 可以把每个浓度高的银反射小板看成一个部分反射镜, 它按照通常的反射定律使部分入射光波改变方向, 而部分光则透射通过. 如果平面波照明以角度 $\alpha$ 投射到这些银反射小板上, 如图 11.24 所示, 那么反射波将沿着反射定律规定的方向传播. 但是, 这样的反射发生在所有的银反射小板上, 如果各个反射平面

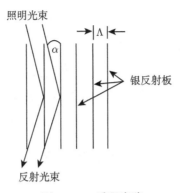

照明光束

反射光束

图 11.24   重现光路

波要同相位相加, 就要求从两个相邻的银反射小板反射的波所经过的光程长度相差正好一个光波波长[1]. 参看这个图, 简单的几何关系表明, 只有当入射角满足布拉格条件

$$\sin \alpha = \pm \frac{\lambda}{2\Lambda}. \tag{11-49}$$

时, 才能满足这个要求. 比较 (11-48) 式和 (11-49) 式可知, 只有满足下述条件时才能得到衍射光的最大光强:

$$\alpha = \begin{cases} \pm \Theta, \\ \pm (\pi - \Theta). \end{cases} \tag{11-50}$$

这个结果非常重要, 因为它指明了要得到光强最大的再现平面波所必须满足的条件. 事实上, 这个式子确定了一个能得到想要的结果的再现角锥面. 唯一的必要条件是再现光的波矢 $\vec{k}_p$ 对银反射小板平面倾斜一个角度 $\Theta$. 图 11.25 表示允许的入射波矢和衍射波矢构成的锥. 当再现光波矢 $\vec{k}_p$ 沿着图中示出的圆周运动时, 衍射光波矢 $\vec{k}_i$ 也随着它运动, 使得 $k$-矢量图总是闭合的. 注意, 图中的 $\vec{k}_p$ 和 $\vec{k}_i$ 可以互换, 互换后仍能满足布拉格条件[2]. 整个锥面上的入射波 $k$-矢量都将从给定

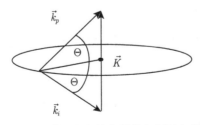

图 11.25   满足布拉格条件的入射波矢锥面

---

[1] 光程差可以是波长的任意整数倍. 我们仅考虑一倍波长的光程差, 这对应于一级衍射波.
[2] 我们用 $i$ 作为衍射波 $k$-矢量的下标, 是因为在大多数情况下衍射波就是 "像" 波. 这个 $i$ 并不代表 "入射".

的体光栅上产生很强的衍射, 这一事实被称为 "布拉格简并".

### 11.7.3　更复杂的记录光路的条纹方向

上面的讨论集中在最简单的情形: 全息图由两束与记录介质表面法线成相等而又相反角度的平面波的干涉形成. 这种情况并不像它表面上看起来那样苛刻, 因为可以将两个任意的波前视为局部的平面波, 将它们之间的干涉视为类似于在任何局域内的两平面波之间的干涉, 虽然这两束光相对于记录介质倾斜的角度与上面假设的不同. 在所有这样的情况下, 决定条纹图样方向的普遍原则与上面考察的简单例子是一样的: 在记录介质中形成的条纹在局域内的方向总是沿着介质中两束相干光夹角的平分线[①].

应用上面阐述的原则, 我们可以精确预言在任何给定情况下预期产生的条纹结构. 图 11.26 表示一些有意思的情况, 包括产生倾斜条纹的两束平面波的干涉, 球面波和平面波的干涉, 来自记录介质两侧的光波的干涉. 最后一种情况导致反射全息图.

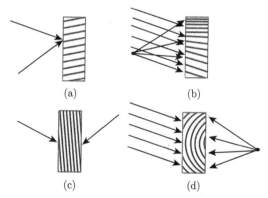

图 11.26　记录介质中干涉条纹的方向. (a) 两束平面波形成倾斜条纹; (b) 一束平面波和一束球面波; (c) 来自乳胶两侧的两束平面波; (d) 来自记录介质两侧的一束平面波和一束球面波

另外一个值得考虑的一般情况是两个同相位的点光源, 它们也许离记录介质的距离不同, 相干产生干涉条纹. 条纹的峰值沿着与两点光源距离之差为光波波长整数倍的曲面, 这样的曲面是双曲面. 任何穿过这个双曲面的截面都显示出条纹峰值的双曲线, 如图 11.27 所示. 注意, 如果从两个点源到观察点的距离远比两个点源之间的间隔大, 并且我们是在一个线度远小于与点源的距离的区域上观察条纹, 那么条纹的空间频率将显得近似于常数, 其值由从记录平面观看时两个点源的角距离

---

① 记住, 由于记录介质的折射率一般较高, 在记录介质中两束波之间的夹角与介质外它们的夹角是不同的.

决定. 还要注意, 当两个球面波从相反方向相向传播时干涉条纹的间距最小. 当参考光和物光的夹角为 180° 时, (11-48) 式给出条纹间距为 $\lambda_o/(2n)$, 其中 $n$ 是记录介质的折射率.

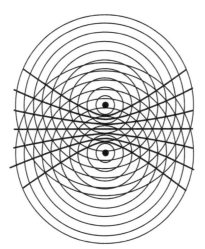

图 11.27　在两个点光源的情况下穿过条纹极大值双曲面的截面图. 粗黑线表示干涉条纹, 细实线是波前

### 11.7.4　有限大小的光栅

为了简单起见, 对体光栅的理论分析通常都假设光栅尺寸是无限的. 当然, 实际情况并非如此, 所以了解光栅有限尺寸的影响是很重要的. 这样的光栅在空间上被限制在记录介质所占有的有限体积内, 而且这个体积通常具有极不对称的形状①. 例如, 摄影乳胶的厚度常常比其横向尺寸小得多.

现在我们给出一个分析, 它充其量是对完整描述光栅有限尺寸效应的一个粗略的近似. 之所以说它是近似, 主要是因为它忽略了吸收对读出光束的影响, 但是它确实提供了关于厚全息图的某些性质的物理直觉.

为此, 我们用三维傅里叶分析把有限尺寸光栅表示成许多无限尺寸光栅的叠加, 每个光栅有不同的 $K$-矢量. 假设 $g(\vec{r})$ 表示体相位光栅的局域折射率或体振幅光栅的局域吸收系数. $g$ 可以用三维傅里叶积分方便地表示为

$$g(\vec{r}) = \iiint_{-\infty}^{\infty} G(\vec{K}) \mathrm{e}^{\mathrm{j}\vec{K}\cdot\vec{r}} d^3\vec{K}, \tag{11-51}$$

式中 $G(\vec{K})$ 描述了 $g$ 函数中包含的 $K$-矢量分量的振幅和相位, 并且 $d^3\vec{K} = dK_X dK_Y dK_Z$.

---

①非线性晶体是一个例外, 这时全部三维方向上的尺寸可以比较.

在光栅矢量 $\vec{K}_g$ 恒定的余弦条纹的特殊情况下, $g$ 的形式为

$$g(\vec{r}) = \left[1 + m\cos\left(\vec{K}_g \cdot \vec{r} + \phi_o\right)\right]\mathrm{rect}\frac{x}{X}\mathrm{rect}\frac{y}{Y}\mathrm{rect}\frac{z}{Z}, \tag{11-52}$$

其中 $\phi_o$ 是光栅的一个不重要的空间相位, $m$ 是光栅的调制度, 并假设记录介质在直角坐标三个方向上的尺度为 $X, Y, Z$.

上面的空间有界条纹的光栅矢量谱容易求出为

$$G(\vec{K}) = \left[\delta(\vec{K}) + \frac{1}{2}\delta(\vec{K} - \vec{K}_g) + \frac{1}{2}\delta(\vec{K} + \vec{K}_g)\right]$$

$$* XYZ\sin \mathrm{c}\frac{XK_X}{2\pi}\sin \mathrm{c}\frac{YK_Y}{2\pi}\sin \mathrm{c}\frac{ZK_Z}{2\pi}. \tag{11-53}$$

这个三维卷积的结果是使光栅矢量的尖端弥散为围绕着无限大光栅的光栅矢量尖端理想位置的一团连续的云, 下文中管它叫光栅矢量云. 然后, 这种弥散使布拉格效应要求的 $k$-矢量三角形可以用很多种不同方式闭合, 这可能会使衍射波强度受到某种损失. 如果 $k$-矢量三角形是在上面的三维 sinc 函数的主瓣的中心部分内闭合的, 那么衍射效率应当仍然接近其可能的最大值.

图 11.28 表示在两种不同情况下光栅矢量云对 $k$-矢量闭合的影响. 在两种情况

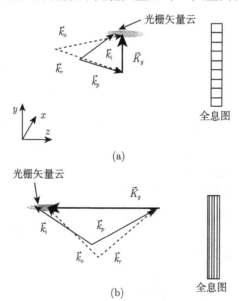

图 11.28  光栅矢量云及其对 $k$-矢量三角形闭合的影响. 虚线矢量对应于光栅记录时的 $k$-矢量, 实线矢量对应于进行重现时的 $k$-矢量. $k$-矢量长度的改变相应于以不同于记录时使用的波长的光进行重现. 在图 (a) 部分, $\vec{k}_p$ 长度的改变不妨碍 $k$-矢量图的闭合; 而在图 (b) 部分, $\vec{k}_p$ 角度的改变不妨碍 $k$-矢量图的闭合

下都假定光栅的照明角度与记录过程中所用参考波的角度完全相同. 在图 11.28(a) 中, 生成光栅的两个平面波来自记录介质的同一侧, 并设记录介质在 $z$ 方向比在其他方向薄很多. 由于光栅矢量云在记录表面的法线方向上扩展, 此光路对重现光束的波长 (即 $\vec{k}_p$ 的长度) 相对于记录过程中用的波长的改变相当宽容, 但对于重现光的方向的改变则不很宽容. 在图 11.28(b) 中, 物波和参考波来自乳胶的两侧, 产生一个用反射机制而不是用透射机制工作的光栅. 这时, 光栅矢量云主要在光栅矢量方向上扩展. 这导致对照明方向角的宽容, 而对波长的改变则不如前一种情况宽容. 在两种情况下, 对角度和波长改变的宽容度都依赖于光栅厚度以及条纹的周期, 但是, 一般来说总是这样: 透射光栅比反射光栅对波长变化更宽容, 而反射光栅比透射光栅对角度变化更宽容.

要更准确地理解体光栅对照明光角度和波长的宽容, 需要做更深入的分析. 下面要讨论的耦合波理论就是这种分析的例子.

### 11.7.5 衍射效率——耦合波理论

知道各种形式的厚全息图从理论上预测出的衍射效率是极其重要的. 为了求得衍射效率, 以及各种形式的光栅对用于再现的具体入射角度和波长的宽容程度, 必须进行认真的分析. 目前已经有许多方法来计算这些量. 大多数方法必须采用某种形式的近似, 有些方法比别的更精确些. 对各种不同方法的深入讨论见文献 [324]. 但是, 使用最广的方法是由 Kogelnik 在全息术中倡导的耦合波理论[202,203]. 这也是我们将在这里采用的方法, 虽然我们将密切遵循文献 [160] 中第 4 章的讲法. 文献 [128] 是另一篇有用的参考资料.

其一般的光路如图 11.29 所示. 在这个一般情况下, 乳胶层中的光栅相对于记录介质表面的法线有一倾角 $\psi$, 光栅周期 $\Lambda = 2\pi/K$. 再现波入射方向与同一个法线成一角度 $\theta$.[①]

**分析**

分析从标量波动方程开始:

$$\nabla^2 U + k^2 U = 0, \tag{11-54}$$

此方程在无源区域对单色光成立. 在最一般的情况下, 波数是复值的, $k = (2\pi n/\lambda_o) + j\alpha$, 其中 $\alpha$ 是吸收常数, $\lambda_o$ 是真空中的波长. 假设光栅中的折射率 $n$ 和吸收常数 $\alpha$ 以正弦形式按下式变化:

$$n = n_0 + n_1 \cos \vec{K} \cdot \vec{r}$$
$$\alpha = \alpha_0 + \alpha_1 \cos \vec{K} \cdot \vec{r}, \tag{11-55}$$

---

① 注意不要将入射倾角 $\theta$ 与角度 $\Theta$ 相混淆, 后者是两记录光束之间夹角的一半.

式中 $\vec{r} \sim (x, y, z)$, $\vec{K}$ 是光栅矢量. 假设全息图的表面与 $(x, y)$ 面平行, 在 $z$ 方向的厚度为 $d$.

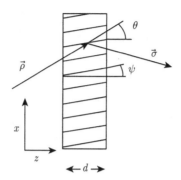

图 11.29　分析厚全息图的光路

为了简化求解这个波动方程的问题, 需要做一系列假设. 首先假设全息图足够厚, 使得在光栅中只需要考虑两个波. 一个是重建或复现波 $U_p(\vec{r})$, 它在传播过程中由于衍射和吸收逐渐减弱到消失, 另一个是满足布拉格条件 $U_i(\vec{r})$ 的光栅一级衍射波. 假设在光栅中光场只由这两个波之和组成, 并且我们相应地将这个光场写成

$$U(\vec{r}) = U_p(\vec{r}) + U_i(\vec{r})$$
$$= R(z)\exp(\mathrm{j}\vec{\rho} \cdot \vec{r}) + S(z)\exp(\mathrm{j}\vec{\sigma} \cdot \vec{r}), \tag{11-56}$$

式中符号 $\vec{\rho}$ 和 $\vec{\sigma}$ 通常分别用来代替我们前面用的符号 $\vec{k}_p$ 和 $\vec{k}_i$. 假设 $R$ 的波矢量 $\vec{\rho}$ 是不存在耦合时再现波的波矢量, 而且衍射波的波矢量 $\vec{\sigma}$ 由下式给出:

$$\vec{\sigma} = \vec{\rho} - \vec{K}. \tag{11-57}$$

此外, 假设在一个波长的距离内吸收很小, 折射率的变化相对于其平均值也很小,

$$n_0 k_o \gg \alpha_0,$$
$$n_0 k_o \gg \alpha_1, \tag{11-58}$$
$$n_0 \gg n_1,$$

式中 $k_o$ 是真空中的波数, $k_o = 2\pi/\lambda_o$.

现在可以展开并简化 $k^2$ 以用在波动方程中, 如下所示[①]

$$k^2 = \left[ k_o \left( n_0 + n_1 \cos \vec{K} \cdot \vec{r} \right) + \mathrm{j} \left( \alpha_0 + \alpha_1 \cos \vec{K} \cdot \vec{r} \right) \right]^2$$
$$\approx B^2 + 2\mathrm{j}B\alpha_0 + 4\kappa B \cos \vec{K} \cdot \vec{r}, \tag{11-59}$$

---

① 注意这里所用的 $\alpha$ 的定义是传播距离的倒数, 在这个传播距离上, 场的振幅衰减到其初始值的 $1/e$. 在同样距离内强度衰减为 $1/e^2$.

这里用了 (11-58) 式中的近似 $B = k_o n_o$, $\kappa$ 是耦合常数, 由下式给出:

$$\kappa = \frac{1}{2}(k_o n_1 + j\alpha_1). \tag{11-60}$$

下一步是把假设的解 (11-56) 和上面的 $k^2$ 的表达式代入波动方程 (11-54) 中. 在代入过程中, 假设 $R(z)$ 和 $S(z)$ 是 $z$ 的缓变函数, 因而它们的二阶微分可以忽略, $\cos(\vec{K} \cdot \vec{r})$ 项展开为它的两个复指数分量, $\vec{\sigma}$ 被换成 (9-57) 式. 包含波矢量 $\vec{\sigma} - \vec{K} = \vec{\rho} - 2\vec{K}$ 和 $\vec{\rho} + \vec{K} = \vec{\sigma} + 2\vec{K}$ 的两项都弃去, 因为它们对应的传播方向远不满足布拉格条件. 最后, 为了满足波动方程, 令所有乘有因子 $\exp[j\vec{\rho} \cdot \vec{r}]$ 的项的和为零及所有乘有因子 $\exp[j\vec{\sigma} \cdot \vec{r}]$ 的项的和为零, 我们得到 $R(z)$ 和 $S(z)$ 必须分别满足下面的方程:

$$c_R \frac{dR}{dz} + \alpha_0 R = j\kappa S$$
$$c_s \frac{dS}{dz} + (\alpha_0 - j\zeta)S = j\kappa R, \tag{11-61}$$

其中 $\zeta$ 称为 "失配参数", 由下式给出:

$$\zeta = \frac{B^2 - |\vec{\sigma}|^2}{2B}, \tag{11-62}$$

量 $c_R$ 和 $c_S$ 则由下式给出:

$$c_R = \frac{\rho_z}{B} = \cos\theta$$
$$c_S = \frac{\sigma_z}{B} = \cos(\theta - 2\psi), \tag{11-63}$$

式中的 $\theta$ 和 $\psi$ 已在图 11.29 中定义.

量 $\zeta$ 是再现波的 "布拉格失配" 大小的量度, 值得进一步讨论. (11-57) 式是布拉格匹配条件的陈述, 利用此式可得

$$\begin{aligned} B^2 - |\vec{\sigma}|^2 &= B^2 - (\vec{\rho} - \vec{K}) \cdot (\vec{\rho} - \vec{K}) \\ &= B^2 - |\vec{\rho}|^2 + 2\vec{\rho} \cdot \vec{K} - K^2 \\ &= 2\rho K \cos(\psi + \pi/2 - \theta) - K^2 \\ &= 2\rho K \sin(\theta - \psi) - K^2, \end{aligned} \tag{11-64}$$

式中 $K = |\vec{K}|, \rho = |\vec{\rho}| = B = K_o n_o$. 于是

$$\zeta = \frac{B^2 - |\vec{\sigma}|^2}{2B} = K\left[\sin(\theta - \psi) - \frac{K}{2k}\right]. \tag{11-65}$$

注意括号中的量在布拉格条件满足时为零. 现在考虑由于照明角度的微小失配 $\theta' = \theta_B - \Delta\theta$ 和波长的微小失配 $\lambda' = \lambda - \Delta\lambda$ 联合引起的对布拉格匹配条件的偏离. 代

入 (11-65) 式, 得到用角度失配量和波长失配量表示的失配参数

$$\zeta = K\left[\Delta\theta\cos(\theta_B - \psi) - \frac{\Delta\lambda}{2\Lambda}\right]. \tag{11-66}$$

现在可以清楚看出, 由波长误差引起的失配随着光栅周期Λ 的缩小而增大, 因此波长选择性对于反向传播的物光束和参考光束将会达到最大值, 这就生成了反射全息图. 可以证明 (见习题 11-10), 对角度失配的选择性, 当参考光束和物体光束相隔一个 90° 角度时达到最大值. 依靠 (11-66) 式, 我们可以对任何角度失配量和波长失配量的组合计算失配参数的值.

回到耦合波方程, 注意关于 $S$ 的方程的右方含有依赖于入射波 $R$ 的激励项或强迫项. 正是这一项把能量从入射波转移到衍射波中. 如果耦合系数 $\kappa$ 为零, 那么就没有这种耦合. 如果失配参数 $\zeta$ 足够大, 将会淹没 $R$ 中激励项的作用, 使得在整个耦合区域内相位失配而破坏耦合现象的产生. 另一方面, 关于入射波振幅 $(R)$ 的方程也含有依赖于衍射波的激励项, 导致把衍射波又反过来耦合到入射波中.

在下面讨论的所有特殊解中, 我们都假设光栅是不倾斜的. 对于透射光栅意味着 $\psi = 0$, 而对于反射光栅意味着 $\psi = 90°$.

**厚相位透射光栅解**

对于纯相位光栅, 有 $\alpha_0 = \alpha_1 = 0$. 在透射光路中, 对微分方程 (11-61) 所加的边界条件是 $R(0) = 1$ 和 $S(0) = 0$. 于是在光栅出射面 $(z = d)$ 上的衍射波 $S$ 的解取如下形式:

$$S(d) = \mathrm{j}e^{\mathrm{j}x}\frac{\sin(\Phi\sqrt{1 + \chi^2/\Phi^2})}{\sqrt{1 + \chi^2/\Phi^2}}, \tag{11-67}$$

其中[①]

$$\Phi = \frac{\pi n_1 d}{\lambda\cos\theta},$$
$$\chi = \frac{\zeta d}{2\cos\theta} = \frac{Kd}{2\cos\theta}\left[\Delta\theta\cos(\theta - \psi) - \frac{\Delta\lambda}{2\Lambda}\right]. \tag{11-68}$$

光栅的衍射效率为

$$\eta = \frac{|S(d)|^2}{|R(0)|^2} = \frac{\sin^2(\Phi\sqrt{1 + \chi^2/\Phi^2})}{1 + \chi^2/\Phi^2}. \tag{11-69}$$

当光栅被与记录时同样波长的光在布拉格角下照明时, 参数 $\chi$ 等于零, 此时衍射效率为

$$\eta_B = \sin^2\Phi. \tag{11-70}$$

---

① 在同时包含 $\lambda$ 和 $\theta$ 的式子中, 可以让它们取乳胶外的值, 也可以取乳胶内的值, 只要它们二者都取同一处的值 [见习题 11-7(a)].

我们看到, 衍射效率最初随着光栅厚度的增加而增加, 到达最大值 100%, 然后下降到零, 再上升到 100%, 等等, 呈现周期性的变化. 由于光栅是无损耗的, 未衍射的波的功率也同样地振荡, 但是最小值和最大值位置互换. 衍射效率第一次达到 100% 的最大值的角度 $\Phi = \pi/2$, 或者满足以下条件

$$\frac{d}{\cos\theta} = \frac{\lambda}{2n_1}. \tag{11-71}$$

图 11.30 表示出衍射功率和不衍射的功率与参数 $\Phi$ 函数的振荡关系.

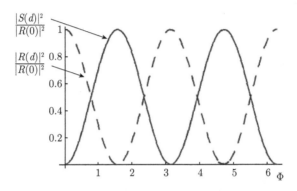

图 11.30　在布拉格条件匹配的情况下, 衍射光和不衍射的光波作为 $\Phi$ 的函数的归一化强度

当光栅的照明偏离布拉格角或者照明光的波长偏离记录时的光波波长时, 参数 $\chi$ 不等于零. 图 11.31 显示了作为 $\Phi$ 和 $\chi$ 函数的衍射效率的三维图像. 可以看出, 对于任何确定的 $\Phi$ 值, $\chi$ 的增加导致衍射效率的损失, 虽然对于某些 $\Phi$ 值会出现幅值递减的振荡. 当我们希望理解 $\Phi$ 或 $\chi$ 之中一个固定另一参数变化的效应时, 这张图是有用的. 但是注意, 这两个参数都与光栅的厚度 $d$ 成正比, 所以如果是对衍射行为和光栅厚度的函数关系感兴趣, 就需要这个曲面的一个相对于 $\Phi$ 轴成某一角度的截面.

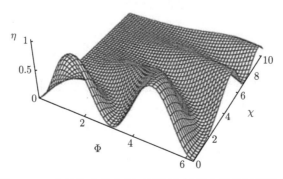

图 11.31　布拉格条件失配时厚相位透射光栅的衍射效率

**厚振幅透射光栅解**

对于一个不倾斜的振幅光栅, 折射率调制度 $n_1$ 为零而 $\alpha_1$ 不为零. 适当的边界条件和相位透射光栅一样, 为 $R(0) = 1$ 和 $S(0) = 0$. 在光栅的出射面上的衍射光振幅现在由下式给出:

$$S(d) = -\exp\left(-\frac{\alpha_0 d}{\cos\theta}\right) e^{j\chi}\frac{\sinh(\Phi_a\sqrt{1 - \chi^2/\Phi_a^2})}{\sqrt{1 - \chi^2/\Phi_a^2}}, \tag{11-72}$$

这里 sinh 是双曲正弦函数,

$$\Phi_a = \frac{\alpha_1 d}{2\cos\theta}, \tag{11-73}$$

并且仍有

$$\chi = \frac{\zeta d}{2\cos\theta}. \tag{11-74}$$

当布拉格条件匹配时, $\chi = 0$, 并且衍射效率为

$$\eta_B = \exp\left(-\frac{2\alpha_0 d}{\cos\theta}\right)\sinh^2\left(\frac{\alpha_1 d}{2\cos\theta}\right). \tag{11-75}$$

这个解是两个函数的乘积, 第一项简单地表示光在全息图中传播 $d/\cos\theta$ 的距离后, 由平均吸收系数 $\alpha_0$ 引起的光的衰减. 第二项表示衍射效率随着波传播的厚度的增加而增大. 在一种无源介质中吸收绝不会是负的, 因此吸收的调制度绝不会超过平均吸收系数, 即 $\alpha_1 \leqslant \alpha_0$. 由于这一约束条件, 这两项将会以这样一种方式相互平衡, 使得存在一个最佳厚度, 此时衍射效率最大.

如果取衰减调制为其可能的最大值, $\alpha_1 = \alpha_0$, 衍射效率将达到最大. 定义 $\Phi_a' = \frac{\alpha_0 d}{2\cos\theta}$, 在布拉格条件得到匹配的情况, 这个最大的衍射效率可以表示为

$$\eta_B = \exp(-4\Phi_a')\sinh^2(\Phi_a') \tag{11-76}$$

它的图形如图 11.32 所示. 这个表示式在 $\Phi_a' = 0.55$ 时得到极大值 0.037 或 3.7%.

图 11.33 所示为参数 $\Phi_a'$ 和 $\chi$ 数值从左往右变化时最大可能衍射系数的三维图像 (再一次有 $\alpha_1 = \alpha_0$), 从而表示了布拉格条件失配对衍射效率的影响. 注意, 当 $\Phi_a'$ 在给出最大衍射率的数值附近时, $\chi$ 值增大到 2.5 的量级将使衍射效率降到接近于零.

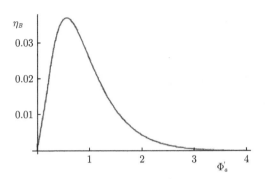

图 11.32  布拉格条件匹配情况下厚振幅透过光栅最大的衍射效率与 $\Phi'_a$ 的关系曲线

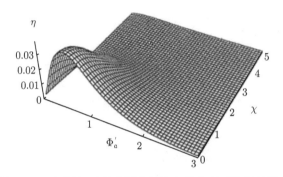

图 11.33  厚振幅透射光栅布拉格条件失配下的衍射效率

**厚相位反射光栅解**

对于反射光栅来说, 光栅平面和记录介质表面接近平行. 为简单起见, 下面假设光栅是不倾斜的, 即光栅平面与记录介质表面严格平行 ($\psi = 90°$). 边界条件变了, 现在变为 $R(0) = 1$ 和 $S(d) = 0$ (即衍射波现在是在 "向后" 方向上增大). 对纯相位光栅仍然有 $\alpha_1 = \alpha_0 = 0$. 从耦合波方程解出的衍射波的振幅现在是

$$S(0) = -\mathrm{j}\left[-\mathrm{j}\frac{\chi}{\Phi} + \sqrt{1 - \frac{\chi^2}{\Phi^2}}\coth\left(\Phi\sqrt{1 - \frac{\chi^2}{\Phi^2}}\right)\right]^{-1}, \qquad (11\text{-}77)$$

式中 $\Phi$ 和 $\chi$ 仍然由 (11-68) 式给出, coth 是双曲余切函数. 衍射效率于是变为[①]

$$\eta = \left[1 + \frac{1 - \dfrac{\chi^2}{\Phi^2}}{\sinh^2\left(\Phi\sqrt{1 - \dfrac{\chi^2}{\Phi^2}}\right)}\right]^{-1}. \qquad (11\text{-}78)$$

———————————

① 在 $\chi > \Phi$ 条件下计算此式时, 必须用到 $\sinh iu = i\sin u$.

在布拉格条件匹配的情况下, $\chi = 0$, 衍射效率可表示为

$$\eta_B = \tanh^2 \Phi, \tag{11-79}$$

式中 tanh 是双曲正切函数. 图 11.34 是这一衍射效率与参量 $\Phi$ 的关系图. 可以看出, 随着参量 $\Phi$ 的增大, 衍射效率渐近地趋于 100%.

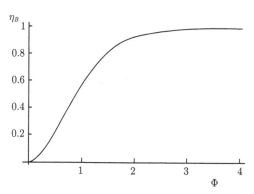

图 11.34　布拉格条件匹配情况下厚相位反射光栅的衍射效率

布拉格条件失配时衍射效率的变化用三维图形, 显示于图 11.35 中. 这个图中把前面类似的图中的 $\Phi$ 和 $\chi$ 的方向互换了, 以更好地展现三维图的形状.

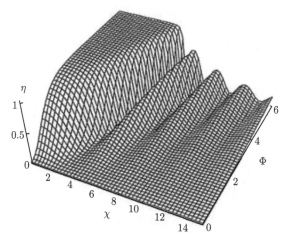

图 11.35　布拉格条件失配时厚相位反射光栅的衍射效率

### 厚振幅反射光栅解

最后一个我们感兴趣的情况是厚振幅反射光栅. 边界条件和前面的情形一样, 但是现在 $n_1 = 0$, 衍射是由吸收系数 $\alpha_1$ 的变化引起的.

现在耦合波方程的解给出以下的衍射振幅表示式:

$$S(0) = -j\left[-j\frac{\chi_a}{\Phi_a} + \sqrt{1 - \frac{\chi_a^2}{\Phi_a^2}}\coth\left(\Phi_a\sqrt{1 - \frac{\chi_a^2}{\Phi_a^2}}\right)\right]^{-1} \tag{11-80}$$

其中 $\Phi_a$ 仍由 (11-73) 式给出, 并且

$$\chi_a = \frac{\alpha_0 d}{\cos\theta} + \frac{j\zeta d}{2\cos\theta}. \tag{11-81}$$

在布拉格条件匹配情况下, $\zeta$ 变成零. 最大衍射效率仍然在吸收率变化为其可能的最大值即 $\alpha_1 = \alpha_0$ 时达到. 在这些条件下, $\chi_a/\Phi_a = 2$, 而

$$\eta_B = \left[2 + \sqrt{3}\coth(\sqrt{3}\Phi_a)\right]^{-2} \tag{11-82}$$

图 11.36 所示为 $\eta_B$ 随 $\Phi_a$ 变化的曲线. 我们看到, 衍射效率渐近地趋于它的极大值 0.072 或 7.2%.

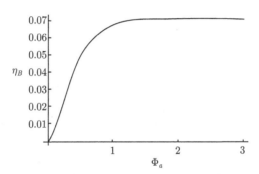

图 11.36　布拉格条件匹配的厚振幅反射光栅的衍射效率

在布拉格条件失配情况下, 再一次在最大可能的吸收率调制下, $\chi_a$ 有以下表示式

$$\chi_a = 2\Phi_a + j\chi, \tag{11-83}$$

其中 $\chi$ 在前面 (11-68) 式中已给出. 于是布拉格条件失配下衍射效率的表示式可写为

$$\eta = \left|2 + j\frac{\chi}{\Phi_a} + \sqrt{\left(2 + j\frac{\chi}{\Phi_a}\right)^2 - 1}\coth\left(\Phi_a\sqrt{\left(2 + j\frac{\chi}{\Phi_a}\right)^2 - 1}\right)\right|^{-2}. \tag{11-84}$$

图 11.37 所示为衍射效率对 $\Phi_a$ 和 $\chi$ 的依赖关系, 显示的图仍然做了旋转以使图像结构观察起来最清晰. 随着参数 $\Phi_a$ 增大, 对布拉格条件失配的容限也随之展宽, 这是光栅吸收率不断增加, 因而其有效厚度减小的结果.

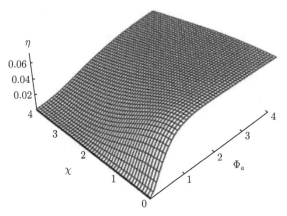

图 11.37　布拉格条件失配时厚振幅反射全息图的衍射效率

**最大可能衍射效率小结**

表 11.1 中总结各种厚光栅可能达到的最大衍射效率. 为了比较, 回顾一下前面的结果: 薄正弦振幅光栅可能的最大衍射效率为 6.25%, 薄正弦相位光栅的最大衍射效率是 33.8%.

**表 11.1　体正弦光栅的最大可能衍射效率**

| 相位透射型 | 振幅透射型 | 相位反射型 | 振幅反射型 |
| --- | --- | --- | --- |
| 100% | 3.7% | 100% | 7.2% |

# 11.8　记　录　材　料

在全息术的历史发展过程中, 曾用过多种不同的材料记录全息图. 本节将简短地回顾几种较为重要的记录介质. 可惜, 由于篇幅限制, 这里不能给出一个全面介绍. 想得到更多的信息, 读者可以参考前面已引用的任何一种全息术教科书. 文献 [323] 是一篇特别与记录介质有关的参考资料.

## 11.8.1　卤化银感光胶膜

用得最广泛的全息图记录材料肯定是基于卤化银照相技术的材料. 对于全息术有特别参考价值的对这种材料的详细回顾, 可以参阅文献 [29]. 一开始就应该注意到, 全息记录材料的一个主要的显著特征, 是它必须能够记录比一般照相术所遇到的精细得多的结构. 全息记录介质的空间频率响应常常应超过 3000 周/mm, 然而在通常的照相术中, 300 周/mm 的空间频率响应已经认为是很高的了. 这一事实的必然结果是, 高分辨率总是伴随着低灵敏度. 高分辨率依靠用很小尺寸的颗粒制成感光乳剂而达到, 但是每个颗粒必须吸收一定数量的光子才能显影. 这就使高分辨率材料曝光所需的能量密度远大于低分辨材料所需的能量密度.

过去, 适于全息术的卤化银材料主要的供应商是 Kodak、Agfa-Gaevert和 Il-ford. 这些供应商现在不再供应适于全息术的卤化银材料, 类似 Ilford 那样的材料还可以由 Harman Holo公司提供. 其他全息术的卤化银材料生产商, 包括 Thor-labs、Integragh、Ultimate Holograph和 Laser Reflections, 只是名义上还有少量供应. 这些供应商可以提供对于红光 (氦氖激光波长) 和绿光 (氩离子激光波长) 敏感的材料. 其分辨率超过 3000 对线/mm 并具有各种灵敏度. 全息术材料在俄罗斯的 Slavich也能提供, 在立陶宛 Geola的市场上还在销售.

### 11.8.2　光聚合物胶片

光聚合物胶片提供的记录介质有两个主要优点: ①得出的全息图主要是相位全息图, ②这类胶片可以涂一层相当厚的膜 (厚达 8mm). 这种光聚合物胶片生成的厚相位全息图可以有很高的衍射效率.

光聚合物全息图的调制机制是厚度变化和内部折射率改变二者的结合. 这种记录材料是一种可光致聚合的单体, 即在光照下能够聚合或者交联的单体. 在部分单体曝光初始聚合后, 剩下的单体发生扩散, 离开高浓度区域 (低曝光区). 最后的均匀曝光使剩下的单体聚合, 但是由于先前的扩散, 聚合物的分布后来不均匀了, 从而出现全息图的相位调制特性. 折射率的变化可以达到 0.2%~0.5%.

在光聚合物上记录体全息图的工作是 20 世纪 60 年代后期在休斯研究实验室开始的 [72]. 进一步的重要工作包括 Booth[32,33]、Colburn 和 Haines[74] 及许多其他人的工作. 关于这种材料在体全息术中应用的历史的详情见文献 [324] 的 293~298页. 在文献 [155] 中也可以找到很优秀的综述文章.

光聚合物材料要么是自显影的, 要么是干式显影的, 例如, 直接在紫外线下曝光成像. 其分辨率很高但灵敏度很低, 典型值是几个 $mJ/cm^2$. 光聚合物材料的生产商包括 Dupont, Baer 和 Polaroid.

### 11.8.3　重铬酸盐明胶

重铬酸盐明胶膜层被广泛用于记录衍射效率极高的相位体全息图, 尤其是反射型体全息图. 它能够很轻易地重复得到超过 90% 的衍射效率.

包含很少量重铬酸盐, 如 $(NH_4)_2Cr_2O_7$, 的一层明胶膜, 经发现在光照下会硬化. 这个过程是分子交联的一种形式, 和在聚合物膜中观察到的过程相似. 因为重铬酸盐明胶干板没有商品出售, 用户不得不用明胶膜自己制作光敏干板, 典型方法是涂覆在玻璃板上. 用来制作这样的干板和显影的技术相当复杂, 操作起来必须十分小心. 对这些方法的描述可以在文献 [160], [307] 和 [324] 中找到.

从一种历史观点来看关于这种材料的重要文献包括 [313], [228], [60], [252] 等.

对历史的更详尽的讨论可在文献 [324] 中找到 (第 278~286 页).

已经提出了好几种理论来解释发生在重铬酸盐明胶干板中的物理机制. 现在最被认同的理论 [56] 是在明胶膜的非硬化区域内生成大量非常微小的亚波长尺度空泡, 空泡的密度改变了局部折射率, 使得可以发生光滑而连续的相移变化.

采用重铬酸盐明胶膜记录的典型情况在蓝光波段的 488nm 和绿光波段的 514.5nm 的波长上进行. 感光乳剂的厚度可以是 15μm 的量级, 所需的曝光量是 50~100mJ/cm² 的量级, 这是一个很高的曝光量.

### 11.8.4  光折变晶体材料

一系列晶体, 包括铌酸锂 (LiNbO₃)、钛酸钡 (BaTiO₃)、硅酸铋 (BSO)、锗酸铋 (BGO)、铌酸钾钽 (KTN)、铌酸锶钡 (SBN)等, 呈现出对光的敏感性和一种电光效应的联合效应. 这种联合效应后来称为光折变效应, 呈现这种性质的材料称为光折变晶体或光折变材料. 关于这些材料的背景知识和它们在光学上的应用的一个很好的介绍, 可参阅文献 [153] 和 [154].

光折变材料全息图的早期工作是在贝尔实验室 [61] 和 RCA 实验室 [6,5] 进行的. 这个早期工作在理论理解方面获得了显著进步. 要获得一幅更完整的历史画面, 读者应参考上面引用的更普遍的文献.

入射的光学干涉图样存储为这些材料的局部折射率的变化的机理是极其复杂的, 某些情况现在还不完全理解. 现已知道, 折射率的改变是电荷迁移和电光效应的结果. 电荷迁移的过程是: 对俘获载流子的光激励, 这些载流子的迁移, 在新的位置再被俘获. 在一些材料 (如 SBN) 中迁移机制是扩散, 而在另一些材料 (如 LiNbO₃) 中, 迁移机制在某些情况下是光生伏打效应以及其他情况下的扩散. 在电荷迁移和再陷俘后, 将因电荷的重新分布而产生内部电场. 这种内部电场通过电光效应引起偏振光的局部折射率的变化.

图 11.38 示出一个入射的正弦形光强图样和它引起的电荷、电场和折射率的分布. 这时的载流子带正电荷, 它们向强度图样的各个零点迁移, 建立的电荷分布与入射的光强分布相位差为 180°. 电场正比于电荷分布的空间导数, 因而电场分布与电荷分布和光强度分布 (在相反的方向上) 相位都相差 90°. 假设电光效应是线性的, 那么折射率的改变和电场成正比, 得出一个与曝光图样在空间有 90° 相移的体折射率光栅.

曝光图样和折射率变化图样之间的 90° 相移, 在曝光过程中发生干涉的两束光之间的能量转移中起了重要作用. 这两束发生干涉的光在任何垂直于光栅条纹的增量距离 Δz 上都生成一个弱相位光栅, 其振幅透射率为

$$t_A(x,y) = \exp\left[j2\pi \frac{n(x,y)\Delta z}{\lambda_o}\right]. \tag{11-85}$$

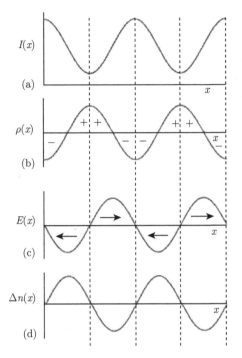

图 11.38　入射的正弦形状光强图样 (a) 与在光折变材料中生成的电荷分布 (b)、电场分布 (c) 和光折变材料内部折射率变化 (d) 之间的关系

由于光栅是弱光栅, 其指数中的自变量很小, 因此

$$t_{\rm A}(x,y) = \exp\left[{\rm j}2\pi\frac{\Delta n\Delta z}{\lambda_o}\sin 2\pi x/\Lambda\right] \approx 1 + {\rm j}2\pi\frac{\Delta n\Delta z}{\lambda_o}\sin(2\pi x/\Lambda), \qquad (11\text{-}86)$$

其中 $\Delta n$ 为光栅中折射率变化的峰值, $\Lambda$ 是光栅的周期. 特别要注意后一式中零级 (式中由 1 表示) 和两个一级衍射的组合 (由正弦函数表示) 之间有 $90°$ 的相位差. 对于两个一级衍射分量之一来说, 折射率光栅相对于入射光强度图样的空间移动补偿了上式中类似的相移, 其结果是在两束入射光之间会发生强耦合和能量转移. 用这种方式, 一束强入射光可以和一束弱入射光耦合, 使得衍射到弱光束方向上的衍射分量被从强光束转移来的能量放大.

　　人们常常发现要在垂直于光栅面的方向上对光折变晶体加一个外电压, 以诱发电荷转移的一个偏置分量. 人们发现, 这样一个电压会加强晶体对干涉图样的低空间频率分量的衍射效率, 没有这个外加电场, 对低空间频率的衍射效率会比对高空间频率的差.

　　与照相感光乳剂相比, 许多光折变晶体的速度是极慢的, 至少在用典型的连续激光曝光时是这样. 事实上, 它们的响应时间取决于能量交付给它们的速率, 因此使用强脉冲激光可以在很短的时间 (比如几纳秒) 内完成记录.

用光折变材料作全息记录介质的主要困难是, 当图像被读出时, 重现光束会部分或全部擦去已存储的全息图. 虽然在一些简单情况下可以用不同于记录时使用的波长来读出图像, 特别是用晶体不敏感的波长, 但在一般情况下这是不可能的, 因为在波长有变化时, 要对复杂物体记录下来的全套光栅恰当地匹配布拉格条件是不可能的. 人们已研究过各种 "固定" 已记录的全息图的方法.

光折变晶体在干涉计量、自适应光学、全息存储、光学信号处理和图像处理等领域都有应用. 它们已成为某几种空间光调制器的基础. 许多关于这类应用的综述见文献 [154].

## 11.9　计算全息图

如前几节所述, 绝大多数全息图是利用相干光的干涉制作的. 但是, 人们已经进行了大量的研究, 先在数字计算机上计算出全息图, 再用绘图或打印设备转移到透明片上, 由此来生成全息图的方法. 这样做的优点是可以产生在真实的物理世界中并不存在的物体的图像. 这样, 我们生成图像 (不论二维还是三维) 就只受我们以下能力的限制: 在数学上描述该图像的能力, 在合理的时间内用数值方法计算出全息图的能力, 以及将计算结果转移到适当的透明介质 (如照相胶卷或干板) 上的能力.

生成一幅计算全息图的过程可以分为三个单独的部分. 首先是计算部分, 它包括对物 (如果它存在的话) 在全息图平面上将产生的光场的计算. 我们希望全息图产生的正是这些光场或对它们的近似. 问题的这一部分本身又分为两个不同的部分: ①决定该物体和该全息图应该用多少个采样点 (我们只能从物体的一个离散表示出发来计算想要的光场的一组离散的抽样值); ②实现对物光场的正确的离散菲涅耳变换或傅里叶变换, 这通常用快速傅里叶变换算法来完成. 这些方面已经包含在第 5 章里了.

过程的第二部分是选择在全息图平面上的复数光场的合适的表示. 上述计算的结果通常是复数光场的一组离散的采样点值, 每个采样点上既有一个幅值又有一个相位. 一般来说, 我们不能制作出这样的结构, 它们以任意方式同时直接控制振幅透射率的幅度和相位, 因此必须挑选某种编码形式, 把振幅和相位的数值转换成适合于在透明片上表示的形式.

问题的第三部分是将光场的编码表示转移到一张透明片上. 这一步绘图或打印操作受到装备的计算机输出设备 (可以是笔式绘图仪、激光打印机或电子束刻蚀机) 性质的限制. 事实上, 编码步骤的选择常常受到将要使用的绘图设备特性的影响, 因此问题的第二部分和第三部分并不是完全独立的. 大多数绘图设备能够在输出平面的各个位置绘出小矩形. 在有些情况下这些矩形可以绘成不同的灰阶, 而在另一些情况下仅限于二元值, 即透明或不透明.

已经发明了多个不同的方法来制作计算全息图, 但是由于篇幅限制, 这里只讨论几种最重要的方法. 更完备的讨论参见文献 [219] 和 [379]. 要注意, 由于各种用来将全息图绘制到透明片上的方法所施加的限制, 计算全息图几乎无一例外是薄全息图.

### 11.9.1　抽样和计算问题

全息术的过程, 无论是模拟的还是数字的, 总是包括在全息图平面上生成一个复数光场, 即在波前再现过程中想要再生成的光场. 对于计算全息图, 我们必须使用数字计算机计算这个光场; 当然这个光场必须是抽样的, 在每个抽样点计算光场的复数值. 那么我们必须计算光场的多少个抽样点呢?

这个问题已经在第 5 章回答了. 回答取决于光路的菲涅耳数, 它进而要求确定在物空间必须要用到的补零的数量 (第 5 章中的 $Q$ 因子). 这里讨论的若干方法中的任何一个, 尤其是菲涅耳变换方法或者菲涅耳变换函数方法, 都可以用于这个计算. 两种情况下都要大量应用离散傅里叶变换来计算. 详细内容读者可以参考第 5 章. 现在我们假设这些计算已经完成并且结果适用于采样.

### 11.9.2　表达的问题

在得出全息图面上的复数光场后, 剩下的重要一步是对这个光场采用一个能在全息图中编码的表达形式. 就像用模拟光学方法记录的全息图一样, 想要同时控制透明片的振幅透射率的幅度和相位二者一般是不实际的 (一个例外是下面要讲的所谓 ROACH 方法). 因此需要一些能够将复振幅编码为振幅或者相位的方法. 下面我们将讨论各种这样的方法. 读者应当牢记, 一旦用讨论过的任何手段绘制或者打印出了一张合适的全息图, 那么接着就需要用光学手段微缩这幅图, 制成一张能够用相干光照射的透明片.

#### 迂回相位型全息图

最老的而且也许是最著名的从计算出的复数场生成全息图的方法是由 Brown 与 Lohmann[44,45] 和 Lohmann 与 Paris[233] 发明的 “迂回相位” 方法. 这种方法遵从大多数绘图设备所施加的约束条件, 即最容易绘制的是二元图像 (有墨或无墨), 而最方便的基本单元是黑色的长方块, 它们可以定中心于一组量化的位置的任意处, 其大小至少也可以以一定的量化增量进行控制.

假设最后的全息图透明片由一个离轴的平面波照明, 用一个焦距为 $f$ 的正透镜成像, 在透镜后焦面的光轴上观察. 为简单起见, 令照明光波相对于 $x$ 轴倾斜, 因

此入射到全息图平面的复光场分布是

$$U_p(x,y) = \exp[-\mathrm{j}2\pi\alpha x],\tag{11-87}$$

其中 $\alpha = \sin\theta/\lambda, \theta$ 是入射光束的波矢和全息图法线之间的夹角. 于是对全息平面上每个 $x$ 值, 照明光束的相位具有不同的值.

将全息图平面划分成 $N_X \times N_Y$ 个分离的单元, 每个单元在 $x$ 方向的宽度等于入射的相位函数的一个全周期, 即宽度为 $\alpha^{-1}$. 在 $y$ 方向上的宽度不一定都相同, 但为了简单, 可以选成相同. 每个这样定义的单元将编码为用快速傅里叶变换计算出的傅里叶系数之一.

假设一个特定的傅里叶系数由下式给出:

$$a_{pq} = U_h(p\Delta x, q\Delta y) = |a_{pq}| \exp(\mathrm{j}\phi_{pq}).\tag{11-88}$$

那么在这个单元内, 我们画一个黑色的长方块, 其面积与系数 $|a_{pq}|$ 成正比, 它在 $x$ 方向的位置使得在长方块中心处重现光束入射的相位正好是 $\phi_{pq}$. 记住, 画好的图再一次拍照微缩后, 这个黑色长方块将会变成透明的长方块, 这样, 我们就从这个单元生成了一个透射波分量, 这个波分量具有所要的傅里叶分量的振幅和相位. 相移通过移动所画的长方块的中心来实现, 这种方法称为迂回相位法, 示于图 11.39 中. 注意, 我们的目的是要综合出下述形式的像光场:

$$U_f(u,v) = \sum_{p=0}^{N_X-1} \sum_{q=0}^{N_Y-1} |a_{pq}|\mathrm{e}^{\mathrm{j}\phi_{pq}} \exp\left[\mathrm{j}\frac{2\pi}{\lambda f}(up\Delta x + vq\Delta y)\right],\tag{11-89}$$

这个式子将像光场表示为其傅里叶分量之和, 每一分量都有合适的振幅和相位.

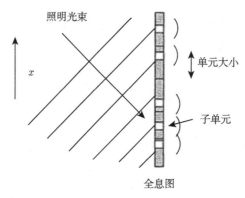

图 11.39　迂回相位的概念. 子单元在一个单元内移动以控制透射光的相位. 图中画出了再现波前的零相位线

为了理解迂回相位方法固有的近似, 我们做一个简短的分析. 首先考虑在全息图平面上只存在一个长宽为 $(w_X, w_Y)$ 的透明长方块时, 在变换透镜的后焦面上生成的衍射图像. 这个长方块可以表示为

$$t_A(x,y) = \text{rect}\left(\frac{x-x_0}{w_X}\right)\text{rect}\left(\frac{y-y_0}{w_Y}\right). \tag{11-90}$$

式中 $(x_0, y_0)$ 是长方块中心的坐标. 当这个长方块被 (11-87) 式的重现光波照明时, 透射场为

$$U_t(x,y) = e^{-j2\pi\alpha x}\text{rect}\left(\frac{x-x_0}{w_X}\right)\text{rect}\left(\frac{y-y_0}{w_Y}\right),$$

这个场的光学傅里叶变换由下式给出:

$$U_f(u,v) = \frac{w_X w_Y}{\lambda f}\text{sinc}\left[\frac{w_X(u+\lambda f\alpha)}{\lambda f}\right]\text{sinc}\left[\frac{w_Y v}{\lambda f}\right]\exp\left\{j\frac{2\pi}{\lambda f}[(u+\lambda f\alpha)x_0 + vy_0]\right\}, \tag{11-91}$$

这里我们利用了傅里叶分析的相似性定理和相移定理.

如果这个长方块的宽度 $w_X$ 在 $x$ 轴方向受到限制, 使得它只是重现光束周期的一小部分,

$$w_X \ll \alpha^{-1},$$

那么第一个 sinc 函数的移动就可以忽略. 此外, 如果像平面上感兴趣的区域 (尺寸 $L_U \times L_V$) 远小于 sinc 函数的宽度, 那么在区域内这些函数的值就可以换成 1. 这样得到的单个长方块的贡献可近似写成

$$U_f(u,v) = \frac{w_X w_Y}{\lambda f}e^{-j2\pi\alpha x_0}\exp\left[j\frac{2\pi}{\lambda f}(ux_0 + vy_0)\right]. \tag{11-92}$$

现在考虑引进许多个这样的长方块的结果, 对全息图平面上的每个单元都引进一个这样的长方块. 这些单元用 $(p,q)$ 作为下标编号, 因为每个单元代表像的一项傅里叶系数. 我们暂时假定所有的长方块都正好位于各自单元的中心, 但是一般每个长方块都可能有不同的宽度 $(w_X, w_Y)$, 因为受到上述对 $w_X$ 的限制. 因此第 $(p,q)$ 个单元的中心位于

$$(x_0)_{pq} = p\Delta x,$$
$$(y_0)_{pq} = q\Delta y. \tag{11-93}$$

像平面上总的重现光场变成

$$U_f(u,v) = \sum_{p=0}^{N_X-1}\sum_{q=0}^{N_Y-1}(w_X)_{pq}(w_Y)_{pq}e^{-j2\pi p}\exp\left[j\frac{2\pi}{\lambda f}(up\Delta x + vq\Delta y)\right], \tag{11-94}$$

式中重现波的周期 $\alpha^{-1}$ 必定等于每个单元的宽度 $\Delta x$. 因此当所有子单元都位于各自单元的中间时, 上式中第一个指数项中的相位是 $2\pi$ 的整数倍, 该项可以用 1 代替. 第二个指数代表的项是傅里叶基元函数, 我们试图把它们相加, 综合出最后的像. 第 $(p,q)$ 个傅里叶分量的幅值是 $w_X w_Y / (\lambda f)$, 所有分量的相位都相同. 虽然我们可以通过控制 $y$ 方向的宽度 $(w_Y)_{pq}$ (在我们早先的近似中, $y$ 方向的宽度并没有受到加在 $w_X$ 上的限制的约束) 来恰当地控制傅里叶分量的幅值, 我们还没有适当地控制这些分量的相位.

相位的控制是通过在每个单元内在 $x$ 方向上移动其子单元的中心位置而引入的. 假设第 $(p,q)$ 个单元的中心现在位于

$$
(x_0)_{pq} = p\Delta y + (\delta x)_{pq},
$$
$$
(y_0)_{pq} = q\Delta y. \tag{11-95}
$$

有此变化后, (11-94) 式变为

$$
U_f(u,v) = \sum_{p=0}^{N_X-1} \sum_{q=0}^{N_Y-1} (w_X)_{pq}(w_Y)_{pq} e^{-j2\pi \frac{(\delta x)_{pq}}{\Delta x}} \exp\left[j\frac{2\pi}{\lambda f}(up\Delta x + u(\delta x)_{pq} + vq\Delta y)\right]
$$
$$
\tag{11-96}
$$

式中含有 $2\pi$ 整数倍的相位的指数项已经用 1 替代. 还需要一个进一步的近似. 假设感兴趣的像区域的宽度 (它在 $u$ 方向上的跨度为 $(L_U/2, L_U/2)$) 非常小, 使得

$$
\frac{L_U(\delta x)_{pq}}{2\lambda f} \ll 1,
$$

这时指数项 $\exp\left[-j\frac{2\pi}{\lambda f}u(\delta x)_{pq}\right] \approx 1$ 导致像光场的以下表达式:

$$
U_f(u,v) = \sum_{p=0}^{N_X-1} \sum_{q=0}^{N_Y-1} (w_X)_{pq}(w_Y)_{pq} e^{-j2\pi \frac{(\delta x)_{pq}}{\Delta x}} \exp\left[j\frac{2\pi}{\lambda f}(up\Delta x + vq\Delta y)\right]. \tag{11-97}
$$

这个场的傅里叶分量的确具有受到恰当控制的相位, 只要

$$
\exp\left(-j2\pi\frac{(\delta x)_{pq}}{\Delta x}\right) = \exp(j\phi_{pq}),
$$

给出第 $(p,q)$ 个傅里叶分量的相位 $\phi_{pq}$, 那么第 $(p,q)$ 个单元内的子单元的中心必须位于 $(\delta x)_{pq}$ 处, 它满足

$$
-\frac{(\delta x)_{pq}}{\Delta x} = \frac{\phi_{pq}}{2\pi}. \tag{11-98}
$$

进一步还选第 $(p,q)$ 个子单元的宽度 $(w_Y)_{pq}$ 正比于所要的第 $(p,q)$ 个傅里叶分量的大小

$$(w_Y)_{pq} \propto |a_{pq}|. \tag{11-99}$$

$(w_X)_{pq}$ 取成常数以满足早先与 sinc 函数的重叠有关的近似. 于是, 我们就在像平面上生成了一个光场, 除了一个比例常数 (在比例常数内), 它与我们想要的由 (11-98) 式表示的场相等. 图 11.40 表示迂回相位全息图中的一个单元.

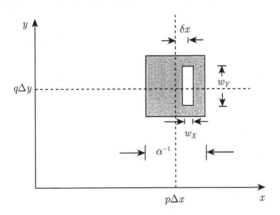

图 11.40 迂回相位全息图中的一个单元

一旦从全息图生成了所要的再现场, 一个像将出现在置于全息图后的一个正透镜的后焦面上. 事实上, 就像用光学方法记录的全息图的情况一样, 这种计算全息图也是利用一个载波频率 $\alpha$, 产生一对孪生像. 如果入射照明波取成先前的重现波的共轭, 即如果它与全息图法线之间夹角与原来情况下的夹角符号相反, 那么可以使第二个像出现在变换透镜的光轴上. 换个办法, 也可以使入射光波垂直于全息图, 这时一对孪生像将会出现在后焦面上离轴对称的两个位置上.

图 11.41(a) 所示为一幅二元迂回相位全息图, 而 (b) 为从这样一幅全息图再现的像.

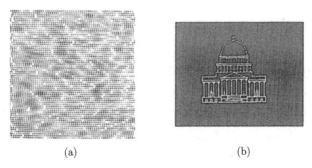

(a)          (b)

图 11.41 (a) 二元迂回相位全息图; (b) 从这样一幅全息图再现的像 (承蒙 IBM 公司允许复制, 版权于 1969 年归 IBM 公司所有)

注意, 在实际操作中一张二元迂回相位全息图的幅值和相位都必须进行量化, 这个过程将导致再现像中出现噪声. 相位量化的影响特别重要并应当注意, 请参阅文献 [142], [85], [86].

还有别的应用迂回相位概念的编码方法. 例如, Lee[217] 在一个单元内用了四个固定的子单元, 每个子单元都具有灰阶的透射率. 第一个子单元表示傅里叶系数的实部的正数部分 (角度为 0°), 第二个表示虚部的正数部分 (角度为 90°), 第三个表示实部的负数部分 (角度为 180°), 第四个表示虚部的负数部分 (角度为 270°). 因为实部和虚部要么为正要么为负, 而不会同时既是正又是负, 每个单元里总有两个子单元是不透明的. Burckhardt[48] 认识到, 复平面内的任何一点用三个具有灰阶的相矢量就可以表示, 一个在 0° 方向, 一个在 120° 方向, 第三个在 240° 方向.

## 相息图和 ROACH

计算全息图的另外一种完全不同的编码方法称为相息图 [226]. 这时做了这样一个假设: 傅里叶系数的相位携带了物的绝大部分信息, 而振幅信息可以完全忽视. 乍一看这样的假设显得令人惊讶, 但是, 如果这个物是个漫射体, 即如果所有的物点的相位都是随机的而且相互独立的, 那么这个假设是相当精确的.

再次考虑傅里叶变换全息图的光路, 全息图被划分为 $N_X \times N_Y$ 个单元, 每个单元表示物的一个傅里叶系数. 所有的傅里叶系数的振幅 $|a_{pq}|$ 的值都指定为 1, 在全息图中只打算对相位 $\phi_{pq}$ 进行编码. 编码方法是将 $(0, 2\pi)$ 范围内的相位线性映射为如一台胶片绘图仪那样的输出器件显示的连续灰阶. 从这一过程得到的灰阶透明片再进行底片漂白. 于是每一灰阶被变换为由透明片引入的相应的相移, 并且, 如果漂白过程控制得足够好, 能够确保完整的 $(0, 2\pi)$ 范围被准确而适当地用透明片实现了, 那么在相息图的傅里叶平面上将获得一幅优质再现像. 这时只有单个像, 并出现在光轴上. 由于相息图是纯相位透明片, 它的衍射效率非常高. 对 $(0, 2\pi)$ 区间的 "相位匹配" 误差会在光轴上产生一个亮点, 一般在所成的像的中心.

图 11.42 所示为一张灰阶记录照片, 它漂白后成为一张相息图, 以及从这张相息图得到的像.

一种有关的方法称为 "无参考光同轴复全息图"(ROACH), 它利用彩色胶卷同时控制傅里叶系数的幅值和相位 [62]. 假设我们想要生成一幅傅里叶变换计算全息图, 用红光重现图像. 首先将傅里叶系数的幅值 $|a_{pq}|$ 作为灰度显示在黑白 CRT 显示器上. 显示的图像通过红色滤光片拍摄在一张彩色负片上. 彩色底片三层中的红光吸收层记录了这一曝光过程. 然后像制作相息图一样, 将想要的傅里叶相位阵列编码为灰度阵列, 显示在同一 CRT 显示器上, 并且通过蓝-绿滤光片拍摄, 使早先用的同一张底片中的蓝-绿吸收层曝光. 经过化学处理后, 对红光曝光的那层变成

对红光吸收, 但对蓝–绿光曝光的两层则对红光透明. 但是, 这两层由于厚度变化, 还是在透过的红光中带来了相移. 因此这种彩色透明片既控制了透过的红光的幅度, 又控制了其相位, 这样就在光轴上生成了一个所要的物的像. 恰当的相位匹配仍然是关键, 这方面的误差会带来光轴上的一个明亮的光点.

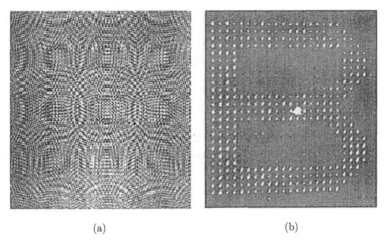

(a)　　　　　　　　　　(b)

图 11.42　(a) 用来得到相息图的灰阶记录显示; (b) 从这张相息图得到的像 (承蒙 IBM 公司允许复制, 版权于 1969 年归 IBM 公司所有)

　　注意, 相息图和 ROACH 对所用的绘图仪和显示器的空间–带宽积的利用效率, 比迂回相位全息图的利用效率更高, 因为前者每个傅里叶系数只需要一个分辨单元, 而对于二元全息图则需要许多单元. 然而, 相息图和 ROACH 都需要很好地解决相位匹配的问题, 但迂回相位全息图则没有这个问题.

**等相位线干涉图**

　　当全息图产生超过 $2\pi$ 弧度的相位变化 (光学测试中使用的全息光学元件常常有这样的要求) 时, 迂回相位全息图有一个缺点, 即在 $2\pi$ 相位边界附近的亚孔径有可能部分交叠. 对于这些应用, 别的编码方法就有一些优点了. 我们在这里只讨论这样一个方法, 即 Lee提出的方法 [218].

　　我们在这里集中注意只控制透射波前相位的元件的制作问题. 考虑一个光学元件, 它具有理想的振幅透射率

$$t_{\mathrm{A}}(x,y) = \frac{1}{2}\{1 + \cos[2\pi\alpha x - \phi(x,y)]\}. \tag{11-100}$$

这是一张载波频率全息图, 它产生两个再现波, 一个具有纯相位分布 $(x,y)$, 另一个是其共轭项, 具有相反的相位分布. 由于这一振幅透射率包含连续的灰阶, 要把它直接显示在绘图仪上并以高保真度记录下来不是一件容易的事情. 我们宁愿用某种

形式的二元图形来达到这个目标. 让绘图仪绘制一幅 $t_A$ 的等值线图, 每个周期一条等值线, 每条等值线都在 $t_A$ 分布的最大值上. 这些等值线由下式确定:

$$2\pi\alpha x - \phi(x,y) = 2\pi n, \tag{11-101}$$

式中整数 $n$ 的每个值确定一条不同的等值线. Lee 证明, 这个图在摄影微缩后, 能够产生想要的相位分布及其复共轭, 两者分别在不同的一级衍射方向 [218].

图 11.43 显示出对一个透镜的二次相位近似生成的这样一张图, 其相位分布为

$$\phi(x,y) = \frac{\pi}{\lambda f}(x^2 + y^2),$$

这里为了方便, 把常量 $\lambda f$ 取成 1, $\alpha = 2.5$. 这幅图的光学微缩将给出一个光学元件, 该元件在一个一级衍射中表现出正透镜的作用, 在另一个一级衍射中表现出负透镜的作用.

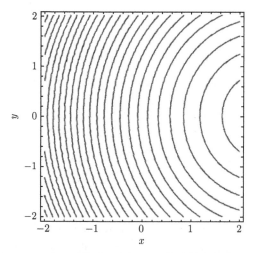

图 11.43　球面透镜的二次相位近似的等相位线干涉图

Lee演示了这一步骤的推广 [202], 使得除相位信息外, 还将振幅信息收录进来. 读者想更详细地了解可以参考原始文献.

## 11.10　全息像品质的劣化

全息成像与其他成像方法一样, 也有一些原因使其品质劣化, 限制了所得到的图像的质量. 有几种品质劣化, 例如, 衍射引起的品质劣化, 是一切光学系统普遍存在的. 另外几种品质劣化, 虽然在常规的摄影术中也有其对应物, 但在全息术中的

表现形式却非常不同. 在这一节里, 回顾像质劣化的一些共同原因, 并且讨论它们在全息术中预期会发生的和已发现的影响.

全息术和其他成像过程一样, 会受到光学中遇到的一切经典像差的损害. 考虑这些像差已超出我们的讨论范围. 对此感兴趣的读者可以在 Meier 的工作 [224] 中找到精辟的讨论. 我们在这里只要说, 如果一张全息图再现时用的重现光和记录时所用的波长相同的原始参考光完全一样, 而且在物与全息图之间和全息图与像平面之间没有任何辅助的光学元件, 那么得到的图像是无像差的 (假设记录全息图的乳胶没有膨胀和收缩).

全息成像过程几乎总是使用相干光 (一些例外见 11.12 节). 在通常情况下, 像工作在薄全息图的 $t_A$-$E$ 曲线的线性区域内时, 只要我们集中注意的仅是一对孪生像中之一, 前已论证成像过程关于复振幅是线性的. 这时, 可以用振幅传递函数 $H(f_X, f_Y)$ 来描述全息过程的特征. 和在非全息成像系统中一样, 振幅传递函数由成像系统的光瞳的振幅透射率决定. 因此, 不存在由有限的胶片 MTF 或胶片的非线性带来的效应时, 我们可以用一个如下形式的振幅传递函数来描述全息成像过程

$$H(f_X, f_Y) = P(\lambda z_i f_X, \lambda z_i f_Y), \tag{11-102}$$

其中 $P$ 是光瞳函数, 一般由全息图的有限尺寸决定. 这个振幅传递函数充分说明了由衍射引起的对图像质量的限制, 因此下面我们将集中注意其他的效应.

### 11.10.1 胶片 MTF 的影响

前面已经看到, 全息过程一般对记录介质的分辨率要求很高, 这种要求在许多应用中可能并非总能得到满足. 因此人们有兴趣了解全息术中用的记录介质的有限空间频率响应(MTF) 的作用. 重要的是记住 MTF 是在全息术中使用的记录介质的性质和对它的空间频率容量的限制. 对于空间频率容量的限制影响到与记录光路有关的物体成像的方式.

我们从分析傅里叶变换和无透镜傅里叶变换全息图开始, 而后推广到其他几何光路. 要更详细地了解这个问题, 我们推荐读者参阅 van Ligten 的经典工作 [352,353].

### 傅里叶变换和无透镜傅里叶变换全息图

这里我们考察的第一类全息图是每一个物点近轴编码为唯一一幅并具有常数空间频率的条纹图像. 这种情况就是早先讨论过的傅里叶变换全息图和无透镜傅里叶变换全息图. 对于这两种类型的全息图, 参考波来自作为物体的同一个平面上的一个点, 每一个物点编码在一条条纹上只有一个空间频率, 大小正比于该点到参考点的距离.

对于这两种全息图, 当物体是一个位于 $(x_o, y_o, z)$ 点光源且参考波位于 $(x_r, y_r, z)$ 时, 落在记录介质上的强度分布是

$$\mathcal{I}(x,y) = A^2 + |a|^2 + 2A|a| \cos\left[2\pi \frac{(x_o - x_r)x}{\lambda_1 z} + 2\pi \frac{(y_o - y_r)y}{\lambda_1 z} + \phi\right]. \qquad (11\text{-}103)$$

这里 $z$ 在傅里叶变换全息图情况下是透镜的焦距, 或者在无透镜傅里叶变换全息图情况下是物体和参考点到记录平面的共同垂直距离. $\phi$ 是相位角, 对于无透镜傅里叶变换全息图它取决于参考点和物点的位置, 但是和记录平面坐标无关. 对于真实傅里叶变换全息图, $\phi$ 只取决于物体和参考点的相对相位.

当 MTF 的有限范围起作用时, 由施加在干涉图的正弦条纹上的 MTF 得到的全息图曝光的有效强度为

$$\mathcal{I}_{\text{eff}}(x,y) = A^2 + |a|^2 + 2A|a| M\left(\frac{x_o - x_r}{\lambda_1 z}, \frac{y_o - y_r}{\lambda_1 z}\right)$$
$$\times \cos\left[2\pi \frac{(x_o - x_r)x}{\lambda_1 z} + 2\pi \frac{(y_o - y_r)y}{\lambda_1 z} + \phi\right]. \qquad (11\text{-}104)$$

如果上述表达式中参数 $M < 1$, 那么这个物点产生的条纹振幅会减小, 衍射效率会降低, 而在这个特殊点的孪生像上落下的光振幅由于记录介质的 MTF 将会减小. 由于离开参考点最远的物点产生最高的空间频率, 这些点衰减得最大.

无论是在傅里叶变换全息图还是无透镜傅里叶变换全息图情况下, 孪生像和参考点的像都在共同的平面上. MTF 在像空间的作用可以用中心在参考点像并伸展覆盖到所有孪生像的一个吸收掩模来表示, 对于离开参考点像最远的像点吸收最大. 如果在重现过程中用的波长为 $\lambda_2$, 从全息图到参考点像的距离为 $\tilde{z}$, 那么相空间中掩模的振幅透射率由下式给出:

$$t_A(x_o, y_o) = M\left(\frac{\lambda_2}{\lambda_1}\frac{\tilde{z}}{z}(x_o - x_r), \frac{\lambda_2}{\lambda_1}\frac{\tilde{z}}{z}(y_o - y_r)\right). \qquad (11\text{-}105)$$

自然, 掩模的强度透射率是 $|t_A|^2$. 这样对于这两种情况, 记录介质的 MTF 的影响看起来受到在参考点像周围的视场的限制, 但是并不影响在这个视场内可得到的分辨率.

**几何光路的推广**

假设物体运动到接近全息图处或者比参考点更远离全息图. 参考点现在离开全息图记录平面距离为 $z_r$, 而物体离开记录平面距离为 $z_o$. 单一物点产生一列与从参考点发出的波相干涉的波, 会在全息图上产生强度变化的空间频率. 这个变化给予全息图以聚焦的能力, 结果使得两个孪生像不再处于同一平面内. 而是在重现 (还是使用正透镜, 波长为 $\lambda_2$) 过程中, 一个像比参考点的像更靠近全息图, 另一个

像比参考点的像更加远离全息图. 上面描述的 MTF 掩模仍然存在于像空间, 在参考点像的平面上. 现在观察者必须通过掩模观看靠近全息图的像, 同时从离开掩模阴影的全息图观察最远处的像. 掩模还是用 (11-105) 式描述. 这种情况下, 掩模同时既会影响视场也会影响分辨率, 因为掩模挡住了某些物点, 同时也减小了达到某些像点的角度范围. 当然达到一个像点的角度的范围也影响该点能够达到的分辨率.

如果参考波是准直的, 即平面波, 同时物体处于离开全息图有限远处, 并且不用再现透镜, 这样 MTF 掩模处于有限远处, 只限制到达每一个像点的角度范围. 因此, 在这种情况下有限 MTF 的作用只限制孪生像的分辨率, 不限制其视场.

进一步的推广读者可以参考前面提到过的 van Ligten 的工作.

### 11.10.2 胶片非线性的影响

在对全息术的全部讨论中, 我们一再假定, 至少对薄全息图, 全息记录介质的曝光应该保证全息图工作在振幅透射率对曝光量曲线的线性区内. 但是, 实际的记录介质在这方面绝不是严格线性的. 对线性性质的偏差很大程度上取决于记录介质所受的曝光量变化量的大小和曝光偏置点的选择. 在这一节里, 我们将对记录介质非线性对再现像的影响作简要的讨论. 应当强调的是, 当物光产生的平均曝光量与参考光引起的平均曝光量相当时, 非线性效应会对像质产生严厉的限制. 这种情况与非常弱的物光的情况形成对照, 对于后者, 胶片颗粒噪声或其他离散光通常是限制像质的主要因素.

在下面的讨论中, 我们不对非线性影响作任何详细分析, 而宁可给读者提供一组参考文献, 它们很好地回顾了以往的工作. 几乎所有以往的工作都是讨论薄全息图的.

在讨论非线性对再现像的影响时, 区分两类不同的物是重要的. 一类物由孤立点源的集合构成, 另一类是漫射物体, 比如通过漫射体照明的透明片, 或者具有光学粗糙表面的三维物体. 对这两类物的分析都要用 Kozma 首先提出的非线性模型 [210]. Bryngdahl 和 Lohmann 随后提出了一个更简单的模型 [47].

对于由点光源集合构成的物, 最早的分析是 Friesem 和 Zelenka 提出的 [118]. 他们既从理论上也在实验中证实了一些重要的效应. 首先, 对各类物都发现了一个现象, 非线性会带来高阶像, 即在二级、三级或更高衍射级上的像. 人们对这些多出来的像并不太关心, 因为它们一般与一级像不重叠. 更重要的效应出现在一级像本身. 如果物由两个点光源构成, 一个的振幅比另一个大, 那么将预期并观察到出现小信号抑制效应, 即相对于较强的点源的像, 较弱的点源的像会受到抑制. 此外, 由于互调制效应, 两个点源之间的非线性相互作用会在一级像中产生虚假的像, 得出在原物中实际上并不存在的点源的表观像.

对于漫射物体, 胶片非线性的影响也已研究过 [139,212]. 这时, 曝光最好是当作一个随机过程处理, 用到的技术要比讨论点源物体所需的技术更复杂些. 进一步的细节读者可参考前文所引文献. 这时发现, 非线性效应主要是在原物的像上及其周围产生一个漫射晕. 如果漫射物体有精细结构, 那么漫射晕轮也会有相应的结构. 这些效应可能相当严重, 如图 11.44 所示.

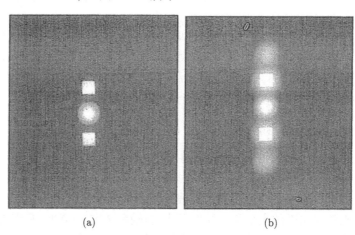

图 11.44   漫射物体的全息术中的非线性效应. (a) 在接近线性记录条件下得到的像; (b) 在高度非线性记录条件下得到的像 (1968 年美国光学学会版权, 获允许复制, 从文献 [139] 中得到)

### 11.10.3   胶片颗粒噪声的影响

当物光波相对于参考波很弱时, 像质劣化的主要原因常常是来自记录全息图的胶片或干板的颗粒噪声. 这种颗粒噪声的效应已由 Goodman[133] 和 Kozma[211] 分析过.

全息术用的照相乳胶中有限颗粒大小的影响显现在散射光的空间功率谱中, 这个谱重叠在所要的像的位置上. 这个噪声谱降低了所得的像的对比度, 并且由于它和像是相干的, 它们之间会发生干涉, 引起像的亮度发生不希望要的涨落. 这些效应在低分辨率胶片中最明显, 因为这种胶片的颗粒比较粗因而散射光功率谱相应地比较强. 若记录时来自物的光很弱, 这种影响也最重要, 这时检测过程的统计特性变得十分重要.

被伽博最先认识到的一个特别重要的事实是, 全息记录在某些情况下能够提供比对同一相干物体的常规照相更强大的信号检测能力. 这种增强效果来自较强的参考光和较弱的物光之间的干涉, 和它所引起的条纹强度的增强, 这个现象类似于在外差检测中所观测到的 "外差转换增益". 实验工作已证明, 这一优点在实际中是存在的 [141].

### 11.10.4 散斑噪声

对于用相干光照明的漫射物体, 不论使用什么成像方法, 在得出的像上总是会看到由散斑引起的颗粒. 由于全息术过程几乎总是依赖于相干光, 散斑在全息成像中值得特别注意.

观察虚像时, 眼睛的瞳孔是限制孔径, 散斑图样出现在观察者的视网膜上. 检测实像时, 要么用胶片要么用电子探测器件, 全息图的孔径是限制孔径, 它与全息图到像之间的距离一起决定了散斑的尺寸. 设 $D$ 为全息图的尺寸, $z_i$ 为像距, 那么散斑尺寸与衍射极限在同一量级, 大小为 $\lambda z_i/D$. 现已发现, 散斑会严重降低对像的细节的检测能力, 特别是当图像细节尺寸与散斑大小相当时. 它的影响只有通过在几个散斑大小的尺度上进行平滑操作或取平均的方法来抑制, 比如使用比衍射极限大几倍的探测元件. 但是, 如果实行了这样的平滑操作, 像的分辨率也会相应地降低, 因此, 不论图像细节的丢失是源于检测过程中的平滑操作还是源于当图像细节与散斑大小相当时人的视觉系统没有提取细节的能力, 其结果实质是相同的.

关于散斑对人眼分辨像的细节能力的影响更详细的讨论, 见文献 [12] 和其所列的参考文献.

## 11.11 数字全息术

照相胶卷和底版是在这个领域中早期用来检测全息图的最通用的材料. 正如我们已经看到, 这样的材料需要湿的冲洗定影化学过程, 结果在记录与再现之间需要推迟相当长的时间. 然而, 照相材料的优点是它们能够记录非常微小的细节. 例如, $4'' \times 5''$ 大小, 分辨率 3000 对线/mm 的底版可以记录 350 亿个像素.

早在 20 世纪 60 年代电子探测器探测全息图的实验已经完成了, 不过那时用的是摄像管, 因为具有合适分辨率的 CCD 和 CMOS 图像传感器是后来很久才发展出来的. 在某些情况下, 不仅全息图用电子技术探测, 成像也是用新流行起来的 FFT 算法用数字方法完成的.

随着用于数字全息术的高分辨 CCD 和 CMOS 电子探测器的发展, 在电子探测器上记录全息图并用数字方法再现图像得到了发展契机. 这样的方法不再需要湿式处理, 在记录与再现像之间可以只需要很短的时间. 可以确定有两种不同的数字全息术, 一种就用通常角度偏离参考波, 我们称之为 "离轴参考波数字全息术", 另一种是利用一系列同轴参考波, 我们会称之为 "相移数字全息术". 以下我们来考虑这两种情况.

### 11.11.1 离轴参考波数字全息术

在通常的 Leith-Upatnieks 光路中, 利用在角度方向上离轴参考波记录全息图,探测器的分辨率必须要足够高, 以适应振幅与相位调制在其上很高的载波频率. 探测器像素的总数要高于同样物体在记录二维图像时要求的像素数. 假设在全息图平面上的物光波必须包含 $N \times N$ 个适当分辨探测器像素. 那么, 在离轴参考波方向原则上全息图必须含有 $4N$ 个像素, $2N$ 个用于物波的自相关函数, 产生孪生像的每一个波需要 $N$ 个像素. 在垂直于离轴参考波方向上, 只需要 $2N$ 个像素, 这是由物波的自相关决定的.

在可能使用强参考波的情况下, 与物光波的强度相比较, 自相关项可能变得几乎不可察觉得弱, 在这种情况下, 在离轴参考波方向上只需要 $2N$ 个像素, 对于导致孪生像的每束波需要 $N$ 个像素. 在垂直于离轴参考波方向上, 只需要 $N$ 个像素.

在表示全息图要求的像素数和表示物体本身要求的像素数之间的关系已经有Macovski做过探讨 [237]. 这里我们不提供 Macovski 结果的细节, 但是只提及在傅里叶变换全息图光路中全息图要求的最少像素数. 对于用离轴参考波全息术探测全息图, 要求付出的像素数的代价, 与之同时, 这种形式的全息图对于动态全息术具有一种优势, 因为用单一快速激光脉冲记录全息图, 其所成数字的像可以用于数字检测.

### 11.11.2  相移数字全息术

淘汰使用角分离参考波, 伴随着高频载波的另一个解决办法从 Carre[52]、Bruning 等 [46] 和 Creath[79] 在干涉术领域里的工作中推导出来的, 在 20 世纪 90 年代后期被 Yamaguchi和Zhang[378] 用到一般全息术中, 特别是全息显微术中 [382]. 实际上这种技术放弃了对于角分离参考波的要求, 在可以容忍的代价下要制作短短一系列同一个物体的同轴全息图, 每次曝光之间改变一次参考光相位. 然后将序列中电子编码的这些不同的全息图用数字方式结合起来, 这个方法能够恢复入射到探测器上的波的振幅和相位, 从而可以用数字方法重建物体的像. 对于每幅记录的全息图要求的物光波有 $N \times N$ 个采样的探测器像素也是 $N \times N$ 个. 下面会说明, 最少要做四次测量, 常用的是多于五次测量.

为了理解这种技术如何能够恢复入射物光波的振幅与相位, 我们从 (11-3) 式开始, 这里重复该式, 仅做一点修改如下:

$$\mathcal{I}_\psi(x,y) = |A(x,y)|^2 + |a(x,y)|^2 + 2|A(x,y)||a(x,y)| \cos[\phi(x,y) - \psi(x,y)].$$

$$(11\text{-}106)$$

其中 $A$ 和 $\psi$ 是参考波的振幅和相位, 而 $a$ 和 $\phi$ 是物光波的振幅和相位. 令参考波为垂直入射的、具有均匀相位 $\psi$ 和常数振幅 $A_0$ 的平面波, 则有

$$I_\psi(x,y) = A_0^2 + |a(x,y)|^2 + 2A_0 a(x,y) \cos[\phi(x,y) - \psi]. \qquad (11\text{-}107)$$

我们的目的是确定 $a(x,y)$ 和 $\phi(x,y)$. 振幅调制 $\alpha(x,y)$ 是一个非负值, 所有的符号变化都纳入了相位 $\phi(x,y)$ 中, 因此, $a(x,y)$ 可以用屏蔽掉参考波 ($A_0 = 0$) 记录入射到探测器上的强度来确定. 在探测器像素采样并将结果数字化以后, $a(x,y)$ 的采样形式可以对采样开平方, 取正根得到.

为了确定物的相位 $\phi(x,y)$, 先在参考波束 (在和物光束合成之前) 中引入相位调制, 参考相位每步加一个不同的值, 例如 $0, \pi/2, \pi$ 和 $3\pi/2$. 对于参考相位 $\psi$ 的每一个值记录一幅数字化全息图. 因而在四种情况下探测器上入射的强度分布为

$$
\begin{aligned}
I_0(x,y) &= A_0 + |a(x,y)|^2 + 2A_0 a(x,y)\cos[\phi(x,y)],\\
I_{\pi/2}(x,y) &= A_0 + |a(x,y)|^2 + 2A_0 a(x,y)\cos[\phi(x,y) - \pi/2],\\
I_{\pi}(x,y) &= A_0 + |a(x,y)|^2 + 2A_0 a(x,y)\cos[\phi(x,y) - \pi],\\
I_{3\pi/2}(x,y) &= A_0 + |a(x,y)|^2 + 2A_0 a(x,y)\cos[\phi(x,y) - 3\pi/2],
\end{aligned}
\tag{11-108}
$$

物光波的相位可以从下述公式计算出:

$$
\phi = \arctan\left\{\frac{I_{\pi/2} - I_{3\pi/2}}{I_0 - I_\pi}\right\}.
\tag{11-109}
$$

相位步进的次数与数值可以有其他选择. 某些可以提供减小噪声的优越性 [310]. 例如, 3 次相位增加和 $|a(x,y)|^2$ 测量可以用来做四次记录, 尽管更多次测量一般会减少噪声的影响.

数字全息术, 在某些情况下用离轴参考波方法, 某些时候用相移方法, 现在一般用在诸如三维全息显微镜中, 从测量的振幅和相位通过数字计算重建图像. 市场提供的数字全息显微镜已经可以买到, 例如, Lycee 公司就有销售.

## 11.12　使用空间非相干光的全息术

虽然全息术原来被设想为相干成像的一种手段, 但也存在着一些技术, 可以用来记录非相干照明物体的全息图. 全息技术推广到非相干情况最初是由 Mertz 和 Young[251] 建议的. Lohmann[231]、Stroke 和 Restrick[335] 以及 Cochran[73] 随后发展了非相干全息术的理论和实践. 更多的相关信息见 Rogers 的著作 [299].

从一个空间非相干物体上任意一点发出的光将不会和从其他任意点发出的光发生干涉. 但是, 如果依靠某种适当的光学技巧将每个物点发出的光分成两部分, 那么同源的每一对光波就能够发生干涉形成一幅条纹图样. 这样一来每个物点可以编码为一幅适当的条纹图样, 如果这种编码是唯一的, 没有两个物点产生完全相同的条纹图样, 那么原则上就可以得到物的一个像.

虽然已经知道有许多光学系统能够按要求把物光波分为两束, 在这里只出示 Cochran[73] 提出的一个特殊的系统. 如图 11.45 所示, 该系统由一个三角形的干涉仪构成, 干涉仪中放了两个透镜 $L_1$ 和 $L_2$, 其焦距分别为不同的 $f_1$ 和 $f_2$. 假定两个透镜都是正的, 尽管一正一负两个透镜的组合也可以用. 透镜之间隔着一段长为 $f_1 + f_2$ 的光程, 两个透镜的焦点重合在图中的 $P$ 点. 平面 $A$ 和平面 $B$ 离开透镜 $L_1$ 的光程都是 $f_1$, 离开透镜 $L_2$ 的光程都是 $f_2$.

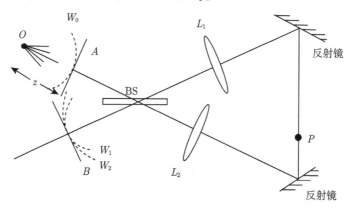

图 11.45  非相干全息术用的三角形干涉仪

从平面 $A$ 到平面 $B$ 的光可以沿两条路径传播, 第一条是沿着顺时针方向通过干涉仪, 第二条是沿着逆时针方向通过干涉仪. 先考虑顺时针的路径, 借助于在分束器 BS 上的反射, 光从平面 $A$ 传播一段距离 $f_1$ 到透镜 $L_1$. 从 $L_1$ 到 $L_2$ 的光程长度是 $f_1 + f_2$, 从 $L_2$ 到平面 $B$ (再一次利用 BS 的反射) 的光程长度是 $f_2$. 因为对光程长度与焦距 $f_1$ 和 $f_2$ 之间的关系的特殊选择, 平面 $A$ 会成像到平面 $B$ 上, 由于在光路中遇到 $L_1$ 和 $L_2$ 的这个特殊的顺序, 成像过程的放大率为 $M_1 = -f_2/f_1$.

对于逆时针方向的路径, 光每一次都是被分束器透射 (而不是反射). 平面 $A$ 仍然成像到平面 $B$ 上, 但是由于在这条路径上遇到透镜的顺序反过来, 放大率为 $M_2 = -f_1/f_2$.

现在考虑非相干物上的单个点 $O$, 它离平面 $A$ 的距离为 $z$(图 11.45). 把该点发出的光作为相位参考点, 射到平面 $A$ 上的球面波 (图中的波前 $W_0$) 可以表示为一个复值函数

$$U_a(x, y) = U_o \exp\left[\mathrm{j}\frac{\pi}{\lambda z}(x^2 + y^2)\right],\tag{11-110}$$

其中用了傍轴近似. 在平面 $B$ 上我们发现两个球面波 (图中的波前 $W_1$ 和 $W_2$), 一个放大率为 $M_1$, 第二个为 $M_2$. 因此总的振幅是

$$U_b(x,y) = U_1 \exp\left\{ \mathrm{j}\frac{\pi}{\lambda z} \left[ \left(\frac{x}{M_1}\right)^2 + \left(\frac{y}{M_1}\right)^2 \right] \right\}$$
$$+ U_2 \exp\left\{ \mathrm{j}\frac{\pi}{\lambda z} \left[ \left(\frac{x}{M_2}\right)^2 + \left(\frac{y}{M_2}\right)^2 \right] \right\}. \tag{11-111}$$

相应的光强分布为

$$\mathcal{I}(x,y) = |U_1|^2 + |U_2|^2 + 2|U_1||U_2|\cos\left[ \frac{\pi}{\lambda z}\left( \frac{f_1^4 - f_2^4}{f_1^2 f_2^2} \right)(x^2 + y^2) \right], \tag{11-112}$$

式中用了下述关系:
$$\frac{1}{M_1^2} - \frac{1}{M_2^2} = \frac{f_1^4 - f_2^4}{f_1^2 f_2^2}.$$

如果用 (11-112) 式的强度图案对一块照相干板曝光, 经显影定影处理后得出一张正透明片, 其振幅透射率线性地正比于曝光量, 则得到的透射率可以写成

$$t_\mathrm{A}(x,y) = t_b + \beta' U_1 U_2^* \exp\left\{ \mathrm{j}\left[ \frac{\pi}{\lambda z}\left( \frac{f_1^4 - f_2^4}{f_1^2 f_2^2} \right)(x^2 + y^2) \right] \right\}$$
$$+ \beta' U_1^* U_2 \exp\left\{ -\mathrm{j}\left[ \frac{\pi}{\lambda z}\left( \frac{f_1^4 - f_2^4}{f_1^2 f_2^2} \right)(x^2 + y^2) \right] \right\}. \tag{11-113}$$

我们认出上式的第二项和第三项分别是一个负透镜和一个正透镜的透射率函数 [(5-10) 式], 它们的焦距都是

$$f = \frac{f_1^2 f_2^2}{f_1^4 - f_2^4} z. \tag{11-114}$$

于是, 如果用相干光源照明该透明片, 会形成原来的物的一虚一实两个像.

现在来推广到由大量互不相干点源构成的物, 每个点源在记录介质上产生自己的条纹图样. 既然各个点源是不相干的, 简单地把这样产生的各个强度图样相加就得出总强度. 每个点源的 $(x,y)$ 坐标决定对应的条纹图样的中心, 因而确定了实像和虚像的 $(x,y)$ 坐标. 类似地, 如同我们在 (11-114) 式中看到的, 点源的 $z$ 坐标影响此点源对透射率函数的贡献项的焦距, 因此所成的像是三维的.

虽然使用非相干照明而不是相干照明的可能性在许多应用中很有吸引力, 但是还存在着一个严重的问题, 它限制了非相干全息术的用处. 这个问题的发生是因为每个基元条纹图样都是由入射到记录介质上的光的两个极其微小的部分形成的. 在相干全息术中, 来自每个物点的光与参考波贡献的所有的光相干涉, 而在非相干全息术中, 发生干涉的波仅仅是总的光中微不足道的一小部分. 许多微弱的干涉图样, 每一个都有自己的曝光偏置值, 它们加起来就会得出一个很大的偏置, 一般比用相干光对类似的物生成的全息图的偏置大得多. 这个偏置问题的后果是, 非相干全息术仅仅成功地应用于由不多的分辨单元构成的物. 这一局限性大大限制了它的用途.

# 11.13  全息术的应用

全息术是一个成熟的科学领域, 它的大部分基础科学研究已经完成, 技术也得到了极大的改进. 在这个过程中, 人们探索了全息术的众多应用, 有些直接导致高度成功的商业运营, 另一些则成了某些科学和工程部门广泛应用的重要检测手段. 这一节将对迄今为止全息术的主要应用作一简要综述.

## 11.13.1  显微术和高分辨率体成像

从历史的角度来看, 显微术作为全息术的一个应用曾经推动了大多数关于波前重现的早期工作; 它无疑是伽博[120,121,122] 和 El-Sum[103] 早期工作的主要推动力. 对全息术在电子显微术方面应用的兴趣延续至今 (参阅文献 [346]), 将全息显微术推广到电磁波谱的 X 频段的兴趣至今仍然很强烈[246]. 实现极高的、可以与每种情况下的波长相比较的分辨率的潜在能力, 引发了人们对电子全息术和 X 射线全息术的兴趣.

在电磁波谱的可见光频段, 在常规的一般显微术方面, 全息术并不是普通显微镜的一个厉害的对手. 虽然如此, 却存在一个领域, 全息术在这个领域中为显微术提供了独一无二的潜在能力, 这个领域就是高分辨率体成像. 在常规的显微术中, 高的横向分辨率必须以有限的焦深为代价才能实现. 正如在第 7 章已看到, 成像系统能达到的最高横向分辨率为 $\lambda/\mathrm{NA}$ 的量级 [(7-50) 式], 其中 NA 为数值孔径. 我们已经看到, 随着这一横向分辨率接近焦深, 焦深则被限制在光轴方向量级为 $\lambda/\mathrm{NA}^2$ 的距离间隔内. 注意, 对于数值孔径趋近于 1 的情况, 焦深将变得短到只有一个波长! 因此存在一个有限的体积可以在同一时间对焦.

当然, 有可能顺序探测一个大体积, 办法是不断地重新调焦来探测物体积的新区域, 但如果物是动态的, 处于持续运动中, 这种方法往往不能令人满意.

一种解决这些问题的办法是记录这个物体的一张全息图, 使用脉冲激光器以得到极短的曝光时间. 这样, 动态的物体就在时间中被 "冻结" 起来, 但此记录却保存了探测整个物体体积所需要的全部信息. 照明这幅全息图, 用一个辅助的光学系统就可以在各个深度上探测物的实像或虚像. 由于物 (即全息像) 不再是动态的, 因此就可以对像的体积进行顺序观测.

这种方法曾经被 C. Knox 卓有成效地应用于活体生物标本的三维显微测量中 [200], 也被 Thompson, Ward 和 Zinky 用在烟雾中微粒大小尺寸分布的测量中 [341]. 要知道更多的细节, 读者可以参阅这些文献.

近年来数字全息显微镜已经被产业界引入, 特别是 Lyncee 科技公司 (参阅文献 [293]). 这种显微镜可以在电子探测器上探测全息图, 并用计算机计算出任何平面上的数字图像.

### 11.13.2 干涉测量术

全息术的一些最重要的科学应用来自它所呈现的独一无二的干涉测量形式能力. 全息干涉测量术可以取许多不同的方式, 但是它们都依赖于一张全息图在同一记录介质上存储两个或更多个复数波场的能力, 以及这些波场一起被重现随后发生的干涉. 对全息干涉测量术的更详细的论述, 可以在 Vest[357] 和 Schumann[311] 的书中找到.

**多重曝光全息干涉测量术**

最强有力的全息干涉测量技术建立在伽博等 [125] 所强调的一个性质上, 这个性质是, 通过全息图的多重曝光, 可以实现复波前的相干叠加. 这个性质容易证明如下: 令一全息记录介质依次被 $N$ 个不同的光强分布 $\mathcal{I}_1, \mathcal{I}_2, \cdots, \mathcal{I}_N$ 曝光. 介质所受的总曝光量可表示为

$$E = \sum_{k=1}^{N} T_k \mathcal{I}_k, \tag{11-115}$$

式中 $T_1, T_2, \cdots, T_N$ 是 $N$ 个单次曝光时间. 现在假设在每次单独曝光的时间间隔中, 入射光是参考波 $A(x,y)$ 和物波 $a_k(x,y)$ 的和, 参考波对于所有的曝光都相同, 而物波则每次曝光都不同. 总的曝光量变成

$$E = \sum_{k=1}^{N} T_k |A|^2 + \sum_{k=1}^{N} T_k |a_k|^2 + \sum_{k=1}^{N} T_k A^* a_k + \sum_{k=1}^{N} T_k A a_k^*. \tag{11-116}$$

假定工作在记录介质的 $t_A$-$E$ 特性曲线的线性区, 我们求得透射率的两个分量为

$$t_\alpha = \beta \sum_{k=1}^{N} T_k A^* a_k,$$

$$t_\beta = \beta \sum_{k=1}^{N} T_k A a_k^*. \tag{11-117}$$

从 (11-117) 式可清楚地看出, 用波前 $A$ 照射处理过的全息图, 会产生一个透射场分量, 它正比于 $|A|^2$ 和复数波前 $a_1, a_2, \cdots, a_N$ 的和的乘积. 结果, 物的 $N$ 个相干虚像 (这 $N$ 个波前就是它们引起的) 将会线性叠加并且将相互干涉. 相仿地, 用波前 $A^*$ 照射透明片也会产生 $N$ 个同样相干的实像, 它们也相互干涉.

Brooks等 [43] 用 Q-开关红宝石激光器最早生动地演示了这种干涉测量术的潜力. 图 11.46 示出了两张照片, 每一张都是由一张用两个激光脉冲二次曝光的全息图得到的. 在图 11.46(a) 的情况下, 第一个脉冲仅仅记录了漫散射背景的全息图,

而第二个脉冲记录的则是在同一漫散射背景前飞行的一颗子弹的全息图. 由子弹产生的冲击波引起空气局部折射率的变化. 结果, 漫散射背景的两个像, 一个是在无子弹时记录的, 另一个是通过空气折射率扰动记录的, 二者将互相干涉, 产生的干涉条纹描绘出子弹产生的冲击波. 这些条纹看来像是被固定在子弹周围的三维空间中.

图 11.46(b) 是一张用类似方法获得的一盏白炽灯的像. 第一次曝光过程中灯丝未通电, 记录的也是一个漫散射背景的全息图, 不过是通过灯泡的非光学完善的玻璃泡记录的. 然后接通灯丝, 用第二个激光脉冲使全息图曝光. 灯泡发的非相干光与激光不发生干涉, 所以在最后的像中灯丝看起来并不是亮的. 但是, 灯泡内气体受热引起了局部折射率的变化, 再次在最后的像中产生出干涉条纹, 描绘出气体膨胀的图样. 应当强调, 这些干涉条纹是在存在一个光学上不完善的玻璃泡时得到的, 这种技艺用其他经典的干涉测量方法是不可能实现的.

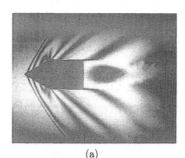

(a)

(b)

图 11.46  用一台 Q-开关红宝石激光器得出的二次曝光全息干涉测量术 [经 AIP 出版社允许复制自 L. O. Heflinger, R. F. Wuerker 和 R. E. Brooks 的 "全息干涉术", *J. Appl. Phys.* 37,642-649(1966)]

**实时全息干涉测量术**

另一类重要的全息干涉测量术依靠预先记录的并用全息方法产生的波前和由同一物体实时反射或透射的相干波之间的干涉 [42]. 用全息方法产生的波前可以视

为参考光, 它代表物处于 "放松的" 状态时反射或透射的光. 如果同一物体, 相对于全息图处于记录参考波前时它所处的同一位置上, 现在受到扰动 (也许是把它置于某种形式的负载的应力下), 于是物体所拦截的复数光场变了, 在和参考波前发生干涉后, 产生干涉条纹, 可以在通过全息图观察的物的像上看到. 两个略有不同的相干像在这一过程中叠加, 一个是物在其原来状态的像, 另一个是物体受到应力时或处于修正后的状态的像. 观察到的条纹可以揭示出有关物体发生形变的本性的定量信息.

注意, 我们是在使物体现在的相干像和物体在过去某一时刻存在的相干像发生干涉 (或者用计算全息图, 就是和一个实际上从未存在过的物体发生干涉), 这用传统的干涉测量术是不可能做到的.

**等高线的产生**

前面描述的多重相干像的干涉也导致了一种技术的发展, 这种技术可以获得其上重叠有定间隔等高线族的三维像, 它适用于横截面图绘制和等高线图绘制的问题. Hildebrand和Haines[169] 已演示了两种迥然不同的技术.

第一种技术用两个相干的但在空间分离的点光源照明待测的物. 这两个点光源可以同时照明待测物, 也可以对全息图两次曝光, 每次曝光, 物的照明光源置于不同位置. 考察物体的两个照明光源的干涉图样, 就会发现它由沿着程差恒定的双曲线的干涉条纹组成, 如图 11.47 所示. 若物体从侧面照明而从顶面记录全息图, 那么在重现像中很容易看到深度等高线 (即物和双曲条纹的交线). 不论两个光源是在单次曝光中同时使用, 还是在两次曝光中分别使用, 都会获得相同的结果, 因为随便哪种情况下, 两束照明光都相干叠加.

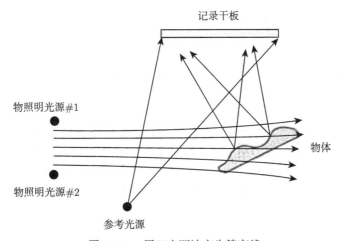

图 11.47 用双光源法产生等高线

产生等高线的双光源法有一缺点: 它要求照明方向和观察的方向必须相差大约 90°. 这样, 如果物体有很大的凹凸, 就会被照出阴影, 物的一部分就不会被照明. 这一缺陷可以用产生等高线的双频率法或双波长法克服. 在这种方法中, 物光和参考光照明都包含同样的两个不同的波长 $\lambda_1$ 和 $\lambda_2$. 实际上, 每个波长都在同一记录介质上记录下分别的而且独立的全息图. 用单一波长的光照射得到的全息图, 会产生位置和放大率略有不同的两个像. 这两个像将发生干涉, 在某些几何条件下, 得出的像上的等值线将可以精确表示深度. 我们不打算详细分析这个方法, 有兴趣的读者可参考原始文献 [169] 以知道更多的细节. 图 11.48 示出用双波长法绘制等高线的结果. 在图 11.48(a) 中我们看到一个硬币的全息像, 用单一波长的光和通常的方法照明得出. 若用双波长的光来记录全息图, 就得到图 11.48(b) 中的像. 这时两个波长是从氩激光的两条谱线得到的, 这两条谱线相隔 6.5nm, 像上得出的等高线的间隔为 20μm.

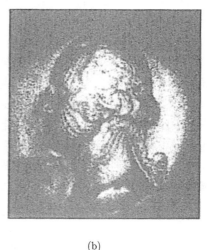

(a)                                            (b)

图 11.48   用双波长法生成等高线 (引自文献 [169], 美国光学学会 1967 年版权, 经允许转载)

### 振动分析

Powell 和 Stetson[287] 最先提出的一种用于振动分析的全息技术, 可以视为多重曝光全息干涉测量术向振动物体的连续时间曝光的一种推广.

参看图 11.49 的光路, 考虑一个以角频率 $\Omega$ 做正弦振动的平面物上一个坐标为 $(x_o, y_o)$ 的点. 该点振动的峰值振幅用 $m(x_o, y_o)$ 表示, 而其固定初相位为 $\mu(x_o, y_o)$. 从物上这一点投射到全息记录平面上坐标为 $(x, y)$ 的点的光可以视为受到如下随时间变化的相位调制:

$$\phi(x, y; t) = \frac{2\pi}{\lambda}(\cos\theta_1 + \cos\theta_2)m(x_o, y_o)\cos[\Omega t + \mu(x_o, y_o)], \qquad (11\text{-}118)$$

式中 $\lambda$ 是照明光源的光波波长, $\theta_1$ 是物在点 $(x_o, y_o)$ 的位移矢量和这个点到 $(x, y)$ 点的连线之间的夹角, $\theta_2$ 是位移矢量和入射到点 $(x_o, y_o)$ 上的光的传播方向之间的夹角.

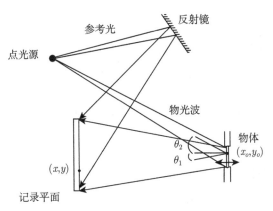

图 11.49  记录一个振动物体的全息图

利用现在已经很熟悉的贝塞尔函数的展开式, 表示入射到 $(x, y)$ 点的受调制的光的时变相矢量的时间频谱可写为

$$F(v) = \mathcal{F}\{\exp[-\mathrm{j}\phi(x, y; t)]\}$$
$$= \sum_{k=-\infty}^{\infty} J_k \left[ 2\pi \frac{\cos\theta_1 + \cos\theta_2}{\lambda} m(x_o, y_o) \right] \delta\left(v - \frac{k\Omega}{2\pi}\right). \quad (11\text{-}119)$$

当曝光时间比振动周期长很多时 (即 $T \gg 2\pi/\Omega$), 只有 $k = 0$ 的项, 即频率和参考光频率相同的项, 才会形成稳定的干涉条纹. 其他所有的项都不能产生这样的条纹. 如果由 $\cos\theta_1$ 项引入的调制深度的变化近似地与 $(x, y)$ 无关 [即胶片对 $(x_o, y_o)$ 点所张的角很小], 那么 $(x_o, y_o)$ 处的像振幅将被抑制而减小为一个因子

$$J_0 \left[ \frac{2\pi}{\lambda}(\cos\theta_1 + \cos\theta_2)m(x_o, y_o) \right], \quad (11\text{-}120)$$

而强度将减小为这个因子的平方倍. 因此各点上像的强度依赖于对应的物点振动的深度.

图 11.50 示出 Powell 和 Stetson 由实验得到的振动膜片的像. 在图 11.50(a) 中膜片振动在最低的模式, 在膜片中心有唯一的振幅极大值. 在图 11.50(b) 中膜片振动在较高次模式, 有两个振幅极大值. 数出从膜片中心到任意被考察点的条纹数目, 就可以通过 (11-120) 式确定该点的振幅.

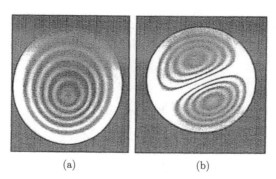

(a)                                                (b)

图 11.50　在两种不同的模式中振动的膜片的全息像 (经允许转载自文献 [287], 版权 1965 年归美国物理学会所有)

### 11.13.3　通过致畸变介质成像

在许多有实际意义的情况下, 要求光学系统在出现不可控制的像差时成像. 这些像差可能来自成像元件本身的缺陷, 也可能是外部介质 (如地球的大气) 带来的. 对于存在这些像差时的成像问题, 全息技术有若干独到的优势. 这里我们讨论三种不同的全息技术, 它们能在有严重像差的情况下获得高分辨率.

第一种技术 [225,201] 只适用于致畸变介质不随时间变动的情形. 如图 11.51 所示, 用一个无畸变的参考波记录畸变的物光波的全息图. 然后用一个 "逆参考"

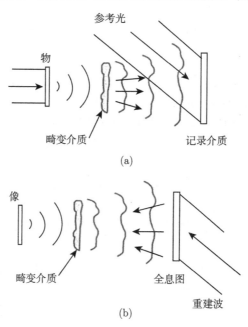

图 11.51　用原来的致畸变介质补偿像差. (a) 记录全息图; (b) 重建像

波, 即与原来的参考波完全相同但是传播方向相反的重现波照明处理后的全息图. 那么在全息图和像面之间, 正好在致畸变介质所在处, 会生成致畸变介质的一个共轭实像. 若记录过程中投射到致畸变介质上的光波为 $U_o(\xi, \eta)$, 致畸变介质的振幅透射率为 $\exp[jw(\xi, \eta)]$, 那么重现过程中入射到致畸变介质上的光波便是 $U_o^*(\xi, \eta)$ $\exp[-jw(\xi, \eta)]$. 注意, 当这个共轭光波反向通过在记录时原来就存在的完全一样的致畸变介质时, 像差会完全抵消,

$$U_o^*(\xi, \eta) \exp[-jW(\xi, \eta)] \exp[jW(\xi, \eta)] = U_o^*(\xi, \eta),$$

只留下波 $U_o^*(\xi, \eta)$ 传播到像面上, 生成无像差的像.

这种技术在一些应用中的限制是, 像必须出现在物原来所在的位置, 而在实际中常常想要使得到的像在致畸变介质的另一边 (即在图 11.51 中致畸变介质的右边). 如果致畸变介质可以移动, 这个困难就可以克服.

我们感兴趣的第二种方法示于图 11.52 中. 致畸变介质仍然不随时间变化. 这时我们记录一张致畸变介质被一个点光源照明时通过致畸变介质的畸变波的全息图 (也就是致畸变介质的点脉冲响应的一个记录). 这张全息图现在可以用作一块 "补偿板", 使较平常的光学系统能够成无像差的像. 令由点光源射到记录介质上的波为 $\exp[jw(\xi, \eta)]$. 我们假定致畸变介质只带来相位畸变. 全息图振幅透射率中在正常情况下对生成实像有贡献的那一部分正比于 $\exp[jw(\xi, \eta)]$. 因此, 如果我们将这个点光源换成一个更一般的物体, 并把这张全息图放回原来记录时的同一位置,

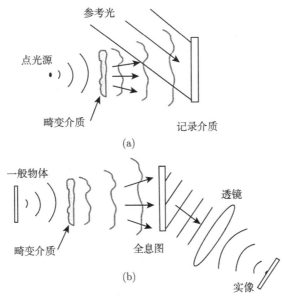

图 11.52 全息图补偿板的使用. (a) 补偿板的记录; (b) 像差的抵消

就会发现抵达全息图的物光波的弯曲畸变通过全息图后被抵消了, 由物体上各点发出的波变成以不同的角度传播的平面波, 然后透镜在其焦平面上成一个无畸变的像.

这种技术只对有限的视场才能得到良好的结果, 因为如果一个物点离原来记录全息图时所用的点光源太远, 则此物点提供的波像差将与全息图上记录的像差不同. 若全息图是在很靠近致畸变介质的地方记录的, 这个限制就不那么严重了. Upatnieks等 [351] 曾成功地应用这一技术来补偿透镜的像差, 它很适合于这一应用.

第三种技术是让参考光波和物光波二者都通过同一致畸变介质来实现的 [137], 它既适用于通过时变介质成像, 也适用于通过时不变介质成像. 如图 11.53 所示, 最常用的是无透镜傅里叶变换记录光路, 其参考点光源和物在同一平面上或几乎在同一平面上. 为简单起见, 假定致畸变介质紧靠在记录平面之前, 虽然只要我们同意损失一些能够有效补偿像差的视场, 这个限制就可以有所放松. 到达记录介质的物波和参考波可以写为 $A(x,y)\exp[jw(\xi,\eta)]$ 和 $a(x,y)\exp[jw(\xi,\eta)]$, 其中 $A$ 和 $a$ 是没有致畸变介质时将会出现的波. 这两束畸变的光波干涉将得到一幅强度图样, 它不再受致畸变介质存在的影响,

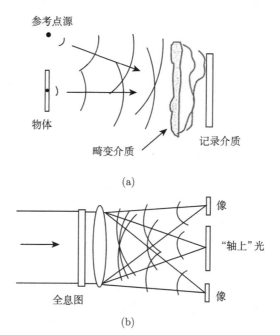

图 11.53   当物光和参考光波受到完全相同的畸变时的无像差成像. (a) 全息图的记录;
(b) 像的获得

$$\mathcal{I}(x,y) = |A(x,y)\exp[\mathrm{j}W(x,y)] + a(x,y)\exp[\mathrm{j}W(x,y)]|^2$$
$$= |A|^2 + |a|^2 + A^*a + Aa^*,$$

因此, 从这幅全息图可以得到无像差的孪生像.

这种技术也只适用于有限的物场, 因为离参考点太远的点产生的波的像差与参考光的像差可以有很大的不同. 当像差是在紧贴记录平面的地方引入时, 工作视场最大.

这种方法是光学中称为 "共光路干涉测量术" 的更普遍的一类技术的一个例子. 它已被应用到通过地球大气获得遥远物体的高分辨率像的问题上 [126,127,138].

### 11.13.4  全息数据存储

全息术作为一种潜在的数据存储技术, 有许多诱人的性质, 因此这些年来这一应用受到很大关注. 最明显的特性也许是全息存储的高度分散性, 意思是, 一幅模拟图像中的单个像素或者二进制数据阵列中的一位可以用分布方式存储在全息图的一个相当大的区域内. 傅里叶变换全息图有十足的非定域性, 像全息图的非定域性最差, 菲涅耳全息图则介于两个极端之间. 当存在高度非定域性时, 记录介质中的一个灰尘污点或缺陷会掩盖全息图上的一个小局部区域或损坏它, 但在像上则不会造成局部缺陷, 因而所存储的数据不会出现局部的损失.

第二个优点是和傅里叶变换记录光路有关, 它来自于这样一个事实, 即全息图空间的位移只会导致傅里叶空间的线性相位倾斜, 对像的强度分布的位置没有影响. 因此, 傅里叶全息图对准直误差即校准的误差的容错能力很强. 这个特点对高密度存储极其重要, 尤其是对具有高放大率 (意指一幅小全息图产生很大的像) 的存储方式.

全息术用作存储方法的第三个诱人之处, 在于我们能够利用三维记录材料 (如厚的记录胶片或光折变晶体) 的第三维空间进行存储的能力. 因而全息术提供了一种三维光存储方法, 利用第三维空间, 所能达到的体积存储密度很高.

早期的全息存储工作主要集中在二维的二进制阵列的薄全息存储[8]. 图 11.54 为其典型光路. 分离的二维二进制数据页存储在一个二维全息图阵列中. 来自连续激光器的激光被一对声光光束偏转器偏转到全息图阵列中的某一全息图上. 所选的这个特别的全息图在一个二维探测器阵列上产生一个二进制光点阵列. 因此, 要确定存储器中一个特定的二进制单元的状态, 正确的全息图和正确的探测器单元的结合必须正确查询.

最近研究的重点已经转到三维存储介质, 如光折变晶体 (见文献 [162]), 因为三维介质能够提供 Bragg 选择性. 通过角度复用、波长复用和相位编码参考光束复用, 可以实现晶体内的全息图复用和记录在这些全息图中数据的选择性读出. 图

11.55 所示为这种系统的典型光路 (取自文献 [162]). 用一个空间光调制器产生一个二进制数据阵列, 参考光束从一个指派给这一数据页的特定角度引入. 参考光束从晶体的侧面引入, 其取向使角度选择性达到最大. 在此条件下记录全息图, 其数据可以用与参考光束完全相同的光束照明该晶体而读出到 CCD 探测器上. 使用别的参考角, 可以将别的全息图叠加到晶体中, 这张全息图必须用与记录时的参考光完全相同的光束才能读出. 当 $N$ 个全息图重叠记录时, 因为记录后来的全息图会部分擦去早先记录的全息图, 单独一位的衍射效率会降低到原来的 $1/N^2$. 实验已表明可以用角度复用技术叠加几千张全息图 [49].

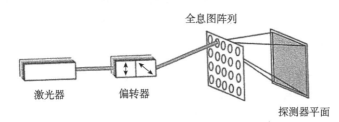

图 11.54　页定位全息存储

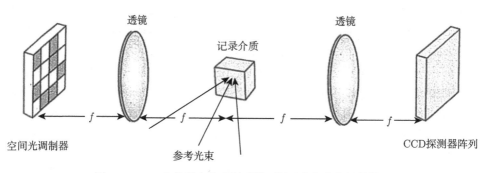

图 11.55　一个体积全息存储系统, 图示为角度复用的情况

最后, 应当提到用全息术实现关联存储的方法, 这个思想是伽博最先描述的 [123]. 有关概念的讨论可以在文献 [197], [198], [199] 和 [129] 中找到.

### 11.13.5　用于人工神经网络的全息加权

神经网络模型对许多图像识别和关联存储问题提供了一个令人感兴趣而且有力的解决办法. 构建人工 "神经" 处理器的一个方法是利用体积全息术. 在这一小节, 对这个问题作最简短的介绍, 并提供使读者可以进一步研究这个问题的参考文献. 用来描述这类网络的术语是从神经科学中借用的, 重要的是要知道, 人工神经网络中用的模型只包括对被认为发生在真实生物神经系统中的那些处理方法实质的最简单的提炼. 对神经网络计算方法的介绍可在文献 [164] 中找到.

**神经元模型**

　　神经网络由大量称为神经元的非线性单元构成, 它们彼此高度连接. 图 11.56(a) 所示为一个简单的神经元模型. 大量不同权重的二进制输入的总和加在一个非线性单元的输入端, 通常使这种非线性单元具有 "S 形" 非线性特性, 其输入-输出关系为

$$z = g(y) = \frac{1}{1 + e^{-y}}, \tag{11-121}$$

如图 11.56(b) 所示.

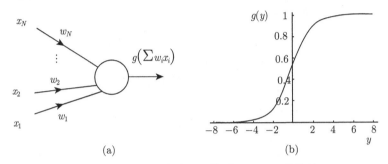

图 11.56　(a) 单个神经元模型; (b) S 形非线性

　　对非线性单元的输入 $y$ 是 $N$ 个输入 $x_i$ 的加权和, 它由下述关系描述:

$$y = \sum_{i=1}^{N} w_i x_i = \vec{w} \cdot \vec{x}, \tag{11-122}$$

其中 $w_i$ 是加在各个输入上的权重.

　　可以训练单个神经元产生 1 或 0 状态来响应一个特定的输入矢量 $\vec{x}$, 方法是调整权重矢量的方向, 使它分别与输入矢量同向或正交. 在前一情况下, 一个对 S 形非线性单元的很大的正输入使输出非常接近于 1, 在后一情况下, 一个很大的负输入使输出结果非常接近于 0. 用这种方法, 通过调整权重, 就能够 "训练" 这个神经元识别出一个特定的输入矢量. 推广这个思路, 人们发现, 如果把整整一组矢量呈交给这个神经元, 组内每个矢量都可以被归类为两类矢量之一, 那么通过用这两类矢量中的样例训练该神经元, 就能够教会它用这些矢量构成的 $N$ 维空间中的一个简单的超平面来分隔这些输入矢量. 能够用一个超平面分隔的矢量类可以被神经元辨别, 而那些不能够用超平面分隔的则不能被辨别.

**神经网络**

　　为了获得比用单一神经元可能得到的功能更复杂的功能, 可以将这些神经元的集合连接成一个神经网络. 图 11.57 所示为这样一个网络的例子, 它具有四层互相连接的神经元. 图中最左边的一层神经元可以看成是输入神经元. 例如, 在一个图

像识别问题中, 每个这样的神经元可能接受一个输入, 它表示要这个神经网络作出分类的一个图像的一个像素值. 网络最右边的一层可以看成是输出的神经元. 每个这样的神经元代表被分类图像的一个可能的类. 在理想情况下, 当一幅单一图像出现在网络的输入端时, 通过适当的训练, 网络将使某一个输出神经元产生一个等于 1 或接近 1 的值, 其余的神经元则产生等于 0 或接近 0 的值. 输出为 1 的特定神经元表明输入图像所属的类. 中间的神经元层称为 "隐蔽" 层. 隐蔽层的数目多少决定了能够将输入图像区分为不同类的 $N$-维空间中的分界面的复杂程度.

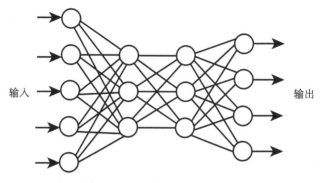

图 11.57    一个四层的神经网络

神经网络必须用不同类的输入图像的样本进行训练, 并根据某个预先确定的算法调整所有的权重. 存在多种训练算法, 所有这些算法都涉及一个误差测度的最小化. 我们特别要提到单层网络的 LMS(最小二乘法) 算法[369] 和多层网络的后向传播算法[303], 但是必须请读者参考有关文献以知其详.

**基于体全息加权的光学神经网络**

一个广为接受的光学神经网络是基于在一个可擦除的厚全息介质中存储权重因子来实现的. 最常使用的介质是光折变晶体. 图 11.58 所示为全息图引入加权互连的一种方法. 我们假定这个神经网络的输入由一个空间光调制器组成, 它产生一个与待处理的输入成正比的相干振幅分布. 透镜 $L_1$ 对输入作傅里叶变换, 因此空间光调制器中每一个像素在晶体中都产生一束具有唯一的波矢量 $k$ 的平面波. 我们假定已将一组正弦体光栅写入晶体; 用来记录这些光栅的波的曝光时间或曝光强度决定了这些光栅的衍射效率, 从而控制了它们将施加在以 Bragg 角入射的平面波上的权重. 借助于第二块傅里叶变换透镜, 所有在同一方向上传播的平面波被叠加在一个输出像素上. 有多个输出像素, 每一个像素对应于从晶体中衍射出来的光的一个不同的方向.

这样, 大量的体光栅被写入晶体中, 每个光栅代表一个权重. 然后输入像素值的加权和出现在每个输出像素上. 在计算机控制下, 可以完成一个训练程序, 它按照选定的训练算法改变体光栅的强度.

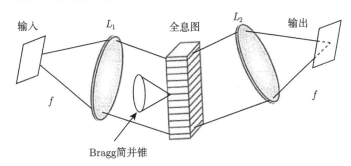

图 11.58　用全息图实现单一的加权互连的图示. 在实际中, 许多这样的互联可以同时实现

　　光学方法, 特别是体全息术在这一应用中的吸引力, 来自能够将极大量的光栅 (或权重因子) 叠加到单个晶体中, 以及用空间光调制器技术能够实现大量像素 (或神经元) 相耦合. 如果大量不同的光栅要在介质中进行角度复用 (利用 Bragg 效应), 记录材料的厚度是很重要的. 有两个现象会妨碍达到大量权重因子的目标. 一个是所谓的 Bragg 简并, 指的是 Bragg 条件可以在整个角锥面上满足, 而不仅仅是在一个角度上满足, 因此在加权互连之间存在着严重的相互串扰的潜在可能性. 这个问题可以通过只使用从可能的光栅中适当选出的一个子集, 使光从一个输入像素传播到一个输出像素依靠一个而且仅仅一个体光栅的方法 [291] 来克服. 另一个解决方案是迫使从一个输入像素到一个输出像素只有一条从不止一个体光栅上衍射的单一光路, 以此破坏 Bragg 简并 [272].

　　第二个限制来自这一事实: 受到一系列曝光的光折变晶体, 后来的曝光将部分地擦除先前的曝光. 这就限制了能够叠加的光栅的总数; 但是, 实验已经表明, 存储数千次曝光是可能的 [258]. 实际上, 光折变介质会 "忘记" 先前的曝光趋势, 在一些学习过程中可以作为一个优点来利用.

　　在上述讨论中, 我们仅仅触及光学神经网络这个题目. 还存在别的一些利用光学进行类神经网络计算的方法. 我们特别要提到利用 10.8.2 节的矩阵-矢量结构来实现 Hopfield 神经网络[290], 以及在使用非线性光学元件的系统中出现的竞争与合作现象的利用 [7]. 更多的参考文献见 *Applied Optics* 1993 年 3 月那一期专门讨论光学神经网络的题目.

### 11.13.6　其他应用

　　还存在全息术的许多其他应用, 不过由于篇幅的限制, 我们不在这里作全面的回顾. 在本小节只简要地介绍几个特别重要的领域, 并给出供进一步研究的参考文献.

**全息光学元件**

全息术在制作对光波波形整形的光学元件方面有重要应用, 这样的元件称为全息光学元件(HOE). 这些元件是衍射光学元件的进一步发展. 其很轻的重量和紧凑的体积使这些元件特别有吸引力. 全息光学元件已经被用在光学扫描装置[214,21]、飞机驾驶员座舱内的头盔平显仪[71]和许多其他应用中.

对衍射光学元件的进一步讨论, 请读者参看第 7.3 节. 参考文献 [64]~[68] 中都包含有应用的例子.

**全息显示和全息艺术**

三维全息图像的惊人特性已成为非专业公众对全息术感兴趣的最主要的原因. 全息术已经被应用于广告业, 并且许多艺术家已把全息术作为一种供选择的媒体. 在纽约曾建立一座全息博物馆, 最近搬迁到麻省理工学院. 全息首饰已可在全世界许多商店中买到.

**在安全方面应用的全息图**

使全息术与广大群众直接接触的应用是用于防伪的全息图. 在美国, 信用卡上无处不在的模压全息图是最常见的实例, 而在欧洲它的应用已经走得更远. 在这方面的应用中, 全息术用来提供对伪造的威慑力, 因为全息图作为信用卡或银行钞票不可分割的一部分出现, 使得非法复制这些东西要比以前没有它时困难得多.

要更好地了解全息术在安全领域的各种应用, 读者可以参阅文献 [105], 它包含这方面的许多论文.

## 习　　题

11-1　一张全息图用从 $(x_r, y_r, z_r)$ 点发散出的球面参考波记录, 然后用从 $(x_p, y_p, z_p)$ 点发散出的再现光束从该全息图再现图像. 记录光波和再现光波的波长均为 $\lambda_1$. 设全息图为圆形, 直径为 $D$, 见下面的题图 P11.1(a). 有人宣称, 用这种方法得到的一个任意三维物的像与用一个同样直径的透镜放在与物体同样距离的地方 [题图 P11.1(b)] 和一块棱镜 (为简单起见图中没有画出) 所成的像完全等同, 成像时用的光波波长仍为 $\lambda_1$. 问要产生等同的像, 两个透镜可能的焦距分别是多少?

11-2　一张全息图用氩离子激光器发出的波长为 488nm 的激光记录, 而用氦氖激光器的波长为 632.8nm 的光再现像. 全息图没有进行缩放.

(a)　设 $z_p = \infty, z_r = \infty$ 并且 $z_o = 10\text{cm}$, 试问两个孪生像沿轴向的像距 $z_i$ 是多少? 两个像的横向放大率和轴向放大率是多少?

(b)　设 $z_p = \infty, z_r = 2z_o$ 并且 $z_o = 10\text{cm}$, 两个孪生像的轴向像距、横向放大率和轴向放大率各是多少?

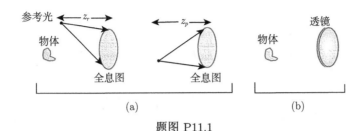

题图 P11.1

11-3 一张全息图, 记录和再现像的波长同为 $\lambda$. 假设 $z_o = 0$, 证明当 $z_p = z_r$ 时, 得到一个横向放大率为 1 的虚像; 而当 $z_p = -z_r$ 时, 得到一个横向放大率为 1 的实像. 在每种情况下其孪生像的横向放人率是多少?

11-4 用无透镜傅里叶变换光路 (图 11.14) 来记录一个宽度为 $L$ 的方形透明片物体的全息图. 该物体的振幅透射率为 $t_A(x_o, y_o)$, 物体与记录平面的距离为 $|z|$. 再现波长与记录波长一致. 用平面波照明全息图并后随一个焦距为 $f$ 的正透镜来获得再现像. 为简单起见, 物照明光波和再现光波振幅都取为 1.

(a) 试问一级像的横向放大率 $M_t$ 是多少?

(b) 证明零级 (即轴上) 像项 (除去一个中心衍射置限亮斑) 可以表示为

$$U_f(u, v) = \frac{1}{\lambda f} \iint_{-\infty}^{\infty} U_o'(x_o, y_o) U_o'^* \left( x_o + \frac{u}{M_t}, y_o + \frac{v}{M_t} \right) \mathrm{d}x_o \mathrm{d}y_o$$

其中

$$U_o'(x_o, y_o) = t_A(x_o, y_o) \mathrm{e}^{\mathrm{j}\frac{\pi}{\lambda|z|}(x_o^2 + y_o^2)}.$$

(c) 为了确保零级光和一级像不重叠, 参考光点光源应该放在离透明片中心多少距离处?

11-5 我们想要制作一个全息显示屏, 它将投影出一个平面透明片物体的实像. 记录光路和再现光路如题图 P11.5 所示. 约定在记录过程中参考光源和物均位于全息图的左侧. 再现光源必须在全息图左侧, 而投影出的像必须在全息图右侧. 从记录到再现, 全息图既不转动也不改变大小. 记录光波长为 632.8nm, 再现光波长为 488nm, 物透明片大小为 2cm×2cm, 想要得到的像大小为 4cm×4cm, 全息图到像的轴向距离必须是 1m, 再现光源到全息图的轴向距离约定为 0.5m.

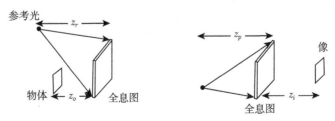

题图 P11.5

 (a) 在以上约定下, 列出能产生所要求的像的 $z_o$ 与 $z_r$ 的所有组合, $z_o$ 和 $z_r$ 分别是物和参考光源到全息图的轴向 (光轴方向) 距离.

 (b) 在记录和重现两步之间把全息图从左到右翻转 $180°$(即前后表面互换), (a) 的答案又将如何?

11-6 有人曾提出用波长为 $0.1 \text{nm}$ 的相干辐射记录一张 X 射线全息图, 然后用波长为 $600 \text{nm}$ 的可见光来再现像. 物是一张带有 X 射线波长下的吸收图案的正方形透明片. 选用无透镜傅里叶变换记录光路. 物的宽度为 $100 \mu \text{m}$, 为了确保孪生像和 " 轴上 " 的干涉图分开, 物与参考光点源之间最小距离为 $200 \mu \text{m}$. X 射线底片放在距离物体 $2 \text{cm}$ 处.

 (a) 落在底片上的干涉条纹的最大空间频率 (周/mm) 是多少?

 (b) 假设底片分辨率足以记录所有的入射强度变化. 有人建议用通常的方式再现像, 即在傅里叶变换透镜的后焦面上观察. 为什么这个实验会失败?

11-7 在照片感光乳剂上记录两束平面波的干涉, 经过漂白制成一个厚的不倾斜的透射相位光栅. 曝光用的辐射在空气中的波长为 $488 \text{nm}$, 发生干涉的两束光在空气中的夹角是 $60°$. 感光乳剂厚度为 $15 \mu \text{m}$. 曝光前和漂白后感光乳剂的平均折射率都是 $1.52$(明胶的折射率). 用于再现的光波波长与用于记录的光波波长相同.

 (a) 记录过程中在感光乳剂内部两束光的波长和夹角分别为多少? 根据感光乳剂外的两束光的夹角和波长预计的光栅周期, 与用感光乳剂内部的波长和夹角预计的光栅周期两相比较有何不同?

 (b) 假设满足布拉格匹配条件, 为了达到厚的透射相位光栅的衍射效率曲线的第一个 $100\%$ 峰值, 要求折射率调制的峰值 $n_1$ 是多大?

 (c) 假设光栅工作在衍射效率的这个第一极大值处, 并假设照射角没有误差 ($\Delta\theta = 0$), 波长误差 $\Delta\lambda$(感光乳剂外) 为多少时会使衍射效率下降到 $50\%$?

 (d) 仍假设光栅工作在衍射效率的这个第一极大值处, 并假设再现光波长没有误差, 角度误差 $\Delta\theta$ (在感光乳剂外) 为多少时会使衍射效率下降到 $50\%$?

11-8 用一块厚度为 $15 \mu \text{m}$ 的全息干板记录两束平面波干涉形成的全息图, 这两束平面波与感光乳剂面法线成相等但方向相反的角度. 记录和再现的光的波长都是 $633 \text{nm}$, 显影前后感光乳剂的折射率为 $1.52$. 问发生干涉的两束光之间的角度 (在空气中) 为多少时, (9-44) 式中的厚度参量 $Q$ 的值为 $2\pi$?

11-9 考虑一个厚的不倾斜的透射正弦吸收光栅, 令其吸收调制度为可能的最大值. 假定发生干涉的两束平面波所夹的角为 $60°$. 在布拉格匹配条件下, 透明片平均密度 $D$ 为多少才能达到可能的衍射效率极大值 $3.7\%$?

11-10 用 (11-66) 式证明, 在不存在波长失配的情况下, 当物光波和参考光波成 $90°$ 角时, 体光栅的角度选择性达到极大值. 提示: $K$ 依赖于 $\theta$.

11-11 对于某个二元迂回相位计算全息图, 为每个傅里叶系数分配一个正方形单元 (大小为 $L \times L$), 傅里叶系数的幅值 $|a_{pq}|$ 由每个单元中的开口矩形子单元表示. 所有透明的子单元的宽度 $w_x$ 被限定为单元宽度的十分之一, 以满足所用的近似. 子单元在 $y$ 向的宽

度 $w_y$ 的取值范围从 0 到单元的全部宽度, 取决于它所表示的幅值的大小. 全息图由一个垂直入射平面波均匀照明, 全息图后面的傅里叶变换透镜不造成任何光能损失. 为了本题的目的, 取物为位于物空间中心的点光源, 它所给出的傅里叶系数全都是相同的常数 $a$, 我们取它为 0 和 1 之间的某个数. 当傅里叶系数幅值为 $a$ 时, 将所有子单元的纵向高度定为 $w_y = aL$.

(a) 对一个给定的值 $a$, 求二元全息图振幅透射率的二维傅里叶级数表示式的系数.

(b) 计算入射到全息图上的总光强中最后射到像平面光轴上零频光斑上的份额.

(c) 计算总入射光强中被全息图的不透明部分阻挡的份额.

(d) 求两个一级像的衍射效率.

11-12 某种底片的 $t_A$-$E$ 的曲线是非线性的, 在其工作区域上此曲线可用下式描述:

$$t_A = t_b + \beta E_1^3,$$

式中 $E_1$ 代表围绕参考光束曝光量的变化.

(a) 假定在胶片上的参考光为 $A \exp[-\mathrm{j}2\pi\alpha x]$, 物光为

$$a(x,y) \exp[-\mathrm{j}\phi(x,y)]$$

求产生孪生一级像的那一部分透射场的表示式.

(b) 若 $A \gg |a|$, 这个表示式将能简化成什么形式?

(c) 在前两部分所得到的振幅调制和相位调制, 与底片具有线性的 $t_A$-$E$ 曲线时出现的理想的振幅调制和相位调制相比较将有何不同?

# 第12章 光通信中的傅里叶光学

## 12.1 引 言

最后一章我们简要讨论傅里叶光学在现代光通信设备和技术中的一些应用. 其中一些技术和设备受到本书前面一些章节所讨论问题的启迪, 而另一方面, 采用傅里叶光学的观点能够促使这些技术和设备的工作原理更好理解. 光通信领域有很多专著 (例如, 参考文献 [187] 和 [188]), 本章涉及的仅仅是光通信领域的一些粗浅的内容.

在现代光通信系统中, 依靠如下两种技术或同时使用这两种技术, 实现了极高的数据传输速率. 这两种技术分别为: 单信道的高速技术 (如单路高速信道中的多路低速信道时分复用技术) 或者单一媒介的多路正交同步传输技术 (如光纤中波分复用技术).

我们所讨论的问题不仅涉及光在自由空间的传播, 而且涉及基于波导传播的设备和技术. 重要的是从一开始就认识到, 本书前面强调的傅里叶技术主要适用于分析自由空间的光传播, 却不太适用于研究波导器件. 这有其根本性的原因: 自由空间传播的光波的自然 "模式" 是向不同的角度传播和无限延展的平面波. 事实上, 这些模式就是传播信号的傅里叶分量. 然而在集成光波导和光纤等受限介电介质中, 传播的自然模式不是平面波分量, 而是由波导本身的横截面形状、折射率分布以及波导中的光波波长决定的独特的传播模式. 而且, 与自由空间中存在无数个正交模式不同, 波导器件只允许有限的正交模式族存在. 不过, 那些用于分析自由空间光路的方法在有些情况下可以提供分析波导器件工作原理的一阶近似. 在下面的讨论中, 并没有必要使用精确的模式分解, 尽管在某些情况下得到更精确的结果需要用到这种模式分解.

在本章的有几节中, 将涉及折射率大于 1 的波导结构. 因此, 为了区分自由空间的光波长和波导中的光波长, 本章用 $\lambda$ 表示前者, 后者则用 $\tilde{\lambda}$ 表示, 并且一直不断地提醒读者这一区别.

## 12.2 布拉格光纤光栅

1978 年, 加拿大通信研究中心的 Hill 和他的同事们 [170] 在研究一种传输蓝光的特殊光纤的非线性性质时, 获得了出人意料的实验结果. 他们猜想所观察到的现象是由玻璃光纤本身存在一种感光形成的相对稳定的折射率光栅所造成的, 这种猜想后来得到了证实. 这便是现在称为布拉格光纤光栅 (fiber bragg grating, FBG) 的新技术的诞生. 本节将介绍这种光栅的一些性质和应用. 参考文献 [332] 是这一领域的极好的综述.

在布拉格光纤光栅商业化之前, 很多人为这一新技术做了大量的完善工作, 包括利用紫外激光器写入光栅技术、依靠氢分子在曝光前扩散进入普通光纤使玻璃对紫外线敏化的技术以及使用相位掩模板在曝光时产生适当的相干光束. 读者可以参考上面引用的文献了解该技术发展史的相关细节. 通过这些方法, 现已可以使玻璃光纤产生大小在 $10^{-4} \sim 10^{-2}$ 的折射率永久变化.

一个 FBG 基本上就是一幅记录在一段玻璃光纤上的厚全息图. 它的主要优点来自光栅是在光纤内部, 记录有光栅的这一段玻璃光纤与普通光纤本身就连在一起, 从而为在光纤内引入窄带滤波器、色散补偿器件以及其他种类的滤波器等器件提供了一个集成和低损耗的方法.

### 12.2.1　光纤简介

我们从简单介绍玻璃光纤开始 (更多的背景知识见文献 [305] 第 8 章). 图 12.1 所示为一小段玻璃光纤. 折射率是 $n_2$、半径为 $b$ 的圆柱形玻璃包层包裹着折射率是 $n_1$、半径为 $a$ 的玻璃纤芯 ($a < b$ 且 $n_2 < n_1$). 一般地说, 这种结构支持多个传播模式, 它们主要存在于纤芯中, 但其相应光场也会渗透到包层内几个波长并减小到零. 最低阶的模式 (它是单模光纤中唯一的传播模式) 的分布形状像一个高斯分布, 通常称为 $\text{LP}_{01}$ 模. 对于单模光纤, 包层的直径通常远大于纤芯的直径.

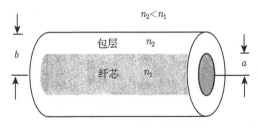

图 12.1　一小截光纤的结构

恰当设计的光纤的最重要性质是它传输光信号的极低损耗. 在损耗最低的波长 1550nm 上, 单模光纤的损耗可以低到每千米仅 0.16dB.

从光纤出射到空气中的光束发散角 (也是可以有效耦合到光纤的光束的发散角) 用数值孔径描述, 可以证明它是

$$\text{NA}_{空气} = \sin\theta_a = (n_1^2 - n_2^2)^{1/2} \approx n_1(2\Delta)^{1/2}, \tag{12-1}$$

其中 $\theta_a$ 为光线与光纤轴线所成的最大半角, $\Delta = (n_1 - n_2)/n_1$ 为光纤纤芯和包层折射率的相对差值. 纤芯内数值孔径的对应表达式为

$$\mathrm{NA}_{\text{纤芯}} = \sqrt{\frac{n_1^2 - n_2^2}{n_1^2}} \approx (2\Delta)^{1/2}, \tag{12-2}$$

此式很容易从斯内尔定律推出. 注意, 折射率 $n_1$ 的典型值在 $1.44 \sim 1.46$, 而相对折射率差 $\Delta$ 的典型值在 $0.001 \sim 0.02$.

　　不过, 不同波长的光在单模光纤中传播速度有细微的差别, 既是有玻璃的材料色散的结果, 也因为有光纤的波导色散. 大多数情况下材料色散占压倒地位, 但是如果要完全补偿色散, 两种色散必须考虑 (见文献 [305] 的第 351 页). 由于一个短的光脉冲的频谱包含相当宽的波长范围, 因此发生的脉冲展宽的展宽量由所用的单模光纤的类型、光脉冲的中心波长和光纤长度决定. 为了更细致地描绘这一效应, 考虑一个宽带信号在单模光纤中传播的情况. 忽略光信号在光纤中的空间断面分布, 信号 $u(t)$ 的复数表示式可写成

$$u(t) = U(t) \exp[-\mathrm{j}(\omega t - \beta(\omega)L)], \tag{12-3}$$

其中 $U(t)$ 为复数时变相矢量, 表示对入射光信号的幅度和相位调制, $\omega = 2\pi\nu$ 为光波的角频率, $L$ 为信号在其中传播的光纤的长度. 这里 $\beta(\omega)$ 是传播常数, 它依赖于频率, 这一方面是由于玻璃的折射率与频率有关, 另一方面也由于模式断面分布与频率有关.[①]

　　由于信号的谱宽通常比信号的中心频率低得多, 可以将 $\beta(\omega)$ 在中心频谱 $\omega_0$ 周围展开为泰勒级数. 保留展开式的前四项, 得到

$$\beta(\omega) = \beta(\omega_0) + (\omega - \omega_0)\frac{\partial\beta}{\partial\omega} + \frac{1}{2}(\omega - \omega_0)^2\frac{\partial^2\beta}{\partial\omega^2} + \frac{1}{6}(\omega - \omega_0)^3\frac{\partial^3\beta}{\partial\omega^3} \tag{12-4}$$

其中导数都是在频率 $\omega_0$ 处取值. 这个级数的第一项引起的相移对不同频率是常数, 可以忽略不计. 第二项包含一个随频率线性变化的线性相移因子, 它只会使信号产生简单的延迟, 而不会使信号的时域结构发生内部改变. 这一项可以用来定义**群速度**, 即脉冲沿光纤的传播速度. 脉冲的时延为 $\tau = L(\partial\beta/\partial\omega)$, 因此群速度为 $v_g = \dfrac{L}{\tau} = \dfrac{\partial\omega}{\partial\beta}$, 为在中心频率 $\omega_0$ 处取值的偏微商. 第三项在信号的全部频谱上引入二次相位失真, 通常在光纤色散中起主导作用. 第四项对应于光纤的色散曲线 (作为 $\omega$ 的函数) 的斜率, 在某些应用中有重要作用.

---

　　[①] 随着频率的改变, 传播模式渗透到包层中的部分也有微小变化, 从而导致该模式传播常数的改变, 亦称波导色散.

由二次相位项引起的脉冲的时间展宽 $\Delta\tau$ 依赖于信号传播所经过的光纤长度 $L$ 和信号的谱宽 $\Delta\omega$, 具体的依赖关系是

$$\Delta\tau = \frac{\partial^2\beta}{\partial\omega^2}L\Delta\omega.$$

群速度色散系数 $D$ 定义为光脉冲信号在单位长度传播距离内由波长变化引起的时间展宽 (单位为皮秒每千米每纳米, 即 $\mathrm{ps/(km\cdot nm)}$), 由下式给出:

$$D = -\frac{2\pi c}{\lambda^2}\frac{\partial^2\beta}{\partial\omega^2} \tag{12-5}$$

其中 $\lambda$ 是光在空气中的波长, 从这个式子可以看到, 脉冲的时间展宽为[①]

$$\Delta\tau = |D|L\Delta\lambda \tag{12-6}$$

在光纤通信中有多种技术能够消色散. 最普通的是利用色散位移光纤, 这种光纤通过改变光路和光纤剖面内的折射率分布使光纤的零色散波长从 1300nm 附近移到光纤损耗最低的 1550nm 处. 另一种方法是用色散补偿光纤, 这种光纤通过特殊设计改变光纤色散的符号, 产生与正常光纤色散相反的色散. 把正常光纤与色散补偿光纤拼接到一起, 色散就减小了. 最后还有一种可能的方法是在光纤路径上安置用来补偿色散的分立器件来实现消色散. 在 12.2.4 小节中将介绍利用 FBG (布拉格光纤光栅) 消色散的方法.

### 12.2.2　在光纤中记录光栅

在玻璃光纤中记录相位光栅有两种方法: 直接干涉法和相位光栅衍射干涉法. 图 12.2(a) 所示为多种可能的直接干涉法中的一种. 由紫外激光器产生的光分路而得的两束相干光从侧面照亮一段光纤. 这两束光有近似相等的光程延迟, 以保持二者之间的相干性, 并在光纤段周围区域内干涉. 在所示的图中, 干涉条纹与光纤的长轴方向垂直. 由于紫外激光器的光波长与通信系统滤波器的近红外光波长不同, 必须调节干涉光束的角度, 以使干涉条纹间隔与红外波长相匹配.

制造 FBG 的第二种方法如图 12.2(b) 所示. 这种方法通常利用在玻璃平板上蚀刻凹槽的方法制作相位光栅的母板. 典型的相位光栅凹槽截面形状非常接近方波, 并且刻槽的凸峰和凹槽之间的光程相位差为 $\pi$ 弧度. 这样的光栅不存在零级和偶数级衍射光, 主要的透射光是包含 80% 以上透射光能的两束一级衍射光 (参阅习题 4-16). 这两束一级衍射光在光纤中产生干涉, 生成周期为母板光栅周期之半的干涉条纹图样. 相位光栅法的优点在于它尽可能地降低了对记录用的激光的相干

---

① 注意到 $\omega_2 - \omega_1 = \Delta\omega = 2\pi c\left(\dfrac{1}{\lambda_2} - \dfrac{1}{\lambda_1}\right) = -\dfrac{2\pi c}{\lambda^2}\Delta\lambda$, 式中 $\Delta\lambda = \lambda_2 - \lambda_1$, 并且前面已假设 $\Delta\lambda \ll \lambda_1$ 和 $\lambda_2$, 最后这一步就清楚了.

性要求, 并且生成的干涉条纹的周期不受激光波长的微小改变的影响. 与直接干涉法相比, 相位光栅方法显得更适合于 FBG 的批量生产, 尽管两种方法在实际工作中都用. 相位光栅方法的缺点在于光栅母板一旦制成, 所制作的 FBG 的周期就不易改变了.

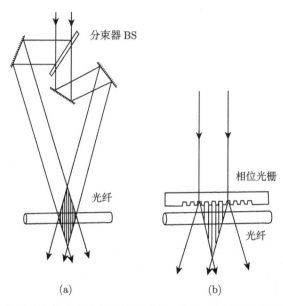

图 12.2   记录布拉格光纤光栅的两种方法. (a) 干涉法和 (b) 相位光栅法

### 12.2.3   FBG 对光纤中光传播的影响

通常用来分析 FBG 的方法是第 11.7.5 节讨论的耦合模理论的一种推广形式. 对这种推广理论的详细讨论见文献 [332] 的第III C 节.

我们在这里不打算像文献 [332] 那样作完整和透彻的分析, 而是试图利用在第 11 章已导出的结果来得到对光纤中光栅的性质的一阶近似的理解. 我们假定光纤中的折射率扰动很微弱, 并且只考虑在单模光纤中传播的最低阶模, 即 LP$_{01}$ 模. 这种模式的发散角由 (12-2) 式给出的纤芯中光的数值孔径决定, 其典型值为 NA$_{纤芯} \approx 0.15$, 对应于光栅中光的发散角比较小的情形.

### 相位反射光栅

首先考虑光纤中记录的一个均匀正弦相位反射光栅, 其光栅线与光纤纤芯轴线垂直. 回顾围绕图 11.28 的讨论, 当光栅线与光传播的方向垂直时, 波长敏感性达到最大, 而角度敏感性相对不很严重. 因此, 可以忽略由纤芯中光的小数值孔径所对应的小发散角, 并且第 11 章导出的关于这样一个光栅对无限大的平面波的响应的结果可以用作一个合理的近似.

参照图 11.29, 对于这里感兴趣的情况, 有以下的参数值: $\theta = 0, \psi = \pi/2$. 此外, 照明的角度失配量 $\Delta\theta$ 为零. 由此得到参数 $\Phi$ 和 $\chi$ 取以下值:

$$\Phi = \frac{\pi\delta n\ell}{\tilde{\lambda}}$$

$$\chi = -\frac{\pi\ell\Delta\tilde{\lambda}}{2\Lambda^2} \tag{12-7}$$

其中 $\ell$ 为均匀光纤光栅的长度, $\delta n$ 为光栅引起的纤芯折射率变化的峰值, $\tilde{\lambda}$ 为光线在纤芯中的波长, $\Delta\tilde{\lambda}$ 为布拉格匹配波长 $\tilde{\lambda}_\mathrm{B} = 2\Lambda$ 与实际波长的差值, $\Lambda$ 仍是光栅的周期.

当光波波长为布拉格匹配波长, 即 $\tilde{\lambda}_\mathrm{B} = 2\Lambda$ 时, 衍射效率最大, 这时光纤的衍射效率为 ((11-79) 式)

$$\eta = \tanh^2\Phi = \tanh^2\frac{\pi\delta n\ell}{2\Lambda} \tag{12-8}$$

当光波波长偏离布拉格波长时, 光栅的衍射效率由下式给出 (即 (11-78) 式):

$$\eta = \left[1 + \frac{1 - \dfrac{\chi^2}{\Phi^2}}{\sinh^2\left(\Phi\sqrt{1 - \dfrac{\chi^2}{\Phi^2}}\right)}\right]^{-1} \tag{12-9}$$

现在问题的关键是导出波长偏离布拉格波长 $\tilde{\lambda}_\mathrm{B} = 2\Lambda$ 的失配量为 $\Delta\tilde{\lambda}$ 时 $\chi^2/\Phi^2$ 和 $\eta$ 的表示式. 由于事实上滤波器能够起作用的波长范围相对于布拉格波长很小, 即 $\Delta\tilde{\lambda}/\tilde{\lambda}_\mathrm{B} \ll 1$, 这个任务变得简单了. 利用这一事实, 以及一些别的演算 (见习题 12-1), 能够证明, 衍射效率的表示式能够简化为

$$\eta = \left[1 + \left(1 - \frac{4x^2}{\delta n^2}\right)\operatorname{csch}^2\left(\frac{\pi\delta nN}{2}\sqrt{1 - \frac{4x^2}{\delta n^2}}\right)\right]^{-1} \tag{12-10}$$

其中 csch 为双曲余割函数, $N = \ell/\Lambda$ 为光栅中的周期数目, $x = \Delta\tilde{\lambda}/\tilde{\lambda}_\mathrm{B} = \Delta\lambda/\lambda_\mathrm{B}$ 是波长偏离布拉格波长的相对失配量, 即偏离量与布拉格波长的比值. 若 $x = 0$, 即光波波长为布拉格波长, 衍射效率化为与公式 (12-8) 等价的形式

$$\eta = \tanh^2\left(\frac{\pi\delta nN}{2}\right) \tag{12-11}$$

参看图 11.34, 我们看到, 随着 $\pi\delta nN/2$ 的增大, 衍射效率会趋近于 1, 事实上, 当 $\pi\delta nN/2$ 增大到 3 时, 衍射效率便达到 99%. 到了这一步, 增长光栅的长度已不能

显著地提高衍射效率, 这是因为对于所有实际目的来说, 入射光功率都已转变为向后传播的波. 这时的有效栅线数目 $N_0$ 和光栅有效长度 $\ell_0$ 为

$$N_0 \approx \frac{6}{\pi \delta n},$$
$$\ell_0 \approx \frac{6\Lambda}{\pi \delta n}. \tag{12-12}$$

更普遍的表示式 (12-10) 也表现出这种行为. (12-10) 式中含有因子 $1-(4x^2/\delta n^2)$ 引起的更复杂的行为. 这个因子在式中两个地方出现, 它使衍射效率随着波长对于布拉格波长的失谐的增大而下降. 实际上, 当 $4x^2/\delta n^2 > 1$ 即 $x > \delta n/2$ 时, 这个量的平方根变为虚数, 衍射效率出现振荡下降. 图 12.3 是衍射效率 $\eta$ 与光栅长度 $\ell$ (单位为 m) 和波长相对失配量 $x$ 的关系的三维图, 其具体的参数值为 $\lambda_B = 1550\text{nm}, n_1 = 1.45, \delta n = 10^{-4}$.

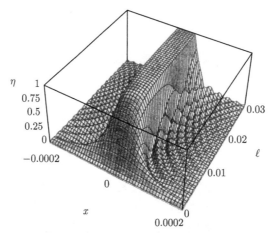

图 12.3  $\lambda_B = 1550\text{nm}$, $n_1 = 1.45$ 和 $\delta n = 10^{-4}$ 时衍射效率 $\eta$ 与光栅长度 $\ell$ 和波长相对失配量 $x$ 的关系曲线

为了帮助理解光栅响应特性随长度的变化, 图 12.4 中画出了自由空间布拉格波长为 1550nm、$\delta n = 10^{-4}$ 时在四种不同的光栅长度下的衍射效率曲线. 在图 (a) 中, 光栅太短因而衍射效率很低, 并且光栅响应曲线很宽. 在图 (b) 中, 光栅长度只够达到 80% 的衍射效率, 但是响应曲线已经变窄. 在图 (c) 中, 光栅的长度已经够长, 可以达到接近 100% 的衍射效率 (即刚好耗尽向前传播的波); 这个长度近似等于最大有效长度. 在图 (d) 中, 光栅长度远远大于有效长度, 结果使衍射效率曲线出现了平顶, 即能够在更大的波长范围内耗尽向前传播的波. 注意, 当光栅长度超过有效长度后, 光栅响应曲线就不能再变窄了. 响应曲线的宽度主要由有效长度内光栅面的数目 $N_0$ 决定. (12-12) 式意味着这个光栅的有效长度在 $1 \sim 2\text{cm}$.

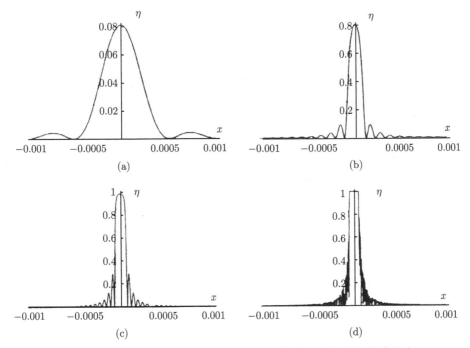

图 12.4 几种不同长度的反射光栅的响应 ($\delta n = 10^{-4}$, 自由空间布拉格波长为 1550nm).

(a) 长度为 1mm; (b) 长度为 5mm; (c) 长度为 1cm; (d) 长度为 1m

下一小节我们将讨论将 FBG 用作窄带滤波器. 注意, 光栅对波长相对失配量 $x$ 的响应曲线, 也可以看作是对频率相对失配量的响应曲线, 因为 $\Delta\lambda/\lambda_{\mathrm{B}} = \Delta\nu/\nu_{\mathrm{B}}$. 还要注意, 光栅对失配量的响应曲线上的旁瓣可以通过沿光纤方向对光栅强度适当切趾来抑制.

### 12.2.4 FBG 的应用

FBG 在光通信领域中有很多应用, 这里我们将讨论上面介绍的反射型 FBG 的两种应用. 其中一种是在 (光) 分插复用器中作为窄带滤波器, 第二种用作波长色散补偿滤波器.

#### 用于 (光) 分插复用器的窄带滤波器

密集波分复用技术 (DWDM) 是实现极高速率光学数据传输的比较常用的方法. 通过为每一个数据流指定唯一波长的方法使许多不同的数据流被复用在单一的一根光纤中. 典型信道的波长以密集的梳状形式排列, 相邻信道间隔为 100GHz、50GHz 甚至 25GHz, 在实际中一根光纤上可以复用多达几百个信道.

在这样一个系统中, 关键的器件或子系统是 (光) 分插复用器 (ADM), 它可以在不影响其他信道波长的条件下从光纤提取或向光纤增添一个信道波长. 文献中已讨论过实现 (光) 分插复用器 (ADM) 的多种不同的结构. 这里集中介绍用 FBG 实现它的方法.

图 12.5 所示为一个 ADM 的典型结构. 图中唯一陌生的器件是环行器, 光环行器是一种单向器件, 仅允许光在一个方向从输入端向输出端传播 (向前传播), 而将反向传播的光送到一个分离端口, 在分离端口上只出现向后传播的光. 这种设备中向前传播的信号和向后传播的信号的隔离度一般很高 (∼50dB). 进入第一个环行器的光穿过环行器后到达 FBG, 这个 FBG 被设计为一个窄带反射滤波器, 它仅仅反射波长为 $\lambda_2$ 的光波, 而让所有其他波长的光波通过并到达第二个环行器. 与此同时, 被反射回来的 $\lambda_2$ 光波按反方向传到 "分离" 端口, 在这个端口上可以检测到这个特定波长信道上的信号. 回过来看第二个环行器, 现在少了 $\lambda_2$ 的各个波长的光信号不受干扰地穿过它到输出端. 一个新波长 $\lambda_2'$ 的信道加到这个环行器的第二个输入端口上, 向后传到 FBG, 在这里被反射, 然后穿过第二个环行器, 填满缺少了 $\lambda_2$ 的信道空间的空缺. 于是用这样一个结构, 就能够提取一个特定的波长和增添一个新的波长. 如果把两个 FBG 在中间串接起来, 第一个调谐到 $\lambda_2$, 第二个调谐为 $\lambda_2'$, 那么波长 $\lambda_2$ 和 $\lambda_2'$ 就不必相同.

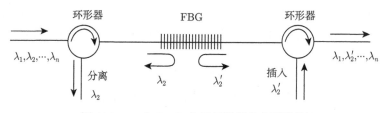

图 12.5  一个 FBG 分插复用器的典型结构

在典型的密集波分复用系统中, 各信道波长的间隔非常紧密, 因此将 FBG 设计成带宽非常窄是很重要的. 为了得到带宽很窄的滤波器, $\delta n$ 很小是个基本要求, 因此光栅中的有效反射面的数目可能非常大. 在所有的光波被变为向后传播之前, 光信号应当传播得尽可能远, 因此在这种应用中一般不想要实现尽可能大的折射率调制.

**FBG 色散补偿器**

FBG 已经实现的第二个应用是光纤系统中的色散补偿. 我们在前面已经看到, 由于在光纤中不同波长的光波以不同的速度传播, 色散的出现是最常见的. 通常情况下, 光的频率更高 (波长更短) 的分量比频率更低 (波长更长) 的分量传播得快一些.

尽管能够用色散补偿光纤克服这种失真, 但一般需要很长的这种光纤才能提供适当的补偿. FBG 却能够在短得多的长度内提供类似的补偿.

图 12.6 所示为用 FBG 实现色散补偿的基本思想. 为此需要制作一个啁啾周期光栅. 理想情况下要把这一光栅设计成引进一个作为频率函数的时间延迟, 这个时间延迟准确地补偿 (12-4) 式给出的时间延迟. 从以下的定性说明可以得到一个更简单的理解: 长波长被色散光纤延迟得最多, 在啁啾周期光栅中却延迟得最少, 而短波长的情况则相反. 结果, 得到的补偿后的信号脉冲中的色散在很大程度上被消除了.

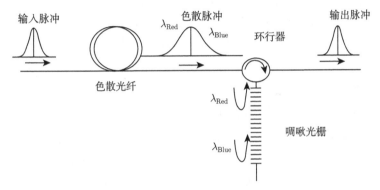

图 12.6 利用啁啾 FBG 进行色散补偿

通过加热或者拉伸 FBG 可以调制这种光栅的周期. 用这种方法, 光栅内的反射面逐面移动得彼此离得更开一些, 从而改变了配给每个波长的相位延迟. 因此, 如果有需要的话, 可以实现对色散补偿的微量调节.

### 12.2.5 工作在透射方式的光栅

的确存在着一些应用, 在其中反射光栅的光路不适用, 而透射光栅却能服务于有用的目的. 这种光栅常常根据其类型分别叫做"倾斜光栅"或"长周期"光栅.

倾斜光栅是指光栅面与光纤轴线成一夹角的 FBG. 典型的夹角是 $2° \sim 3°$, 它将几乎完全消除主反射峰. 然而, 和包层中反向传播模式的耦合依然存在. 如果光栅的周期是啁啾性质的, 包层模式响应的包络决定了向前方向的损耗峰的宽度, 其典型的"阻挡"带宽为 $10 \sim 20$nm.

长周期光栅这一术语则通常用在这样的透射光栅: 这种光栅的周期会使纤芯中的单模和包层中的多个向前传播的模式发生耦合, 这些包层中的模式最终被光纤的保护涂层散射掉. 这时光栅周期的典型值在 $100\mu m \sim 1$mm 的范围内, 光栅的长度通常为 $1 \sim 10$cm. 长周期光栅的阻挡峰比 FBG 更宽, 在标准的远程通信光纤中典型的阻挡带宽是几百个纳米.

倾斜 FBG 和长周期光栅的典型应用是使光纤放大器的增益变平 (变得与频率

无关) 和通信中的滤波.

## 12.3　超短脉冲的整形和处理

自激光器发明以来, 在实际中能够产生的光脉冲的持续时间已经被推进得越来越短. 令人特别感兴趣的已经是从皮秒级 ($1\mathrm{ps} = 10^{-12}\mathrm{s}$) 到飞秒级 ($1\mathrm{fs} = 10^{-15}\mathrm{s}$) 范围的脉冲. 1981 年就演示过脉冲宽度为 100fs 的脉冲 [116]. 进一步的进展推出了只有几个飞秒宽的脉冲, 它的持续时间相当于只有几个光波周期.

随着产生超短脉冲的成功, 人们对于将简单的短脉冲变成更复杂的波形的兴趣自然随之出现, 这就导致多种波形整形方法的发明. 本节集中介绍其中最成功的几种, 分别由 Froehly[119] 及 Weiner 和 Heritage[363] 最先提出. 对这一超短脉冲整形方法的一般综述见文献 [361] 和 [362].

### 12.3.1　时间频率到空间频率的变换

飞秒频段脉冲的谱中包含了光谱的很大一部分. 例如, 在通常的长距离光纤通信的中心波长 1550nm 上, 一个 100fs 脉冲的带宽与中心频率的比值 $\Delta\nu/\nu$ 大于 5%, 而一个 10fs 脉冲的同一比值则大于 50%. 这样大的光频带宽使普通的色散元件 (如光栅) 能够使频率在空间散布得足够宽, 从而易于实现一个从时间频率到空间位置的可用的变换. 本小节将简短地讨论这一变换.

我们要考虑的最简单的情况是图 12.7(a) 所示的透射振幅光栅. 在平面波照明的情况下, $-1$ 级衍射角 $\theta_2$ 与光栅周期 $\Lambda$、照明光的入射角 $\theta_1$ 和光波波长 $\lambda$ 通过在附录 D 中导出的光栅方程[①]相联系

$$\sin\theta_2 = \sin\theta_1 - \frac{\lambda}{\Lambda} \tag{12-13}$$

在图 12.7(b) 所示的反射光栅的情形下, 同样的关系仍然成立. 图中只画了 $-1$ 衍射级的光束, 我们假设光栅的闪耀现象[②]抑制了 $+1$ 衍射级而且光栅的刻槽深度使零级衍射可以忽略.

要完成时间到空间的变换还需要一个附加的元件, 即透镜. 将光栅放置在透镜的前焦面上或附近, 观察穿过透镜后焦面的光. 在这样的光路中, 透镜将角度变换成后焦面上的位置. 光线的衍射角依赖于照明光的角度和光波的波长 (或等价地依赖于光的频率). 于是不同的频率就变换成焦面上的不同位置, 其光路如图 12.8 所示.

---

① 我们继续用 $\lambda$ 表示自由空间光波波长.

② 如果光栅的周期断面形状使某一特定衍射级的强度比其他级更强, 该薄透射光栅或反射光栅叫做闪耀光栅. 例子可参见图 9.12 的讨论.

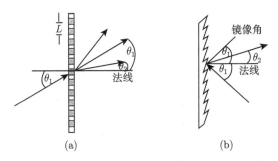

图 12.7 (a) 简单的振幅透射光栅; (b) 反射光栅

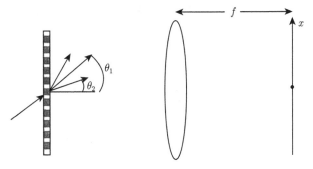

图 12.8 将光波频率变换为空间位置的光路

为了理解这个变换的细节, 我们从上面的光栅方程开始. 如果 $-1$ 级衍射与法线方向夹角 $\theta_2$ 很小, 光栅方程可以近似为

$$\theta_2 = \sin\theta_1 - \frac{\lambda}{\Lambda} \tag{12-14}$$

同样当 $\theta_2$ 角很小时, 通过追踪过透镜中心以 $\theta_2$ 角射到后焦面上的光线, 焦面上的位置 $x$ 与这个衍射分量的衍射角 $\theta_2$ 之间的关系由下式联系[①]:

$$x \approx f\theta_2 \tag{12-15}$$

将 (12-14) 式代入 (12-15) 式, 我们得到

$$x = f\sin\theta_1 - \frac{f\lambda}{\Lambda} = x_0 - \frac{f\lambda}{\Lambda} \tag{12-16}$$

其中 $x_0 = f\sin\theta_1$. 用频率 $\nu = c/\lambda$ 来表示的等价表示式为

$$x = x_0 - \frac{fc}{\nu\Lambda} \tag{12-17}$$

---

① 当对 $\sin\theta_2$ 的小角度近似不成立时, 可以用更复杂的变换 $x = \dfrac{f(\sin\theta_1 - \lambda/\Lambda)}{\sqrt{1-(\sin\theta_1 - \lambda/\Lambda)^2}}$.

知道了参数 $f, c, \Lambda$ 的数值, 就可以确定入射平面波的每个时间频率分量 (或波长分量) 落在焦平面上的位置. 上面对透射光栅推导出的结果对图 12.7(b) 所示的反射光栅同样适用.

### 12.3.2　脉冲整形系统

图 12.9(取自文献 [362]) 显示出一个能够将超短脉冲变成更复杂的信号的系统. 一个平面波脉冲从右下方输入到该系统, 传播到第一个光栅上, 发生色散, 映射到第一个透镜的焦平面上, 穿过一个掩模板, 这个掩模板修正这个平面波脉冲的时间傅里叶分量的幅值和 (在某些情况下) 相位. 频谱被修改过的光波被第二个透镜和第二个光栅还原为平面波, 不过其时间频谱分量已经改过了. 最后的时间信号输出到左下角.

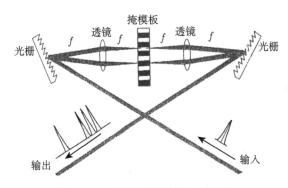

图 12.9　用频谱滤波实现脉冲整形

这个光学系统中使用了一个倾斜的输入反射光栅, 以使衍射光波的方向比不这样做更靠近透镜的光轴. 输出光栅同样是倾斜的, $4f$ 光学系统构成了一个望远成像系统. 由于两个透镜的焦距相同, 系统的放大率为 1, 输入光栅成像在输出光栅上.

焦平面上的掩模板可以有几种不同的类型, 类似于相干光学处理中的几种可能性. 吸收型模板将修改时间频谱分量的幅值, 而相位型模板则将改变它们的相位. 两块这样的模板一起用可以控制频谱分量的复振幅. 可以用一个空间光调制器动态地改变幅值、相位或者同时改变滤波器的幅值和相位. 目前, 可编程液晶空间光调制器 [364] 和声光调制单元 [171] 已经用于这些目的.

如果我们的目标是要综合出一个传递函数为 $H(\nu)$ 的时域滤波器, 那么焦平面上所需的掩模板的振幅透射率可以从 (12-17) 式解出 $\nu$, 然后代入 $H(\nu)$ 中得出. 这个关系式[1]是

$$\nu = \frac{cf}{\Lambda(x_0 - x)} \tag{12-18}$$

---

[1] 因为我们感兴趣的是小于 $x_0$ 的 $x$ 值, $\nu$ 的值总是正的, 如同它应当的那样.

用上面的结果, 很清楚, 焦平面上掩模板的振幅透射率应当是

$$t(x) = H\left(\frac{cf}{\Lambda(x_0 - x)}\right) \tag{12-19}$$

注意, 只有对实际使用的特定衍射级, 在这里就是 $-1$ 级, 才有必要实现这个振幅透射率.

### 12.3.3 谱脉冲整形的应用

上面介绍的超短脉冲整形方法已经在好多个不同的科学领域中得到了应用, 其中包括非线性光学、飞秒光谱学以及超快激光与材料相互作用. 在这里, 与本章的题目相协调, 我们将着重讨论在光通信领域的应用.

**码分多址中的应用**

下面介绍的应用是码分多址 (CDMA) 波形发生和编码. 码分多址是一种编码与解码过程, 它对一个多用户信道中的每一用户指定一个唯一的编码信号, 这个编码信号 (在理想情况下) 与分配给所有其他用户的编码信号正交. 编码信号的正交性允许一个用户使用对接受者合适的专用编码波前将信息发给另一用户. 原来的信息由一系列超短脉冲组成, 在给定时间间隔内出现脉冲代表一个二进制数 "1", 而在该段时间间隔内不出现脉冲代表一个二进制数 "0". 每个二进制数 "1" 用上节讨论的谱编码技术进行编码, 将该超短脉冲变成适合于这条特定信息所要发给的人的一个展宽波形. 每个发信者都必须装备一个可以改变的掩模板 (即空间光调制器), 使它能够产生适合于任何可能的受信者的波形.

注意, 依靠对时间频谱分量的完全复编码, 可以实现对光波波形的幅值和相位的同时调制[①]. 但是, 在实践中, 复编码的优势并不大, 常用的是二进制相位空间光调制器和由 0 相移和 π 相移的空间序列组成的频谱码. 这样的相移的序列就是一种码字. 网络上的一个单一位置有一个唯一的与之对应的频谱码字. 任何其他用户用这个特定的码字可以通到这个位置.

如果一个特定用户想要接收传送给他/她的信息, 那么这个用户就要向本地的空间光调制器中加载一个掩模板, 这个模板是任何一个发信者发信给这个用户所用的频谱编码模板的复共轭. 展宽的编码信号然后在本地接收器上再被压缩为一个超短脉冲. 实际上, 这种解码系统是用作一个匹配滤波器的. 如果这个用户希望同另一个用户通信, 那么本地空间光调制器也要加载一个频谱掩模板, 该模板包含适于想向他发送信息的用户的码字. 图 12.10 表明了这一想法. 图中示出四个用光纤环连接的用户. 每个用户结点都和光纤这样耦合, 使得一部分环行信号可以从环中引出并被检测到. 此外, 每个结点和光纤环路的耦合也使得能够将一信息送入环中.

---

① 不论是商用的双层液晶还是声光调制器都能够实现复控制, 如果想要实现这样的控制的话.

在每个标有"用户"的小方框内是一个如图 12.9 所示的频谱滤波系统, 带有一个空间光调制器以提供动态的频谱模板. 图中用户 1 正将一个超短脉冲 (即一个二进制数 "1") 送入本地频谱滤波系统 (标有"用户 1"的方框), 这个本地频谱滤波系统然后再发射一个带有适合于用户 3 接收的频谱码的波形. 用户 3 处于接收模式, 并将这个编码的波形压缩为一个超短脉冲, 然后被检测到. 用户 2 和用户 4 有属于自己的码字的频谱模板, 它们的编码是与用户 3 的编码正交的. 因此, 这两个用户在他们的输出端上没有发现超短脉冲. 如果每个接收者有一个阈值电路, 那么只有适当压缩的脉冲将被检测到, 并且只有用户 3 将接收到这个信息.

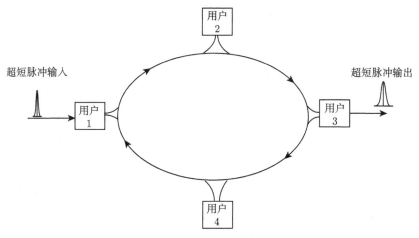

图 12.10　典型的码分多址系统

　　　上面的讨论是在光纤网络中应用 CDMA 技术想法的一个作了极大简化的例子. 还有可以用的其他网络结构和许多不同的编码方式. 寻求最佳编码方式确实已成为一个活跃的研究课题 (例如见文献 [249]). 许多领域在这里没有触及, 如网络同步技术和网络协议等问题. 对于更多的细节, 请读者参看描述实际系统的出版物, 如文献 [289] 和 [306].

**对光纤色散补偿的应用**

　　　如 (12-4) 式所述, 光在单模光纤中传播长距离后会产生色散, 即不同波长的光以不同的速度传播. 传播信号的主要失真来自随频率变化的二次相位畸变, 但是三次相位畸变也会产生进一步的附加失真. 一种补偿失真的方法是用一段色散补偿光纤来消除二次相位畸变, 并用一个光谱滤波系统来消除三次失真. 曾经用过这样的方法来恢复 500ps 宽的脉冲, 它在普通的单模光纤中传播时其宽度被扩展到原来宽度的 400 倍. 一段色散补偿光纤将这个脉冲缩短到其原来宽度的两倍, 而一个光谱滤波系统进一步将脉冲宽度缩短到原来的宽度的 500ps[59].

# 12.4 光谱全息术

与超短波脉冲整形有联系的概念已经被推广到一个叫做光谱全息术的领域[365]. 用下面描述的技术, 能够用一个飞秒脉冲作参考信号来记录一个时间波形信号的空间全息图, 然后再用飞秒探针或飞秒重建脉冲对这个全息图进行选址而重建这个波形.

### 12.4.1 谱全息图的记录

记录时间全息图的一个典型光路如图 12.11 所示. 像前面描述的把时间频率映射为空间位置的方法那样, 在记录系统的输入端上使用一个倾斜光栅. 这个光栅在水平面内倾斜一个角度, 而栅线沿竖直方向. 信号时间波形和一个飞秒参考脉冲同时入射到光栅不同的有限区域. 在图中, 参考脉冲入射到靠近光栅底部的一个小区域上, 信号波形则入射到靠近光栅顶部的一个小区域上. 这两个位置决定了两束光照射全息图平面的角度. 当这两束光离开光栅时, 每束光由于光栅的色散作用沿着水平 ($x$) 方向都要散开, 而沿着竖直 ($y$) 方向由于衍射每束光也由于衍射发生微小的散开. 到球面透镜的传播距离为一个焦距. 穿越透镜后, 两个信号传播到透镜的后焦面上, 在那里它们叠合在一起. 假定这两束光来自同一激光器并且互相相干, 因此它们在全息图平面上发生干涉, 在这个平面上放有感光介质. 图中全息图背面画的椭圆形区域表示记录区, 它实际存在于全息图的前表面上. 因为参考脉冲极短, 它的频谱极宽, 覆盖了图中画的椭圆形区域. 信号波形的频谱更复杂, 它的振幅和相位作为时间频率的函数都在变化. 通过与参考脉冲的频谱的干涉可以捕捉到这些变化.

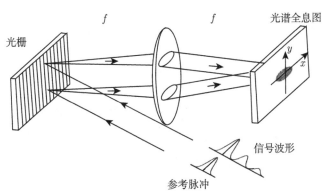

图 12.11 记录一张光谱全息图

基于第 11 章介绍的与全息术有关的数学分析, 容易写出这个过程的数学描述.

用 $R(\nu)$ 和 $S(\nu)$ 分别表示参考脉冲和信号波形的复数时间频谱[1]. 于是入射到全息记录平面上的强度可用下式描述:

$$
\begin{aligned}
I(x,y) =&|R(\nu)|^2 + |S(\nu)|^2 + R^*(\nu)S(\nu)\exp(-\mathrm{j}2\pi\theta\nu y/c)\\
&+ R(\nu)S^*(\nu)\exp(\mathrm{j}2\pi\theta\nu y/c),
\end{aligned}\tag{12-20}
$$

式中 $\theta$ 是信号光束和参考光束在竖直方向的夹角 (为了简单假设是个小角度). 要把上面的结果表示成 $x$ 和 $y$ 的函数而不是 $\nu$ 的函数, 必须用 (12-18) 式. 上述小角度假设允许我们作下面的代换:

$$
\nu = \frac{cf}{\Lambda(x_0 - x)} = \mu/(x_0 - x),\tag{12-21}
$$

式中 $\Lambda$ 仍为光栅周期, $x_0$ 表示光栅的零级衍射入射到焦面上的点的 $x$ 坐标, 并且 $\mu = cf/\Lambda$. 把这个式子代入 (12-20) 式, 得

$$
\begin{aligned}
I(x,y) =&|R(\mu/(x_0 - x))|^2 + |S(\mu/(x_0 - x))|^2\\
&+ R^*(\mu/(x_0 - x))S(\mu/(x_0 - x))\exp\left(-\mathrm{j}\frac{2\pi f\theta y}{\Lambda(x_0 - x)}\right)\\
&+ R(\mu/(x_0 - x))S^*(\mu/(x_0 - x))\exp\left(-\mathrm{j}\frac{2\pi f\theta y}{\Lambda(x_0 - x)}\right)\\
=&|R(\mu/(x_0 - x))|^2 + |S(\mu/(x_0 - x))|^2\\
&+ 2|R(\mu/(x_0 - x))||S(\mu/(x_0 - x))|\cos\left[\frac{2\pi f\theta y}{\Lambda(x_0 - x)} - \phi(\mu/(x_0 - x))\right],
\end{aligned}\tag{12-22}
$$

这里 $\phi(\nu)$ 是信号波形频谱在每个 $\nu$ 值的相位角. 注意, 忽略相位调制 $\phi$ 后, 载波频率条纹倾斜成一幅径向轮辐图样, 这是由于频率 $\nu$ 沿着 $x$ 方向变化. 当

$$
\frac{2\pi f\theta y}{\Lambda(x_0 - x)} = n2\pi \quad 或 \quad y = \frac{n\Lambda(x_0 - x)}{f\theta}
$$

时, 就得到 cos 函数的自变量中载波部分取值 $n2\pi$ 的等相位线. 这条线的斜率为 $-\dfrac{n\Lambda}{f\theta}$, 它随所选的整数 $n$ 变化而变化. 图 12.12 显示出焦面上的典型条纹结构的一部分的光密度 (强) 图. 条纹倾斜的程度取决于空间关系和光栅的色散.

---

[1] 这些复数频谱振幅和本书中多次使用的通常的复振幅有重大的不同. 在频谱上的每一点时间频率 $\nu$ 都不相同. 这意味着频谱分量 $R(\nu_1)$ 和 $S(\nu_2)$ 当 $\nu_1 \neq \nu_2$ 时不能发生干涉. 只有同一频率的分量之间才能发生干涉. 记录光路保证了 $R(\nu)$ 和 $S(\nu)$ 放置得适当, 使得逐个频率上的干涉能够发生.

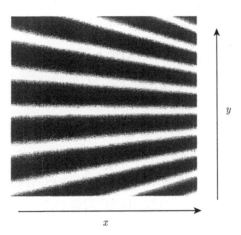

图 12.12    焦面上的条纹图样

### 12.4.2　信号的重建

用图 12.13 所示的系统可以重建信号波形. 图中一个飞秒探针 (重建) 脉冲照明输入光栅, 但这时不输入信号波形. 这个探针脉冲离开光栅后经过透镜传播到全息图, 它的谱入射到全息图上, 沿 $x$ 方向散开. 和通常一样, 假设记录全息图的介质产生的振幅透射率和原来的曝光强度成正比.

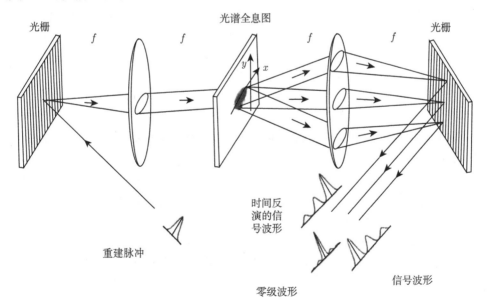

图 12.13    时间信号的重建

我们暂且假定探针脉冲的频谱为 $P(\nu)$, 可能和参考脉冲的频谱不同. 忽略一个

比例常数, 可得到全息图透射的光场由不同的三项给出:

$$U(x,y) = P(\mu/(x_0-x))[|R(\mu/(x_0-x))|^2 + |S(\mu/(x_0-x))|^2]$$

$$+ P(\mu/(x_0-x))R^*(\mu/(x_0-x))S(\mu/(x_0-x)) \exp\left(-\mathrm{j}\frac{2\pi f\theta y}{\Lambda(x_0-x)}\right)$$

$$+ P(\mu/(x_0-x))R(\mu/(x_0-x))S^*(\mu/(x_0-x)) \exp\left(\mathrm{j}\frac{2\pi f\theta y}{\Lambda(x_0-x)}\right)$$

$$(12\text{-}23)$$

当参考脉冲和探针脉冲都是单个飞秒脉冲时, 它们的频谱在包含信号波形频谱的全息图的那一部分上几乎是平坦的, 因此透射场变成

$$U(x,y) = P_0[|R_0|^2 + |S(\mu/(x_0-x))|^2] + P_0R_0S(\mu/(x_0-x)) \exp\left(-\mathrm{j}\frac{2\pi f\theta y}{\Lambda(x_0-x)}\right)$$

$$+ P_0R_0S^*(\mu/(x_0-x)) \exp\left(\mathrm{j}\frac{2\pi f\theta y}{\Lambda(x_0-x)}\right).$$

$$(12\text{-}24)$$

式中 $P_0$ 和 $R_0$ 分别是探针脉冲和参考脉冲的均匀谱振幅, 假定都是实数值. 如图 12.13 所示, 这三个波分量①传播到透镜上, 被透镜会聚到第二个光栅上. 考虑全部三个在其光谱色散被抵消后离开光栅的时间信号. 在图中, 这三个输出信号在物理上是分开的, 并且和原来的波形有不同的关系. 由第一项产生的信号是由探针脉冲或参考脉冲 (在这个特殊情况下它们完全相同) 和波形信号的自相关的组合构成的, 方括号中这两项的相对强度取决于记录全息图时的光束比. 这个信号类似于由通常的全息图重建的轴上项, 它由图 12.13 底部中间的波形表示. (12-24) 式第二项重建出原来的信号波形的一个复制品, 这个像类似于通常的全息图产生的虚像. 方程中第三项是一个和 $S^*$ 成正比的复振幅, 是原来的信号波形的时间反演形式, 它类似于普通全息图的实像.

在实际中可能想要让探针脉冲在与图 12.13 所示的不同的位置上进入输入光栅. 如果目的是要产生原来的波形信号的一个复制品, 那么探针脉冲可以在参考脉冲原来入射到光栅上的位置上引入. 一个有限大小的透镜于是可能只能捕捉到光栅的三个衍射级中的两个, 只允许轴上项和信号波形项出现. 换一种选择, 如果目的是要产生一个时间反演的信号波形, 那么在信号波形原来进入光栅的位置引入探针脉冲可能更有利一些. 这些策略旨在最优地利用透镜的有限孔径.

上述假定了参考脉冲和探针脉冲都是简单的飞秒脉冲, 这个假定可以改变, 以得到更一般的处理时间信号的能力. 参看表示全息图的透射光场的更一般的表示式 (12-24), 并且考虑这三个主要项的傅里叶逆变换 (忽略指数项, 它们只产生空间位置的偏移).

---

① 方括号中的两项被看成是单一的波分量, 因为这两项沿同一方向传播.

$$\mathcal{F}^{-\infty}\{P(\nu)[|R(\nu)|^2 + |S(\nu)|^2]\} = p(t) \otimes r(t) \otimes r^*(-t) + p(t) \otimes s(t) \otimes s^*(-t),$$

$$\mathcal{F}^{-\infty}\{P(\nu)R^*(\nu)S(\nu)\} = p(t) \otimes r^*(-t) \otimes s(t),$$

$$\mathcal{F}^{-\infty}\{P(\nu)R(\nu)S^*(\nu)\} = p(t) \otimes r(t) \otimes s^*(-t), \tag{12-25}$$

其中 $p(t)$、$r(t)$ 和 $s(t)$ 分别是探针、参考光和信号的时间波形. 显然, 适当选择 $p(t)$ 和 $r(t)$, 可以实现非常普遍的线性信号处理操作. 利用全息记录介质的非线性特性, 也能实现某些非线性信号处理操作. 注意到全息图可以不用光学方法生成而用计算机生成, 就进一步增加了这个处理过程的灵活性. 更多的细节参见文献 [362].

### 12.4.3  参考脉冲和信号波形之间延迟的影响

在结束本节讨论之前, 对参考脉冲和信号波形之间相对延迟的影响作一些考察是有益的. 仍用 $r(t)$ 表示参考脉冲, $s(t)$ 表示信号波形. 考虑信号波形相对于参考脉冲的延迟 $s(t-\tau_0)$(注意 $\tau_0$ 可正可负, 依信号波形相对于参考脉冲是延迟还是超前而定). 令 $S(\nu) = F\{s(t)\}$, 那么

$$F\{s(t-\tau_0)\} = S(\nu)\exp\{-\mathrm{j}2\pi\nu\tau_0\}.$$

记录平面的光谱分辨率受到光栅周期和信号光束在光栅上的照明光斑的有限尺寸的限制. 实际上, 射到全息图上的光谱将和与这个有限光谱分辨率有关的振幅扩展函数进行卷积. 这个卷积的结果是, 谱平面上的每一点都有一个光频范围出现. 参考光谱和信号光谱在逐个频率的基础上发生干涉. 结果, 在全息图的每一点会出现几个同时产生的条纹图样, 这些条纹的空间频率近乎相同, 但是相位不同, 这是由于出现了由参考光和波形信号的时间差异导致的随频率变化的线性相移. 如果在频谱的单个分辨单元内相移 $2\pi\nu\tau_0$ 改变 $2\pi$ 弧度或者更大, 那么各个条纹图样将会由于它们不同的相位而在很大程度上相互抵消, 剩下一片均匀亮度而完全看不到的条纹图样. 因而参考脉冲和信号波形之间的时间间隔存在一个可以容忍的最大值 —— 事实上, 存在着一个以参考脉冲为中心的有限的时间窗口, 对信号的全息记录只能在这段时间内进行. 如果全息干板的光谱分辨率较高, 这个时间窗口就较宽. 对这一效应的进一步探索见习题 12-3.

最后, 在结束时我们要提一下一个相关的题目, 叫做时间成像, 用时间成像方法可以实现透镜、自由空间传播和成像的时域模拟. 请读者参阅文献 [204] 以知道它的一些例子, 参阅文献 [22] 以讨论对时间显微术的一个应用.

## 12.5  阵列波导光栅

随着光通信领域内密集波分复用技术的兴起, 迎来了对波长复用、解波长复用和波长路由等技术的需求, 并且要求这些技术具有以前没有要求过的光谱精度. 很

自然, 在选择解决这些需求的方案时, 成本和可靠性是极其重要的因素. 这就导致考虑采用能保证成本和可靠性的各种集成光学解决方案. 在这一节里, 要评述一种这样的解决方案, 即阵列波导光栅 (AWG), 从傅里叶光学角度的观点, 可以给这个方法一个有趣的解释.

阵列波导光栅源自 Takahashi[339] 和 Dragone[94,95] 的论文. 对这些器件的一个精彩而深入的讨论可在文献 [267] 里找到. 我们从介绍阵列波导光栅的各种集成元件开始, 然后考虑其总体结构并描述它的一些应用.

### 12.5.1　阵列波导光栅的基本部件

阵列波导光栅是一种颇为复杂的集成器件, 由一些更简单的集成元件组成, 如图 12.14 所示. 这里简要地描述一下这些基本部件, 包括传送光信号的波导、光信号扇入和扇出的星形耦合器和产生波长色散的波导光栅.

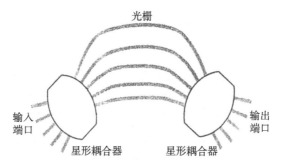

图 12.14　阵列波导光栅的结构

**集成光波导**

集成光路的基本结构单元是波导. 由于这种工艺基本上是平面的, 所以波导的形状通常是矩形的而不是光纤情况下的圆形. 图 12.15 表示一个典型矩形波导的截面.

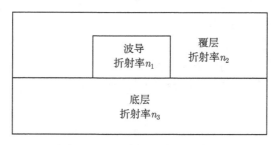

图 12.15　一个矩形波导的截面

单模矩形电介质波导的传播理论很复杂, 我们将不在这里深入讨论 (深入分析

见文献 [177]). 其所以复杂的原因如下: 一是由于矩形的几何形状, 在水平方向和竖直方向上对模式的限制不同; 二是当 $n_2 \neq n_3$ 时在波导的顶部界面和底部界面对传播模式的限制也不同. 对于本书的目的, 用一个有效传播常数 $\beta_{\text{eff}}$ 来表示波导的特征就足够了, 这个常数一般依赖于波导的几何形状、光的偏振和光的频率①. 一般要用数值方法来准确地求出 $\beta_{\text{eff}}$. 要设计一个阵列波导光栅器件需要对这些波导建立精确的模型, 但是, 如果只要理解这种器件的一般工作原理的话, 懂得波导的功能也就够了. 矩形波导扮演着电路中导线的角色, 它连接各个光学部件并把光信号传给它们, 有时还要小心地控制相位延迟.

**集成星形耦合器**

星形耦合器的用处是把出现在每个和所有输入端中输入信号的一部分传给所有的输出端口 (扇出), 并且在每个和所有输出端口收集来自每个输入端口的部分信号 (扇入). 输入端口和输出端口本身都是用来把信号传送进器件和从器件传输出的矩形波导. 在有些应用中, 有一个输入端口和 $N$ 个输出端口, 在另一些应用中有 $N$ 个输入端口和一个输出端口. 最一般的情况是有 $M$ 个输入端口和 $N$ 个输出端口, $N \times N$ 的对称情况也许是最常见的. 图 12.16 表示了扇出和扇入操作.

(a)                                    (b)

图 12.16 星形耦合器. (a) 表示从一个特定的输入端口到所有输出端口的扇出; (b) 表示从所有输入端口到一个特定的输出端口的扇入. 由所有输入端口到所有输出端口的类似操作可以同时发生

有多种方法可以用来实现集成光路星形耦合器. 这里描述一种方法, 傅里叶光学的理解对了解这种方法有帮助. 这种方法是由 Dragone 最先提出的 [93].

星形耦合器由一个比较宽但在垂直方向上很薄的平面波导 (所谓“平板波导”) 构成, 它的两个弯曲端面在输入端口和输出端口与较小的矩形波导相连接. 每个端面的形状都是一段圆弧, 每段圆弧的曲率中心都在对面的圆弧的中点. 因此这两段圆弧是共焦的. 图 12.17 所示为其几何关系. 在实际中, 这些小矩形波导彼此之间要比图中显示的情况靠近得多, 以得到最大效率.

这种几何关系是图 4.5 所示的衍射光路的一维简化, 图 4.5 研究两个共焦球冠之间的衍射. 在傍轴条件下, 在这样两个共焦球冠之间发生衍射时, 其结果是两个

---

① $\beta_{\text{eff}}$ 可以表示为另一形式 $2\pi n_{\text{eff}}/\lambda$, 其中 $n_{\text{eff}}$ 是有效折射率, $\lambda$ 是自由空间波长.

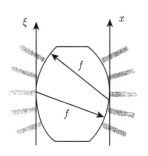

图 12.17　星形耦合器的几何关系. $f$ 是两段圆弧的半径

曲面上的复数场之间呈二维傅里叶变换关系. 类似地, 在傍轴条件下, 星形耦合器的两个圆弧面上的场由一个一维傅里叶变换相联系. 如果用 $U(\xi)$ 表示星形耦合器左端面上的相干复数场, $U(x)$ 表示星形耦合器右端面上的复数场, 光从左向右传播, 则有

$$U(x) = \frac{\mathrm{e}^{\mathrm{j}2\pi f/\tilde{\lambda}}}{\sqrt{\mathrm{j}\tilde{\lambda}f}} \int_{-\infty}^{\infty} U(\xi)\mathrm{e}^{-\mathrm{j}\frac{2\pi}{\tilde{\lambda}f}x\xi}\mathrm{d}\xi. \tag{12-26}$$

注意, $x$ 和 $\xi$ 是在两条相互平行并且与构成星形耦合器两个端面的圆弧在中点相切的直线上的量度; $\tilde{\lambda}$ 是在平板波导内的光波波长, 它依赖于光的频率和光在此波导中传播的有效速度.

如果忽略相邻波导之间的耦合, 以及忽略波导包层中的光, 并且忽略在波导的薄的一维上的竖直结构, 那么对一个输入波导的端面上的场的一个合理的近似, 是一个被截断的高斯函数. 于是星形耦合器输出面上的场是一个 sinc 函数 (来自截断效应) 和一个高斯函数 (高斯函数的傅里叶变换还是高斯函数) 的卷积. 一个输入波导的宽度必须足够小, 使得能够把输出场发散到输出面上由所有输出波导占据的区域.

对一个独立使用的星形耦合器, 一般想要在输出波导上得到一个尽可能均匀的光场分布. 但是, 对作为阵列波导光栅的一个组成部分的星形耦合器, 一般并没有这样的要求. 阵列波导光栅的输出场分布从中心向两旁逐渐削弱, 在中心附近强度最大, 这使星形耦合器的傅里叶变换操作产生一些切趾效应, 从而减小了阵列波导光栅的旁瓣.

作为提醒, 我们应当指出, 进入一个阵列波导光栅各输入端口的各个光信号通常是互不相干的 —— 它们常常来自不同的互不相干的光源. 然而, 由任何一个输入波导引入输入星形耦合器左边的场在这个波导的范围内是相干的, 在星形耦合器输出面上的这个场的傅里叶变换 (即对光栅截面的输入) 是完全相干的.

对阵列波导光栅中的输出星形耦合器, 进入这个星形耦合器的各个波导包含一些互相相干的信号, 也包括一些互不相干的信号. 每一组互相相干的信号都被星形耦合器聚焦到一个输出波导上.

在设计这样一个星形耦合器时必须加一个限制条件, 那就是输出波导的接收角必须足够大, 使来自输入波导的尽可能宽的角度的光也能够被输出波导捕捉到. 另一个表述这个限制条件的方式是基于光的可逆性原则 —— 如果将光从一个输出端口输入星形耦合器, 那么这束光应当足够宽地散布到耦合器的整个输入表面以覆盖全部输入波导. 这个条件进而对星形耦合器能够做得多么短又加了一个限制.

注意, 一个 $1 \times N$ 星形耦合器可能达到的最小损耗是分光损耗为 $10 \log N$ dB, 在实际中, 由于对输出波导的有限注入系数, 损耗还要更大. 对于一个 $64 \times 64$ 星形耦合器, 比分光损耗只高 $2 \sim 3$dB 的额外损耗在实际中是可以实现的 [267].

**波导光栅**

图 12.18 的左部所示为一个自由空间光栅, 它由一个不透明屏上等间距分布的一些孔组成, 图的右部画的是阵列波导光栅的波导光栅部分, 显示了波导和这个区域的端面. 首先考虑自由空间光栅. 在左边是一个入射波前和射到屏上各个孔的光线, 右边是离开光栅的光线和波前, 对应于向下偏折的衍射级①. 根据附录 D 中的讨论, 由于 $\theta_2 < \theta_1$, 图中显示的情况对应于一个负衍射级 $m$. 用该附录中得到的主要结果, 我们可以对手头的情况应用光栅方程

$$\sin \theta_2 = \sin \theta_1 + m \frac{\lambda}{\Lambda} \tag{12-27}$$

这个方程描述了所涉及的各个物理量的关系, 只要恰当地指定这些物理量的符号.

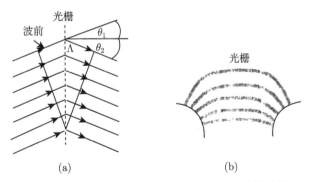

图 12.18 (a) 自由空间中的光栅; (b) 波导中的光栅

注意, 因为屏上的孔很小, 存在着许多衍射级. 如果照明光的波长改变, 那么透射的衍射级的角度也按照这些关系改变.

---
① 在这个讨论中, 保持正负号规则的一贯性是非常重要的: 角度逆时针方向为正, 顺时针方向为负. 在图 12.18 所示的光路中, $\theta_2$ 为负, $\theta_1$ 为正, 衍射级 $m$ 为负.

图的右部所示的波导光栅结构以完全一样的方式工作. 随着我们在阵列中向上移动一个波导, 波导长度增加 $\Delta L$, 这意味着我们将要讨论的是负衍射级 $(m < 0)$. 因而 $\Delta L = -m\widetilde{\lambda}$, 其中 $\widetilde{\lambda}$ 是波导中的波长. 比较穿过相邻的光栅开孔 (自由空间情况下是屏上的孔, 波导光栅情况下是波导) 的光程差的表示式, 并考虑到角度的正负号, 得到自由空间光栅和波导光栅之间的一个有用的对应关系

$$\Lambda(-\sin\theta_2 + \sin\theta_1) \leftrightarrow \Delta L. \tag{12-28}$$

只要考虑了波导的有效折射率与自由空间的折射率不同这一事实, 可以证明这个对应关系是有用的.

### 总体系统

现在转而考虑图 12.14 所示的总体系统的性能. 特别要注意的是光波波长改变引起的整个系统输出的改变.

为了从最简单的情况出发, 让波长为 $\lambda_0$ 的光波输入到第一个星形耦合器的中央位置的波导上[①]. 假设阵列波导光栅是这样设计的, 使得这个波长输出到第二个星形耦合器的中央位置的输出波导上. 现在来研究当波长从 $\lambda_0$ 改变为 $\lambda_1$ 后, 这个输出的位置有何变化. 在图中的波导光栅横截面上, 一个波导的输出与此波导下面一个波导的输出之间的相位差 $\Delta\phi$ 是正值并且是波长的函数, 由下式给出:

$$\Delta\phi(\lambda) = 2\pi n_{\mathrm{g}}\frac{\Delta L}{\lambda}, \tag{12-29}$$

式中 $n_{\mathrm{g}}$ 为光栅波导中的有效折射率. 当波长从 $\lambda_0$ 变到 $\lambda_1$ 时, $\Delta\phi$ 的变化为

$$\delta\phi = \Delta\phi(\lambda_1) - \Delta\phi(\lambda_0) = 2\pi n_{\mathrm{g}}\Delta L\left(\frac{1}{\lambda_1} - \frac{1}{\lambda_0}\right) \approx -2\pi n_{\mathrm{g}}\frac{\Delta L \Delta\lambda}{\lambda_0^2}, \tag{12-30}$$

这里已经假定波长的改变相对于 $\lambda_0$ 很小, 并且 $\Delta\lambda = \lambda_1 - \lambda_0$. 当 $\lambda_1 > \lambda_0$ 时, $\Delta\lambda$ 为正, $\lambda_1 < \lambda_0$ 时, $\Delta\lambda$ 为负, 所以波长增大时 $\delta\phi$ 为负.

$\Delta\phi$ 的这一变化使离开波导光栅的圆形波前发生一个小的倾斜, 并使第二个星形耦合器的输出端面上的亮点位置有一移动. 输出位置 $x$ 的变化可以算出, 只要求出系统的色散

$$\frac{\partial x}{\partial\lambda} = \frac{\partial\phi}{\partial\lambda} \cdot \frac{\partial x}{\partial\phi}. \tag{12-31}$$

上式右边第一项可由 (12-30) 式求出:

$$\frac{\partial\phi}{\partial\lambda} \approx \frac{\delta\phi}{\Delta\lambda} = -2\pi n_{\mathrm{g}}\frac{\Delta L}{\lambda_0^2}. \tag{12-32}$$

---

① 我们继续用 $\widetilde{\lambda}$ 表示波导中的一切波长, 而 $\lambda$ 则是自由空间中的波长.

第二项可以这样求: 把 $\delta\phi$ 变换为波前斜率的变化, 计算由波前斜率变化导致的 $x$ 的改变. 结果

$$\frac{\partial x}{\partial \phi} = -\frac{\lambda_0 f}{2\pi n_s \Lambda}, \tag{12-33}$$

式中 $n_s$ 是星形耦合器中平板波导的有效折射率. 综合以上结果, 得光栅的色散为

$$\frac{\partial x}{\partial \lambda} = \frac{n_g \Delta L f}{n_s \lambda_0 \Lambda} = -m\frac{f}{n_s \Lambda} \tag{12-34}$$

上式中最后一步推导时假设了 $\Delta L = -m\lambda_0/n_g$, 即用的是第 $-m$ 级衍射. 因此随着波长增大, 一个给定的输出级在最后一个星形耦合器的输出面上向下移动, 一个负衍射级数应当如此.

现在我们考虑阵列波导光栅的分辨率. 当最上一个光栅波导和最下一个光栅波导的输出相位差为 $2\pi$ 时, 两个波长刚刚可以分辨. 这时, 对于有 $N$ 个波导的波导光栅, 需要相邻波导之间的相位改变为 $|\partial\phi/\partial\lambda| \cdot \delta\lambda = 2\pi/N$. 用前面得到的 $\partial\phi/\partial\lambda$ 的表示式, 以得到波长分辨率 $\delta\lambda$ 为

$$\delta\lambda = \frac{\lambda_0}{Nm} \tag{12-35}$$

再应用以前得到的 $\partial x/\partial\lambda$ 的表示式, 得到空间分辨率为

$$\delta x = \left|\frac{\partial x}{\partial \lambda}\right| \cdot \delta\lambda = \frac{\lambda_0 f}{n_s N \Lambda}. \tag{12-36}$$

为了达到这个分辨率, 来自最末一个星形耦合器的输出波导必须窄于 $\delta x$.

还有一个重要的问题是总体系统的自由光谱范围. 阵列波导光栅有许多衍射级. 如果我们再次假定输入耦合器上只有中央位置的输入波导受到激励, 波长的改变会使输出亮点在系统输出处的各个波导上挨个移动, 直到这个亮点通过最后一个输出波导 (要么在输出阵列波导的顶部, 要么在底部, 这取决于波长是减小还是增大). 每当输出亮点挪出最后一个输出波导时, 一个新的亮点就出现在与输出阵列相反一端的波导上. 当一个光栅级移出了这个输出波导阵列, 一个相邻的光栅级就产生一个新的亮点代替它, 但是是在输出阵列的相反一端上. 事实上由于衍射级数太多存在着输出亮点的"卷绕"现象. 在"卷绕"现象发生之前可以提供的波长的范围叫做系统的自由光谱范围.

考虑光栅级从 $m$ 级变到 $m+1$ 级之前输出亮点能够移动多远, 可以确定系统的自由频谱范围 $X$. 当 (12-30) 式中的 $\delta\phi$(相邻的光栅波导之间的) 刚好改变 $2\pi$ 时, 或者当

$$X = \left|\frac{\partial x}{\partial \phi}\right| \cdot 2\pi = \frac{\lambda_0 f}{n_s \Lambda}. \tag{12-37}$$

时, 光栅级发生改变.

上面结果的一个漂亮的表示形式是

$$\frac{\delta\lambda}{\lambda_0} = \frac{1}{Nm}, \quad \frac{\delta x}{X} = \frac{1}{N}. \tag{12-38}$$

这就结束了对阵列波导光栅的一般特性的讨论. 现在我们转而描述这些器件的应用.

### 12.5.2　阵列波导光栅的应用

阵列波导光栅有两种主要的应用. 首先, 它已经被广泛地用作密集波分复用信号的复用器和解复用器. 其次, 它有一个相当独特的本领, 能够重整到达不同输入信道的不同波长的信号, 产生多个输出信道, 每个输出信道都有取自不同输入信道的各个波长. 下面对每种应用作一综述.

**波长复用器和解复用器**

图 12.19 所示为阵列波导光栅用作解复用器和复用器. 先考虑解复用器, 单个输入端口带着等间隔的光波波长 $\lambda_1, \lambda_2, \cdots, \lambda_N$ 到达阵列波导光栅的输入端. 阵列波导光栅解复用器这些信号, 在 $N$ 个分离的输出端口的每个端口上产生这 $N$ 个不同波长中的一个波长. 波分复用信道之间的波长分离程度必须大于或等于阵列波导光栅的波长分辨本领. 光栅中至少需要 $N$ 个不同的波导来对 $N$ 个不同的等间隔光波波长解复用.

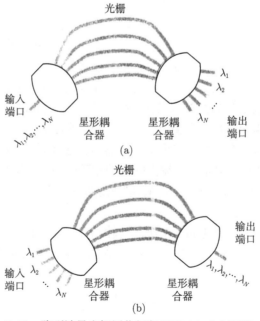

图 12.19　阵列波导光栅用作解复用器 (a) 和复用器 (b)

复用器有相似的光路, 只不过作为复用器现在有 $N$ 个不同的输入端口, 每个载有单一的光波波长和一个输出端口, 上面载有各个波长. 光栅中仍然需要至少 $N$ 个不同的波导以复用 $N$ 个不同的等间隔波长.

典型的市场可提供的阵列波导光栅含有最多 40 个通道, 其每个输出通道的插入损耗为 $2 \sim 3$dB. 通道波长间隔取决于设计, 可以达到 $25 \sim 200$GHz 的范围.

**波长路由器**

阵列波导光栅的波长路由功能通过它与有色散的自由空间成像系统的类比很容易理解. 考虑图 12.20 所示的成像系统. 图中显示有两个正透镜, 每个的焦距均为 $f$, 它们沿系统的光轴方向与光栅的距离都是 $f$. 没有光栅的话, 这就是一个 $4f$ 成像系统, 它将产生物的一个放大率为 1 的倒像. 光栅的出现使系统的后半部分偏转一个角度, 并且使系统产生色散. 注意每个透镜 (和它们之前和之后的自由空间一起) 类似于一个星形耦合器, 而图中的光栅则与阵列波导光栅中的波导光栅相似.

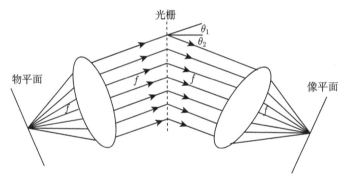

图 12.20　与阵列波导光栅类似的成像光路

心里想着这个成像系统的类比, 我们现在考虑阵列波导光栅在几种不同输入条件下的情况. 图 12.21(a) 表示阵列波导光栅有一个波长的光在它的中心输入端口输入, 所有其他输入端口均未激活. 标注出波长 $\lambda_0$ 是为了表明, 系统正是被设计成在这个波长上直接从中心输入端口成像到中心输出端口. 现在考虑图 12.21(b) 所画的情况. 同一波长 $\lambda_0$ 的光被往上移一个输入端口. 根据简单的成像定律, 结果是输出往下移一个端口. 用这种方式, 可以用成像规则来确定, 当波长为 $\lambda_0$ 的光输入到任何一个输入端口上时, 它将出现在哪个输出端口.

现在考虑图 12.21(c) 所示的情况. 在这种情况下, 我们将波长从 $\lambda_0$ 增大到 $\lambda_1 = \lambda_0 + \delta\lambda$, 这里 $\delta\lambda$ 是将输出往下移动一个输出端口所需的波长改变量 ($\delta\lambda$ 是阵列波导光栅的波长分辨本领). 于是在波长 $\lambda_1$ 下, 输出往下移动一个输出端口. 如果将波长为 $\lambda_1$ 的输入移到一个别的输入端口, 输出总是出现在由简单成像规律预言的位置往下移动一个端口, 除非这种往下移动会将预期的输出端口移出输出阵列的末端, 在后一种情况下会发现 $\lambda_1$ 光位于输出阵列的顶端, 如图 12.21(d) 所示. 事实上, 波长从 $\lambda_0$ 开始变化会使输出在各个输出端口上循环移动, 移动的端口数目就是波长变化中增量 $\delta\lambda$ 的个数. 若我们用的是阵列波导光栅中的负衍射级, 那么波长增长导致往下移动, 波长缩短导致往上移动.

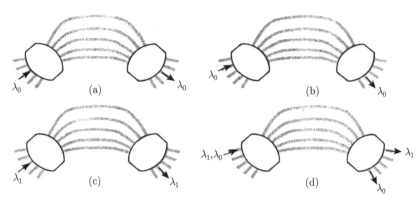

图 12.21　阵列波导光栅的波长路由性质图示. (a) 波长 $\lambda_0$ 的光从中心输入端口成像到中心输出端口. (b) 波长 $\lambda_0$ 的光从偏离中心的输入端口成像到位于倒像位置的输出端口. (c) 波长 $\lambda_1 = \lambda_0 + \delta\lambda$ 的光从中心输入端口成像到偏转像的输出端口. (d) 波长 $\lambda_1$ 的光从顶部的输入端口成像到一个"卷绕"的输出端口

现在我们已做好准备, 可以理解一个阵列波导光栅的最普遍的波长路由应用了. 参阅图 12.22, 考虑一个波长编号系统, 这个系统既根据这些波长进入的输入端口, 也根据它们对 $\lambda_0$ 的偏移量对波长编号. $\lambda_0$ 标记的是成像时不引起循环变化的波长. 输入端口从底部到顶部依次编号为 0 到 $N-1$. 赋予波长两个下标, 第一个下标表示这个波长进入的输入端口, 第二个下标是以 $\delta\lambda$ 为单位它从 $\lambda_0$ 偏移的数量, $\delta\lambda$ 是阵列波导光栅的分辨本领. 因而标记为 $\lambda_{n,m}$ 的波长表示出现在第 $n(n = 0, 1, \cdots, N-1)$ 个输入端口的波长为 $\lambda_0 + m\delta\lambda (m = 0, 1, \cdots, N-1)$ 的光波.

现在假定每个输入端口都填满全部波长, 也就是说每个输入端口都有所有 $N$ 个可能的波长. 图 12.22 的输入处表示的就是这种情况. 上面描述的路由功能现在可以在一个一个波长的基础上应用于全部输入的集合. 阵列波导光栅右边的波长下标表示出现在每个输出端口的波长. 注意每个输出端口都包含有全部波长, 但是一个不同的波长只来自每一个输入端口. 于是阵列波导光栅起着一个复杂的波长重新排列器件的作用, 它在每个输出端口填满全部波长, 而每个波长来自一个不同的输入端口. 这样的路由功能是一种波长交换器, 它对在复杂网络拓扑结构中连接网络各个分支是很有用的.

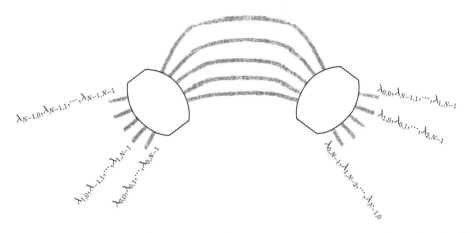

图 12.22　阵列波导光栅的波长路由性质. 波长的第一个下标对应于输入端口号, 第二个下标对应于波长从 $\lambda_0$ 的偏移量 (以 $\delta\lambda$ 为单位增量)

# 习　题

12-1　参看 (12-9) 式, 证明该式可以等价地写成 (12-10) 式.

12-2　求一个光纤相位反射光栅的有效长度和有效光栅线数, 若自由空间的 Bragg 波长 $\lambda_{\text{B}} = 1550\text{nm}, n_1 = 1.45, \delta n$ 有等于 $10^{-4}, 10^{-3}$ 和 $10^{-2}$ 三种情况.

12-3　在本题中, 我们考虑光谱全息学中信号波前相对于参考脉冲延迟 (或超前) $\tau_0$ 的影响. 假设记录全息图时信号波形光束在输入光栅上产生的照明光斑是方形的, 并且在输入光栅上在 $x$ 方向正好覆盖 $N$ 条光栅线. 假定参考脉冲也覆盖同样数目的光栅线. 用习题 4-13 的结果和本章关于光谱全息术中的时间窗口的讨论, 证明将在全息图中产生明显的条纹图样的 $\tau_0$ 的最大值近似等于 $1/\delta\nu$, 这里 $\delta\nu$ 是光栅的频率分辨本领. 并证明 $\tau_0$ 被等价地限制在时间信号的中心频率的 $N$ 个光波周期内.

12-4　当 $\theta_2$ 不是很小, 以至于不能作小角近似 $\sin\theta \approx \theta$ 时, 求与 (12-18) 式类似的 $\nu$ 作为 $x$ 的函数的表示式.

12-5　考虑图 12.21 画出的结果, 定义 $\lambda_m = \lambda_0 + m\delta\lambda$, 预期题图 P12.5 中画的输入波长将在阵列波导光栅的输出端口上何处出现. 假设系统设计使波长为 $\lambda_0, N$ 个输入端口映射 (反向) 到前 $N$ 个输出端口.

12-6　一个阵列波导光栅的输入星形耦合器有 $N$ 个输入波导和 $2N$ 个输出波导. 输出星形耦合器有 $2N$ 个输入波导和 $2N$ 个输出波导. 在光栅截面内有 $2N$ 个波导. 所有星形耦合器波导的宽度和间距都相同, 因此第二个星形耦合器的输出处的波导所占的表面积是第一个星形耦合器的输入处的波导所占的表面积的两倍.

(a) 用 $N, m, n_{\text{s}}, n_{\text{g}}, \lambda_0, f$ 和 $\Lambda$ 等参数中任何所需要的参数, 写出这个阵列波导光栅的波

长分辨本领 $\delta\lambda$, 空间分辨本领 $\delta x$ 和自由频谱范围 $X$.

(b) 为这个阵列波导光栅画一张类似于图 12.22 的图, 标明来自各个输入端口的各个波长出现在输出的哪个端口上.

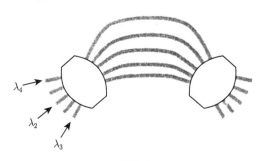

题图 P12.5

# 附录 A  $\delta$ 函数和傅里叶变换定理

## A.1  $\delta$  函  数

系统分析中广泛应用的一维狄拉克 $\delta$ 函数, 事实上根本不是一个函数, 而是一种更一般的实体, 叫做"泛函"或"广义函数". 一个函数将一个数(函数的自变数) 映射为一个数(函数的值), 而一个泛函则将一个函数映射为一个数. 泛函的一个简单例子是一个定积分, 例如

$$\int_{-\infty}^{\infty} h(\xi)\mathrm{d}\xi,$$

它将任何给定的函数 $h(\xi)$ 映射为其面积之值.

按照这一理论, 用来定义 $\delta$ 函数①的特性是它在积分时所谓的 "筛选" 性质, 即

$$\int_{-\infty}^{\infty} \delta(\xi-b)h(\xi)\mathrm{d}\xi = \begin{cases} h(b), & b\text{为 } h \text{ 的一个连续点,} \\ \dfrac{1}{2}[h(b^+) + h(b^-)], & b\text{为 } h \text{ 的一个不连续点,} \end{cases} \tag{A-1}$$

在上式中, 符号 $h(b^+)$ 和 $h(b^-)$ 分别代表 $h$ 的自变数从右 (上) 和从左 (下) 趋近间断点时 $h$ 的极限值. 将一个函数 $h$ 映射为上式右边的值的映射就定义了我们叫做 $\delta$ 函数的泛函. 上述积分是这个映射的一个方便的表示, 但不得按字面解释为一个积分. 它可以看成下面这一组积分的极限:

$$\int_{-\infty}^{\infty} \delta(\xi-b)h(\xi)\mathrm{d}\xi \equiv \lim_{N\to\infty} \int_{-\infty}^{\infty} g_N(\xi-b)h(\xi)\mathrm{d}\xi, \tag{A-2}$$

其中, $g_N$ 是一个函数序列, 它在 $N\to\infty$ 的极限下呈现出所要求的筛选性质. 这些函数必须都具有单位面积, 并且必须在某种意义上随着 $N$ 变大变得越来越窄.

在工程文献中, 用 (A-2) 式中的函数序列 $g_N$ 的极限表示 $\delta$ 函数, 即令

$$\delta(x) = \lim_{N\to\infty} g_N(x). \tag{A-3}$$

这已变成一个相当常见的做法. 虽然这种表示严格说来并不正确, 积分序列的极限才是适当的表示, 但是在这里仍然这样用, 不过必须理解为, 它的实际含义就是

---

① 我们继续用函数这个词, 因为它已成为通常的用法, 虽然严格说来这并不正确.

(A-2) 式所表示的意义. 于是我们可以写出下面这些例子:

$$\delta(x) = \lim_{N \to \infty} N \exp(-N^2 \pi x^2)$$

$$\delta(x) = \lim_{N \to \infty} N \, \text{rect}(Nx)$$

$$\delta(x) = \lim_{N \to \infty} N \, \text{sinc}(Nx).$$

上面这些函数的最后一个的图形显示出, $N\text{sinc}(Nx)$ 当 $N \to \infty$ 时并不变成一个很窄的脉冲, 而是仍然伸展到有限的范围, 并且在除原点外的所有地方越来越快地振荡. 这样的振荡在极限情况下保证了积分号下 $h$ 在函数序列中心处的值被筛选出来. 因此, 并不一定要求在极限下函数 $g_N$ 除原点外处处为零. 一个更怪异的例子是函数序列

$$g_N(x) = N e^{j\pi/4} \exp[j\pi(Nx)^2],$$

的每一成员身下都有单位面积并且模的大小都是 $N$, 但在极限下仍显示筛选性质.

分析电学系统时用 $\delta$ 函数表示一个陡而强的电流或电压脉冲, 光学中类似的概念是一个点光源, 或一个单位体积的空间脉冲. 二维 $\delta$ 函数的定义是一维 $\delta$ 函数定义的简单推广, 不过在所用的脉冲序列的可能的函数形式上有更大的自由. 许多可能的定义使用可分离变量的脉冲序列, 如

$$\delta(x, y) = \lim_{N \to \infty} N^2 \exp\left[-N^2 \pi (x^2 + y^2)\right],$$

$$\delta(x, y) = \lim_{N \to \infty} N^2 \text{rect}(Nx)\text{rect}(Ny),$$

$$\delta(x, y) = \lim_{N \to \infty} N^2 \text{sinc}(Nx)\text{sinc}(Ny).$$

别的可能的定义使用圆对称的函数, 如

$$\delta(x, y) = \lim_{N \to \infty} \frac{N^2}{\pi} \text{circ}\left(N\sqrt{x^2 + y^2}\right) \tag{A-4}$$

$$\delta(x, y) = \lim_{N \to \infty} N \frac{J_1(2\pi N\sqrt{x^2 + y^2})}{\sqrt{x^2 + y^2}}. \tag{A-5}$$

在有些应用中一种定义可能比别种定义更方便, 可以选用最适用于所讨论的问题的定义.

一切二维 $\delta$ 函数都具有一条容易证明的性质 [见习题 2-1(a)], 即

$$\delta(ax, by) = \frac{1}{|ab|}\delta(x, y), \tag{A-6}$$

这一性质描述了坐标标度变换下这种量的行为. 这个陈述仍然只在积分号下才有意义.

## A.2  傅里叶变换定理的推导

本节将提供基本的傅里叶变换定理的简略证明. 更完备的推导见文献 [37], [275] 和 [146].

### 1. 线性定理

$\mathcal{F}\{\alpha g + \beta h\} = \alpha\mathcal{F}\{g\} + \beta\mathcal{F}[h]$

**证明**　这个定理直接由定义傅里叶变换的积分的线性性质推出.

### 2. 相似性定理

若 $\mathcal{F}\{g(x,y)\} = G(f_X, f_Y)$, 则

$$\mathcal{F}\{g(ax,by)\} = \frac{1}{|ab|}G\left(\frac{f_X}{a}, \frac{f_Y}{b}\right).$$

**证明**

$$\begin{aligned}
\mathcal{F}\{g(ax,by)\} &= \iint_{-\infty}^{\infty} g(ax,by)\exp[-\mathrm{j}2\pi(f_X x + f_Y y)]\mathrm{d}x\mathrm{d}y \\
&= \iint_{-\infty}^{\infty} g(ax,by)\exp\left[-\mathrm{j}2\pi\left(\frac{f_X}{a}ax + \frac{f_Y}{b}by\right)\right]\frac{\mathrm{d}(ax)}{|a|}\frac{\mathrm{d}(by)}{|b|} \\
&= \frac{1}{|ab|}G\left(\frac{f_X}{a}, \frac{f_Y}{b}\right).
\end{aligned}$$

### 3. 相移定理

若 $\mathcal{F}\{g(x,y)\} = G(f_X, f_Y)$, 则

$$\mathcal{F}\{g(x-a,y-b)\} = G(f_X, f_Y)\exp[-\mathrm{j}2\pi(f_X a + f_Y b)].$$

**证明**

$$\begin{aligned}
\mathcal{F}\{g(x-a,y-b)\} &= \iint_{-\infty}^{\infty} g(x-a,y-b)\exp[-\mathrm{j}2\pi(f_X x + f_Y y)]\mathrm{d}x\mathrm{d}y \\
&= \iint_{-\infty}^{\infty} g(x',y')\exp\{-\mathrm{j}2\pi[f_X(x'+a) + f_Y(y'+b)]\}\mathrm{d}x'\mathrm{d}y' \\
&= G(f_X, f_Y)\exp[-\mathrm{j}2\pi(f_X a + f_Y b)].
\end{aligned}$$

### 4. 瑞利定理 (或 Parseval 定理)

若 $\mathcal{F}\{g(x,y)\} = G(f_X, f_Y)$, 则

$$\iint_{-\infty}^{\infty} |g(x,y)|^2\mathrm{d}x\mathrm{d}y = \iint_{-\infty}^{\infty} |G(f_X, f_Y)|^2\mathrm{d}f_X\mathrm{d}f_Y.$$

**证明**

$$
\begin{aligned}
\iint_{-\infty}^{\infty} |g(x,y)|^2 \mathrm{d}x\mathrm{d}y &= \iint_{-\infty}^{\infty} g(x,y)g^*(x,y)\mathrm{d}x\mathrm{d}y \\
&= \iint_{-\infty}^{\infty} \mathrm{d}x\,\mathrm{d}y \left[\iint_{-\infty}^{\infty} \mathrm{d}\xi\mathrm{d}\eta\, G(\xi,\eta)\exp[\mathrm{j}2\pi(x\xi+y\eta)]\right] \\
&\quad \times \left[\iint_{-\infty}^{\infty} \mathrm{d}\alpha\,\mathrm{d}\beta\, G^*(\alpha,\beta)\exp[-\mathrm{j}2\pi(x\alpha+y\beta)]\right] \\
&= \iint_{-\infty}^{\infty} \mathrm{d}\xi\mathrm{d}\eta\, G(\xi,\eta) \iint_{-\infty}^{\infty} \mathrm{d}\alpha\mathrm{d}\beta\, G^*(\alpha,\beta) \\
&\quad \times \left[\iint_{-\infty}^{\infty} \exp\{\mathrm{j}2\pi[x(\xi-\alpha)+y(\eta-\beta)]\}\mathrm{d}x\mathrm{d}y\right] \\
&= \iint_{-\infty}^{\infty} \mathrm{d}\xi\mathrm{d}\eta\, G(\xi,\eta) \iint_{-\infty}^{\infty} \mathrm{d}\alpha\,\mathrm{d}\beta\, G^*(\alpha,\beta)\delta(\xi-\alpha,\eta-\beta) \\
&= \iint_{-\infty}^{\infty} |G(\xi,\eta)|^2 \mathrm{d}\xi\mathrm{d}\eta.
\end{aligned}
$$

**5. 卷积定理**

若 $\mathcal{F}\{g(x,y)\} = G(f_X,f_Y)$ 且 $\mathcal{F}\{h(x,y)\} = H(f_X,f_Y)$, 则

$$
\mathcal{F}\left\{\iint_{-\infty}^{\infty} g(\xi,\eta)h(x-\xi,y-\eta)\mathrm{d}\xi\mathrm{d}\eta\right\} = G(f_X,f_Y)H(f_X,f_Y).
$$

**证明**

$$
\begin{aligned}
&\mathcal{F}\left\{\iint_{-\infty}^{\infty} g(\xi,\eta)h(x-\xi,y-\eta)\mathrm{d}\xi\mathrm{d}\eta\right\} \\
&= \iint_{-\infty}^{\infty} g(\xi,\eta)\mathcal{F}\{h(x-\xi,y-\eta)\}\mathrm{d}\xi\mathrm{d}\eta \\
&= \iint_{-\infty}^{\infty} g(\xi,\eta)\exp[-\mathrm{j}2\pi(f_X\xi+f_Y\eta)]\mathrm{d}\xi\mathrm{d}\eta\, H(f_X,f_Y) = G(f_X,f_Y)H(f_X,f_Y).
\end{aligned}
$$

**6. 自相关定理**

若 $\mathcal{F}\{g(x,y)\} = G(f_X,f_Y)$, 则

$$
\mathcal{F}\left\{\iint_{-\infty}^{\infty} g(\xi,\eta)g^*(\xi-x,\eta-y)\mathrm{d}\xi\mathrm{d}\eta\right\} = |G(f_X,f_Y)|^2.
$$

**证明**

$$\mathcal{F}\left\{\iint_{-\infty}^{\infty} g(\xi,\eta)g^*(\xi-x,\eta-y)\mathrm{d}\xi\mathrm{d}\eta\right\}$$

$$= F\left\{\iint_{-\infty}^{\infty} g(\xi'+x,\eta'+y)g^*(\xi',\eta')\mathrm{d}\xi'\mathrm{d}\eta'\right\}$$

$$= \iint_{-\infty}^{\infty} \mathrm{d}\xi'\mathrm{d}\eta' g^*(\xi',\eta')\mathcal{F}\{g(\xi'+x,\eta'+y)\}$$

$$= \iint_{-\infty}^{\infty} \mathrm{d}\xi'\mathrm{d}\eta' g^*(\xi',\eta') \exp[\mathrm{j}2\pi(f_X\xi'+f_Y\eta')]G(f_X,f_Y)$$

$$= G^*(f_X,f_Y)G(f_X,f_Y) = |G(f_X,f_Y)|^2.$$

**7. 转动定理**

$\mathcal{F}\{g(r,\theta-\theta_0)\} = G(\rho,\phi-\theta_0)$. 如果在极坐标系统里作傅里叶变换, 我们有 (参阅 (2-30) 式)

$$\mathcal{F}\{g(r,\theta)\} = G(\rho,\phi) = \int_0^\infty \int_0^{2\pi} rg(r,\theta) \exp[-\mathrm{j}2\pi r\rho(\cos\theta\cos\phi$$
$$+ \sin\theta\sin\phi)]\mathrm{d}\theta\mathrm{d}r$$
$$= \int_0^\infty \int_0^{2\pi} rg(r,\theta) \exp[-\mathrm{j}2\pi r\rho\cos(\theta-\phi)]\mathrm{d}\theta\mathrm{d}r.$$

其中 $(r,\theta)$ 是空间域的极坐标, 同时 $(\rho,\phi)$ 是时间域的极坐标. 这样, 如果我们绕着原点转动函数 $g$ 一个角度 $\theta_0$, 会得到一个新的傅里叶变换 $\tilde{G}(\rho,\phi)$ 如下:

$$\tilde{G}(\rho,\phi) = \int_0^\infty \int_0^{2\pi} rg(r,\theta-\theta_0) \exp(-\mathrm{j}2\pi r\rho\cos(\theta-\phi))\mathrm{d}\theta\,\mathrm{d}r.$$

现在将积分变量从 $\theta$ 变为 $\theta' = \theta - \theta_0$, 而保持积分限在任何一个 $2\pi$ 周期内, 得到

$$\tilde{G}(\rho,\phi) = \int_0^\infty \int_0^{2\pi} rg(r,\theta') \exp\left(-\mathrm{j}2\pi r\rho\cos(\theta'+\theta_0-\phi)\right)\mathrm{d}\theta'\mathrm{d}r$$
$$= G(\rho,\phi-\theta_0).$$

因而转动 $g(r,\theta)$ 角度 $\theta_0$, 使得其傅里叶变换 $G(\rho,\phi)$ 也转动角度 $\theta_0$.

**8. 剪切定理**

假设剪切在水平方向, 然后证明 $\mathcal{F}\{g(x+by,y)\} = G(f_X, f_Y - bf_X)$. 函数 $g(x+by,y)$ 的傅里叶变换可以写成

$$\mathcal{F}\{g(x+by,y)\} = \int_{-\infty}^{\infty}\mathrm{d}y\,\mathrm{e}^{-\mathrm{j}2\pi f_Y y}\int_{-\infty}^{\infty}\mathrm{d}x\,g(x+by,y)\mathrm{e}^{-\mathrm{j}2\pi F_X x}$$

$$= \int_{-\infty}^{\infty}\mathrm{d}y\,\mathrm{e}^{-\mathrm{j}2\pi f_Y y}\tilde{G}(f_X,y)\mathrm{e}^{\mathrm{j}2\pi b y f_X},$$

式中已经用到位移定理, 并且 $\tilde{G}$ 是 $g$ 的分步变换, 积分仅仅对 $x$ 完成. 接着积分可得到

$$\mathcal{F}\{g(x+by,y)\} = \int_{-\infty}^{\infty}\mathrm{d}y\,\tilde{G}(f_X,y)\mathrm{e}^{-\mathrm{j}2\pi(f_Y-bf_X)y} = G(f_X, f_Y-bf_X).$$

对于垂直方向剪切用同样步骤可以证明.

9. 傅里叶积分定理

在 $g$ 的每一连续点上,

$$\mathcal{F}\mathcal{F}^{-\infty}\{g(x,y)\} = \mathcal{F}^{-1}\mathcal{F}\{g(x,y)\} = g(x,y).$$

在 $g$ 的每一间断点上, 这样两次相继变换给出该点的一个小邻域内 $g$ 值的角向平均.

**证明**　定义函数 $g_R(x,y)$ 为

$$g_R(x,y) = \iint_{A_R} G(f_X,f_Y)\exp[\mathrm{j}2\pi(f_X x + f_Y y)]\mathrm{d}f_X\mathrm{d}f_Y,$$

其中 $A_R$ 是一个中心在 $(f_X,f_Y)$ 平面原点而半径为 $R$ 的圆. 要证明这条定理, 只需证明在 $g$ 的每一连续点上,

$$\lim_{R\to\infty} g_R(x,y) = g(x,y),$$

而在 $g$ 的每一间断点上,

$$\lim_{R\to\infty} g_R(x,y) = \frac{1}{2\pi}\int_0^{2\pi} g_o(\theta)\mathrm{d}\theta,$$

其中, $g_o(\theta)$ 是 $g$ 在该点周围一个小邻域内对角度的依赖关系.

一些初步的直接运算如下:

$$g_R(x,y) = \iint_{A_R}\left\{\iint_{-\infty}^{\infty}\mathrm{d}\xi\mathrm{d}\eta\,g(\xi,\eta)\mathrm{e}^{-\mathrm{j}2\pi(f_X\xi+f_Y\eta)}\right\}\mathrm{e}^{\mathrm{j}2\pi(f_X x+f_Y y)}\mathrm{d}f_X\mathrm{d}f_Y$$

$$= \iint_{-\infty}^{\infty}\mathrm{d}\xi\mathrm{d}\eta\,g(\xi,\eta)\iint_{A_R}\mathrm{d}f_X\mathrm{d}f_Y\exp\{\mathrm{j}2\pi[f_X(x-\xi)+f_Y(y-\eta)]\}.$$

注意

$$\iint_{A_R} \mathrm{d}f_X \mathrm{d}f_Y \exp\{\mathrm{j}2\pi[f_X(x-\xi)+f_Y(y-\eta)]\} = R\left[\frac{J_1(2\pi R r)}{r}\right],$$

其中 $r=\sqrt{(x-\xi)^2+(y-\eta)^2}$, 我们有

$$g_R(x,y) = \iint_{-\infty}^{\infty} \mathrm{d}\xi \mathrm{d}\eta\, g(\xi,\eta) R\left[\frac{J_1(2\pi R r)}{r}\right].$$

先设 $(x,y)$ 是 $g$ 的一个连续点, 则

$$\lim_{R\to\infty} g_R(x,y) = \iint_{-\infty}^{\infty} \mathrm{d}\xi \mathrm{d}\eta\, g(\xi,\eta) \lim_{R\to\infty} R\left[\frac{J_1(2\pi R r)}{r}\right]$$

$$= \iint_{-\infty}^{\infty} \mathrm{d}\xi \mathrm{d}\eta\, g(\xi,\eta)\delta(x-\xi,y-\eta) = g(x,y),$$

第二步用了 (A-5) 式. 于是定理的第一部分证完.

下一步考虑 $g$ 的一个间断点. 不失一般性, 可取此点为原点. 于是写出

$$g_R(0,0) = \iint_{-\infty}^{\infty} \mathrm{d}\xi \mathrm{d}\eta\, g(\xi,\eta) R\left[\frac{J_1(2\pi R r)}{r}\right],$$

其中, $r=\sqrt{\xi^2+\eta^2}$. 但是对于充分大的 $R$, 积分中 $g(\xi,\eta)$ 后面的量在原点 (参阅 (A-5) 式) 处可看作 $\delta$ 函数. 此外, 在这个小邻域内函数 $g$ (近似地) 只依赖于该点周围的角度 $\theta$, 因此

$$g_R(0,0) \approx \int_0^{2\pi} g_o(\theta)\mathrm{d}\theta \int_0^{\infty} rR\left[\frac{J_1(2\pi R r)}{r}\right]\mathrm{d}r$$

其中, $g_o(\theta)$ 代表原点周围 $g$ 对 $\theta$ 的依赖关系. 最后, 注意

$$\int_0^{\infty} rR\left[\frac{J_1(2\pi R r)}{r}\right]\mathrm{d}r = \frac{1}{2\pi},$$

我们得出结论

$$\lim_{R\to\infty} g_R(0,0) = \frac{1}{2\pi}\int_0^{2\pi} g_o(\theta)\mathrm{d}\theta,$$

于是定理证毕.

# 附录 B   傍轴几何光学简介

## B.1   几何光学的领域

如果想象光波波长变成小得可以忽略, 我们就进入了一个领域, 在这个领域中用几何光学的概念已足以分析光学系统. 虽然光波的实际波长总是有限的, 但只要一个波场的振幅和相位的所有变化或改变发生在比一个波长大得多的空间尺度上, 几何光学的预言就是精确的. 几何光学不能给出精确预言的场合的例子发生在在我们把一个锐边或一个界限尖锐的孔径放进一束光的光路时, 或我们使一个波的相位在可与一个波长相比的空间尺度上发生大小可与 $2\pi$ 相比的变化时.

因此, 如果想象一个周期性的相位光栅, 在它上面相位 "平缓" 变化, 在许多个波长的距离上相位才改变 $2\pi$, 那么几何光学关于光栅后面的振幅分布的预言就将相当精确. 反之, 如果 $2\pi$ 的变化发生在仅仅几个波长上, 或者发生得非常突兀, 那么衍射效应就不能忽略, 就需要对问题进行全波动光学 (或 "物理光学") 处理.

这个附录并不是对几何光学这个主题的完备介绍, 而是选择了几个专题, 它们将有助于读者更好地理解几何光学和物理光学的关系. 此外, 还介绍了几个几何概念, 这些概念是对成像系统和空间滤波系统进行物理光学描述时所需要的.

**光线的概念**

考虑在一种介质中传播的单色扰动, 介质的折射率在一个光波波长的尺度上缓慢变化. 这样一个扰动可以用振幅和相位的分布来描述

$$U(\vec{r}) = A(\vec{r}) \exp[\mathrm{j}k_o S(\vec{r})], \tag{B-1}$$

其中 $A(\vec{r})$ 是波的振幅, $k_o S(\vec{r})$ 是波的相位. 这里 $k_o$ 是自由空间中的波数 $2\pi/\lambda_o$; 介质的折射率 $n$ 已包含在 $S$ 的定义中. $S(\vec{r})$ 叫做程函. 我们仿效文献 [305](第 52 页) 所述的论据来找程函所必须满足的方程.

由式子

$$S(\vec{r}) = 常数$$

定义的表面叫做扰动的波前. 在一块各向同性介质中的每一点 $\vec{r}$, 功率流的方向和波矢量 $\vec{k}$ 的方向都垂直于波前. 光线定义为穿越空间的一条轨迹或路径, 它从波前上的任一特定点出发, 和光波一道穿过空间运动, 在轨迹上的每一点都永远保持与

波前垂直. 因此光线追迹了各向同性介质中功率流的路径. 将 (B-1) 式代入亥姆霍兹方程 (3-13), 得出 $A(\vec{r})$ 和 $S(\vec{r})$ 二者都必须满足的下述方程:

$$k_o^2[n^2 - |\nabla S|^2]A + \nabla^2 A + \mathrm{j}k_0[2\nabla S \cdot \nabla A + A\nabla^2 S] = 0.$$

这个方程的实部和虚部必须分别趋近于零. 为了使实部为零, 我们要求

$$|\nabla S|^2 = n^2 + \left(\frac{\lambda_0}{2\pi}\right)^2 \frac{\nabla^2 A}{A}. \tag{B-2}$$

令波长趋于零以得出这个方程的几何光学极限, 我们看到它的末项变为零, 留下所谓的程函方程

$$|\nabla S(\vec{r})|^2 = n^2(\vec{r}). \tag{B-3}$$

这个方程也许是对几何光学近似下光的行为的最基础的描述, 它用来确定波前 $S$. 一旦波前知道了, 定义光线的轨迹也就可以确定了.

**光线和局域空间频率**

考虑一个在由 $(x, y, z)$ 坐标系确定的三维空间中传播的单色光波, 传播方向是沿正 $z$ 方向. 在一个 $z$ 恒定的平面上的每一点, 有一个完全确定的经过该点的光线方向, 这个方向与该点的波矢量 $\vec{k}$ 的方向一致.

前面已经看到, 一个平面上的任意复场分布可以通过傅里叶变换分解为许多沿不同方向传播的平面波分量的集合. 每一个这样的平面波分量有自己独自的波矢量, 其方向余弦为图 3.9 中定义的 $(\alpha, \beta, \gamma)$, 它可看成是与这个波相联系的一个空间频率.

通过傅里叶分解确定的各个空间频率在空间到处都存在, 不能认为是被限制于局域的. 但是, 对一个相位变化不是很快的复值函数, 可以引进局域空间频率的概念, 我们在 2.2.1 节中就这样做过. 那里给出的局域空间频率 $(f_X^{(\ell)}, f_Y^{(\ell)})$ 的定义也可以看成是定义了该波前的局域方向余弦 $(\alpha_l, \beta_l, \gamma_l)$, 它们和局域空间频率的关系是

$$\alpha_l = \lambda f_X^{(\ell)}, \quad \beta_l = \lambda f_Y^{(\ell)}, \quad \gamma_l = \sqrt{1 - \alpha_l^2 - \beta_l^2}. \tag{B-4}$$

这些局域方向余弦实际上是在每一点穿过 $(x, y)$ 平面的光线的方向余弦. 这使我们得到下面的重要结论:

波前的局域空间频率描述等同于通过几何光学光线对该波前的描述.
光线的方向余弦由局域空间频率简单地乘以波长而得到.

## B.2    折射、斯内尔定律和傍轴近似

在折射率恒定的介质中行进的光线永远按直线行进, 这可由程函方程推出. 但是, 当光波穿过一团折射率随空间变化的介质 (即非均匀介质) 传播时, 光线的方向将会随着折射率的变化而发生变化. 如果折射率的变化是渐变的, 那么光线将是空间中的一条光滑变化的曲线. 光线的这种弯曲叫做折射.

但是, 如果光波遇到两种具有不同折射率的介质的突变界面, 那么光线穿过界面时方向会突然改变. 如图 3.1 所示, 入射角 $\theta_1$ 和折射角 $\theta_2$ 通过斯内尔 (折射) 定律相联系:

$$n_1 \sin \theta_1 = n_2 \sin \theta_2, \tag{B-5}$$

其中, $n_1$ 和 $n_2$ 分别是第一种介质和第二种介质的折射率. 在这里关心的问题中, 折射率的变化 (例如, 光线穿过透镜时所遇到的折射率变化) 永远是突变的, 因此斯内尔定律将构成我们讨论的基础.

如果只限于讨论邻近光轴并且与光轴成小角度传播的光线, 即傍轴近似的几何光学形式, 那么还可以做进一步的简化近似. 在这种情形下, 斯内尔定律简化为入射角和折射角之间的简单线性关系,

$$n_1 \theta_1 = n_2 \theta_2, \tag{B-6}$$

而且这些角度的余弦可以用 1 代替.

折射率 $n$ 与该介质中的一个角度 $\theta$ 的乘积 $\hat{\theta} = n$ 叫做约化角. 于是傍轴条件下的斯内尔定律说, 光线穿越不同折射率的介质之间的突变界面时约化角守恒:

$$\hat{\theta}_1 = \hat{\theta}_2. \tag{B-7}$$

## B.3    光线传递矩阵

在傍轴条件下, 光学系统中光线的性质可以用一种优美的矩阵方法来讨论. 这方面材料的进一步的参考文献见 [305], [196] 和 [316]. 为了应用这种方法, 必须只考虑子午光线, 即其传播路径完全处于一个包含 $z$ 轴的平面内的光线. 我们把这个平面内的横轴叫做 $y$ 轴, 因此我们感兴趣的平面是 $(y, z)$ 平面.

图 B.1 所示为典型的光线传播问题, 要理解一个光学系统的作用, 必须解决这种问题. 在图的左方, 在光轴坐标 $z_1$ 处, 是一个光学系统的输入平面; 在图的右方, 在光轴坐标 $z_2$ 处, 是一个输出平面. 一根横坐标为 $y_1$ 的光线与光轴成 $\theta_1$ 角进入系统, 同一根光线在横坐标 $y_2$ 处以 $\theta_2$ 角离开系统. 我们的目标是要对所有可能的与输入光线相联系的 $y_1$ 值和 $\theta_2$ 值, 决定输出光线的位置 $y_2$ 和角度 $\theta_2$.

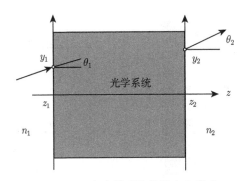

图 B.1   一个光学系统的输入和输出

在傍轴条件下, $(y_2, \theta_2)$ 和 $(y_1, \theta_1)$ 的关系是线性的, 可以写为

$$y_2 = Ay_1 + B\hat{\theta}_1,$$
$$\hat{\theta}_2 = Cy_1 + D\hat{\theta}_1,$$

这里为了以后明显, 我们用约化角而不用普通的角. 上面的方程用矩阵记号可以表示成更简洁的形式

$$\begin{bmatrix} y_2 \\ \hat{\theta}_2 \end{bmatrix} = \begin{bmatrix} A & B \\ C & D \end{bmatrix} \begin{bmatrix} y_1 \\ \hat{\theta}_1 \end{bmatrix}. \tag{B-8}$$

矩阵

$$\mathbf{M} = \begin{bmatrix} A & B \\ C & D \end{bmatrix}$$

叫做光线传递矩阵或 $ABCD$ 矩阵.

用局域空间频率可以给光线传递矩阵一个有趣的解释. 在 $(y, z)$ 平面上, 在傍轴条件下, 光线相对于 $z$ 轴的约化角与局域空间频率 $f^{(\ell)}$ 通过下式相联系:

$$f^{(\ell)} = \frac{\theta}{\lambda} = \frac{\hat{\theta}}{\lambda_0}. \tag{B-9}$$

因此可以认为光线传递矩阵是规定一个变换, 它将输入处的局域空间频率的空间分布变为输出处的对应分布.

**基元光线传递矩阵**

在光线追踪问题中经常遇到某些简单结构. 这里具体给出一些最重要的结构的光线传递矩阵, 这些结构都画在图 B.2 中.

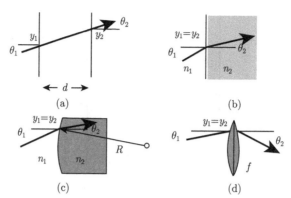

图 B.2    为计算光线传递矩阵用的基元结构. (a) 自由空间; (b) 平面界面; (c) 球面界面;
(d) 薄透镜

### 1. 在折射率为 $n$ 的自由空间中的传播

在一种折射率恒定的介质中, 几何光线沿直线传播. 因此穿越自由空间传播的
效果是与光线传播的角度成正比地挪动光线的位置, 并且保持光线传播的角度不
变. 因此描述传播一段距离 $d$ 的光线传递矩阵为

$$\mathbf{M} = \begin{bmatrix} 1 & d/n \\ 0 & 1 \end{bmatrix}. \tag{B-10}$$

### 2. 在平面界面上的折射

在平面界面上, 光线的位置不变但光线的角度按照斯内尔定律变换; 约化角保
持不变. 因此折射率为 $n_1$ 的介质和折射率为 $n_2$ 的介质之间的平面界面的光线传
递矩阵为

$$\mathbf{M} = \begin{bmatrix} 1 & 0 \\ 0 & 1 \end{bmatrix}. \tag{B-11}$$

### 3. 在球形界面上的折射

在折射率为 $n_1$ 的初始介质和折射率为 $n_2$ 的后来介质的球形界面上, 光线的
位置仍然不变, 但是角度改变. 不过, 在界面上离光轴距离为 $y$ 的一点, 界面的法线
不平行于光轴, 而是相对于光轴倾斜一个角度

$$\psi = \arcsin \frac{y}{R} \approx \frac{y}{R},$$

其中 $R$ 是球面的半径. 因此若 $\theta_1$ 和 $\theta_2$ 是相对于光轴测量的角度, 在横坐标 $y$ 上,
斯内尔定律变为

$$n_1 \theta_1 + n_1 \frac{y}{R} = n_2 \theta_2 + n_2 \frac{y}{R},$$

或者, 使用约化角,

$$\hat{\theta}_1 + n_1 \frac{y}{R} = \hat{\theta}_2 + n_2 \frac{y}{R},$$

解出 $\hat{\theta}_2$, 得

$$\hat{\theta}_2 = \hat{\theta}_1 + \frac{n_1 - n_2}{R} y.$$

于是球形界面的光线传递矩阵现在可写成

$$\mathbf{M} = \begin{bmatrix} 1 & 0 \\ \dfrac{n_1 - n_2}{R} & 1 \end{bmatrix}. \tag{B-12}$$

注意正的 $R$ 值表示从左到右遇到一个凸面, 负 $R$ 值表示一个凹面.

### 4. 穿过一个薄透镜

一个薄透镜 (折射率为 $n_2$ 的介质被包容在折射率为 $n_1$ 的介质内) 可以通过将两个球形界面级联来处理. 在两个界面上 $n_1$ 和 $n_2$ 的作用相互交换. 分别用 $M_1$ 和 $M_2$ 表示左表面和右表面的光线传递矩阵. 两个表面组成的序列的光线传递矩阵为

$$\mathbf{M} = \mathbf{M}_2 \mathbf{M}_1$$
$$= \begin{bmatrix} 1 & 0 \\ \dfrac{n_2 - n_1}{R_2} & 1 \end{bmatrix} \begin{bmatrix} 1 & 0 \\ \dfrac{n_1 - n_2}{R_1} & 1 \end{bmatrix} = \begin{bmatrix} 1 & 0 \\ -(n_2 - n_1)\left( \dfrac{1}{R_1} - \dfrac{1}{R_2} \right) & 1 \end{bmatrix}.$$

定义透镜的焦距为

$$\frac{1}{f} = \frac{n_2 - n_1}{n_1} \left( \frac{1}{R_1} - \frac{1}{R_2} \right), \tag{B-13}$$

于是一个薄透镜的光线传递矩阵为

$$\mathbf{M} = \begin{bmatrix} 1 & 0 \\ -\dfrac{n_1}{f} & 1 \end{bmatrix}. \tag{B-14}$$

现在最有用的基元光线传递矩阵都得出来了. 若一个光学系统由自由空间区域被几个薄透镜隔开的结构组成, 光线穿越这个系统的传播就可以用这些矩阵来处理. 注意, 光线传递矩阵应当按照光线遇到结构的顺序来调用. 如果光线传播首先通过的结构的光线传递矩阵为 $\mathbf{M}_1$, 然后通过的结构的光线传递矩阵为 $\mathbf{M}_2, \cdots$, 最后通过的结构的光线传递矩阵为 $\mathbf{M}_n$, 那么整个系统的光线传递矩阵是

$$\mathbf{M} = \mathbf{M}_n \cdots \mathbf{M}_2 \mathbf{M}_1. \tag{B-15}$$

我们还注意到, 由于在光线传递矩阵的定义中选择用约化角而不是角度本身, 所以所有这些基元矩阵的行列式都是 1.

## B.4　共轭面、焦面和主面

一个光学系统内有一些平面在概念上和实际工作上起着重要的作用. 本节我们将说明其中最重要的三种.

### 共轭面

在一个光学系统内, 如果一个平面上的强度分布是另一个平面上的强度分布的像 (一般有放大或缩小), 这样的两个平面称为**共轭面**. 类似地, 如果一个点是另一个点的像, 则这两个点称为共轭点.

考虑两个共轭点 $y_1$ 和 $y_2$ 之间的关系, 可以推演出两个共轭面之间的光线传递矩阵所必须满足的性质. 与 $y_1$ 共轭的点 $y_2$ 的位置应当与经过 $y_1$ 的光线的约化角 $\theta_1$ 无关, 这意味着矩阵元 $B$ 应当为零. 位置 $y_2$ 应当仅仅通过横向放大率 $m_t$ (它是两个平面上的坐标之间的缩放因子) 与 $y_1$ 有关. 因此得到结论, 矩阵元 $A$ 必定等于 $m_t$. 此外, 经过 $y_2$ 的光线的角度相对于经过 $y_1$ 的同一根光线的角度一般将被放大或缩小. 用 $m_\alpha$ 表示关于约化角的放大率, 我们得出结论, 矩阵元 $D$ 必须满足 $D = m_\alpha$. 对矩阵元 $C$ 没有一般性的限制, 因此两个共轭面之间的光线传递矩阵的一般形式为

$$\mathbf{M} = \begin{bmatrix} m_t & 0 \\ C & m_\alpha \end{bmatrix}.$$

回想起角度和位置是共轭的傅里叶变量, 傅里叶分析的缩放定理意味着横向放大率和角放大率必定以互成反比的方式联系. 事实上, 两个放大率 $m_t$ 和 $m_\alpha$ 满足

$$m_t m_\alpha = 1. \tag{B-16}$$

因此两个共轭面的光线传递矩阵为

$$\mathbf{M} = \begin{bmatrix} m_t & 0 \\ C & m_t^{-1} \end{bmatrix}.$$

注意 $m_t$ 和 $m_\alpha$ 可以为正也可以为负 (表示成倒像), 但它们二者的符号必须相同.

傍轴关系 (B-16) 有一个更普遍的非傍轴形式, 叫做**正弦条件**, 即对于共轭点 $y_1$ 和 $y_2$, 下式必须成立:

$$n_1 y_1 \sin \theta_1 = n_2 y_2 \sin \theta_2. \tag{B-17}$$

### 焦面

考虑一束沿着光轴方向传播进入透镜的光线. 不论透镜是厚透镜还是薄透镜, 对于傍轴光线, 在光轴上存在一点, 光束将向此点会聚 (正透镜) 或显得是从此点

发散 (负透镜). 图 B.3 中有两种情况的图示. 暂且考虑一个正透镜, 原来的平行光束聚焦在透镜后面的一点, 叫做透镜的后焦点或第二焦点. 通过这一点垂直于光轴的平面叫做后焦面或第二焦面. 这个平面具有这样的性质: 一束与光轴成任意角度进入透镜的傍轴平行光线将会聚焦于焦面上的一点, 其位置取决于光束的初始倾角.

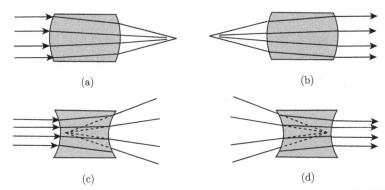

图 B.3 焦点的定义. (a) 正透镜的后焦点; (b) 正透镜的前焦点; (c) 负透镜的前焦点; (d) 负透镜的后焦点

类似地, 考虑一个正透镜 (不论是厚还是薄) 前面光轴上的一个点光源. 在透镜前面有一个特殊的点, 如果将点光源放在这个点上, 则它发出的发散光束就会以平行于光轴的平行光束的形式向透镜后方射出, 这个点叫做透镜的前焦点 (或第一焦点). 通过前焦点并垂直于光轴的平面叫做透镜的前焦面 (或第一焦面).

对于一个负透镜, 前焦点和后焦点、前焦面和后焦面的作用倒过来. 现在的前焦点是这样的点, 一束原来平行于光轴的光, 在透镜的出射方看, 显得好像是从这一点发散射出. 后焦点则定义为, 如果一束入射的会聚光束在通过透镜后变为一束平行光或准直光束射出, 则原来光束的会聚点就叫后焦点.

从前焦面到后焦面的映射是一个把角度映为位置、位置映为角度的映射. 若 $f$ 是透镜的焦距, 那么从前焦面到后焦面的光线传递矩阵之形式为

$$\mathbf{M} = \begin{bmatrix} 0 & \dfrac{f}{n_1} \\ -\dfrac{n_1}{f} & 0 \end{bmatrix},$$

这很容易验证, 只要把代表传播一段距离 $f$、通过一个焦距为 $f$ 的薄透镜和再传播一段距离 $f$ 的三个矩阵相乘在一起就行了.

**主面**

按照薄透镜的定义, 若一根光线在坐标 $y_1$ 处入射, 则它在同一坐标 $y_2 = y_1$ 处

射出透镜. 对于厚透镜, 这个简单的理想化情况不成立. 在坐标 $y_1$ 进入第一个球面的光线, 一般将在不同的坐标 $y_2 \neq y_1$ 上离开透镜, 这可从图 B.3 看出.

通过引进主面的概念, 可以在厚透镜的情况下保留薄透镜的多数简单性. 主面是这样的平面, 可以想象透镜的聚焦本领都集中在这些平面上.

为了找到透镜的第一主面, 我们追踪一根从前焦点到透镜的前表面的光线, 如图 B.4 所示. 根据焦点的定义, 这根光线将平行于光轴, 即以准直光束形式, 射出透镜的后表面. 如果我们将入射光线向前延长及将出射光线向后延长到透镜内, 保持它们原来的角度, 它们将相交于一点. 通过这一点而垂直于光轴的平面就是**第一主面**. 对这种几何关系, 我们可以将与透镜有关的全部折射都想象为发生在这个主面上.

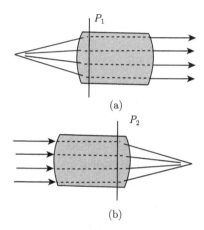

图 B.4   主面的定义. (a) 第一主面 $P_1$; (b) 第二主面 $P_2$

在最一般的情况下, 从前焦点发散射出的不同光线有可能确定不同的平面, 这将是一个表征, 表明主面根本不是一个平面, 而是一个曲面. 这种情况可能发生在孔径很大的透镜或特殊透镜, 如广角镜头, 的场合, 但是对我们在本书中感兴趣的透镜而言, 主面在很高的近似程度上的确是平面.

寻找透镜的第二主面的办法是追踪平行于光轴入射的光线, 这些光线将通过透镜的后焦点. 入射光线和出射光线的延长线交于一点, 通过这一点并垂直于光轴的平面就是透镜的**第二主面**. 对这种几何关系, 可以想象透镜的全部聚焦本领都集中在第二主面上.

对更一般的几何关系, 可以想象光线的弯曲发生在两个主面上. 很快就会看到, 这两个平面实际上是相互共轭的, 放大率为 1. 一根在特定的横坐标上入射到第一主面上的光线将在相同的横坐标上从第二主面射出, 但是一般角度会改变.

第一主面和第二主面一般是分开的平面. 但是, 薄透镜的定义意味着, 辨别薄透镜的一个特征就是第一主面和第二主面重合, 可以想象全部聚焦本领集中在单个平面上.

如果推导光线在两个主面之间传播的光线传递矩阵, 则可以更充分地理解主面之间的关系. 这一推导基于已引入的两种几何关系, 即前焦点上的一个点光源, 它导致一个准直光束从第二主面射出; 以及一个准直光束入射在第一主面上, 它导致一个会聚光束从第二主面聚焦到后焦点上. 考虑准直的入射光束经过后焦点的情形, 我们求得矩阵元 $A$ 必须为 1, 矩阵元 $C$ 必须为 $-n_1/f$. 考虑从前焦点发散而来的入射光线的情形, 得到 $B=0$ 而 $D=1$. 于是两个主面之间的光线传递矩阵为

$$\mathbf{M} = \begin{bmatrix} 1 & 0 \\ -\dfrac{n_1}{f} & 1 \end{bmatrix}.$$

这个矩阵与描写穿越一个薄透镜的光线传递矩阵完全相同. 因此, 通过建造主面, 光线追踪可以只追踪到达第一主面之前和离开第二主面之后的光线, 这样就能把一个复杂的透镜系统当作一个更简单的薄透镜来处理. 注意, 上面的光线传递矩阵意味着两个主面是相互共轭的, 它们之间的放大率为 1.

根据定义, 透镜的焦距是透镜的一个主面与定义此主面所用到的焦点之间的距离确定的. 假定透镜前后的介质的折射率相同, 那么, 前焦面到第一主面的距离与后焦面到第二主面的距离相同. 这就是说, 透镜的两个焦距相同. 注意对有些透镜, 第二主面可能在第一主面之左. 发生这样的事情并不改变焦距的定义. 还可以证明, 透镜定律中的距离 $z_1$ 和 $z_2$

$$\frac{1}{z_1} + \frac{1}{z_2} = \frac{1}{f}$$

是从第一和第二主面算起的. 这种关系都表示在图 B.5 中.

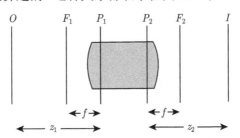

图 B.5　主面、焦距和物/像距离之间的关系

## B.5　入射光瞳和出射光瞳

迄今我们还没有考虑过光学系统中光瞳 (即有限孔径) 的影响. 孔径当然会引

起衍射效应. 入射和出射孔径的概念在计算衍射对光学系统的影响时非常重要.

一个透镜系统可能包含几个或多个不同的孔径, 但是其中必有一个对系统输入端所捕获的波前大小和离开系统的波前大小提供最苛刻的限制. 这个最苛刻的限制通过该系统的光束的孔径可能深藏在透镜系统之内, 但是实际上它是限制输入端和输出端上波前大小的孔径.

光学系统的入射光瞳的定义是, 从物方空间通过放在物理孔径前方的任何光学元件所看到的最苛刻的限制孔径的像. 系统的出射光瞳也定义为物理孔径的像, 但是这是从像方空间通过可能摆在该孔径和像平面之间的任何光学元件所看到的像.

图 B.6 画出了由一个单透镜组成的非常简单的系统的入射光瞳和出射光瞳, 分

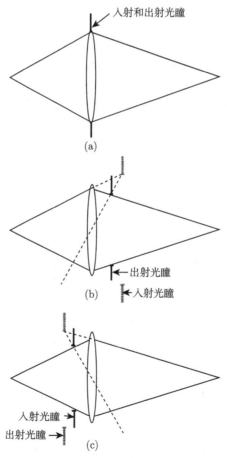

图 B.6  入射光瞳和出射光瞳. (a) 入射光瞳和出射光瞳与物理孔径重合; (b) 出射光瞳与物理孔径重合; (c) 入射光瞳与物理孔径重合

三种情形: ① 限制光瞳在透镜平面上, ② 限制光瞳在透镜后方, ③ 限制光瞳在透镜前方. 在第一种情形, 入射和出射光瞳与透镜平面上的实际物理孔径重合. 在第二种情形, 出射光瞳与物理孔径 (假定它对光束张角的限制比透镜自身的孔径更苛刻) 重合, 入射光瞳是物理孔径的虚像, 位于透镜的右方. 在第三种情形, 入射光瞳是真实的物理孔径, 位于透镜的左方. 这时的出射光瞳是物理孔径的虚像, 在透镜左方的一个平面内.

在一个更复杂的包含多个透镜和多个孔径的光学系统里, 一般必须追踪光线穿过整个系统, 才能决定哪个孔径对光束限制最苛刻, 应当对它成像以得到入射和出射光瞳.

一旦知道了出射光瞳的位置和大小, 就能够计算衍射对一个点源物体的像的影响. 对于一个点源物, 一个会聚光束在通往其几何像的路上会充满出射光瞳. 如果光学系统没有像差, 则几何像是一个理想的点, 而会聚光束定义了一个理想球面波. 出射光瞳限制了光束的会聚角大小. 现在可以在出射光瞳上应用夫琅禾费公式, 用这个光瞳到像的距离作为公式中的距离.

# 附录 C　偏振和琼斯矩阵

如第 9 章所述, 双折射介质在形形色色的空间光调制器的分析中起着重要的作用. 在这个附录中, 我们介绍一种分析基于偏振的器件的工具, 即 R. C. 琼斯首先引进的所谓的琼斯矩阵. 对琼斯矩阵的另一种介绍方式请参阅文献 [135] 的 4.3.1 小节.

为了简单起见, 在这里只限于讨论单色光, 因为我们感兴趣的问题主要来自相干光学系统. 但是, 这个理论要更为普遍, 做适当修正后能够推广到窄带和宽带光信号.

## C.1　琼斯矩阵的定义

考虑一个单色光波, 它在 $(x, y)$ 平面内偏振, 但是在这个平面内具有任意的偏振态. 令偏振态由一个矢量 $\vec{U}$ 定义, 由 $x$ 和 $y$ 方向的偏振分量 $U_X$ 和 $U_Y$ 的复振幅 (相矢量振幅) 按以下方式构成:

$$\vec{U} = \begin{bmatrix} U_X \\ U_Y \end{bmatrix}. \tag{C-1}$$

我们称 $\vec{U}$ 为光的偏振矢量. 单位长度的偏振矢量的一些例子如下, 它们描写具有不同偏振态的光:

$$x 方向线偏振 : \begin{bmatrix} 1 \\ 0 \end{bmatrix},$$

$$y 方向线偏振 : \begin{bmatrix} 0 \\ 1 \end{bmatrix},$$

$$+45° 方向线偏振 : \frac{1}{\sqrt{2}} \begin{bmatrix} 1 \\ 1 \end{bmatrix},$$

$$右旋圆偏振 : \frac{1}{\sqrt{2}} \begin{bmatrix} 1 \\ -\mathrm{j} \end{bmatrix},$$

$$左旋圆偏振 : \frac{1}{\sqrt{2}} \begin{bmatrix} 1 \\ \mathrm{j} \end{bmatrix}. \tag{C-2}$$

在这里插一句, 光学中约定这样来定义左旋和右旋圆偏振: 观察者永远迎面看着到来的波, 也就是说, 面向光源. 在这样的观看方式下, 如果偏振矢量做顺时针方

向旋转 (周期等于光波的周期, 长度没有变化), 就说这个波是*右旋圆偏振*的. 这是因为, 如果将右手的大拇指指向波源, 别的手指的卷曲方向就是顺时针方向, 这时也是偏振矢量的旋转方向. 反之, 如果旋转方向是*反时针方向*, 那么很明显我们说这个波是*左旋圆偏振*的.

左旋和右旋椭圆偏振与圆偏振相似, 只是偏振矢量的长度随着矢量旋转而周期性地改变.

当光通过一个对偏振灵敏的器件时, 光波的偏振态一般会改变, 我们想求得用矢量 $\vec{U}'$ 描述的新的偏振态与用矢量 $\vec{U}$ 描述的原来偏振态的关系的一个简单表示. 这里我们感兴趣的所有偏振器件都是线性的, 对于这样的器件, 初偏振矢量和末偏振矢量可以通过一个 $2 \times 2$ 矩阵 $\mathbf{L}$ 联系, $\mathbf{L}$ 叫做琼斯矩阵:

$$\vec{U}' = \mathbf{L}\vec{U} = \begin{bmatrix} l_{11} & l_{12} \\ l_{21} & l_{22} \end{bmatrix} \vec{U}. \tag{C-3}$$

琼斯矩阵的 4 个元素完全描述了线性器件对光波的偏振态的效应.

当光通过一系列线性偏振器件时, 可以将各个器件的琼斯矩阵串接起来, 构成一个新的琼斯矩阵, 代表整个器件序列的变换作用:

$$\mathbf{L} = \mathbf{L}_N \cdots \mathbf{L}_2 \mathbf{L}_1, \tag{C-4}$$

其中, $\mathbf{L}_1$ 是光遇到的第一个器件的琼斯矩阵, $\mathbf{L}_2$ 是光遇到的第二个器件的琼斯矩阵, 如此等等.

## C.2 简单偏振变换的例子

一个波的偏振态的最简单的变换, 也许是用来描述波的偏振态的坐标系的旋转 (波本身在此旋转下不变, 改变的只是我们对它的数学描述). 若 $(x, y)$ 坐标系在逆时针方向旋转一个角度 $\theta$, 如图 C.1 所示, 简单的几何关系给出

$$U'_X = \cos\theta\, U_X + \sin\theta\, U_Y,$$
$$U'_Y = -\sin\theta\, U_X + \cos\theta\, U_Y,$$

因此坐标旋转的琼斯矩阵为

$$\mathbf{L}_{旋转}(\theta) = \begin{bmatrix} \cos\theta & \sin\theta \\ -\sin\theta & \cos\theta \end{bmatrix}. \tag{C-5}$$

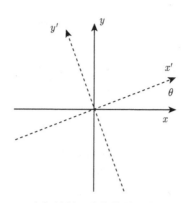

图 C.1　坐标旋转. 波的传播方向向着纸外

　　与坐标旋转的琼斯矩阵紧密相连的是这样一个偏振器件的琼斯矩阵, 这个器件将一个初始偏振方向与 $x$ 轴成 $\theta_1$ 角的线偏振波变为一个在新的方向 $\theta_2 = \theta_1 + \theta$ 上偏振的线偏振波. 这样的器件叫做转偏器. 由于偏振方向转动前后的偏振矢量分别为 $\begin{bmatrix} \cos\theta_1 \\ \sin\theta_1 \end{bmatrix}$ 和 $\begin{bmatrix} \cos\theta_2 \\ \sin\theta_2 \end{bmatrix}$, 将偏振方向逆时针旋转 $\theta$ 角的器件的琼斯矩阵必定是

$$\mathbf{L}_R(\theta) = \mathbf{L}_{旋转}(-\theta) = \begin{bmatrix} \cos\theta & -\sin\theta \\ \sin\theta & \cos\theta \end{bmatrix}. \tag{C-6}$$

　　第二个简单情况是波扰动的 $X$ 和 $Y$ 分量经受不同的相位延迟. 引进这种偏振变换的器件叫作波延迟器. 例如, 一片透明的双折射片, 厚度为 $d$, $x$ 方向的偏振分量的折射率为 $n_X$, $y$ 方向的偏振分量的折射率为 $n_Y$, 将对这两个分量分别引入相位延迟 $\phi_X = 2\pi n_X d/\lambda_o$ 和 $\phi_Y = 2\pi n_Y d/\lambda_o$. 这种变换的琼斯矩阵可以写成

$$\mathbf{L}_{延迟}(\varDelta) = \begin{bmatrix} 1 & 0 \\ 0 & e^{-j\varDelta} \end{bmatrix}. \tag{C-7}$$

这里 $\lambda_o$ 是真空中的波长, $\varDelta$ 是弃去两个分量共同经受的相位延迟后的相对相位延迟, 由下式给出:

$$\varDelta = \frac{2\pi(n_X - n_Y)d}{\lambda_o}. \tag{C-8}$$

　　一种令人特别感兴趣的波推迟器是四分之一波片, 它的 $\varDelta = \pi/2$. 这种器件的琼斯矩阵为

$$\mathbf{L}_{延迟}(\pi/2) = \begin{bmatrix} 1 & 0 \\ 0 & -j \end{bmatrix}. \tag{C-9}$$

容易看到, 它把偏振方向与 $x$ 轴成 45°角、偏振矢量为 $\dfrac{1}{\sqrt{2}}\begin{bmatrix} 1 \\ 1 \end{bmatrix}$ 的线偏振光变为一个偏振矢量为 $\dfrac{1}{\sqrt{2}}\begin{bmatrix} 1 \\ -\mathrm{j} \end{bmatrix}$ 的右旋圆偏振光. 这种器件也等效地把一个左旋圆偏振光 $\dfrac{1}{\sqrt{2}}\begin{bmatrix} 1 \\ \mathrm{j} \end{bmatrix}$ 变为线偏振光 $\dfrac{1}{\sqrt{2}}\begin{bmatrix} 1 \\ 1 \end{bmatrix}$.

另一种有特别兴趣的波延迟器是半波片, 它的 $\Delta = \pi$, 并且

$$\mathbf{L}_{延迟}(\pi) = \begin{bmatrix} 1 & 0 \\ 0 & -1 \end{bmatrix}. \tag{C-10}$$

比较这种器件的琼斯矩阵与 (C-6) 式, 可知半波片这种器件能将初始与 $x$ 轴成 45°角方向线偏振的光波的偏振方向旋转 90°.

作为偏振器件的最后一个例子, 考虑一个起偏器(或等效地, 一个检偏器), 它只让在与 $x$ 轴成 $\alpha$ 角的方向上线偏振的波动分量通过. 略作推导, 可得这种器件的琼斯矩阵为

$$\mathbf{L}(\alpha) = \begin{bmatrix} \cos^2\alpha & \sin\alpha\cos\alpha \\ \sin\alpha\cos\alpha & \sin^2\alpha \end{bmatrix}. \tag{C-11}$$

## C.3 反射偏振器件

到此为止, 我们只考虑过用于透射中的偏振器件. 由于许多空间光调制器是工作在反射模式中, 我们转而讨论这种几何模式.

考虑如图 C.2 所示的反射偏振器件. 光从左边进入这个器件, 假设是垂直入射的. 光穿过一个琼斯矩阵为 $\mathbf{L}$ 的偏振元件, 垂直入射到一个无损失的镜面上, 从镜面上反射, 然后再第二次穿过同一偏振元件. 我们想要找到一个等效的透射器件的琼斯矩阵, 它和上面的反射器件有相同的功能.

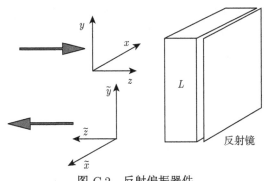

图 C.2 反射偏振器件

从一开始就要指出的重要一点是, 只考虑反射镜前的倒易的偏振元件. 对于一个倒易元件, 正向向前通过器件时偏振的 $x$ 分量对偏振的 $y$ 分量的耦合等于逆向通过时 $y$ 分量反过来对 $x$ 分量的耦合. 而且向前时 $y$ 分量对 $x$ 分量的耦合必定和向后时 $x$ 分量对 $y$ 分量的耦合相同. 对于一个倒易元件, 光逆向通过时的琼斯矩阵精确等于光正向通过时的琼斯矩阵的转置矩阵. 大多数偏振元件是倒易的, 最重要的例外是根据磁场中的法拉第效应运作的器件. 对于这类器件, 对磁场方向的依赖关系破坏了倒易性, 逆向传播的琼斯矩阵与正向传播的琼斯矩阵全同.

还有一件重要的事是, 从一开始就要注意几个几何因素. 首先, 我们是 "迎面" 观察偏振态, 即面对光源, 让 $z$ 轴指向传播方向而 $x$ 和 $y$ 轴构成右手坐标系, 在这种几何构架中来写出偏振矢量. 这个约定必须前后一贯地采用. 注意, 对一个透射器件, 在器件前和穿过器件后用的都是右手坐标系. 对反射器件我们也得维持这个约定.

如图 C.2 所示, 令 $z$ 轴在反射后反向, 变为 $\tilde{z}$. 图中也画出了 $x$ 轴也反向以得到一个右手坐标系, $x$ 变为 $\tilde{x}$. 不过目前暂且允许坐标系可以是左手系, 到最后再转换为右手坐标系.

现在考虑一个光波穿越反射器件的历程. 它的初始偏振态由矢量 $\vec{U}$ 描述. 穿过偏振元件后其偏振态变为

$$\vec{U}' = \mathbf{L}\vec{U}.$$

然后光从镜面反射回来. 由于电场的切向分量在一个完全导电界面上必定为零, 反射后的电场分量是它们反射前之值取负号. 但是, 我们经常弃去常数相位因子, 而两个分量取负号正是一个共同的 $180°$ 相位因子, 我们把它弃去. 在这样的理解下, 反射后的电场分量 $U_X$ 和 $U_Y$ 与它们在反射前之值相同, 条件是在原来的 $(x,y)$ 坐标系中测量.

光波然后向后穿过偏振元件. 上面已论证过, 对一个倒易器件, 逆向传播时的琼斯矩阵为 $\mathbf{L}^t$, 其中上标 t 表示通常的矩阵转置操作.

最后, 如果想要在右手坐标系中而不是在左手系中写出离开偏振元件的光的偏振矢量, 就必须要么反转 $x$ 轴的方向, 要么反转 $y$ 轴的方向. 我们选择反转 $x$ 轴的方向. 这样的反转由下述形式的琼斯矩阵得出:

$$\mathbf{R} = \begin{bmatrix} -1 & 0 \\ 0 & 1 \end{bmatrix}.$$

因此, 等价于反射器件的透射器件的琼斯矩阵之形式为

$$\mathbf{L}_{反射} = \mathbf{R}\mathbf{L}'\mathbf{L}. \tag{C-12}$$

作为一个例子, 考虑一个偏振器件, 它由以下变换组成: 一个简单的坐标旋转, 转的角度为 $+\theta$, 然后从镜面反射. 在逆向再次穿行时, 坐标系再一次旋转, 这一次是回到它原来的指向. 利用 (C-12) 式, 在输出端的右手坐标系中, 整个器件的琼斯矩阵的表示式为

$$\mathbf{L} = \left[ \begin{array}{cc} -1 & 0 \\ 0 & 1 \end{array} \right] \left[ \begin{array}{cc} \cos\theta & -\sin\theta \\ \sin\theta & \cos\theta \end{array} \right] \left[ \begin{array}{cc} \cos\theta & \sin\theta \\ -\sin\theta & \cos\theta \end{array} \right] = \left[ \begin{array}{cc} -1 & 0 \\ 0 & 1 \end{array} \right].$$

因此, 穿越这个简单器件的唯一效果是 $x$ 轴反转方向, 这个反转是我们故意引进的, 以保证有一个右手坐标系. 注意, 这时转置操作是得到正确结果的关键.

# 附录 D　光　栅　方　程

在本书的许多章节中, 这种或那种光栅起着重要的作用. 在这个附录中我们叙述对所谓光栅方程的一个非常简略的推导, 这个方程描述了任何一种光栅的最基本的行为.

在图 D.1 中我们画出了最简单的透射光栅的情况. 为简单起见, 假设光栅由狭缝或针孔的一个周期性阵列组成, 图上只画出它们之中的两个. 虽然画的是一种特殊的光栅, 但给出的论据和结果对任何一种周期性光栅都同样成立, 而不论一个光栅周期的振幅或相位透射率如何.

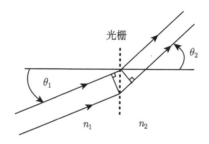

图 D.1　透射光栅的几何关系

为了进行这一讨论, 采用以下符号约定: 光线与光栅法线的夹角, 从法线出发到光线, 若为逆时针方向, 则角度为正, 若为顺时针方向, 则角度为负. 因此, 图 D.1 中两个角 $\theta_1$ 和 $\theta_2$ 都是正的.

图中画出了两根入射光线, 与光栅平面的法线成 $\theta_1$ 角, 每根通过光栅的一个相邻周期; 还画了两根出射光线, 与法线成 $\theta_2$ 角离开光栅. 光栅左边的折射率是 $n_1$, 右边是 $n_2$. 每一个光栅级的光以这样的方向离开光栅, 使得较高光栅级与较底光栅级之间的程差是光波波长的整数倍. 下一条光线比上一条光线多走的物理距离是 $\Lambda \sin\theta_2 - \Lambda \sin\theta_1$, 其中 $\Lambda$ 是光栅的周期. 而多走的 "光程" (将折射率考虑进来) 则是 $n_2 \Lambda \sin\theta_2 - n_1 \Lambda \sin\theta_1$. 只要这一多走的光程是光在真空中波长 $\lambda$ 的 $m$ 倍 ($m$ 是一整数), 就能观察到第 $m$ 光栅级. 上述条件是

$$n_2 \Lambda \sin\theta_2 - n_1 \Lambda \sin\theta_1 = m\lambda,$$

或等价地有

$$n_2 \sin\theta_2 = n_1 \sin\theta_1 + m\frac{\lambda}{\Lambda}. \tag{D-1}$$

这个结果就是透射光栅的光栅方程.

"正" 衍射级 $(m > 0)$ 对应于角度 (带符号) $\theta_2$ 大于 $\theta_1$; 对于这种情况, 光栅每往下一周期, 光线走的光程就多 $m\lambda$. "负" 衍射级 $(m < 0)$ 对应于 $\theta_2 < \theta_1$; 对于这种情况, 光栅每往下一周期, 光线走的光程少 $m\lambda$. 对于 "零" 级, $\theta_2 = \theta_1$, 所有的光线所走的光程相同. 对于反射光栅, 同样的结果成立 [163], 唯一的区别是, 由于入射光和衍射光在光栅的同侧, 所以 $n_1 = n_2 = n$.

# 参 考 文 献

[1] E. Abbe. Beitrage zür Theorie des Mikroskops und der Mikroskopischen wahrnehmung. *Archiv. Microskopische Anat.*, 9: 413-468, 1873.

[2] E. H. Adelson and J. R. Bergen. The plenoptic function and elements of early vision. In M. Landy and J. A. Movshon, editors, *Computational Models of Visual Processing*, pages 3-20. MIT Press, 1991.

[3] C. Aime. Apodized apertures for solar coronography. *Astronomy & Astrophysics*, 467: 317-325, 2007.

[4] M. A. Alonso. Wigner functions in optics: describing beams as ray bundles and pulses as particles. *Advances in Optics and Photonics*, 3: 272-365, 2011.

[5] J. J. Amodei. Analysis of transport processes during hologram recording in crystals. *RCA Rev.*, 32: 185-198, 1971.

[6] J. J. Amodei. Electron diffusion effects during hologram recording in crystals. *Appl. Phys. Lett.*, 18: 22-24, 1971.

[7] D. Z. Anderson. Competitive and cooperative dynamics in nonlinear optical circuits. In S. F. Zornetzer, J. L. Davis, and C. Lau, editors, *An Introduction to Neural and Electronic Networks*. Academic Press, 1990.

[8] L. K. Anderson. Holographic optical memory for bulk data storage. *Bell Lab. Record*, 46: 318-325, 1968.

[9] M. Arm, L. Lambert, and I. Weissman. Optical correlation techniques for radar pulse compression. *Proc. I.E.E.E.*, 52: 842, 1964.

[10] E. H. Armstrong. A method for reducing disturbances in radio signaling by a system of frequency modulation. *Proc. IRE*, 24: 689-740, 1936.

[11] H. H. Arsenault. Distortion-invariant pattern recognition using circular harmonic matched filters. In H. H. Arsenault, T. Szoplik, and B. Macukow, editors, *Optical Processing and Computing*. Academic Press, San Diego, CA, 1989.

[12] J. M. Artigas, M. J. Buades, and A. Filipe. Contrast sensitivity of the visual system in speckle imaging. *J. Opt. Soc. Am. A*. 11: 2345-2349, 1994.

[13] B. B. Baker and E. T. Copson. *The Mathematical Theory of Huygen's Principle*. Clarendon Press, Oxford, second edition, 1949.

[14] P. R. Barbier, L. Wang, and G. Moddel. Thin-film photosensor design for liquid crystal spatial light modulators. *Opt. Engin.*, 33: 1322-1329, 1994.

[15] C. W. Barnes. Object restoration in a diffraction-limited imaging system. *J. Opt. Soc. Am.*, 56: 575, 1966.

[16]  G. Barton. *Elements of Green's Functions and Propagation*. Oxford University Press, New York, NY, 1989.

[17]  M. Bass, editor. *Handbook of Optics*. McGraw-Hill, Inc., New York, NY, third edition, 2010.

[18]  M. J. Bastiaans. The Wigner distribution function applied to optical signals and systems. *Opt. Comm.*, 25: 26-30, 1978.

[19]  M. J. Bastiaans. Wigner distribution function and its application to first-order optics. *J. Opt. Soc. Am.*, 69: 1710-1716, 1979.

[20]  M. J. Bastiaans. Wigner distribution in optics. In M. Testorf, B. Hennelly, and J. Ojeda-Castaneda, editors. *Phase Space Optics*. chapter 1, pages 1-44. McGraw-Hill, 2010.

[21]  L. Beiser. *Holographic Scanning*. J. Wiley & Sons, New York, NY, 1988.

[22]  C. V. Bennett and B. H. Kolner. Upconversion time microscope demonstrating 103x magnification of femtosecond waveforms. *Opt. Lett.*, 24: 783-785, 1999.

[23]  S. A. Benton. On a method for reducing the information content of holograms. *J. Opt. Soc. Am.*, 59: 1545, 1969.

[24]  S. A. Benton and Jr. V. M. Bove. *Holographic Imaging*. John Wiley & Sons, Hoboken, NJ, 2008.

[25]  M. J. Beran and G. B. Parrent, Jr. *Theory of Partial Coherence*. Prentice-Hall, Inc., Englewood Cliffs, NJ, 1964.

[26]  N. J. Berg and J. N. Lee. *Acousto-Optic Signal Processing: Theory & Applications*. Marcel Dekker, 1983.

[27]  E. Betzig. Proposed method for molecular optical imaging. *Optics Lett.*, 20: 237-239, 1995.

[28]  E. Betzig, G. H. Patterson, R. Sougrat, O. W. Lindwasser, S. Olenych, J. S. Bonifacino, M. W. Davidson, J. Lippincott-Schwartz, and H. F. Hess. Imaging intracellular fluorescent proteins at nanometer resolution. *Science*, 15: 1642-1645, 2006.

[29]  H. I. Bjelkhagen. *Silver-Halide Recording Materials*. Springer-Verlag, Berlin, 1993.

[30]  G. Bonnet. Introduction to metaxial optics. I. *Ann. des Tèlècom.*, 33: 143-165, 1978.

[31]  G. Bonnet. Introduction to metaxial optics. II. *Ann. des Tèlècom.*, 33: 225-243, 1978.

[32]  B. L. Booth. Photopolymer material for holography. *Appl. Opt.*, 11: 2994-2995, 1972.

[33]  B. L. Booth. Photopolymer material for holography. *Appl. Opt.*, 14: 593-601, 1975.

[34]  M. Born and E. Wolf. *Principles of Optics: Electromagnetic Theory of Propagation, Interference and Diffraction*. Cambridge University Press, Cambridge, UK, seventh expanded edition, 1999.

[35]  C. J. Bouwkamp. Diffraction theory. In A. C. Strickland, editor, *Reports on Progress in Physics*, volume XVII. The Physical Society, London, 1954.

[36]  R. N. Bracewell. Two-dimensional aerial smoothing in radio astronomy. *Australia J.*

*Phys.*, 9: 297, 1956.

[37]  R. N. Bracewell. *The Fourier Transform and Its Applications*. McGraw-Hill Book Company, Inc., New York, second revised edition, 1986.

[38]  R. N. Bracewell. *Two Dimensional Imaging*. Prentice-Hall, Inc., Englewood Cliffs, NJ, 1994.

[39]  W. L. Bragg. The X-ray microscope. *Nature*, 149: 470, 1942.

[40]  J. B. Breckinridge and R. A. Chipman. Telescope polarization and image quality: Lyot coronagraph performance. In *Proc. S.P.I.E., Astronomical Telescopes & Instruments*, volume 9904, pages 042-057, Bellingham, WA, 2016. S.P.I.E.

[41]  E. O. Brigham. *The Fast Fourier Transform and its Applications*. Prentice-Hall, Upper Saddle River, NJ, 1988.

[42]  R. E. Brooks, L. O. Heflinger, and R. F. Wuerker. Interferometry with a holographically reconstructed reference beam. *Appl. Phys. Lett.*, 7: 248, 1965.

[43]  R. E. Brooks, L. O. Heflinger, and R. F. Wuerker. Pulsed laser holograms. *I.E.E.E. J. Quant. Electr.*, QE-2: 275-279, 1966.

[44]  B. R. Brown and A. W. Lohmann. Complex spatial filter. *Appl. Opt.*, 5: 967, 1966.

[45]  B. R. Brown and A. W. Lohmann. Computer-generated binary holograms. *IBM J. Res. Dev.*, 13: 160-168, 1969.

[46]  J. H. Bruning, D. R. Herriott, J. E. Gallagher, D. P. Rosenfeld, A. D. White, and D. J. Brangaccio. Digital wavefront measuring interferometer for testing optical surfaces and lenses. *Appl. Opt.*, 13: 2693-2703, 1974.

[47]  O. Bryngdahl and A. Lohmann. Nonlinear effects in holography. *J. Opt. Soc. Am.*, 58: 1325-1334, 1968.

[48]  C. B. Burckhardt. A simplification of Lee's method of generating holograms by computer. *Appl. Opt.*, 9: 1949, 1970.

[49]  G. W. Burr, F. Mok, and D. Psaltis. Large-scale holographic memory: experimental results. *Proc. S.P.I.E.*, 2026: 630-641, 1993.

[50]  S. A. Campbell. *The Science and Engineering of Microelectronic Fabrication*. Oxford University Press, Oxford, UK, second edition, 2001.

[51]  A. Carlotti, R. Vanderbei, and N. J. Kasdin. Optimal pupil apodization of arbitrary apertures for high contrast imaging. *Optics Express*, 19: 26796-26809, 2011.

[52]  P. Carré. Installation et ultilisation du comparateur photoelectrique et interferentiel du Bureau International de Poids et Measures. *Metrologia*, 2: 13-23, 1966.

[53]  D. Casasent, editor. *Optical Data Processing-Applications*. Springer-Verlag, Berlin, 1978.

[54]  D. Casasent and W.-T. Chang. Correlation synthetic discriminant functions. *Appl. Opt.*, 25: 2343-2350, 1986.

[55]  D. Casasent and D. Psaltis. New optical transforms for pattern recognition. *Proc.*

*I.E.E.E.*, 65: 77-84, 1977.

[56]  S. K. Case and R. Alferness. Index modulation and spatial harmonic generation in dichromated gelatin films. *Appl. Phys.*, 10: 41-51, 1976.

[57]  W. T. Cathey, B. R. Frieden, W. T. Rhodes, and C. K. Rushforth. Image gathering and processing for enhanced resolution. *J. Opt. Soc. Am. A.*, 1: 241-250, 1984.

[58]  H. J. Caulfield, editor. *Handbook of Holography*. Academic Press, New York, NY, 1979.

[59]  C.-C. Chang, H. P. Sardesai, and A. M. Weiner. Dispersion-free fiber transmission for femtosecond pulses by use of a dispersion-compensating fiber and a programmable pulse shaper. *Optics Lett.*, 23: 283-285, 1998.

[60]  M. Chang. Dichromated gelatin of improved optical quality. *Appl. Opt.*, 10: 2550-2551, 1971.

[61]  F. S. Chen, J. T. LaMacchia, and D. B. Fraser. Holographic storage in lithium niobate. *Appl. Phys. Lett.*, 13: 223-225, 1968.

[62]  D. C. Chu, J. R. Fienup, and J. W. Goodman. Multi-emulsion, on-axis, computer generated hologram. *Appl. Opt.*, 12: 1386-1388, 1973.

[63]  K. Chu, N. George, and W. Chi. Extending the depth of field through unbalanced optical path difference. *Appl. Opt.*, 47: 6895-6903, 2008.

[64]  I. Cindrich, editor. *Holographic Optics: Design and Application*, volume 883 of *Proceedings of the S.P.I.E.*, 1988.

[65]  I. Cindrich and S. H. Lee, editors. *Holographic Optics: Optically and Computer Generated*, volume 1052 of *Proceedings of the S.P.I.E.*, 1989.

[66]  I. Cindrich and S. H. Lee, editors. *Computer and Optically Formed Holographic Optics*, volume 1211 of *Proceedings of the S.P.I.E.*, 1990.

[67]  I. Cindrich and S. H. Lee, editors. *Computer and Optically Generated Holographic Optics*, volume 1555 of *Proceedings of the S.P.I.E.*, 1990.

[68]  I. Cindrich and S. H. Lee, editors. *Diffractive and Holographic Optics Technology*, volume 2152 of *Proceedings of the S.P.I.E*, 1994.

[69]  N. A. Clark, M. A. Handschy, and S. T. Lagerwall. Ferroelectric liquid crystal electro-optics using the surface-stabilized structure. *Mol. Cryst. Liq. Cryst.*, 94: 213-234, 1983.

[70]  N. A. Clark and S. T. Lagerwall. Submicrosecond bistable electrooptic switching in liquid crystals. *Appl. Phys. Lett.*, 36: 899-901, 1980.

[71]  D. H. Close. Holographic optical elements. *Opt. Engin.*, 14: 408-419, 1975.

[72]  D. H. Close, A. D. Jacobson, J. D. Margerum, R. G. Brault, and F. J. McClung. Hologram recording on photopolymer materials. *Appl. Phys. Lett.*, 14: 159-160, 1969.

[73]  G. Cochran. New method of making Fresnel transforms with incoherent light. *J. Opt. Soc. Am.*, 56: 1513, 1966.

[74] W. S. Colburn and K. A. Haines. Volume hologram formation in photopolymer materials. *Appl. Opt.*, 10: 1636-1641, 1971.

[75] R. J. Collier, C. B. Burckhardt. and L.H. Lin. *Optical Holography.* Academic Press, New York, NY, 1971.

[76] S. A. Collins. Lens-system diffraction integral written in terms of matrix optics. *J. Opt. Soc. Am.*, pages 1168-1177, 1970.

[77] P. S. Considine. Effects of coherence on imaging systems. *J. Opt. Soc. Am.*, 56: 1001-1009, 1966.

[78] T. R. Corle and G. S. Kino. *Confocal Scanning Optical Microscopy and Related Imaging Systems.* Elsevier, Inc., Amsterdam, 1996.

[79] K. Creath. Phase-shifting speckle interferometry. *Appl. Opt.*, 24: 3053-3058, 1985.

[80] Lloyd Cross. Multiplex holography. Presented at the S.P.I.E. Seminar on Three Dimensional Imaging, but unpublished, August 1977.

[81] L. J. Cutrona, E. N. Leith, C. Palermo, and L. J. Porcello. Optical data processing and filtering systems. *IRE Trans. Inform. Theory*, IT-6: 386-400, 1960.

[82] L. J. Cutrona and others. On the application of coherent optical processing techniques to synthetic-aperture radar. *Proc. I.E.E.E.*, 54: 1026-1032, 1966.

[83] J. C. Dainty, editor. *Laser Speckle and Related Phenomena.* Springer-Verlag, New York, second edition, 1984.

[84] J. C Dainty and R. Shaw. *Image Science.* Academic Press, London, 1974.

[85] W. J. Dallas. Phase quantization—a compact derivation. *Appl. Opt.*, 10: 673-674, 1971.

[86] W. J. Dallas. Phase quantization in holograms—a few illustrations. *Appl. Opt.*, 10: 674-676, 1971.

[87] H. Dammann. Spectral characteristics of stepped-phase gratings. *Optik*, 53: 409-417, 1979.

[88] D. J. De Bitteto. Holographic panoramic stereograms synthesized from white light recordings. *Appl. Opt.*, 8: 1740-1741, 1970.

[89] Y. N. Denisyuk. Photographic reconstruction of the optical properties of an object in its own scattered radiation field. *Sov. Phys. - Dokl.*, 7: 543, 1962.

[90] J. B. Develis and G. O. Reynolds. *Theory and Applications of Holography.* Addison-Wesley Publishing Company, Reading, MA, 1967.

[91] A. R. Dias, R. F. Kalman, J.W. Goodman, and A.A. Sawchuk. Fiber-optic crossbar switch with broadcast capability. *Opt. Engin.*, 27: 955-960, 1988.

[92] E. R. Dowski, Jr. and W.T. Cathey. Extended depth of field through wave-front coding. *Appl. Opt.*, 34: 1859-1866, 1995.

[93] C. Dragone. Efficient N × N star couplers using Fourier optics. *J. Lightwave Techn.*, 7: 479-489, 1989.

[94]  C. Dragone. Integrated optics N × N multiplexer on silicon. *IEEE Photon. Technol. Lett.*, 3: 896-899, 1991.

[95]  C. Dragone. An N × N optical multiplexer using a planar arrangement of two star couplers. *IEEE Photon. Technol. Lett.*, 3: 812-815, 1991.

[96]  D. E. Dudgeon and R. M. Mersereau. *Multidimensional Digital Signal Processing.* Prentice-Hall, Inc., Englewood Cliffs, New Jersey, 1984.

[97]  P. M. Duffieux. *L'Intégral de Fourier et ses Applications à l'Optique.* Rennes, Societé Anonyme des Imprimeries Oberthur, 1946.

[98]  P. M. Duffieux. *The Fourier Transform and Its Applications to Optics.* John Wiley & Sons, New York, NY, second edition, 1983.

[99]  U. Efron, editor. *Spatial Light Modulators and Applications I*, volume 465 of *Proceedings of the S.P.I.E.*, 1984.

[100] U. Efron, editor. *Spatial Light Modulators and Applications II*, volume 825 of *Proceedings of the S.P.I.E.*, 1988.

[101] U. Efron, editor. *Spatial Light Modulators and Applications III*, volume 1150 of *Proceedings of the S.P.I.E.*, 1990.

[102] U. Efron, editor. *Spatial Light Modulator Technology.* Marcel Dekker, New York, NY, 1994.

[103] H. M. A. El-Sum. *Reconstructed wavefront microscopy.* PhD thesis, Stanford University, Dept, of Physics, 1952.

[104] L. H. Enloe, J. A. Murphy, and C. B. Rubinstein. Hologram transmission via television. *Bell Syst. Tech. J.*, 45: 335-339, 1966.

[105] W. F. Fagan, editor. *Holographic Optical Security Systems*, volume 1509, Bellingham, WA, 1991. S.P.I.E.

[106] N. H. Farhat, D. Psaltis, A. Prata, and E. Paek. Optical implementation of the Hopfield model. *Appl. Opt.*, 24: 1469-1475, 1985.

[107] M. W. Farn. Binary optics. In R. Stern, editor, *Handbook of Photonics.* CRC Press, Boca Raton, FL, 1995.

[108] M. W. Farn and J. W. Goodman. Diffractive doublets corrected at two wavelengths. *J. Opt. Soc. Am. A*, 8: 860-867, 1991.

[109] D. Feitelson. *Optical Computing.* MIT Press, Cambridge, MA, 1988.

[110] H. A. Ferwerda. Frits Zernike-life and achievements. *Opt. Engin.*, 32: 3176-3181, 1993.

[111] J. R. Fienup. Reconstruction of an object from the modulus of its Fourier transform. *Opt. Lett.*, 3: 27-29, 1978.

[112] J. R. Fienup. Phase retrieval algorithms: a comparison. *Appl. Opt.*, 21: 2758-2769, 1982.

[113] J. R. Fienup. Phase retrieval algorithms: a personal tour. *Appl. Opt.*, 52: 45-56,

2013.

[114] J. R. Fienup and A. E. Tippie. Gigapixel synthetic-aperture digital holography. In *Tribute to Joseph W. Goodman*, volume 8122, page 812202. S.P.I.E., 2011.

[115] G. Foo, D. M. Palacios, and G. A. Swartzlander. Optical vortex coronagraph. *Opt. Lett.*, 30: 3308-3310, 2005.

[116] R. L. Fork, B. I. Greene, and C. V. Shank. Generation of optical pulses shorter than 0.1 psec by colliding pulse mode locking. *Appl. Phys. Lett.*, 38: 671-672, 1981.

[117] M. Françon. *Modern Applications of Physical Optics*. John Wiley & Sons, New York, NY, 1963.

[118] A. A. Friesem and J. S. Zelenka. Effects of film nonlinearities in holography. *Appl. Opt.*, 6: 1755-1759, 1967.

[119] C. Froehly, B. Colombeau, and M. Vampouille. Shaping and analysis of picosecond light pulses. In E. Wolf, editor. *Progress in Optics*, volume 20, pages 65-153. North Holland, Amsterdam, 1983.

[120] D. Gabor. A new microscope principle. *Nature*, 161: 777-778, 1948.

[121] D. Gabor. Microscopy by reconstructed wavefronts. *Proc. Roy. Soc.*, A197: 454-486, 1949.

[122] D. Gabor. Microscopy by reconstructed wavefronts II. *Proc. Phys. Soc.*, B64: 449-469, 1951.

[123] D. Gabor. Associative holographic memories. *IBM J. Res. Dev.*, 13: 156-159, 1969.

[124] D. Gabor and W. P. Goss. Interference microscope with total wavefront reconstruction. *J. Opt. Soc. Am.*, 56: 849-858, 1966.

[125] D. Gabor, G. W. Stroke, R. Restrick, and A. Funkhouser. Optical image synthesis (complex addition and subtraction) by holographic Fourier transformation. *Phys. Lett.*, 18: 116-118, 1965.

[126] J. D. Gaskill. Imaging through a randomly inhomogeneous medium by wavefront reconstruction. *J. Opt. Soc. Am.*, 58: 600-608, 1968.

[127] J. D. Gaskill. Atmospheric degradation of holographic images. *J. Opt. Soc. Am.*, 59: 308-318, 1969.

[128] T. K. Gaylord and M. G. Moharam. Analysis and applications of optical diffraction by gratings. *Proc. I.E.E.E.*, 73: 894-937, 1985.

[129] S. A. Gerasimova and V. M. Zakharchenko. Holographic processor for associative information retrieval. *Soviet J. Opt. Techn.*, 48: 404-406, 1981.

[130] R. W. Gerchberg. Super-resolution through error energy reduction. *Optica Acta*, 21: 709-720, 1974.

[131] R. C. Gonzalez and R. E. Woods. *Digital Image Processing*. Addison-Wesley Publishing Company, Reading, MA, 1992.

[132] J. W. Goodman. Some effects of target-induced scintillation on optical radar perfor-

mance. *Proc. I.E.E.E.*, 53: 1688-1700, 1965.

[133]  J. W. Goodman. Film grain noise in wavefront reconstruction imaging. *J. Opt. Soc. Am.*, 57: 493-502, 1967.

[134]  J. W. Goodman. Noise in coherent optical processing. In Y. E. Nesterikhin, G. W. Stroke, and W. E. Kock, editors, *Optical Information Processing*. Plenum Press, New York, NY, 1976.

[135]  J. W. Goodman. *Statistical Optics*. John Wiley & Sons, New York, NY, second edition, 2015.

[136]  J. W. Goodman, A. R. Dias, and L. M. Woody. Eully parallel, high-speed incoherent optical method for performing discrete Eourier transforms. *Opt. Letter.*, 2: 1-3, 1978.

[137]  J. W. Goodman, W. H. Huntley, Jr., D. W. Jackson, and M. Lehmann. Wavefront-reconstruction imaging through random media. *Appl. Phys. Lett.*, 8: 311, 1966.

[138]  J. W. Goodman, D. W. Jackson, M. Lehmann, and J. Knotts. Experiments in long-distance holographic imagery. *Appl. Opt.*, 8: 1581, 1969.

[139]  J. W. Goodman and G. R. Knight. Effects of film nonlinearities on wavefront-reconstruction images of diffuse objects. *J. Opt. Soc. Am.*, 58: 1276-1283, 1968.

[140]  J. W. Goodman and R. W. Lawrence. Digital image formation from electronically detected holograms. *App. Phys. Lett.*, 11: 77-79, 1967.

[141]  J. W. Goodman, R. B. Miles, and R. B. Kimball. Comparative noise performance of photographic emulsions in conventional and holographic imagery. *J. Opt. Soc. Am.*, 58: 609-614, 1968.

[142]  J. W. Goodman and A. M. Silvestri. Some effects of Fourier domain phase quantization. *IBM J. Res. and Dev.*, 14: 478-484, 1970.

[143]  J. W. Goodman and L. M. Woody. Method for performing complex-valued linear operations on complex-valued data using incoherent light. *Appl. Opt.*, 16: 2611-2612, 1977.

[144]  F. Gori. Fresnel transform and sampling theorem. *Optics Commun.*, 39: 293-297, 1981.

[145]  F. Gori, G. Guattari, and C. Padovani. Bessel-Gauss beams. *Optics Commun.*, 64: 491-495, 1987.

[146]  R. M. Gray and J. W. Goodman. *Fourier Transforms: An Introduction for Engineers*. Kluwer Academic Publishers, Norwell, MA, 1995.

[147]  A. Greengard, Y. Y. Schechner, and R. Piestun. Depth from diffracted rotation. *Opt. Let.*, 31: 181-183, 2006.

[148]  D. A. Gregory. Real-time pattern recognition using a modified liquid crystal television in a coherent optical correlator. *Appl. Opt.*, 25: 467-469, 1986.

[149]  J. Grinberg, A. Jacobson, W. Bleha, L. Lewis, L. Fraas, D. Boswell, and G. Myer. A new real-time non-coherent to coherent light image converter: the hybrid field effect

liquid crystal light valve. *Opt. Engin.*, 14: 217-225, 1975.

[150] S. Guha and G. D. Gillen. Description of light propagation through a circular aperture using nonparaxial vector diffraction theory. *Optics Express*, 13: 1424-1447, 2005.

[151] E. A. Guillemin. *The Mathematics of Circuit Analysis*. Principles of Electrical Engineering. John Wiley & Sons, Inc., New York, NY, 1965.

[152] M. Guizar-Sicairos and J. R. Fienup. Understanding the twin-image problem in phase retrieval. *J. Opt. Soc. Am. A*, 29: 2367-2375, 2012.

[153] P. Günter and J.-P. Huignard, editors. *Photorefractive Materials and Their Applications I*. Springer-Verlag, Berlin, 1988.

[154] P. Günter and J.-P. Huignard, editors. *Photorefractive Materials and Their Applications II*. Springer-Verlag, Berlin, 1989.

[155] J. Guo, M. R. Gleeson, and J. T. Sheridan. A review of the optimisation of photopolymer materials for holographic data storage. *Phys. Research International*, 2012: 1-16, 2012.

[156] M. G. L. Gustafsson. Surpassing the lateral resolution limit by a factor of two using structured illumination microscopy. *J. of Microscopy*, 198: 82-87, 2000.

[157] M. G. L. Gustafsson. Nonlinear structured-illumination microscopy: wide-field fluorescence imaging with theoretically unlimited resolution. *Proc. Nat. Acad. Sci.*, 102: 13081-13086, 2005.

[158] M. G. L. Gustafsson, J. W. Sedat, and D. A. Agard. Method and apparatus for three-dimensional microscopy with enhanced depth resolution, 1997. US Patent 5, 671, 085.

[159] O. Guyon, C. Roddier, J. E. Graves, F. Roddier, S. Cuevas, C. Espejo, S. Gonzalez, A. Martinez, G. Bisiacchi, and V. Vuntesmeri. The nulling stellar coronagraph: laboratory tests and performance evaluation. *Pubs. Astron. Soc. Pacifiic*, 111: 1321-1330, 1999.

[160] P. Hariharan. *Optical Holography: Principles, Techniques & Applications*. Cambridge University Press, Cambridge, UK, second edition, 1999.

[161] J. L. Harris. Diffraction and resolving power. *J. Opt. Soc. Am.*, 54: 931, 1964.

[162] J. F. Heanue, M. C. Bashaw, and L. Hesselink. Volume holographic storage and retrieval of digital data. *Science*, 265: 749-752, 1994.

[163] Eugene Hecht. *Optics*. Addison-Wesley Publishing Company, Reading, MA, fourth edition, 2001.

[164] R. Hecht-Nelson. *Neurocomputing*. Addison-Wesley, Reading, MA, 1980.

[165] R. Heintzmann and C. Cremer. Laterally modulated excitation microscopy: improvement of resolution by using a diffraction grating. In *Proc. EUROPTO Conf. on Optical Microscopy*, volume 3568, pages 185-196, Bellingham, WA, 1998. S. P. I. E.

[166] S. W. Hell and J. Wichmann. Breaking the diffraction resolution limit by stimulated

emission: Stimulated-emission-depletion fluorescence microscopy. *Optics Lett.*, 19: 780-782, 1994.

[167]  G. T. Herman. *Fundamentals of Computerized Tomography.* Springer-Verlag London, 2009.

[168]  J. C. Heurtley. Scalar Rayleigh-Sommerfeld and Kirchhoff diffraction integrals: a comparison of exact evaluations for axial points. *J. Opt. Soc. Am.*, 63: 1003, 1973.

[169]  B. P. Hildebrand and K. A. Haines. Multiple-wavelength and multiple-source holography applied to contour generation. *J. Opt. Soc. Am.*, 57: 155-162, 1967.

[170]  K. O. Hill, Y. Fujii, D. C. Johnson, and B. S. Kawasaki. Photosensitivity in optical fiber waveguides: application to reflection filter fabrication. *Appl. Phys. Lett.*, 32: 647-649, 1978.

[171]  C. W. Hillegas, J. X. Tull, D. Goswami, D. Strickland, and W. S. Warren. Femtosecond laser pulse shaping by use of microsecond radio-frequency pulses. *Opt. Lett.*, 19: 737-739, 1994.

[172]  H. A. Hoenl, A. W. Maue, and K. Westpfahl. Theorie der Beugung. In S. Fluegge, editor, *Handbuch der Physik*, volume 25. Springer-Verlag, Berlin, 1961.

[173]  H. H. Hopkins. *Wave Theory of Aberrations.* Oxford University Press, Oxford, 1950.

[174]  L. J. Hornbeck. Deformable-mirror spatial light modulators. *Proc. S.P.I.E.*, 1150: 86-102, 1990.

[175]  J. Horner, editor. *Optical Signal Processing.* Academic Press, Inc., Orlando, FL, 1988.

[176]  J. R. Horner and J. R. Leger. Pattern recognition with binary phase-only filters. *Appl. Opt.*, 24: 609-611, 1985.

[177]  R. G. Hunsperger. *Integrated Optics: Theory and Technology.* Springer-Verlag, Heidelberg, fifth edition, 2002.

[178]  A. L. Ingalls. The effects of film thickness variations on coherent light. *Phot. Sci. Eng.*, 4: 135, 1960.

[179]  P. L. Jackson. Diffractive processing of geophysical data. *Appl. Opt.*, 4: 419, 1965.

[180]  J. Jahns and S.H. Lee. *Optical Computing Hardware.* Academic Press, San Diego, CA, 1993.

[181]  B. Javidi, J. Ruiz, and C. Ruiz. Image enhancement by nonlinear signal processing. *Appl. Opt.*, 29: 4812-4818, 1990.

[182]  B. M. Javidi. Nonlinear joint transform correlators. In B. Javidi and J. L. Horner, editors, *Real-Time Optical Information Processing.* Academic Press, San Diego, CA, 1994.

[183]  K. M. Johnson, D. J. McKnight, and I. Underwood. Smart spatial light modulators using liquid crystals on silicon. *I.E.E.E. J. Quant. Electr.*, 29: 699-714, 1993.

[184]  S. G. Johnson and M. Frigo. A modified split-radix FFT with fewer arithmetic operations. *IEEE Trans. Signal Processing*, 55: 111-119, 2007.

[185] G. A. Swartzlander Jr. The optical vortex coronagraph. *J. Opt. A: Pure and Appl Opt.*, 11: 1-9, 2009.

[186] T. Kailath. Channel characterization: Time varying dispersive channels. In E. J. Baghdady, editor, *Lectures on Communications System Theory*. McGraw-Hill Book Company, New York, NY, 1960.

[187] I. Kaminow and T. Li. *Optical Fiber Telecommunications IVA: Components*. Academic Press, New York, NY, fourth edition, 2002.

[188] I. Kaminow and T. Li. *Optical Fiber Telecommunications IVB: Systems and Impairments*. Academic Press, New York, NY, fourth edition, 2002.

[189] E. Kaneko. *Liquid Crystal TV Displays: Principles and Applications of Liquid Crystal Displays*. KTK Scientific Publishers, Tokyo, Japan, 1987.

[190] M. A. Karim and A. A. S. Awwal. *Optical Computing: an Introduction*. John Wiley & Sons, Inc., New York, NY, 1992.

[191] J. B. Keller. Geometrical theory of diffraction. *J. Opt. Soc. Am.*, 52: 116-130, 1962.

[192] D. P. Kelly. Numerical calculation of the Fresnel transform. *J. Opt. Soc. Am. A*, 31: 755-764, 2014.

[193] S. N. Khonina, V. V. Kotlyar, V. A. Soifer, and M. Honkanan. Generation of rotating Gauss-Laguerre modes with binary-phase diffractive optics. *J. Mod. Opt.*, 46: 227-238, 1999.

[194] G. Kirchhoff. Zur Theorie der Lichtstrahlen. *Weidemann Ann.* (2), 18: 663, 1883.

[195] T. A. Klar and S. W. Hell. Subdiffraction resolution in far-field fluorescence microscopy. *Optics Lett.*, 24: 954-956, 1999.

[196] M. V. Klein and T. E. Furtak. *Optics*. John Wiley & Sons, New York, NY, second edition, 1986.

[197] G. Knight. Page-oriented associative holographic memory. *Appl. Opt.*, 13: 904-912, 1974.

[198] G. Knight. Holographic associative memory and processor. *Appl. Opt.*, 14: 1088-1092, 1975.

[199] G. R. Knight. Holographic memories. *Opt. Engin.*, 14: 453-459, 1975.

[200] C. Knox. Holographic microscopy as a technique for recording dynamic microscopic subjects. *Science*, 153: 989, 1966.

[201] H. Kogelnik. Holographic image projection through inhomogeneous media. *Bell Syst. Tech. J.*, 44: 2451, 1965.

[202] H. Kogelnik. Reconstructing response and efficiency of hologram gratings. In J. Fox, editor, *Proc. Symp. Modem Opt.*, pages 605-617. Polytechnic Press, Brooklyn, NY, 1967.

[203] H. Kogelnik. Coupled wave theory for thick hologram gratings. *Bell Syst. Tech. J.*, 48: 2909-2947, 1969.

[204]  B. Kolner. Generalization of the concepts of focal length and f-number to space and time. *J. Opt. Soc. Am. A*, 11: 3229-3234, 1994.

[205]  A. Korpel. *Acousto-Optics*. Marcel Dekker, New York, NY, 1988.

[206]  Y. Kotlyar, V. A. Soifer, and S. N. Khonina. An algorithm for the generation of laser beams with longitudinal periodicity: rotating images. *J. Mod. Opt.*, 44: 1409-1416, 1997.

[207]  F. Kottler. Electromagnetische Theorie der Beugung an schwarzen Schirmen. *Ann. Physik*, (4) 71: 457, 1923.

[208]  F. Kottler. Zur Theorie der Beugung an schwarzen Schirmen. *Ann. Physik*, (4) 70: 405, 1923.

[209]  F. Kottler. Diffraction at a black screen. In E. Wolf, editor, *Progress in Optics*, volume IV. North Holland Publishing Company, Amsterdam, 1965.

[210]  A. Kozma. Photographic recording of spatially modulated coherent light. *J. Opt. Soc. Am.*, 56: 428, 1966.

[211]  A. Kozma. Effects of film grain noise in holography. *J. Opt. Soc. Am.*, 58: 436-438, 1968.

[212]  A. Kozma, G. W. Jull, and K. O. Hill. An analytical and experimental study of non-linearities in hologram recording. *Appl. Opt.*, 9: 721-731, 1970.

[213]  A. Kozma and D. L. Kelly. Spatial filtering for detection of signals submerged in noise. *Appl. Opt.*, 4: 387, 1965.

[214]  C. J. Kramer. Holographic laser scanners for nonimpact printing. *Laser Focus*, 17: 70-82, 1981.

[215]  H. J. Landau and H. O. Poliak. Prolate spheroidal wave functions, Fourier aanalysis and uncertainty-II. *Bell Syst Tech. J.*, 40: 65-84, 1961.

[216]  S. H. Lee, editor. *Optical Information Processing—Fundamentals*. Springer-Verlag, Berlin, 1981.

[217]  W. H. Lee. Sampled Eourier transform hologram generated by computer. *Appl. Opt.*, 9: 639-643, 1970.

[218]  W. H. Lee. Binary synthetic holograms. *Appl. Opt.*, 13: 1677-1682, 1974.

[219]  W. H. Lee. Computer-generated holograms: techniques and applications. In E. Wolf, editor, *Progress in Optics*, volume 16, pages 121-232. North-Holland, Amsterdam, 1978.

[220]  W. H. Lee. Binary computer-generated holograms. *Appl. Opt.*, 18: 3661-3669, 1979.

[221]  E. N. Leith. Photographic film as an element of a coherent optical system. *Phot. Sci. Eng.*, 6: 75-80, 1962.

[222]  E. N. Leith and J. Upatnieks. Reconstructed wavefronts and communication theory. *J. Opt Soc. Am.*, 52: 1123-1130, 1962.

[223]  E. N. Leith and J. Upatnieks. Wavefront reconstruction with continuous-tone objects.

J. Opt. Soc. Am., 53: 1377-1381, 1963.

[224]  E. N. Leith and J. Upatnieks. Wavefront reconstruction with diffused illumination and three-dimensional objects. J. Opt. Soc. Am., 54: 1295-1301, 1964.

[225]  E. N. Leith and J. Upatnieks. Holograms: their properties and uses. S.P.I.E. J., 4: 3-6, 1965.

[226]  L. B. Lesem, P. M. Hirsch, and J. A. Jordan, Jr. The kinoform: a new wavefront reconstruction device. IBM J. Res. and Dev., 13: 150-155, 1969.

[227]  M. J. Lighthill. Introduction to Fourier Analysis and Generalized Functions. Cambridge University Press, NY, 1960.

[228]  L. H. Lin, Hologram formation in hardened dichromated gelatin films. Appl. Opt., 8: 963-966, 1969.

[229]  E. H. Linfoot. Fourier Methods in Optical Image Evaluation. Focal Press, Ltd., London, 1964.

[230]  A. W. Lohmann. Optical single-sideband transmission applied to the Gabor microscope. Opt. Acta, 3: 97, 1956.

[231]  A. W. Lohmann. Wavefront reconstruction for incoherent objects. J. Opt. Soc. Am., 55: 1555-1556, 1965.

[232]  A. W. Lohmann and D. P. Paris. Space-variant image formation. J. Opt. Soc. Am., 55: 1007-1013, 1965.

[233]  A. W. Lohmann and D. P. Paris. Binary Fraunhofer holograms generated by computer. Appl. Opt., 6: 1739-1748, 1967.

[234]  X. J. Lu, F. T. S. Yu, and D. A. Gregory. Comparison of Vander Lugt and joint transform correlators. Appl. Phys. B, 51: 153-164, 1990.

[235]  W. Lukosz. Optical systems with resolving power exceeding the classical limit. J. Opt. Soc. Am., 56: 1463-1472, 1966.

[236]  W. Lukosz. Optical systems with resolving power exceeding the classical limit II. J. Opt. Soc. Am., 51: 932-941, 1967.

[237]  A. Macovski. Hologram information capacity. J. Opt. Soc. Am., 60: 21-29, 1970.

[238]  G. A. Maggi. Sulla propagazione libera e perturbata della onde luminose in un mezzo isotropo. Ann. Mathematica, 16: 21-48, 1888.

[239]  A. N. Mahajan. Optical Imaging and Aberrations (Part II): Wave Diffraction Optics. S. P. I. E. Press, Bellingham. WA, 2001.

[240]  J. N. Mail and D. W. Prather, editors. Selected Papers on Subwavelength Diffractive Optics, volume 166. S.P.I.E. Press, 2001.

[241]  D. Mas, J. Garcia, C. Ferreira, L. Bernado, and F. Marinho. Fast algorithms for free-space diffraction patterns calculation. Optics Commun., 164: 233-245, 1999.

[242]  L. R. McAdams and A. M. Gerrish. High-speed lossless optical crossbar switch based on semiconductor optical amplifiers. In Multigigabit Fiber Communications Systems,

volume 2024, pages 295-302, Bellingham, WA, 1993. S.P.I.E. Press.

[243]   A. D. McAulay. *Optical Computer Architectures.* John Wiley & Sons, Inc., New York, NY, 1991.

[244]   J. T. McCrickerd and N. George. Holographic stereogram from sequential component photographs. *Appl. Phys. Lett.*, 12: 10-12, 1968.

[245]   D. J. McKnight, K. M. Johnson, and R. A. Serati. 256 × 256 liquid-crystal-on-silicon spatial light modulator. *Appl. Opt.*, 33: 2775-2784, 1994.

[246]   I. McNutty et al. Experimental demonstration of high-resolution three-dimensional X-ray holography. *Proc. S.P.I.E.*, 1741: 78-84, 1993.

[247]   C. E. K. Mees and T. H. James, editors. *The Theory of the Photographic Process.* The Macmillan Company, New York, NY, third edition, 1966.

[248]   R. W. Meier. Magnification and third-order aberrations in holography. *J. Opt. Soc. Am.*, 55: 987-992, 1965.

[249]   A. J. Mendez, R. M. Gagliardi, V. J. Hernandez, C. V. Bennett, and W. J. Lennon. Design and performance analysis of wavelength/time (w/t) matrix codes for optical CDMA. *J. Lightwave Techn.*, 21: 2524-2533, 2003.

[250]   J. Mertz. *Introduction to Optical Microscopy.* Roberts & Company, Greenwood Village, CO, 2010.

[251]   L. Mertz and N. O. Young. Fresnel transformations of images. In K. J. Habell, editor, Proc. *Conf. Optical Instruments and Techniques*, page 305, New York, NY, 1963. John Wiley and Sons.

[252]   D. Meyerhofer. Phase holograms in dichromated gelatin. *RCA Rev.*, 33: 110-130, 1972.

[253]   M. Minsky. Memoir on inventing the confocal scanning microscope. *Scanning*, 10: 128-138, 1988.

[254]   M. Mishali and Y. C. Eldar. From theory to practice: sub-Nyquist sampling of sparse wideband analog signals. *I.E.E.E. J. Selected Topics on Signal Processing*, 4: 375-391, 2010.

[255]   M. Mishali, Y. C. Eldar, O. Dounaevsky, and E. Shoshan. Xampling: analog to digital at sub-Nyquist rates. *IET Circuits, Devices & Systems*, 5: 8-20, 2011.

[256]   W. E. Moerner. Microscopy beyond the diffraction limit using actively controlled single molecules. *J. Microscopy*, 246: 213-220, 2012.

[257]   W. E. Moerner and L. Kador. Optical detection and spectroscopy of single molecules in a solid. *Phys. Rev. Lett.*, 62: 2535-2538, 1989.

[258]   F. H. Mok and H. M. Stoll. Holographic inner-product processor for pattern recognition. *Proc. SPIE*, 1701: 312-322, 1992.

[259]   R. M. Montgomery. Acousto-optical signal processing system, 1972. U.S. Patent 3,634,749.

[260] I. C. Moore and M. Cada. Prolate spheroidal wave functions, an introduction to the Slepian series and its properties. *Appl. Comput. Harmon. Anal.*, 16: 208-230, 2004.

[261] G. M. Morris and D. L. Zweig. White light Fourier transformations. In J. L. Horner, editor. *Optical Signal Processing*. Academic Press, Orlando, FL, 1987.

[262] M. Murdocca. *A Digital Design Methodology for Optical Computing*. MIT Press, Cambridge, MA, 1990.

[263] J. A. Neff, R. A. Athale, and S. H. Lee. Two-dimensional spatial light modulators: a tutorial. *Proc. I.E.E.E.*, 78: 826-855, 1990.

[264] R. Ng. *Digital Light Field Photography*. PhD thesis, Stanford University, Dept, of Computer Science, 2006.

[265] R. J. Ober, S. Ram, and E. S. Ward. Localization accuracy in single-molecule microscopy. *Biophys. J.*, 86: 1185-1200, 2004.

[266] E. Ochoa, J. W. Goodman, and L. Hesselink. Real-time enhancement of defects in a periodic mask using photorefractive $Bi_{12}SiO_{20}$. *Opt. Lett.*, 10: 430-432, 1985.

[267] K. Okamoto. Silica waveguide devices. In E.J. Murphy, editor. *Integrated Optical Circuits and Components*. Marcel Dekker, New York, NY, 1999.

[268] B. M. Oliver. Sparkling spots and random diffraction. *Proc. I.E.E.E.*, 51: 220, 1963.

[269] E. L. O'Neill. *Introduction to Statistical Optics*. Addison-Wesley Publicahing Company, Inc., Reading, MA, 1963.

[270] L. Onural. Sampling of the diffraction field, *Appl. Opt.*, 39: 5929-5935, 2000.

[271] D. C. O'Shea, T. J. Suleski, A. D. Kathman, and D. W. Prather. *Diffractive Optics: Design, Fabrication, and Test*, volume T T62. S.P.I.E., Bellingham, WA, 2003.

[272] Y. Owechko and B. H. Soffer. Holographic neural networks based on multi-grating processes. In B. Javidi and J. L. Horner, editors, *Real-Time Optical Information Processing*. Academic Press, San Diego, CA, 1994.

[273] H. M. Ozaktas and D. Mendlovic. Fractional Fourier optics. *J. Opt. Soc. Am. A*, 12: 743-751, 1995.

[274] H. M. Ozaktas, Z. Zalevsky, and M. A. Kutay. *The Fractional Fourier Transform*. John Wiley & Sons, 2001.

[275] A. Papoulis. *The Fourier Integral and Its Applications*. McGraw-Hill Book Company, Inc., NY, 1962.

[276] A. Papoulis. *Systems and Transforms with Applications to Optics*. McGraw-Hill Book Company, New York, NY, 1968.

[277] A. Papoulis. A new algorithm in spectral analysis and band-limited extrapolation. *I.E.E.E. Trans, on Circuits and Systems*, CAS-22: 735-742, 1975.

[278] A. Papoulis. Pulse compression, fiber communications, and diffraction: a unified approach. *J. Opt. Soc. Am. A*, 11: 3-13, 1994.

[279] S. R. P. Pavani and R. Piestun. High-efficiency rotating point spread functions. *Optics*

*Express*, 16: 3484-3489, 2008.

[280] S. R. P. Pavani, M. A. Thompson, S. Biteen, S. J. Lord, N. Liu, R. J. Twieg, R. Piestun, and W. E. Moerner. Three-dimensional single-molecule fluorescence imaging beyond the diffraction limit using a double-helix point spread function. *Proc. Nat. Acad. Sci.*, 106: 2995-2999, 2009.

[281] D. P. Peterson and D. Middleton. Sampling and reconstruction of wave-number-limited functions in N-dimensional space. *Information and Control*, 5: 279-323, 1962.

[282] M. Petran and M. Hadravsky. Tandem-scanning reflected-light microscope. *J. Opt. Soc. Am.*, 58: 661-664, 1968.

[283] R. Piestun, Y. Y. Schechner, and J. Shamir. Propagation-invariant wave fields with finite energy. *J. Opt. Soc. Am. A*, 17: 294-303, 2000.

[284] D. K. Pollack, C. J. Koester, and J. T. Tippett, editors. *Optical Processing of Information*. Spartan Books, Inc., Baltimore, MD, 1963.

[285] D. A. Pommet, M. G. Moharam, and E. B. Grann. Limits of scalar diffraction theory for diffractive phase elements. *J. Opt. Soc. Am. A*, 11: 1827-1834, 1994.

[286] A. B. Porter. On the diffraction theory of microscope vision. *Phil. Mag.* (6), 11: 154-166, 1906.

[287] R. L. Powell and K. A. Stetson. Interferometric vibration analysis by wavefront reconstruction. *J. Opt. Soc. Am.*, 55: 1593-1598, 1965.

[288] K. Preston, Jr. Use of the Fourier transformable properties of lenses for signal spectrum analysis. In J. T. Tippett et al., editors. *Optical and Electro-Optical Information Processing*. M.I.T. Press, Cambridge, MA, 1965.

[289] P. Prucnal, M. A. Santoro, and T. R. Fan. Spread spectrum fiberoptic local area network using optical processing. *J. Lightwave Techn.*, 4: 547-554, 1986.

[290] D. Psaltis and N. Farhat. Optical information processing based on an associative-memory model of neural nets with thresholding and feedback. *Optics Lett.*, 10: 98-100, 1985.

[291] D. Psaltis, X., Gu, and D. Brady. Holographic implementations of neural networks. In S. F. Zornetzer, J. L. Davis, and C. Lau, editors. *An Introduction to Neural and Electronic Networks*. Academic Press, 1990.

[292] S. I. Ragnarsson. A new holographic method of generating a high efficiency, extended range spatial filter with application to restoration of defocussed images. *Physica Scripta*, 2: 145-153, 1970.

[293] B. Rappaz, B. Breton, E. Shaffer, and G. Turcatti. Digital holographic microscopy: a quantitative label-free microscopy technique for phenotypic screening. *Comb. Chem. Throughput Screen.*, 17: 80-88, 2014.

[294] J. A. Ratcliffe. Aspects of diffraction theory and their application to the ionosphere. In A. C. Strickland, editor. *Reports on Progress in Physics*, volume XIX. The Physical

Society, London, 1956.

[295] Lord Rayleigh. On the theory of optical images, with special references to the micro-scope. *Phil. Mag.* (5), 42: 167-195, 1896.

[296] J. D. Redman, W. P. Wolton, and E. Shuttleworth. Use of holography to make truly three-dimensional X-ray images. *Nature*, 220: 58-60, 1968.

[297] J. Rhodes. Analysis and synthesis of optical images. *Am. J. Phys.*, 21: 337-343, 1953.

[298] G. L. Rogers. Gabor diffraction microscope: the hologram as a generalized zone plate. *Nature*, 166: 237, 1950.

[299] G. L. Rogers. *Noncoherent Optical Processing.* John Wiley & Sons, New York, NY, 1977.

[300] D. Rouan, P. Riaud, A. Boccaletti, Y. Clénet, and A. Labeyrie. The four-quadrant phase-mask coronograph. I. Pinciple. *Pubs. Astron. Soc. Pacific*, 112: 1479-1486, 2000.

[301] A. Rubinowicz. Die Beugungswelle in der Kirchhoffschen Theorie der Beugungser-scheinungen. *Ann. Physik*, 53: 257, 1917.

[302] A. Rubinowicz. The Miyamoto-Wolf diffraction wave. In E. Wolf, editor. *Progress in Optics*, volume IV. North Holland Publishing Company, Amsterdam, 1965.

[303] D. E. Rumelhart, G. E. Hinton, and R.J. Williams. Learning internal representa-tions by error propagation. In D.E. Rumelhart and J.L. McClelland, editors. *Parallel Distributed Processing.* MIT Press, Cambridge, MA, 1986.

[304] C. K. Rushforth and R. W. Harris. Restoration, resolution and noise. *J. Opt. Soc. Am.*, 58: 539-545, 1968.

[305] B. E. A. Saleh and M. C. Teich. *Fundamentals of Photonics.* John Wiley & Sons, Inc., New York, NY, second edition, 2007.

[306] H. P. Sardesai, C.-C. Chang, and A. M. Weiner. A femtosecond code-division multiple-access communication system test bed. *J. Lightwave Techn.*, 16: 1953-1964, 1998.

[307] G. Saxby. *Practical Holography.* Institute of Physics Publishing, Bristol, U.K., third edition, 2003.

[308] O. H. Schade. Electro-optical characteristics of television systems. *RCA Review*, IX:5 (Part I), 245 (Part II), 490 (Part III), 653 (Part IV), 1948.

[309] Y. Y. Schechner, R. Piestun, and J. Shamir. Wave propagation and rotating intensity distributions. *Phys. Rev. E*, 54: R50-R53, 1996.

[310] J. Schmit and K. Creath. Extended averaging technique for derivation of error-compensating algorithms in phase-shifting interferometry. *Appl. Opt.*, 34: 3610-3619, 1995.

[311] W. Schumann. *Holography and Deformation Analysis.* Springer-Verlag, Berlin, 1985.

[312] P. J. Sementilli, B. R. Hunt, and M. S. Nadar. Analysis of the limit to superresolution

in incoherent imaging. *J. Opt. Soc. Am. A*, 10: 2265-2276, 1993.

[313]  T. A. Shankoff. Phase holograms in dichromated gelatin. *Appl. Opt.*, 7: 2101-2105, 1968.

[314]  C. E. Shannon. Communication in the presence of noise. *Proc. IRE*, 37: 10, 1949.

[315]  G. C. Sherman. Application of the convolution theorem to Rayleigh's integral formulas. *J. Opt. Soc. Am.*, 51: 546, 1967.

[316]  A. E. Siegman. *Lasers*. University Science Books, Mill Valley, CA, 1986.

[317]  S. Silver. Microwave aperture antennas and diffraction theory. *J. Opt. Soc. Am.*, 52: 131-139, 1962.

[318]  T. J. Skinner. Surface texture effects in coherent imaging. *J. Opt. Soc. Am.*, 53: 1350A, 1963.

[319]  D. Slepian. Prolate spheroidal wave functions, Fourier analysis and uncertainty-IV. *Bell Syst. Tech. J.*, 43: 3009-3057, 1964.

[320]  D. Slepian and H. O. Poliak. Prolate spheroidal wave functions, Fourier aanalysis and uncertainty—1. *Bell Syst. Tech. J.*, 40: 43-63, 1961.

[321]  L. Slobodin. Optical correlation techniques. *Proc. I.E.E.E.*, 51: 1782, 1963.

[322]  H. M. Smith. *Principles of Holography*. John Wiley & Sons, New York, NY, second edition, 1975.

[323]  H. M. Smith, editor. *Holographic Recording Materials*. Springer-Verlag, Berlin, 1977.

[324]  L. Solymar and D. J. Cook. *Volume Holography and Volume Gratings*. Academic Press, New York, NY, 1981.

[325]  M. Somayaji and M. P. Christensen. Enhancing form factor and light collection of multiplex imaging systems by using a cubic phase mask. *Appl. Opt.*, pages 2911-2923, 2006.

[326]  A. Sommerfeld. Mathematische Theorie der Diffraction. *Math. Ann.*, 47: 317, 1896.

[327]  A. Sommerfeld. Die Greensche Funktion der Schwingungsgleichung. *Jahresber. Deut. Math. Ver.*, 21: 309, 1912.

[328]  A. Sommerfeld. *Optics*, volume IV of *Lectures on Theoretical Physics*. Academic Press, Inc., NY, 1954.

[329]  W. H. Southwell. Validity of the Fresnel approximation in the near field. *J. Opt. Soc. Am.*, 71: 7-14, 1981.

[330]  R. A. Sprague and C. L. Koliopoulis. Time integrating acousto-optic correlator. *Appl. Opt.*, 15: 89-92, 1975.

[331]  T. Stone and N. George. Hybrid diffractive-refractive lenses and achromats. *Appl. Opt.*, 27: 2960-2971, 1988.

[332]  T. A. Strasser and T. Erdogan. Fiber grating devices in high-performance optical communications systems. In I. Kaminow and T. Li, editors. *Optical Fiber Telecommunications IVA: Components*. Academic Press, New York, NY, fourth edition, 2002.

[333] G. W. Stroke. Image deblurring and aperture synthesis using a posteriori processing by Fourier-transform holography. *Optica Acta*, 16: 401-422, 1969.

[334] G. W. Stroke and A. T. Funkhouser. Fourier-transform spectroscopy using holographic imaging without computing and with stationary interferometers. *Phys. Lett.*, 16: 272-274, 1965.

[335] G. W. Stroke and R. C. Restrick III. Holography with spatially incoherent light. *Appl. Phys. Lett.*, 7: 229-231, 1965.

[336] K. J. Strozewski, C-Y. Wang, Jr. G. C. Wetsel, R. M. Boysel, and J. M. Florence. Characterization of a micromechanical spatial light modulator. *J. Appl. Phys.*, 73: 7125-7128, 1993.

[337] Royal Swedish Academy of Sciences. Super-resolved fluorescence microscopy. *Scientific Background on the Nobel Prize in Chemistry*, 2014.

[338] M. R. Taghizadeh and J. Turunen. Synthetic diffractive elements for optical interconnection. *Opt. Comp, and Proc.*, 2: 221-242, 1992.

[339] H. Takahashi, S. Suzuki, K. Kato, and I. Nishi. Arrayed-waveguide grating for wavelength division multi/demultiplexer with nanometer resolution. *Electron. Lett.*, 26: 87-88, 1990.

[340] H. F. Talbot. Facts relating to optical science, no. IV. *Philos. Mag.*, 9: 401-407, 1836.

[341] B. J. Thompson and J. H. Ward and W. R. Zinky. Application of hologram techniques for particle size analysis. *Appl. Opt.*, 6: 519-526, 1967.

[342] D. A. Tichenor and J. W. Goodman. Coherent transfer function. *J. Opt. Soc. Am.*, 62: 293-295, 1972.

[343] D. A. Tichenor and J. W. Goodman. Restored impulse response of finite-range image deblurring filter. *Appl. Optics*, 14: 1059-1060, 1975.

[344] J. T. Tippett et al., editors. *Optical and Electro-optical Information Processing*. MIT Press, Cambridge, MA, 1965.

[345] V. Toal. *Introduction to Holography*. CRC Press, Boca Raton, FL, 2012.

[346] A. Tonomura. *Electron Holography*. Springer-Verlag, Berlin, 1994.

[347] G. Toraldo di Francia. Super-gain antennas and optical resolving power. *Nuovo Cimento*, IX: 426-438, 1952.

[348] G. Toraldo di Francia. Degrees of freedom of an image. *J. Opt. Soc. Am.*, 59: 799-804, 1969.

[349] W. A. Traub and B. R. Oppenheimer. Direct imaging of exoplanets. In Sara Seager, editor. *Exoplanets*, Space Science Series, pages 111-156, University of Arizona Press, 2010.

[350] G. L. Turin. An introduction to matched filters. *IRE Trans. Info, Theory*, IT-6: 311-329, 1960.

[351] J. Upatnieks, A. Vander Lugt, and E. Leith. Correction of lens aberrations by means

of holograms. *Appl. Opt.*, 5: 589-593, 1966.

[352] R. F. van Ligten. Influence of photographic film on wavefront reconstruction. I: Plane wavefronts. *J. Opt Soc. Am.*, 56: 1-9, 1966.

[353] R. F. van Ligten. Influence of photographic film on wavefront reconstruction. II: 'Cylindrical' wavefronts. *J. Opt. Soc. Am.*, 56: 1009-1014, 1966.

[354] A. B. VanderLugt. Signal detection by complex spatial filtering. Technical report. Institute of Science and Technology, University of Michigan, Ann Arbor, MI, 1963.

[355] A. B. VanderLugt. Signal detection by complex spatial filtering. *I.E.E.E. Trans. Info. Theory*, IT-10: 139-145, 1964.

[356] A. B. VanderLugt. *Optical Signal Processing*. John Wiley & Sons, Inc., New York, NY, 1992.

[357] C. M. Vest. *Holographic Interferometry*. John Wiley & Sons, New York, NY, 1979.

[358] D. Voelz. *Computational Fourier Optics: A Matlab Tutorial*. SPIE Press, 2011.

[359] D. Voelz and M. Roggemann. Digital simulation of scalar optical diffraction: revisiting chirp function sampling criteria and consequences. *Appl. Opt.*, 48: 6132-6142, 2009.

[360] C. J. Weaver and J. W. Goodman. A technique for optically convolving two functions. *Appl. Opt.*, 5: 1248-1249, 1966.

[361] A. M. Weiner. Femtosecond Fourier optics: shaping and processing of ultrashort optical pulses. In T. Asakura, editor. *International Trends in Optics and Photonics— ICO IV*, pages 233-246. Springer-Verlag, Heidelberg, 1999.

[362] A. M. Weiner. Femtosecond pulse shaping using spatial light modulators. *Review of Scientific Instruments*, 71: 1929-1960, 2000.

[363] A. M. Weiner and J. P. Heritage. Picosecond and femtosecond Fourier pulse shape synthesis. *Phys. Rev. Appl.*, 22: 1619, 1987.

[364] A. M. Weiner, D. E. Leaird, J. S. Patel, and J. R. Wullert. Programmable shaping of femtosecond optical pulses by use of a 128-element liquid crystal phase modulator. *IEEE J. Quant. Electron.*, 28: 908-920, 1992.

[365] A. M. Weiner, D. E. Leaird, D. H. Reitze, and E. G. Paek. Spectral holography of shaped femtosecond pulses. *Opt. Lett.*, 17: 224-226, 1992.

[366] W. T. Welford. *Aberrations of the Symmetrical Optical System*. Academic Press, Inc., New York, NY, 1974.

[367] B. S. Wherrett and F. A. P. Tooley, editors. *Optical Computing*. Edinburgh University Press, Edinburgh, UK, 1989.

[368] E. T. Whittaker. On the functions which are represented by the expansions of the interpolation theory. *Proc. Roy. Soc. Edinburgh, Sect. A*, 35: 181-194, 1915.

[369] B. Widrow and S. D. Stearns. *Adaptive Signal Processing*. Prentice-Hall, Englewood Cliffs, NJ, 1985.

[370]  E. Wigner. On the quantum correction for thermodynamic equilibrium. *Phys. Rev.*, 40: 749-759, 1932.

[371]  J. P. Wilde, J. W. Goodman, Y. C. Eldar, and Y. Takashima. Grating-enhanced coherent imaging. In *Novel Techniques in Microscopy*, OSA Technical Digest, page NMA3. Optical Society of America, 2011.

[372]  J. P. Wilde, J. W. Goodman, Y. C. Eldar, and Y. Takashima. Grating-enhanced coherent imaging. In *9th International Conference on Sampling Theory (SampTA)*, page P0213, 2011.

[373]  C. S. Williams and O. A. Becklund. *Introduction to the Optical Transfer Function*. John Wiley & Sons, New York, NY, 1989.

[374]  T. Wilson and C. J. R. Sheppard. *Theory and Practice of Scanning Optical Microscopy*. Academic Press, London, 1984.

[375]  E. Wolf. Is a complete determination of the energy spectrum of light possible from measurements of the degree of coherence? *Proc. Phys. Soc.*, 80: 1269-1272, 1962.

[376]  E. Wolf. *Introduction to the Theory of Coherence and Polarization of Light*. Cambridge University Press, Cambridge, UK, 2007.

[377]  E. Wolf and E. W. Marchand. Comparison of the Kirchhoff and Rayleigh-Sommerfeld theories of diffraction at an aperture. *J. Opt. Soc. Am.*, 54: 587-594, 1964.

[378]  I. Yamaguchi and T. Zhang. Phase-shifting digital holography. *Opt. Lett.*, 22: 1268-1270, 1997.

[379]  L. P. Yaroslavskii and N. S. Merzlyakov. *Methods of Digital Holography*. Consultants Bureau, Plenum Publishing Company, New York, NY, 1980.

[380]  L. H. Yeh, J. Dong, J. Zhong, L. Tian, M. Chen, G. Tang, M. Soltanolkotabi, and L. Waller. Experimental robustness of Fourier ptychography phase retrieval algorithms. *Optics Express*, 23: 33214-33240, 2015.

[381]  F. Zernike. Das Phasenkontrastverfahren bei der Mikroskopischen beobachtung. *Z. Tech. Phys.*, 16: 454, 1935.

[382]  T. Zhang and I. Yamaguchi. Three-dimensional microscopy with phase-shifting digital holography. *Opt Lett.*, 23: 1221-1223, 1998.

[383]  Z. Zhang and M. Levoy. Wigner distributions and how they relate to the light field. In *2009 IEEE Conference on Computational Photography*, pages 1-10.I.E.E.E., 2009.

[384]  G. Zheng. *Fourier Ptychographic Imaging: A MATLAB Tutorial*. IOP Concise Physics. Morgan & Claypool Publishers, San Raphael, CA, 2016.

[385]  G. Zheng, R. Horstmeyer, and C. Yang. Wide-field high-resolution Fourier ptychographic microscopy. *Nature Photonics*, 7: 739-745, 2013.

# 索　引